浙江省精品课程教材
高等院校系列教材·计算机科学与技术系列

计算机网络
——原理、技术与应用
第2版

王相林 编著

机械工业出版社

本书采用“自顶向下”方法讲解计算机网络的体系结构，介绍计算机网络的理论、技术和应用。结合生活知识辅助计算机网络理论讲解，深入浅出地介绍计算机网络的关键知识点。内容涵盖：计算机网络基础知识，自顶向下的 5 层计算机网络体系结构与网络协议，计算机网络管理与安全基础，IPv6 技术。

本书知识讲解循序渐进，内容清晰易懂，可作为计算机类专业、电子类、通信类等理工专业和经管类专业本科生的计算机网络课程教材，还可作为计算机类专业研究生入学考试的参考书，也适合从事计算机网络研究和应用的科技人员阅读。

需要与本书配套的授课电子课件的教师可登录 www.cmpedu.com 注册、审核通过后免费下载，或联系编辑索取（微信：15910938545，电话：010-88379753）。

图书在版编目（CIP）数据

计算机网络：原理、技术与应用 / 王相林编著. —2 版. —北京：机械工业出版社，2013.10（2026.1 重印）
高等院校系列教材 · 计算机科学与技术系列
ISBN 978-7-111-44520-3

Ⅰ. ①计…　Ⅱ. ①王…　Ⅲ. ①计算机网络－高等学校－教材
Ⅳ. ①TP393

中国版本图书馆 CIP 数据核字（2013）第 251675 号

机械工业出版社（北京市百万庄大街 22 号　邮政编码 100037）
责任编辑：郝建伟
责任印制：邓　博
涿州市般润文化传播有限公司印刷

2026 年 1 月第 2 版 · 第 12 次印刷
184mm×260mm · 25 印张 · 621 千字
标准书号：ISBN 978-7-111-44520-3
定价：69.90 元

电话服务	网络服务
客服电话：010-88361066	机　工　官　网：www.cmpbook.com
010-88379833	机　工　官　博：weibo.com/cmp1952
010-68326294	金　　书　　网：www.golden-book.com
封底无防伪标均为盗版	机工教育服务网：www.cmpedu.com

出版说明

百年大计，教育为本。习近平总书记在党的二十大报告中强调“教育、科技、人才是全面建设社会主义现代化国家的基础性、战略性支撑”，首次将教育、科技、人才一体安排部署，赋予教育新的战略地位、历史使命和发展格局。需要紧跟新兴科技发展的动向，提前布局新工科背景下的计算机专业人才的培养，提升工科教育支撑新兴产业发展的能力。

计算机技术在科学研究、生产制造、文化传媒、社交网络等领域的广泛应用，极大地促进了现代科学技术的发展，加速了社会发展的进程，同时带动了社会对计算机专业应用人才的需求持续升温。高等院校为顺应这一需求变化，纷纷加大了对计算机专业应用型人才的培养力度，并深入开展了教学改革研究。

为了进一步满足高等院校计算机教学的需求，机械工业出版社聘请多所高校的计算机专家、教师及教务部门针对计算机教材建设进行了充分的研讨，达成了许多共识，并由此形成了教材的体系架构与编写原则，策划开发了“高等院校系列教材”。

本套教材具有以下特点：

1）涵盖面广，包括计算机教育的多个学科领域。

2）融合高校先进教学理念，包含计算机领域的核心理论与最新应用技术。

3）符合高等院校计算机及相关专业人才培养目标及课程体系的设置，注重理论与实践相结合。

4）实现教材“立体化”建设，为主干课程配备电子教案、教材和实验实训项目等内容，并及时吸纳新兴课程和特色课程教材。

5）可作为高等院校计算机及相关专业的教材，也可作为从事信息类工作人员的参考书。

对于本套教材的组织出版工作，希望计算机教育界的专家和老师能提出宝贵的意见和建议。衷心感谢广大读者的支持与帮助！

机械工业出版社

前　言

计算机网络的应用已经渗透到人们生活、工作、学习的各个领域。对计算机网络理论、技术和应用的了解、学习和掌握成为人们的基本需求。计算机网络课程亦成为高等学校计算机类专业的核心专业基础课，以及理工类和经管类专业的必修课。

本书采用“自顶向下”的方法介绍计算机网络的原理、技术与应用，符合计算机知识从应用开始接受、学习的规律。结合因特网和身边的网络，阐述计算机网络的理论基础、核心技术和应用方法，让读者知道计算机网络就在人们身边，知道所学网络知识用在哪里和怎样用。这对提高读者的阅读和学习兴趣是十分重要的。

计算机网络技术发展很快，理论知识也在不断更新，写出一本易读、易懂的有关计算机网络方面的书，不是一件容易的事。本书在编写内容、编写形式和实用性方面做了以下努力：

1．采用深入浅出的方法把计算机网络的理论、技术与应用融合在一起讲解。

2．给出相关网络理论和技术产生的背景知识，介绍网络技术发展的里程碑事件。

3．尝试提出一些基本问题，启发读者结合身边的网络应用进行思考。

4．针对计算机网络知识的教和学，努力达到“学思结合、知行统一、融会贯通”。

5．采用网络协议分析的方法介绍计算机网络体系结构层次和协议。

6．采用问答的方式讲解计算机网络关键理论和技术问题。

7．结合生活中的知识，辅助计算机网络理论的学习。

把计算机网络的原理、技术与应用融合在一起讲述网络知识是一种新的尝试。结合生活知识辅助计算机网络理论的学习，在讲述理论知识过程中，类比生活中人们之间的通信过程和询问路由的活动，目的是让读者明白所学、所用。同时，指明相关知识应用时需要注意的地方，以及知识结构的前后衔接关系。

尽早告诉读者怎样验证所学计算机网络知识的方法，例如，可以通过操作系统所带的网络命令行程序测试网络连通性、跟踪网络协议包（PDU）所经过的路由路径，可以通过网络协议分析工具捕获真实网络中的协议包，并进行协议包字段的分析，查看网络协议各层次的PDU 的结构，在协议层次框中查看网络协议层次的封装，在协议代码框中查看用十六进制显示的网络协议字段代码值。

在讲述计算机网络发展历史时，强调技术发展是连续的，是符合社会发展需要的，重点介绍对计算机网络发展产生重大影响的里程碑事件、涉及的人物、时间和原因等，目的是让读者知其然，更知其所以然，更容易理解技术发展的原因，提高读者阅读、学习的兴趣。

力求用清晰易懂的语言讲述计算机网络理论、技术和应用知识，帮助读者理解所学知识的来龙去脉，用在哪里，结合人们身边正在应用的网络，例如，以太网、无线网络、因特网，有针对性地与网络应用结合，学习、理解和掌握所学知识。

计算机网络知识内容十分丰富，涉及多门学科，书中对主要的概念以及重点、难点，指出主要的、需要深刻理解的、容易混淆的内容，方便读者进一步归纳和深入理解所学的知识。本书在进行一段理论的介绍、一些例子的分析之后，采用让读者试着回答问题、画出图示、进一步分析的方法，目的是让读者掌握进行归纳、总结和应用知识的方法。

尽管计算机网络还处在不断的发展和变化过程中，但是计算机网络的基本概念和知识是相对稳定的。在写作中，尽量避免过多的数学公式描述，便于读者理解基础的网络知识内容，知道怎样与身边的计算机网络应用相联系。本书清楚地告诉读者网络协议在哪里、网络协议层次的位置，使读者能感受到网络协议，查看到网络协议的格式。目的是让读者“看得见”、“摸得着”计算机网络和网络协议。

计算机网络是一个复杂的系统，网络协议状态处在动态的变化过程中，书中描述了网络协议状态的工具——有限状态机（FSM）。通过 FSM，可以帮助读者理解网络协议在事件驱动下，执行相应的动作，发生跃迁，从一种状态跃迁到另一种状态的过程。

IPv6 协议是 NGI、NGN 中采用的技术，现有网络向 IPv6 过渡已是势在必行，本书介绍 IPv6 技术的基础知识，目的是告诉读者 IPv6 对 IPv4 做了哪些改进，IPv6 有哪些新的特征，为读者今后进一步学习 IPv6 知识打下基础。

本书内容是作者多年在计算机网络教学和科研实践中的经验总结，注重反映最新的计算机网络理论、技术和应用知识，包括对等网络、无线与移动通信基础、网络应用编程、多播选路协议、移动 IP、万兆位以太网、IPv6 技术等，并在本科生、研究生相关课程中进行了不断的修改和补充，书中的内容和例子均经过了验证，力求知识讲授循序渐进、内容结构脉络清晰。

本书给出使用本书的教学建议，以适合不同专业和层次计算机网络课程教学内容和教学时数的需求；附录给出了书中英文缩写词和网络协议层次与网络拓扑中网络节点的对应位置。

在本书的编写过程中，徐明、董云耀、姜明、徐向华、徐建、胡昔祥对书稿内容提出了许多宝贵意见，给作者提供很多支持和帮助。王曦明参加了书稿插图的绘制工作。朱晨、沈清姿、卢庆菲、李蓓蕾、刘立朋、陈国峰、王慧娟、江宜为、李明月、孙东梅参加了资料整理工作。在此一并表示诚挚的谢意。

本书得到国家自然科学基金（No.61172133，No.61273075，No.61333011）资助。

由于作者水平有限，书中难免存在有疏漏或不妥之处，恳请读者批评指正，并对阅读和使用本书的任课教师、学生和读者表示感谢。作者的电子邮件地址是：wangedu@163.com。

作　者

教 学 建 议

教学建议

针对不同本科专业对计算机网络课程教学内容的需求，需要采用“分层次”的计算机网络课程教学内容设计和实施方法。根据计算机类专业、理工类专业、经管类专业和其他文科类本科生对计算机网络知识的要求，给出教学时数分别为 64、48～54、32～48、16～32 的理论教学内容建议。并对教学内容建议给出说明。

教学内容安排为 10 个教学单元，可以对应 10 个章节，内容涉及计算机网络基本理论、原理、核心技术、技术实现、实际应用、网络新技术等。计算机网络理论教学内容建议如下表所示。

计算机网络理论教学内容建议表

教学单元与教学内容	计算机类专业	理工类专业	经管类专业	其他文科类专业
1 计算机网络概述（4） 1.1 计算机网络技术的发展历程	√	√	√	√
1.2 计算机网络的组成和结构	√	√	√	√
1.3 与计算机网络有关的技术标准	√	√		√
2 计算机网络协议和体系结构（4） 2.1 计算机网络协议	√	√	√	√
2.2 计算机网络体系结构	√	√	√	
2.3 开放系统互连 OSI 参考模型	√	√	√	
2.4 TCP/IP 协议参考模型	√	√	√	
2.5 局域网络体系结构参考模型	√	√	√	√
2.6 计算机网络实例	√	√		
3 数据通信技术基础（4） 3.1 数据通信基本知识	√	√	√	
3.2 传输介质	√	√	√	√
3.3 信道复用技术	√	√	√	
3.4 数据编码技术	√	√		
3.5 交换技术	√	√	√	
3. 6 差错控制技术	√	√	√	√
3. 7 无线与移动通信基础	√	√	√	
4 应用层（8） 4.1 应用层协议原理	√	√	√	
4.2 域名系统 DNS	√	√		
4.3 万维网和 HTTP	√	√	√	√
4.4 文件传输协议（FTP）	√	√		
4.5 电子邮件	√	√	√	√
4.6 对等网络	√			
4.7 客户机/服务器应用编程	√			

（续）

教学单元与教学内容	计算机类专业	理工类专业	经管类专业	其他文科类专业
5 运输层（12） 5.1 运输层概述	√	√	√	√
5.2 运输层协议的要素	√	√	√	
5.3 基本的网络协议设计与分析	√	√		
5.4 拥塞控制	√	√		
5.5 因特网中的运输层协议	√	√	√	
5.6 用户数据报协议（UDP）	√	√	√	
5.7 传输控制协议（TCP）	√	√	√	√
5.8 网络服务质量	√			
6 网络层（12） 6.1 网络层涉及的问题	√	√	√	√
6.2 路由选择	√	√	√	
6.3 动态路由选择	√	√	√	
6.4 层次路由选择	√	√		
6.5 广播和多播路由选择	√			
6.6 因特网的路由选择协议	√	√		
6.7 网络互连	√	√	√	√
6.8 因特网上的网络层协议	√	√	√	
6.9 移动 IP 网络	√	√	√	
7 数据链路层和局网络（10） 7.1 数据链路层的基本概念	√	√	√	√
7.2 数据链路层协议	√	√		
7.3 局域计算机网络	√	√	√	√
7.4 信道访问协议	√			
7.5 MAC 地址与地址解析协议	√	√		
7.6 以太网原理与技术	√	√	√	√
7.7 令牌环型局域网	√			
7.8 交换式局域网	√	√		
7.9 虚拟局域网（VLAN）	√			
7.10 无线局域网	√	√	√	√
8 物理层（4） 8.1 物理层协议	√	√	√	√
8.2 物理层标准举例	√	√		
8.3 宽带接入技术	√	√	√	√
8.4 同步数字体系 SDH	√			
9 网络管理与网络安全（4） 9.1 网络管理	√	√	√	
9.2 网络安全	√	√		
9.3 数据加密技术	√			
9.4 公钥密码体制	√			
10 IPv6 技术基础（2） 10.1 IPv6 协议概述	√	√	√	√
10.2 IPv6 协议格式	√	√		

（续）

教学单元与教学内容	计算机类专业	理工类专业	经管类专业	其他文科类专业
10.3 IPv6 地址	√			
10.4 ICMPv6	√			
10.5 IPv6 过渡技术	√	√		
教学总时数建议	64	48～54	32～48	16～32

教学内容建议的说明

上述给出的是计算机网络理论教学内容和教学时数的建议，不包括实践和实验教学内容和教学时数。实践教学根据不同专业需求，给出另外的建议。

1）用“√”标识各专业教学内容选择的建议。每一教学单元名称后面圆括号中的数字标识该部分内容需要教学时数的建议，例如（8）表示教学时数为 8 学时。

2）计算机类专业（计算机科学与技术、软件工程、网络工程、信息安全、物联网工程）建议理论教学时数为 64 学时，包括：理论教学、习题课、课堂讨论、课堂测验等课堂教学环节。计算机网路实验或计算机网络课程设计另行安排为实践教学环节。

3）理工类专业建议教学时数为 48～54 学时，包括：理论教学和实践教学环节。实践教学内容可以包括：基本组网技术、网络命令行程序、Ethereal 网络协议分析、网络应用编程。

4）经管类专业建议教学时数为 32～48 学时，包括：理论教学和实践教学环节。实践教学内容建议以网络命令行程序、Ethereal 网络协议分析为主。

5）其他文科类专业建议教学时数为 16～32 学时，包括：理论教学和实践教学环节。实践教学内容建议以网络命令行程序、因特网应用为主。

6）课程内容的重点在第 1、第 2、第 4、第 5、第 6、第 7 和第 8 教学单元。涉及计算机网络理论基础知识、自顶向下的 5 层计算机网络体系结构、有线局域网和无线局域网，涵盖到计算机网络理论、技术和应用的核心知识。

7）如果已经学过数据通信的相关课程，可以跳过第 3 教学单元内容。

8）第 9、第 10 教学单元相对独立，可以单独安排进度和选择讲述的内容。网络安全越来越引起人们的重视，网络管理已经成为日常网络应用的主要组成部分，了解怎样进行网络管理，了解一些基本的安全机制对使用计算机网络是很有用的。

9）若后续课程安排有网络管理、网络安全技术，则第 9 教学单元可以跳过。

10）第 10 教学单元 IPv6 技术，是下一代因特网 NGI 和下一代电信网 NGN 采用的技术，已经成为业界的共识，IPv6 技术的过渡和应用正在加快，建议所有专业均给出适当的介绍。

11）计算机网络的新理论、新技术内容可以补充到对应的教学单元中，也可以单独介绍。

目　录

出版说明

前言

教学建议

第 1 章　计算机网络概述 …… 1

1.1　计算机网络技术的发展历程 …… 1

1.1.1　计算机网络的形成 …… 1

1.1.2　计算机网络发展的阶段 …… 4

1.1.3　计算机网络的定义 …… 5

1.1.4　计算机网络技术的特征 …… 6

1.1.5　计算机网络在信息时代的作用 …… 7

1.1.6　计算机网络在中国的发展 …… 8

1.2　计算机网络的组成和结构 …… 10

1.2.1　计算机网络的物理结构 …… 10

1.2.2　计算机网络的拓扑结构 …… 11

1.2.3　计算机网络的协议体系结构 …… 12

1.2.4　计算机网络的分类 …… 13

1.2.5　计算机网络的硬件和软件 …… 14

1.2.6　计算机网络的性能指标 …… 14

1.3　计算机网络知识的验证方法 …… 15

1.3.1　学习计算机网络知识常用的验证方法 …… 15

1.3.2　网络命令行程序 …… 16

1.3.3　网络协议分析方法 …… 18

1.4　与计算机网络有关的技术标准 …… 19

1.4.1　国际组织与有关的标准 …… 19

1.4.2　Internet 标准及制定组织 …… 21

1.4.3　RFC 文档 …… 21

1.5　小结 …… 22

1.6　思考题与习题 …… 23

第 2 章　计算机网络协议和体系结构 …… 25

2.1　计算机网络协议 …… 25

2.1.1　计算机网络协议的作用 …… 25

2.1.2　计算机网络协议的要素 …… 26

2.1.3　计算机网络协议的格式 …… 27

2.2　计算机网络体系结构 …… 27

2.2.1　计算机网络体系结构的定义 …… 27

2.2.2　网络体系结构分层的原则 …… 28

2.2.3　网络体系结构中的服务 …… 29

2.2.4　网络协议层次接口和数据单元 …… 31

2.2.5　网络协议和网络服务的关系 …… 31

2.2.6　对等协议的通信过程 …… 32

2.3　OSI 参考模型 …… 33

2.3.1　OSI 参考模型概述 …… 33

2.3.2　OSI 参考模型的结构 …… 33

2.3.3　OSI 参考模型各层的功能 …… 34

2.4　TCP/IP 协议簇 …… 36

2.4.1　TCP/IP 协议的产生背景 …… 36

2.4.2　TCP/IP 协议的层次结构 …… 38

2.4.3　网络层次协议的捆绑 …… 40

2.4.4　TCP/IP 与 OSI 的比较 …… 41

2.4.5　TCP/IP 与其他低层网络技术的关系 …… 41

2.5　局域网络体系结构参考模型 …… 42

2.5.1　局域网络体系结构的层次 …… 42

2.5.2　局域网络体系结构各层的功能 …… 43

2.5.3　局域网络体系结构的特点 …… 43

2.6　计算机网络实例 …… 44

2.6.1　ARPANET …… 44

2.6.2　X.25 网络 …… 46

2.7　Internet 与 Internet 2 …… 47

2.7.1　Internet 的由来 …… 47

2.7.2　万维网要解决的关键问题 …… 48

2.7.3　Internet 的基础结构经历的推进 …… 49

2.7.4　Internet 研制过程中的贡献 …… 50

2.7.5　Internet 2 …… 50

2.7.6　中国下一代网络示范工程（CNGI） …… 51

2.7.7　目前对 Internet 的批评 …… 51

2.8 小结……51
2.9 思考题与习题……52
第3章 数据通信技术基础……54
3.1 数据通信基本知识……54
3.1.1 信息、数据与信号……54
3.1.2 通信的基本要求……55
3.1.3 数据通信传输系统模型……55
3.1.4 信道的最大容量……56
3.1.5 计算机网络中的速率……57
3.1.6 基带传输和频带传输……58
3.1.7 通信双方的交互方向……59
3.1.8 计算机网络中的时延及计算……59
3.1.9 异步传输和同步传输……60
3.2 传输介质……62
3.2.1 传输介质的分类……62
3.2.2 有线传输介质……62
3.2.3 无线传输介质……67
3.2.4 卫星传输……70
3.3 信道复用技术……72
3.3.1 频分复用和时分复用……72
3.3.2 波分复用 WDM……73
3.3.3 统计复用……74
3.4 数据编码技术……74
3.4.1 数字数据编码为模拟信号……74
3.4.2 数字数据编码为数字信号……75
3.4.3 模拟数据编码为数字信号……76
3.4.4 模拟数据编码为模拟信号……78
3.5 交换技术……78
3.5.1 交换技术的用途……78
3.5.2 电路交换和报文交换……78
3.5.3 分组交换……78
3.5.4 交换技术的比较……79
3.5.5 信元交换……80
3.6 差错控制技术……80
3.6.1 差错产生的原因……80
3.6.2 差错控制方法……80
3.6.3 海明校验……81
3.6.4 循环冗余校验编码……83
3.7 无线与移动通信基础……85
3.7.1 无线通信基础知识……85
3.7.2 蜂窝移动通信……86
3.7.3 全球移动通信系统……87
3.7.4 码分多址访问……88
3.7.5 第4代移动通信及其技术……90
3.8 小结……90
3.9 思考题与习题……91
第4章 应用层……93
4.1 应用层协议原理……93
4.1.1 应用层协议及描述……93
4.1.2 应用层需要的服务……94
4.1.3 网络应用的计算模式……94
4.1.4 应用层协议与运输层协议的关系……95
4.2 域名系统 DNS……96
4.2.1 域名系统概述……96
4.2.2 域名地址空间结构……97
4.2.3 DNS 域名解析过程……101
4.2.4 DNS 记录格式和报文……102
4.3 万维网和 HTTP……104
4.3.1 万维网概述……104
4.3.2 超文本标记语言（HTML）……105
4.3.3 统一资源定位符……106
4.3.4 超文本传输协议……108
4.4 文件传输协议……110
4.4.1 FTP 概述……110
4.4.2 FTP 的工作原理……111
4.4.3 客户端应用程序……112
4.4.4 匿名 FTP 服务……113
4.4.5 FTP 交互工作过程的例子……114
4.4.6 FTP 与 HTTP 协议的比较……115
4.5 电子邮件……116
4.5.1 电子邮件概述……116
4.5.2 电子邮件协议……117
4.5.3 电子邮件报文格式……118
4.5.4 SMTP 的工作过程……119
4.5.5 POP3 的工作过程……121
4.5.6 通用 Internet 邮件扩展（MIME）……122
4.5.7 SMTP 与 HTTP 协议的比较……124
4.6 对等网络……125
4.6.1 对等网络概述……125

4.6.2 P2P 网络的结构 …… 126
4.6.3 P2P 网络和 C/S 网络的比较 …… 127
4.7 客户机/服务器应用编程 …… 128
4.7.1 网络应用编程概述 …… 128
4.7.2 TCP 套接字应用编程 …… 130
4.7.3 UDP 套接字应用编程 …… 133
4.8 小结 …… 136
4.9 思考题与习题 …… 137
第 5 章 运输层 …… 139
5.1 运输层概述 …… 139
5.1.1 运输层提供的服务 …… 139
5.1.2 运输层与相邻层的关系 …… 140
5.1.3 运输服务质量和运输层协议数据单元 …… 141
5.2 运输层协议的要素 …… 142
5.2.1 网络中的寻址 …… 142
5.2.2 运输层的复用与分用 …… 144
5.2.3 运输连接的建立与释放 …… 145
5.2.4 运输协议实现的控制 …… 147
5.3 实现可靠数据传输的网络协议设计 …… 148
5.3.1 可靠数据传输协议设计的基本概念 …… 148
5.3.2 滑动窗口协议机制描述 …… 149
5.3.3 理想的网络协议 …… 150
5.3.4 停-等协议 …… 150
5.3.5 回退 N 协议 …… 153
5.3.6 选择重传协议 …… 155
5.3.7 3 种可靠数据传输协议的比较 …… 156
5.4 拥塞控制 …… 157
5.4.1 拥塞控制概述 …… 157
5.4.2 与拥塞控制有关的因素 …… 158
5.4.3 流量控制与拥塞控制 …… 159
5.4.4 拥塞控制原理 …… 160
5.4.5 网络拥塞控制机制 …… 161
5.5 因特网中的运输层协议 …… 165
5.5.1 因特网运输层协议概述 …… 165
5.5.2 运输层的端口 …… 166
5.6 用户数据报协议（UDP） …… 166
5.6.1 UDP 的特点与作用 …… 166
5.6.2 UDP 的协议格式 …… 167
5.6.3 UDP 的校验和 …… 167
5.7 传输控制协议（TCP） …… 168
5.7.1 TCP 协议的功能描述 …… 168
5.7.2 TCP 报文段的格式 …… 169
5.7.3 TCP 连接与控制管理 …… 171
5.7.4 TCP 流量控制和拥塞控制 …… 172
5.7.5 TCP 的重传机制 …… 175
5.8 网络服务质量 …… 175
5.8.1 网络服务质量概述 …… 175
5.8.2 调度和管制机制 …… 176
5.8.3 综合服务（IntServ） …… 176
5.8.4 区分服务（DiffServ） …… 177
5.8.5 多协议标记交换（MPLS） …… 178
5.9 小结 …… 179
5.10 思考题与习题 …… 180
第 6 章 网络层 …… 183
6.1 网络层涉及的问题 …… 183
6.1.1 网络层实现的功能 …… 183
6.1.2 虚电路服务和数据报服务 …… 185
6.1.3 通信子网的内部结构 …… 187
6.2 路由选择 …… 189
6.2.1 路由选择概述 …… 189
6.2.2 网络分组的交付 …… 191
6.2.3 路由选择模块与路由表 …… 192
6.2.4 路由技术要素 …… 193
6.3 静态路由选择 …… 193
6.3.1 静态路由选择的基本概念 …… 193
6.3.2 静态路由选择算法 …… 194
6.4 动态路由选择 …… 195
6.4.1 动态路由选择的基本概念 …… 195
6.4.2 孤立式自适应路由选择 …… 196
6.4.3 距离矢量路由选择 …… 196
6.4.4 链路状态路由选择 …… 200
6.5 层次路由选择 …… 206
6.5.1 层次路由选择概述 …… 206
6.5.2 自治系统 …… 206
6.5.3 默认路由和层次路由 …… 207
6.6 因特网上的网络层协议 …… 208
6.6.1 IP 协议概述 …… 208

6.6.2 IP 分组的分片……211
6.6.3 IP 地址及应用方法……212
6.6.4 专用 IP 地址及用途……215
6.6.5 IP 地址的一些要点……216
6.6.6 IP 层转发分组的过程……216
6.6.7 子网划分技术……217
6.6.8 子网划分的分组转发过程……221
6.6.9 无分类编址（CIDR）……222
6.7 因特网控制报文协议（ICMP）……225
6.7.1 ICMP 的基本概念……225
6.7.2 ICMP 报文格式……226
6.7.3 ICMP 报文的应用例子……227
6.8 广播和多播路由选择……227
6.8.1 广播和多播路由选择概述……227
6.8.2 广播路由选择……228
6.8.3 多播路由选择……228
6.8.4 IGMP……230
6.8.5 IP 多播地址和范围……231
6.9 因特网的路由选择协议……232
6.9.1 内部路由协议 1——RIP……232
6.9.2 内部路由协议 2——OSPF……234
6.9.3 外部路由协议——BGP4……238
6.10 网络互连……244
6.10.1 网络互连概述……244
6.10.2 网络互连模型及互连规则……245
6.10.3 网络互连设备……246
6.10.4 网络互连设备实现功能的包含关系……247
6.11 移动 IP 网络……248
6.11.1 移动 IP 概述……248
6.11.2 移动 IP 技术的要点及需要解决的问题……249
6.11.3 移动 IP 技术涉及的术语……250
6.11.4 移动 IP 的组成和结构……251
6.11.5 移动节点的功能……252
6.11.6 移动 IP 的工作原理……252
6.12 小结……254
6.13 思考题与习题……255
第 7 章 数据链路层和局域网……259
7.1 数据链路层基础知识……259
7.1.1 数据链路层的基本概念……259
7.1.2 数据链路层的用途……260
7.1.3 帧边界的确定及成帧方法……262
7.1.4 数据链路层的流量控制……264
7.2 数据链路层协议……264
7.2.1 二进制同步通信协议（BSC）……264
7.2.2 高级数据链路控制协议（HDLC）……265
7.2.3 因特网中的数据链路层协议 PPP……269
7.3 局域计算机网络……271
7.3.1 局域网概述……271
7.3.2 局域网涉及的问题……272
7.3.3 局域网标准 IEEE 802……272
7.3.4 局域网技术的研究与发展……273
7.4 信道访问协议……273
7.4.1 信道访问协议概述……273
7.4.2 固定信道划分协议……274
7.4.3 随机访问协议……274
7.4.4 轮流访问协议……277
7.5 MAC 地址与地址解析协议（ARP）……278
7.5.1 MAC 地址……278
7.5.2 地址解析协议（ARP）……279
7.5.3 地址解析协议应用分析……283
7.5.4 反向地址解析协议 RARP……285
7.6 以太网原理与技术……285
7.6.1 以太网概述……285
7.6.2 快速以太网……288
7.6.3 千兆位以太网……290
7.6.4 万兆位以太网……292
7.7 令牌环型局域网……293
7.7.1 令牌环型局域网概述……293
7.7.2 IEEE 802.5 帧结构……294
7.8 交换式局域网……295
7.8.1 交换式局域网的结构和工作原理……295
7.8.2 交换机的交换方式……296
7.8.3 三层交换的概念……297

7.8.4 局域网采用的三层交换技术……298
7.8.5 三层交换机与传统路由器的比较……299
7.9 虚拟局域网……300
7.9.1 使用虚拟局域网的原因……300
7.9.2 虚拟局域网概述……301
7.9.3 VLAN 使用的帧格式……302
7.9.4 静态 VLAN 和动态 VLAN 划分……302
7.9.5 VLAN 主干连接标准协议……303
7.10 无线局域网……304
7.10.1 无线局域网概述……304
7.10.2 无线局域网的发展历程……305
7.10.3 无线传输技术……307
7.10.4 IEEE 802.11 概述……309
7.10.5 有固定基础设施的无线局域网……310
7.10.6 无固定基础设施的自组网络……311
7.10.7 IEEE 802.11 的协议体系结构……312
7.10.8 IEEE 802.11 的 MAC 层……313
7.10.9 IEEE 802.11 的物理层……317
7.10.10 其他无线计算机网络……318
7.11 小结……319
7.12 思考题与习题……320
第 8 章 物理层……323
8.1 物理层协议……323
8.1.1 物理层涉及的问题……323
8.1.2 物理层协议描述……324
8.1.3 物理层的物理连接……324
8.2 物理层标准举例……325
8.2.1 EIA-RS-232 标准概述……325
8.2.2 EIA- RS-232 标准的 4 个特性描述……325
8.2.3 两台计算机直接连接……327
8.3 宽带接入技术……327
8.3.1 xDSL 技术……327
8.3.2 光纤同轴混合技术……328
8.3.3 光纤接入技术……329
8.3.4 以太网接入技术……329
8.3.5 无线接入技术……329
8.4 同步数字体系（SDH）……330
8.4.1 同步数字体系的基本概念……330
8.4.2 同步数字体系的速率体系……331
8.4.3 SONET 的体系结构……333
8.5 小结……333
8.6 思考题与习题……334
第 9 章 网络管理与网络安全……335
9.1 网络管理……335
9.1.1 网络管理概述……335
9.1.2 网络管理协议……336
9.1.3 网络管理的三种方式……336
9.1.4 SNMP 网络管理模型……337
9.1.5 简单网络管理协议（SNMP）……338
9.1.6 ASN.1……340
9.1.7 管理信息结构……343
9.2 网络安全……344
9.2.1 网络安全概述……344
9.2.2 网络安全面临的威胁……345
9.2.3 网络安全评价标准……347
9.3 数据加密技术……347
9.3.1 网络安全模型……347
9.3.2 对称密钥密码体制……349
9.3.3 数据加密标准（DES）……350
9.4 公钥密码体制……352
9.4.1 公钥密码体制的概念……352
9.4.2 公钥密码体制 RSA……354
9.4.3 数字签名技术……355
9.4.4 报文鉴别技术……356
9.4.5 密钥分配技术……357
9.4.6 链路加密与端到端加密……358
9.5 小结……360
9.6 思考题与习题……360
第 10 章 IPv6 网络……362
10.1 IPv6 协议概述……362
10.1.1 IPv4 协议存在的问题……362
10.1.2 IPv6 协议的发展历程……363
10.2 IPv6 协议格式……364
10.2.1 IPv6 协议数据单元……364
10.2.2 IPv6 协议与 IPv4 协议的比较……365
10.2.3 IPv6 协议的扩展首部……366

10.3 IPv6 地址……………………368
10.3.1 IPv6 地址标识方法……………………368
10.3.2 IPv6 地址空间和 IPv6 前缀……………………369
10.3.3 IPv6 地址的分类……………………370
10.3.4 IPv6 地址的一般格式……………………370
10.4 ICMPv6……………………371
10.4.1 ICMPv6 概述……………………371
10.4.2 ICMPv6 对 ICMPv4 的改进……………………372
10.4.3 ICMPv6 报文的一般格式……………………373
10.5 IPv6 过渡技术……………………373
10.5.1 IPv6 过渡技术概述……………………373
10.5.2 双栈技术……………………374
10.5.3 隧道技术……………………375
10.5.4 转换（翻译）技术……………………376
10.6 小结……………………377
10.7 思考题与习题……………………377
附录……………………378
附录 A 书中英文缩写词及其含义（按英文字母顺序排列）……378
附录 B 网络协议层次与网络拓扑中网络节点的对应位置……385
参考文献……………………386

第 1 章 计算机网络概述

计算机网络是信息社会的基础设施，计算机网络已经改变了人们学习、工作和生活的方式。对计算机网络知识的学习和掌握程度，已经成为衡量一个人知识水平的重要依据之一。人们会问计算机网络的内部组成和结构是怎样的，计算机网络中计算机之间是通过什么进行通信的，人们通过计算机网络还能够获得哪些应用，计算机网络的发展趋势是怎样的，学到的计算机网络知识怎样与人们身边的网络相联系。

计算机网络知识涉及计算机网络的理论、技术与应用。学习知识要知其然，更要知其所以然，需要了解计算机网络的发展和历史，计算机网络发展过程中有哪些重要的里程碑事件。进一步了解计算机网络的组成涉及哪些网络硬件和网络软件，有哪些结构形式和描述方法，涉及哪些技术术语，这些术语又怎样理解。此外，还有计算机网络的分类方法，计算机网络的定义和描述方法，计算机网络体系结构层次和网络协议与人们的日常工作和生活中通信怎样类比等。

计算机网络的发展离不开标准化，需要了解国际上有哪些与计算机网络有关的标准组织，这些组织制定了哪些与计算机网络有关的标准。尤其是 Internet 标准是什么，以及怎样得到这些标准内容。

通过本章的学习，要求了解计算机网络的形成和历史、典型的计算机网络、与计算机网络有关的国际组织和国际标准，以及计算机网络应用和研究的热点问题。熟悉计算机网络的常用术语。掌握计算机网络的定义、计算机网络的组成和结构、计算机网络的分类方法和常用的拓扑结构。

1.1 计算机网络技术的发展历程

1.1.1 计算机网络的形成

计算机网络技术是计算机技术和通信技术相结合的技术，计算机技术和通信技术又离不开微电子技术的支撑。计算机网络 20 世纪 60 年代出现，经历了 20 世纪 70 年代、80 年代和 90 年代的发展，进入 21 世纪以后，计算机网络已经成为信息社会的基础设施，深入到人类社会的方方面面，与人们的工作、学习和生活息息相关。

任何一门科学技术发展的动力都是来自社会的需要，以及已有技术的支持。回顾人类社会通信技术、计算机技术和计算机网络技术发展的历程，以及涉及的其他技术，对理解计算机网络技术的形成和发展很有帮助。

1837 年发明了电报，1876 年出现电话，两者都采用电磁技术，人类社会进入近代电信时代。

1906 年发明了电子管，1912 年研制成功电子管放大器，揭开现代电子技术的序幕。

1930 年，微波通信开始应用，无线传输介质逐渐广泛运用于通信。

1936 年，英国人图灵发表《论应用于决定问题的可计算数字》，提出了图灵机的理论和思想。

1939 年，世界上第一台电子数字计算机 ABC 研制成功，计算机技术开始应用。

1946 年，冯·诺依曼提出存储程序式计算机。美国宾夕法尼亚大学研制成功电子数字计算机 ENIAC。

1947 年 12 月 23 日，研制成功世界上第一个晶体管，半导体技术即微电子技术开始应用。

1949 年提出 PN 结理论，1950 年研制出具有 PN 结的晶体管，1959 年研制出硅平面管，发明了集成电路，之后根据摩尔定律，集成电路的集成度每 18 个月翻一翻。

1954 年远程终端出现，通过电话网络与远程的计算机主机实现数据传输。

1962 年，第一颗人造地球通信卫星发射成功，卫星上的转发器使用微波与地面通信站进行通信，卫星通信开始应用。

1966 年，英国国家物理实验室完成第一个分组交换实验网。

1968 年，美国夏威夷大学无线分组交换网络（ALOHA）投入使用。

1969 年，美国国防部高级研究规划署（Advanced Research Project Agency，ARPA）建成 ARPANET，ARPANET 的建成是计算机网络技术发展的里程碑。

1972 年，美国施乐公司开发出以太网技术（Ethernet），用于组建局域计算机网络，揭开了组建局域计算机网络的序幕。

1974 年，TCP/IP 协议正式发表。1983 年 TCP/IP 协议成为 ARPANET 上正式的网络协议。1985 年和 1988 年对 TCP/IP 协议进行了修改和补充。

1974 年，IBM 公司提出系统网络体系结构（System Network Architecture，SNA）

1975 年，DEC 公司发布自己的数字网络体系结构（Digital Network Architecture，DNA）。

1976 年，CCITT 制定 X.25 建议书，该建议书是用于传输计算机数据的分组交换网的第一个标准。CCITT 目前由 ITU-T 替代。

1977 年，国际标准化组织 ISO 的 SC16 分技术委员会开始着手制定开放系统互连参考模型（Open System Interconnection/Reference Model，OSI/RM）。

1980 年 2 月，美国 IEEE 制定出局域计算机网络的标准，称为 IEEE 802 标准。之后，IEEE 802 标准成为系列标准，包括城域网、无线局域网等的标准。

1980 年，Novell 公司开发成功局域网操作系统 Netware，局域网络逐渐普及。

1981 年，美国 IBM 公司个人计算机（PC）问世。IBM 公司采取开放微机操作系统 PC-DOS 源代码的措施，使得各计算机厂商生产出与之兼容的计算机产品。

1981 年，国际学术网络（Because It's Time Network，BITNET）启用。

1982 年，定义出电子邮件格式。1990 年以后，电子邮件成为计算机网络中最广泛的应用之一。

1982 年，UNIX 操作系统和微型计算机开始广泛应用于学术界和教育界。

1982 年，令牌总线网（ARCnet）应用于微机工业控制中。

1983 年，国际标准化组织（ISO）给出开放系统互连（OSI）基本参考模型的正式文件，国际标准号为 ISO 7498，用于提供研制计算机网络体系结构的框架。

1983 年，ARPANET 分为两部分，即军事用途的 MILNET 和一般用途的 Internet。

1983 年，AT&T 发明综合布线系统，照明、监控、网络数据线逐渐应用于建筑设计。

1984 年，美国苹果计算机公司研制出用于苹果微型计算机的图形用户界面（GUI）操作系统 Macintosh，这是世界上第一个 GUI 的操作系统。

1985 年，美国国家科学基金会（National Science Foundation，NSF）利用 ARPANET 建立了用于科学研究和教育的骨干网络（NSFNET）。

1987 年 9 月 20 日，钱天白教授通过意大利公用分组交换网在北京发出我国第一封电子邮件，与德国卡鲁斯尔厄大学进行通信，揭开了我国使用 Internet 的序幕。

1989 年，CCITT 给出用于宽带综合业务数字网 B-ISDN 的 I 系列建议书，异步传输模式（ATM）技术成为 21 世纪的计算机网络技术。

1990 年，ARPANET 退出使用，演变为 Internet。之前，ARPANET 与 NFSNET 构成 Internet 的主干网络。

1990 年，欧洲粒子物理研究所（CERN）的科学家，研制出超文本传输协议（HTTP）、超文本标记语言（HTML）和超连接（HyperLink）技术。

1990 年，CERN 的科学家提姆.伯纳斯李（Tim Berners-Lee）开发出了万维网（World Wide Web）和简单的浏览器（浏览软件）。WWW 标志着 Internet 应用时代的到来。

1990 年，芬兰赫尔辛基大学学生 Linus Torvalds 开发出 Linux 操作系统。Linux 于 1991 年首次公布于众，Linux 是一个源代码开放、共享和免费的操作系统软件。

1990 年 10 月，我国正式在 DDN-NIC 注册登记了顶级域名“.cn”。同年推出我国的域名体系。

1991 年，IETF 开始着手研制新一代网络协议，称为下一代 IP 协议（IPng）。

1992 年，Internet 学会成立，该学会把 Internet 定义为“组织松散的、独立的国际合作互联网络，通过自主遵守计算协议和过程支持主机对主机的通信”。

1993 年，美国伊利诺斯大学国家超级计算中心开发成功网上浏览工具 Mosaic（后来发展成为 Netscape），使得各种信息可以方便地在网上交流。

1993 年，美国政府提出建设国家基础信息设施（NII）计划，即国家信息高速公路建设。Internet 基本建成，开始得到广泛应用。

1994 年，我国通过美国 Sprint 公司连入 Internet，开始提供国内用户接入 Internet 的服务，数据传输率为 64kbit/s。我国政府开始实施“三金工程”。

1995 年，IETF 推出 IPv6，给出 IPv6 协议规范的建议标准。

1995 年，光纤波分复用（技术）出现。IP 电话出现。

1998 年 12 月，发布 IPv6 协议标准 RFC 2460。并在 1999 年完成了 IETF 要求的协议审定和测试。

1998 年，千兆以太网（GE）研制成功。SGI 给出用于 WLAN 的蓝牙技术标准。

2001 年 7 月，思科（Cisco）宣布与微软、IBM、惠普、SUN 和摩托罗拉组成伙伴关系，开展 IPv6 软、硬件产品的开发。

2002 年，万兆以太网（10GE）研制成功。

2003 年，美国国防部宣布到 2008 年美国军用网络系统将全部升级到 IPv6 网络。

2003 年，由国家发展与改革委员会等八部委联合启动中国下一代互联网示范工程（CNGI）。

2004 年 3 月，作为 CNGI 核心主干网络的 Cernet 2 实验网开通。2004 年 12 月 Cernet 2 正式开通，成为全球最大的纯 IPv6 网络。

2005 年 12 月，我国第一个下一代互联网国际/国内互联中心 CNGI-6IX 建成。

2007 年 7 月，IETF 发布我国第一个非中文相关的信息类互联网技术标准 RFC 4925《Softwire Problem Statement》。

2008 年 6 月，IETF 发布第一个以我国学者为主署名的试验类互联网技术标准 RFC 5210《A Source Address Validation Architecture （SAVA）Testbed and Deplayment Exprerience》。

2009 年 1 月，IETF 发布由华为公司和国内运营商署名提交的两个互联网技术标准 RFC 5316 和 RFC 5392，用于解决网络自治域间流量工程大规模部署和不同厂商互通的问题。

2009 年 6 月，IETF 发布由清华大学研究人员给出的互联网技术标准 RFC 5565《Softwire Mesh Framework》。

2009 年 11 月 16 日，中国互联网络信息中心（CNNIC）在京举行“.中国”域名国际申请启动仪式，正式向 ICANN 递交了“.中国”域名国际申请。

1.1.2 计算机网络发展的阶段

对于计算机网络技术发展阶段的划分，目前还没有定论。任何一门技术的出现和不断发展都与两个因素有关：一个是社会需求，另一个是前期技术的成熟和支撑。按计算机网络的发展历程，可以划分为 4 个阶段。

1．联机终端网络

20 世纪 50 年代到 60 年代中期，当时计算机比较少，远程终端利用拨号和电话通信线路与计算机主机连接，多个终端共享主机的资源，构成联机终端网络。

联机终端网络的特征是一个主机，多个终端，以主机为中心，终端之间不能进行通信。若要严格按计算机网络定义来描述，这种联机终端网络实际是一个计算机通信网，并不是真正的计算机网络。

2．计算机-计算机网络

计算机-计算机网络是符合计算机网络定义的系统，典型的网络实例为 1969 年建成的 ARPANET。ARPANET 标志着计算机网络发展的里程碑，这个网络最后演变成了现在的因特网（Internet）。

计算机-计算机网络的特征是多个主机，网络设计采用分层的概念，把计算机网络的功能分到不同的层次，通信双方的对等层采用彼此能够听懂的对等层网络协议，把各层功能用网络控制协议实现，网络控制协议与传输数据一起构成协议数据单元（Protocol Data Unit，PDU）。采用分组交换技术，把传输的报文分成分组，以适应计算机数据传输突发性的特点。

这一阶段也称为分组交换网时代。计算机网络的组成包括两级子网，即用于通信控制、传输和通信处理的通信子网，以及用于数据处理的资源子网。计算机网络从第一阶段以主机为中心演变到以通信子网为中心。

3．开放的计算机网络体系结构

从 20 世纪 70 年代末到 80 年代初期，不同的计算机厂商研制设计了各自的网络体系结构和网络产品，例如：IBM 公司的系统网络体系结构 SNA，DEC 公司的 DECNET。按照某一厂商的网络体系结构生产的计算机网络硬件、软件产品，只能在本厂商生产的网络产品之间进行互连，无法与其他厂商的网络产品互连。这些厂商的网络产品组成的计算机网络系统形成了“封闭系统”。

国际标准化组织（ISO）考虑到计算机网络发展，需要制定一个大家都遵循的计算机网络参考模型框架，凡是按照这一框架生产的网络硬件和软件都可以互连起来。1983 年 ISO 给出了“开放系统互连参考模型”（Open System Interconnection Reference Model，OSI/RM）。OSI给出了7个层次描述，由低层向高层排列，依次为物理层、数据链路层、网络层、运输层、会话层、表示层、应用层。每一层完成特定的功能，不同系统中的同等层利用对等层协议通信。遵循OSI设计的计算机网络系统为“开放系统”。

在这一阶段，TCP/IP协议有了长足的发展，成为ARPANET的正式协议，采用IP协议实现了异构计算机和异构计算机网络的互连。

随着局域网技术的产生与发展，IEEE开始制订用于局域网的IEEE 802标准，IEEE 802系列标准后来还涉及城域网技术和无线网络技术。

4．Internet（因特网）

这一阶段的时间从20世纪90年代初到现在，计算机网络的设计和应用得到迅速的发展，信息化社会对计算机网络的迫切需求，已构成促进计算机网络技术发展的强大动力。

Internet是一个世界范围的“Network of Networks”，Networks包含有多个不同网络体系结构的网络，例如，各种各样的局域网、城域网和广域网，以及无线网络和移动网络。出现这么多种不同网络的原因是，没有一种类型的网络可以满足所有应用的需要。多种不同网络采用不同的网络技术、网络协议和地址格式，需要提供一种网络互连的方法，使网络用户的数据信息可以在互连的网络中传输。

实现网络互连的技术思路，是在每个网络内部使用各自的网络协议，每个网络与其他网络通信时，使用TCP/IP协议屏蔽底层物理网络的差异，通过互联协议IP向上提供一致性的服务，通过互连设备（例如路由器）实现不同网络之间的互连，使各种不同网络之间的差异对网络用户透明。

Internet的应用经历了3种服务：接入服务，由Internet服务供应商（Internet Service Provider，ISP）提供；内容服务，由Internet内容供应商（Internet Content Provider，ICP）提供；应用服务，由Internet应用供应商（Internet Application Provider，IAP）提供。

计算机网络发展的4个阶段及其特征见表1-1。

表1-1　计算机网络发展的4个阶段及其特征

阶　段	时　间	名　称	特　征	典型应用
1	1950-1960初	联机终端网络	主机一个，终端多个	气象数据传输
2	1962-1969	计算机-计算机网络	主机多个，两级子网，层次协议	ARPANET
3	1974	开放的网络体系结构	开放的计算机网络体系结构框架	OSI
4	1990	因特网（Internet）	网络的网络，信息社会基础设施	Internet、Intranet

1.1.3　计算机网络的定义

1．计算机网络

在计算机网络发展的不同阶段，人们对计算机网络的定义和理解是不同的，最初的联机终端网络是从数据传输的观点来认识计算机网络的，后来逐步发展到以资源共享观点，明确建立计算机网络的主要目的是实现资源共享、计算机网络中的计算机是自治的、各计算机之间的通信需要遵循彼此约定的协议，从而逐步形成计算机网络的基本特征。

对计算机网络的定义有多种描述，依据计算机网络的特征，给出**计算机网络的定义**是：计算机网络是通过传输介质、通信设施和网络通信协议，把分散在不同地点的计算机设备互连起来，实现资源共享和数据传输的系统。

在上述计算机网络定义中，涉及 7 个知识点：①传输介质；②通信协议；③不同地点；④计算机设备；⑤资源共享；⑥数据传输；⑦系统。计算机网络的原理、技术与应用围绕这 7 个知识点展开讨论，对计算机网络的学习就是分析和理解这些知识点的含义，涵盖的内容，以及涉及的理论、技术与应用。

计算机网络是一个互连的计算机系统和通信系统的集合。这些计算机系统是分散的，可以在一个房间内、一个大楼内、一个校园或企业内，也可以是在一个城市内、一个国家乃至全球范围。

借助计算机网络，可以实现任何人（Whoever）在任何时间（Whenever）、任何地方（Wherever）、都可以和任何另一个人（Whoever）通过计算机网络进行通信，以传递任何信息（Whatever）。这也称为 5 个 W 的计算机网络应用。

人们定义的计算机网络对网络用户来说是透明的。所谓透明，讲的是用户不必关心和知道一个具体的计算机网络系统是怎样组成的，用户只需要遵循计算机网络使用的协议，由网络操作系统为用户自动管理、调用网络资源。

2. 通信

通信是从一个地点向另一个地点传递消息。在人类社会的生活和生产活动中都离不开消息的传递和交流，通信是人类生存、生产和生活的需要。

完成一次通信必须具备 3 个要素：一是通信双方都有通信的愿望；二是通信双方之间有用传输介质构成的传输通路；三是要有通信双方彼此理解和遵循的通信协议（即规则和约定）。

通信可以分为“非电的通信”、“电的通信”、“光的通信”。非电的通信有文字、书信、手语等；电的通信有电话、电报、移动电话等；光的通信有古代的烽火，以及现在的通过光纤传输介质传输的光信号等。

3. 计算机网络与分布式计算机系统

分布式计算机系统是建立在计算机网络基础上的，从网络硬件来看，分布式计算机系统与计算机网络几乎是一样的。两者的最主要的区别是在软件上，表现在分布式操作系统与网络操作系统的设计思想、结构、工作方式和实现功能是不同的。

分布式系统在硬件连接上与计算机网络相似，分布式操作系统把任务分散到互连的计算机上，共同完成一项任务，用户感觉不到不同地点计算机的存在，对用户来讲这种分布式计算机系统就好像只有一台计算机一样。

在计算机网络中，网络节点是分布式的，要求用户在使用网络资源时必须了解网络资源的分布情况。

分布式计算机系统以全局方式管理系统资源，用户不必关心资源的分布情况，用户的作业管理与文件管理过程对用户是透明的。分布式操作系统的功能可以分散到网络环境中的多个计算机上，系统中拥有多种通用的物理和逻辑资源，可以动态地给它们分配任务，这些资源通过计算机网络连接实现信息交换，系统中的计算机既合作又自治，用户在使用分布式计算机系统时，像使用一台计算机那样，感觉不到分布式系统的存在，系统内部结构对用户是透明的。分布式计算机系统是一种紧耦合系统，而计算机网络是一种松耦合系统。

1.1.4 计算机网络技术的特征

计算机网络技术是计算机技术和通信技术相结合的技术，而计算机技术和通信技术都离不开微电子技术，即半导体物理和工艺技术。三种技术构成三角形支撑，支撑起计算机网络技术，计算机网络技术的技术支撑如图 1-1 所示。

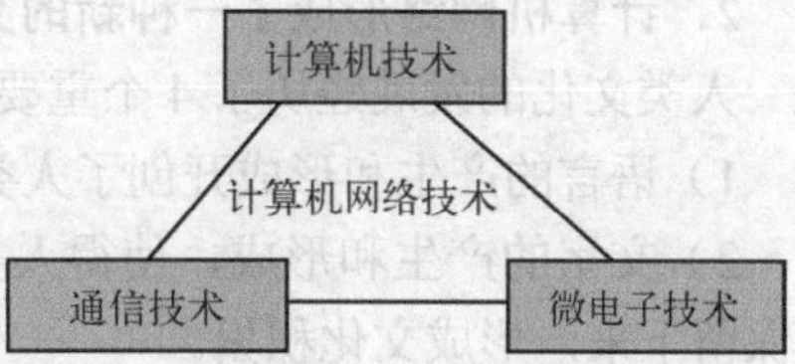

图 1-1　计算机网络技术的技术支撑

从第一台计算机的诞生到计算机网络的普及应用，计算机部分地代替了人的智能，计算机网络提高了人们之间信息传递的速度，缩短了人与人之间的距离，使全人类的资源共享、信息交流成为可能。计算机不再是孤立的一台机器，它成为连接整个信息社会的基础设施的基本单元。

支撑信息社会的重要技术是计算机技术、数据通信技术和信息内容及处理技术以及这三种技术的汇合。计算机技术包括硬件、软件、大容量存储设备、各种输入输出设备，以及相应的服务；数据通信技术包括电话、电视、传输介质、通信传输、通信处理、通信卫星和无线通信等；信息内容及处理包括教育、娱乐、出版、信息提供、信息组织和存储、信息检索等。

计算机技术和计算机网络技术的发展基于以下几方面：

1）微电子技术和器件工艺的改进，半导体超大规模集成电路的研制，芯片多处理机技术的发展，并行技术的应用。

2）存储介质的存储容量和质量不断提高，光存储技术发展迅速，使得大容量信息的存储和访问成为可能，网络存储技术发展迅速。

3）计算机软件技术的发展，操作系统和网络操作系统、开发平台软件及工具软件、数据库管理系统及大型数据库的研制。

4）多媒体技术和用户界面技术发展，确立使用者第一的服务思想。

5）计算机网络技术不断提出新的概念、理论和技术，给出新的实现方法，尤其是在新一代网络协议、数字传输、交换技术、高数据传输率、光纤传输领域。

将来计算机网络技术的发展，不是某一种技术的延伸，而是多种网络技术的综合应用。"三网合一"，即计算机网、电信网、广播电视网合为一个网，会给计算机网络的应用和资源利用提供更广阔的平台，可以节省网络投资，充分利用已有的软件资源、硬件资源、信息资源、移动资源，开发新的资源，为信息社会提供更好的服务。

1.1.5　计算机网络在信息时代的作用

1. 计算机网络提供的基本功能

1）数据通信，计算机网络中的终端与计算机、计算机与计算机之间进行通信，传输数据，实现数据和信息的传输、收集和交换。

2）资源共享，用户通过计算机网络可以共享系统内的硬件、软件、数据、文档信息，以及通过信息交流获取更多的知识，产生新的有用信息。

3）给网络用户提供最好的性能价格比，减少重复投资。

4）提供大容量网络存储，不断增加新的多媒体应用。

5）提供分布式处理，使得协同操作成为可能，可以平衡不同地点计算机系统的负荷，降低软件设计的复杂性，充分利用计算机网络系统内的资源，使得网络计算成为可能。

6）可以对地理上分散的计算机系统进行集中控制，实现对网络资源集中管理和分配。

7）提供高可靠性的系统，借助在不同信息处理位置和数据存储地点的备份，通过传输线路和信息处理设备的冗余实现高可靠性。

2．计算机网络形成了一种新的文化

人类文化的发展经历了 4 个重要的阶段：

1）语言的产生和形成开创了人类思维和文化的交流。

2）文字的产生和形成，使得人类的交流不受时间和空间的限制，大量的信息可以通过文字保留下来，形成文化积累。

3）工业化社会给人类带来机器化大生产的观念，以及在一个特定的时间和地点以统一的标准方式重复生产的经济形态，产生出相应的工业化社会文化。

4）计算机网络技术的发展与应用正在产生和形成一种新的文化，称为电子信息文化，使得人类冲破了时间和空间的限制，把时间和距离缩小到零，人类生活的地球变成了“地球村”。

例如，通过 Internet 使用电子邮件，人们可以和地球上任何地方的任何一个人通信，通信的另一方可以不在现场，可以在空闲的时间处理电子邮件，不会受到时间的限制。采用超文本、超媒体技术，人们可以在家里、在办公室不受任何空间限制浏览世界各地的信息。信息检索技术和视频点播改变了以往被动接受信息数据、实时接收广播和电视的习惯，真正做到按需索求。人们利用信息网络接受教育，使得知识更新和终身教育成为可能。人们利用信息网络开展科学研究，有可能加快科学的发明和发现。远程医疗、电子图书馆、电子博物馆、电子商务、电子政务等的出现已经极大地改变了信息社会的结构，以及人类社会的生活方式和人类的生存质量。

1.1.6 计算机网络在中国的发展

1．局域网方面的应用

从 20 世纪 80 年代开始，随着微型计算机的增多，在中国国内许多单位组建了局域网，多采用以太网技术（该技术是 IEEE 802.3 协议的基础），总线型拓扑结构，信道访问协议为 CSMA/CD，传输介质用同轴电缆，网络操作系统为 UNIX 和 3ComPlus，数据传输率为 10 Mbit/s。

进入 20 世纪 90 年代以后，局域网的传输介质开始采用双绞线，网络操作系统为 NOVELL 公司的 Netware，局域网互连得到广泛应用，网络互连设备主要是中继器和网桥。

进入 1994 年以后，开始使用 Windows NT 网络操作系统，设计出数据传输率达到 100 Mbit/s 的快速以太网，光纤开始作为传输介质。为适应高速网络的要求，数据编码方式有了变化，用路由器进行网络互连已经普及。

1998 年，千兆以太网出现并开始广泛应用于构筑企业网和校园网的主干网，由于数据传输率高，组网、应用简单方便，千兆以太网迅速成为局域网的主流技术。

2002 年 3 月，万兆以太网产品问世，并保持向下兼容。Windows 2000 Server 和 Windows 2000 Advance Server 成为主要的网络操作系统。随着 Internet 的应用，开始组建企业内部的 Internet，称为 Intranet，也称为内联网。

2．广域网方面的应用

1980 年，中国铁道部开始进行计算机连网实验，设计和组建用于行车调度的运输管理系统，这一系统后来演变为铁路管理信息系统（Trail Management Information System，TMIS）。

1989 年，中国第一个公用分组交换网 CNPAC 建成。值得注意的是，欧洲一些国家是在 20 世纪 70 年代就开始了公用分组交换网的实验。1993 年 9 月建成新的公用分组交换网，并更名为 CHINAPAC，由国家主干网和省级内网组成，网络管理中心在北京。在北京、上海和广州设有国际出口，主干网覆盖 2300 多个市、县以及乡镇，端口容量达 13 万个。用户数据传输率可以达到 64 Kbit/s，中继线的通信速率为 64 Kbit/s～2.048 Mbit/s。

从 20 世纪 90 年代起，随着 Internet 应用的迅速普及，中国陆续组建了基于 Internet 技术的 4 个覆盖全国的公用计算机网络，并支持和提供与 Internet 的互连，这些网络是：中国公用计算机互连网（CHINANET）；中国金桥信息网（吉通网络）（CHINAGB）；中国教育和科研计算机网络（CERNET）；中国科学技术网络（CSTNET）。前两个网络由中国电信组建，是经营性网络，后两个分别由当时的国家教育委员会和中国科学院组建，是公益性网络。

CHINANET 于 1995 年组建，由主干网和接入网组成，主干网构成主要信息通路，由各省会城市和直辖市节点组成，接入网则由各省、直辖市、自治区内建设的网络节点组成。全国各地的用户均可以通过 163 拨号上网。CHINANET 在北京、上海和广州设有高速国际出口线路与 Internet 互连，主干线路的数据传输率以 2.048 Mbit/s 为主，并逐步提高到 E3 的 34 Mbit/s，甚至更高的数据传输率。

1996 年 CHINAGB 建成，是一个开放式的互连网络，覆盖全国，包含有卫星网和地面的光纤网，称为天地一体，提供的主干速率为 128 Kbit/s～8 Mbit/s。1993 年，中国启动了实现国民经济信息化的网络工程，称为金桥工程，吉通通信公司负责实施 CHINAGB 网络建设。CHINAGB 可以传输数据、语音、图像等业务，为金融、海关、外贸，交通、科学技术、国家安全等各种信息业务系统提供服务。其他的金字头工程都是在金桥工程基础设施上运行的信息化应用工程。

1994 年，由当时的国家教育委员会组织，启动“211 工程”建设，开始组建中国教育和科研计算机网络（CERNET），也称为“金智工程”。全国按地域分为 8 个地区，构成主干网、地区网、校园网三级结构，网络控制中心设在清华大学，并通过网络控制中心的国际出口与 Internet 连接。

3．CNGI 和互联网应用

2003 年，由国家发展与改革委员会等八部委联合启动中国下一代互联网示范工程（CNGI）。2004 年 3 月作为 CNGI 核心主干网络的 CNGI-Cernet 2 实验网开通，2004 年 12 月 CNGI-Cernet 2 正式开通，成为全球最大的纯 IPv6 网络。

CNGI-Cernet 2 主干网全面支持 IPv6 协议，以 2.5 Gbit/s～10 Gbit/s 的数据传速率连接了我国 20 个城市的 25 个核心节点。其中，北京－武汉－广州和武汉－南京－上海的主干网传输速率达 10 Gbit/s。各核心节点均具有支持用户网以 1/2.5/10（Gbit/s）速率接入的能力。北京国内/国际互联中心 CNGI-6IX 分别以 1/2.5/10（Gbit/s）速率连接了中国电信、中国联通、中科院、中国移动的 CNGI 示范网络核心网，并以 1/2.5（Gbit/s）速率连接美国 Internet 2、欧洲 GEANT 2 和亚太地区 APAN。

CSTNET 由中国科学院负责建设和管理，CSTNET 最早为北京中关村地区教育与科研示范网，该示范网后来构成 CSTNET 的核心部分。1994 年 CSTNET 融合到中国互联网信息中心（Network Information Center of China，CNNIC），CNNIC 是在 CSTNET 和中科院网络信息中心的基础上成立的。后来又组建了中国科学院网络，覆盖全国 25 个城市的 120 多个科研机构，形成百所大连网，另外有科学院系统外的一些有关部委和地区的用户，通过微波、卫星线路连接到中国科学院网络。

中国互联网络信息中心（CNNIC）发布，截至 2012 年 12 月 31 日，中国网民数量达到

5.64 亿、家庭宽带网民数达到 4.2 亿、网站数达 268 万、国际出口宽带数 1,899,792 Mbps、IPv4 地址数为 3.31 亿、域名数达 1341 万。

截至 2013 年 5 月底，中国网民数量达到 5.84 亿，互联网普及率为 43.6%。我国 CN 域名总数为 7,554,702 个。截至 2013 年 5 月 27 日，全球 gTLD 域名注册总量为 134,257,574 个，其中，中国 gTLD 域名注册数为 6496625 个，排在美国和德国之后，居全球第 3 位。

麦肯锡咨询公司 2013 年 5 月发布研究报告，评出了有望改变未来生活、商业和全球经济的 12 项颠覆性技术，这 12 项新技术包括：移动互联网；知识和工作自动化；物联网；云计算；高级机器人；无人驾驶汽车；下一代基因组学；能源存储；3D 打印；新材料；先进油气勘探和开采技术；可再生能源。其中移动互联网位居首位。

1.2 计算机网络的组成和结构

现代计算机网络的组成和结构正在发生变化。对计算机网络的组成和结构的讨论主要是依据广域网。关于计算机网络的组成和结构从 3 个方面进行讨论：计算机网络的物理结构；计算机网络的拓扑结构；计算机网络的协议体系结构。

1.2.1 计算机网络的物理结构

计算机网络的物理构成由两级子网组成，即通信子网和资源子网。广域网可以清晰地划分出通信子网和资源子网的物理结构，使网络的数据通信和数据处理有了明确的功能和位置划分。计算机网络的物理构成及网络核心、网络边缘和网络中的 3 种节点如图 1-2 所示。

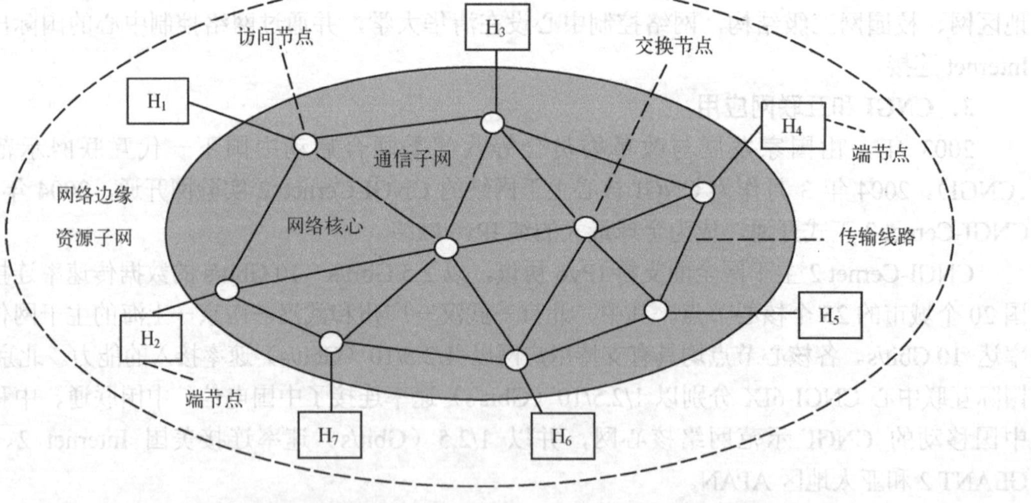

图 1-2 计算机网络的物理构成及网络核心、网络边缘和网络中的 3 种节点

通信子网是网络的核心，用于数据的传输、交换连接和通信控制。通信子网由通信处理设备构成的节点和通信传输线路组成。通信子网中的节点分为访问节点和交换节点，节点可以是交换机、路由器、通信控制器、通信接口板等。通信子网一般由邮电部门或通信公司组建。

访问节点位于通信子网的边缘，可以连接处于资源子网的计算机设备。访问节点连接发送端节点，构成源节点。访问节点连接接收端节点，构成目的节点。访问节点也称为数据电路端接设备（DCE）。

交换节点位于通信子网内部，用于对数据信号的转接和交换，存储转发是交换节点主要的工作。计算机网络中采用分组交换方式。

通信传输线路可以采用有线或无线传输介质。有线介质主要有光纤、同轴电缆、双绞线等。无线介质主要有无线电、微波、红外线等。

资源子网是网络的边缘，也称为用户子网。资源子网由用于端节点的计算机设备组成，用于数据的发送、接收和处理，向网络用户提供各种网络资源和网络服务。

端节点位于资源子网，端节点一般是发送、接收和处理数据的通用计算机，也称为数据终端设备（DTE）。用于发送数据的计算机称为源端节点，用于接收数据的计算机称为目的端节点。

计算机网络中的通信子网和资源子网可以分别组建，通信子网可以是专用或公用的。可以看出通信子网构成了网络核心，而资源子网处于网络边缘，是建立在通信子网提供数据通信服务基础上的。两级子网的划分，为认识计算机网络结构提供了很好的切入点。

1.2.2 计算机网络的拓扑结构

拓扑学是几何学的一个分支，是从图论演变过来的。可以用拓扑学的方法来描述计算机网络的连接和构型，构成由点和线组成的二维平面。拓扑图中的线条表示连接的通路，通路的传输介质可以是有线介质，也可以是无线介质，拓扑图中的点表示连接节点，可以表示交换机、路由器，也可以表示一个连接位置，例如一个计算中心。网络拓扑讨论网络中的通信节点和通信线路或信道的连接所构成的各种网络几何构形，反映网络的整体结构外貌，主要是考虑到通信子网的拓扑结构。

计算机网络拓扑简化了复杂的网络结构描述，把网络中的实体抽象成与其大小、形状无关的点，把连接实体的通信线路抽象成线，把对复杂的网络结构描述演变成简单的点、线和面之间的关系，可以清晰地描述网络组成部分的抽象连接，省略了不必要的细节。

计算机网络拓扑结构主要有总线型、环形、星形、树形、回路形、全连接或网状、不规则型、卫星或无线电型等，如图 1-3 所示。前 3 种拓扑类型多用于局域网。广域网多采用网状、不规则型等结构。

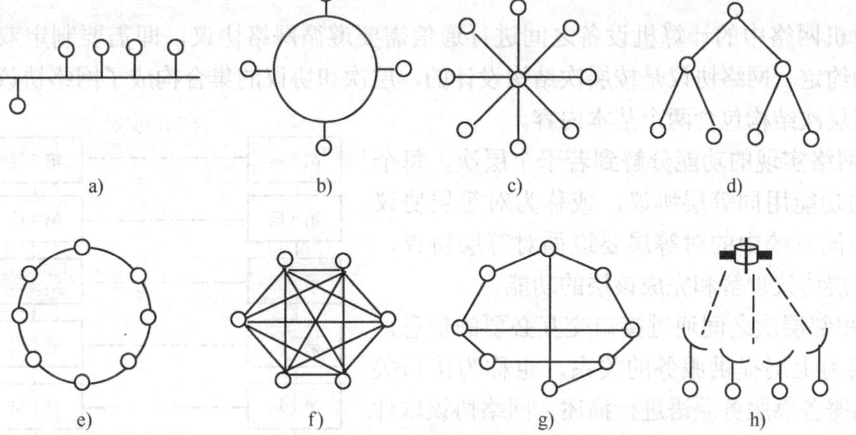

图 1-3 计算机网络的拓扑结构

a) 总线型 b) 环形 c) 星形 d) 树形 e) 回路型 f) 全连接或网状 g) 不规则型 h) 卫星或无线电型

通信子网可以设计成两种信道：点到点信道（Point to Point）和广播信道（Broadcast）。

点到点信道的特点是一条线路连接一对节点，主机之间经过两个或多个节点连接，信息的传输通过节点的存储转发进行。点到点信道构成的通信子网的拓扑结构有星型、树型、回路型、不规则型、网状等。

广播信道为共享信道，特点是一个节点发出信息，其他节点都可以收到，各节点对共享信道竞争发送，需要遵循广播信道访问控制协议。广播信道构成的通信子网的拓扑结构有总线型、树形等。无线电与卫星通信采用的是广播信道。

在实际应用时，广域网采用的拓扑结构主要是网状拓扑，多采用点到点信道，而局域网和城域网主要是采用广播信道网络拓扑。

1．总线型拓扑特点

结构简单，节点接入网络方便，成本低，易于实现和管理，一个节点发送，所有的节点都可以收到。缺点是多个节点同时使用信道时存在冲突。

2．星形拓扑特点

节点之间通过中心节点通信，节点接入网络方便。若多个节点之间同时传输数据，需要中心节点控制信道的使用，因此中心节点容易成为网络的瓶颈。

3．环形拓扑特点

节点通过点对点线路连接成闭合环路，网络中的节点发送数据时，需要截获令牌，数据按一个方向沿环路逐站传送。优点是环路上的数据传输有确定的时延，节点对信道的访问不会存在冲突。问题是需要较复杂的环路维护。

4．树形拓扑特点

树形拓扑为星形拓扑的扩展，节点按层次连接，数据交换主要在上、下节点之间进行。树形拓扑适宜汇集数据信息的需求，是Intranet中常采用的拓扑结构。

5．网状拓扑特点

形式上是无规则的，节点之间的连接是任意的。优点是系统可靠性高，适宜广域网组网。问题是网络结构复杂，需要较复杂的路由选择技术，以及流量控制和拥塞控制技术。

1.2.3 计算机网络的协议体系结构

计算机网络中的计算机设备之间进行通信需要遵循网络协议，即需要制定双方遵循的通信规则和约定。网络协议是按层次结构设计的，层次和协议的集合构成了网络协议体系结构。网络协议层次结构包含两个基本内容。

1）网络实现的功能分解到若干个层次，每个功能层的功能用同等层协议，或称为对等层协议实现，不同系统中的对等层要遵循对等层协议，通过对等层协议理解和完成该层的功能。

2）相邻层次之间通过接口交互必要的信息，构成下层为上层提供服务的关系，也称为接口关系。网络服务靠服务原语进行描述，网络协议软件根据网络协议结构进行设计和开发。计算机网络体系结构是指这种具有层次结构的协议和服务的集合，计算机网络的协议体系结构如图1-4所示。

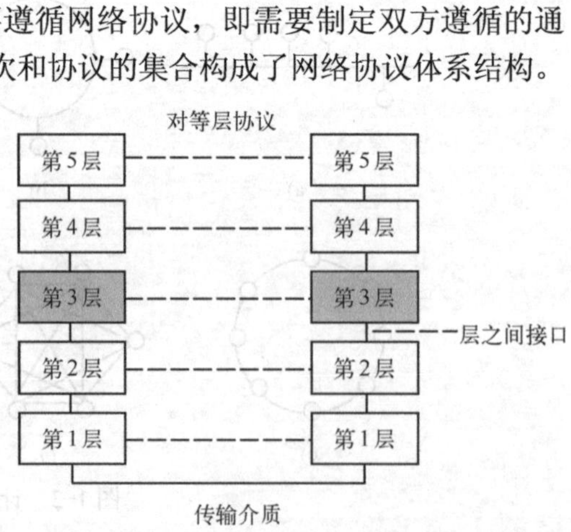

图1-4　计算机网络的协议体系结构

1.2.4 计算机网络的分类

计算机网络可以依据网络用途、网络的拓扑结构、网络覆盖的地域范围、信息传输和交换方式、采用的网络协议等属性来进行分类。

1．按网络用途分类

依据网络用途划分，计算机网络可以划分为公用网和专用网。公用网一般由政府的电信部门组建，用户只要遵循公用网的规则，按规定交纳费用，就会得到网络服务。在中国，与通信和计算机网络有关的公用网主要有：

1）China-PSTN，中国电话网。

2）China-PAC，中国公用数据网。

3）China-DDN，中国数字数据网。

4）China-FR，中国帧中继数据网。

5）China-EDI，中国电子数据交换网。

6）China-N-ISDN，中国综合业务数字网。

7）China-NET，中国公用互联网。

8）China-GBN，中国金桥网（国家公用经济信息网）。

9）CERNET，中国教育和科研计算机网。

10）CSTNET，中国科技网。

11）UNINET，联通网。

12）CMNET，中国移动互联网。

专用网络为一个行业部门或一个单位组建，用于内部的数据通信、数据传输和资源共享。例如，国家金融行业组建的银行网络。又如，铁路部门组建的售票网络，中国税务部门组建的国家税务网络等。

一个企业或一个学校可以组建企业网或校园网，即组建单位内部的因特网，称为 Intranet，也叫做内联网。内联网由一个单位组建，为一个单位拥有，单位负责维护和管理。组建内联网常用的主要技术是千兆以太网技术和万兆以太网技术，内联网采用的网络协议为以太网协议和 TCP/IP 协议。内联网可以通过 Internet 服务供应商（ISP）提供的接入服务，与 Internet 连接起来。

2．按网络覆盖的地域范围分类

按网络覆盖的地域范围划分，计算机网络可以划分为局域网（Local Area Network，LAN）、城域网（Metropolitan Area Network，MAN）和广域网（Wide Area Network，WAN）。

局域网的作用范围在 10 km 内，由一个部门或单位组建、管理和维护，传输介质用光纤和双绞线，数据传输率在 10 Mbit/s、100 Mbit/s、1 Gbit/s 或 10 Gbit/s。人们日常生活和工作中接触最多的是局域网。

城域网的作用范围在 100 km 内，例如城市的有线电视网络、宽带网络。多用光纤线路连接通信节点和计算机设备，传输连接用到交换设备，在用户端用到端接设备。

广域网的作用范围在 100 km～1000 km，一般由电信部门组建的网络都为广域网，采用点到点信道和广播信道（卫星网络）。

还有覆盖地域范围更小的情况，例如，在一块电路板上有多个 CPU、多块 CPU 板插在一个机箱插槽内、多个处理机在一个芯片内构成多核处理机，以及计算机集群构成计算机网络的情况，按照计算机网络的定义，这些都可以看成是一个计算机网络的特例。

3．按信息传输交换方式分类

依据信息在计算机网络内的传输交换方式，可以分为电路交换网络和存储转发网络。

存储转发网络又可以分为报文交换和分组交换，分组交换可进一步分为虚电路分组交换和数据报分组交换。

4．按网络传输技术分类

计算机网络中的通信信道有两类：点对点信道和广播信道，相应的，计算机网络也可以分为点对点式网络和广播式网络。

点对点式网络的特点是每条物理线路连接一对节点，节点可以是主机或路由器、交换机，若发送方节点和接收方节点不是直接连接的，则中间需要经过若干个交换节点的转发。交换节点接收、存储和转发到来的协议数据单元（PDU）。点对点式网络多用于广域网，由于在通信的收、发两个节点之间存在有多条路由，需要设计 PDU 的路由选择，以及进行流量控制和拥塞控制。

广播式网络多用于局域网或城域网，广域网中的无线、卫星通信也采用广播式网络。网络中所有节点共享一个公共通信信道。

1.2.5 计算机网络的硬件和软件

1．计算机网络的硬件

计算机网络的硬件包括计算机设备、网络互连设备、网络连接设备和传输介质。计算机设备有各种计算机、打印机、网络存储设备，作为信息的发送和接收设备，同时也是信息处理设备。网络互连设备包括中继器、桥接器、路由器和协议转换器，用于网络之间的互连。网络连接设备包括交换机和集线器。传输介质分为有线介质和无线介质，用来做信号的通路。

为了使信号能够在信道上传输，还需要信号变换设备，把计算机设备给出的信号转换成适合在信道上传输的形式。例如，在家庭通过拨号上网，用到的调制解调器就是一个信号变换设备，用来把计算机输出的数字信号转换为模拟信号，以适应电话网络模拟信道的要求。还有光电转换设备，用来实现光信号和电信号之间的转换，使得信号可以在电信道或光信道上传输。

2．计算机网络的软件

计算机网络的软件包括网络体系结构、网络操作系统、网络协议软件、网络工具软件、网络编程软件和网络应用软件。

网络体系结构给出计算机网络的层次和协议集合，给出网络协议簇和网络体系结构参考模型，是计算机网络理论的最重要的内容。网络操作系统用于管理计算机网络的连接和运行，常用有 Windows、UNIX、Linux 等。网络协议软件用来实现网络协议的功能，构成计算机网络中的通信语言。网络操作系统都应支持相应的网络协议，常用的网络协议有 TCP/IP 协议，它是 Internet 中的语言。网络工具软件用于对网络环境的配置，对网络运行参数的设置，对网络运行状态进行测试，实现网络的管理。网络编程软件用于编制在计算机网络环境中的应用程序，例如，C 语言、Java 语言、HTML 语言、XML 语言和各种脚本语言。网络应用软件是在网络环境中解决各种应用问题的软件，提供网络用户的使用界面，实现特定的网络应用需求。

1.2.6 计算机网络的性能指标

计算机网络的性能评价涉及性能指标，通常的评测方法有直接测量、模拟和分析等。直接测量方法是对网络运行参数进行动态数据统计，得到评测结果。模拟方法是对计算机网络建立数学模型，提供仿真及数学计算得出有关参数指标。分析方法采用数学方法和工具，例如，概率统计、排队论，对计算机网络中的状态及事件跃迁进行分析、优化。常用的计算机网络性能指标包括带宽、时延、吞吐量、丢包率，计算机网络主要性能指标如下。

1）带宽（Bandwidth），有两种定义，一种是以赫兹（Hz）为单位的模拟信道的带宽，另一种是以位每秒（bit/s）为单位的数字信道的带宽。带宽受物质与能量的物理性质的限制，任何物理传输系统（有线信道、无线信道）的带宽都是有限的。

2）时延（Delay），是指数据包（PDU）从网络发送端传输到接收端所需要的时间，用秒（s）为计量单位。总时延由传播时延、传输时延、处理时延、排队时延和重发时延组成，在计算总时延时，重要的是前 4 项时延。

3）吞吐量（Throughput），是指网络传输数据的速率，即单位时间内通过网络中给定节点的平均比特数，以位每秒（bit/s）为单位。带宽规定了网络吞吐量的上限。时延与吞吐量是相关的，时延与吞吐量的乘积，也称为时延带宽乘积，表示网络中可以容纳的数据量。

4）丢包率（Packet Lost Rate），是指丢失数据包（PDU）占所有发送数据包的比率（百分比），丢包率反映出网络的可靠性，丢包率与数据包长度、数据包发送速率、网络带宽等因素有关。

1.3 计算机网络知识的验证方法

1.3.1 学习计算机网络知识常用的验证方法

学习计算机网络知识不仅需要知其然，更需要知其所以然，才能真正理解计算机网络知识。一种很有效的学习方法是对计算机网络知识进行检验，在实际的网络环境中验证所学的网络理论、技术和应用知识，可以直观、清晰地观察到网络运行的状态，把观察到的结果与所学习的网络知识对照联系，可以起到事半功倍的效果。

通过网络命令行程序，可以测试网络的连通性，登录到网络中的某个节点进行远程访问和操作、查看网络环境和网络运行状态。通过网络应用编程，设计和开发网络应用软件，实现和验证不同网络应用进程之间的通信。通过网络协议分析工具的帮助，可以把抽象的网络协议分层、各协议层次的协议数据单元（PDU）呈现在面前，使抽象的理论知识具体地展示和描述出来，把抽象、枯燥的理论知识演绎为具体、生动和易懂。下面介绍常用的计算机网络知识的验证方法。

1）网络命令行程序，常用的包括 ping、ipconfig、tracert、arp、route、nslookup、net、telnet、ftp 等。例如，ping 可以测试网络的连通性，tracert 可以追踪从源节点到目的节点传输数据所经过的路由。

2）网络协议分析工具，例如，Ethereal、Wireshark 等。网络协议分析工具需要与协议包捕获工具一起使用，可以对捕获的网络协议包进行逐层分析。协议包捕获工具有 Winpcap、Libpcap 等。在使用时可以进行选择和过滤设置，可以针对特定的协议包进行分析，例如，HTTP、DNS 等，可以把用 Ethereal 分析获得的结果保存下来，供下次分析时使用。

3）网络仿真和模拟，例如，使用 NS-2、OPNET 等工具。网络仿真是一种利用数学建模和统计分析的方法模拟网络的行为，以获取特定的网络特性参数。网络仿真可以验证实际的设计方案，例如，网络拓扑结构、路由设计等，为网络规划、设计、网络设备配置提供可靠的定量数据。

4）网络应用编程，例如，用 C 语言、Java 语言开发网络应用软件，是实现客户机/服务器的套接字编程，并在真实的计算机网络环境中运行所开发的软件。它涉及语言开发环境的安装、系统参数设置。网络应用开发步骤包括：编辑源文件、编译源文件、解释执行应用程序。

5）生活中的例子，结合生活知识辅助计算机网络知识的学习，例如，日常生活中的电话、邮政通信，可以类比计算机网络中面向连接的服务和无连接的服务。另外，可以结合人们日常的计算机网络应用，查看与所学知识密切联系的内容，例如，在学习到 HTML 的 Web 文档时，可以通过 Windows IE 浏览器，查看 Web 文档源代码，步骤是：“IE 浏览器”→“页面”→“查看源文件”。

1.3.2 网络命令行程序

1．进入命令行界面的操作

在计算机操作系统中包含一些命令行程序，用于对网络环境或运行状态的测试、查看、配置和故障诊断，这些命令行程序也称为网络测试工具。这些网络测试工具的特点是简单高效，并且与计算机网络的协议层所实现的功能相对应。这些测试工具需要在命令行界面下运行，这是其被称为命令行程序的缘由。

以 Windows 操作系统为例，进入到命令行界面的过程是：“开始”→“运行”，在“运行”对话框中输入“Cmd”，即可以进入命令行界面，如图 1-5 所示。

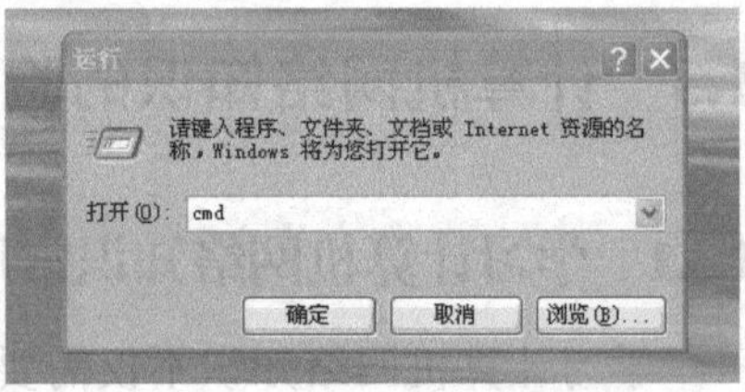

图 1-5 进入命令行界面的操作

然后可以在命令行界面，通过键盘输入各种网络操作命令字符串和参数。通过操作系统支持的网络命令，可以进行网络的访问、网络参数的设置、网络性能监视、网络状态查看、网络故障检测和定位等。常用的网络工具命令包括：ping、ipconfig、tracert、arp、route、nslookup、net、telnet、ftp 等。学习常用网络命令的目的如下。

1）了解网络命令的基本功能。

2）掌握基本网络命令的使用方法。

3）掌握使用网络命令观察网络状态的方法。

2．设置和查看网络接口工具 ipconfig

可以通过输入“ipconfig/all”获得主机网络配置的详细信息，可以查看到计算机的名称，每一个网络适配器接口的描述，MAC 地址（也称为硬件地址或物理地址），设置的 IP 地址、子网掩码、网关地址、DNS 服务器地址等。ipconfig 命令/all 选项显示结果如图 1-6 所示。

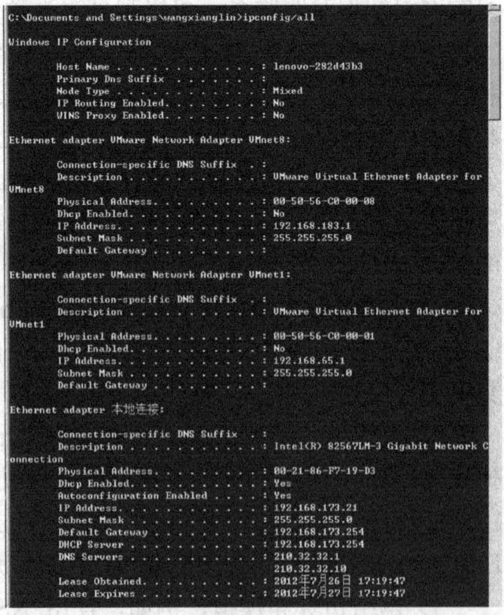

图 1-6 ipconfig 命令/all 选项显示结果

3．测试网络连通状态工具 ping

该命令是 ICMP 协议中回送请求和回送应答的应用。ICMP 回送请求或应答报文用来测试目的节点是否可达，了解网络的连通性。主机向一个特定目的主机发送查询报文，目的主机收到此报文后返回应答报文。若 ping 不通，可以预测故障的原因如下。

1）网线未连通。

2）网络适配器配置不正确。

3）IP 地址不可用。

4．查看和设置地址解析协议表项工具 arp

该命令显示和修改地址解析协议（Address Resolution Protocol，ARP）缓存中的表项。ARP 缓存中包含一个或多个表项，它们用于存储 IP 地址及其经过解析的 MAC（物理）地址。计算机上安装的每一个以太网或令牌环网络适配器都有自己单独的 ARP 表。ARP 表加快了 IP 地址到 MAC 地址的解析过程。

5．查看协议包经过路径工具 traceroute

在 Windows 操作系统环境中，该工具的名称是 tracert。tracert 用于跟踪 IP 分组从源节点到目的节点所经过的路径上的路由，通过该命令可以查看到路径节点网络接口的 IP 地址。通过 tracert 命令可以方便地查出网络协议包是在路径的哪个位置出错。

tracert 可以用于测试网络连接拓扑结构、网络协议包达到某个网络节点所需要的时间，检测网络路由的断点。

与 traceroute 相关的技术文档是 RFC 1393。若不习惯使用命令行界面，可以在因特网上免费下载对应该工具的图形界面程序，例如，PingPlotter。

6．查看网络状态工具 netstat

查看目前网络运行的整体情况，包括网络连接、路由表、网络接口的详细信息，统计网络连接状态的信息。可以让用户得知目前总共有哪些网络连接正在运行。通过该命令参数的选择，netstat 命令可以针对网络环境的某一特定内容进行查看。

利用 netstat 命令可以查看与主机节点所连接的网络节点有哪些，这些网络节点的 IP 地址、端口号，以及所采用的运输层协议是 TCP 协议还是 UDP 协议；可以查看网络连接的状态是监听、关闭还是可以使用。

7．查看和设置路由表的表项工具 route

route 命令用于查看、设置网络节点的路由表，这些设置包括：建立、修改、删除网络节点路由表中的表项，该命令只有在安装了 TCP/IP 协议后才可以使用。

8．查看域名工具 nslookup

nslookup 用于查看网络节点的 IP 地址和其对应的域名地址、域名服务器的 IP 地址等信息，可以确定 DNS 的状态。执行 nslookup 命令时，通常需要网络环境中有提供域名解析服务的域名服务器。

域名地址是逻辑地址，域名地址通过域名解析映射为 IP 地址。域名地址可以做到望文生义，给网络用户使用网络资源带来方便。域名系统 DNS 和域名地址空间的构成有统一的规定。域名解析属于网络应用层的协议，采用 C/S 模式。

9．应用层协议工具 ftp 命令

ftp 命令是用于文件传输的命令，实现在两台互联的计算机之间传送文件，该命令的功用与常用的 FTP 配置软件是一样的，但 FTP 配置软件应用环境一般是 GUI（图形用户可视）界面，ftp 命令的执行是在命令行界面。

ftp 命令属于应用层协议文件传输协议（File Transfer Protocol，FTP）的应用，ftp 命令行执行后进入 ftp 人机对话环境，可以进行与 ftp 服务器的连接，及文件的下载、上传、删除等处理。通过 ftp 命令可以熟悉网络应用 C/S 计算模式中的客户机与服务器进程之间的对话过程。ftp 命令的执行需要文件传输 FTP 服务器。

10．应用层协议工具 telnet

telnet 为远程访问命令，为应用层协议远程登录访问（Telnet）的应用，在网络环境中可以使用该命令登录到网络中的某一个节点，建立于网络节点的连接，获得网络节点提供的服务、对网络节点进行访问、配置和诊断。

telnet 采用 C/S 计算模式。例如，对网络中的中国中央电视台 Web 服务器进行远程登录的命令行为："C:>telnet www.cctv.com.cn 80"，命令行最右边的"80"为应用层协议 HTTP 对应的默认端口号值。

1.3.3 网络协议分析方法

1．网络协议分析系统

网络协议分析系统可以是一个独立的，配合专业软件的硬件设备，也可以是安装在台式计算机或笔记本计算机上的软件。硬件网络协议分析系统通常称为协议分析仪，价格比较昂贵，但具备支持各类扩展的链路捕获能力以及高性能的数据实时捕获分析的功能。软件网络协议分析系统的优点是易于安装部署，易于学习使用和交流；缺点是无法捕获网络上所有的传输。

2．Ethereal 网络协议分析工具

Ethereal 是当前较为流行的一种计算机网络协议包嗅探、分析软件。它具有设计完美的 GUI 界面和众多分类信息及过滤选项。在捕获网络协议包时，网卡设置为混合模式，用户通过 Ethereal 可以查看到捕获的网络协议包和网络中发送的所有通信流量。通过对网络数据流的实时或事后的解码分析，可以了解网络上运行的协议和服务、数据帧的源地址和目的地址、数据的帧格式等。

Ethereal 能够运行在所有流行的操作系统平台上，例如，Windows、Linux。Ethereal 正被广泛地应用于网络故障的诊断和分析、网络测试软件工具和网络协议的开发及研究等领域中。Ethereal 是开源的、免费的，提供插件供用户增加新的网络协议。

Ethereal 新的名字为 Wireshark。Wireshark 继续开放源代码，可以免费下载，共同开发，其主要功能和使用方法都高度秉承 Ethereal。可以在其官方网站 www.wireshark.org 上下载到最新版本的 Wireshark。

在安装 Ethereal 或 Wireshark 之前，应先安装捕获协议包的工具，在 Windows 中使用的捕获协议包工具为 Winpcap，在 Linux 中使用的捕获协议包工具为 Libpcap。

网络协议分析工具 Ethereal 或 Wireshark，以及捕获协议包工具 Winpcap 或 Libpcap 的安装比较简单，可以在人机交互界面下按提示步骤逐步进行安装，在对话过程中，一般可以选择默认设置，然后按〈Enter〉键即可。

3．Ethereal 的主界面

Ethereal 捕获到数据包之后的用户主界面如图 1-7 所示。Ethereal 的主窗口由很多 GUI 模块组成。

1）Menu Bar（菜单栏）：每一项均包含下拉菜单，用于各种操作功能。

2）Tool Bar（工具栏）：包含了很多 Ethereal 使用过程中常用的功能按钮。

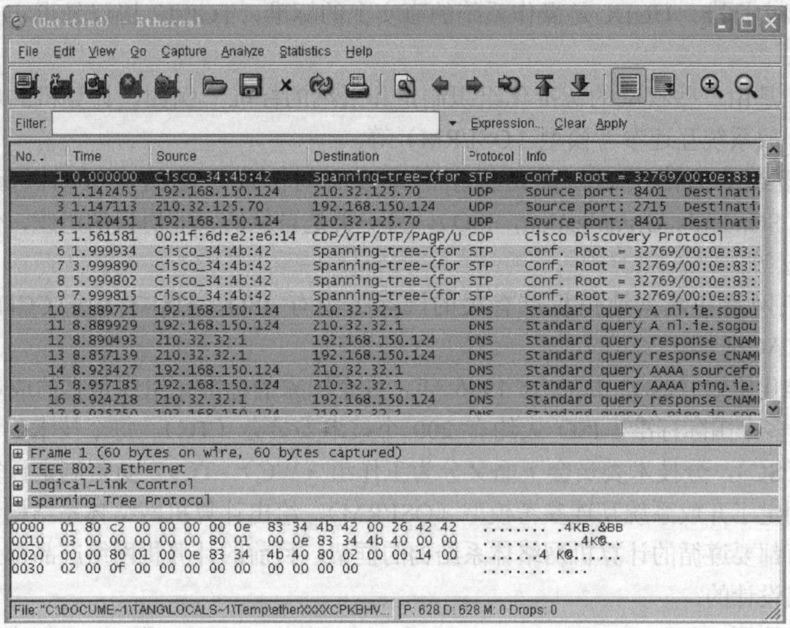

图 1-7　Ethereal 捕获到数据包之后的用户主界面

3）Filter Bar（显示过滤器栏）：通过过滤字符串决定哪些数据包需要被显示。

4）Packet List Pane（协议跟踪列表框）：显示捕获到的数据包列表。如果选中某个数据包行，数据包的具体信息将显示在下面两个窗口里。

5）Packet Details Pane（协议层次框）：显示在协议跟踪列表框里被选中数据包的详细信息。

6）Packet Bytes Pane（协议代码框）：显示在协议跟踪列表框里被选中数据包的字节信息。在协议层次框中被选中的高亮部分，其相对应的字节部分也会在这个窗口高亮显示。

7）Status Bar（状态栏）：显示当前程序的状态或被选数据的状态。

用户也可以根据自己的个人爱好来定制 Ethereal 的用户界面。

4．HTTP 协议的响应报文

HTTP 协议的一个请求报文截图如图 1-8 所示。这是 HTTP 协议的协议层次框，可以对照 HTTP 协议格式分析各个字段的内容，鼠标指针移动到某个字段的位置时，可以在协议代码框中看到对应该字段的代码值，代码值用十六进制显示。

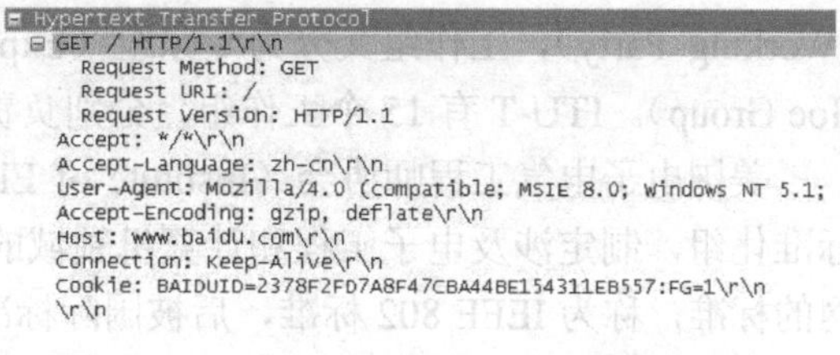

图 1-8　HTTP 协议的一个请求报文截图

1.4　与计算机网络有关的技术标准

1.4.1　国际组织与有关的标准

技术的发展必然导致技术的标准化，标准化有利于产品的设计、开发、生产规模的扩大，以及产品的维护。标准可以分为事实上的标准和合法的标准（如国际标准）。

事实上的标准是经过实践由大家认可的标准，例如，IBM PC 及其系列机产品是微型计算机的既成事实标准，UNIX 是操作系统的事实上的标准，TCP/IP 协议是事实上的计算机网络标准。

合法标准是由一些权威的标准化组织制定和采纳的标准，例如，计算机的串行通信接口 RS-232-D、开放系统互连参考模型（OSI/RM）等。

标准化组织分为两类。一类是根据国家政府间协议组建的，例如国际标准化组织（International Standards Organization，ISO）；另一类是自愿的、非协议的组织，例如以太网论坛、ATM 论坛等。

与计算机网络和数据通信标准有关的国际组织有 ISO、ITU-T（原 CCITT）、IEEE、ANSI、EIA、ACM 等。

国际标准化组织（ISO）成立于 1946 年，各个国家的标准化组织是它的成员。ISO 已经制定了 5000 多个国际标准。ISO 大约有 200 个技术委员会（TC），每个技术委员会下面有分技术委员会（SC），分技术委员会下面又分为工作组（WC）。TC97 负责制定计算机和信息处理的标准，制定了开放系统互连参考模型（OSI/RM），给出计算机网络体系结构参考模型，这是每一个厂商都要遵循的计算机网络体系结构的框架，目前的计算机网络产品都是参照它给出的层次和协议设计的。

国际电信联盟（International Telecommunication Union，ITU）于 1947 年成为联合国的一个技术标准组织，负责电信技术标准的制定。ITU 有 3 个主要部门：电信标准化部门 ITU-T、无线通信部门 ITU-R、开发部门 ITU-D。ITU 有 5 类成员：政府部门，例如国家邮电管理机构；得到许可的电信运营商，例如 AT&T、英国电信等；地区电信组织，例如欧洲 ETST；电信制造商和科研组织；其他有兴趣的组织，例如银行、航空公司的网络部门等。

ITU-T 的前身称为国际电报电话咨询委员会（Consultative Committee on International Telephone and Telegraph，CCITT），1993 年前 CCITT 给出几个系列的建议书，这些建议书其实就是计算机网络和数据通信的标准，例如，用于电话网的 V 系列建议书、用于分组交换网的 X 系列建议书；用于宽带综合业务数字网的 I 系列建议书等。1993 年 CCITT 撤销，其原有的工作由 ITU-T 接管。ITU-T 下面有研究组（Study Group），研究组下面分为工作组（Working Party），工作组又分为专家组（Expert Team），专家组最后分为特别小组（例如 Ad Hoc Group）。ITU-T 有 15 个工作组，分别负责某一领域具体电信技术标准的制定。

美国电子电气工程师协会（Institute of Electrical and Electronics Engineers，IEEE）有一个标准化组，制定涉及电子工程和计算机领域的技术标准。IEEE 最有成就的工作是制定了局域网的标准，称为 IEEE 802 标准，后被国际标准化组织接纳为国际标准 ISO 8802。IEEE 出版有 IEEE 系列杂志，与计算机网络有关的有 IEEE Computer Network 等。IEEE 每年召开多次会议，交流和讨论计算机、计算机网络、电子工程、数据通信等领域的技术问题。

美国国家标准协会（American National Standard Institute，ANSI），对计算机网络和数据通信制定了美国国家标准，多数被接纳为国际标准，例如，高级数据通信控制过程（ASCCP）。

美国电子工业学会（Electronic Industries Association，EIA）制定了物理层协议 RS-232-D 等标准。近年来，EIA 在移动通信领域的标准制定方面开展了许多工作，例如，在蜂窝移动通信中采用的标准 IS-41、IS-94、IS-95 等。

美国计算机学会（Association for Computing Machinery，ACM）制定计算机及计算机网络技术标准，出版有 ACM 系列杂志，参与制定计算科学课程（例如 CC2002）的研究和建设，举办世界范围的 ACM 程序设计竞赛。

国际标准的制定过程分为 6 个阶段：

1）提案阶段，给出新工作项目提案文件 NP。

2）准备阶段，给出工作草案文件 WD。

3）委员会阶段，给出委员会草案文件 CD。

4）询问阶段，给出国际标准草案 DIS。

5）批准阶段，给出最终国际标准草案 FDIS。

6）出版阶段，给出国际标准编号文件 ISO。

1.4.2 Internet 标准及制定组织

因特网（Internet）是由一些独立的管理机构管理的，最初的 Internet 管理组织是在 1983 年为管理阿帕网（ARPANET）而成立的 Internet 活动委员会（Internet Activities Board，IAB），后来改为 Internet 体系结构委员会（Internet Architecture Board，IAB），负责 Internet 技术和标准的制定。后来又成立了 Internet 协会（Internet Society，IS）。

为满足 Internet 应用发展的需要，1989 年 IAB 进行重组，研究人员集中到 Internet 研究特别任务组（Internet Research Task Force，IRTF），并成立 Internet 工程特别任务组（Internet Engineering Task Force，IETF）。IRTF 主要负责与 Internet 长期发展有关的研究，涉及 Internet 协议、体系结构等。IETF 主要解决工程和技术发展问题，其工作领域涉及 Internet 服务、网络管理、路由技术、网络安全、网络应用等。

WWW 联盟由美国麻省理工学院计算机科学实验室（MIT/LCS）、欧洲国家信息与自动化学院（INRIA）、日本的 Keio University Shonan Fujisawa 等组成。WWW 联盟是一个国际性的工业联盟，独立于其他 Internet 组织，致力于与 Web 应用有关协议的研究和制定，例如 HTTP、HTML、URL 等。

ARPANET 的研制还导致了另外一些新概念和机制的产生，其中一项就是开放的技术标准文档，称为“征求意见书”（Request for Comments，RFC），事实上一个 RFC 在公布前已经经过详细的设计和修正。不同的 RFC 由 4 位十进制数字编号标识，现在 RFC 文档已经成为 Internet 的技术标准文档。

1.4.3 RFC 文档

RFC 文档是在 1969 年与 ARPANET 网络一起出现的，世界上第一个 Internet 技术标准文档 RFC 0001“Host Software”是美国加州大学洛杉矶分校的研究生斯蒂夫·克罗克尔（Steve Crocker）写的，该文档定义了网络节点间的软件协议。

任何人都可以提交 RFC 文档，但是要成为 Internet 技术标准，是需要经过审核和验证的。RFC 文档是获得 Internet 技术发展状况与动态的主要信息来源之一，RFC 系列文档用数字编号标识。阅读 RFC 文档时需要注意两个问题：一是确定是否为最新的文档；二是需要注意文档的类别，查看是否为正式标准文档。

要在 Internet 中建立新的通信协议和技术标准，必须申请一个 RFC 文档数字编号，由全球的 Internet 用户对提交的 RFC 文档给予评价和提出修改建议，经过共同的监督、测试和使用后，这个 RFC 文档才能成为大家都可以接受的标准文档。RFC 文档的管理和审核单位有 4 个：

1）IAB 负责在 RFC 文档产生前或审核中，验证 RFC 文档。IAB 监督 Internet 协议和体系结构的研究，所有成为 RFC 文档的标准文档，必须通过 IAB 认可。

2）IRTF 负责协调 RFC 文档的内容，避免重复。

3）IETF 负责解决 RFC 文档在互连网络工程协议实施中的问题。

4）网络信息中心（Network Information Center，NIC）负责收集、管理标准的 RFC 文档，分发 RFC 文档到世界各地的 NIC 分支机构。NIC 负责 Internet 域名注册和域名数据库的管理。

RFC 文档按照其经历的处理过程分为 4 个阶段：Internet 草案、提案标准、草案标准和正式标准。RFC 文档有 3 种形式：实验性的、知识性的和历史性的。RFC 文档可以分为 5 种属性：被要求、被推荐、被选择、不被推荐和受限制使用。

RFC 文档编号唯一，文档修改后，修改后的内容使用新的 RFC 编号，如果有新的 RFC 文档取代了旧的 RFC 文档，会在新的 RFC 文档标题页上注明作废的旧的 RFC 文档编号，指出新的 RFC 文档编号。RFC 文档标题页上会标注其处理情况，可以有下面的标识：

1）正式标准（S）：Internet 正式的标准，是大家都要遵循的 Internet 标准。

2）草案标准（DS）：在认可为标准之前，处于最后研究阶段的 Internet 标准。

3）提案标准（PS）：纳入未来标准化考虑的 Internet 标准。

4）实验性的文档（E）：正在进行实验，尚未准备进入标准处理的 Internet 标准。

5）知识性的文档（I）：未经标准审查处理的 Internet 标准。

6）历史性的文档（H）：已经废除或不再考虑标准化的 Internet 标准。

RFC 文档是在线存放的，可以方便地使用 FTP、WWW 浏览器，或其他的检索方式获得 RFC 文档。例如，IPv6 协议正式标准的 RFC 文档编号为 2460，通过阅读 RFC 2460 文档，可以了解 IPv6 协议的详细说明。可以访问 http://www.isi.edu/in-notes/RFC-retrieval.txt 得到如何获得 RFC 更多信息的提示。所有类型 RFC 文档可以在 http://www.rfc-editor.org 上找到。到 2013 年初，RFC 文档编号已经排列到 6000 以上。

常用的有关 Internet 管理组织和技术标准的网址有：

Internet 体系结构委员会（IAB）——http://www.iab.org

Internet 网络信息中心（InterNIC）——http://www.internic.net

Internet 工程任务组（IETF）——http://www.ietf.org

Internet 研究任务组（IRTF）——http://www.irtf.org

Internet 地址分配授权机构（IANA）——http://www.iana.org

Internet 因特网名字与编号指派协会（ICANN）——http://www.icann.org

Internet 协会（ISOC）——http://www.isoc.org

WWW 联盟——http://www.w3c.org

RFC 编辑组——http://www.rfc-editor.org

国际电信联盟（ITU）——http://www.itu.int

美国国家科学基金会（NSF）——http://www.nsf.gov

美国计算机学会（ACM）——http://www.acm.org

美国电子电气工程师学会（IEEE）——http://www.ieee.org

1.5 小结

计算机网络是通过通信设施、传输介质和通信协议，将分散在不同地点的计算机设备互连起来，实现资源共享、信息传输的系统。计算机网络技术是计算机技术和通信技术，以及微电子技术相结合的技术。计算机网络技术的发展历程与通信技术和计算机技术发展的历程密切相关。

计算机网络技术的发展经历了 4 个阶段：联机终端通信网络、计算机-计算机网络、开放式标准化网络和 Internet 时代。1969 年建成的 ARPANET 网络是计算机网络发展的里程碑，ARPANET 给出了层次、协议和两级子网的概念，ARPANET 已经演变为因特网（Internet）。

计算机网络的组成和结构从 3 个方面进行讨论：计算机网络的物理结构、计算机网络的拓扑结构和计算机网络的协议体系结构。

计算机网络可以依据网络用途、网络的拓扑结构、网络覆盖的地域范围、信息传输和交换方式、采用的网络协议等属性来进行分类。

国际标准化组织 ISO 在 1983 年制定了开放系统互连 OSI，国际电信联盟 ITU（CCITT、ITU-T）制定了适用了不同通信网络的多种系列建议书，IEEE 在 1980 年制定了 LAN 标准 IEEE 802。EIA 给出物理层标准 RS-232D。Internet 的技术标准以请求注释 RFC 文档给出。

1.6 思考题与习题

1-1 写出计算机网络的定义，指明涉及的知识点。

1-2 完成一次通信具备的条件是什么？

1-3 通信有哪些形式？

1-4 写出与计算机网络技术发展有关的 6 个主要时间以及所形成的技术内容。

1-5 计算机网络发展经历了 4 代，写出每一代的技术特征和主要的应用内容。

1-6 计算机网络提供的基本功能有哪些？

1-7 写出计算机网络所形成的新的文化的特点。

1-8 写出计算机网络技术的特征。

1-9 计算机网络技术的显著发展表现在哪些方面？

1-10 写出计算机网络技术在中国发展的几个重要时间和技术内容？

1-11 通信子网和资源子网各由哪些设备组成，各有什么用途？

1-12 常用的计算机网络拓扑结构有哪些，适于广域网的拓扑结构有哪些？

1-13 计算机网络的协议体系结构有什么特征？

1-14 计算机网络的分类依据有哪些，常用的分类有哪些？

1-15 计算机网络的硬件主要有哪些？

1-16 计算机网络的软件主要有哪些？

1-17 按照通信信息的传输方向考虑，有哪些基本通信方式，各有什么特点？

1-18 为什么说 Internet 是自印刷术以来人类通信方面最大的突破？

1-19 写出计算机网络的分类依据。

1-20 常用的计算机网络知识的验证方法有哪些？

1-21 常用的网络工具命令有哪些？您使用过哪些命令？

1-22 说明网络协议分析系统的作用。

1-23 写出 Ethereal 网络协议分析工具的特点。

1-24 写出 Ethereal 网络协议分析工具主界面的主要组成部分及用途。

1-25　请下载 Wireshark 网络协议分析工具和网络协议包捕获工具 Winpcap，并进行安装，在网络环境捕获一个实际的网络协议包进行查看和分析。

1-26　与计算机网络有关的国际标准组织有哪些？

1-27　Internet 的技术标准是怎样制定的？

1-28　RFC 文档标题页上会标注其处理情况，写出这些标注的标识。

1-29　人们定义的计算机网络对网络用户来说是透明的，这个透明指的是什么？

1-30　计算机网络的物理构成有哪几部分，分别简述各部分的定义和作用。

1-31　请进行验证网络命令行程序的操作，命令包括：ipconfig、ping、tracert、arp、netstat、nslookup、net、route、ftp、telnet。

第2章 计算机网络协议和体系结构

本章讨论计算机网络协议和体系结构的基本概念。学习网络通信协议的定义和作用，网络协议的3个要素，网络协议的描述方法。

目前的计算机网络体系结构按5个层次讨论和组织，计算机网络体系结构有哪些层次，每层完成什么样的功能，支持和用到哪些网络协议，适应于哪些应用，这些是学习计算机网络理论和技术的重要基础。对计算机网络的学习也是按照网络体系结构层次的划分，或自顶向下、或自底向上逐层讲解。计算机网络体系结构、网络协议、层次、服务、接口等概念是有些抽象的，需要结合实际的网络应用，以及人们日常的信息获取和传递的例子去体会、比较、理解。

网络体系结构把网络功能划分到不同的层次上，需要弄清楚的是：网络层次之间怎样联系，对等层怎样通过对等层协议理解和通信，网络中的层次、服务、协议和接口怎样描述，它们之间的关系是什么，等等。日常生活中人们之间的通信自觉或不自觉使用着分层和协议的概念，这对理解网络协议和网络体系结构会有帮助。

计算机网络体系结构参考模型是研究、设计和组建计算机网络时遵循的框架，需要理解和掌握的网络体系结构为3个：国际标准化组织（ISO）制定的开放系统互连模型（OSI）、在Internet中应用的TCP/IP协议簇和局域网络体系结构。需要分析和比较OSI、TCP/IP、局域网络体系结构的特点。

通过本章学习，应了解OSI参考模型、TCP/IP协议簇和局域网络体系结构的特点、网络体系结构层次化的研究方法。掌握网络协议、层次、接口、服务的基本概念，以及相互的联系。掌握5层计算机网络体系结构的基本知识。

2.1 计算机网络协议

2.1.1 计算机网络协议的作用

计算机网络协议是计算机网络中的计算机设备之间在相互通信时遵循的规则、标准和约定。这里说的计算机设备可以是主机、路由器、交换机等，也可以认为是网络中的节点。一种网络协议是一组控制数据通信的规则。

通信时所涉及的通信协议和通信系统是很复杂的。通信系统为完成一次可靠的通信要实现许多功能，例如，连接建立、差错控制、流量控制、寻址、恢复、重发、连接释放等。在处理一个复杂问题和复杂系统时，人们往往把一个复杂问题化为一些较小或较简单的问题，这些较简单的问题解决了，复杂的问题也就解决了。对复杂系统的分析处理也是如此，把复杂系统分解为一些较简单的系统来考虑。

计算机网络是由互连的多个节点组成的，网络中的节点需要交换数据和控制信息。要做到有条不紊地交换和传输各种信息，每个节点必须遵循网络通信协议。对计算机网络来说，网络协议是不可缺少的，计算机网络需要制定一整套复杂的协议簇，对结构复杂的网络协议采用层次结构模型来组织和描述。

网络通信协议是网络中计算机设备之间使用的通信语言，是按对等层协议，即通信双方理解的格式设计的，例如，人们常说 TCP/IP 协议是 Internet 中的语言。通信是在人们（对象）之间传递消息，计算机网络中的通信对象就是计算机设备。进行通信时有 3 个必要的条件：

1）通信双方有通信的愿望和要求。

2）通信双方之间有通信的信道。

3）通信双方遵循彼此认可的通信规则、标准和约定，即通信协议或网络协议。彼此讲述双方都可以理解的语言，使用双方可以理解的词汇，也就是要通信双方都能够听得懂讲的是什么，并满足开始、暂停、结束等先后时序要求。

需要说明的是，网络协议是需要不断发展和完善的，随着网络应用和服务内容的增加，必须研究和制定新的网络协议或修改原有的网络协议。

2.1.2 计算机网络协议的要素

1．计算机网络协议有 3 个要素

1）语法　用来说明信息的格式，例如，协议数据单元（PDU）的结构或格式，包括哪些字段和字段的作用。

2）语义　用来说明 PDU 某些信息位组合的含义，标识通信双方可以理解的、确定的意义，例如，PDU 给出何种控制信息、完成何种操作、做出何种响应，即各字段中若干二进制位 0 或 1 的组合代表什么样的含义。

3）同步（时序）　即收、发双方能分辨出通信的开始和结束，哪些动作先执行，哪些动作后执行。为完成一次通信所需要的不同 PDU 之间有操作顺序规程。有时同步也称为规程。

语法定义了怎么做，语义定义了做什么，同步（时序）关系定义了什么时候做。

2．网络协议与人类通信所使用协议的比较

人们在日常生活和生产活动中都离不开消息的传递，人们在通信时也要遵循双方认可的通信协议，只不过是人们在自觉不自觉的使用着通信的协议，这些通信协议的应用已经成为人们生活习惯的一部分，所以并没有注意到通信协议的存在。

TCP/IP 协议就是 Internet 中计算机设备之间采用的通信语言，**可以类比人与人之间的通信语言**，人们之间的语言交流就要用到双方都遵循的协议，人们要么讲汉语，要么讲英语，双方要能彼此理解对方的语言、所讲的内容和含义，也应能知道讲话内容的分隔，知道讲话内容从什么地方开始，到什么地方结束，以及听不清楚怎么处理，讲错了怎么处理，来不及听怎么处理。人们遵循的这些协议是在自觉或不自觉中进行的。

人们之间的会话也在使用分层的概念，人们之所以感觉不到是因为人们已经习惯了。以两个人之间的自然语言通信为例，可以认为分为 3 个层次：传输层、语言层和知识层。两个人通信用到的分层协议如图 2-1 所示。

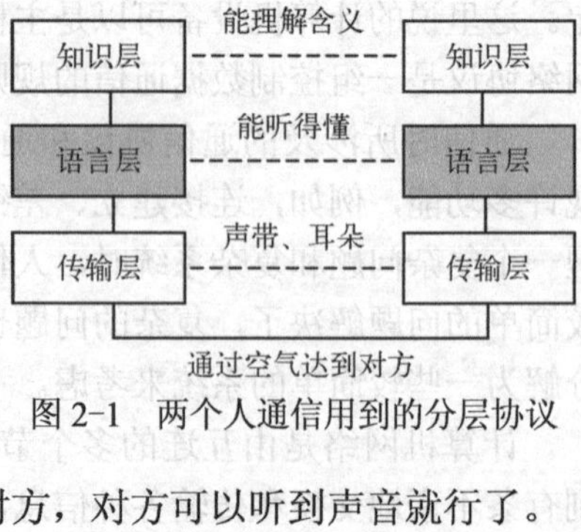

图 2-1　两个人通信用到的分层协议

1）传输层，人的发音器官，气流通过声带的振动发出声音，声音通过空气传输到人的听觉器官，耳膜感受到声波振动，接收声音。传输层并不关心采用什么语言，也不考虑传输的是什么内容，只要能够发出声音传到对方，对方可以听到声音就行了。

2）语言层，解决双方通信采用哪一种语言，比如是讲汉语还是讲英语，关心的是彼此能够听得懂通信的语言，但是并不考虑语言所表示的确切含义。

3）知识层，该层关心彼此通信的内容，双方传递消息的具体含义，与收、发双方的文化背景、经验、阅历有关，例如，若有一方从来没有听说过 Internet，即使能辨识听到的有关 Internet 内容的声音，但是双方也无法交流。

2.1.3 计算机网络协议的格式

在计算机网络中用协议数据单元（Protocol Data Unit， PDU）描述网络协议，计算机网络中计算机设备之间的通信类似于人们之间的信息交流，采用的是书面语言，是用二进制语言表示、可以被此理解、有结构的由二进制数据 0 或 1 组成的数据块，即网络协议数据单元（PDU）。网络体系结构中的每一层次都有该层对应的 PDU。PDU 由控制部分和数据部分组成，控制部分由若干字段组成，表示通信中用到的双方可以理解和遵循的协议；数据部分由数据字段组成，为需要传输的信息内容。

PDU 的控制部分即是该层的协议，数据部分一般为上一层次的 PDU，协议数据单元（PDU）格式如图 2-2 所示。

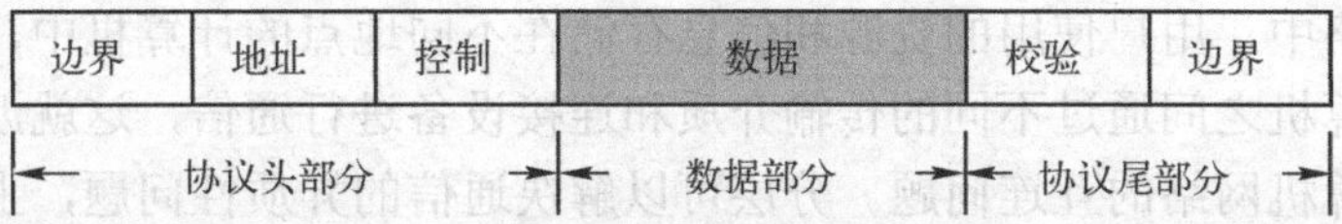

图 2-2　协议数据单元（PDU）格式

人们经常说的协议打包（封装），讲的是在发送方从高层到低层，高层的 PDU 到低一层时，成为该层 PDU 的数据部分（数据字段）的内容。在接收方从低层向高层逐层剥离出数据字段的内容，也称为拆包（拆封）。在拆包的过程中，对等层之间彼此理解协议，实现了对等层之间的通信。

2.2 计算机网络体系结构

2.2.1 计算机网络体系结构的定义

计算机网络是一个复杂的系统，按照人们解决复杂问题的方法，把计算机网络实现的功能分到不同的层次上，层与层之间用接口连接。通信的双方具有相同的层次，层次实现的功能由协议数据单元（PDU）来描述。不同系统中的同一层构成对等层，对等层之间通过对等层协议进行通信，理解彼此定义好的规则和约定。

计算机网络体系结构是计算机网络层次和协议的集合。网络体系结构对计算机网络实现的功能，以及网络协议、层次、接口和服务进行了描述，但并不涉及具体的实现。实现各层的功能各需要什么硬件或软件，可以由网络设计者确定，前提是要确保层与层之间的接口不要变化，这从另一方面体现了计算机网络的开放性、可扩充性、独立性、灵活性和易维护性。计算机网络体系结构采用分层方法有利于促进标准化、易于设计和实现、各层实现技术的改变不会影响到其他层次。

接口是同一节点内相邻层之间交换信息的连接处，或称为连接位置，也叫服务访问点（SAP）。低层通过接口向高层提供服务。某一层的相邻层包括该层的上一层和下一层。下层为上层提供服务。在本书的讨论中，约定（n）表示第 n 层，（n+1）表示第 n+1 层，（n–1）表示第 n–1 层。高层使用低层提供的服务时，不需要知道低层服务的实现方法。计算机网络中的层次概念体现了对复杂系统采用“分而治之”，简化处理难度的策略。

1974 年，IBM 公司研制出世界上第一个网络体系结构，称为系统网络体系结构（System Network Architecture，SNA）。1975 年，DEC 公司发布自己的数字网络体系结构（Digital Network Architecture，DNA）。这些体系结构均是采用分层设计，但是层次和功能的划分有所不同。

根据某公司网络体系结构生产的网络硬件和网络软件不能与其他公司的网络产品进行互连，这样的网络系统称为“封闭系统”。需要研究开放的计算机网络体系结构，各网络厂商都遵循开放的网络体系结构框架，使得研制和生产网络产品可以很方便地实现互连，这样的网络系统称为“开放系统”。

计算机网络体系结构是抽象的，而真正在运行的计算机网络硬件和软件则是具体的。开放的网络体系结构是人们研制网络时遵循的框架规范，它不限制具体实现时所采用的技术方法。

2.2.2 网络体系结构分层的原则

在计算机网络中，用户使用的资源和信息存储在不同地点的计算机中，计算机采用不同的操作系统，计算机之间通过不同的传输介质和连接设备进行通信，这就涉及异种计算机互连，以及异种计算机网络的互连问题。分层可以解决通信的异质性问题，上层解决信息的处理，下层解决信息的传递，向高层屏蔽底层实现的细节，使网络设计和功能易于实现。

每层完成一定的功能，每层又都建立在它的下层之上，不同的网络，其网络层次的数量、各层的名称、各层的内容、各层实现的功能不尽相同。各层之间通过层间接口联系，每层通过层间接口向上一层提供一定的服务，同时向上层屏蔽服务实现的细节。

网络协议分层的原则是，当需要有一个不同等级的抽象表示时，应有一个相应的层次，每层的功能应明确，可以允许用不同的实现方法完成该层的功能。层次之间接口清晰，通过接口的信息量要少。当对某一层进行修改时，不会对相邻层次产生影响，各层彼此独立。层数的选择应根据计算机网络系统实现的功能，层数太少，多种功能放在同一层，使得每一层的协议太复杂，层数过多，各层组装时很复杂。每层功能的选择应有助于制定网络协议的技术标准。

根据计算机网络两级子网的结构，可以看出层次划分的轮廓。人们把计算机网络的功能划分为 5 个层次。

1）计算机设备及端系统和通信子网的连接处，以及网络中节点与节点之间的物理连接处，应划分一个层次，用于实现物理连接，称为物理层，位置在网络中的各个节点上。

2）网络中相邻节点之间实现可靠传输的功能应划分为一个层次，称为数据链路层，位置在相邻节点上。

3）源主机节点和目的主机节点之间实现网络传输的功能可划分为一个层次，称为网络层，位置在 PDU 传输路由经过的各个节点上，传输路由从源主机节点、中间经过的节点，到目的主机节点。

4）在源端节点到目的端节点，即两个通信的计算机设备之间，为实现应用进程的可靠传输所提供的功能应划分为一个层次，称为运输层，位置在端节点上。

5）网络应用之间的可靠传输可划分为一个层次，称为应用层，位置在端节点上。

这就是目前计算机网络体系结构采用 5 个层次（物理层、数据链路层、网络层、运输层、应用层）的设计思想。

2.2.3 网络体系结构中的服务

1. 两种形式的网络服务

在层次结构的网络体系结构中，下层为上层提供服务，上层是服务用户（Service User）（第 n+1 层），下层是服务提供者（Service Provider）（第 n 层）。上下层之间通过服务访问点（SAP）交互必要的信息。SAP 类似于电话通信中的电话机插座，对应着电话连接的电话号码。下层为上层提供的服务由 3 部分组成：一是该层为上层提供的服务；二是该层的下面层次为该层提供的服务；三是通过对等层协议与对等层实体交互得到的服务。

计算机网络中的通信服务有两种不同类型的服务，一种是面向连接服务（Connection-oriented Service），另一种是无连接服务（Connectionless Service）。

1）面向连接服务

使用面向连接服务时，通信的双方在通信之前必须先建立一条连接，数据传输完成后释放连接。日常生活中的电话通信是面向连接服务应用的例子，在计算机网络中的虚电路服务是面向连接的服务。

面向连接服务的数据传输过程包括 3 个阶段：连接建立，连接维持，连接释放。在数据传输过程中协议数据单元（PDU）按照建立好的传输路径有序传输。

2）无连接服务

无连接服务是通信的双方在通信时不需要事先建立连接，一方想通信时，就可以发送协议数据单元（PDU），PDU 携带完整的目的地址在网络中独立的传输，网络中的节点根据 PDU 的目的地址决定转发的路由。由于 PDU 在网络中经过的节点不一样，或在节点的排队时间不同，前往同一目的地的 PDU 达到的顺序与发送的顺序可能会不一致。日常生活中的邮政通信是无连接服务应用的例子，在计算机网络中的数据报（IP 分组）服务是无连接的服务。

服务质量（Quality of Service，QoS）用来评价每种服务的特性。根据不同网络应用的要求提供不同的服务类型，使之满足相应的服务质量。例如，有的网络应用需要实时传输数据，也有的网络应用要求传输时延要小，有的网络应用要求对传输的数据进行确认。计算机网络中的服务类型及应用见表 2-1。

表 2-1 计算机网络中的服务类型及应用

网络服务	服务类型	应用
面向连接	可靠的报文流	文件序列
	可靠的字节流	远程登录
	可能不可靠的连接	数字化声音
无连接	不可靠的数据报	一般邮件
	有确认的数据报	有确认的挂号邮件
	问答服务	数据查询

需要说明的是，两种不同的通信服务对实现服务的网络协议的复杂性，以及对数据传输的可靠性都有较大的影响。在计算机网络层次结构的多个层次，例如，数据链路层、网络层、运输层上都涉及面向连接服务或无连接服务的选择，需要依据网络实现的功能来确定。

2. 服务原语

人们对事物的描述可以通过自然语言、图形、算法语言、数学和形式化方法。对计算机网络中的服务采用服务原语来描述，也是一种形式化的方法。服务原语由 3 部分组成：原语名、原语类型和原语参数。服务原语的格式为：

原语名.原语类型（原语参数）

原语名说明服务的内容，原语名用大写字母表示。原语类型说明服务层次之间信息传输的流向，原语类型用小写字母表示。原语名和原语类型之间由点进行间隔。原语类型有 4 种：

1）请求（request），发送方希望得到某些服务。

2）指示（indication），接收方得知某个事件发生。

3）响应（response），接收方对某个事件应答。

4）证实（confirm），发送方得知请求的结果。

4 种原语类型及作用如图 2-3 所示。

原语参数放在圆括号内，说明上、下层之间提供服务时对服务质量的协商内容，例如，延迟时间、与哪台机器连接、分组长度、传输速率等。多个参数之间用逗号间隔。

服务存在有证实（Confirmed）和无证实（Unconfirmed）的区别，有证实服务包含 4 个原语类型的服务原语，无证实服务只含有请求和指示两个服务原语类型。建立连接服务总是有证实的服务，数据传输服务可以是无证实服务，也可以是有证实服务，建立连接的服务原语描述如图 2-4 所示。

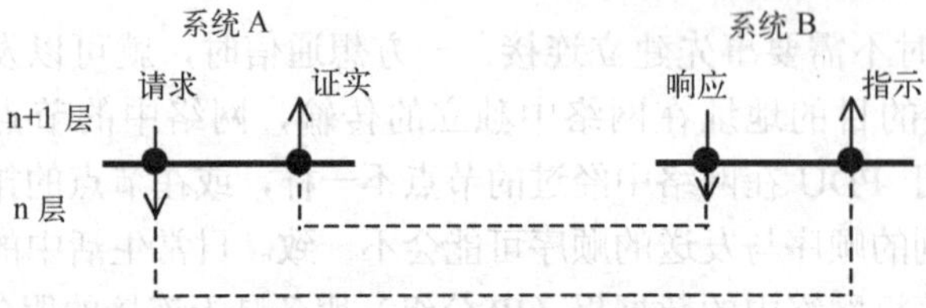

图 2-3　4 种原语类型及作用

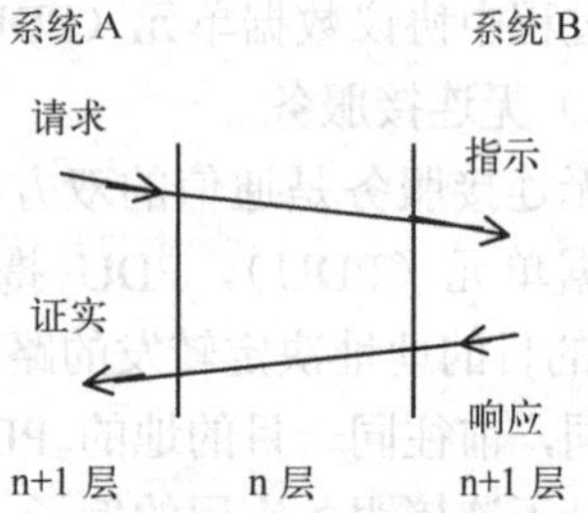

图 2-4　建立连接的服务原语描述

在日常生活中，人们都在自觉或不自觉的使用服务原语来描述服务，**以打电话请你的朋友到你家喝茶为例**，涉及以下用服务原语描述的 10 个步骤。

1）CONNECT.request；拨你朋友家的电话号码。

2）CONNECT.indication；朋友家的电话铃响了。

3）CONNECT.response；朋友拿起电话。

4）CONNECT.confirm；你听到了电话铃停止。

5）DATA.request；你邀请朋友来喝茶。

6）DATA.indication；他听到你的邀请。

7）DATA.request；朋友说他很高兴来。

8）DATA.indication；你听到他接受了邀请。

9）DISCONNECT.request；你挂断电话。

10）DISCONNECT.indication；朋友听到挂断声，也挂断电话。

在这个例子中，服务用户为你和你的朋友，处在 n+1 层，服务提供者为电话系统，处在 n 层。在计算机网络中，服务原语描述的每一步骤都涉及计算机设备（系统）内协议层次（上下层）之间的交互，一台计算机设备的每一个“请求”或“响应”通过网络传输都在通信的对方（另一台计算机设备）产生“指示”或“证实”。

2.2.4 网络协议层次接口和数据单元

在进行数据信息交换时，可以用实体（Entry）表示任何可以发送或接收信息的硬件或软件进程，即实体是一个特定的硬件或软件集合。数据信息传输可以发生在某一层已经建立起连接的对等层实体之间，也可以发生在同一系统相邻层次实体之间，需要用不同类型的数据单元表示这些不同传输方式的数据信息。

同一层对等实体间交换信息的数据单元称为（n）PDU。下层为上层提供的服务时，需要通过层次之间的服务访问点（SAP），SAP 为逻辑接口，是同一系统中相邻两层实体进行交互的地址和位置，即 n 层 SAP 是 n+1 层可以访问 n 层服务的地方。每个 SAP 有一个唯一的标识，该标识可以类比电话系统中的电话号码、邮政系统中的街道名和信箱号。

在相邻层次之间交换信息要遵循一组规则，这组规则涉及一组相关的数据单元，用于网络协议组装和通过网络协议层次接口。这些数据单元有：

1）服务数据单元（Service Data Unit，SDU）。

2）协议控制信息（Protocol Control Information，PCI）。

3）接口控制信息（Interface Control Information，ICI）。

4）接口数据单元（Interface Data Unit，IDU）。

5）协议数据单元（Protocol Data Unit，PDU）。

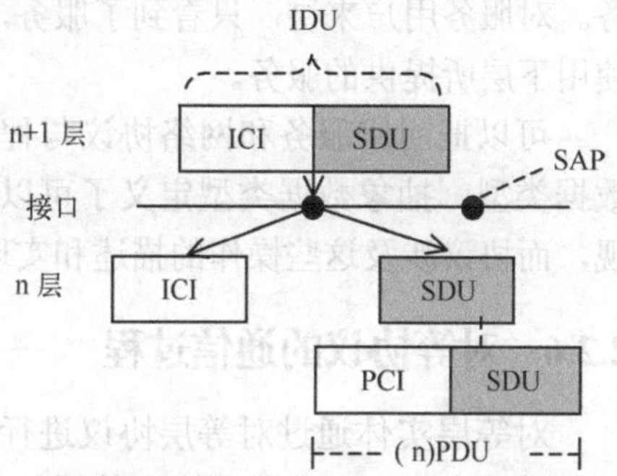

图 2-5　网络协议层次接口和数据单元

网络协议层次接口和数据单元如图 2-5 所示。n+1 层实体通过 SAP 把一个接口数据单元（IDU）传递给 n 层实体，IDU 由服务数据单元（SDU）和接口控制信息（ICI）组成。SDU 是将要通过网络传给通信对方 n 层的对等实体，再向上交给对等 n+1 层的服务数据单元。ICI 为通过接口时需要的信息，在越过 SAP 后，到达第 n 层，拆掉 ICI，分离出 SDU，加上第 n 层的协议控制信息 PCI，即第 n 层的协议头（首部），组成第 n 层的 PDU。根据第 n 层 PDU 长度的要求，第 n 层实体可能会将 SDU 分成几段，每段加上第 n 层的协议控制信息 PCI，分别组成分段后的 n 层的 PDU，在达到通信对方的对等层后，再依据分段前 SDU 的顺序重组成 n+1 长度要求的 SDU。

对等 n 实体间的通信不是直接进行的，而是通过相邻层及下层，即每一层接收的 SDU 要加上该层的 PCI，构成该层的 PDU，经过逐层的封装（或称为打包）到达物理层，物理层内的两个对等实体通过连接它们的传输介质连接到通信子网，把数据信息传送到目的系统的物理层，再由下层向上层逐层拆开各层的 PCI，实现对等层协议的理解，这相当于实现了对等层之间的通信，最后把数据信息传送到目的系统的应用接收实体。

需要指出的是，第 n 层实体在实现自身定义的功能时，仅使用第 n-1 层提供的服务；第 n 层向第 n+1 层提供的服务，不仅包含第 n 层本身具备的功能，还包括下层服务提供功能之和；最低层只提供服务；最高层仅使用服务；中间层次即使用下层提供的服务，又为上层提供服务；仅在相邻层次之间有网络层次接口；下层服务实现的细节对上层是透明的。

2.2.5 网络协议和网络服务的关系

在讨论开放系统中的数据信息交换时，涉及实体（Entity）、网络协议和网络服务这些基本概念。实体表示任何可以发送或接收数据信息的硬件或软件进程，在计算机网络中实体通常代表一个特定的软件模块。网络协议可以描述为控制两个对等实体（或多个实体）进行通信的规则的集合。在网络协议的控制下，两个对等实体之间的通信使得本层能够向上一层提供服务，要实现本层协议，需要使用下一层提供的服务。

一些比 OSI 早的网络体系结构描述没有把网络服务和网络协议分离开，例如 TCP/IP。实际上网络服务和网络协议是两个完全不同的概念，网络服务是各层为上层提供的一组原语操作，但未涉及这些操作如何完成。通过服务原语的描述，可以清晰地给出上、下层接口和对等层之间的联系。

网络协议是通信双方彼此遵循的规则和约定，用 PDU 给出精确的协议格式和描述，例如，同层对等实体之间交换的 PDU（帧、分组、报文）的格式及含义的一组约定和规则。

网络服务要靠协议来实现。对等层次实现的服务功能由对等层协议描述，实体利用协议实现它们的服务定义，只要不改变提供给用户的服务，实体可以任意改变它们的协议。服务和协议是可以分开来讨论的。协议是水平的，是控制对等实体之间通信的规则。服务是垂直的，是下一层通过 SAP 向上层提供的服务。此外，只有被高一层实体看到的功能才能够称为服务。对服务用户来讲，只看到了服务，而看不到协议。通过在上下层之间交换服务原语，上层使用下层所提供的服务。

可以把网络服务和网络协议与程序设计语言做一类比，服务类似程序设计语言中的抽象数据类型，抽象数据类型定义了可以在一个对象上执行的操作，但并不说明这些操作如何实现，而协议涉及这些操作的描述和实现。

2.2.6 对等协议的通信过程

对等层实体通过对等层协议进行通信，之间用虚线连接，之所以用虚线是因为实际通信过程是垂直的。在发送端协议数据单元 PDU 经过从上层向下层（第五层至第一层）的逐层封装，在第一层构成二进制位流，通过传输介质，经由通信子网到达接收端，再经由底层向上（第一层到第五层）的逐层拆封，每一层去掉该层的协议头（首部），也称为拆包，此时相当于对等层彼此理解对等层协议，即对等层实现了的通信，完成该层的网络功能。对等协议的封装、拆封通信过程如图 2-6 所示。

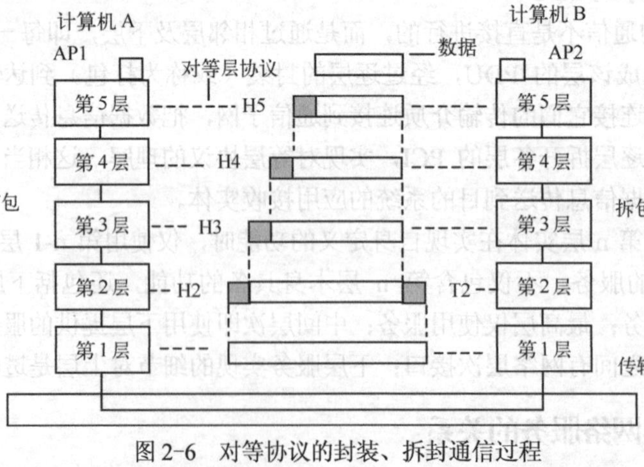

图 2-6　对等协议的封装、拆封通信过程

可以看出实际需要传输的数据信息是通过网络协议包的封装和拆封，通过传输介质和通

信网络从发送方（计算机 A）到到达接收方（计算机 B）的。

2.3 OSI 参考模型

2.3.1 OSI 参考模型概述

国际标准化组织（ISO）在 1977 年开始制定开放系统互连参考模型（Open System Interconnection Reference Model，OSI）框架，1983 年形成了 OSI 的正式文件。OSI 的国际标准号为 ISO 7498。OSI 分为 7 个层次，在 OSI 框架下规定了每一层功能，目的是实现开放系统环境中的互连性（Interconnection）、互操作性（Interopration）与应用的可移植性（Portability）。OSI 参考模型本身不是网络体系结构的全部内容，它并未确切描述用于各层的协议和服务，仅是告诉每一层应该做什么，提供了设计计算机网络时可以参考的一个框架。OSI 参考模型如图 2-7 所示。

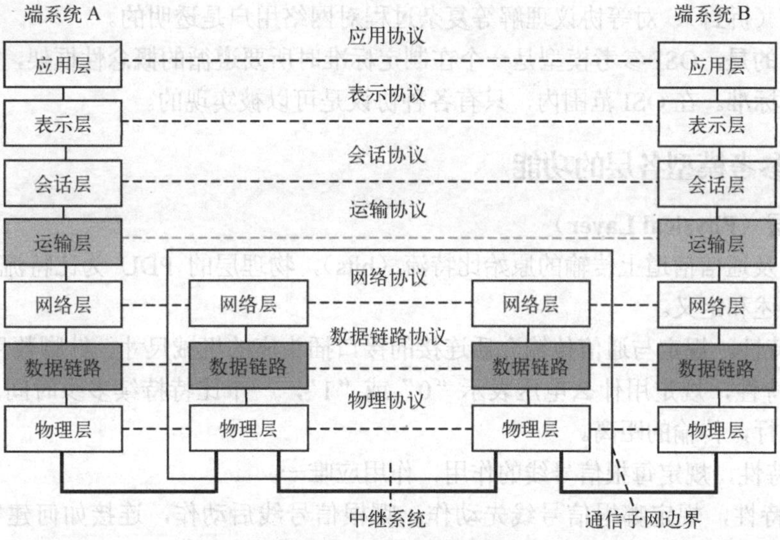

图 2-7　OSI 参考模型

图中给出了端开放系统、中继开放系统、通信子网、交换路由、主机的位置，以及涉及的层次名称和层次顺序。

OSI 的 7 个层次的名称自顶向下依次为应用层、表示层、会话层、运输层、网络层、数据链路层、物理层。对应的协议数据单元分别为 A-报文、P-报文、S-报文、T-报文（message）、分组（packet）、帧（frame）、位流（bits）。这些数据交换单元即是对等层通信理解的各层协议数据单元（PDU）。端系统对应端节点，一般为计算机主机，属于资源子网的范畴，端系统包括本地端系统和端开放系统，端开放系统是与互连有关的部分。中继开放系统由路由器、交换机和传输介质组成，属于通信子网的范畴，通信子网涉及 OSI 的低三层。第一个端到端的层次为运输层。运输层、会话层、表示层和应用层都在端系统上。

2.3.2 OSI 参考模型的结构

OSI 参考模型采用三级抽象：体系结构（Architecture）、服务定义（Service Definition）和协议规范（Protocol Specification）。OSI 的三级抽象如图 2-8 所示。

体系结构是作为一个框架来组织和协调各层协议的制定，网络协议的规程说明比较精练。

服务定义详细地说明各层提供的服务，提供的服务与这些服务的具体实现无关，并对层与层之间的接口、各层使用的原语进行描述，仍然是不涉及接口的具体实现方法。

协议规范给出一组控制数据通信的规则，对7个层次的网络协议以及要实现的功能进行详细的描述和规定。

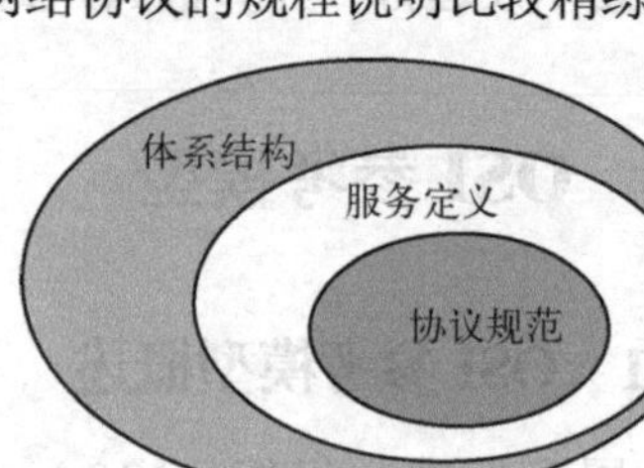

图2-8 OSI的三级抽象

在OSI参考模型中，每层的功能是由该层的协议头（控制信息）实现的，用来解决对等层实体对协议的理解。在发送方，在把用户数据逐层传送到相邻的下层时，上一层的PDU就成为下一层的数据，下一层需要在数据之前加上该层的协议头，组成该层的PDU。最后在物理信道上传输的信息（二进制位流）包含着用户数据与多层嵌套的协议头。在接收方，经过逐层向上拆出各层的协议头，实现对等层协议的理解，完成各层要实现的功能，最终接收方收到用户数据。此时应用进程的数据好像直接传送到对等层的应用进程，整个信息的流动，以及所传输数据的逐层打包（封装）、拆包（拆封）、对等协议理解等复杂过程对网络用户是透明的。

需要指出的是，OSI参考模型是一个在制定标准时所要遵循的概念性框架，它不是一个具体的技术实现标准。在OSI范围内，只有各种协议是可以被实现的。

2.3.3 OSI参考模型各层的功能

1．物理层（Physical Layer）

物理层涉及通信信道上传输的原始比特流（bits），物理层的PDU为比特流。物理层协议用4个特性描述和定义。

1）机械特性，规定与通信传输介质连接的接口插头座的机械尺寸、针脚数目及排列。

2）电气特性，规定用什么电压表示“0”或“1”，一个比特持续多少时间，传输是否在两个方向上进行，传输的距离。

3）功能特性，规定每根信号线的作用，作用应唯一。

4）规程特性，规定哪根信号线先动作，哪根信号线后动作，连接如何建立，连接怎样释放。

2．数据链路层（Data Link Layer）

数据链路层的PDU为帧（frame），涉及相邻节点之间的可靠传输，需要完成的功能有链路管理、成帧、差错控制、流量控制等。

成帧是对物理层的原始比特流进行界定，有4种成帧的方法：字符（字节）计数、面向字符、面向位和物理违例。

数据链路层能够对帧的丢失（包括数据帧丢失和应答帧丢失）进行处理，一般方法是发送方在发送帧以后保留一个副本，并启动超时计时器，在预定的时间内没有收到应答帧，进行重发。若应答帧丢失，会造成重复帧，解决的办法是给帧加上序号。

3．网络层（Network Layer）

网络层的PDU为分组（packet），涉及源主机节点到目的主机节点之间可靠的网络传输。网络层是通信子网的最高层，需要完成的主要功能包括路由选择、网络寻址、流量控制、拥塞控制、网络互连等。

路由是分组在网络中传输所经过的路径，需要设计路由选择算法，寻找费用最小或最优的路由。分组在网络中的路由，类似400米接力赛跑，是逐跳进行存储转发的，路由上的节点依据分组的目的地址查找路由表，给出下一跳的位置。路由分为静态路由和动态路由。在Internet 中采用动态路由，在小范围网络中多采用静态路由。在广播网络中，路由选择问题很简单，对网络层功能的要求很低。

网络中的寻址需要使用逻辑地址，好处是可以屏蔽掉不同网络物理地址的差异，在分组到达目的网络之后，通过逻辑地址到对应物理地址的转换，最终找到目的计算机设备。逻辑地址为软件地址（例如IP地址），而物理地址为硬件地址（例如网卡地址）。

当对网络资源的需求超过网络可以提供的资源时，就会出现拥塞现象，需要利用拥塞控制机制尽量避免拥塞发生。拥塞控制是计算机网络传输控制中非常重要的研究内容，拥塞控制多采用连接接纳控制、基于许可证、基于速率的方法。拥塞控制采用开环或闭环控制的策略。

网络层设计还要考虑到网络互连问题，不同的计算机网络之间的差异是很大的。互连可以在不同的层次上进行，互连有一定的规则和要求，不同的互连层次实现的互连范围和内容是不一样的。有4种网络互连设备（中继器、网桥、路由器和协议转换器）用于实现计算机网络之间的互连，互连设备与计算机网络的协议层次相对应。

4．运输层（Transport Layer）

运输层及以上层次的 PDU 为报文（message），为区分不同层次的报文，在报文的前面加上该层英文名称的第一个字母，例如 T- message，标识运输层的报文。

运输层位于 OSI 层次结构的第四层，起着承上启下的作用。运输层涉及源端节点到目的端节点之间可靠的信息传输，从底层向高层，这是第一个不同系统中端节点之间联系的层次，运输层要为高层提供可靠的运输连接，通过采用不同的运输协议适应不同的底层网络所提供的服务，为高层屏蔽掉下面通信子网的差异。

运输层是真正的从源到目的“端到端”的层次，源端节点上的某一程序，利用运输协议数据单元中的控制协议信息与目的端节点上的类似控制协议信息进行“对话”，即实现运输层的对等层通信。值得注意的是，在运输层以下的各层中，协议是每台计算机设备和它直接相邻的计算机设备之间的协议，而在运输层及以上层次，协议是源端节点与目的端节点之间的协议，也就是说第一层至第三层是链接起来的，第四层至第七层是端到端的。

运输层利用被称为“端口地址”的标识，区分端节点（主机）上运行的多个应用进程，端口地址被设计成运输层协议数据单元（PDU）中的一个字段。通过端口地址可以实现应用进程的复用和分用。端口地址和 IP 地址构成“套接字”，用于标识和区分端节点上运行的多个进程连接。

运输层需要解决跨越网络连接的建立和释放。对底层不可靠的网络，建立运输连接时，需要进行“三次握手”，确保运输连接真正建立起来；释放运输连接时，采用“四次握手”，确保数据不会丢失。运输层在建立连接时，需要协商向高层或网络用户提供什么样的网络服务，要提供服务质量（QoS）设置。

运输层需要实现流量控制和拥塞控制，流量控制使低速主机能够来得及接收高速主机运输的数据。运输层端节点之间的流量控制与网络层路由器之间的流量控制不同。流量控制与拥塞控制是相联系的。

5．会话层（Session Layer）

会话层的 PDU 为 S-message，允许主机上的用户建立会话关系，在一次会话连接中可以有多个会话内容单元，提供会话同步。在数据流中插入同步点，当传输出现故障时，可以从最接近的同步点重传数据，以减少重传的数据量。

通过设置和使用权标，可以实现单向传输、双向交替传输、双向同时传输。会话层还提供文雅释放机制，避免在突然释放时造成数据丢失。

6．表示层（Presentation Layer）

表示层的 PDU 为 P-message，表示层关心所传输数据信息的格式定义，即信息的语法和语义描述。不同的主机可以有不同的信息编码格式，即用不同的二进制编码来标识字符和数字，例如 ASCII 码和 EBCDIC 码、二进制反码和二进制补码等。

为了让采用不同信息编码格式的计算机之间能够进行通信，信息传输和交换中使用的数据结构可以用抽象的方式来定义，对源主机采用的局部语法，可以通过抽象语法标记 ASN.1，使用标准的编码方式，构成在网络传输中使用的标准传送语法，在目的主机再把传送语法转换为目的主机使用的局部语法，确保网络中传输数据的语义不变。

表示层管理这些抽象数据结构，并在计算机主机局部语法和网络传输的标准传送语法之间进行转换。若网络中的计算机主机采用同样的信息编码格式，则可以省去信息格式的转换，可以不需要表示层。表示层还提供数据压缩和数据加密功能。

7．应用层（Application Layer）

应用层为 OSI 的最高层，应用层的 PDU 为 A- message，应用层为应用进程提供访问计算机网络的途径，构成不同的应用层协议数据单元。例如，计算机网络中有多种不兼容的终端型号，为每个终端设计与所有其他类型终端通信的协议是很困难的。解决的方法是设计出应用层的虚拟终端协议（Virtual Terminal，VT），通过定义一个抽象的虚拟终端，即所谓的网络标准终端，编辑程序和其他所有程序都面向该虚拟终端，对每一种终端类型，通过软件进行到虚拟终端之间的映射。

常用的应用层的协议有简单邮件传输协议（SMTP）、超文本传输协议（HTTP）、文件传输协议（FTP）、域名解析协议（DNS）、简单网络管理协议（SNMP），以及其他各种通用和专用的应用层协议。

需要说明的是，OSI 参考模型中的会话层、表示层在具体实现时用得不多，这两层属于锦上添花的层次，可以把这两层的功能并入到应用层，形成 5 个层次的网络体系结构。进入 20 世纪 90 年代以后，计算机网络体系结构多以 5 个层次展开分析和讨论，5 个层次自顶向下依次为应用层、运输层、网络层、数据链路层、物理层。5 个层次的描述比较符合计算机网络系统及其产品具体实现的情况，也是遵循 OSI 框架演变而来的。

2.4 TCP/IP 协议簇

2.4.1 TCP/IP 协议的产生背景

1972 年美国加州大学洛杉矶分校的 Vinton G. Cerf（温特·瑟夫）和 Bobert E. Kahn（鲍伯·卡恩）进行了“网络互连项目”研究，研究目标是实现不同网络上的主机之间的通信。研究过程中两人发明了称作“网关”的设备，通过“网关”实现了不同网络主机之间通信。这个“网关”类似今天使用的路由器。

1969 年 9 月 ARPANET（阿帕网）诞生运行后，才发现各个接口信息处理机（IMP）连接的时候，需要考虑用各种计算机都认可的信号来打开通信管道，数据通过后还要关闭通道。否则，这些 IMP 不会知道什么时候应该接收信号，什么时候应该结束信号的传输，这就是现在所说的通信“协议”的概念。

Cerf 和 Kahn 两人都是 ARPANET 核心组的成员。1965 年，Cerf 从斯坦福大学毕业到 IBM 的一家公司当系统工程师，工作没多久，Cerf 就觉得知识不够用，于是到加州大学洛杉矶分校攻读博士，那时正值 ARPANET 的初始研究阶段，进行接口信息处理机（IMP）的研究试验，以及网络测评中心的建立，Cerf 也成了著名科学家列奥纳德·克莱因洛克（Leonard Kleinrock）手下的一位学生。此后不久，在 BBN 公司工作的鲍伯·卡恩（Bob Kahn）也来到了加州大学洛杉矶分校，参加 ARPANET 建设。

Cerf 和 Kahn 在 1970 年 12 月研制出最初用在 ARPANET 上的网络控制协议（Network Control Protocol，NCP），但要真正建立一个共同的协议标准很不容易。在研究过程中，往往是 Kahn 提出需要什么样的软件，Cerf 则通宵达旦地把符合要求的软件编写出来，然后一起测试和调试软件，直至软件能正常运行。“包交换”理论为网络之间的互连提供了理论基础。Kahn 在自己研究的基础上，认识到只有深入理解各种操作系统的细节才能建立一种对各种操作系统普适的网络互连协议，Kahn 请 Cerf 一起考虑这个互连协议的各个细节。1973 年两人发表了有关传输控制协议/网际协议（TCP/IP）内容的论文，这是计算机网络发展过程中具有里程碑意义的事情，论文阐述了协议封装、分组、网关等概念，提出把网络纠错的位置从（IMP）转移到端主机上，使通信子网尽可能简单的思想。

TCP/IP 协议有两个基本要点：第一是网络的通信要分层次，每个层次只实现一种特定的功能。例如，IP 层的功能是实现协议包从源节点到目的节点的网络传输，提供尽力交付的服务，并不关心和处理协议包的丢失，协议包的丢失问题交给 TCP 层处理。第二是每层之间用“信封”方式把上一层的内容封起来，再加上一些本层的信息，叫做协议包头，用来告诉网络和目的地的计算机如何处理这个信息包。整个过程有点像邮局传递信件的过程，每封信件就是一个包，信所包含的信息本身是传输的内容，信封上的信息，例如，邮政编码，是否快递，航空、挂号等，类似 TCP/IP 的协议包头的内容。

1974 年 12 月，Cerf 和 Kahn 的第一份 TCP/IP 协议详细说明，在“IEEE 通信技术汇刊”（IEEE Transactions on Comunications Tecnology）正式发表。当时美国国防部与 3 个科学家小组鉴定了制定 TCP/IP 协议标准的合同，结果由 Cerf 和 Kahn 领衔的小组捷足先登，首先制定出了通过详细定义的 TCP/IP 协议标准。当时做了一个验证 TCP/IP 协议的试验，协议包的传输路径贯串欧洲和美国，协议包先通过点对点的卫星网络，之后通过陆地电缆，再通过卫星网络和地面传输，经过了多种计算机系统，全程 9.4×10^4km 竟然没有丢失一个二进制数据位，这次远距离的可靠数据传输是对 TCP/IP 协议可用性的很好证明。

1983 年 1 月 1 日，运行较长时间的 NCP 被停止使用，TCP/IP 协议成为 ARPANET 的标准通信协议，TCP/IP 协议在 1985 年和 1988 年进行了修改和补充。与此同时，UNIX 4.2 版本第一次引入 TCP/IP 作为内置的网络通信协议，之后大多数的网络操作系统都开始支持 TCP/IP 协议。

ARPANET 中非军事通信的应用逐渐增多后，美国国防部在 1983 年另外组建专门用于军事的 MILNET 网络，之后 ARPANET 网络完全进入商业应用。1986 年美国国家科学基金会 NFS 组建国家科学基金网 NFSnet，逐步取代 ARPANET 所提供的服务，1990 年 ARPANET 退出应用，演变为 Internet（因特网），TCP/IP 协议成为 Internet 的语言。正是由于 TCP/IP 协议，才有了今天 Internet 的巨大发展，通过 Internet 连接的世界形成了“地球村”。如今计算机连接 Internet 都要进行 TCP/IP 协议的设置，TCP/IP 协议成了当今“地球村”中“人与人”之间的“牵手协议”。

TCP/IP 协议具有以下特点：

1）它是一个开放的网络协议簇，可以免费使用，给出计算机网络结构层次和对等层网络协议描述。

2）做到与计算机硬件、操作系统无关，也与特定的网络硬件无关。

3）做到与低层通信子网平台无关，低层网络可以是各种广域网、城域网、局域网、无线网等。

4）提供统一的网络逻辑地址（IP 地址），IP 地址与计算机设备的物理网络接口对应，用于标识网络中的一个连接，使得异种计算机、异种计算机网络互连成为可能。

5）运输层协议（TCP）提供可靠的端到端数据传输，可以屏蔽通信子网的差异。

6）应用层协议内容丰富。

为了褒奖对 Internet 发展做出突出贡献的科学家，1997 年美国政府把“国家技术金奖”授予发明和定义 TCP/IP 协议的 Cerf 和 Kahn。2005 年 2 月美国计算机学会（ACM）把 2004 年图灵奖授予 Cerf 和 Kahn，以表彰两人在设计和实施 Internet 基础网络通信协议方面开拓性的成就。两人现在均为美国科学院院士。

2.4.2 TCP/IP 协议的层次结构

TCP/IP 协议结构为 4 个层次，自顶向下依次为：应用层（Application Layer）；TCP 层（Transport Layer），也称为运输层；IP 层（Internet Layer），也称为互联网层；网络接口层（Network Interface Layer，NIL）。TCP/IP 协议的层次结构如图 2-9 所示。

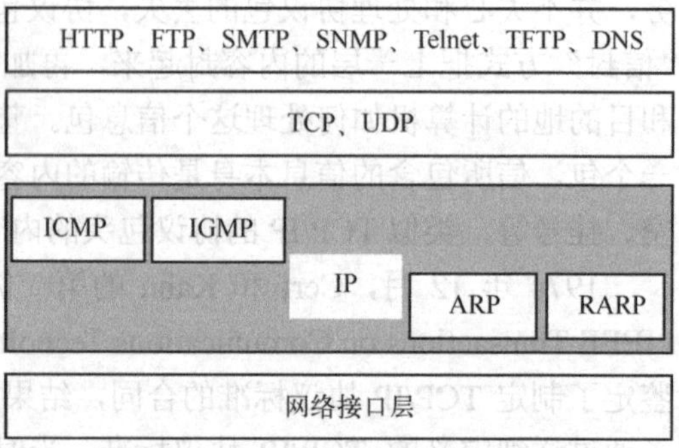

图 2-9 TCP/IP 协议的层次结构

按 5 层网络体系结构考虑，应用层对应 5 层网络体系结构中的应用层，TCP 层对应着运输层，IP 层对应网络层，网络接口层对应着数据链路层和物理层。可以看出 TCP/IP 协议的结构是个“沙漏”模型，IP 层的地位和作用十分重要，向上支撑多种网络应用，向下适应多种不同的物理网络，IP 层容易形成网络瓶颈。IP 层协议应简单、无连接、提供尽力交付的服务。

TCP/IP 协议的设计者采用“简化问题、分而治之”的策略，解决计算机网络复杂系统面临的问题，设计出针对每一问题的网络协议（例如，TCP、UDP、IP、ICMP、RIP、OSPF 等），减轻了网络协议设计和实现的复杂程度，也给网络协议软件的更新带来方便。TCP/IP 协议簇中包含多个协议，这些协议处在相应的网络协议层次，之间并不孤立，是互相联系、互为支撑的。TCP/IP 是一个协议簇（Protocol Family）或协议套件（Protocol Suite），其中，TCP 和 IP 是两个最重要的协议，用它们作为协议簇的命名。

1. 网络接口层

TCP/IP 层次协议对网络接口层没有给出具体的协议描述，网络接口层对应着物理层和数据链路层。没有定义具体物理层和数据链路层的思路，主要是因为 TCP/IP 协议可以支持所有的底层网络结构和网络协议，这些底层网络实现通信子网的数据传输和数据交换功能，例如，可以是各种各样的局域网（LAN）、城域网（MAN）、广域网（WAN）、无线网络、卫星网络等，TCP/IP 协议的 IP 分组都可以封装在这些不同底层网络的帧中传输。

网络接口层用于控制对本地局域网或广域网的访问。在设计 TCP/IP 协议时考虑到要与具体的物理传输介质无关，TCP/IP 协议层次中没有对数据链路层和物理层做出规定，但给出了最低层的网络接口层，只是指出主机必须使用某种低层协议与通信网络连接，目的是可以支持任何类型的通信子网，以便能在其上传递 IP 分组。

2. IP 层

IP 层包括 5 种协议：IP 协议、ICMP 协议、IGMP 协议、ARP 协议和 RARP 协议。

IP 协议也称为互连网协议，IP 协议是一种不可靠、无连接的数据报协议，提供“尽力而为”（Best-effort）的服务。这是因为在互连网中实现互连时只能采用无连接服务。IP 协议用 32 位二进制位的 IP 地址标识互连网中的网络和主机，通过 IP 地址可以实现 Internet 中的寻址，实现 Internet 中计算机设备之间的逻辑连接，以及异构网络之间的互连。IP 协议的协议数据单元（PDU）是 IP 数据报，也称为 IP 分组。

ICMP 协议为 Internet 控制报文协议，用于在网络中传输控制信息，例如，目的不可达通知信息等。IGMP 协议为 Internet 组管理协议，用于 Internet 多播通信的控制和管理。ARP 协议用于实现 IP 地址到物理地址（MAC 地址）的转换。RARP 协议实现从物理地址到 IP 地址的转换。

IP 层实现的主要功能包括：

1）解决异构网络的互连问题。

2）处理来自 TCP 层的报文段发送请求，将报文段装入 IP 分组，填充分组头，选择发送路径，发送 IP 分组。

3）对收到的 IP 分组进行处理，根据 IP 分组的目的地址，确定是接收还是转发。

4）为 IP 分组传输进行路由选择。

5）网络寻址和网络互连。

6）对网络中的流量进行控制，处理网络拥塞问题。

IP 协议有 6 个版本号，目前在 Internet 中使用的是版本 4，也称为 IPv4。新的 IP 协议的版本号为 6，称为 IPv6 协议，用来弥补 IPv4 协议的不足，已经广泛应用在 IPv6 网络中，例如，CNGI 是采用 IPv6 协议的下一代 Internet，NGN 是采用 IPv6 协议的下一代电信网络。

3. TCP 层

TCP 层负责在应用进程之间建立端到端的连接和可靠通信，它只存在于端节点中。TCP 层涉及两个协议：传输控制协议（Transmission Control Protocol，TCP）和用户数据报协议（User Datagram Protocol，UDP）。

TCP 协议是该层的主要协议，TCP 可以提供可靠数据传输（RDT），TCP 协议提供面向连接的服务，提供按字节流的有序、可靠传输，可以实现连接管理、差错控制、流量控制、拥塞控制等。

UDP 提供无连接的服务，用于不需要或无法实现面向连接的网络应用中。

这两个协议提供端口（Port）地址标识不同的应用进程，实现应用层和运输层之间的应用进程的复用和分解，例如，端口号 80 与 HTTP 协议对应，端口号 25 与 SMTP 协议对应。端口地址和 IP 地址组合构成套接字（Socket），标识通信双方应用进程之间的连接。

4. 应用层

应用层为 Internet 中的各种网络应用提供服务，目前 Internet 中的网络应用有两百多种。人们在 Internet 上浏览 WWW 信息、收发电子邮件、传输数据就用到了这些协议。应用层的协议只在端节点上实现。

Internet 中常用的应用层协议有十多种，例如，HTTP（万维网 WWW）、电子邮件（E-mail）协议 SMTP、文件传输协议（FTP）、远程登录访问协议（Telnet）、简单网络管理协议（SNMP）、域名系统（DNS）协议等。这些应用层协议根据面向连接或无连接应用服务要求分别与 TCP 协议或 UDP 协议相联系。

2.4.3 网络层次协议的捆绑

人们可能会问在具体组网时 TCP/IP 协议在哪里呢？TCP/IP 协议与底层网络协议之间是怎样联系的？说明这些问题需要确定协议层次的位置，这里以底层网络采用以太网为例进行说明。

一般来讲，底层网络涉及网络体系结构的低二层，具体实现时由网络适配器（网卡）描述。对于一个给定的通信链路，数据链路层协议的主要部分在网络适配器中实现。网络适配器也称为网络接口卡或 NIC，网络适配器通常包括 RAM、DSP 芯片、总线接口和链路接口。适配器的主要部分是总线接口和链路接口，总线接口在适配器和节点之间传输数据和控制信息，链路接口实现数据链路层协议，负责形成帧，提供差错控制、信道访问控制等数据链路层功能，链路接口也包括收发器电路。

应用层、TCP 层、IP 层协议包含在操作系统中，目前主流的操作系统，例如 Windows、UNIX、Linux 等，均支持 TCP/IP 协议。

在配置网络协议时的顺序是先配置底层网络协议，在计算机主板的扩展槽上插入网卡，网卡可以用来实现物理层和数据链路层的功能，安装网卡驱动程序，即安装了低两层的网络协议。之后，选择计算机中使用的网络体系结构和协议，若与 Internet 连接，需要选择 TCP/IP 协议，绑定 IP 层协议、TCP 层协议和应用层协议，分别对应着网络体系结构中的网络层、运输层和应用层。可以在相应的操作系统中，指定所采用的网络协议为 TCP/IP 协议，然后在 TCP/IP 协议属性对话框中设置 IP 地址、子网掩码、网关地址、DNS 服务器地址等，从而完成整个 TCP/IP 协议配置。要清楚网络协议层次绑定的概念，绑定是按自底向上的顺序进行的。

计算机网络中端节点网络协议的安装、设置步骤如下：安装网卡驱动程序；指定（安装）TCP/IP 协议；绑定网络协议（第一层～第五层）；用 Ping 测试协议安装和配置是否成功。与 Internet 连接的 5 层协议捆绑如图 2-10 所示。

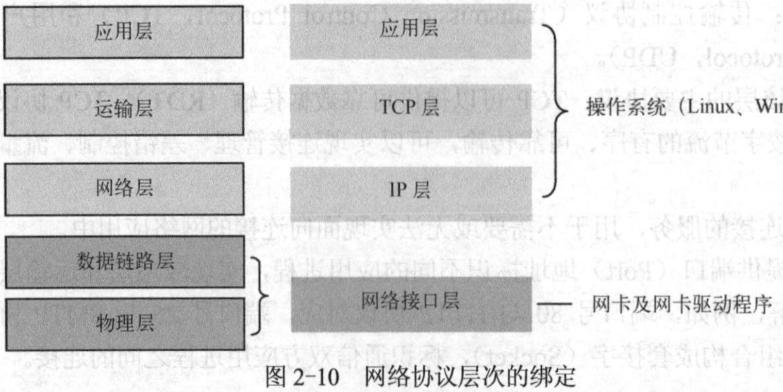

图 2-10　网络协议层次的绑定

2.4.4　TCP/IP 与 OSI 的比较

TCP/IP 模型与 OSI 模型的一个重要区别是可靠性问题，OSI 模型在所有各层都进行差错校验和处理。而 TCP/IP 仅在 TCP 层，即仅在端到端进行差错控制，在安全性方面存在不足。TCP/IP 协议与 OSI 模型的比较如图 2-11 所示。

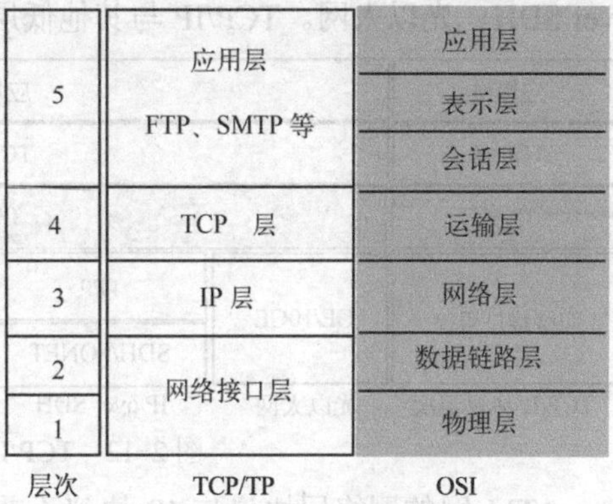

图 2-11　TCP/IP 与 OSI 模型的比较

两者的相似处有：都是分层的协议，并且分层的功能基本相同。例如，TCP/IP 的 IP 层和网络层对应，TCP 层与传输层对应。

两者不同的地方有：层次数目不同，OSI 中的网络层可以提供面向连接和无连接两种服务，而 TCP/IP 中的 IP 层仅有无连接的服务，OSI 是一个国际标准，而 TCP/IP 是事实上的工业标准。

OSI 定义比较严格，尤其在服务、接口、协议等概念的描述方面。定义严格带来的不利一面是具体应用时需要考虑的问题太多，实现起来比较困难，目前还没有真正按 OSI 参考模型设计的计算机网络。TCP/IP 协议的定义不是非常严格，它是为满足网络的应用而不断完善的，已经成为事实上的工业标准，得到很好的应用。

TCP/IP 从开始就考虑异种网络的互连问题，对面向连接服务和无连接服务并重，并有较好的网络管理功能。

ISO 一开始只考虑到使用一种标准的公用数据网将各种不同的系统互连在一起，直到后来才开始制定无连接服务的有关标准，才考虑网络管理问题。

TCP/IP 存在 3 个主要的问题：一是没有考虑到安全性；二是 IP 地址的位数需要扩充；三是不能很好地支持多媒体信息传输所需要的服务质量。1998 年 IETF 推出新一代 Internet 协议 IPv6 的正式标准，IPv6 协议的改进主要在网络层，TCP/IP 的其他层次基本保持不变，在 IPv6 协议设计中考虑到了上述问题。在制定新的网络协议时，要考虑到新旧协议之间的转换方式和兼容问题。原来的 TCP/IP 协议的版本为 IPv4，需要考虑 IPv4 向 IPv6 过渡的问题。

需要注意的是，任何一种网络体系结构的参考模型或网络协议都不是完美的，OSI 参考模型把协议和服务的定义结合起来，使得体系结构本身十分复杂，实现起来很困难。OSI 在每一层重复进行寻址、流量控制和差错控制，影响了系统效率。设计时又忽略了网络管理、安全、数据加密等问题。还有会话层在许多应用中很少用到，表示层几乎是空的。OSI 设计的初衷是提供全世界范围的计算机网络都要遵循的统一标准，但由于存在模型与协议自身的缺陷，使得 OSI 缺乏市场与商业动力，迟迟没有成熟的产品推出，影响了 OSI 研究成果的推广。

同样，TCP/IP 参考模型与协议也有自身的缺陷，主要表现在：协议、服务与接口的区别不清楚，功能与实现方法的区分做得不够好；网络接口层并不是真正意义上的一层，对应着数据链路层和物理层，没有划分出这两个层次，而只是定义了网络层与数据链路层的接口。由于 TCP/IP 在网络互连实现上的成功，赢得了大量的用户和投资，又促进了 Internet 的发展。随着 Internet 2 的研究与应用，TCP/IP 协议的改进与不断完善正在紧锣密鼓地进行。

2.4.5　TCP/IP 与其他低层网络技术的关系

低层网络均属于通信子网，涉及 5 层网络体系结构中的低 3 层，低层网络可以采用不同的技术，覆盖的地域范围也不同。局域网技术发展过程中采用过的主要技术有：以太网、令牌环网、光纤分布式数据接口（FDDI）、ATM 局域网、无线局域网等，目前高速以太网技术已成为局域网的主流技术。城域网技术也放在 IEEE 802 系列标准中，例如，分布式队列双总线（DQDB）。广域网技术发展过程中采用过的主要技术有：X.25 网、ATM 网、帧中继网、IP over SDH、光以太网。TCP/IP 与其他低层网络技术的关系如图 2-12 所示。

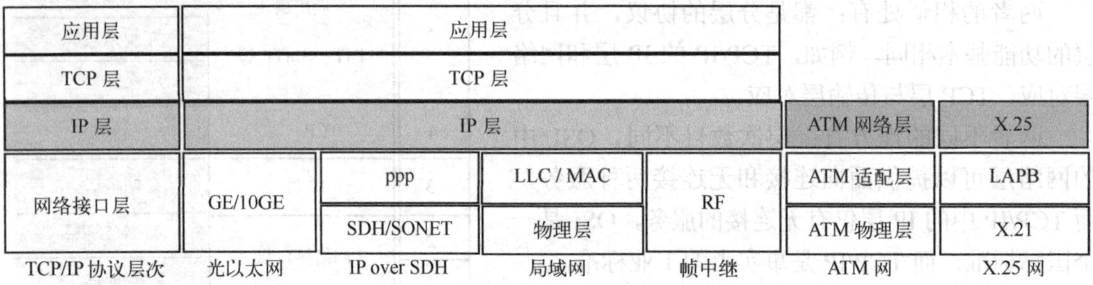

图 2-12　TCP/IP 与其他低层网络技术的关系

ATM 网的网络层协议与 IP 协议不兼容，在应用时两种协议需要转换，并且 ATM 网的网络层协议是面向连接的，而 IP 协议是无连接的，若采用“IP over ATM”，ATM 实时性的特点就无法体现出来，而且协议转换也会产生较多的时延。

X.25 网的出现早于 TCP/IP 协议，X.25 网的网络层协议与 IP 协议不兼容，若将两种网络协议实现的网络互连，需要用到互连（网关）设备。X.25 网是较早采用分组交换技术的网络，后来被帧中继网取代，帧中继网仅涉及数据链路层和物理层，网络层采用 IP 协议，得到广泛应用。

帧中继、IP over SDH、光以太网等广域网的协议设计主要集中在数据链路层和物理层，研究重点是提高转发帧的速度，网络层由 IP 协议支持。随着因特网应用的发展，广域网技术已经与 TCP/IP 协议体系相互依存，实现互补。从另一方面讲，TCP/IP 协议体系没有具体定义数据链路层和物理层，而是采用在低层可以兼容多种网络低层协议的思想，实现了异构网络的互连和互通，这正是 TCP/IP 协议获得巨大成功的根本原因。

同步光纤网络（SONET）是建立在光纤传输基础上的同步光网络，ITU-T 采纳 SONET 的设计理念，进行修订，使之也能够适用于微波和卫星传输，并给出新的名称：同步数字体系（SDH）。SDH 对两大数字速率体系 T1 标准和 E1 标准进行统一，数字信号在传输过程中不再需要转换传输标准。SDH 实现了光接口的开放性，实现了光接口设备的互连。采用 IP over SDH 机制，数据链路层使用 PPP 协议，网络层及以上层与 TCP/IP 协议捆绑。

局域网属于通信子网，仅涉及 5 层网络体系结构的低两层，对应数据链路层，根据局域网的特征，又划分为介质访问子层（MAC）和逻辑链路子层（LLC）。局域网在应用时的高层网络协议由 TCP/IP 协议支持，通过 IP 协议也实现了各种局域网之间的互连，以及局域网与其他网络之间的互连。

2.5　局域网络体系结构参考模型

2.5.1　局域网络体系结构的层次

局域网络（LAN）体系结构参考模型描述底层通信网络层次和协议，与计算机网络 5 层体系结构对应，LAN 的体系结构仅涉及计算机网络体系结构的低两层，即物理层和数据链路层。考虑到 LAN 可以有各种各样的拓扑结构、使用各种各样的传输介质、采用不同的信道访问协议，把 LAN 的数据链路层分为两个子层：介质访问控制（Medium Access Control，MAC）子层和逻辑链路控制（Logic Link Control，LLC）子层。LAN 的体系结构如图 2-13 所示。

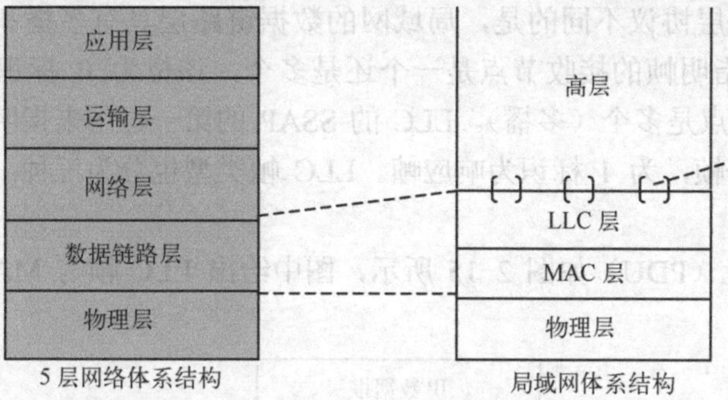

图 2-13 LAN 的体系结构

协议层次自顶向下依次为 LLC 层、MAC 层和物理层。其中 LLC LSAP 是 LLC 服务访问点。考虑到局域网需要具有网络互连的功能，在早时的局域网协议结构中设计了网际层，现在已不再使用，因为局域网的高层多采用 TCP/IP 协议，IP 协议可以用于实现网络的互连。

局域网中所用到的数据链路控制部分都是基于高级数据链路控制（HDLC）协议的，每一种局域网数据链路层协议都根据自身的技术需要对 HDLC 做了适当的修改。由于 HDLC 不支持多点平衡配置，所以要求在局域网中必须引入介质访问协议，导致了局域网把数据链路层划分为两个子层：LLC 和 MAC。

2.5.2 局域网络体系结构各层的功能

LAN 物理层具有的功能包括：信号的调制与解调；用于同步的前缀生成与去除；位流传输与接收。此外，物理层还包括传输介质的说明，与传输介质连接的物理接口。在具体应用中，局域网的物理层分为两个子层，上面的子层是介质连接单元子层（Medium Attachment Unit，MAU），下面的子层是对传输介质的说明，与所使用的传输介质有关。

MAC 子层用来描述一个具体的 LAN，MAC 子层的协议数据单元是 MAC 帧，只有看到了 MAC 帧，才能知道这是一个什么样的 LAN。MAC 子层的地址是物理地址，也称为 MAC 地址，计算机之间的通信最终需要通过 MAC 地址才能进行。在讲到局域网的帧结构时，一般是讲述 MAC 帧。

LLC 子层则完成数据链路层的主要功能，LLC 子层的协议数据单元是 LLC 帧。所有 LAN 的 LLC 子层是一样的，也就是说不管采用什么协议的局域网对 LLC 子层都是透明的，LLC 子层对所有局域网都是透明的情况如图 2-14 所示。LLC 提供三个基本的服务：面向连接服务、无连接服务和多路复用。

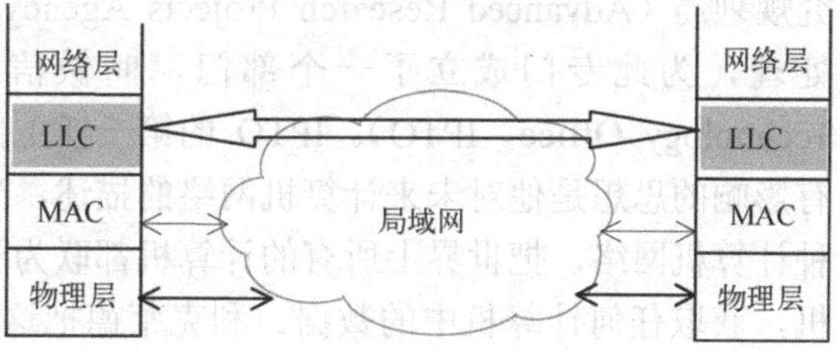

图 2-14 LLC 子层对局域网是透明的

2.5.3 局域网络体系结构的特点

局域网络中的通信牵涉到 3 个方面：进程、节点（站点）和网络。进程与两个计算机系统之间用程序联系。站点通过网络互相连接，数据通过网络从一个站点传输到另一个站点。

LLC 子层的 PDU 与 HDLC 类似，LLC 帧包含 4 个字段：目的 SAP（DSAP）、源 SAP（SSAP）、控制和数据。LLC 地址用 LLC SAP 标识，LLC 地址与一个站点中的特定用户相关联，有时 SAP 指的是一个站点上运行的一个进程，有时指的是一个硬件接口。

与广域网的数据链路层协议不同的是，局域网的数据链路层具有多播和广播功能。LLC 的 DSAP 的第一位用来指明帧的接收节点是一个还是多个，该位为 0 标识接收节点是一个（单播），为 1 标识接收节点是多个（多播）。LLC 的 SSAP 的第一位用来指明帧是命令帧还是响应帧，为 0 标识为命令帧，为 1 标识为响应帧。LLC 帧类型也分为三种：信息帧、监控帧和无编号帧。

LAN 的协议数据单元（PDU）如图 2-15 所示，图中给出 LLC 帧与 MAC 帧，以及上层用户数据之间的关系。

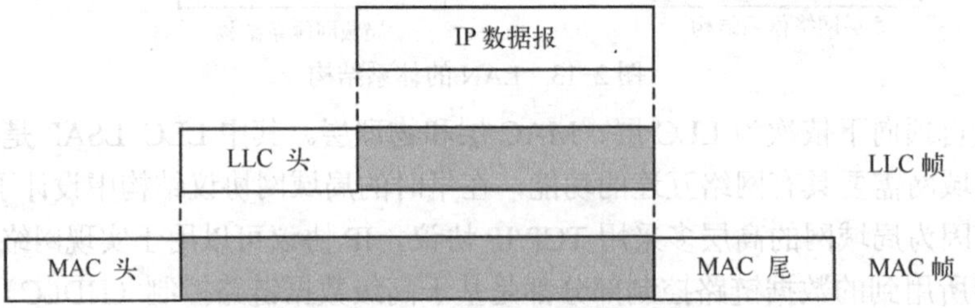

图 2-15 LAN 的协议数据单元 PDU

LLC 地址与 MAC 地址是两个完全不同的概念，MAC 地址是物理地址，LLC 地址的逻辑地址。在局域网中，一个站点上的多个服务访问点（LLC SAP）可以复用到一条数据链路，这意味着 LLC 子层具有 OSI 网络层的某些功能。LLC 帧无差错控制功能，MAC 帧中有采用 CRC 的校验序列（FCS）字段，由 MAC 帧进行差错控制。与 HDLC 比较，LLC 有 3 种形式的监控帧：RR、RNR 和 REJ，LLC 没有选择拒绝 SREJ 监控帧。

2.6 计算机网络实例

2.6.1 ARPANET

1958 年 1 月 7 日，美国政府设立了一个专门从事高科技方面的研究机构，称为高级研究规划局（Advanced Research Projects Agency，ARPA）。ARPA 的一个主要研究方向是信息处理，为此专门成立了一个部门，叫做信息处理技术办公室（Information Processing Technology Office，IPTO）。IPTO 的第一任主任是利克莱德（J.C.R. Licklider）。利克莱德最有影响的思想是他对未来计算机网络的描述，当时他认为在 10～15 年的时间内，将会有一种计算机网络，把世界上所有的计算机都联为一体，任何人都可以使用地理上很遥远的计算机，获取任何计算机中的数据。利克莱德把这种计算机网络称为“思维中心”，它就像一个巨大的图书馆，但比图书馆的功能强得多，而全世界有很多个这种中心，用通信线路互相连接，它们之间可以互相共享资源，平衡工作负载，为全世界的用户服务。可以说是利克莱德提出了 Internet 的思想。

1966 年，鲍伯·泰勒（Bob Taylor）被任命为 IPTO 的主任，他着手实现利克莱德提出的计算机网络思想。鲍伯·泰勒定义了几个关键问题。其中一个关键问题是制定计算机网络的技术大方向，即它做出来有什么用。泰勒确定计算机网络的主要用途有两个：一个用途是计算机共享和数据共享。科研工作需要经常交流信息，当时的办法是把这些东西放在磁带里再邮寄给对方。计算机网络则允许用户更快地传输数据，更方便地共享数据。另一个用途是通信，计算机网络允许用户互相之间传送一些短消息，讨论彼此关心的问题。

另一个关键问题是找项目负责人，鲍伯·泰勒最看好的是当时在麻省理工学院林肯实验室工作的拉瑞·罗伯兹（Larry Roberts），从1966年2月到1966年秋天，泰勒找罗伯兹谈了6次，劝说他来管理这个计算机网络项目，最终使29岁的罗伯兹来到华盛顿特区的五角大楼（美国国防部），开始了后来被称为ARPANET的计算机网络项目。

罗伯兹到达五角大楼后，马上开始了制定总体规划的工作，他首先确定了几个关键问题：

1）网络应该有哪几个节点？实验网络第一步应该互连几台计算机，这些计算机分布在美国哪些地方。

2）网络应该如何互连？从当时的技术条件和经费考虑，最简单的办法是租用现成的电话网络。

3）网络节点之间怎样通信？罗伯兹确定采用列奥纳德·克莱因洛克（Leonard Kleinrock）已经研究出的“分组交换”的理论。

4）如何解决网络节点（计算机设备）的不兼容问题。这些计算机设备来自不同厂家，采用不同的体系结构。如何使它们能够互相通信、互相理解、互相能执行用户的作业，这些后来被证明是Internet发展最关键的问题。

5）网络应不应该支持交互式计算？罗伯兹通过咨询得到的回答都是肯定需要的。

6）可靠性问题，这么多计算机通过长途电话线联在一起，是很容易出故障的，因此必须考虑可靠性问题。

1968年8月罗伯兹完成了ARPANET的技术规范，并向美国140家公司发出了招标书。1968年9月开始收到了一些公司的投标书。1968年12月，麻省剑桥的BBN公司中标，并与ARPA签了合同。1969年9月1日，第一个ARPANET节点安装在加州大学洛杉矶分校。1969年10月1日，第二个节点安装在斯坦福研究所。1969年10月1日，ARPANET进行了第一次试验。

ARPANET的第一次测试是在加州大学洛杉矶分校节点和斯坦福节点之间进行的。试验过程中除了使用计算机网络通信外，还使用了电话。试验的目的是让洛杉矶的操作员能登录到斯坦福的计算机上，然后进行一些简单的操作，试验最终获得了成功。

1973年，ARPANET已经扩展到了几十个节点，甚至联到了英国和挪威。这时又出现了3个新的问题：第一，尽管远程的计算机可以互连通信，但本地不同体系结构的计算机却不能通信；第二，越来越多的节点连接到ARPANET，无法实现计算机节点之间的直接相联方式，例如，100个节点就需要1万根通信线路；第三，这么多不同的网络和计算机节点相互之间不可能都兼容，怎样实现不同计算机，以及不同网络之间的互连，开发兼容的网络应用程序。

在上述问题的解决和研究过程中，产生了Internet的3个核心技术：以太网、路由器和TCP/IP协议。

ARPANET是无连接的分组交换网，由通信子网和主机组成。通信子网提供数据报服务，由接口信息处理机（Interface Message Processor，IMP）和传输线路组成，IMP就是现在的交换机或路由器，协议包在IMP进行存储转发。最初，IMP之间通过从电话公司租用的56 Kbit/s线路互连。

ARPANET 的软件分为通信子网软件和主机软件，软件按层次和对等协议设计。ARPANET 体系结构由 4 个层次组成，ARPANET 的网络协议包括：端主机至 IMP 间协议；IMP 至 IMP 协议；源 IMP 至目的 IMP 协议；源主机至目的主机协议。ARPANET 及协议如图 2-16 所示。

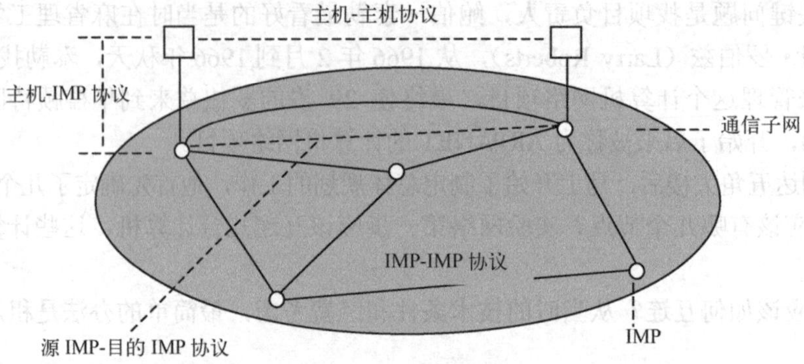

图 2-16　ARPANET 及协议

为了实现异种计算机的互连，1974 年在 ARPANET 网上实现了 TCP/IP 协议。进入 20 世纪 80 年代以后，许多 LAN 连接到 ARPANET 网，1980 年 ARPANET 转向 TCP/IP 协议实现和研究，1983 年 1 月 TCP/IP 协议成为 ARPANET 正式协议，1983 年 ARPANET 的军用部分分离出来组成 MILNET。

1990 年，ARPANET 演变为 Internet 的重要组成部分，与 NFSNET 一起构成 Internet 的主干，ARPANET 完成历史使命后退出使用。ARPANET 研制过程中的主要贡献如下：

1）提出计算机网络是思维中心的思想。

2）提出并实现了两级子网的计算机网络物理结构。

3）提出层次网络体系结构和网络协议的概念。

4）研究、引入和采用分组交换技术。

5）开展了计算机设备互连，以及网络互连的研究。

6）开展了 TCP/IP 网络协议的研究，为形成事实上的网络协议标准奠定基础。

7）研究的理论和技术没有申请任何专利，全部奉献给人类社会。

2.6.2　X.25 网络

20 世纪 60 年代中期，英国国家物理实验室（NPL）计算科学部主管 Donald Davies 率先提出了分组交换的概念，分组交换技术是互联网的基础。1966 年，NPL 建成世界上第一个分组交换网。分组交换网是一个通信子网，遵循 CCITT 制定的 X.25 协议，也称为 X.25 网络或公用数据网，在交换节点对分组进行存储转发。X.25 协议实际包含了对应 OSI 低 3 个层次的协议，分别为：物理层、数据链路层和分组层。各层在功能上相互独立。与 OSI 参考模型一样，对等层之间的通信通过对等层间的规程（协议）实现。

物理层定义了 X.25 网络通信中 DTE 和 DCE 之间的电气接口，以及建立物理的信息传输通道的过程。DTE 为数据终端设备，DEC 为数据电路端接设备。物理层包括 3 种协议：X.21 接口运行于交换电路上；X.21 bis 定义模拟接口，允许模拟电路访问数字电路交换网络；V.24 使得 DTE 能在租用模拟电路上运行，连接到交换节点。物理层协议内容涉及连接器的机械尺寸，信号线的数目、排列、功用，电气特性等。

数据链路层中主要包括 3 种协议：LAPB 协议，这是一个类似 HDLC 的协议；ISDN D 信道链路访问协议（Link Access Protocol Channel D，LAPD），用于在 ISDN 网络的 D 信道上完成 DTE 之间，特别是 DTE 和 ISDN 节点之间的数据传输；逻辑链路控制（LLC）协议，是一种 IEEE 802 局域网协议，使得 X.25 数据包能在 LAN 信道上传输。

分组层协议（Packet Layer Protocol，PLP），也简称为 X.25 协议，相当于 OSI 参考模型的网络层。PLP 是面向连接的协议，支持交换虚电路和永久虚电路，两者的差别是永久虚电路建立后一直存在，用于经常有大量或重要数据传输的情况。X.25 协议规定了虚电路（VC）的建立、释放过程以及分组的格式、分组传输控制过程、流控和异常情况的处理与恢复等。

对不支持 X.25 协议的终端，制定有分组装配和拆卸（PAD）协议，即 X.3 协议，终端和 PAD 之间的通信定义了 X.28 协议，PAD 和网络之间的通信定义 X.29 协议。将源终端节点输出的数据经 PAD 装配成分组，然后输入分组交换网传输，到达目的的分组经 PAD 拆卸，送目的终端节点设备。

针对两个 X.25 网络之间的连接，定义了 X.75 协议，用于分组交换网的互连。公用数据网中用于按 X.75 协议互连的设备称为信令终端设备（Signaling Terminal Equipment，STE）。X.25 网络及协议如图 2-17 所示。

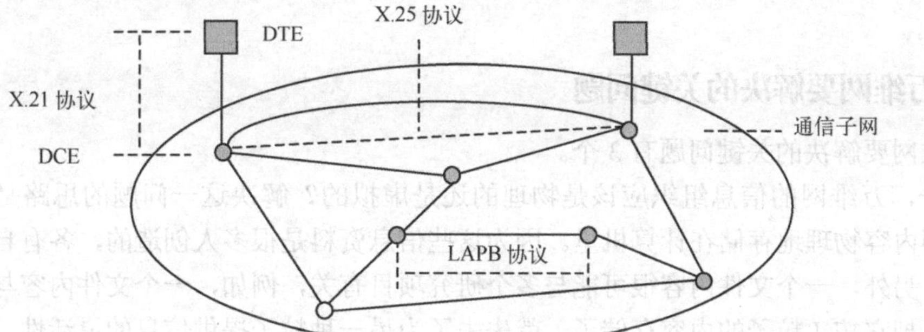

图 2-17　X.25 网络及协议

X.25 协议属于接口规程，没有定义路由选择算法，这属于分组交换网网络内部控制功能，由各个厂家决定。

2.7　Internet 与 Internet 2

2.7.1　Internet 的由来

Internet 是由 ARPANET 演变过来的，采用 TCP/IP 网络协议，核心技术是分组交换。20 世纪 80 年代末，Internet 开始用于商业，Internet 的规模不断扩大。1990 年，人们提出了 WWW 概念，使得网络应用界面由文本转向多媒体（文本、图形、图像和声音）。Internet 是一个分布式资源系统，网络应用采用 B/S（浏览器/服务器）计算模式。信息浏览（WWW）、电子邮件（E-mail）、文件传输（FTP）、远程登录（Telnet）成为人们最主要的应用内容。Internet 已经极大地影响到人们工作、生活和学习的各个方面，改善人们获取知识的途径，提高了人们生活品质和质量，从 20 世纪 90 年代起人类社会进入 Internet 代。Internet 也称为第一代互联网。

在 Internet 发展历程中出现了许多重要的人和事件，以电子邮件和 WWW 为例，通过对这些人物和事件的了解，对真正理解 Internet 核心理论和技术会有所帮助。

1972 年，ARPANET 上已经互连了近 20 个节点。网络上提供的应用协议主要是 FTP、TELNET 和 BBS（电子公告牌）。FTP 协议是一位叫雷·汤姆林生（Ray Tomlinson）的 BBN 工程师开发出来的。他在快完成 FTP 的编程工作时突然想到，为什么不能用 FTP 来自动地传送网络电子邮件呢？于是他用了 3 个星期写出了用于发送和接收的两个电子邮件程序，随后，拉里·罗伯兹编写出第一个电子邮件管理软件，使得邮件的查看、转递、发送和应答更为方便。之后电子邮件的应用迅速蔓延开来。

到了 1973 年，ARPANET 上的四分之三的通信是电子邮件。电子邮件与电话或者普通邮件相比有很多优点，是一种新的人与人之间的通信模式。电子邮件应用的普及揭示了 Internet 发展的一个规律：能改善人与人之间通信的技术（而不只是人与机器，或机器与机器之间）一定会得到普及。

1980 年，提姆·伯纳尔斯-李（Tim Berners-Lee）在瑞士日内瓦附近的欧洲粒子物理实验室（CERN）工作了六个月。这个实验室需要用计算机处理和分析大量的实验数据。伯纳尔斯-李写了一个叫做“内部问询 （Enquire Within）”的计算机程序，试图把大量的数据资料按照内容的关联组织起来，以方便用户查找资料和相关文件。但是他提出的思想和方法并没有流传开来。

2.7.2 万维网要解决的关键问题

万维网要解决的关键问题有 3 个。

第一，万维网的信息组织应该是物理的还是虚拟的？解决这一问题的思路是：不应该把信息按照内容物理地存储在计算机里。因为这些信息资料是很多人创造的，各有自己的分类存储方式。另外，一个文件内容很可能与多个研究项目有关，例如，一个文件内容与多种基本粒子有关。把它按 J 粒子的内容存储了，就失去了为另一种粒子提供信息的灵活性。得出的结论是，万维网中信息内容的组织必须是虚拟的，它可以建筑在现有的目录树的物理存储基础上，用一些指针把内容指向相应的目录树中的文档。这又引出了一个新问题，这个指针应该是什么样的形式呢？

第二，如何根据内容访问某个文档？在万维网之前，这也是非常麻烦的一件事。比如，物理学家需要知道 J 粒子的半衰期，他必须先到处询问，找到知道这个信息的人，然后了解到这个信息在某台计算机的某个目录中某个文件里有。之后，物理学家需要使用 FTP 程序登录到该台计算机，再找到该个目录，把文件下载到自己的本地计算机。能不能大大简化上述过程，只要按一个特殊的键就能得到所需的信息呢？

第三，如何处理文字和图像信息？计算机文件既有文本文件，也有图像文件，还有许多其他格式的文件。能不能只按一个键，让计算机自行处理中间过程，最终能够让用户看到各种格式的文件内容呢？

为了解决上述问题，伯纳尔斯-李提出了 4 个基本概念和机理，即超文本（Hypertext）概念，通用资源定位（Universal Resource Locator，URL）概念，超文本传输协议（HyperText Transfer Protocol， HTTP），以及超文本标记语言（HyperText Markup Language，HTML）。

1989 年 10 月，伯纳尔斯-李再次来到 CERN，重新实现他的按内容组织和访问文件的思想。这种技术叫做“全球网”（World Wide Web 简称 WWW 或 Web），中文翻译为“万维网”。到 1990 年 12 月，世界上第一个万维网的服务器和浏览器程序编写成功，标志着万维网正式诞生。万维网服务器软件用在远程计算机（服务器主机）上，通过 HTTP 协议，负责响应和处理网络用户的请求，给网络用户返回所需要的 Web 文档。万维网的另一个软件是客户端 HTML 浏览器，它运行在本地计算机上，负责向万维网服务器发出 HTTP 请求，将所链接到的万维网服务器传回来的文件在本地显示出来。伯纳尔斯-李在 Internet 上公开了万维网的全部技术资料和软件源码，供国际社会免费使用。

2.7.3 Internet 的基础结构经历的推进

Internet 的基础结构经历了 3 个阶段的推进。

1. 第一阶段

第一阶段是从单个 ARPANET 网络向 Internet 发展的过程，主要是 TCP/IP 协议的研制与应用，互连异种计算机、异种计算机网络，到 1983 年末、1984 年初时，Internet 已经基本形成。

2. 第二阶段

第二阶段是三级 Internet 结构的组建，从 1985 年起，美国国家科学基金会（NSF）围绕 6 个大型计算机中心建设计算机网络，1986 年，NSF 建成国家科学基金网（NSFNET），NSFNET 是一个三级结构的网络，由主干网、地区网和校园网组成，覆盖了美国主要的大学和研究机构。1991 年，Internet 扩大了使用范围，世界上的许多公司开始纷纷接入 Internet，Internet 中信息量迅速膨胀，此时 Internet 的容量已经满足不了需要，美国政府决定将 Internet 主干网交给私人公司经营，到 1993 年，Internet 主干网速率提高到 45 Mbit/s（T3 速率）。

3. 第三阶段

第三阶段为多级结构 Internet，从 1993 年开始 NSFNET 逐渐被若干个商用的主干网替代，这些主干网也称为服务提供者网络（Service Provider Network，SPN）。用户可以通过 ISP 接入 Internet。从 1994 年起，Internet 逐渐演变为多级网络结构。

今天已经很难对 Internet 的结构给出细致的描述，一般可以把 Internet 分为 5 个接入级：第一级为网络接入点（NAP）；第二级为多个公司经营的国家主干网；第三级是地区 ISP（商用、国家的）；第四级是本地 ISP；第五级是校园网、企业网或家庭上网用户。1995 年 Internet 的速率提高到 155 Mbit/s，1998 年建造的商用主干网 Abilene 速率到达 2.5 Gbit/s，1999 年 MCI 和 Worldcom 公司把美国 Internet 主干网速率提高到 2.5 Gbit/s。Internet 的多级结构如图 2-18 所示。

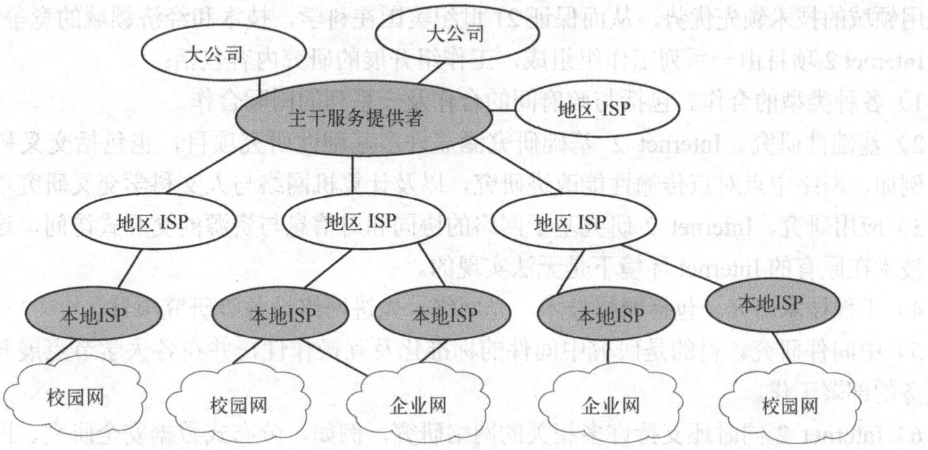

图 2-18　Internet 的多级结构

2.7.4 Internet 研制过程中的贡献

Internet 研制过程中建立的计算机网络基本概念、技术、理论原理框架主要有：

1）列奥纳德·克莱因洛克（Leonard Kleinrock）提出分组交换、存储转发协议包的传输思想，主要贡献是利用概率论和排队论等数学工具，研究出了一整套分组交换数据通信的数学理论，对网络的很多具体技术问题给出了理论指导，例如，协议包的长度设置、分组交换性能、拥塞控制通信流量优化和减少传输延迟时间等。

2）网络节点功能设计，每个节点除了作为节点的局部功能外，还必须有全局的功能。节点的全局功能包括支持与其他节点的通信，对整个网络的测试和性能分析，允许本地用户使用远程节点的资源。

3）使用专用通信线路，决定租用性能更高的专用通信线路，确保通信传输信道的可靠性。

4）采用 BBN 公司为解决可靠性问题和节点计算机的不兼容问题而发明的网络设备，称为接口报文处理机（Interface Message Processor，IMP）。网络节点之间通过 IMP 连接。

美国是第一代互联网的最大受益者。目前，全世界共有 13 台根域名服务器，其中 10 台在美国。也就是说，每天世界各地的电子邮件有很多要先由美国人“过目”之后才能去它该去的地方。此外，美国私营公司掌握着全世界互联网域名的分配大权。

2.7.5 Internet 2

为克服 Internet 在技术上和功能上的不足，从 1991 年起，美国一些大学和研究机构开始研究下一代 Internet（IPng），即 Internet 2。Internet 2 主要在地址空间、网络安全、网络服务质量、多媒体传输等方面进行扩充和改进，在 TCP/IP 协议框架基础上采用新的网络层协议 IPv6。

1996 年 10 月，美国政府宣布启动下一代 Internet （NGI）研究计划，支持大学和科研单位建立了高速网络试验床 VBNS（Very High Speed Backbone Network Service），进行高速计算机网络及其应用的研究。1998 年美国 100 多所大学联合成立 UCAID（University Corporation for Advanced Internet Development），从事 Internet 2 研究计划。UCAID 建设了另一个独立的高速网络试验床 Abilene，并于 1999 年 1 月开始提供服务。NGI 和 Internet 2 借助 Abilene 开展了多项下一代高速计算机网络及其典型应用的研究，目标是构造一个全新概念的新一代计算机互连网络，为美国教育和科研提供世界最先进的信息基础设施，并保持美国在高速计算机网络及其应用领域的技术领先优势，从而保证 21 世纪美国在科学、技术和经济领域的竞争力。

Internet 2 项目由一系列工作组组成，工作组开展的研究内容包括：

1）各种类型的合作。包括与政府间的合作及一系列的国际合作。

2）基础性研究。Internet 2 基础研究涵盖许多基础性研究项目，也包括交叉科学研究项目，例如，网络中点对点传输性能改进研究，以及计算机网络与人文科学交叉研究项目等。

3）应用研究。Internet 2 研究基于网络的协同和对信息与资源的交互式访问，这些先进的应用技术在原有的 Internet 环境下是无法实现的。

4）工程技术研究。包括网络技术、光网络、先进网络设备等研究项目。

5）中间件研究。目的是研究中间件的标准化及互操作性，并在各大学节点展开核心中间件服务的部署工作。

6）Internet 2 同时还支持许多相关的网络研究，例如，分布式数据安全研究、网络监控数据、与数据共享和协同相关的网络服务研究等。

2.7.6 中国下一代网络示范工程（CNGI）

中国在 1994 年正式接入 Internet，到 2010 年初，根据中国互联网络管理中心的报告，中国的 Internet 用户已超过 3 亿，成为世界上 Internet 用户数最多的国家。Internet 起源于美国，中国在 IPv4 网络技术和研究方面落后于美国，但在 IPv6 网络技术和研究方面应抓住机遇，迎头赶上。2003 年由中国国家发改委、科技部、教育部等八部委联合发起，开始启动中国下一代网络示范工程——CNGI。中国教育和科研计算机网络承担 CNGI 核心网 CERNET 2 建设，CERNET 2 采用 200 Gbit/s 密集波分复用（DWDM）光传输技术，在北京建立了连接 6 个节点的 2.5～10 Gbit/s 高速计算机互连研究试验网，并分别与中国教育和科研计算机网（CERNET）、中国科技网（CSTNET），以及国际下一代互联网络 Internet 2 和亚太地区高速网（APAN）互联，是我国第一个与 Internet 2 实现互联的计算机互联网。

CERNET 2 研究内容及成果主要包含了 3 个方面的内容：一是密集波分多路复用光纤传输系统（通信基础设施）；二是高速计算机互连网络（基础网络）；三是高速网络的典型应用（网络应用）。CERNET 2 已经在 2004 年 12 月建成并投入使用。CERNET 2 是目前世界上最大的纯 IPv6 网络。

2.7.7 目前对 Internet 的批评

目前对 Internet 的批评主要有 3 个。

第一个批评是 Internet 好像是一个“大垃圾山”，人们不停地往上倒东西，结果使得它包含很多重复、过时、零散、混乱的数据和信息，人们很难找到所需要的东西。而万维网的初衷是把垃圾变成金子，用一些简单的办法把数据和信息组织起来，让人们更方便地获得信息。

第二个批评是 Internet 就像一个只有神经细胞的低等生物，它没有大脑，五十多年过去了，人们并没有实现利克莱德在 1960 年勾画出的把计算机网络建成“思维中心”的设想。

第三个批评是 Internet 太不安全了，由于技术发展的原因，最初设计的 Internet 多是在大学和研究部门使用，没有过多地考虑网络安全问题。随着 Internet 商用的发展，网络安全问题凸显出来，迫切需要持续努力，研究网络安全理论，寻找新的网络安全技术。

2.8 小结

计算机网络的组成结构可以分为物理结构、拓扑结构和协议结构。计算机网络是一个复杂的系统，采用层次结构，把复杂的功能要求分解到每一个层次，每个层次独立设计，层次之间通过清晰的接口联系。下层为上层提供服务，不同系统的同一层的对等层之间通过对等协议进行通信。计算机网络体系结构是计算机网络层次和协议的集合。

网络通信协议是通信双方在通信时遵循、理解的规则和约定，网络协议由协议数据单元描述和实现，协议数据单元由数据信息和控制信息构成，在不同的层次上由与之对应的不同名称的协议数据单元。网络协议有 3 个要素：语法、语义和同步。

服务包含服务用户和服务提供者，服务用服务原语描述，服务原语由 3 个部分组成：原语名；原语类型和原语参数。上、下层之间使用服务原语通过服务访问点（SAP）交换必要的服务信息。网络服务要靠网络协议来实现。上、下层之间和对等层之间通信过程中用到多种数据单元，例如协议数据单元（PDU）由服务数据单元（SDU）和协议控制信息（PCI）构成。

开放系统互连（OSI）给出计算机网络设计的体系结构框架，计算机网络产品都是按照这个框架设计的。OSI 给出七个层次的定义，但没有限制每一层次功能的具体实现技术和方法。随着计算机网络理论和技术的发展，可以将 OSI 的高三层合为一个应用层，目前的计算机网络体系结构以 5 个层次讨论。

TCP/IP 协议结构由 4 个层次组成，是一个具体的实现产品，TCP/IP 协议是 Internet 的语言，是一个事实上的工业标准。TCP/IP 协议结构的底层为网络接口层，对应 OSI 的低两层，没有给出该层的具体定义，目的是可以适用所有的底层通信网络。

局域网络（LAN）体系结构参考模型描述底层通信网络层次和协议，LAN 的体系结构仅涉及计算机网络体系结构的低两层，即物理层和数据链路层。LAN 的数据链路层分为两个子层：介质访问控制子层（MAC）和逻辑链路控制子层（LLC）。

2.9 思考题与习题

2-1 什么是实体、对等实体？

2-2 什么是存储转发，用在哪里？

2-3 服务涉及哪两个对象？

2-4 写出计算机网络体系结构的定义，以自然语言通信为例，说明分层和对等层通信的应用。

2-5 写出网络体系结构为什么采用分层的两个理由。

2-6 标识出计算机网络拓扑结构图示中与层次划分有关的位置。

2-7 写出计算机网络协议的定义。

2-8 写出网络协议的 3 个要素的主要内容。

2-9 举例说明人们日常生活中用到的协议内容。

2-10 写出网络协议的 3 个要素的主要内容。

2-11 写出面向连接和无连接服务的区别，举出日常生活中的例子。

2-12 服务原语由哪些部分组成，有哪些类型，书写时有什么要求？

2-13 画出服务原语在层次之间交互的图示。

2-14 描述对等协议的通信过程，为什么用虚线标识对等层之间的传输？

2-15 在层次之间接口处有哪些数据单元？

2-16 写出网络协议和网络服务的关系。

2-17 OSI 有什么作用，与通信子网相关的是哪些层次？

2-18 写出数据链路层的功用，主要的数据链路协议有哪些。

2-19 OSI 中第一个涉及端节点到端节点的协议层次是哪一个，主要作用是什么？

2-20 画出 OSI 中协议包传输的打包、拆包过程。

2-21 TCP/IP 参考模型有哪些层次，与网络互连有关的层次是哪一个？

2-22 写出 OSI 和 TCP/IP 之间的主要相同之处和不同之处。

2-23 LAN 体系结构有哪些层次，LAN 的特点有哪些？

2-24 为什么在 LAN 中把对应 OSI 的数据链路层分为两个子层？

2-25 X.25 网络有哪些层次，若不支持 X.25 的终端与 X.25 网络连接要使用哪些协议？

2-26 以计算机网路体系结构为例，说明什么是“封闭系统”，什么是“开放系统”。

2-27　解释下列概念：

（1）（N）层，（N）子系统，（N）实体

（2）（N）服务与（N）协议

（3）（N）层服务访问点，（N）服务原语

2-28　怎样理解连接的映射特性，以及在层次之间或对等层之间网络协议包的分段和重组。

2-29　一个有 N 层协议的系统，应用层生成长度为 m 字节的报文。在每层都加上 n 字节报头。请问网络带宽中传输各层报头的开销占多少？

2-30　在 OSI 的哪个层次分别处理下面问题？

（1）把比特流组成帧。

（2）网络中相邻两点之间可靠传输。

（3）传输介质上的比特流信号同步。

（4）复用与分解应用进程。

2-31　用服务原语描述出一个人请他的同事外出旅游的联系过程，请加上外出旅游的地点、时间等参数。

2-32　举出日常生活中通信使用层次概念的例子，说明对等层和对等层协议。

2-33　试述具有 5 层协议的网络体系结构的要点，包括各层的主要功能。

2-34　解释以下术语：协议栈；网络节点；网络中的实体；对等层协议；协议数据单元；服务访问点。

2-35　长度为 100 字节的应用层数据交给运输层传送，需加上 20 字节的 TCP 首部。再交给网络层传送，需加上 20 字节的 IP 首部。最后交给数据链路层的以太网传送，假设以太网帧的数据部分为 1500 字节，加上帧首部和帧尾部 18 字节。试求数据的传输效率（假设不考虑应用层的首部）。

2-36　占据两个山顶的蓝军与驻扎在这两个山之间的山谷的黄军作战。其力量对比是：一个山顶上的蓝军打不过红军，但两个山顶的蓝军协同作战则可胜过黄军。一个山顶上的蓝军拟于次日正午向黄军发起攻击。于是发送电文给另一个山顶上的友军。但通信线路不好，电文出错或丢失的可能性比较大。因此要求收到电文的友军必须送回一个确认报文。但此确认报文也可能丢失或出错。试问能否设计出一种协议，使得蓝军能够实现协同作战而一定（即 100%）取得胜利？

2-37　简述 PDU 的定义、组成和作用。

2-38　为什么 TCP/IP 没有定义数据链路层和物理层？

2-39　当代计算机网络体系结构有几个层次，自顶向下分别是哪些层次？对应的协议数据单元分别是什么？

2-40　写出对 ARPANET 产生重要影响的人物和事件。

2-41　写出对 X.25 网络的层次和层次对应的协议。

2-42　写出 Internet 的由来。

2-43　写出 Internet 基础结构推进的阶段及其特点。

2-44　Internet 研究过程中的主要贡献有哪些？

2-45　写出目前对 Internet 的主要批评，您认为应采取哪些对策？

2-46　写出 TCP/IP 与其他低层网络技术的关系。

2-47　低层网络有什么特征，有哪些主要的低层网络？

第 3 章　数据通信技术基础

计算机网络技术是数据通信技术与计算机技术相结合的技术，需要了解和掌握数据通信的基本概念和基本知识，以及与计算机网络密切相关的数据通信核心技术。数据通信是指在网络中传输计算机数据，采用的技术包括传输介质、信道复用技术、编码技术、交换技术、差错控制技术、无线通信技术和移动通信技术等。

本章以学习计算机网络所涉及的数据通信知识为主。通过学习，要求熟悉数据通信的基本概念和基本术语。掌握计算机网络中 3 种速率的描述方法，以及它们之间的关系。要求掌握的内容包括：网络传输时延计算方法；常用有线和无线传输介质的选用方法；频分、时分、波分信道复用技术；曼彻斯特、差分曼彻斯特和 PCM 编码技术；分组交换技术；CRC 差错控制技术；无线通信技术和移动通信技术。涉及数据通信的基本原理、技术特征和实现方法。

3.1　数据通信基本知识

3.1.1　信息、数据与信号

信息是在人们之间传递的知识。数据是信息的具体表现形式，其本身是各种各样的物理符号或它们的组合。信息涉及数据的内容和解释，同一个信息可以用不同的数据形式表示出来。例如，一个数值大小的信息用十进制表示为 12，用十六进制表示为 C，用二进制表示为 1100。有时将信息和数据当成同样的概念表示和考虑，例如，每年国家的生产总值信息或生产总值数据讲的是同一个概念。信息必须表示为数据以后，才有可能在计算机网络中进行传输。

信号是数据的电子或电磁编码，数据必须经过编码转换为电信号或光信号后才能在传输介质中传输，不同的传输介质和传输网络对传输的信号有不同的要求。在接入通信子网时，要通过信号变换设备把数据或信号转换为适合通信子网传输的信号。例如，计算机通过电话线上网，需要经过调制解调器进行信号变换。

数据和信号都有两种不同的形式，一种称为模拟数据或模拟信号，特点是数据值或信号值是随时间连续变化的；另一种称为数字数据或数字信号，特点是数据值或信号值是随时间不连续变化的，是离散的值。例如，声音数据和压力数据就是模拟数据，其值是连续变化的，而文字数据和二进制数据是数字数据。

存在两种数据和两种信号，就有 4 种不同的编码组合，即数字数据分别编码成数字信号或模拟信号，模拟数据分别编码成模拟信号或数字信号。

计算机产生的信息一般是字母、数字、语音、图形或图像的组合，为了传输这些信息，需要把信息转换成用二进制代码表示的数据。在计算机网络中，需要对二进制数据进行编码，转换成为适合信道传输要求的模拟信号或数字信号。在数据通信中，所传输的二进制代码被称为数据，对应二进制代码 0、1 的脉冲信号称为码元。数据是信息的载体，涉及对事物的表示形式，信息涉及对数据所表示内容的解释。数据通信的任务是传输二进制代码比特序列，不关心也不需要解释代码所表示的含义。

目前常用的数据编码系统主要有 3 种：CCITT 的国际 5 单位字符编码、扩充的二-十进制交换码（EBCDIC）和美国信息交换标准码（ASCII）。EBCDIC 是用于 IBM 公司产品的编码，用 8 位二进制标识 256 个字符。ASCII 是目前应用最多的信息交换编码，被用于计算机内码，也是数据通信中的编码标准，ASCII 已经被国际标准化组织接纳为国际标准，标准号为 ISO 646。

3.1.2 通信的基本要求

数据通信是指计算机之间或其他数字终端装置之间的通信。通信的双方完成一次通信需要满足 3 个基本要求：一是双方有通信的愿望；二是通信双方之间有信息传递的信道，也就是说，通信要经过传输介质以及有关的传输设备；三是通信双方要遵循通信的规则和约定，即通信双方按照通信协议传输信息，并能理解这些通信协议。

按信道中传输的是模拟信号还是数字信号，把信道分为模拟信道和数字信道。例如，用于传输模拟话音信号的电话信道是一种模拟信道，传输离散数字脉冲信号的信道为数字信道。

信道建立在传输介质之上，包括传输介质、通信设备和传输技术。信道与通信电路并不等同，信道表示信号的通路，一般是用来向某一个方向传输信息，一条通信电路往往包含一条发送信道和一条接收信道。信道与传输介质也是有区别的，传输介质是指用于连接两个或多个网络节点的物理传输线路，例如双绞线、同轴电缆、光纤等。

信道又有物理信道和逻辑信道之分，物理信道是用来传输信号的实际物理通路，由传输介质和通信设备组成。逻辑信道是为了实现有效和可靠通信，在物理信道上选择或建立的一条数据传输通路。逻辑信道的例子是分组交换中面向连接的虚电路分组交换，可以在一条物理信道上建立多条逻辑信道，分组在网络中传输也是独立的，在虚电路经过的每个网络节点进行存储转发，分时、分段在建立的逻辑信道上有序的传输，而不是独占一条物理信道。

3.1.3 数据通信传输系统模型

一个数据通信系统由源系统、传输系统和目的系统 3 部分组成，数据通信系统的模型如图 3-1 所示。源系统（发送端）由信源和变换器组成，信源的作用是把要传输的各种信息转换成原始电信号，变换器的作用是把原始电信号转换成适合在信道上传输的信号。传输系统（信道）是传输信号的通路，信道由传输介质以及有关的传输设备、传输技术构成，常用的传输设备是交换机和路由器。在一般讨论时，电信号是通过通信子网传递的，这里的信道表示通信子网，例如，电话网络、公用分组交换网等。目的系统（接收端）由反变换器和信宿组成，反变换器把从信道传来的信号恢复为原始的电信号，再送给接收者。信宿即为接收者、信号传输的目的地，信宿将收到的电信号接收，并将其转换成各种适用的信息。

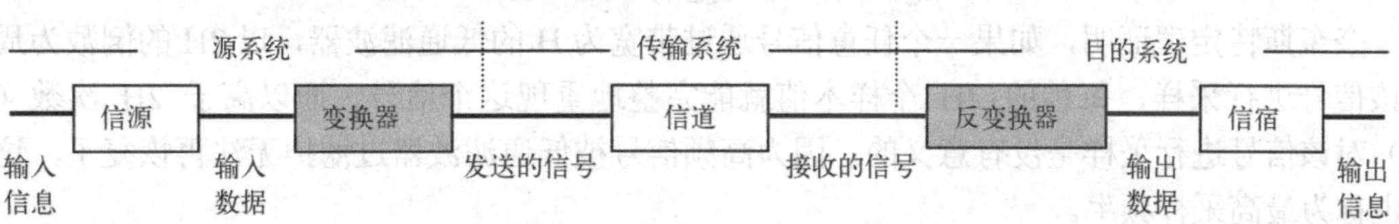

图 3-1　数据通信系统的模型

信号在信道上传输时，会受到各种各样的干扰，这些干扰称为噪声，噪声分为内部噪声和外部噪声。内部噪声是由于传输介质物质内部分子的热运动造成的，外部噪声来自信道外面的干扰，例如，通信线路上电流的突然涌动、汽车启动时的点火、电焊的火花等。噪声是客观存在的，信号受到噪声的干扰会出现传输差错，这就要求进行差错检测和控制。

通信系统模型给出的通信过程是单向的，实际的通信过程可以是双向的，此时通信两端的信源和信宿合为一体，变换器和反变换器合为一体。

3.1.4 信道的最大容量

19 世纪初，法国数学家傅立叶（Jean Baptiste Fourier）证明任何周期为 T 的函数 g(t)都可以由无限个正弦和余弦函数合成，可以把函数 g(t)进行傅立叶级数展开，形成不同的傅立叶分量。通过傅立叶级数可以重新合成为原始函数。可以把一个持续时间有限的数据信号想象成一遍又一遍地无限重复整个模式，例如，在区间 T～2T 的模式等同于区间 0～T 的模式。

借助于电压或是电流等物理量的变化，就能够在传输信道上传输数据信号，通过把电压或电流表示成时间的单值函数 g(t)，可以用 g(t)表示信号的变化，通过 g(t)对信号的多次谐波进行傅立叶数学分析，研究信号的分量。

所有的传输设备在传输信号的过程中都要损失一些能量，传输设备对不同傅立叶分量的衰减程度不同，导致输出信号发生畸变。信道对信号频率是敏感的，可以把信道传输信号的截止频率确定为 f_c。通常在频率 0～f_c 范围内的谐波在传输过程中无衰减，在截至频率以上的所有谐波在传输过程中衰减很大。出现上述现象，是由于传输介质的物理特性不同，或者是在线路中安装了滤波器。

信道传输数据的能力是受到限制的，可以看出对任何信道，限制带宽就是限制数据传输速率，信道的最大容量与信道的带宽有关。带宽是衡量计算机网络性能的一个重要指标。

在信号衰减值允许的条件下，信道上可以传输的最高频率的信号和最低频率的信号各有一个上限值和一个下限值，分别标识为 f_{max} 和 f_{min}，两者之间的差值即为信道的带宽。

1．奈奎斯特定理

1924 年，奈奎斯特（H. Nyquist）推导出有限带宽理想信道的信道最大容量，这里理想信道是指无噪声信道，信道的最大容量用信道的最大数据传输率表示，单位为 bit/s，即每秒传输多少二进制位。奈奎斯特定理的公式为

$$C = 2H \log_2 L$$

式中 C——信道的最大容量，即信道的最大数据传输率（bit/s）；

H——信道的带宽（Hz）；

L——一个信号在任何时刻可能取值的个数，也即一个信号可能表示的状态数。

例如，一个信道的带宽为 3 kHz，任何时刻数字信号的电平取值可以是 0、1、2、3 之一，即 L 的值为 4，则最大数据传输率为

$$C = (2 \times 3000 \times \log_2 4)\ \text{bit/s} = 12\ \text{kbit/s}$$

奈奎斯特定理证明，如果一个任意信号通过带宽为 H 的低通滤波器，以 2H 的倒数为周期对该信号进行采样，每秒的 2H 个样本值就能完整地重现这个信号。而以高于 2H 次数（频率）对该信号进行采样是没有意义的，因为高频信号被低通滤波器过滤掉无法再恢复了，这里 H 也称为最高采样频率。

2．香农定理

1936 年香农（Claude Shannon）给出了有热噪声信道的最大容量，信道的最大容量 C 也

是用数据传输率表示，单位为 bit/s。香农定理的公式为

$$C = H \log_2(1+S/N)$$

式中 S——为信号功率；

N——为噪声功率；

S/N——为信噪比。

公式表明，信道的带宽或信道中的信噪比越大，信道的极限传输速率就越高。

在实际运用和计算时，信噪比通常用分贝（dB）为单位，即使用 $10\log_{10}$（S/N）代表信噪比，单位为 dB。在计算时，要把分贝值转换为实际的信噪比 S/N，方法是将分贝数作为以 10 为底的指数的分子，指数的分母为 10，若分贝值为 30，求出 S/N 为：$10^{30/10}=1000$。

例如，若一个信道带宽为 4 kHz，信噪比为 30 dB，信道的最大数据传输率为：

$$C = [4000 \times \log_2(1 + 10^{30/10})]\ \text{bit/s} = 40000\ \text{bit/s}$$

在具体应用时，一般用带宽描述模拟信道的容量，用数据传输率描述数字信道的容量。有时把信道的带宽和信道的数据传输率当成对等的概念，从上面两个公式可以看出信道的数据传输率与信道的带宽成正比。

香农定理的结论是用信息论理论推导出来的，适用于任何热噪声信道，用香农公式计算出的值是信道容量的上限，实际信道的最大容量是远远达不到这个上限的。

3.1.5 计算机网络中的速率

计算机网络中信号的速率有 3 种：传播速率、码元（调制）速率和数据传输率。信号在网络传输过程中的时延主要涉及传播时延和传输时延，时延与信号的速率、传输的距离和传输的数据量有关。时延是衡量计算机网络性能的一个重要指标。

需要指出的是，在通信领域和计算机领域，数量单位“千”、“兆”和“吉”等的含义是不同的，例如，“千”在通信领域为 $10^3=1000$，而在计算机领域为 $2^{10}=1024$。

1．传播速率

信号的传播速率是常量，在有线传输介质中，信号的传播速率为光速的 2/3，在无线传输介质中，信号的传播速率等于光的传播速度。自然界中物体运动的极限速率为光速，光速为每秒 30 万千米。

信号在网络中的传播时延，与信号的传输距离有关，由于信号的传播速度为常量，传播时延与传输距离成正比。传播时延用 T_P 表示，传输距离用 S 表示，信号的传播速度用 V 表示，传播时延可以用公式表示为 $T_P=S/V$，公式右边中的 S 为变量，V 为常量。

2．码元速率和数据传输率

码元速率也称为调制速率、波形速率或信号速率，指的是每秒发送信号的数目，单位为波特（baud），码元速率与信号发生设备及调制技术有关。数据传输率也称为位传输率或比特率，指的是每秒发送的二进制位数，单位为 bit/s，读作位每秒。两种数据速率之间的关系用公式描述为

$$C = B \log_2 L$$

式中 C——为数据传输率（bit/s）；

B——为码元速率；

L——为一个信号可能取值的个数。

例如，若一个信号的电平可能取值为 0、1、2、3，则信号可能存在的状态数 L 为 4，每

个信号有 4 种电平（状态）的情况如图 3-2 所示，假设信号的码元速率为 600 baud，则信号的数据传输率为：

$$C = 600\log_2 4\ \text{bit/s} = 1200\ \text{bit/s}$$

注意在读码元速率的单位时，不要读成每秒波特，因为波特中已经包含有每秒的含义。波特和比特是两个不同的概念，波特是码元传输的速率单位，表示每秒传送多少个信号（码元），比特是信息量的单位，表示一位二进制位。

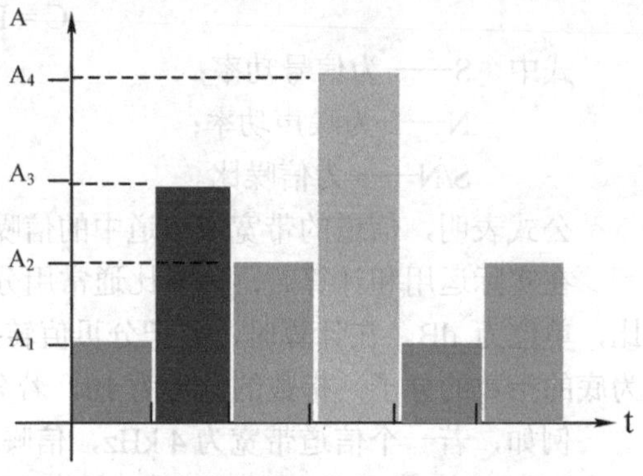

图 3-2　每个信号有 4 种电平（状态）的情况

信号在网络中的传输时延，与需要传输的数据量（二进制位数）和数据传输率有关，传输时延用 T_R 表示，传输的数据量用 L 表示，数据传输率用 D 表示，传输时延可以用公式表示为 $T_R = L/D$，公式右边的 L 和 D 均为变量。

3.1.6　基带传输和频带传输

1．基带传输

数据通信中，二进制比特序列数字信号是矩形脉冲信号，人们把基本频率分量对应的矩形脉冲信号称为基本频带，简称为基带，对应的矩形脉冲信号称为基带信号。基带传输就是在数字信道上直接传送基带信号。计算机设备输出的信号直接放在传输介质上传输称为基带传输。基带传输在局域网中用得比较多，例如，在以太网中的信号传输，在发送端，信源数据经过编码器，采用曼彻斯特编码，变换成基带信号，直接送往传输介质（双绞线）传输，在接收端，通过解码器恢复出数据。

2．信号基本分析方法

在数据通信中，需要了解计算机数据信号的特征以及对通信系统的要求，使用的分析工具是傅立叶级数。傅立叶分析指出，基频为 f 的周期函数 g(t)可以表示为无数个正弦和余弦函数之和。观察和分析电信号的基本方法有时域方法和频域方法。时域方法以时间 t 为自变量，用示波器观察、测量电信号（电压或电流）随时间变化的情况。频域方法以频率 f（或角频率 ω）为自变量，通过傅立叶分析，用频谱仪观察、测量电信号的频谱组成、振幅与相位，分析电信号通过通信信道后频谱分量的变化。

3．信道带宽

带宽（Broad Width）与信道可以允许通过的信号的最高频率与最低频率有关。首先需要讨论什么是信道的频率特性，通常人们把单级放大器输出功率从最大值下降到一半所对应的频率范围，称为通频带宽，也称为带宽。这种测量方法与带宽的定义也适合通信信道。给出允许的功率幅度值，一个信道允许的信号的最大频率与信号的最低频率的差值称为该信道的带宽。

分析表明信道带宽越宽，数据信号传输的失真越小。可以设定信号幅度（A_0）值的一半为阈值幅度，处于阈值幅度信号的最高或最低频率分别对应着 f_{max} 或 f_{min}，信道带宽的描述如图 3-3 所示。

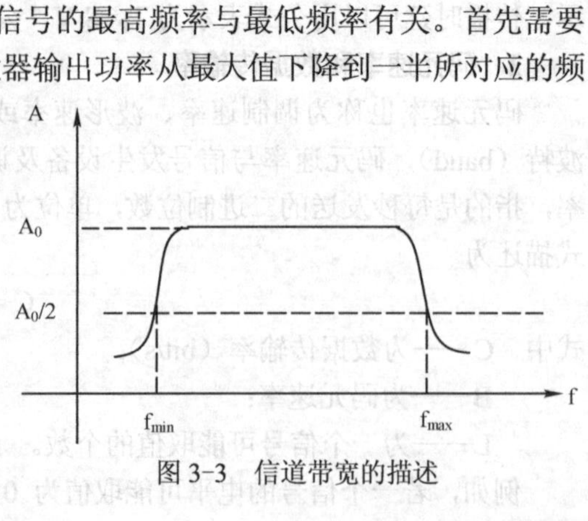

图 3-3　信道带宽的描述

4．频带传输

频带传输是利用模拟信道传输数据信号，例如，把计算机设备输出的信号进行调制以后再放在传输介质上传输。由于基带传输受到传输距离的限制，远距离传输时均采用频带传输。频带传输有时也称为宽带传输。频带信号是将基带信号进行调制后形成频分复用模拟信号，调制后将每一路基带信号的频谱搬移到不同的频段，从而实现频分复用。频带传输时，在一个信道上可以划分多个子信道，同时传输多路经过调制的数字信号，提高了信道的利用率。

频带传输将基带数字信号转换为频带数字信号的过程称为数字调制，频带数字信号经过模拟信道传输，在接收端再还原为基带数字信号，这种反变换称为数字解调。

宽带传输与宽带上网是两个完全不同的概念，宽带上网讲的是上网的数据传输率在 1 Mbit/s 以上。

3.1.7 通信双方的交互方向

根据通信过程中信号的传输方向，通信双方的交互方向有 3 种：单向通信、双向交替通信和双向同时通信。现以通信实体 A 与通信实体 B 之间传输信息为例讨论如下。

单向通信，只能有一个方向上的通信，即 A 只能传给 B。日常生活中的无线电广播和电视广播属于单向通信。

双向交替通信，通信的双方都可以发送信息，但不能同时发送，在某一个时刻仅存在一个方向上的通信，即在某一时刻只允许 A 传给 B，在另一时刻只允许 B 传给 A。在通信双方的交互方向上需要有一个切换开关装置。日常使用的手持对讲机属于双向交替通信。

双向同时通信，通信的双方可以同时发送和接收信息。即在任一时刻允许 A 传给 B，也允许 B 传给 A。双向同时通信需要至少 4 个信道，分别用作发送、发送反馈、接收、接收反馈。目前计算机网络中的通信都采用双向同时通信，例如，以太网中两个网络节点之间的通信。

这里需要指明的是，上述 3 个通信交互方向讨论给出的单向通信、双向交替通信、双向同时通信，是规范术语，分别对应以前的单工、半双工、全双工通信。之所以采用规范术语，是为了避免与通信中的“单工电台”等术语的含义混淆。通信双方的交互方向如图 3-4 所示。

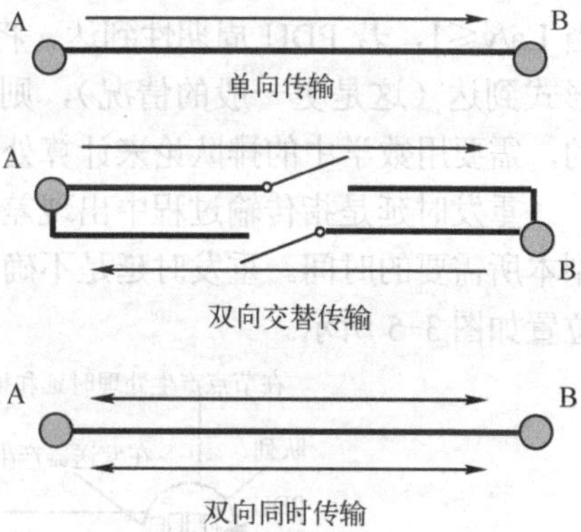

图 3-4 通信双方的交互方向

3.1.8 计算机网络中的时延及计算

计算机网络中的时延（Delay）是指数据（PDU）从网络发送端传输到接收端（节点之间）的时间，以秒（s）为单位。时延是计算网络性能的重要测度，需要认真理解时延的性质。时延包括传播时延、传输时延、处理时延、排队时延和重发时延。在计算总时延时，重要的是前 4 项时延。

计算机网络中的时延分为单向时延和往返时延。单向时延为一个 PDU 从网络的一端传输到另一端所需要的时间。往返时延（Round Trip Time，RTT）为一个 PDU 从网络路径的一端传输到另一端，并返回到发送端所需要的时间。严格地讲，往返时延不是简单地等同于单向时延的 2 倍，因为两个经过不同网络路径的单向时延可能并不相等。

若用 T_{prop}、T_{trans}、T_{proc}、T_{queue} 分别表示传播时延、传输时延、处理时延和排队时延，则计算总时延 T_{total} 的公式为

$$T_{total}=T_{prop}+T_{trans}+T_{proc}+T_{queue}$$

传播时延与 PDU 传播的距离有关，信号在传输路径上的传播速率是一个常量，在有线传输介质中，信号的传播速率是光速（c）的三分之二，在无线传输介质中，信号的传播速率是光速。例如，若信号的传播距离为 S，则在无线传输介质中的传输时延 $T_{prop}=S/c$。

传输时延又称为存储转发时延，是将所有 PDU 比特发到链路所需要的时间，传输时延 T_{trans} 与发送的数据量（PDU 的比特数）L（bit）和数据传输率 R（bit/s）有关，传输时延 $T_{trans}=L/R$。需要注意的是，PDU 在网络传输的路径上，可能途径若干个中间网络节点（例如路由器），PDU 每经过一个网络节点都要再增加一次传输时延。

处理时延是由网络节点检查 PDU（例如分组）首部，确定将 PDU 转发到选择的路径，以及处理差错需要的时间。

排队时延是 PDU 在网络节点等待处理时占用的时间，排队时延对不同的 PDU 是不同的，例如，若 5 个 PDU 同时到达网络节点，进入一个空队列排队，则第一个到达的 PDU 没有排队时延，后续 4 个 PDU 所经历的排队时延也是不同的。通常使用统计量测度标识排队时延，例如，平均排队时延、排队时延的方差等。若用 a 表示 PDU 达到队列的平均速率，单位是每秒分组数（pkt/s），v 表示从队列中送出 PDU 比特（二进制位）的速率，单位是每秒比特数（bps），所有的 PDU 的长度为 L 比特，可以得出 PDU 比特达到队列的平均速率是 La（bps）。用 La/v 标识流量强度（Traffic Intensity）。当 La/v＞1，则会导致排队时延趋于增大，当 La/v≤1，若 PDU 周期性到达，将会有较小的排队时延或不会有排队时延。若 PDU 以突发形式到达（这是更一般的情况），则可能会有较大的平均排队时延，达到队列的过程是随机的，需要用数学中的排队论来计算处理。

重发时延是指传输过程中出现差错和丢失时，需要发送端再发送保存的已经发送 PDU 的副本所需要的时间。重发时延是不确定，与网络传输过程中的诸多因素有关。几种时延产生的位置如图 3-5 所示。

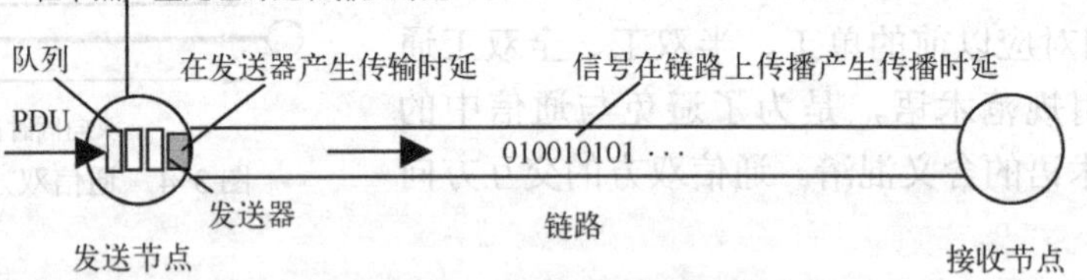

图 3-5　几种时延产生的位置

需要指出的是，可以确定的时延是传播时延和传输时延，其他时延的确定与网络中特定因素有关。在计算总时延时，通常只考虑传播时延和传输时延。

3.1.9　异步传输和同步传输

在计算机和计算机网络中数据传输分为并行和串行。并行传输一次传输若干二进制位，需要用到多根信号线，串行传输是在一根信号线上依次传输各位二进制位。在计算机网络和通信网络中都是采用串行传输，一方面，是由于远距离传输要考虑到技术实现上的要求，以及传输线路的费用；另一方面，也没有必要设置多条并行的物理传输线。

串行传输在具体应用中又分为异步传输和同步传输。异步传输和同步传输都要考虑收发双方的同步，即接收方能够正确的区分所收到数据的每一位。异步传输在20世纪70年代用得比较多，现在主要采用同步传输。

1. 异步传输

异步传输是一次传输一个字符，字符之间有不确定的间隔，每个字符由 1 位二进制位作为起始位标识，起始位的值为 0，字符由 5～8 位二进制位组成，可以包括一位奇偶校验位P，例如，采用 ASCII 编码的字符，后跟 1～2 位二进制位用作停止位，停止位的值为 1。字符之间有不确定的间隔，间隔由连续的二进制位 1 组成，当接收方在接收过程中一旦接收到二进制位 0，即是一个新字符的开始。

2. 同步传输

同步传输是一次传输一个数据块，数据块的内容可以是若干二进制位，也可以是若干字符。同步传输的特征是数据块中每一位与前一位之间的传输时间是确定的（即是可知的），这是称为同步传输的主要原因，有时也理解为同时传输多个二进制位或多个字符。同步传输的数据块称为帧，帧有一定的结构，有帧的边界，帧是一种协议数据单元（PDU）。

同步传输分为面向位同步传输和面向字符同步传输，分别称为面向位方案和面向字符方案。面向位方案的数据块由二进制位组成，典型的应用如高级数据链路控制规程（HDLC），帧的边界用二进制位模式给出。面向字符方案的数据块由字符组成，比较有代表的例子是IBM 公司给出的二进制同步控制规程（BSC），BSC 采用 ASCII 码字符集中的通信控制字符标识帧的边界及其他通信控制。异步传输和同步传输，如图 3-6 所示。

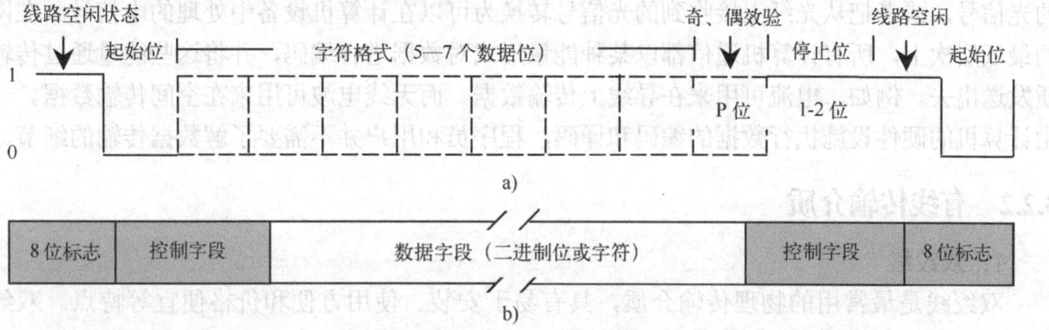

图 3-6 异步传输和同步传输

a) 异步传输示意图 b) 同步传输示意图

在两种同步传输方案中，若在传输的数据部分出现与位模式或控制字符相同的二进制位组合内容，则采用透明传输技术。例如，在 HDLC 中使用“0”位填充技术，在 BSC 中采用“转义字符 DLE”填充技术。透明传输讲的是上述填充过程由系统软、硬件自动完成，用户是看不到的。

在计算机网络中要求发送方和接收方之间必须同步。这里讲的同步是指接收方可以确定所接收数据的每一位，或是数据块的边界。在计算机网络中无法实现通信双方的系统时钟完全一致，所实现的同步机制是靠通信双方认可的同步机制进行的。例如，在面向位的同步传输中，是用位模式实现帧边界的确定。从上述讨论中也可以看出，同步和同步传输是不同的概念。

3.2 传输介质

3.2.1 传输介质的分类

网络传输介质用来提供信号传输的信道，提供信息传输的通路。有多种物理介质可用于数据信号的传输，每一种传输介质在可提供的数据传输速率、安装、维护和成本上有不同的特性。其适应的网络应用环境也不同。

传输介质分为有线传输介质和无线传输介质。有线传输介质也称为导向传输媒体，无线传输介质也称为非导向传输媒体。有线传输介质用于组建有线网络，无线传输介质用于组建无线网络。在有线传输介质中，电磁波被导向沿着固定媒体（铜线或光纤）传播，常用的有线传输介质有双绞线、同轴电缆和光纤。无线传输介质是利用电磁波在空间传输，通过电磁波频段的不同特性来划分的。常用的无线传输介质有无线电、微波、红外线和激光。卫星通信采用的传输介质是微波。

在有线传输介质中，电信号的传播速度是光速的 2/3，即 20 万 km/s。在无线传输介质中电信号的传播速度等于光速，即 30 万 km/s。

信息数据在信道上传输，需要通过电子或电磁编码，或是通过光电转换，形成满足传输需求的信号。编码的主要目的是使电信号能够满足通信网络和传输介质的传输要求，例如模拟传输网络或数字传输网络对传输信号的要求。光电转换用来把电信号转换为可以在光纤上传输的光信号，或者把从光纤上接收到的光信号转换为可以在计算机设备中处理的电信号。在网络的最低层次上，所有计算机通信都以某种能量形式对数据进行编码，并将这些能量通过传输介质发送出去。例如，电流可用来在导线上传输数据，而无线电波可用来在空间传输数据。一般由计算机的硬件设施执行数据的编码和译码，程序员和用户并不需要了解数据传输的细节。

3.2.2 有线传输介质

1．双绞线

双绞线是最常用的物理传输介质，具有易于安装、使用方便和价格便宜等特点。双绞线是由一对相互绝缘的导线缠绕在一起构成的。两条导线缠绕在一起，可以降低导线之间的电磁干扰（线对上的差分信号具有共模抑制干扰的作用），也有助减少其他导线中的信号干扰这两根导线。双绞线如图 3-7 所示。

图 3-7 双绞线

在电话传输系统中，往往将数百对双绞线放置在绝缘外套内构成双绞线电缆。双绞线既可以传输模拟信号，也可以传输数字信号。在电话用户和电信局之间的回路中，在双绞线上传输的是模拟信号。在以太网（Ethernet）和局域网（LAN）中，在双绞线上传输的是数字信号。双绞线的数据传输速率（带宽）与材质的物理特性、绝缘壁的厚度、绞合密度和传输距离有关。

双绞线常用做总线型拓扑结构或星形拓扑结构的连线。由于双绞线在网络段最大长度上受到限制，因此，双绞线作为传输介质适合于小范围的 LAN 配置。在以太网中，双绞线的最大传输距离是 100 m。

双绞线分为屏蔽和非屏蔽两大类。在这两大类中又分 100 Ω非屏蔽电缆、双体电缆、大对数电缆、150 Ω屏蔽电缆和 100 Ω屏蔽电缆，具体型号有多种，都遵循美国线缆规格（AWG）标准。

非屏蔽双绞线（Unshielded Twisted Pair，UTP）不用外加屏蔽层。在一条双绞线电缆中，有两对、四对或多对双绞线，目前两对的双绞线很少见，常用的是四对八芯的，还有多对的，例如，25 对、50 对双绞线（多用于建筑物结构化布线系统中的垂直布线子系统中）。在外观上，UTP 与电话线很相似，为了传输数字信号，UTP 的材质物理特性和绞合数必须达到很严格的国际标准。UTP 易于受外界干扰，包括环境噪声和附近其他双绞线的干扰。

屏蔽双绞线（Shielded Twisted Pair，STP）在外面加上金属包层来屏蔽外界干扰，STP 和 UTP 之间的唯一区别是 STP 外层有一层由金属线编织的屏蔽层，这和同轴电缆一样，加屏蔽层的原因是为了防止干扰。显然，屏蔽双绞线的抗干扰性优于非屏蔽双绞线，但由于屏蔽层对双绞线的驱动电路增加了容性阻抗，因此会影响网络段的最大长度。

UTP 按照标准分为 5 类，还有超 5 类、6 类的 UTP。1995 年，美国电子工业协会和通信工业协会（EIA/TIA）根据 UTP 的性能和适应场合制定了《EIA/TIA 568 商业建筑物线路标准》。Underwrite 实验室（UL）根据 UTP 的性能和适应场合也制定相应的 5 种 UL 标准。5 类 UTP 的特性描述见表 3-1。

表 3-1　5 类 UTP 的特性描述

UTP 类型	线对数	适 用 情 况
UTP-1	1	模拟和数字话音（电话）以及低速数据传输
UTP-2	4	语音、综合业务数字网（ISDN）和数据传输率不超过 4Mbit/s 的中速数据传输
UTP-3	4	传输高速数据和不超过 16Mbit/s 的局域网通信，用在以太网和 4Mbit/s 令牌网中，是在 ANSI 和 EIA/TIA568 标准中指定的电缆，主要用于 10base-T
UTP-4	4	数据传输率不超过 20Mbit/s 的长距离局域网通信，可用在以太网和 16Mbit/s 的令牌网中
UTP-5	4	现在最常用的网络连接传输线，性能最好。增加了绕线密度，外套一种高质量的绝缘材料，传输速率为 100Mbit/s 或 1000Mbit/s

EIA/TIA 和 UL 两个标准的区别是在称呼上，UL 使用的名词是“级”（Level），UL 包含有防火性能标准，EIA/TIA 使用的名词是“类”（Category）。现在计算机网络中常使用“类”区分双绞线，这些类的区别在于单位距离上的旋绞次数。书写时，在 UTP 后面加一短线，后跟标识类的数字，例如，第 5 类非屏蔽双绞线写成 UTP-5。UTP-3～UTP-5 的特性阻抗是 100Ω。

UTP-1～UTP-4 能传输的数据 UTP-5 都能传输，UTP-5 还支持快速以太网，数据传输率达到 100 Mbit/s，传输距离为 100 m。实际上，依照 AT&T 实验室的实验，UTP-5 的最高传输速率已经达到 1000 Mbit/s。现在 LAN 中主要使用的是 UTP-5 和超 5 类双绞线。

UTP-5 双绞线的连接器是 RJ45，由插头和插座构成，插头也称为水晶头。一条双绞线的两端用压线钳将 8 根线按照 EIA/TIA 线序标准与 RJ45 紧密连接好。EIA-568-A 和 EIA-568-B 中规定了 UTP-5 线序的排列规则，分别称为 B 序排列和 A 序排列。一条双绞线内有 8 根线，每 2 根绞在一起，组成 4 个线对，用橙、绿、蓝、棕 4 种颜色区分开来，每个线对的另一根线用白色与该线对颜色相间标识，UTP-5 双绞线如图 3-8 所示。8 根双绞线在插入水晶头时依据线的颜色，按排列顺序标识 1、2、3、4、5、6、7、8 放置。8 根针脚的排列顺序确定方法是：将 RJ45 水晶头有塑料弹簧片的一面向下，有针脚的一面向上，有针脚的一端指向远离自己的方向，有方型口的一端对着自己，则最左边的是第 1 针，依次排序，最右边的是第 8 针。

RJ45 插头针脚排列如图 3-9 所示。

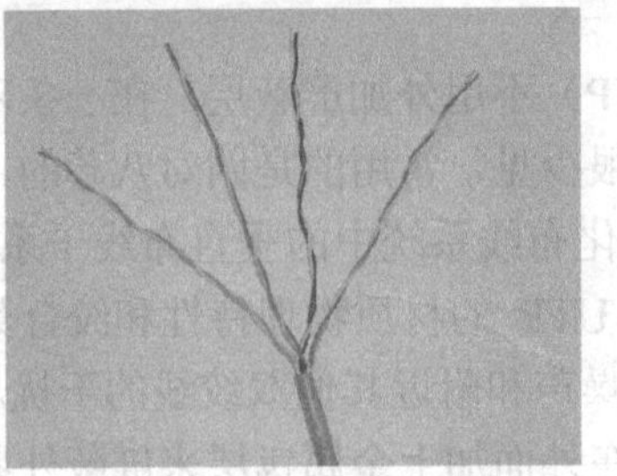
图 3-8 UTP-5 双绞线

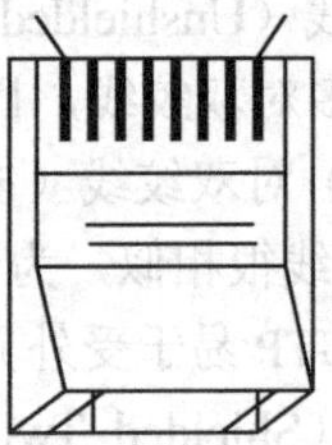

图 3-9 RJ45 插头针脚排列

EIA-568-A 和 EIA-568-B 线序和线的颜色及排列，见表 3-2。

表 3-2 EIA-568-A 和 EIA-568-B 线序和线的颜色及排列

线序	1	2	3	4	5	6	7	8
B	橙白	橙	绿白	蓝	蓝白	绿	棕白	棕
A	绿白	绿	橙白	蓝	蓝白	橙	棕白	棕

RJ45 水晶头连接是采用 B 序排列还是 A 序排列，与双绞线两端连接的计算机设备有关。在实际组网时，只使用 4 根线，通常使用橙和绿两个线对。

使用时若双绞线两端 RJ45 线序排列一致，称为“直通”连接。直通线用于连接异种设备，例如，连接计算机和交换机。若双绞线两端线序不同，一般是一端采用 A 线序，另一端采用 B 线序，则称为“交叉”连接。交叉线用于连接同种设备，例如，连接计算机和计算机。EIA/TIA568B 和 EIA/TIA568A 标准所规定的线序必须严格遵守，选择橙和绿两个线对的原因是每根线的材质不一样，若不采用标准规定，把两端 RJ45 的连线顺序一一对应，也可以使用，但在连接距离远的情况，网络性能会很不稳定，会出现莫名其妙的错误。按线序标准规定连接，使双绞线的通用性会更好，尤其是在一些需要获取规定线序双绞线信号线数据的情况，可以很好地实现“开放”连接。例如，在 LAN 中采用遵循线序标准的 UTP-5 连接，可以使计算机设备很好地接入 Internet。

还有一种“全反线”连接，双绞线两端线序排列顺序为一端对应 1、2、3、4、5、6、7、8，另一端对应 8、7、6、5、4、3、2、1。全反线用于连接网络设备的控制端接口。例如，在计算机的异步传输串口与路由器或交换机的控制端接口之间用全反线连接起来，通过计算机对路由器或交换机进行配置。

2．同轴电缆

同轴电缆是最早用于数据网和局域网的一种线缆类型。同轴电缆的结构如图 3-10 所示，其中央是铜芯，铜芯外面包着一层绝缘层，绝缘层外是一层屏蔽层，屏蔽层把电线很好地包起来，再往外就是塑料外层了。由于同轴电缆的这种结构，使得它对外界具有很强的抗干扰能力。

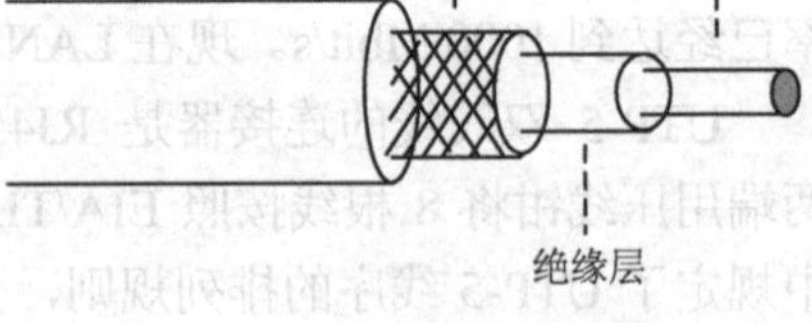

图 3-10 同轴电缆的结构

用于局域网的同轴电缆有两种：一种是为支持以太网设计的，用在符合 IEEE 802.3 标准 Ethernet 网络环境中，阻抗为 50 Ω，又分为 RG58A/U 标准的细缆和 RG11 标准的粗缆，细缆的塑料外皮颜色为黑色，粗缆的塑料外皮颜色为黄色；另一种是用于 ARCNET 组网，阻抗为 93 Ω，为 RG62 标准。Ethernet 中的细缆和粗缆的传输数据速率可达 10 Mbit/s，在 ARCNET

中数据传输率为 2.5 Mbit/s。在以上网络环境中，网络线段互连的最大长度为几百米至一千米。

有线电视（CATV）同轴电缆用于电视机与闭路电视系统的连接，为 RG59 标准，阻抗为 75 Ω，塑料外皮的颜色为白色。

在 Ethernet 应用中，RG11 标准的粗缆比 RG58A/U 标准的细缆的电气性能好，网段连接距离长，但粗缆线径较大，安装时操作不方便。RG11 标准的粗缆一般用作局域网的主干线。不管使用的是细缆还是粗缆，在一个网段的两端都必须接上阻抗为 50 Ω的端配器，用以防止信号反射。

细缆是通过 T 型头与安装有 BNC 接口网卡的计算机设备连接的。在一个网段的物理连接接口处，细缆实际上要截成若干小段，每小段两头用专用工具（细缆压线钳和细缆剥线钳）压上与 T 型头连接的 BNC 接头，整个网段是由 T 型头将若干小段细缆连接起来的，所以，只要一个接头有问题，就会出现网络故障，而且不易查找故障点。细缆组网时采用的是网卡上的收发器。

粗缆与细缆不同的是，在一个网段中电缆是一整体，不用截成若干小段。在需要连接计算机设备的地方，安装一个粗缆外部收发器，收发器上的 3 根长短不同的针刺穿粗缆的绝缘层，长针与芯线接触，短针与屏蔽层接触，收发器卡装在粗缆的外面，这样可不破坏粗缆的整体性，所以，粗缆的可靠性比细缆高得多，常用做局域网的主干电缆，如楼层之间、楼与楼之间的主干连接电缆。

需要指出的是，由于采用 IEEE 802.3 局域网标准的同轴电缆只能支持 10 Mbit/s 的数据传输率，并且细同轴电缆的连接器的插接件靠旋拧锁扣，连接紧密性不够好，容易出现故障，现在已经很少使用同轴电缆作为组网传输介质。

3. 光纤

对网络带宽的需求日益增加，每台计算机设备要具有 100 Mbit/s 的带宽，“100 Mbit/s 交换到桌面”已经成为基本的要求，这些要求促进了光纤（Optical Fiber）技术的发展。近年来光纤和光纤设备的价格逐步降到了一般网络应用都能接受的程度，不仅大型的骨干网，就连以往用粗缆做主干网传输介质的地方也换上了光纤。

光纤具有可靠性高、数据保密性好、抗干扰能力强等特点，适用于高数据传输率和长距离传输的应用场合。光纤通信中常用的 3 个波段的中心分别位于 0.85 μm、1.30 μm 和 1.30 μm，光纤具有的带宽在理论上可高达 25000 GHz。

光纤具有圆柱形的形状，由传输光波的玻璃纤芯以及包围在纤芯外面的反射层组成，形成 3 部分：纤芯、包层和护套。纤芯通常是由非常透明的石英玻璃拉成的细丝（光导纤维），纤芯是最内层部分，它由两根或多根纤芯组成。每一根光导纤维都由各自的包层包着，包层是玻璃或塑料涂层，它具有与纤芯不同的光学特性。护套是最外层，它包着一根或一束已加包层的光导纤维。护套由塑料或其他材料制成，用它来防止潮气侵蚀、擦伤、压伤或其他外界带来的危害。在护套中使用填充物加固纤芯，单根光纤构造如图 3-11 所示。为了增加光缆的拉伸强度，在光缆中可增加纤绳或钢缆。

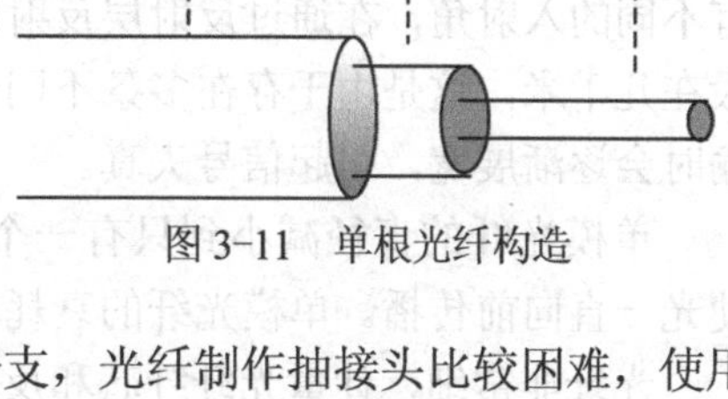

图 3-11　单根光纤构造

光纤传送信号的方式不是依赖电信号，而是依靠光信号，因此，也就避免了金属导线遇到的信号衰减、电容效应、串扰等问题，能够可靠地实现高数据率的传输，并且有极好的保密性。由于光信号不容易被分支，光纤制作抽接头比较困难，使用光纤作为传输媒体主要用于两个节点间的点对点连接，传输距离可达几千米到几十千米。

（1）光纤的工作原理

光纤通信系统是以光波为载体、光导纤维为传输媒体的通信方式，起主导作用的是光源、光纤、光发送机和光接收机。可以这样理解：①光源是光波产生的根源；②光纤是传输光波的导体；③光发送机的功能是产生光束，将电信号转变成光信号，再把光信号导入光纤；④光接收机的功能是负责接收从光纤上传输的光信号，并将它转变成电信号，经解码后再作相应处理。

光纤利用全反射传输光信号，光波通过纤芯进行传导，包层较纤芯有较低的折射率。光从高折射率的介质射向低折射率的介质时，其折射角将大于入射角，可以调整光入射角的角度，找到一个足够大的临界角度，就会形成全反射，此时，在光纤中传输的光将会不断重复全反射过程，沿光纤传输。光入射角不同时的反射情况如图 3-12 所示。

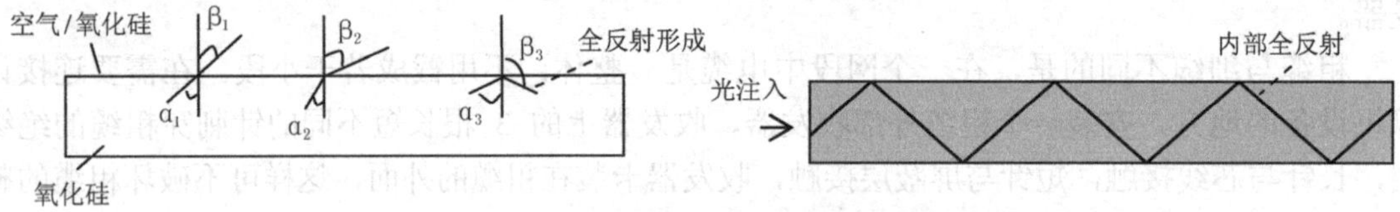

图 3-12　光入射角不同时的反射情况

在发送端，用单色光作为光源，通过发射装置，使用发光二极管（Light Emitting Diode，LED）或激光器（Laser）发送光脉冲，并且经调制后送入光纤。在接收端，通过接收器使用光敏元件（光检测器）检测光脉冲。光纤的接收端采用光电二极管，在遇到光时，它给出一个电脉冲，用光电二极管把光信号转变成电信号。光电二极管的响应时间一般为 1 ns，这就是把数据传输速率限制在 1 Gbit/s 内的原因。热噪声也是个问题，因此，光脉冲必须具有足够的能量以便被检测到。如果脉冲能量足够强，则出错率可以降到非常低的水平，通常可以认为光传输的误码率为 0。

产生光源的设备有两种：发光二极管（LED）和激光二极管（Laser Diode，LD）。发光二极管是一种固体器件，当有电流流过时就发光，LED 比 LD 功耗低，是最常见的光源器件，能提供大约 250 MHz 的带宽。激光二极管是一种利用量子电子效应的固体激光器件，它产生频谱很窄、亮度很高的光束，且为相干光源，产生的衰减和散射较小，理论上可提供 10 GHz 的带宽。两者比较，发光二极管价廉，适应较宽的温度工作范围，使用寿命较长。激光二极管效率较高，可以支持更高的数据传输速率。

（2）光纤的分类

通过光纤传输的每一条光束称作一个模。按光纤的传输点模数可将光纤分为单模光纤（Single Mode Fiber，SMF）和多模光纤（Multi Mode Fiber，MMF）。单模光纤传输仅含有一种波长的光信号，多模光纤传输含有多种波长的光信号。

多模光纤直径比单模光纤大，可提供足够的空间，供不止一束光在光纤中传输，这些光有不同的入射角，在通过反射层反射时，它们有不同的反射角。多模光纤适合近距离传输，一般在几千米，这是由于存在多条不同角度入射的光在一条光纤中传输，光脉冲在多模光纤中传输时会逐渐展宽，引起信号失真。

单模光纤的直径减小到只有一个光的波长，此时光纤像一根波导，不会产生多次反射，使光一直向前传播。单模光纤的衰耗较小，单模光纤适合长距离传输，一般在几十千米。

光纤非常细，计量光纤纤芯和反射层的单位是 μm，单模光纤的纤芯直径只有 5～10 μm，多模光纤纤芯的直径在 50～100 μm 之间，大致与人的头发的粗细相当。例如，局域网最常用的多模光纤的直径标识为 62.5 μm/125 μm，其中 62.5 μm 指的是纤芯直径，而 125 μm 指的是反射层（包层）直径。典型的单模光纤的纤芯直径是 8 μm，当指定波长的光束在这种光纤中传输时，只有一种模能沿着纤芯传播。

多模光纤比单模光纤在传输距离上要短，但价格较便宜。多模光纤采用发光二极管（LED）光源，单模光纤需要采用激光注入二极管（ILD）光源。

光纤从应用上分为室外光纤和室内光纤。室外光纤（又称铠装光纤、光缆）较粗，外包层内有金属护套，用钢缆牵拉，以增加光纤的强度。室内光纤一般使用光纤跳线，微细的光纤封装在塑料护套中，使得它能够弯曲而不至于断裂。虽然光纤不能弯成直角，但可以在一个小于 50.8 mm 的很小半径内转弯。光纤跳线较细，比室外光纤软，便于安装，但容易折损。

光缆包含有多条光导纤芯，一般有 6 芯、8 芯、12 芯等。两根为一对，一对一对地使用，即一对为一个连接。常用的光纤连接器有 ST、SC 和 FC。ST 插头和 SC 插头都是通过专用工具与光纤熔接或压接在一起，FC 型连接器的外形与 ST 型连接器类似，中心部分与 ST 型连接器一样，外壳是带有螺纹的可旋转金属圆壳。光纤通过光纤连接器与光纤收发器、带光纤模块的交换机或带有光纤接口插座的网卡相连接。光纤连接器的插座也称为法兰盘。

3.2.3 无线传输介质

1. 电磁波谱

当电子在空间运动时，产生可以自由传播的电磁波，在真空中也是这样。这种电磁波由英国科学家麦克斯韦尔（Jmaes Clark Maxwell）于 1865 年预言，并给出描述电磁波运动的麦克斯韦尔方程。1887 年，德国科学家赫兹（Henrich Hertz）首次在实验中发现电磁波。电磁波每秒振动的次数称为频率（Frequency）用 f 标识，单位为赫兹（Hz）。两个相邻的波峰（或波谷）之间的距离称为波长（Ware Length），用 λ 标识，单位为米（m）。在真空中，所有的电磁波以相同的速度传播，与它们的频率无关，电磁波在空间的传播速度为每秒 30 万 km/s，也称为光速（Speed of Light），光的速度是极限速度，没有任何物体或信号的运动速度能超过它。

根据无线电波的不同波段的传输特性，可以构成不同的无线传输介质，实现多种无线传输通信。无线传输已经利用了无线电、微波、红外线以及可见光等几个波段进行通信，可以通过调节电磁波的振幅、频率或波的相位来传输信息。紫外线和更高的波段目前还不能进行通信。国际电信联盟（ITU）对适宜无线传输的波段定义了正式名称，根据频率、周期、波长的关系 $\lambda=c/f$，可以求出相应波段的波长 λ，这里 c 是电磁波的速度，等于光的传播速度，f 为频率，其中 c 为常量，计算时有一条经验规则，若 λ 的单位采用 m，f 的单位采用 MHz，则 $\lambda\times f\approx 300$，例如，频率（f）为 1000 MHz 所对应的波长（λ）大约为 0.3 m。

无线传输是利用无线电波通过自由空间传输的，电信号携带数据信息通过无线传输介质从一个地点传输到另一个地点。无线传输介质需要用到电磁波谱的某些可用频带，无线通信用的电磁波频谱如图 3-13 所示。

例如，LF、MF 和 HF 分别称为低频、中频和高频，LF 波长从 1 km～10 km，对应 3×10^5 Hz～3×10^4 Hz。更高的频段中的 V、U、S 和 E 分别对应 Very、Ultra、Super、Extremely，对应的频段分别称为甚高频、特高频、超高频和极高频。最高的频段 T 对应 Tremendously，可以称为巨高频。在低频（LF）以下还有几个特殊通信的更低频段，例如，甚低频（VLF），特低频（ULF），超低频（SLF）和极低频（ELF）等。

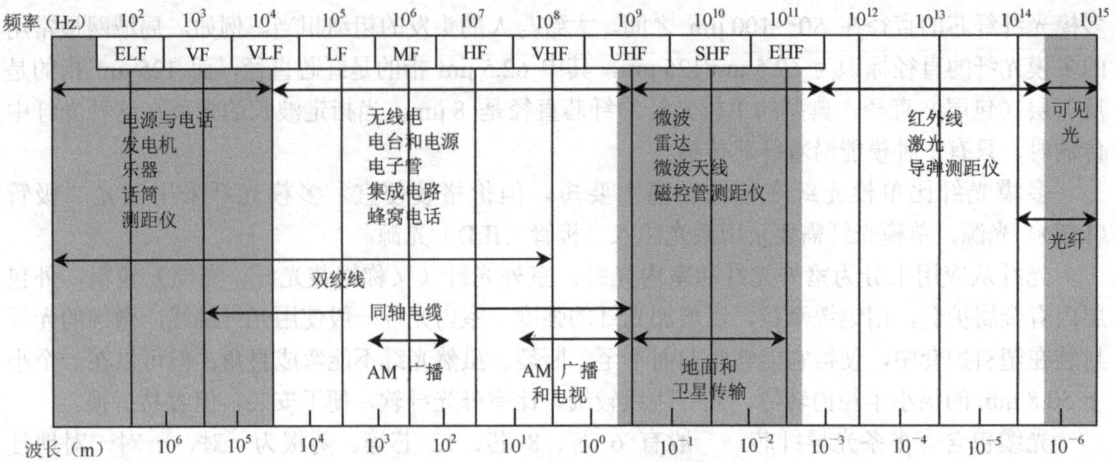

图 3-13　无线通信用的电磁波频谱

为什么要用无线传输呢？因为有许多两地之间的通信是无法用有线传输介质实现的，例如，一个很远距离的通信，从太空舱到地面，或者是在高山之间或岛屿之间。在许多边远地区或环境恶劣的地方铺设有线传输介质是很困难的。还有运动着的人或计算机设备的在线通信要求，这些运动着的人或计算机设备只有通过无线电波才能与另一方进行通信。近年来，随着移动通信技术的发展，手机的应用已经基本普及。计算机网络中的一个重要研究和应用领域无线局域网也得到长足的发展。无线传输介质的应用越来越普遍，需要对无线传输介质的特性和优化开展更多的研究。

电磁波可以运载的信息量与它的带宽成正比。在较低的频率情况，可以实现每赫兹编码几位（比特），在高频率情况，可以达到每赫兹编码 40 bit。可见光波段的频率在 10^{14}～10^{15} Hz之间，可以获得很高的数据传输率。

对 $f=c/\lambda$ 公式中的 λ 求微分，得到 $df/d\lambda=-(c/\lambda^2)$，若以有限微分代替微分，并取绝对值，得到 $\triangle f=(c\triangle\lambda)/\lambda^2$，从中可以看出，波段越宽，数据传输速率越高，知道了波段的宽度，可以计算出相应的频段宽度，进一步求出该波段的数据传输速率。

国际上以及各个国家对电磁波谱频段中频率范围的使用有统一的规定，对广播、电视、移动电话、海上航行、导航、军事、政府等用户分配了专用频段。国际电信联盟（ITU）的无线技术委员会（ITU-R）有一个部门，称为世界无线电行政会议（World Administrative Radio Conference，WARC），负责电磁波频段范围的划分。电磁波频段范围的划分对通信安全、通信秩序很必要，也很重要。

2. 无线电

无线电通信在无线电广播和电视广播中已经广泛使用。在低频段和中频波段内，无线电波可以轻易地通过障碍物，沿地球表面传播。但信号能量随着与信号源距离增大而急剧衰减，使得传输距离受到限制。在高频、甚高频波段内，地表电波会被地球吸收，但会被离地表几百千米高度的带电粒子层—电离层反射回地面，可以传播到很远的距离。

在计算机网络中的无线电通信可以追溯到 1970 年美国夏威夷大学组建的无线分组交换网，这个网络也称为 ALOHA 网。ALOHA 的含义是夏威夷群岛土著居民见面时的问候语。ALOHA 网用来把夏威夷群岛不同岛屿上的计算机设备连接起来。采用的信道访问技术是 ALOHA 协议，这个协议是广播信道访问协议技术的基础，现在局域网中最常用的 CSMA/CD 就是从 ALOHA 协议上发展起来的。

移动电话网络发展很快，移动基站在相距一定距离设置，一个基站可以覆盖一定的范围，组成一个小单元，称为蜂窝。基站相当于一个转发设备，控制处于该小单元内的手持电话通信。根据基站连接的结构形状也称为蜂窝式无线电话网。手持电话在基站覆盖的范围通过基站与其他手持电话通信。手持电话移动时，从一个基站边缘向另一个基站移动，切换到所在范围的基站，控制权也随之移交。若干基站连接到一个移动电话交换站，通过多级移动电话交换站汇接到移动交换中心，与公用电话网（有线电话网）互连。

为了实现频率不同地域范围的复用，按地理范围分成若干单元，相应地形成一个一个蜂窝。可以用每个小单元内的一个字母代表一组频率，不同的字母表示不同的频率，这些不同小单元内的频率不会相互干扰，若不同的蜂窝采用了相同的频率组，则要求这些蜂窝之间至少间隔了两个小单元的距离。

3. 微波

微波（Microwave）通信通常是指利用在 1～10 GHz 频率范围内的电磁波来进行通信。与低频的无线电波不同，微波是沿着直线传播的，而不是向各个方向扩散，由于地球表面是弯曲的，微波的传播距离受到限制。在相距几十千米的距离之间需要建设微波接力中继站，像接力赛跑那样，一站接一站补充能量，直线传输信号。微波接力站的发射天线和接收天线必须放置在一定的高度上，通过抛物状的天线可以将能量集中于一小束上，以获得很高的信噪比并传输很长的距离。要求发射天线和接收天线必须精确对准，这种方向性使成排的多个发射设备可以和成排的多个接收设备通信而不会发生串扰。直接传输的距离与天线塔的高度有关，塔越高则传输距离越远，中继站之间的距离大致与塔高的平方成正比。在 20 世纪 80 年代以前，光纤通信传输尚未出现，远距离电话传输系统主要采用微波通信，目前已由光纤通信代替。

微波波段处于频谱的高端，它提供的信道容量较大，例如，一个带宽为 2 MHz 的频段就可容纳 500 条话音线路。在具体应用中使用的微波设备信道容量多为 960 路、1200 路、1800 路，我国多采用 960 路。微波段内频率也是受管制而分配使用的，用于长途电话业务的频率范围为 4～6 GHz，用于局域网的微波频率范围有 2.4～2.484 GHz、5.725～5.825 GHz 和 18.825～19.025 GHz。微波通信在波段划分时，给出可以免许可证使用的工业/科学/医学（ISM）波段，这是微波通信另一个方面的重要应用。

微波通信的优点：①微波接力通信适应的业务种类多，可以用于长途电话、电报、蜂窝移动电话、广播电视等通信，传输文本、声音、图形、图像等数据信息。②微波传输工作在波段 1～10 GHz 频率范围，其通信信道的容量大。③微波传输质量高，不容易受工业干扰和天电干扰，这两种干扰的主要频谱比微波低得多。④与同样效果的有线通信建设比较，微波通信建设周期快、投资少。⑤微波通信的可靠性比较高。

微波通信存在的不足：①与低频无线电波不同，微波不能很好地穿过建筑物，要求中继接力站之间不能有障碍物。②虽然微波在发射器处可以很好地集中，但在空间里还是会发散。某些微波可能被较低的大气层折射，从而比直线传播的微波多走一段距离。它们到达目标时的相位可能会造成信号失真，这种效果被称作多路减弱。③微波传输易受恶劣天气的影响，微波频率越高受影响越大。④与有线通信系统相比，微波传输的隐蔽性和保密性比较差。

4. 红外线

红外线传输通信是利用电磁波频谱红外频段进行通信，频率范围 10^{12}～10^{14} Hz，红外线传输主要用于短距离的通信，通信距离一般在十几米范围内，日常生活中用遥控器与电视机和录像机通信，以及用遥控器与空调通信都是红外线通信应用的例子。红外线传输有一定的方向性，即发送器直接指向接收器，中间不能有障碍物。红外线不能穿透物体，包括墙壁，它意味着一间房屋里的红外系统不会对其他房间里的系统产生串扰。正是由于这个原因，红外系统防窃听的安全性要比无线电系统好。基于这些原因，红外线传输使用的频率不需申请分配，不需授权即可使用。而无线电系统频率的使用必须获得授权。

红外线的发送与接收装置硬件相对便宜且容易制造，也不需要天线。红外线传输通信不宜在室外使用，因为太阳光中的红外部分的强度和可见光一样，会影响红外线传输通信设备。

红外线传输也用于数据通信和计算机网络。许多便携机内部都已装备有红外线传输通信的硬件，利用它就可与也装备有红外通信硬件的其他 PC 或工作站通信，而不必有物理的导线连接。在一个房间中配置一套相对不聚焦的（即某种程度上是多方向的）红外发射和接收器，就可构成无线局域网，人们带着便携机来这个房间开会时，不需使用物理插头就可连到一个局域网上。

5．光波传输

利用光信号通信的历史可以追溯到遥远的古代，几千年前，人类就开始利用火光传递信息。例如，我国万里长城上的烽火台，当入侵者来犯时，在烽火台上点燃干柴，用火光传递警报信息。现在人们也在使用光波传输，多用在一些不宜铺设有线传输介质的环境。例如，一个工厂的两个部门之间有一条高速公路，通过在两个部门的建筑物屋顶分别安装的激光收、发装置（激光发生器和光检测器），可将两个部门内的 LAN 连接起来。

激光通信具有带宽高、成本低、安装方便、能在很长的距离内保持聚焦（即定向）等特点。激光通信和红外通信一样，也不需要经政府管理部门授权分配频率。激光通信和微波通信在直线传输上有相似性，激光同样不能被遮挡，而且对雨、雪和雾都比较敏感。

3.2.4 卫星传输

卫星是指围绕地球转动的物体，卫星分为天体卫星和人造卫星，目前的人造卫星多用于通信，称为通信卫星，例如，月球就是地球的卫星，属于天体卫星。

1945 年，英国人阿塞.C.克莱克提出利用卫星通信的设想，1957 年，前苏联发射第一颗人造地球卫星 Sputnik。早在 20 世纪 50 年代末期，人们曾尝试通过气象气球金属表面上的反射来传输信号，但信号太弱，没有成功。20 世纪 60 年代美国海军研究成功了利用月球反射信号的船—岸通信系统。1962 年，美国发射用于通信的第一颗人造地球卫星 Telsat 成功，开创了天际通信的里程碑。卫星上设置有发射机和接收机，把电磁波划分为上行信道和下行信道，在地球的地面上设置地面站，与高空中的卫星通信。

通信卫星可以看做是一个空间微波中继器，通信卫星上一般有 12～20 个异频雷达接收机，每个都有 36 MHz～50 MHz 的带宽，异频雷达接收机对相应的波段进行监听，上行波束从地面卫星站传向卫星，下行波束从卫星传向地面站，下行波束覆盖范围很广。

通信卫星与天体卫星的区别在于，返回地面的信号可以在通信卫星上通过放大器放大。

通信卫星传输采用的波段为微波波段，同步通信地球卫星位于地球赤道上方 36 000 km 的高空，通信卫星的转动周期是一个恒星日，周期为 23 h59 min4.09 s，近似 24 h，和地球的自转速度相同，人们在地面观察通信卫星时，卫星好像固定在天上一动也不动。卫星通信如图 3-14 所示。

卫星通信的特点如下：

1）通信时延与地面两个节点的位置基本无关，即传送一条报文的时延与地面距离无关，例如，地面上相距数千米的两个节点之间的通信时延，与地面上在很近距离通信的两个节点

（例如，相隔 1 m 的两个节点）之间的通信时延几乎没有差别。

2）卫星的一个重要特性是收发器向上千个地面站发送一条报文的时间与向一个地面站发送该报文所用的时间基本相同。

3）卫星传输具有很低的出错率。

4）在计算总时延时，卫星信号的传播时延所占比例是比较大的。

卫星通信的覆盖范围广，尤其适合山区和跨越海洋的通信传输，若在地球赤道的平面上放置 3 颗等间距的卫星，就可以覆盖地球表面的大部分区域。

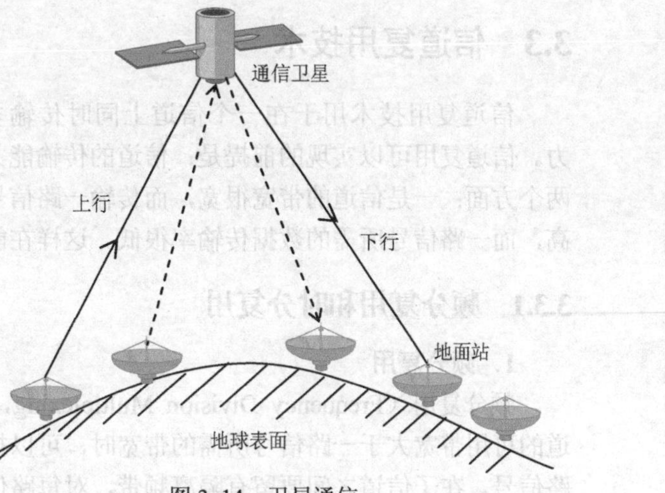

图 3-14　卫星通信

由于地球卫星位于 36 000 km 的高空，电信号在空间中的往返传播需要时延，电磁波在空间的传播速度为每秒 30 万 km，可以计算出卫星信号的传播时延为 250 ms～300 ms，一般取值 270 ms。

在 360° 的赤道平面内，为避免串扰，卫星排列的轨道之间的间隔至少在 2° 以上，天空中同时仅能容纳 180 颗卫星。卫星通信可以采用不同波段，若使用不同的频率，两颗或更多的卫星可以占据同一轨道。国际上对卫星轨道和频段的使用制定了协议，主要的卫星频段见表 3-3。

表 3-3　主要的卫星频段

频　段	下行/GHz	上行/GHz	带宽/MHz	用途和问题
L	1.5	1.6	15	商用，低带宽，拥挤
S	1.9	2.2	70	商用，低带宽，拥挤
C	3.7～4.2	5.92～6.425	500	商用，易受拥挤串扰
Ku	11.7～12.2	14.0～14.5	500	电信，易受雨水影响
Ka	17.7～21.7	27.5～30.5	3 500	商用，易受雨水影响，设备造价较高

依据开普勒原理，一颗卫星的轨道周期随着轨道半径之 2/3 次幂变化，卫星距地球表面距离越远，即卫星越高，卫星的轨道周期越长，例如，月球轨道周期大约是一个月，月球距地球表面的高度为 384 000 km。卫星的轨道周期是确定卫星安放位置的一个重要参数，另一个参数称为范艾伦带，范艾伦带是指距离地面的不同高度带上，存在一些受地球磁场影响的带电粒子层，这些带电粒子会对卫星带来危害，应避开范艾伦带。经过计算，在地球表面高度有 3 个区域对卫星是安全的，依据卫星距离地面的高度分别标识为：GEO（地球同步轨道）、MEO（中间地球轨道）和 LEO（低地球轨道），对应的延时分别为：270 ms、35 ms～85 ms 和 1 ms～7 ms，覆盖地球表面需要的卫星数目依次是：3、10 和 50。通信卫星的高度及类型如图 3-15 所示。

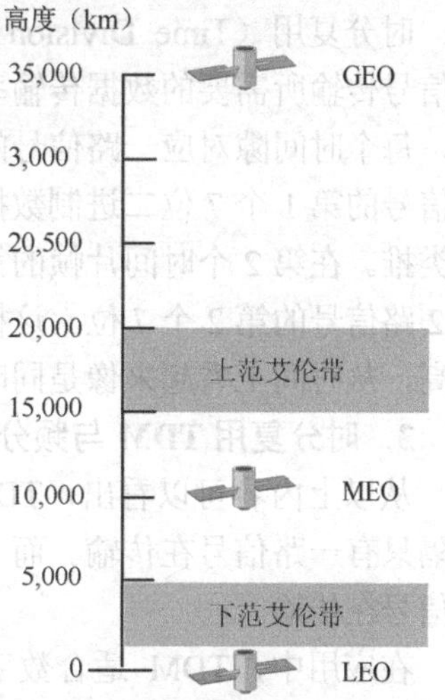

图 3-15　通信卫星的高度及类型

3.3 信道复用技术

信道复用技术用于在一个信道上同时传输多路信号，这样可以充分利用信道的传输能力。信道复用可以实现的前提是：信道的传输能力大于传输一路信号的需求。这种能力体现在两个方面：一是信道的带宽很宽，而传输一路信号所需的带宽很窄；二是信道的数据传输率很高，而一路信号所需的数据传输率很低。这样在能力很强的信道上仅传输一路信号就很浪费。

3.3.1 频分复用和时分复用

1．频分复用

频分复用（Frequency Division Multiplexing，FDM）的设计思想是，信道的带宽很宽，信道的可用带宽大于一路信号所需的带宽时，可以把信道划分为多个子信道，每个子信道传输一路信号。在子信道之间要留有隔离频带，对每路信号以不同频率的载波进行调制，使其适应不同子信道频段的要求，搬到不同的子信道上传输，传输到目的地后再恢复为原始信号。频分复用如图 3-16 所示。

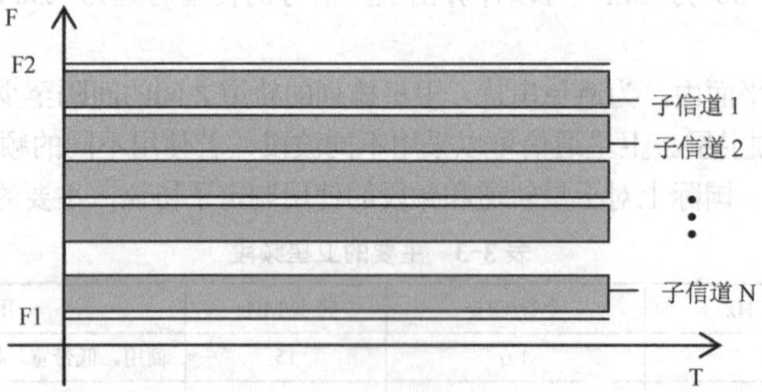

图 3-16　频分复用

在实际应用中人们都在使用 FDM，例如，有线电视 CATV 中使用的频分复用技术，在一根同轴电缆上同时传输几十路电视信号。

2．时分复用

时分复用（Time Division Multiplexing，TDM）技术的依据是，信道的数据传输率大于一路信号传输所需要的数据传输率。可以把传输时间分成时间片帧，每一时间片帧包含若干时间隙，每个时间隙对应一路信号的若干位。例如，对于第 1 个时间片帧，第 1 个时间隙插入第 1 路信号的第 1 个 7 位二进制数据，第 2 个时间隙插入第 2 路信号的第 1 个 7 位二进制数据，依次类推。在第 2 个时间片帧的第 1 个时间隙插入第 1 路信号的第 2 个 7 位，第 2 个时间隙插入第 2 路信号的第 2 个 7 位。这样交叉进行数据插入实现多路信号传输。由于信道的数据传输率很高，从时间上看起来像是同时在传输多路信号。时分复用如图 3-17 所示。

3．时分复用 TDM 与频分复用 FDM 的比较

从以上内容可以看出，TDM 中每一路信号传输占用信道的全部带宽，在某一微小的时间间隔只有一路信号在传输。而 FDM 中每一路信号占用部分带宽，在某一微小的时间间隔有多路信号在传输。

在应用中，TDM 适合数字信号的传输，而 FDM 适合模拟信号传输。许多应用是先采用 FDM，然后再进行 TDM，即两种复用技术综合使用，可以更好地提高信道的利用率。

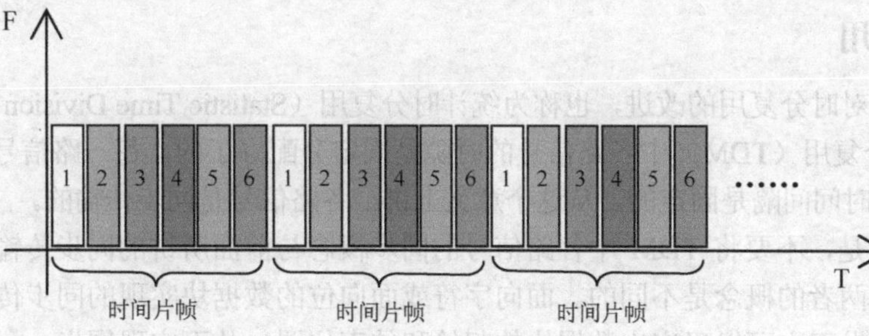

图 3-17　时分复用

3.3.2　波分复用 WDM

在光纤信道上采用波分复用（Wave Division Multiplexing，WDM）。WDM 是 FDM 的一个变种，波分复用是光的频分复用。频率和波长之间满足关系式 f=c/λ。每根光纤上光信号的波长不同，两根光纤连接到一个棱柱或衍射光栅上，两束光通过棱柱或衍射光栅合成到一根共享的光纤上，传输到远方的目的地后，再用棱柱或衍射光栅将它们分解开，交给接收方。在波分复用的传输过程中会使用到复用/分用器。

与 FDM 不同的是，光纤系统使用的棱柱或衍射光栅是完全无源的，因而可靠性很高。光纤的带宽大约是 25 000 GHz，通过 WDM 使所有的输入信道使用不同的频率，可以将很多信道复用到长距离的光纤上。

现在利用光纤进行信息传输的带宽仅有 10 GHz 左右，这主要是受到光电转换器件所能够达到的转换速率的限制，需要寻找更快转换速率的光电转换器件。目前，一根单模光纤的数据传输率可以到达 2.5 Gbit/s，若可以找到解决光纤传输中的色散（Dispersion）问题的方法，一根光纤的数据传输率可以到达 20 Gbit/s，几乎接近单个光载波信号传输的极限值。

波分复用的概念如图 3-18 所示，有 8 路波长均为 1310 nm 的光载波，传输速率均为 2.5 Gbit/s，经过光调制后，分别将波长变换到 1550 nm～1557 nm，再经过波分复用的复用器，也称为合波器，输出到一根光纤中传输，在这根光纤上的总传输速率为 8×2.5 Gbit/s= 20 Gbit/s。在传输过程中，使用掺铒光纤放大器（EDFA）对衰减了的信号进行放大，EDFA 是一种光放大器。传输到接收端后，通过分用器分离出 8 路光载波。

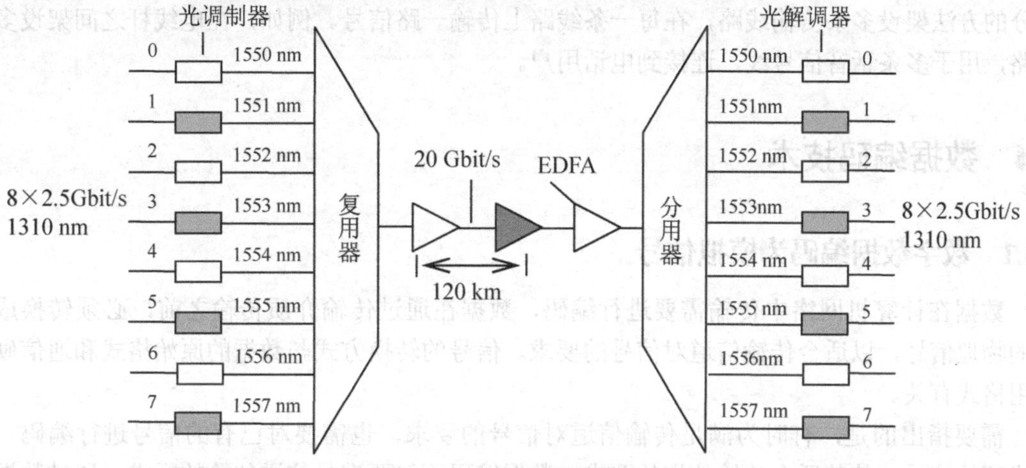

图 3-18　波分复用的概念

3.3.3 统计复用

统计复用是对时分复用的改进，也称为统计时分复用（Statistic Time Division Multiplexing，STDM）。在时分复用（TDM）中各路信号的时隙是固定分配好了的，每一路信号与复用的其他各路信号之间的时间间隔是固定的，从这个意义上讲，各路信号是同步传输的。

需要注意的是，不要将 TDM 中各路信号的同步概念与前面所讲的同步传输的数据块同步传输概念混淆，两者的概念是不同的。面向字符或面向位的数据块实现的同步传输，指的是数据块有边界，收发双方可以确定出数据块的起始和结束位置，从而实现同步。

采用时分复用传输时，可能存在某一路信号无数据发送时，分配给该路信号的时隙会处于空闲状态的情况，其他路信号即使有数据发送，也不能使用这些空闲的时隙，造成信道的利用率降低。目前，网络中传输的是多媒体信息，视频、音频数据传输需要的数据传输率是很高的，需要有较多的时隙来传输数据。视频、音频数据在与文本数据一起传输时，若采用 TDM，各路信号获得的时隙是一样的，所以，采用 TDM 是无法实现多媒体数据传输的。多媒体数据的传输需要采用异步的统计时分复用（STDM）技术。注意，这里的异步统计传输与前面讲的用于单个字符传输的异步传输是不同的概念。

统计时分复用技术的设计思想是，各路数据信号在传输时并不分配固定的时间隙，各路信号有数据发送就随时发往输入缓存队列排队，按照先来先处理的规则，按顺序依次把数据信号放到信道的时隙上传输，不是使用固定分配时间隙，而是采用动态的分配时间隙，统计时分复用的概念如图 3-19 所示。

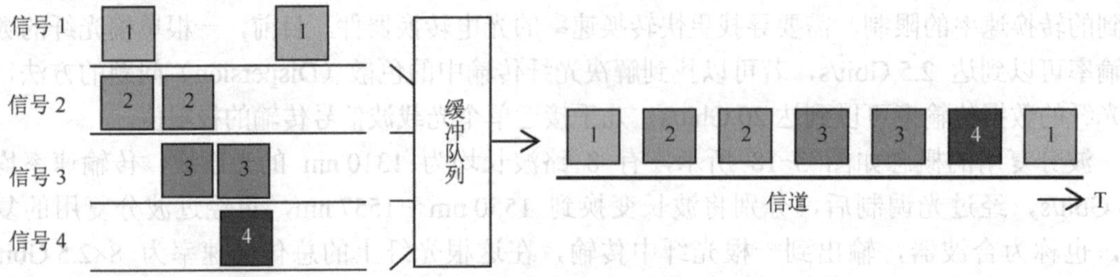

图 3-19 统计时分复用的概念

还有一种信道复用技术称为空分复用（Space Division Multiplexing，SDM），采用对空间划分的方法架设多条传输线路，在每一条线路上传输一路信号。例如，在电线杆之间架设多条线路，用于多条话音信号线，连接到电话用户。

3.4 数据编码技术

3.4.1 数字数据编码为模拟信号

数据在计算机网络中传输需要进行编码，数据在通过传输介质传输之前，必须转换成不同的物理信号，以适合传输信道对信号的要求。信号的转换方式与数据的原始格式和通信硬件采用格式有关。

需要指出的是，有时为满足传输信道对信号的要求，也需要对已有的信号进行编码，转换成新的信号，使其适合传输信道的要求。数据编码不仅要满足信道传输的需求，通过数据编码技术还可以提高信号的传输效率，数据编码技术也可以实现数据的加密处理，从而提高网络传输的安全性。

模拟数据和数字数据都可以转换为模拟信号或数字信号，两种数据与两种信号的数据编码组合如图 3-20 所示。

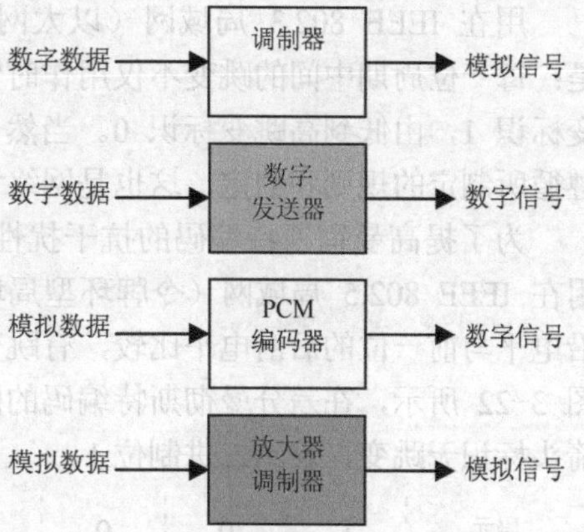

图 3-20　两种数据与两种信号的编码组合

为了使计算机中的数据能在模拟信道上传输，例如，在模拟电话网上传输，需要把计算机设备输出的数字数据或数字信号进行处理，变换（编码）为模拟信号，通常采用的方法是用二进制数据 0 或 1 对载波进行调制。载波是频率恒定的电磁波，可以用正弦或余弦函数描述载波的波形，载波具有 3 个特征：幅度（A）、频率（F）和相位（P）。可以分别用幅度 A1 标识 0、幅度 A2 标识 1；用频率 F1 标识 0、频率 F2 标识 1；用相位 P1 标识 0、相位 P2 标识 1。数字数据编码为模拟信号如图 3-21 所示，在用图形标识时，应注意在水平方向上每一位二进制位占用时间周期（T）的间隔应是一样的。

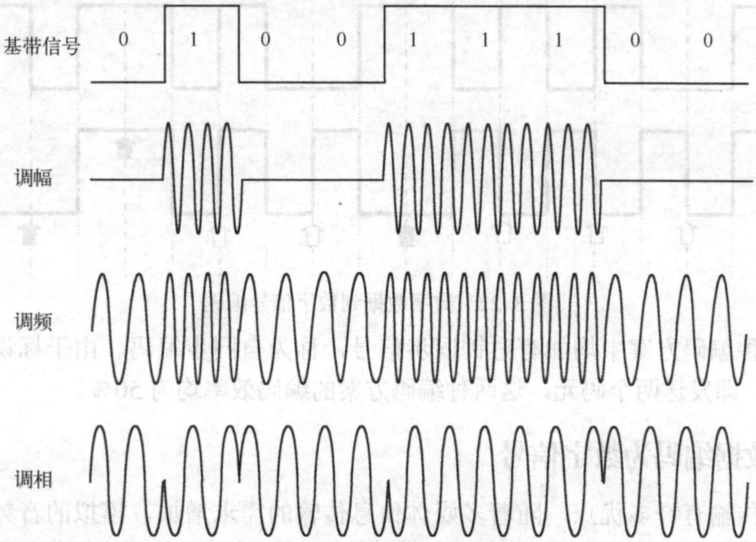

图 3-21　数字数据编码为模拟信号

3.4.2　数字数据编码为数字信号

数字数据在计算机中以二进制位 0 或 1 的形式存储，数字数据通常要转换成特定的数字信号后在信道上传输。数字信号是离散的、非连续电压脉冲序列，一个脉冲就是一个信号元素。例如，要把计算机中的二进制数据通过打印机打印出来，二进制数据 0 或 1 被编码成一串可以在传输线上传输的电压脉冲（数字信号），数字信号传输到打印机上后再进行打印处理。

用高电平标识 1、低电平标识 0 的二进制数据信号不能直接放在信道上传输，这种不归零制编码（NRZ）存在的问题是，接收方在接收时，无法在接收到连续 1 或连续 0 时区分出每一位二进制位。解决问题的方法是，在(1/2)T 加上同步时钟信号，T 标识传输每一位的周期。这样，接收方和发送方通过同步时钟信号可以实现收、发的同步，这里的同步是指接收方能够正确地区分接收到的每一位。

用在 IEEE 802.3 局域网（以太网）的一种编码称为曼彻斯特编码，曼彻斯特编码规则是：每一位周期中间的跳变不仅用作时钟同步，而且用来标识 0 或 1。可以规定：由高到低跳变标识 1，由低到高跳变标识 0。当然也可以做相反的规定，主要是通信双方要认可、理解、遵循所制定的规则和约定，这也是网络协议的基本定义和概念。

为了提高曼彻斯特编码的抗干扰性，提出差分曼彻斯特编码方案，差分曼彻斯特编码是用在 IEEE 802.5 局域网（令牌环型局域网）的编码。差分曼彻斯特编码规则为用每一位的前沿电平与前一位的后沿电平比较，有跳变标识 0，无跳变标识 1。数字数据到数字信号编码如图 3-22 所示，在差分曼彻斯特编码的图示中，空心箭头标识有跳变，表示二进制位 0，实心箭头标识无跳变，表示二进制位 1。

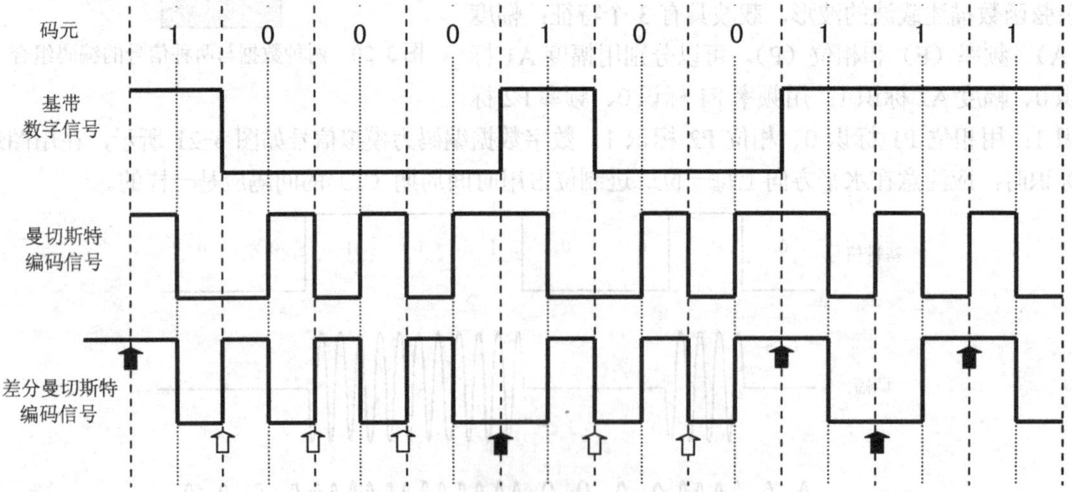

图 3-22　数字数据到数字信号编码

在以上两种编码方案中均加有时钟同步信号，称为自同步编码。由于标识一位二进制位需要两次跳变，即发送两个码元，这两种编码方案的编码效率均为 50%。

3.4.3　模拟数据编码为数字信号

数字信号传输有许多优点，随着多媒体信息传输的需求增加，模拟的音频、视频信息的数据要转换为数字信号。把模拟数据转换为数字信号后，就可以使用先进的数字传输和交换设备，在数字信道上可靠地传输编码转换后的数字信号。

脉冲编码调制（Pulse Code Modulation，PCM）是用于模拟数据编码为数字信号的技术。PCM 技术的实现基础是依据采样定理，在奈奎斯特定理中曾经有过对采样定理的介绍。

采样定理的基本思想是，对于任意其值连续变化的模拟信号 f(t)，以高于或等于 2 倍信号最高频率的倒数为周期对该信号 f(t)进行采样，则采样取得的离散样本值包含了原始 f(t)的全部信息，将来能够根据这些采样值还原出模拟原始信号。

PCM 技术的实现有 3 个步骤：采样、量化和编码。采样是对原始模拟信号采取样本值，采样时间间隔为 2 倍信号最高频率的倒数，对应的计算公式为：1/(2f)=(1/2)T。(1/2)T 为采样间隔。量化是对样本值进行规定和取值，对采取到的样本值用对应的二进制位描述。样本值的取值量级视信号的用途确定，例如，声音信号的样本值量级为 128，即可以用 7 位二进制数描述。对于视频信息，例如，电视信号的样本值量级为 1024，可以用 10 位二进制数描述。模拟数据编码为数字信号的采样机制如图 3-23 所示。

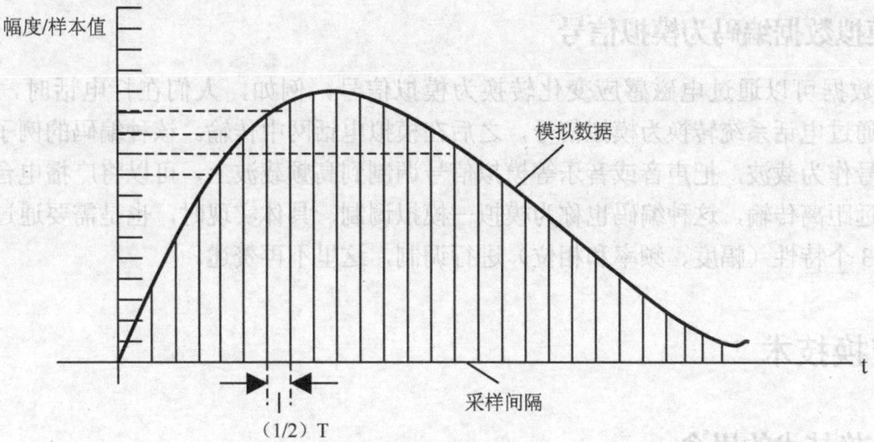

图 3-23　模拟数据编码为数字信号的采样机制

对离散的样本值进行量化后，得到对应的二进制位描述，对这些二进制数位进行编码，编码后给出的二进制位可以用数字脉冲信号表示，构成可以在信道上传输的数字信号。PCM 技术采样、量化、编码的例子见表 3-4。

表 3-4　PCM 技术采样、量化、编码的例子

采样（模拟幅度值）	1.1	2.7	2.8	5.6	14.3	9.5	5.4
量化（样本取值）	1	2	2	5	14	9	5
编码（PCM 码）	0001	0010	0010	0101	1110	1001	0101

传统的电话通信每一个标准话路的带宽是 4 kHz，依据 PCM 技术的采样定理，采用频率为 8 kHz，采样间隔为 1/8000=125 μs。在北美和日本采用数字化语音 T1 传输标准，这是 PCM 技术和 TDM 技术的综合应用，在一个信道上同时传输 24 路数字化话音，构成 24 个子信道，每一路数字化话音数据按 7 位插入，正好用来传输一路话音的 128 个量化级，由 PCM 技术产生的脉冲编码，每 125 μs 一个样本，每个样本用 7 位二进制位标识，加上 1 位控制位，用来传输控制信号，每个子信道有 8 位。再加上用于帧的边界和同步 1 位控制位，在连续的帧中该位一直要保持 01010101……的模式。可以计算出 T1 传输标准每帧所需要的二进制位数为：(24×8+1)bit=193 bit。每 125 μs 发送一个 193 位的帧，进一步计算出 T1 的数字化速率为：193 bit/125 μs=1.544 Mbit/s。

在欧洲和中国采用数字化语音 E1 传输标准，E1 标准数据化语音采样样本值采用 256 个量化级，每 125 μs 一个样本，每个样本用 8 位二进制位标识。E1 标准的帧包括 32 个 8 位二进制位（32 个子信道），其中包括 30 路数字化话音，再加上 1 路同步数据和 1 路信令数据，30 路话音数据中 15 路话音数据在子信道 1～15，另 15 路话音数据在子信道 17～31，每一路数字化话音数据按 8 位插入，同步数据在第 0 子信道，信令数据在第 16 子信道。可以计算出 E1 帧的二进制位数为：32×8=256，每 125 μs 发送一个 256 位的帧，可计算出 E1 的数字化速率为：256 bit/125 μs=2.048 Mbit/s。E1 传输标准的帧格式如图 3-24 所示。

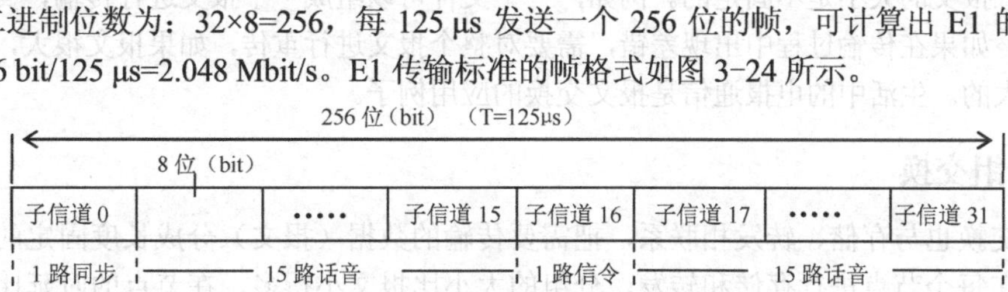

图 3-24　E1 传输标准的帧格式

3.4.4 模拟数据编码为模拟信号

模拟数据可以通过电磁感应变化转换为模拟信号，例如，人们在打电话时，话音（声音）数据通过电话系统转换为模拟信号，之后在模拟电话网中传输。该种编码的例子还有，利用高频信号作为载波，把声音或音乐等模拟信号调制到高频载波上，可以将广播电台的声音或音乐进行远距离传输，这种编码也称为模拟—模拟调制，具体实现时，也是需要通过模拟信号对载波的 3 个特性（幅度、频率和相位）进行调制，这里不再赘述。

3.5 交换技术

3.5.1 交换技术的用途

对于长距离通信传输，要用到交换技术。采用交换技术主要基于以下原因：

1）在物理距离上不可能架设中间没有节点的长距离线路。

2）电信号在长距离传输过程中会有能量衰减、受到干扰，以至无法正确传输。

3）在制造技术上，造出连续长达几千米或数十千米而无接缝的线缆也是十分困难和不便的。

4）一个更重要的原因是，通过一个节点与多条线路连接，使一个信源或信宿可以方便地和其他信宿或信源通信，而在各个信源或信宿之间采用全连接的方法是行不通的，尤其是在通信用户大量增加的情况下。

传统的交换技术有电路交换、报文交换和分组交换。计算机网络中较多使用的交换技术是分组交换和信元交换。

3.5.2 电路交换和报文交换

1．电路交换

电路交换是面向连接的，通信双方在通信之前先建立一条连接，然后在建立的连接上传输数据，数据传输完后释放连接。在通信的过程中，通信的双方独占这一连接。连接建立过程需要一定的时间，若连接经过的节点和线路有空闲的资源则允许连接建立，否则不允许建立连接。电路交换适宜实时通信的应用，生活中的电话通信就是采用电路交换的通信。

2．报文交换

报文交换与网络节点的存储、转发相联系。收、发双方通信的数据组成报文的格式，报文是节点之间传输的一个完整数据块。节点先接收报文，进行存储，然后根据线路的情况决定通过哪个线路向其下一节点转发。报文在每个节点的存储和转发需要一定的时延。报文交换是无连接的，报文的大小是不固定的。例如，一个文件可以组成一个报文进行传输，文件的长度有大有小。如果在传输过程中出现差错，需要对整个报文进行重传，如果报文很大，重传的数据量是很大的。生活中的电报通信是报文交换的应用例子。

3.5.3 分组交换

分组交换也与存储、转发相联系，把需要传输的数据（报文）分成长度固定的分组，分组独立地在每个节点进行存储和转发，分组的大小比报文小得多，在节点的时延比较小，即使传输出现差错，重传的数据量也比较小。另一方面，计算机数据的传输具有突发性的特点，若采用电路交换来传输计算机数据，线路的利用率会非常低，只有分组交换适合计算机数据的传输。

分组交换可以分为面向连接的虚电路分组交换和无连接的数据报分组交换。

虚电路分组交换采用建立逻辑信道的方法，在传递分组之前，在节点之间建立一条逻辑连接，通信双方的计算机与这条逻辑连接构成虚电路，分组在建立的虚电路上有序的传输，在每个节点仍然是存储和转发。在节点之间通过不同的逻辑信道号可以建立多条连接，建立多条虚电路，用于不同源端和目的端的通信，一条虚电路并不独占在节点之间的物理连接。

数据报分组交换在传递分组之前，不需要在通信之前建立连接。分组携带有完整的目的地址，一组相关的分组标识有相同的标记或编号，网络节点依据分组的目的地址，通过路由表查找分组的路由，确定将分组转发的下一个节点，分组在节点之间独立地传输。每个分组到达目的地途径的节点可能会不同，有可能先发送的分组由于在某个节点停留的时间长，而到达目的节点比较晚，形成分组的无序到达。这就需要在目的节点存储先到达的分组，所有分组到达后，再按分组编号进行排序，最后把有序的分组交给目的计算机。

3.5.4 交换技术的比较

假设网络中有 A、B、C、D 共 4 个节点，有 3 段传输链路，A 为源节点，D 为目的节点，垂直方向标识时间，可以用时间延迟比较 3 种交换技术的差异。时间延迟包括连接建立时延、信号的传播时延、数据的传输时延，以及节点的存储和转发时延。信号的传播时延为信号传播距离除以信号的传播速度。数据的传输时延为传输的数据量除以数据传输率。连接建立时延，以及节点的存储和转发时延与具体的通信系统有关。通过比较可以看出分组交换技术所用的时延比较少、传输效率比较高。3 种传统交换技术的比较，如图 3-25 所示。

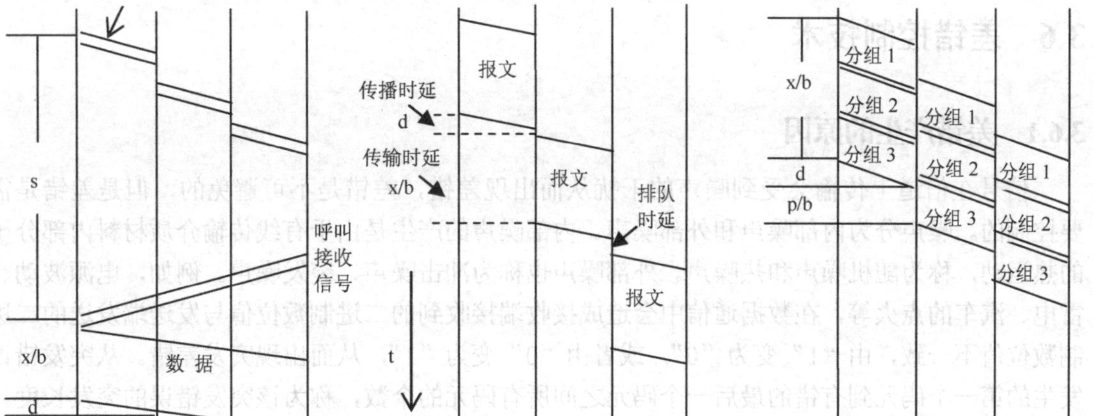

图 3-25 传统交换技术的比较

若要连续传输大量的数据，宜采用电路交换，因为数据传输时间大于连接建立时间，在建立的连接之上独占带宽传输大量数据的效率比较高。但是电路交换的健壮性比较差，只要连接中的一段链路出现故障，通信就不能进行。

报文交换和分组交换都与存储、转发相联系，像 400 m 接力赛跑一样，数据报文或数据报分组逐个节点传输。对于数据报分组交换，若一段链路出现故障，报文或分组可以绕过故障所在的节点或链路，选择可以前往目的地的其他路径传输，数据报分组交换可以提供很好的健壮性。

分组交换技术采用的策略是断续或动态分配传输信道，适合传输突发式的计算机数据，提高通信线路的利用率，降低了使用费用。分组交换技术的不足是，网络节点进行分组的存储和交换需要一定的时延，传输和处理每个分组必须携带的控制信息也造成一定的开销，分组交换网的管理和拥塞控制也比较复杂。

3.5.5 信元交换

信元交换技术用在 ATM 网络中。信元可以看做一个很小的快速分组，长度为 53 个字节，其中信元头（首部）占 5 个字节，数据部分占 48 字节。信元长度是固定的，易于设计硬件交换单元，可以让多个交换单元以并行方式做同样的事，每一交换单元都花费相同的时间去完成自己的工作，采用 ATM 交换机快速实现信元交换。信元的格式如图 3-26 所示。

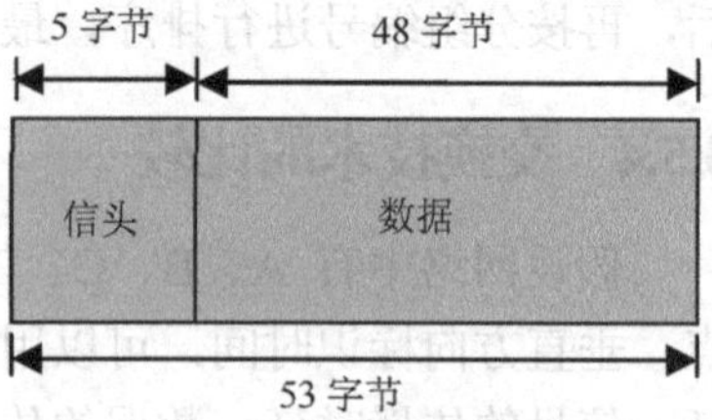

图 3-26 信元格式

信元交换的主要特色是：由于信元比较小，在交换节点的时延很小。多种媒体信息都划分或装配为信元，使在一个网络中传输多媒体信息成为可能。

需要指出的是，除 ATM 网络之外，其他低层通信网络中允许的最大传输单元（MTU）的长度是不同的，例如，以太网中的 MTU 为 1500 字节。MTU 对网络中传输单元的长度给出一个最大长度限制，若超过这个限制，就要对传输单元进行分段和重组处理。

3.6 差错控制技术

3.6.1 差错产生的原因

信号在信道上传输会受到噪声的干扰从而出现差错，差错是不可避免的，但是差错是需要控制的。噪声分为内部噪声和外部噪声。内部噪声的产生是由于有线传输介质材料内部分子的热运动，称为随机噪声和热噪声。外部噪声也称为冲击噪声、突发噪声。例如，电源波动、雷电、汽车的点火等，在数据通信中会造成接收端接收到的二进制数位值与发送端发送的二进制数位值不一致，由“1”变为“0”，或者由“0”变为“1”，从而出现突发差错。从突发错误发生的第一个码元到有错的最后一个码元之间所有码元的个数，称为该突发错误的突发长度。

用误码率衡量一个信道的质量，通常用 10 的负若干次方描述信道的误码率 P：

P=发生错误的码元数/接收的码元总数

一般在有线传输介质信道，误码率为 10 的负 5 次方，就是说传输 10 000 位有 1 位错。

3.6.2 差错控制方法

通信系统应该能够检测出差错，并能纠正差错，具有差错控制能力。数据通信和计算机网络中的差错控制方法通常采用编码的方法，分为检错编码和纠错编码。按照差错控制规则，在发送端，对发送的数据信息位（k）进行处理，计算出校验码位（r），校验码位放在发送的数据信息位后构成校验序列（n），也称为码字，数据信息位和校验位一起发送。在接收端，根据同样的差错控制规则进行计算，对计算结果进行判断，确定传输是否正确。

校验码并不是真正要传输的数据信息，是为了检测出差错所必需的冗余信息。在发送方，经过 E = f（数据）得出校验位，在接收方，经过 E′= f（数据′）得出新的校验位，这里的数据′是接收方收到的数据信息位，再取出接收到的校验位，与新得出的校验位比较，若相等，则表示传输正确，没有出现差错，否则表示传输出现差错。差错检测过程如图 3-27 所示，其中，E，E′为差错检验码，f 为差错检验码函数。

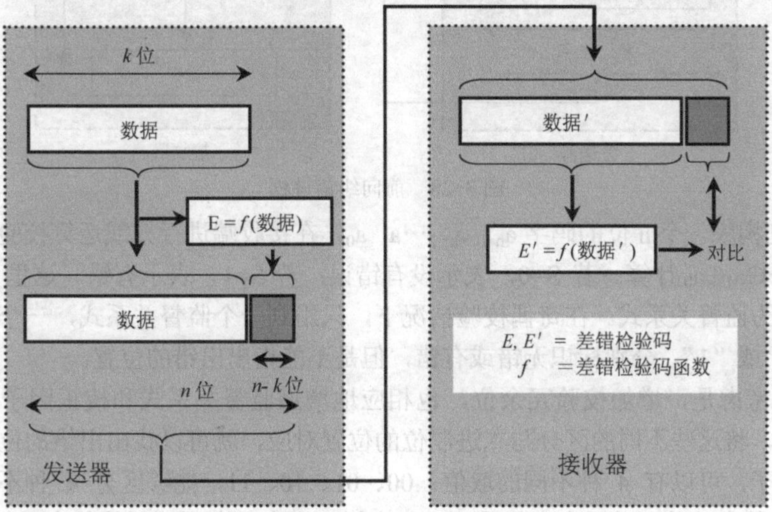

图 3-27　差错检测过程

衡量差错控制编码优劣的重要参数是编码效率 R，用码字中信息位所占的比例标识，若要发送的信息位有 k 位，校验位有 r 位，编码后的码字长为 n=(k+r)位，编码效率 R 为

$$R=k/n=k/(k+r)。$$

差错控制方法分为前向纠错（FEC）和自动请求重发（ARQ）。前向纠错是在接收端不仅能检测出错的位置，而且能够纠正错误，前向纠错过程如图 3-28 所示。自动请求重发是在接收端检测出差错，然后把出错信息传给发送方，请发送方再重发一个正确的数据副本。在计算机网络和数据通信中主要采用自动请求重发。

一般说来，纠错码的编码效率不如检错码的效率高。

计算机网络中采用的差错控制方法主要有 4 种：奇偶校验、海明校验、循环冗余校验（CRC）、校验和方法。例如，在数据链路层采用 CRC，在运输层采用校验和方法。校验和方法在第 5 章运输层介绍。

3.6.3　海明校验

1950 年，R.Hamming 提出可以纠正一位差错的编码，称为海明码，海明码是前向纠错码。海明码利用监督关系式的校正因子对一位二进制位进行差错判断，找到出错位的位置，纠正就比较容易了，例如，把“0”改为“1”或把“1”改为“0”。

海明码的设计思想是从奇偶校验码开始的，若信息位为 k=n-1 位，$a_{n-1}\,a_{n-2}\cdots a_1$ 加上一位

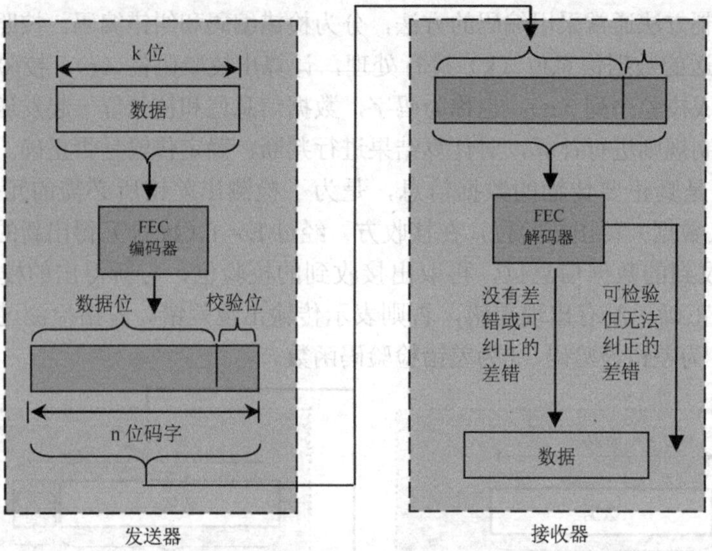

图 3-28　前向纠错过程

偶校验位 a0 则构成一个 n 位的码字 $a_{n-1}\ a_{n-2}\cdots a_1\ a_0$，在接收端进行异或运算校验时，按关系式 $S=a_{n-1}\oplus a_{n-2}\oplus\cdots\oplus a_1\oplus a_0$ 计算。若 S=0，表示没有错误；若 S=1，表示有错。这里 S 称为校正因子，关系式称为监督关系式。在奇偶校验情况下，只用到一个监督关系式，一个校正因子，其取值只有“0”或“1”，分别标识无错或有错，但是不能指出出错的位置。

进一步的考虑是，增加校验冗余位，也相应地增加监督关系式和校正因子，可以区分更多不同的情况，将这些不同的区分与二进制位的位置对应，就可以找出出错的位置。例如，若有两个校正因子，可以有 4 种不同的取值：00、01、10、11，能够区分 4 种不同的情况。若 00 表示无错，其余 3 种可以用来表示是哪一位出错。以上是海明编码的基本思想。

校验码字表示为 n=k+r，这里信息位为 k 位，校验位为 r 位，码字长为 n 位。如果用个监督关系式产生的校正因子来区分在码字中 n 个不同位置的一位错或无错，则要求满足：

$$2^r \geqslant n+1$$

或者

$$2^r \geqslant k+r+1$$

上式涉及校验位的位数选取，以信息位 k=4 为例分析，满足上述不等式，要求 r≥3，即可以取 r=3，n=k+r=7。信息位 $a_6a_5a_4a_3$ 的后面加上 3 位冗余位 $a_2a_1a_0$ 构成 7 位码字 $a_6a_5a_4a_3$ $a_2a_1a_0$，其中 3 位冗余位 a_2、a_1、a_0 分别由信息位 a_6、a_5、a_4、a_3 中的某几位半加得到。

在校验时，a_2、a_1、a_0 分别和信息位中某几位半加构成 3 个不同的监督关系式 S_2、S_1、S_0。在无错时，这 3 个监督关系式的值 S_2、S_1、S_0 全为“0”。3 个校正因子的其余 7 个不同的取值可以用来区分组成码字的 7 位二进制位的某一位错。

区分一位错的对应规则（关系）可以由通信双方规定，允许有不同的对应规则，需要得到通信双方的认可，这就是检错和纠错协议，通过对应规则可以得到监督关系式。海明编码的一个对应规则，见表 3-5。

表 3-5　海明编码的一个对应规则

$S_2\ S_1\ S_0$	000	001	010	100	011	101	110	111
错码位置	无错	a_0	a_1	a_2	a_3	a_4	a_5	a_6

可以看出 a_2、a_4、a_5、a_6 的一位错都对应 $S_2=1$，得到监督关系式：

$$S_2=a_2\oplus a_4\oplus a_5\oplus a_6$$

同样可以得出另外两个监督关系式：

$$S_1=a_1\oplus a_3\oplus a_5\oplus a_6$$

$$S_0=a_0\oplus a_3\oplus a_4\oplus a_6$$

校验位，即冗余位 a_2、a_1、a_0 的取值根据信息位的取值按监督关系式决定。信息位 a_6、a_5、a_4、a_3 的取值是随机的，取决于输入信号。把 3 个监督关系式的校正因子 S_2、S_1、S_0 取值为“0”，得到：

$$0=a_2\oplus a_4\oplus a_5\oplus a_6$$

$$0=a_1\oplus a_3\oplus a_5\oplus a_6$$

$$0=a_0\oplus a_3\oplus a_4\oplus a_6$$

进一步得出校验位与信息位的关系，从而计算出校验位：

$$a_2=a_4\oplus a_5\oplus a_6$$

$$a_1=a_3\oplus a_5\oplus a_6$$

$$a_0=a_3\oplus a_4\oplus a_6$$

在此例中的信息位组合和对应的校验位（冗余位）组合，见表 3-6。

表 3-6　信息位组合和对应的校验位（冗余位）组合

信息位 $a_6a_5a_4a_3$	冗余位 $a_2a_1a_0$	信息位 $a_6a_5a_4a_3$	冗余位 $a_2a_1a_0$
0000	000	1000	111
0001	011	1001	100
0010	101	1010	010
0011	110	1011	001
0100	110	1100	001
0101	101	1101	010
0110	011	1110	100
0111	000	1111	111

接收端在收到码字后，按监督关系式计算出校正因子 S_2、S_1、S_0。若全为“0”，表示传输无错，若不全为“0”，则表示传输出错。对于一位错的情况，可以通过查对前面制定的对应规则找出是哪一位出错，从而进行纠正。例如，码字 0010101 在传输中出现一位错，在接收端收到的码字为 0011101，代入监督关系式计算得出：$S_2=0$、$S_1=1$、$S_0=1$，通过对应规则可以查出 $S_2S_1S_0=011$，对应 a_3 出错，将 a_3 位“1”改为“0”，得到正确的结果。

例子中的海明码编码效率为 4/7。若 k=7，按 $2^r \geqslant k+r+1$ 可以求出 r 至少为 4 位，编码效率为 7/11。可以看出信息位长度越长编码效率越高。

若用海明码纠正传输中出现的突发性差错，是将连续 P 个码字排成一个矩阵，每行一个码字。若发送突发长度 P 的突发错误，那么在 P 个码字中最多每个码字有一位出现差错，可以通过海明码纠正。

海明校验的差错控制步骤如下：制定差错控制对应规则；建立监督关系式；计算出校验位；数据位与校验位一起传输；在接收端判断出错否；若有错，找到出错位置；纠正错误。

3.6.4　循环冗余校验编码

循环冗余校验编码（Cyclic Redundancy Code，CRC）是一种 ARQ 差错校验方法，这是在数据通信和计算机网络中用得最多的差错控制方法。

CRC 编码又称为多项式编码，可以把任何一个由二进制数位串组成的代码与一个只含有 0 和 1 两个系数的多项式建立一一对应的关系。例如，二进制代码 1011101，用多项式描述为 $1\times x^6+0\times x^5+1\times x^4+1\times x^3+1\times x^2+0\times x^1+1\times x^0$，即 $x^6+x^4+x^3+x^2+1$。

CRC 编码的基本思想是：制定通信双方认可差错控制规则，即生成多项式 G(x)，在发送端，通过生成多项式和要发送的信息位进行运算，得出校验位，构成码字传输，在接收端，把接收到的码字再与同一生成多项式运算，若余数为 0，表示传输正确，若余数不为 0，表示传输出现错误，接收端向发送端反馈出错信息，请求发送端重发正确的数据。

CRC 中由信息位生成校验位的编码过程是已知信息位 K(x)和生成多项式 G(x)，求校验位 R(x)的过程，关键是对 G(x)的确定，可以找到一个通信双方遵循的特定的 r 次多项式 G(x)（最高项 x^r 的系数为 1）。用 x^rK(x)除以 G(x)，得到的余数就是 R(x)。

在求 R(x)的运算过程中的加法指的是半加，也称为模 2 加法，在书写时，应写成异或运算⊕，在不会引起混淆的情况下也可以写成“+”。运算中的除法也是模 2 除法，也是异或运算。模 2 运算的特点是只考虑本位操作，不产生借位或进位。CRC 采用的模 2 运算如图 3-29 所示。

```
   10110011        10110011
 + 11010010      − 11010010
 ----------      ----------
   01100001        01100001
```

图 3-29　CRC 采用的模 2 运算

在实现 CRC 运算时，k 位要发送的信息位对应一个（k−1）次多项式 K(x)，r 位冗余（校验）位对应一个（r−1）次多项式 R(x)，由 k 位信息位后面加上 r 位冗余位组成的 n=k+r 位码字对应一个（n−1）次多项式 $T(x)=x^r\times K(x)+R(x)$，可以看出，在式子中信息位左移 r 位，所以乘以 x^r，后面加上冗余位。

下面通过一个例子说明 CRC 的应用，各多项式的内容如下：

信息位 1010001，对应多项式 $K(x)=x^6+x^4+1$；生成多项式 10111，对应多项式 $G(x)=x^4+x^2+x+1$；得出的校验位 1101，对应多项式 $R(x)=x^3+x^2+1$；发送的码字 10100011101，对应多项式 $T(x)=x^4\times K(x)+R(x)=x^{10}+x^8+x^4+x^3+x^2+1$。

在进行多项式除法时，可以仅对其相应系数相除。还以上面讨论的多项式为例，信息位 1010001，对应多项式 $K(x)=x^6+x^4+1$。生成多项式 $G(x)=x^4+x^2+x+1$，对应的二进制代码 10111，这里 r=4，用 $x^4K(x)=x^{10}+x^8+x^4$，对应的二进制代码为 10100010000。用除法$(x^4K(x))/G(x)$，求出 $R(x)=x^3+x^2+1$，计算出校验位为 1101。CRC 计算校验位的过程，如图 3-30 所示。

```
           1001111
       ____________
10111 ) 10100010000
        10111
        -----
          11010
          10111
          -----
           11010
           10111
           -----
            11010
            10111
            -----
             11010
             10111
             -----
              1101  =R(X)
```

图 3-30　CRC 计算校验位的过程

除法运算做到被除数的最后一位为止，最后得到的余数就是校验位 1101。上面的运算可以表示为 $x^rK(x)/G(x)=R(x)$。若余数的位数小于 r，需要在前面补 0，直至等于 r 位数。

设除法所的商用 Q(x)表示，有 $x^rK(x)=G(x)\times Q(x)+R(x)$。

在信道上发送的码字为 $T(x)=x^rK(x)+R(x)$，在接收端进行差错校验，将接收到的码字多项式除以同一个生成多项式 G(x)，若余数为 0，表示传输正确，否则，证明传输出错。

CRC 校验中的生成多项式 G(x)是通信双方遵循的差错检测和校验规则，ITU-T 等国际标准组织制定的

G(x)如下：

$$CRC-16=x^{16}+x^{15}+x^2+1$$

$$CRC-CCITT=x^{16}+x^{12}+x^5+1$$

$$CRC-32=x^{32}+x^{26}+x^{23}+x^{22}+x^{16}+x^{12}+x^{11}+x^{10}+x^8+x^7+x^5+x^4+x^2+x+1$$

在应用时，CRC 校验是采用硬件电路实现的，处理速度很快，CRC 的过程对网络用户是透明的。

3.7 无线与移动通信基础

3.7.1 无线通信基础知识

人们希望在移动的情况下通信，例如，在飞机上、火车上、汽车上通电话，移动通信已经成为人们工作、学习、生活不可缺少的信息传输方式。人们也希望在移动中使用计算机网络，现在已经实现了在室内外，以及公共场合通过无线网络连接到因特网，发送电子邮件或者浏览网页，无线和移动计算机网络正在成为应用和研究的热点。

1838 年莫尔斯（Samuel Morse）发明了电报。1876 年又出现了电话，电话网使得人们之间的通信更加方便，人类社会进入电信时代。1895 年马可尼（Marconi）首次从英国怀特岛（Isle of Wight）与 30 km 之外海面上的一艘船进行了无线传输，揭开了人类社会无线通信的序幕。

早期的无线通信传输的是模拟信号，今天的无线通信系统传输的大多是数字信号，主要是数字信号具有编码效率高、安全可靠性好、适合多媒体信息传输等特点。数字信号传输的二进制比特流可以封装成协议数据单元（PDU），例如分组，在 Internet 中传输。计算机网络中数据传输的特征是突发性的，只有采用分组交换，才能提高传输效率。

1971 年美国夏威夷大学开发出第一个分组无线电网络 ALOHA，该网络连接了分布在 4 个岛上的 7 个校区的计算机节点。无线信道是广播信道，若多个节点同时发送数据，会引起冲突，需要制定信道访问协议，研制的信道访问协议称为 ALOHA。ALOHA 采用星型网络拓扑结构。分组无线电中的第一个路由协议也出现在 ALOHA 中。ALOHA 设计中的许多基本思想和技术方法至今还在沿用，它为之后的计算机网络，例如 ARPANET、Internet 的发展奠定了基础。

20 世纪 70 年代，有线以太网技术的出现使得许多厂商不再关心无线网络，但是无线网络不受地域环境限制、没有铺设线缆的不便等特点是许多实际网络所需要的。1985 年美国联邦通信委员会（Federal Communications Commission，FCC）颁布基于免许可证的工业、科学和医疗（Industrial Science Medical，ISM）频段，又一次推动了无线局域网的发展。

20 世纪 90 年代，得到蓬勃发展是无线局域网和同时支持话音和数据传输的蜂窝移动网络。目前使用的无线局域网标准为 IEEE 802.11 系列标准，数据传输率可以达到 45 Mbit/s 或更高。迄今为止，最成功的无线网络是移动蜂窝电话网，移动蜂窝电话网的历史可以追溯到 1915 年在美国纽约和旧金山之间建立的无线话音传输，到 1946 年，美国有 25 个城市建有移动电话业务，最初采用的方法是用一个中央发射机覆盖整个城市，系统所容纳的用户数量很少，只有几百个。

20 世纪 50 年代和 60 年代，美国电报电话公司（AT&T）贝尔实验室科研人员提出蜂窝通信概念，蜂窝通信设计的思想是传输信号的功率随传输距离的增大而减少，若两个用户在空间距离上足够远，就可以使用相同的频率进行各自的通信。蜂窝通信概念的提出到真正实施经历了漫长的过程，AT&T 在 1947 年向 FCC 申请蜂窝电话的频段，在 20 世纪 60 年代完成蜂窝通信的设计草案，直到 1978 年才第一次进行外场测试，FCC 在 1982 年颁发蜂窝通信许可证。1983 年，第一个蜂窝模拟通信系统在美国芝加哥建成。

数字系统的高容量、高数据传输率、低成本、高效率等优势带动了蜂窝通信系统从模拟语音到数字语音通信的转变。20 世纪 90 年代初，基于数字通信技术的第 2 代蜂窝通信系统面世。蜂窝移动通信已经经历了 3 代的发展，第 3 代提供数字语言通信和数据通信，这里的数据通信指的是提供上网浏览、发送电子邮件等业务。蜂窝移动通信的发展促进了标准的制定，第 2 代移动通信是模拟的，没有制定全球范围的标准，在第 2 代数字语音的发展过程中也没有形成统一的标准，现在使用的标准有 4 个：S-AMPS、GSM（Global System of Mobile）、CDMA（Code Division Multi Address Access）和 PDC，我国采用的是 GSM 和 CDMA。目前蜂窝移动通信已经发展到第 4 代。

3.7.2 蜂窝移动通信

一个带宽为 B、周期为 T 的信号的空间维数为 2BT，为了支持多用户通信，需要将系统的信号空间维分配给不同的用户，这种分配称为多址接入（Multiple Access）。得到专用信道的方法是对信号空间进行频分、时分和码分。蜂窝通信依据的原理是频率复用，即在不同的空间位置上重复使用频率，方法是把一个空间区域（例如一个城市）划分为若干个互不重叠的小区域，把通信的系统的信号维按正交或非正交技术分成信道，正交信道主要适用 TDMA 和 FDMA，非正交信道适用于 CDMA。再将这样得到的信道指派给不同的信道集合，给每个小区域分配一个信道集，不同的小区域可以重复使用相同的信道集，蜂窝移动系统的结构，如图 3-31 所示。

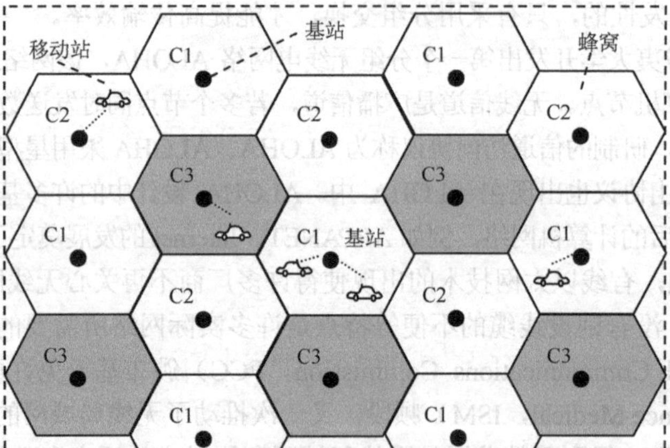

图 3-31　蜂窝移动系统的结构

在蜂窝系统中，基站处在小区域的中心，移动用户通过基站与另一个移动用户进行通信，基站到移动用户的通信采用下行信道，移动用户到基站通信采用上行信道。当一个蜂窝区域中的移动用户移动到另一个蜂窝是区域中时，移动用户的通信需要与当前所处小区域内的基站联系，这称为切换（Hand Off），当移动用户在蜂窝之间移动，或是移动用户通信设备的信号受到衰减或信号受到遮挡时，移动用户发往基站的信号质量会低于一定门限值，就会启动切换过程，寻找邻近基站符合质量要求的空闲信道。所有的基站需要与移动电话交换中心连接，移动交换中心的作用是进行中央控制，协调进行移动用户鉴别、信道分配和基站之间的切换。

3.7.3 全球移动通信系统

1988 年，欧洲邮政和电信会议（CEPT）颁布全球移动通信系统（GSM）标准，1991 年 GSM 系统正式在欧洲运行。GSM 同时使用了 FDM 和 TDM，先把频段分成信道，再把信道分成时隙槽。GSM 工作频段在 900 MHz。一个 GSM 系统有 124 对单向通信信道，每对信道的带宽为 200 kHz，采用时分复用技术支持 8 个独立的连接，每个移动节点都被分配一个时隙槽，每个蜂窝单元可以支持 992 个子信道，GSM 使用的信道，如图 3-32 所示，图中带阴影的时隙槽属于同一个连接，每一个方向有 4 个，每个频道使用一个 8 时槽的 TDM 系统。

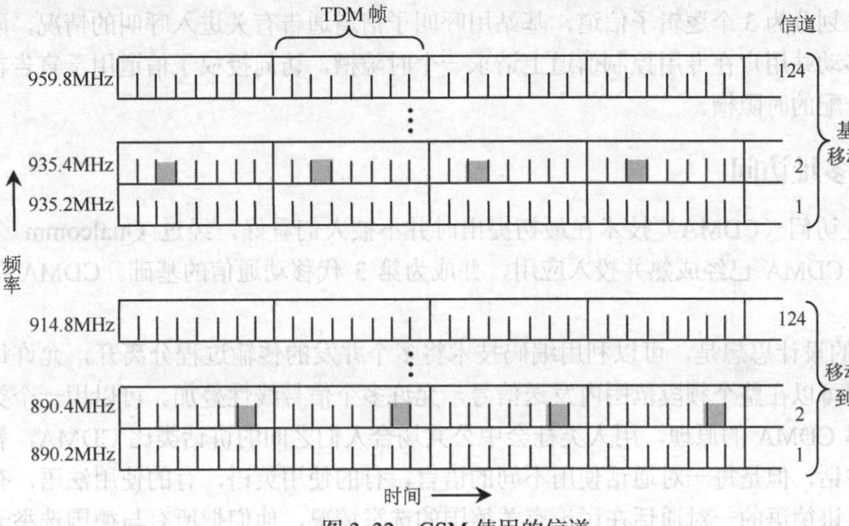

图 3-32 GSM 使用的信道

GSM 设备不能同时发送和接收信号，发送和接收之间进行切换需要一定的时间。GSM 的帧结构，如图 3-33 所示。

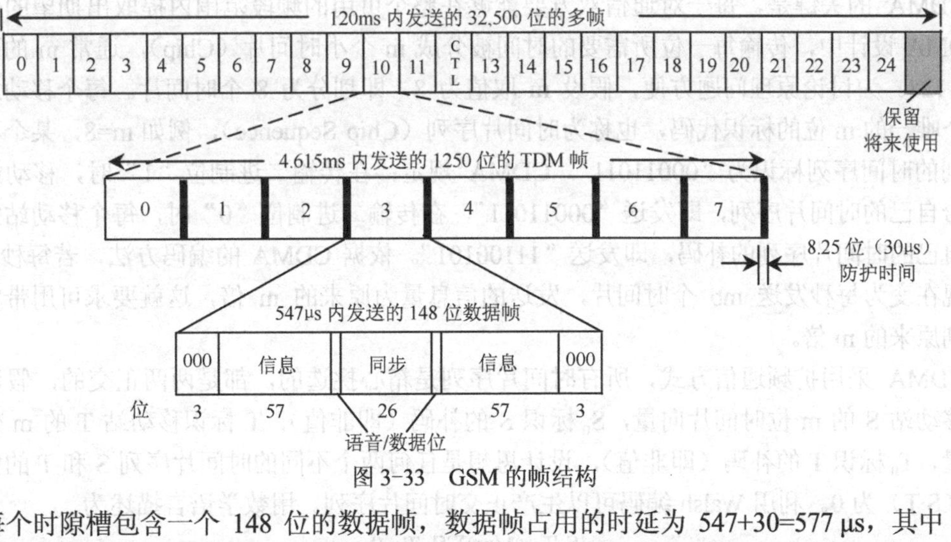

图 3-33 GSM 的帧结构

每个时隙槽包含一个 148 位的数据帧，数据帧占用的时延为 547+30=577 μs，其中 30 为防护间隔。数据帧用位模式“000”标识帧的边界，每个数据帧包含两个 57 位的信息字段，每个信息字段都有 1 个控制位，用来标识信息字段的内容是语音还是数据。两个信息字段之间是一个 26 位的同步字段，用于收发双方之间的同步。在每个 4.615 ms 内，只允许发送一个数据帧，这是因为它与其他 7 个移动站共享一个子信道。每个子信道的数据传输率为 270 833 bit/s，分配给 8 个移动站用户使用，每个用户的数据传输率为 33.854 bit/s。8 个数据帧构成一个 TDM 帧，26 个 TDM 帧构成一个 120 ms 的多帧，其中有 24 个时隙槽用于传输移动用户数据，12 号时隙槽用于控制，25 号时隙槽保留。

GSM 还使用有 51 时隙槽的多帧结构，其中的一些时隙槽用来实现控制信道，用于完成管理功能，这些控制信道包括：广播控制信道，内容包含了基站的标识和信道的状态，是从基站输出的，所有的移动站都监视广播控制信道的信号强度，以确认是否进入到一个新的蜂窝中；专用控制信道用于位置更新、呼叫建立和注册，通过该信道传输移动基站数据库中的信息；公共控制信道，划分为 3 个逻辑子信道，基站用呼叫子信道通告有关进入呼叫的情况，随机访问子信道允许移动站用户在专用控制信道上请求一个时隙槽，访问授权子信道用于宣告在专用控制信道中被分配的时隙槽。

3.7.4 码分多址访问

码分多址访问（CDMA）技术在最初提出时并不被人们看好，经过 Qualcomm 公司坚持不懈的努力，CDMA 已经成熟并投入应用，并成为第 3 代移动通信的基础。CDMA 的国际标准为 IS-95。

CDMA 的设计思想是，可以利用编码技术将多个并发的传输过程分离开，允许每个移动站任何时候都可以在整个频段范围内发送信号，允许多个信号线性叠加。可以用一个类似的通信例子来理解 CDMA 的原理，用人类社会中公共场合人们之间的讲话类比 CDMA，教室中的每个人都在讲话，但是每一对通话使用不同的语言，有的使用英语，有的使用法语，有的使用德语。例如，讲德语的一对通话在讨论有关德国的选举情况，他们把所有与德国选举无关的内容都当做噪声。尽管教室里人声嘈杂，但他们之间仍然可以听得清彼此谈话的内容，能够提取所期望的信息内容。

CDMA 的关键是，每一对通信双方要能够在整个可用的频段范围内提取出期望的信号。在 CDMA 设计中，传输每一位所需要的时间被分成 m 个小时间片（Chip），通常 m 的取值为 64 或 128。为讨论原理问题方便，假设 m 取值为 8，即划分为 8 个时间片。每个移动站被分配一个唯一的 m 位的标识代码，也称为时间片序列（Chip Sequence），例如 m=8，某个移动站分配到的时间序列标识为“00011011”。CDMA 规定：在传输二进制位“1”时，移动站发送分配给自己的时间片序列，即发送“00011011”，在传输二进制位“0”时，每个移动站发送分配给自己的时间片序列的补码，即发送“11100101”。依据 CDMA 的编码方法，若每秒发送 b 位，现在变为每秒发送 mb 个时间片，发送的信息量为原来的 m 倍，这就要求可用带宽也要增加到原来的 m 倍。

CDMA 采用扩频通信方式，所有时间片序列是精心挑选的，都是两两正交的，假设用 S 标识移动站 S 的 m 位时间片向量，S_n 标识 S 的补码（即非值），T 标识移动站 T 的 m 位时间片向量，T_n 标识 T 的补码（即非值），设计思想是任何两个不同的时间片序列 S 和 T 的归一化内积（S·T）为 0。利用 Walsh 编码可以生产正交时间片序列。用数学语言描述为

$$S \cdot T = (1/m)\sum S_i \cdot T_i = 0$$

公式表示在 S 和 T 的分量中，对应分量相等的数目与不相等的数目是一样的，这里的求和分量标识 i 的范围从 1～m。若 S·T=0，则 $S \cdot T_n = 0$，并可以求出 $S \cdot S_n = -1$。任何时间片序列与

自身的归一化内积一定是 1，即：

$$S \cdot S=(1/m)\sum S_i \cdot S_i=(1/m)\sum (S_i)^2=(1/m)\sum (\pm 1)^2=1$$

从数学的角度考虑，利用双极概念，可以把二进制位“0”标识为-1，二进制位“1”标识为+1，用圆括号表示时间片序列。例如，4 个移动站分别用 A、B、C、D 标识，每个移动站分配的序列标识，以及对应的二进制时间片序列的双极标识可以表示如下

A: 0 0 0 1 1 0 1 1	A: (−1 −1 −1 +1 +1 −1 +1 +1)
B: 0 0 1 0 1 1 1 0	B: (−1 −1 +1 −1 +1 +1 +1 −1)
C: 0 1 0 1 1 1 0 0	C: (−1 +1 −1 +1 +1 +1 −1 −1)
D: 0 1 0 0 0 0 1 0	D: (−1 +1 −1 −1 −1 −1 +1 −1)

每个站都有自己唯一的时间片序列，假设这些移动站在时间上是同步的，即所有的时间片序列都从同一个时刻开始，当移动站并发传输时，它们的双极信号是线性叠加的，可以类比电压值相加，例如，4 个站分别输出+1、−1、+1、+1，则相加的结果为+3。下面给出 6 个传输示例

− − 1 −	C	S_1= (−1 +1 −1 +1 +1 +1 −1 −1)
− 1 1 −	B+C	S_2= (−2 0 0 0 +2 +2 0 −2)
1 0 − −	A+B	S_3= (0 0 −2 +2 0 −2 0 +2)
1 0 1 −	A+B+C	S_4= (−1 +1 −3 +3 +1 −1 −1 +1)
1 1 1 1	A+B+C+D	S_5= (−4 0 −2 0 +2 0 +2 −2)
1 1 0 1	A+B+C+D	S_6= (−2 −2 0 −2 0 −2 +4 0)

在第一个示例中，移动站 C 传输二进制位“1”，仅给出 C 站的时间片序列。第二个示例中，移动站 B 和 C 同时传输二进制位“1”，给出两站的时间片序列的和。第三个示例中，移动站 A 传输二进制位“1”，B 站二进制位“0”。其余示例以此类推。需要注意的是，上面的 S_1～S_6 的 6 个序列，每一个序列仅代表一位的时间，即仅占用发送一位二进制位的时间。

接收器通过计算接收到的时间片序列与某一个移动站时间片序列的归一化乘积，就可以恢复该移动站发送的位流。例如，若接收器收到的时间片序列为 S，接收器正在监听的站为 C，需要计算 S·C。假设站 A 和 C 同时传输二进制位“1”，站 B 传输二进制位“0”，接收器计算 S·C 的结果是：$S \cdot C=(A+B^0+C) \cdot C=A \cdot C+B^0 \cdot C+C \cdot C=0+0+1=1$，其中 B^0 标识 B 站传输位“0”，由于正交特性，除 C·C 外，其他内积结果均为 0。

在上述 6 个传输示例中，接收器从 S_1～S_6 的 6 个和值中提取出移动站 C 所发送的信息，移动站 C 的信号恢复过程是，接收站将当前接收到的向量 S 与用双极表示法给出的移动站 C 的向量逐个分量求乘积；把所求乘积的结果累加；把累加结果除以 8（因为 m=8），得出 C 所发送的信息。移动站 C 的信号恢复过程如下

$S_1 \cdot C=(1+1+1+1+1+1+1+1)/8=1$

$S_2 \cdot C=(2+0+0+0+2+2+0+2)/8=1$

$S_3 \cdot C=(0+0+2+2+0-2+0-2)/8=0$

$S_4 \cdot C=(1+1+3+3+1-1+1-1)/8=1$

$S_5 \cdot C=(4+0+2+0+2+0-2+2)/8=1$

$S_6 \cdot C=(2-2+0-2+0-2-4+0)/8=-1$

在无噪声的 CDMA 系统中，移动站的数目可以没有限制，但在实际应用中是存在噪声的，并且通信系统的一些物理上的限制会降低系统的容量，例如，时间片的同步问题、移动站和接收站的功率问题、接收器执行解码算法的计算能力等问题。

3.7.5 第4代移动通信及其技术

第 4 代移动通信及其技术的简称为 4G，4G 是集3G与WLAN于一体并能够传输高质量视频图像的通信技术。4G 的下载速度可以达到 100 Mbit/s，上传速度可以达到 20 Mbit/s，能够满足用户对于无线服务的要求。4G 也称为广带（Broad Band）接入和分布网络。

4G 通信技术是以传统通信技术为基础，利用新的通信技术提高无线通信的网络效率和功能。未来的 4G 手机更应该算得上是一台小型电脑，4G 手机从外观和式样上，会有惊人的突破，人们可以想象到的是，以使用方便和个性化为前提，眼镜、手表、化妆盒、旅游鞋，任何一件能看到的物品都有可能成为 4G 终端。

2012 年 1 月 18 日，ITU 正式审议通过将 LTE-Advanced 和 WirelessMAN-Advanced（802.16 m）技术规范确立为 IMT-Advanced（简称 4G）国际标准，中国主导制定的 TD-LTE-Advanced 和 FDD-LTE-Advance 同时并列成为 4G 国际标准。

长期演进（Long Term Evolution，LTE）是 3G 的演进，LTE 改进并增强了 3G 的空中接入技术，采用 OFDM 和 MIMO 作为其无线网络演进的唯一标准。LTE-Advanced 是 LTE 的后续研究标准。WirelessMAN-Advanced 是 WiMAX 的后续研究标准。

LTE 国际上的标准分为 FDD-LTE 和 TDD-LTE，中国移动采用的是 TDD-LTE。国际上大多数国家采用 FDD-LTE 制式。TD-SCDMA 将能够进化到 TDD 制式，而 WCDMA 网络能够进化到 FDD 制式。TD-LTE 的下行速率可以达到 100 Mbit/s，上行速率可以到达 50 Mbit/s。FDD-LTE 的下行速率可以达到 150 Mbit/s，上行速率可以到达 40 Mbit/s。

TD-LTE 是中国主导的新一代宽带移动通信技术，是具有自主知识产权 3G 国际标准 TD-SCDMA 的后续演进技术。2010 年，中国移动在上海、杭州、南京、广州、深圳、厦门 6 个城市启动 TD-LTE 规模技术试验建设工作。

FDD-LTE 已成为当前世界上采用的国家及地区最广泛的，终端种类最丰富的一种 4G 标准。目前，全球共有 285 个运营商在超过 93 个国家部署 FDD 4G 网络。

3.8 小结

信息是在人们之间传递的知识，数据是信息的具体表现形式，信号是数据的电子或电磁编码，数据必须经过编码转换为电信号后才能在传输介质中传输，不同的传输介质和传输网络对传输的信号有不同的要求。数据是信息的载体，涉及对事物的表示形式，信息涉及对数据所表示内容的解释。数据通信的任务是传输二进制代码比特序列，不关心也不需要解释代码所表示的含义。

传输介质在网络中用来作为信号传输的通路，传输介质分为有线传输介质和无线传输介质。数据通信是指计算机之间或其他数字终端装置之间的通信。一个数据通信系统由源系统、传输系统和目的系统三部分组成。

信道是传输信号的通路，按信道中传输的是模拟信号还是数字信号，把信道分为模拟信道和数字信道。通信信道建立在传输介质之上，包括传输介质、通信协议和通信设备。

计算机网络中有 3 种速率，即传播速率、码元速率和位数据速率。信号的传播速率是常量。码元速率也称为调制速率、波形速率或信号速率，指的是每秒发送信号的数目，单位为波特（baud）。数据传输率为每秒发送的二进制位数，单位为 bit/s。

基带传输就是在数字信道上直接传送基带信号。频带传输是利用模拟信道传输数据信号，频带传输有时也称为宽带传输。

依据通信的方向讨论，通信双方信息交互的方向有 3 种：单向通信、双向交替通信和双向同时通信。

在计算机和计算机网络中数据传输有并行和串行。并行传输一次传输若干二进制位，需要用到多根信号线，串行传输是在一根信号线上依次传输二进制位各位。在计算机网络和通信网络中都采用串行传输。

信道复用技术用于在一个信道上同时传输多路信号，这样可以充分利用信道的传输能力。常用的复用技术有 FDM、TDM、WDM。

模拟数据和数字数据都可以转换为模拟信号或数字信号，两两组合给出 4 种不同的编码组合。计算机网络中传输的多媒体信息均要转换成数字信号，数字传输和数字交换已占主导位置。

传统的交换技术有电路交换、报文交换和分组交换。计算机网络中采用分组交换。

数据通信和计算机网络中的差错控制方法采用编码的方法，分为检错编码和纠错编码，差错控制方法分为前向纠错（FEC）和自动请求重发（ARQ）。计算机网络中主要采用 ARQ。

无线和移动通信成为研究和应用的热点，得到蓬勃发展是无线局域网和同时支持话音和数据传输的蜂窝移动网络。目前使用的无线局域网标准为 IEEE 802.11 系列标准，最成功的无线网络是移动蜂窝电话网。移动蜂窝通信的发展已经经历了 4 代。

3.9 思考题与习题

3-1 什么是信息？什么是数据？什么是信号？三者之间有什么关系？

3-2 数据通信系统由哪些部分组成？

3-3 信道的最大容量与什么因素有关？考虑信道噪声后的信道最大容量如何计算？

3-4 基带信号和宽带信号各有什么特点？

3-5 基带传输有什么特点？频带传输有什么特点？请举例说明日常生活中用到的两种传输例子。

3-6 按信号的交互方向划分，有哪些通信方式？

3-7 什么是异步传输，计算机网络中为什么采用异步传输？

3-8 什么是同步传输？

3-9 常用的有线传输介质有哪些，各适应哪些种类的信号传输？

3-10 常用的无线传输介质有哪些，各适应哪些种类的信号传输？

3-11 说明采用曼彻斯特编码时，把数字数据编码成数字信号的规则。

3-12 说明 PCM 中采样、量化、编码的实现过程。

3-13 数据通信中常用的复用技术有哪些？若采用复用技术需要哪些条件？

3-14 网络通信中为什么要采用交换技术，结合实例写出原因。

3-15 为什么说分组交换比电路交换的效率要高，虚电路分组交换比电路交换的时延少吗？

3-16 计算机网络中常用的差错控制方法有哪些？

3-17 写出海明校验的要点。

3-18　写出 CRC 校验的要点。

3-19　信号在传输介质上的传播速率为 2×10^8 m/s，传播距离为 1000 km。试计算以下两种情况的传输时延和传播时延，并分析两种情况下时延的特点。

（1）数据长度为 10^7 bit，数据传输速率为 100 kbit/s；

（2）数据长度为 10^3 bit，数据传输速率为 1 Gbit/s。

3-20　试在下列条件下比较电路交换和分组交换。要传输的报文共 x（bit），从源站到目的站共经过 k 段链路，每段链路的传播时延为 d（s），数据率为 b（bit/s）。在电路交换时电路的建立时间为 s（s）。在分组交换时分组长度为 p（bit），且各结点的排队等待时间可忽略不计。问在怎样的条件下，分组交换的时延比电路交换的要小？

3-21　比较使用下面方案的 4 kHz 无噪声信道的最大数据传输率：

（1）每次采样 2 位的模拟编码。

（2）T1 PCM 系统。

3-22　T1 线路的开销比例有多大？即 1.54 Mbit /s 中有多少比例用于控制信息？

3-23　一条 100 km 长的电缆以 T1 数据速率运行，在电缆中的传播速率是光速的 2/3，在该电缆中可以充填多少位？

3-24　一个用于发送二进制信号的 3 kHz 信道，其信噪比为 20 dB 则最大数据传送速率是多少？

3-25　若发送的数据为 1101011011，采用的 CRC 生成多项式是 $G(X)=X^4+X+1$，请求出校验位，并写出发送序列位。

3-26　若有一个 1500 个字节的数据文件要传输。如果采用同步通信规程进行传输，则需要增加一个字节的首部和一个字节的尾部作为标识，试问这种传输方式的额外开销是多少。如果采用异步传输方式，并设数据格式为 8 位，起始位、校验位和停止位各 1 位，则额外开销又是多少？

3-27　计算一个包括 5 段链路的单程端到端时延。5 段链路程中有 2 段是卫星链路，有 3 段是广域网链路。每条卫星链路又由上行链路和下行链路两部分组成，可以取这两部分的传播时延之和为 250 ms。每一个广域网的范围为 1500 km，其传播速率可按 150 000 km/s 来计算。各数据链路数据传输率为 48 kbit/s，帧长为 960 bit。

3-28　设源站和目的站相距 20 km，而信号在传输介质中的传播速率为 200 km/ms。若一个分组长度为 1 KB（字节），而其发送分组的时间等于信号的往返传播时延，求数据传输率。

3-29　简述无线和移动通信的发展历程，有哪些里程碑的事件？

3-30　简述 GSM 的实现原理。

3-31　简述 CDMA 的实现原理。

3-32　试画出一串数据位 0110100 的原码、曼彻斯特编码、差分曼彻斯特编码 3 种波形。

3-33　曼彻斯特编码、差分曼彻斯特编码怎样实现位同步？编码效率是多少？

第4章 应 用 层

人们接触和使用计算机网络是从网络应用开始的。网络中常用的应用有 WWW、电子邮件、文件传输。还可以通过计算机网络进行 IP 电话通信、远程教学、视频会议，以及 QQ 即时通信等。

应用层的基本知识包括应用层功能、计算模式、应用进程、套接字、应用层与运输层的接口等。通过应用层协议（PDU）来描述各种网络应用，通过应用进程与各个应用建立联系。应用层协议与低层提供的运输服务和网络服务紧密联系。应用进程通过端口号进行复用和分用，通过套接字标识通信双方的应用进程连接。

计算机网络中网络应用的计算模式多采用客户机/服务器模式。进入 21 世纪以来，对等网络（P2P）应用计算模式、云计算模式也有了较快的发展。

通过本章学习，要求了解计算机网络应用需要解决的主要问题；熟悉网络应用的计算模式、常用的应用层协议，以及 P2P 的实现方法；熟悉网络应用编程的基本原理与方法；掌握应用层协议设计的基本原理，掌握分析应用层协议的基本方法；对域名系统、WWW、FTP、E-mail 的协议格式、技术方法有深刻的理解。

4.1 应用层协议原理

4.1.1 应用层协议及描述

网络应用和应用层协议是两个不同的概念，应用层协议是网络应用的一部分。通信双方在应用层交换的协议数据单元是报文（Message），应用层协议定义了运行在不同端系统上的应用程序进程互相传递报文的方式。应用层协议涉及：

1）交换的报文类型，例如，请求报文和响应报文。

2）报文的语法格式，例如，报文包含的字段及其字段描述。

3）报文中字段的语义，字段中二进制位组合的含义。

4）各种类型报文发送的先后顺序和规则，例如，哪个报文先发送，如何对报文响应，即传输或接收报文时采取的动作。

应用层协议可以分为公共的和专用的。在公共领域应用的应用层协议是由 RFC 文档定义的，是人们遵循的协议标准。例如，若浏览器是根据 HTTP 协议开发设计的，该浏览器就可以访问任何遵循 HTTP 协议的 Web 服务器。专用的应用层协议有特定的应用领域，例如，许多 Internet 电话产品。

应用层是 5 层计算机网络体系结构中网络协议的最高层。以 Internet 中采用的 TCP/IP 协议为例，主要的应用层协议有：域名系统（DNS）、超文本传输协议（HTTP）、文件传输协议（FTP）、简单邮件传输协议（SMTP）、简单网络管理协议（SNMP）、远程登录协议（Telnet）等。

4.1.2 应用层需要的服务

用操作系统的术语讲，网络应用是通过应用进程实现的。应用进程可以看做是运行于端系统上的程序，应用进程通过计算机网络交换报文。需要注意的是，在计算机网络环境中，运行在不同端系统上的操作系统可能是不同的。例如，两个端系统上可以分别运行 Windows 或 Linux 操作系统，这就要求应用层协议支持系统平台无关性。

应用层需要的服务包括：把应用协议数据单元可靠地从一个端系统传输到另一个端系统，这里涉及应用进程的复用和分解，多个不同的网络应用可以由不同的应用进程来标识，在具体实现时，不同的应用进程可以通过下一层运输层的端口号字段来区分。

网络应用需要从运输层获得哪些服务，即得到什么样的服务质量，涉及 3 个方面的服务质量保证：可靠的数据传输、有很低的数据丢失率、足够的带宽和低的延时。

1）可靠的数据传输：是指把数据从一个应用进程可靠地传输到对等目的应用进程，需要设计可靠数据传输控制协议。例如，设计运输层的可靠数据传输协议。运输层协议也需要低层网络协议提供的服务，支持网络应用所需要的服务质量（QoS）。

2）有很低的数据丢失率：数据通过网络传输到目的地的过程中不发生数据丢失，或尽量减少数据的丢失，可以发现丢失的数据，并告诉发送方重新发送这些数据，从而使接收方可以接收到完整的数据。

3）足够的带宽和低的延时：需要提供数据传输率保证，信道的带宽与数据传输率成正比，应有足够的带宽支持传输数据。信号从一个地点到另一个地点的传播需要时间，二进制数据位的传输也需要时间，所传输的二进制位越多，需要的传输时间就越长。传输时间与数据传输率成反比。网络中数据传输所需要的时间（时延）还有处理时延、协议包排队时延、重发协议包时延等。最主要的是前两种时延：传播时延和和运输时延。

4.1.3 网络应用的计算模式

“计算”一词在不同时代有不同的内涵。从图灵设计出第一个理论计算机模型到第一台计算机诞生，人类进入“计算机计算时代”。从那时起，社会进步和发展对计算能力的需求越来越高，计算能力需求与计算机性能一直在交替上升。计算能力持续不断的提高对社会进步和人类生活带来了巨大影响。进入 21 世纪，人类又迈入“网络计算时代”，计算机网络提供了超级计算环境，计算机网络中蕴含了巨大的信息资源和计算资源，并在持续不断地增加，同时促进了网络存储技术的发展——海量存储管理、海量信息搜索技术成为 Internet 应用研究的热点。

计算机网络中网络应用的计算模式主要有客户机/服务器（Client/Server，C/S）模式、对等（Peer to Peer，P2P）模式。应用最多的是客户机/服务器模式。例如，Internet 中 Web 应用中的浏览器/服务器（B/S）、电子邮件服务中的邮件代理/邮件服务器是很好的 C/S 例子。客户机/服务器模式反映了网络应用环境中计算机设备之间的通信和数据传输方式。客户机/服务器模式，如图 4-1 所示。

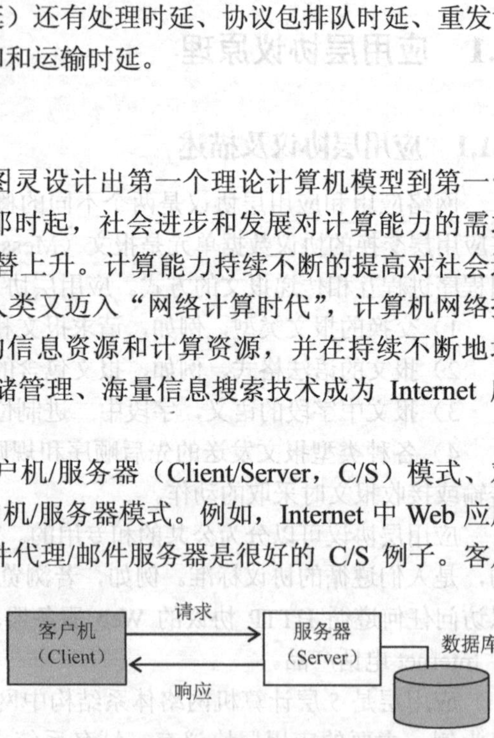

图 4-1　客户机/服务器模式

客户机/服务器模式的基本组成包括：提供服务的服务器主机和请求服务的客户主机；客户机软件和服务器软件，也称为网络应用程序软件；支持服务器和客户机通信传输信息的网络。一个网络应用程序软件分布于两个或多个端系统中。例如，Web 应用中的浏览器软件和服务器软件分别处于两个不同的端系统中，而多方视频会议应用中的每个参与会议的主机上都有视频会议应用软件。

计算模式的演变经历了终端-主机模式、客户机/服务器（C/S）模式、浏览器/服务器（B/S）模式、对等（P2P）模式和云计算模式。5 种计算模式特点的比较，见表 4-1。

表 4-1　5 种计算模式特点的比较

比 较 内 容	终端－主机模式	C/S 模式	B/S 模式	P2P 模式	云计算模式
模式结构	集中式、无层次	分散、多层次	分布、网状	分布、网状	集中、分布、网状
用户访问	菜单驱动	事件驱动	动态交互	动态交互	动态交互
主流语言	COBOL、Fortran	4GL、专用工具	Java、HTML、XML	Java、HTML、XML	Java、HTML、XML
客户机/界面	哑终端/字符型	胖客户机/图形用户界面	瘦客户机/网络用户界面	通信双方对等	网络用户界面
客户机访问资源	一对一	一对多	多对多	对等，多对多	一对多，多对多
数据流	可预测	突发性	不可预测	不可预测	可预测、不可预测
软、硬件平台	相关	相关	无关	无关	无关
开发主要位置	主机	客户机	服务器	端节点	云计算资源提供
出现时间	20 世纪 70 年代	20 世纪 90 年代中	20 世纪 90 年代末	21 世纪初	21 世纪初
典型的厂商	IBM	Microsoft	Sun、Microsoft、Oracle	Sun、Microsoft、Oracle	Google、MSN、IBM

云计算（Cloud Computing）是一种分布式并行计算系统，由一组通过各种网络技术相互连接的虚拟化的计算资源组成，通过用户和服务商预先制定的服务协议，作为一个动态的计算资源来提供各种服务。云计算是基于互联网的相关服务的增加、使用和交付模式，通常涉及通过互联网来提供动态易扩展且经常是虚拟化的资源。云是网络、互联网的一种比喻说法。

类似的比喻是：人类社会的供电服务从古老的单台发电机模式转向了电厂集中供电的模式。云计算意味着计算能力也可以作为一种商品进行流通，就像煤气、水、电一样，取用方便，费用低廉。最大的不同在于，它是通过互联网进行传输的。云计算提供的服务所包含的几个层次是：基础设施即服务（IaaS），平台即服务（PaaS）和软件即服务（SaaS）。

4.1.4　应用层协议与运输层协议的关系

Internet 采用的网络协议是 TCP/IP，TCP/IP 协议簇中的运输层协议有两个，一个是面向连接的传输控制协议（TCP），另一个是无连接的用户数据报协议（UDP）。

TCP 协议服务模型包括面向连接的服务和可靠的数据传输服务。面向连接是指在应用数据报文传输之前，客户机程序和服务器程序通过交换控制信息，做好传输报文的准备。在两个进程的套接字之间通过三次握手建立了 TCP 连接，连接双方的进程可以实现双向同时传输，应用程序结束报文传输时，需要释放该连接，这是通过四次握手实现的，也称为文雅释放。TCP 协议可以提供按序交付报文、实现流量控制、拥塞控制、差错检验等可靠的数据传输服务。但是 TCP 协议不支持带宽保证，也不提供时延保证。采用 TCP 服务的应用协议有 HTTP、SMTP、FTP 等。

UDP 协议比较简单，是无连接的，不保证应用报文按序到达，不提供流量控制和拥塞控制，也不提供时延保证。UDP 协议是一个轻量级的协议，可以减少连接建立带来的时延，提高传输效率，特别适应无法或无需建立网络连接的应用场合。采用 UDP 服务的应用协议有

SNMP、IP 语音电话等。

应用层协议需要运输层协议提供的服务分为 3 种情况：第一种是使用 TCP 协议，例如，HTTP、SMTP、FTP、Telnet 等；第二种是使用 UDP 协议，例如，SNMP、TFTP 等；第三种情况是既即可以使用 TCP 协议，也可以使用 UDP 协议，例如，DNS 等。应用层协议与运输层协议及低层协议的对应联系，如图 4-2 所示。

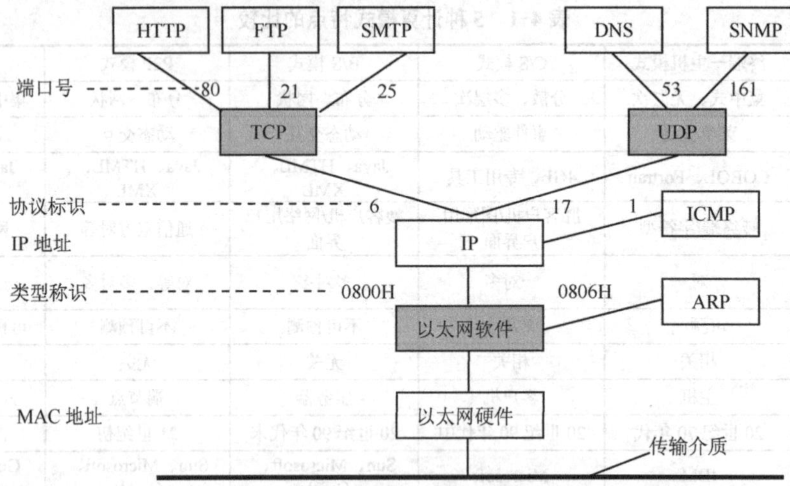

图 4-2 应用层协议与运输层协议及低层协议的对应联系

应用进程通过运输层的端口号字段的值区分不同的应用，在具体实现时是通过套接字（Socket）在网络上发送和接收应用报文，套接字由运输层逻辑地址（端口号）加上网络层逻辑地址（IP 地址）构成。套接字可以认为是进程的门户，是同一台主机内应用层与运输层之间的接口。网络应用编程是通过套接字实现的，有时也将套接字称为应用程序和网络之间的应用程序接口（Application Program Interface，API）。

4.2 域名系统 DNS

4.2.1 域名系统概述

计算机网络中通信的两个主机（端系统）是需要通过连接地址或连接标识才能寻找到彼此的。Internet 中采用逻辑地址（IP 地址）实现网络的互连，以及网络中主机的寻址。IP 地址用 32 位二进制位标识，人们记忆起来很不方便，也容易出错，尽管可以采用点分十进制，用带点间隔的 4 个十进制数来表示 IP 地址，但是还是不直观、不方便。

人们采用域名地址来对应 IP 地址，采用类自然语言的字符串，各字符串之间用点间隔起来，标识一个网络连接。采用域名地址可以实现望文生义，很直观地辨识出网络中连接的主机，使人们容易理解和记忆域名地址。例如，南开大学 WWW 服务器主机的 IP 地址是 202.113.19.122，写成域名地址是 www.nankai.edu.cn。

域名是一个层次结构的名字。域名也可称为网络资源名。所有域名根据规则构成了域名空间，域名在网络中应是唯一的。域名系统（Domain Name System，DNS）是 TCP/IP 协议中制定的层次结构名字管理机制。实现域名地址到 IP 地址解析的系统称为域名系统（DNS），用于域名地址与 IP 地址之间进行解析，即把域名地址解析为对应的 IP 地址，再把 IP 地址放入

IP 分组中，实现在网络中的寻址。

需要说明的是，域名地址与 IP 地址一样都是逻辑地址，两者具有对应的关系，需要设计一种网络应用层协议（即 DNS），把域名地址解析为对应的 IP 地址，使得包含 IP 地址字段的 IP 分组可以在网络中进行路由和传输，若按计算机网络体系结构层次划分，DNS 属于应用层协议。

1983 年，Internet 开始采用层次结构的命名树作为主机的名字（域名）。1998 年，Internet 名字与编号指派协会（Internet Corporation for Assigned Names and Numbers，ICANN）成为 Internet 域名管理机构。DNS 对应的技术文档是 RFC1034、1035。由 DNS 域名称找出 IP 地址的操作也称为“主机名称解析”，DNS 采用客户机/服务器服务模式，提出域名解析请求的 DNS 客户端被称为解析器（Resolve），提供域名解析服务的 DNS 服务器的被称为域名称服务器（Name Server），也称为解析器/域名服务器。

DNS 是一个分布式数据库系统，Internet 中有许多处在不同位置上的域名服务器。人们从自己所在计算机网络访问另外的网络时，需要设置域名服务器的位置（地址），所设置的域名服务器为本地域名服务器，也是默认的域名服务器。DNS 使大多数名字在本地解析，若本地域名服务器不能解析，需要通过网络上其他域名服务器解析，实现时仅少量解析通过 Internet 的通信实现，可以达到很高的解析效率。

4.2.2 域名地址空间结构

1．域名地址的管理规则

域名地址的空间结构由 ICANN 管理。早期由于 Internet 的规模不大，采用非等级的域名地址结构。随着 Internet 规模的持续扩大，需要采用层次、树状的域名地址空间结构。连接在 Internet 上的计算机设备都会有一个唯一的层次结构的域名。域名地址空间的管理类似全球邮政系统和电话系统。

“域（Domain）”是名字空间中一个可被管理的划分，域可以进一步按层次划为子域，例如，二级域、三级域等，构成域名的分量。对子域划分的层次数没有限制。域名由字符组成，可以是英文字母、数字、汉字，不超过 63 个字符，并且不区分大小写。级别最底的域名写在最左边，级别最高的顶级域名写在最右边，一个完整的域名长度不超过 255 个字符。域名地址的结构由若干个分量组成，各分量之间由点进行间隔，例如：

….三级域名.二级域名.一级域名.顶级域名

各级域名由其上一级的域名管理机构管理，顶级域名由 ICANN 管理。

2．顶级域名

顶级域名（Top Level Domain，TLD）有 3 类：

1）国家顶级域名（nTLD）。采用 ISO 3166 国际标准，国家顶级域名写为 ccTLD，cc 表示国家代码（Country Code）。目前国家顶级域名约有 250 个。例如，cn 标识中国、us 标识美国、au 标识澳大利亚、uk 标识英国、fr 标识法国。国家顶级域名下的二级域名由各个国家确定和管理。

2）通用顶级域名（gTLD）。1994 年，RFC 1951 开始给出顶级域名的规则和描述。常用的通用顶级域名有 7 个：工商企业（.com）、网络服务机构（.net）、非盈利组织（.org）、教育（.edu）、政府机构（.gov）、军事部门（.mil）、国际性的组织（.int）。2001 年和 2002 年 ICANN

又增加 7 个顶级域名：.aero、.biz、.coop、.info、.museum、.name、pro。到 2006 年 12 月，通用顶级域名的总数已经达到 18 个。通用顶级域名及含义，见表 4-2。

表 4-2　通用顶级域名及含义

顶级域名	域名含义	顶级域名	域名含义
.com	工商企业	.aero	航空运输业
.net	网络服务机构	.biz	公司或企业
.org	非盈利组织	.coop	合作团体
.edu	美国教育机构	.info	适用各种情况
.gov	政府机构	.museum	博物馆
.mil	军事部门	.name	用于个人
.int	国际组织	.pro	会计、律师、医师、自由职业者
.jobs	人力资源管理者	.mobi	移动产品及服务
.pro	获得证书的专业人员	.travel	旅游业

3）基础结构域名（Infrastructure Domain）。仅有一个.arpa，用于反向地址解析，也称为反向域名。

3．中国域名的规定

中国将二级域名划分为“类别域名”和“行政区域名”两类。

1）类别域名有 7 个：科研机构（.ac）、工商金融企业（.com）、教育机构（.edu）、政府机构（.gov）、互连网络机构（.net）非赢利组织（.org）、国防机构（.mil）。

2）行政区域名有 34 个，对应各省、直辖市和自治区，由两个字母组成，例如，北京（.bj）、上海（.sh）、浙江（.zj）、河南（.ha）、湖南（.hn）。

在二级域名下申请注册三级域名的管理办法是，在.edu 下的申请，由中国教育和科研计算机网络（Cernet）中心负责，其他二级域名下的申请注册由中国互连网络信息中心（CNNIC）负责。在 CNNIC 网站上可以查找到中国互连网络的各项管理规定和发展情况，CNNIC 定期发布中国互联网应用和发展报告，并出版网络电子杂志。CNNIC 的网址是：http://www.cnnic.cn。

4．域名地址空间结构

DNS 的域名地址空间是由根开始的树型结构组成，结构最上层为根域，根没有对应的名字。根域之下是顶级域，对应的节点名称称为顶级域名（TLD）。顶级域下可以再细分为子域，形成二级域名，在子域下面还可以有多层的子域，依次形成三级域名、四级域名。当新建一个子域到域名地址空间时，在此子域的名称后面要附加其父域的名称，之间用点进行间隔，域名名称是有连续性的。在根域、顶级域、各级子域内有一台或多台 DNS 服务器，负责所在域的域名地址空间的域名解析服务。一个 DNS 服务器负责管辖的（或有权限的）范围称为区域（Zone）。域名地址空间结构，如图 4-3 所示。

Internet 的域名空间是按照机构的组织划分的，与物理网络无关，与网络 IP 地址中的“子网”也没有关系。

若某个机构和组织有了自己的域名，就可以决定是否要进一步划分其下属的子域，不用其上级机构批准。域名树的树叶就是计算机主机的名字（域名的一部分），达到了域名空间的边界，不能再向下划分子域了。例如，www 一般用于标识 Web 服务器主机，mail 一般用于标识电子邮件服务器主机。世界上许多机构的计算机的名字取名 www，但是它们在 Internet 中的域名都必须是唯一的。虽然在域名空间中看到有多台主机都取名为 www，但它们的域名是不同的，分别对应四级域名或五级域名。

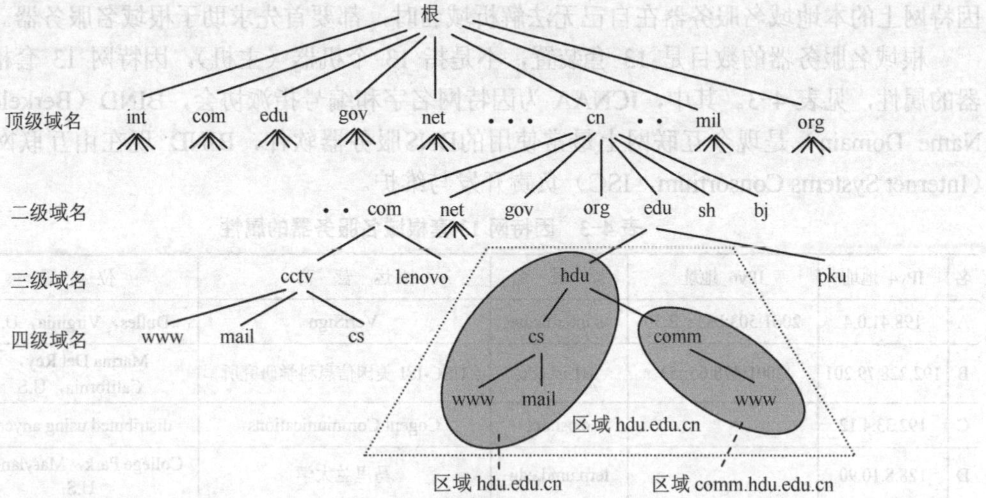

图 4-3　域名地址空间

5. 域名服务器

域名系统是通过分布在各处的域名服务器实现的。DNS 采用划分区域（Zone）的方法设置域名服务器。区域用来表示域名地址空间有一定命名关系的一部分，使得可以把无限大的域名地址空间分为比较适宜管理的范围。一个区域所包含的范围必须是在域名空间中连续的区域。区域内的主机域名数据存储在该区域的 DNS 服务器主机内，用来存储这些主机域名数据的文件称为区域文件。一台 DNS 服务器可以存储一个或多个区域的主机域名数据，一个区域的主机域名数据也可以存储到多台 DNS 服务器中。每个区域均是针对一个特定域设置的，例如，hdu.edu.cn 和 comm.hdu.edu.cn，这两个区域属于域 hdu.edu.cn。

域名服务器与域名层次结构和区域划分是相对应的，一般分为根域名服务器、顶级域名服务器、权威域名服务器和本地域名服务器。树状结构的 DNS 域名服务器，如图 4-4 所示。

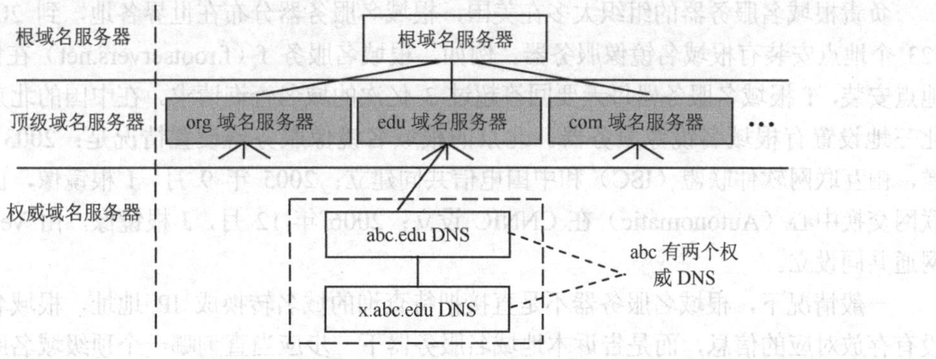

图 4-4　树状结构的 DNS 域名服务器

根域名服务器是最高层次和最重要的域名服务器，在因特网上有 13 套根域名服务器。目前的分布是：主根服务器美国 1 个，设置在弗吉尼亚州的杜勒斯；辅根服务器美国 9 套，英国、瑞典、日本各 1 套。根域名服务器的域名标识为“字母.root-servers.net”。用前 13 个英文字母依次标识，从 a～m，对应的域名分别是 a.rootservers.net，…，m.rootservers.net。与根域名服务器有关的因特网技术标准是 RFC 2870。

根域名服务器知道所有顶级域名服务器的域名和 IP 地址。根域名服务器采用任播地址，当 DNS 客户向某个根域名服务器查询时，会找到距离 DNS 客户最近的一个根域名服务器。因特网上的本地域名服务器在自己无法解析域名时，都要首先求助于根域名服务器。

根域名服务器的数目是 13 套装置，不是指 13 个机器（主机），因特网 13 套根域名服务器的属性，见表 4-3。其中，ICNAA 为因特网名字和编号指派协会，BIND（Berkeley Internet Name Domain）是现今互联网上最常使用的DNS服务器软件，BIND 现在由互联网系统协会（Internet Systems Consortium，ISC）负责开发与维护。

表 4-3　因特网 13 套根域名服务器的属性

名	IPv4 地址	IPv6 地址	原 域 名	运 营 商	位 置	软 件
A	198.41.0.4	2001:503:ba3e::2:30	ns.internic.net	VeriSign	Dulles，Virginia，U.S.	BIND
B	192.228.79.201	2001:478:65::53	ns1.isi.edu	USC-ISI 美国信息科学研究所	Marina Del Rey，California，U.S.	BIND
C	192.33.4.12		c.psi.net	Cogent Communications	distributed using anycast	BIND
D	128.8.10.90		terp.umd.edu	马里兰大学	College Park，Maryland，U.S.	BIND
E	192.203.230.10		ns.nasa.gov	NASA 美国航空航天管理局	Mountain View，California，U.S.	BIND
F	192.5.5.241	2001:500:2f::f	ns.isc.org	ISC 互联网软件联盟	distributed using anycast	BIND
G	192.112.36.4		ns.nic.ddn.mil	美国国防部网络信息中心	Columbus，Ohio，U.S.	BIND
H	128.63.2.53	2001:500:1::803f:235	aos.arl.army.mil	U.S. Army Research Lab	Aberdeen Proving Ground，Maryland，U.S.	NSD
I	192.36.148.17	2001:7fe::53（testing）	nic.nordu.net	Autonomica	distributed using anycast	BIND
J	192.58.128.30	2001:503:C27::2:30		VeriSign	distributed using anycast	BIND
K	193.0.14.129	2001:7fd::1		RIPE NCC	distributed using anycast	NSD
L	199.7.83.42	2001:500:3::42		ICANN	distributed using anycast	NSD
M	202.12.27.33	2001:dc3::35		WIDE Project	distributed using anycast	BIND

负责根域名服务器的组织大多在美国，根域名服务器分布在世界各地，到 2006 年底已有 123 个地点安装有根域名镜像服务器。例如，根域名服务 f（f.rootservers.net）在世界的 40 个地点安装，f 根域名服务器每天要回答超过 3 亿次的域名查询请求。在中国的北京、香港和台北三地设置有根域名镜像服务器。北京的根域名镜像服务器设置情况是：2003 年，F 根镜像，由互联网软件联盟（ISC）和中国电信共同建立；2005 年 9 月，I 根镜像，由瑞典国家互联网交换中心（Autonomatic）在 CNNIC 设立；2006 年 12 月，J 根镜像，由 Verisign 和中国网通共同设立。

一般情况下，根域名服务器不是直接把待查询的域名转换成 IP 地址，根域名服务器中也没有存放对应的信息，而是告诉本地域名服务器下一步应当查询哪一个顶级域名服务器。

顶级域名服务器负责管理在该顶级域名服务器注册的所有二级域名。当收到查询请求时，若不能给出最后的查询应答结果，会给出下一步应当寻找的域名服务器的 IP 地址。

权限域名服务器为负责一个域名空间区域（Zone）的域名服务器，当不能给出最后的查询应答结果时，会告诉下一步应当寻找的权限域名服务器。

本地域名服务器也称为默认域名服务器，是客户机主机所在网络内的域名服务器。例如，一个系、学院、学校，以及提供因特网接入的 ISP，都可以拥有本地域名服务器。网络中的计算机在配置 TCP/IP 协议属性时均要对 DNS 服务器（主、副）的 IP 地址进行配置，这个 DNS 服务器指的就是本地域名服务器。客户机的域名地址解析请求首先送往本地域名服务器。

4.2.3 DNS 域名解析过程

域名解析对网络用户来说是透明的，一开始在本地域名服务器上解析，若本地域名服务器上没有对应的记录，则由本地域名服务器负责向上一级域名服务器申请解析，此时该 DNS 服务器对上层来讲也相当于一台 DNS 客户机。每一个域名服务器不仅能够进行一些域名地址到 IP 地址的解析，还要具有连接到其他域名服务器的能力。DNS 使用无连接的运输层协议 UDP，DNS 默认端口号为 53。

域名解析的过程如下：

1）客户机（主机）提出域名解析请求，并将该请求发送给本地域名服务器。客户机向本地域名服务器的查询一般采用递归查询（Recursive Query）。

2）当本地的域名服务器收到请求后，就先查询本地的域名缓存，如果有该记录项，则本地的域名服务器就直接把查询的结果返回。

3）如果本地的缓存中没有该记录项，则本地域名服务器就直接把请求发给根域名服务器，然后根域名服务器再返回给本地域名服务器一个所查询域（根的子域）的主域名服务器的地址。本地域名服务器向根域名服务器的查询称为迭代查询（Iterative Query），迭代查询也称为重复查询。

4）本地服务器再向上一步返回的域名服务器发送请求，然后接受请求的服务器查询自己的域名缓存，如果没有该记录项，则返回相关的下一级域名服务器的地址。

5）重复第四步，直到找到正确的记录。

6）本地域名服务器把返回的结果保存到域名缓存，以备下一次使用，同时将结果返回给客户机。

在域名解析的过程中主要有两种查询模式：递归查询和迭代查询（重复查询）。

递归查询的含义是，若本地域名服务器不知道被查询域名对应的 IP 地址，本地域名服务器会以客户的身份，替该客户机继续查询，向根域名服务器发出查询请求报文。递归查询的结果（查到或未查到）直接返回给客户机。

迭代查询的含义是，根域名服务器收到本地域名服务器的查询请求时，通常把顶级域名服务器的地址告诉本地域名服务器，让本地域名服务器再向顶级域名服务器查询，而不是替本地域名服务器进行后续的查询，顶级域名服务器再告诉本地域名服务器下一次应查询的域名服务器的地址，以此类推，本地域名服务器就这样进行迭代查询，最终得到请求解析的域名的查询结果。

例如，在因特网内的一台 DNS 客户机，向所在区域的本地域名服务器发出递归查询请求，要求对域名 www.pku.edu.cn 进行解析，若该域名不在用户域名服务器的管辖范围内，用户域名服务器采用迭代查询的方法向根域名服务器发出请求，根域名服务器传回能够解析 www.pku.edu.cn 域名的 cn 域名服务器的地址，这样根据树型结构依次向下访问 cn 域、edu.cn 域、pku.edu.cn 域的域名服务器，最后在 pku.edu.cn 域名服务器中解析出域名地址 www.pku.edu.cn 对应的 IP 地址，送至客户端解析器。域名 www.pku.edu.cn 的解析过程，如图 4-5 所示，图中的数字标识指出域名解析过程中的步骤及顺序。

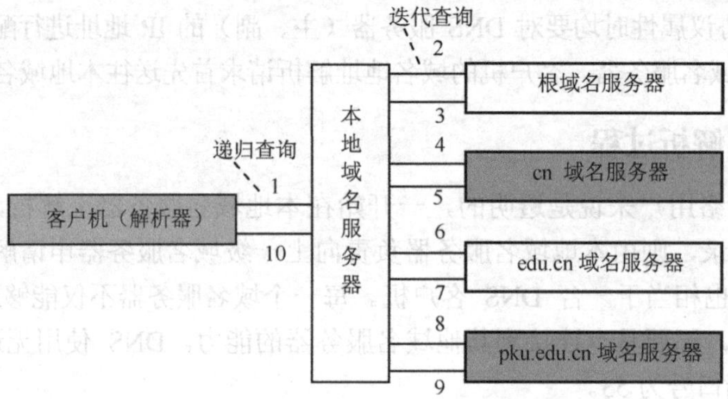

图 4-5　域名 www.pku.edu.cn 的解析过程

4.2.4　DNS 记录格式和报文

1．DNS 记录格式

在 DNS 分布式数据库中存储有域名地址与 IP 地址映射的资源记录（Resource Record，RR），一个资源记录占一行，一个资源记录包含 4 个字段，格式如下：

Name，Value，Type，TTL

其中，Name 一般为节点主机的域名，或是域的名字；Value 是与 Name 对应的值，例如，对应的 IP 地址；Type 指出记录的类型，表示这个记录是对应一个主机的 IP 地址或是一个名字服务器；TTL 指出该记录的生存时间，一般为一天（24h），按秒计算为 86 400 s。

DNS 资源记录中的类型及其含义，见表 4-4。

表 4-4　DNS 资源记录中的类型及其含义

类型（Type）	含　义	值（Value）的内容
A	Name 为主机域名	对应的 IP 地址
NS	Name 表示域，例如 foo.com	本域的服务器名
CNAME	别名对应的规范主机名	域名
MX	邮件服务器的规范主机名	mail.bar.foo.com
HINFO	主机描述	以 ASCII 码表示的 CPU 或 OS
PTR	指针	IP 地址的别名
TXT	文本	未解释的 ASCII 文本
SOA	起始授权记录（Start Of Authority）	域名服务器区域（Zone）主要资源名字

例如，一个类型为 A 的资源记录和一个类型为 MX 的资源记录分别为：

replay1.bar.foo.com，145.37.93.126，A，86400

foo.com，mail.bar.foo.com，MX，86400

2．DNS 报文

DNS 域名数据库中的内容可以是静态配置的，例如，通过系统管理员创建的配置文件，也可以通过 DNS 报文中新增加的更新选项，对数据库中的内容动态更新。RFC 2136 给出 DNS 域名数据库动态更新的描述。

DNS 报文包括查询报文和响应报文，两种报文具有相同的格式，只是在标志字段中用查询/响应（Query/Reply）位（一位二进制位）标识两种不同的报文。该位值若为 0，为查询报文；若为 1，响应报文。DNS 报文格式，如图 4-6 所示。

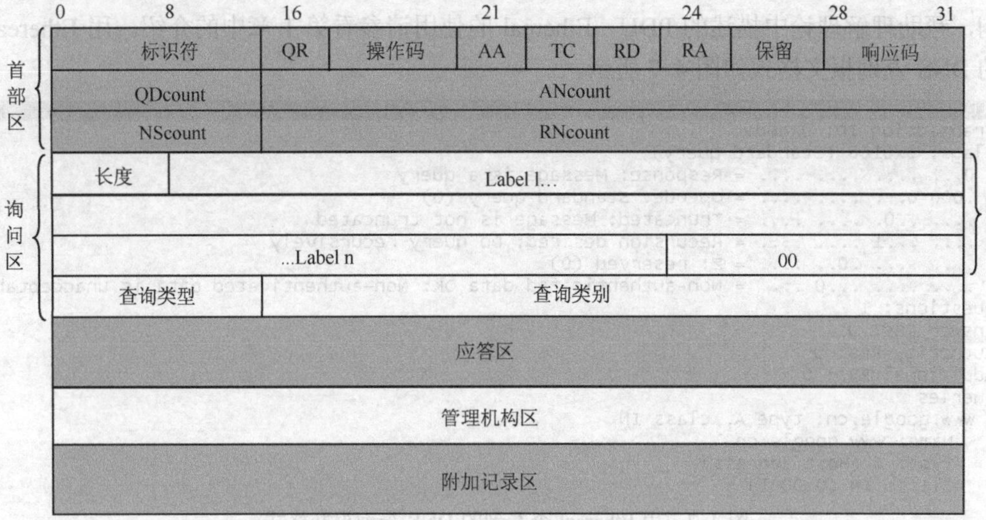

图 4-6　DNS 报文格式

DNS 报文中各字段的含义如下：

1）首部区

首部区为 12 个字节，其中标识符字段占 16 位，用于标识该次域名解析查询/应答。

第一行的二进制位第 15 位～第 31 位（占用 16 位）为标志字段，格式和含义如下：QR 为查询/响应位，该位取值 0 标识是查询报文，取值 1 标识是响应报文；操作码（Opcode）占 4 位，取值 0 标识标准查询（正向解析）、取值 1 表示反向查询（反向解析）、取值 2 表示服务器状态请求；AA 位取值 1 表示权限回答；TC 位取值 1 表示截断，指出响应报文的长度是否超限；RD 位取值 1 表示要求递归查询；RA 为取值 1 表示递归可用；响应码（Rcdoe）占 4 位，分别标识正确、格式错、域名不存在、不支持此类查询、拒绝。

QDcount：询问区中表项的数目。

ANcount：应答区中资源记录的数目。

NScount：管理机构区中资源记录的数目。

ARcount：附加记录区中资源记录的数目。

2）询问区

询问区包括被查询的主机域名；查询类型，通常是 RR 中类型字段的值，例如，查询一个与主机域名相联系的 IP 地址，类型为 A；查询类别，指明查询的类别，通常是因特网。

3）应答区

应答区包含了对域名查询报文解析出的域名的资源记录（RR），在一个响应报文的应答区域可以包含多条 RR。

4）管理机构区

管理机构区域包含了其他权威域名服务器的记录。

5）附加记录区

附加记录区用于配合资源记录（RR）的使用，里面包含一些有用的记录。例如，对一个类型为 MX 请求的应答报文的应答区包含一条资源记录，提供了邮件服务器的规范主机域名，则附加记录区可以包含一个类型 A 记录，提供对应邮件服务器的规范主机域名的 IP 地址。

可以通过协议分析工具 Ethereal 捕获实际网络中的协议包（PDU），查看和分析各种 PDU

的结构，帮助理解理论中描述的 PDU。Ethereal 的使用请参看第 1 章中的介绍。用 Ethereal 查看到的 DNS 查询报文格式如图 4-7 所示。

```
⊟ Domain Name System (query)
    Transaction ID: 0xebbe
  ⊟ Flags: 0x0100 (Standard query)
      0... .... .... .... = Response: Message is a query
      .000 0... .... .... = Opcode: Standard query (0)
      .... ..0. .... .... = Truncated: Message is not truncated
      .... ...1 .... .... = Recursion desired: Do query recursively
      .... .... .0.. .... = Z: reserved (0)
      .... .... ...0 .... = Non-authenticated data OK: Non-authenticated data is unacceptable
    Questions: 1
    Answer RRs: 0
    Authority RRs: 0
    Additional RRs: 0
  ⊟ Queries
    ⊟ www.google.cn: type A, class IN
        Name: www.google.cn
        Type: A (Host address)
        Class: IN (0x0001)
```

图 4-7　用 Ethereal 查看到的 DNS 查询报文格式

4.3　万维网和 HTTP

4.3.1　万维网概述

计算机网络上资源是多种多样的，这些资源信息是由多种媒体构成的。媒体是信息的载体，媒体可以是文本、声音、图片、图像等。网络技术和应用的发展，要求多种媒体在计算机网络中共享和传输。

超文本（Hypertext）是包含指向其他文档的链接的文本，超文本文档仅包含文本信息，这些文档可以位于任何一个接入因特网的超文本系统中。一个超文本由多个信息源链接成，这些信息源的数目是不受限制的，可以从一个文档链接到另一个文档，以此类推，这种链接称为超链接（Hyperlink）。信息源可以是多种媒体类型。

超文本系统有统一的用户界面，用户使用该系统查询各种媒体类型（文本、图像、图形、声音）的文件，超文本系统还有跨平台的能力，用户可以在 Internet 上使用各种不同类型的计算机进行信息查询。超文本是由节点（Node）以及节点之间的超链接构成的语义网络。超文本是非线性的网状结构，它提供了一条沿着链接访问数据信息的新方法。

人类的记忆是联想式的，超文本信息节点按照联想关系加以组织，其结构与人类的联想记忆结构类似。用户在阅读超文本时，鼠标移到含有超链接的内容时，这些内容会用更加醒目的颜色显示，或显示下划线、或显示手型，用户在超链接上单击鼠标就可以跳到另一个超文本页面。

人们希望在计算机网络上浏览的信息是多媒体，而不仅仅是文本，包含多种媒体的数据信息就是超媒体（Hypermedia），超媒体是对超文本的扩充。

万维网（World Wide Web，WWW）就是一个超媒体系统，英文简称 Web。万维网是一个大规模、分布式、超链接的信息资源系统，信息资源分布在因特网上的每台主机上，每台主机独立管理其上的资源内容。超媒体文档也称为 Web 文档（网页），万维网采用超链接的方法，可以从一个 Web 文档链接到另一个 Web 文档，或是从一个网络站点链接到另一个网络站点。

万维网需要解决的问题包括怎样标记、编写和组织 Web 文档；用何种网络协议传输 Web 信息；怎样使网络用户知道所需 Web 文档信息的位置。

万维网使用超文本传输语言（Hyper Text Markup Language，HTML）组织 Web 文档信息，使用超文本传输协议（Hyper Text Transmission Protocol，HTTP）传输 Web 文档信息，使用统一资源定位符（Uniform Resource Locate，URL）定义 Web 文档的位置。用 HTML 编写的文档称为 Web 网页，即 Web 文档。一组 Web 网页组成一个 Web 站点的信息内容，站点的第一个 Web 网页称为主页（Home Page）。万维网的超链接如图 4-8 所示。

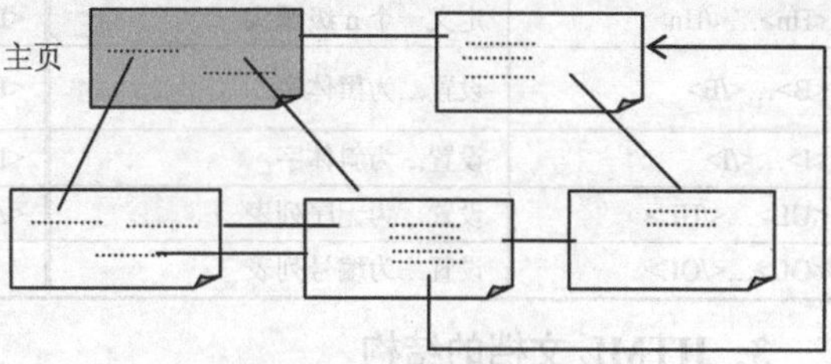

图 4-8　万维网的超链接

万维网的出现是计算机网络发展历程中的里程碑事件，使得因特网从仅由少数计算机专家使用演变为普通大众也能使用的信息资源。万维网采用客户机/服务器工作方式，也称为浏览器/服务器（B/S）方式，例如，网络用户主机通过 IE 浏览器向 Web 服务器发送浏览网页的请求，Web 服务器给出响应，送回所请求的 Web 文档。

4.3.2　超文本标记语言（HTML）

1．HTML 概述

超文本标记语言（HTML）是标准通用标记语言（Standard Generalized Markup Language，SGML）的一个应用和发展，SGML 的国际标准为 ISO 8879。HTML 是一种标注语言，用标签（Tag）符号标记、限定和描述信息的显示格式，标签由一对< >括起。HTML 是一种制作万维网页面（HTML 文档）的标准语言，HTML 的标准由万维网联盟（WWW Consortium，W3C）负责制定，HTML 的 RFC 文档是 RFC 1866，最新的版本是 HTML4.0。

20 世纪 90 年代以来，人们又研制了扩展标记语言（eXtended Markup Language，XML），XML 的功能更丰富，使得 Web 网页设计更方便、灵活。

HTML 文档的文件扩展名为.html。在 HTML 文档中可以包含声音、图形、图像、视频信息内容，这些有组织的内容称为 HTML 文档对象。HTML 文档可以实现超链接设计，超链接是用一对标签<A>/</A>指明的，例如，链接中国中央电视台网站的标记方法为：<A href=http://www.cctv.com.cn>中央电视台</A>。也可以通过一些脚本语言，例如，JavaScipt、VBScript 中的控制语句实现各种 Web 文档的程序结构设计。

HTML 文档分为动态和静态两种，主要差别是文档内容的生成方法不同，动态 HTML 文档是指文档的内容是在浏览器访问服务器时才由应用程序动态创建，当浏览器请求到达时，在服务器一端要运行另一个应用程序，由该应用程序对浏览器发来的数据进行处理，并生成 HTML 文档，再由服务器用生成的 HTML 文档作为对浏览器的响应。动态文档的开发不是直接编写出 HTML 文档，而是编写出生成 HTML 文档的程序。而静态 HTML 文档是指制作后 HTML 文档存放在服务器中，在被用户浏览的过程中，静态 HTML 文档中的内容不会改变。

2．常用的 HTML 标签

常用的 HTML 标签，见表 4-5。

表 4-5　常用的 HTML 标签

标　签	用途说明	标　签	用途说明
<HTML>…</HTML>	声明是用 HTML 写的 Web 文档	<MENU>…</MENU>	设置…为菜单
<HEAD>…</HEAD>	定义 Web 文档首部	<LI>	开始一个列表项目，</LI>可以省略，下同
<TITLE>…</TITLE>	定义 Web 文档标题	 	强制换行
<BODY>…</BODY>	定义 Web 文档主体	<P>	一个段落开始
<Hn>…</Hn>	定义一个 n 级题头	<HR>	强制换行，同时画出一条水平线
<B>…</B>	设置…为黑体字	<PRE>…</PRE>	设置…为已排版的文本，浏览显示时不再排版
<I>…</I>	设置…为斜体字	<IMG SRC="…">	插入一幅文件名为…的图像文件
<UL>…</UL>	设置…为无序列表	<A HREF="…" </A>	定义一个超链接，连接点为…
<OL>…</OL>	设置…为编号列表		

3．HTML 文档的结构

HTML 文档也称为 Web 文档，需要用纯文本编辑器（例如，Windows 中的记事本）编辑 Web 文档并保存到指定的文件夹中，之后可以在浏览器的地址栏中调用该 Web 文档。

用规范的 HTML 标签设计出 Web 文档的开始、首部、文档主体、文档结束。标签并不区分大、小写，习惯上采用大写，与标签所限定的内容区分开来，尖括号< >应在英文方式下输入。完整的 Web 文档结构，如图 4-9 所示，这个例子很简单，但反映了 Web 文档的基本结构，读者可以试着做一下。

标签语法及 Web 文档结构	含义及解释
<HTML>	//HTML 文档开始
<HEAD>	//首部开始
<TITLE>一个 Web 文档例子</TITLE>	//标题是：一个 Web 文档例子
</HEAD>	//首部结束
<BODY>	//主体开始
<H1>很高兴学习 HTML</H1>	//很高兴学习 HTML 是第 1 级标题
<P>这是第一个段落的例子，	//<P>和</P>给出第一个段落
应该划分清晰的段落。</P>	//</P>标签可以省略
<P>这是第二个划分段落</P>	//给出第二个段落
</BODY>	//主体结束
</HTML>	//HTML 文档结束

图 4-9　完整的 Web 文档结构

4.3.3　统一资源定位符

1．URL 的用途

统一资源定位符（Uniform Resource Locate，URL）是一种统一格式的 Internet 信息资源地址的标识方法，通过 URL 将 Internet 上提供的服务统一编址。网络用户使用 URL 指出网络中信息资源的位置和访问方法，这个信息资源所处网络节点的位置可以用域名地址或 IP 地址给出。信息资源是指网络中可以被访问的任何对象，例如，文件目录、文件、文档、声音、图形和图像等，以及与 Internet 连接的任何形式的数据。URL 的技术标准是 RFC 1738 和 RFC 1808。

URL 是从 Internet 上得到资源位置和访问方法的一种简洁表示，给资源的位置标识提供了一种抽象的识别方法，并用这种方法给网络中的资源定位，只要可以对资源定位，就可以对资源进行各种操作，例如，存取、查找、更新、删除和替换。

用户不仅可以通过 URL 访问 Web 网页，还可以通过 URL 使用其他的 Internet 应用程序，例如 FTP、Telnet 等。若采用 IE 浏览器，URL 的位置对应在 IE 浏览器窗口中的地址栏。

2．URL 的格式

URL 采用类似于计算机文件名的标识方法，指出希望访问的网络信息资源对象的位置，相当于一个指向网络信息资源对象的指针。URL 格式由 4 部分组成：

<协议>：//<主机>：<端口>/<路径>

其中：

1）协议用来指明访问不同对象所使用的应用层协议，现在常用的有 HTTP 协议和 FTP 协议，后面的一个冒号和两个斜线是规定的间隔符号。

2）主机是信息资源所在的节点，在计算机网络中用域名地址或 IP 地址标识该资源节点的网络连接，通常用域名或主机名给出，后面用冒号与端口间隔。

3）端口用来区分不同的网络应用进程，端口有时采用默认值，可以省略，例如，HTTP 协议的默认端口号为 80。端口对应运输层 PDU 中的端口号字段。

4）路径指出信息资源所在的文件目录或文件名，有时可以省略，例如，对使用 HTTP 协议浏览一个网站时，可以省略路径，这里默认的路径是网站的主页，主页默认文档的文件名一般为：default.html 或 index.html，例如，访问清华大学的主页用到的 URL 是：http://www.tsinghua.edu.cn，可以省略 URL 中的端口号和路径。

需要说明的是，URL 是不区分大小写的。使用 URL 还可以访问其他 Internet 应用程序，例如，FTP 或 Telnet。可以看出，用户只使用一个浏览器程序就可以访问和使用多个应用程序，以及相应的资源。URL 中的主要应用服务类型，见表 4-6。

表 4-6　URL 中的主要应用服务类型

协议名	服　务	应用层协议	端　口　号	实　例
http	WWW	HTTP	80	http://www.pku.edu.cn/index.html
telnet	远程登录	Telnet	23	telnet www.pku.edu.cn 80
ftp	文件传输	FTP	20、21	ftp://ftp.cs.sjtu.edu.cn
mailto	电子邮件（E-mail）	SMTP	25	mailto:liuedu@126.com

3．URL 的使用过程

URL 中的主机域名与 Internet 上的每一台计算机的 IP 地址对应。主机域名标识一般和服务类型相一致，例如，提供 Web 服务的 Web 服务器，其主机名往往是 www；提供 FTP 服务的 FTP 服务器，其主机名往往是 ftp。

一台服务器主机一般只通过一个物理网络接口（网卡）与 Internet 相连，但是服务器主机可以采用多个逻辑端口号，用于进行客户程序的连接。例如，Web 服务器使用端口号 80，Telnet 服务器使用端口号 23。这样，当远程计算机连接到某个特定端口号时，服务器用相应的程序来处理该连接。端口号使用默认值（标准值），可以省略。若某些应用服务使用的不是默认值的端口号，就必须在 URL 中指明端口号。

例如，对 Web 服务器的访问，以 IE 浏览器为例，浏览器基本上是一个 HTML 解释器，在浏览器上的地址栏中，输入的 URL 为 http://www.w3.org/hypertext/project.html，其中协议的名字为 http，Web 服务器主机域名为 www.w3.org，包含该 Web 页面的文件路径和文件名为 hypertext/project.html，从用户输入 URL 到 Web 页面显示出的步骤是：

1）浏览器确定 URL，查看选择了什么。

2）浏览器向 DNS 询问 www.w3.org 的 IP 地址。

3）DNS 以 18.23.0.23 应答。

4）浏览器和 18.23.0.23 的 80 端口建立一条 TCP 连接。

5）浏览器发送 GET /hypertext/project.html 命令。

6）www.w3.org 服务器发送 project.html 文件。

7）释放 TCP 连接。

8）浏览器取来并显示 project.html 中的所有信息内容。

在一台网络主机上可以安装多种服务器软件，通过不同的端口号提供不同的服务，例如，一台网络主机可以用作 Web 服务器，也可以用作电子邮件服务器。

4.3.4 超文本传输协议

1. HTTP 的概念

超文本传输协议（HTTP）是一个面向事务的应用层协议，是万维网上能够可靠地交换多媒体文件的重要基础。HTTP 使用的运输层协议是 TCP，HTTP 协议默认的端口号为 80。HTTP 协议本身是无连接的，虽然 HTTP 使用了 TCP 协议建立的连接，但是，通信双方在交换 HTTP 报文之前不需要事先建立 HTTP 连接。

现在使用的 HTTP 协议是 1998 年给出的 HTTP/1.1 版本，对应的技术标准文档为 RFC 2616。1997 年之前采用的是由 RFC 1945 描述的 HTTP/1.0 版本。HTTP 采用 B/S 计算模式，浏览器与服务器的每次请求和响应（交互），需要经过三次握手建立起 TCP 运输连接。HTTP 请求和响应报文的首部以 ASCII 码形式给出，类似 SMTP，报文内容采用类 MIME（MIME-like）的格式。

可以计算出请求一个 Web 文档所需时延为：2 倍的往返时延 RTT 加上该 Web 文档的传输时延。一个 RTT 用于建立 TCP 连接，另一个 RTT 用于 HTTP 的请求和响应，在 TCP 连接三次握手中的第三个报文段中捎带 HTTP 请求。读者可以试着画出请求一个 Web 文档所需时延的图示。

HTTP/1.0 采用非持续连接工作方式，若一个 Web 文档上有多个连接对象需要依次进行连接，每次浏览器和服务器的交互都需要有 2 倍的往返时延 RTT，每建立一次 TCP 连接都需要重新分配缓存和建立变量，加重了服务器主机的负担。

HTTP/1.1 采用持续连接工作方式，持续连接是指服务器在发送响应后仍然在一段时间内保持这条由 TCP 运输层协议建立起来的连接，使客户机和服务器可以继续在这条连接上传输 HTTP 报文，也不局限于所传输的文档在同一个页面上，只要所传输的文档都在同一个服务器上就可以。

持续连接又分为两种工作方式：一种是非流水线方式，特点是客户机在收到前一个响应报文后才能发出下一个请求报文；另一种是流水线方式，特点是客户机在收到响应报文之前就可以接着发出新的请求报文，服务器也可以连续发回响应报文。可以看出流水线工作方式使得 TCP 连接过程中的空闲时间减少，提高了传输效率。

HTTP 是无状态的协议，服务器并不记忆已经来访问过的浏览器客户，也不记忆曾经访问了多少次。对于每一个浏览器请求，必须与服务器建立一个新的连接。同一个客户第二次访问同一个服务器上的同一个 Web 文档时，服务器的响应与第一次访问时的响应相同。HTTP 的无状态特性简化了 Web 服务器的设计，使 Web 服务器可以支持大量并发的 HTTP 请求。

2. HTTP 报文

HTTP 报文有两种：一种是请求报文，报文由请求行、首部行和实体主体组成，由浏览器发送给服务器；另一种是响应报文，报文由状态行、首部行和实体主体组成，由服务器传送给浏览器，两种报文的差别主要是在开始行（第一行）不同。HTTP 报文的格式，如图 4-10 所示。

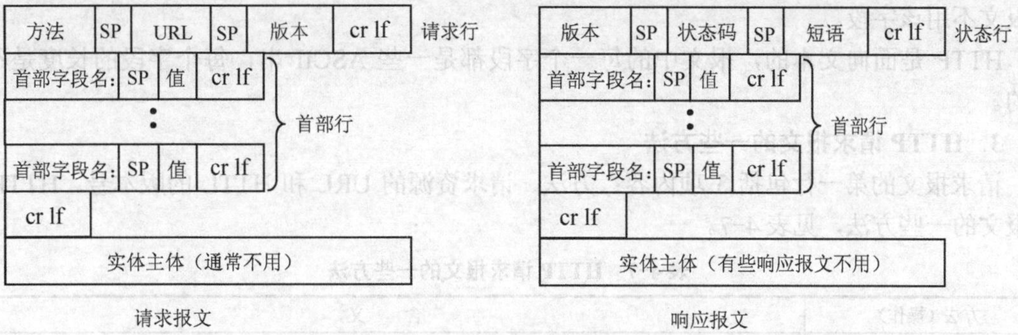

图 4-10　HTTP 报文格式

可以通过协议分析工具 Ethereal 捕获实际网络中的协议包（PDU），查看和分析各种 PDU 的结构，帮助理解理论中描述的 PDU。Ethereal 的使用请参看第 1 章中的介绍。用 Ethereal 查看到的 HTTP 响应报文格式，如图 4-11 所示。

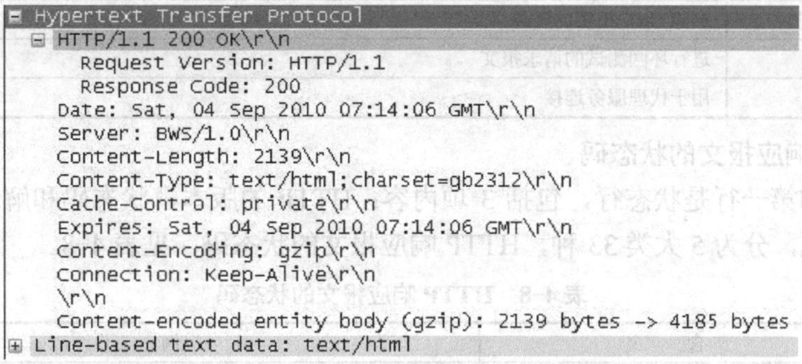

图 4-11　用 Ethereal 查看到的 HTTP 响应报文格式

HTTP 请求报文的例子：

GET /somedir/page.html HTTP/1.1
Host: www.someschool.edu.cn
Connection: close
User-agent: Mozilla/4.0
Accept-language: fr

HTTP 响应报文的例子：

HTTP/1.1 200 OK
Connection: close
Date: Wed， 29 May 2013 19:31:21 GMT
Server:Apache/1.3.0（Unix）
Last-Modified: Mon， 20 May 2013 15:26:08 GMT
Content-Length: 5875
Content-Type: text/html
（data，data，data，…）

开始行用于区分是请求报文还是响应报文，分别称为请求行或状态行，开始行的 3 个字段之间用 SP（空格）间隔，后面的“cr lf”表示“回车”和“换行”。

首部行用来说明浏览器、服务器或报文主体的一些信息，可以有多行，但是有些情况下也可以没有。每一个首部行中都有首部字段名和它的值，之间由 SP（空格）间隔，后面的“cr lf”表示“回车”和“换行”，整个首部行与实体主体之间用一个空行间隔。

实体主体，在请求报文中通常不用该字段，在响应报文中根据情况使用该字段，有些响应报文不用该字段。

HTTP 是面向文本的，报文中的每一个字段都是一些 ASCII 串，每个字段的长度是不确定的。

3．HTTP 请求报文的一些方法

请求报文的第一行包括 3 项内容：方法、请求资源的 URL 和 HTTL 的版本号。HTTP 请求报文的一些方法，见表 4-7。

表 4-7　HTTP 请求报文的一些方法

方法（操作）	含　义
OPTION	请求一些选项的信息
GET	请求读取由 URL 所标志的信息
HEAD	请求读取由 URL 所标志的信息的首部
POST	给服务器添加信息
PUT	在指明的 URL 下存储一个文档
DELETE	删除 URL 指明的资源
TRACE	进行环回测试的请求报文
CONNECT	用于代理服务连接

4．HTTP 响应报文的状态码

响应报文的第一行是状态行，包括 3 项内容：HTTP 的版本、状态码和解释短语。状态码由 3 位数字组成，分为 5 大类 33 种，HTTP 响应报文的状态码，见表 4-8。

表 4-8　HTTP 响应报文的状态码

状 态 码	含　义	例　子
1xx	通知信息	请求收到了或正在处理
2xx	成功	接受或知道了
3xx	重定向	表示要完成的请求还要采取进一步的动作
4xx	客户机差错	请求中有语法错误或不能完成
5xx	服务器差错	服务器失效、无法响应或完成请求

4.4　文件传输协议

4.4.1　FTP 概述

文件传输协议（File Transfer Protocol，FTP）是在 Internet 中广泛使用的应用层协议之一。FTP 为计算机系统之间双向文件传输提供了一种有效的手段，它允许用户将本地计算机中的文件上载到远端的计算机中，或将远端计算机中的文件下载到本地计算机中。与 FTP 有关的技术标准有 RFC 959（FTP 协议）和 RFC 1635（匿名 FTP 服务）。

目前，Internet 上的 FTP 应用多用于文件的下载，利用它可以下载各种类型的文件，包括文本文件、二进制文件，以及语音、图像和视频文件等。Internet 上的一些免费软件、共享软件、技术资料、研究报告等，大多都是通过这种渠道发布的。FTP 在数据连接上传输的文件的数据结构可以是连续的字节流、记录结构和页面结构。FTP 可以使用 3 种传输模式：流模式、块模式和压缩模式。

FTP 提供交互式访问，FTP 屏蔽了各计算机系统的细节，特别适合在异构网络中的计算机系统之间将文件从一台计算机复制到网络中另一台远地计算机上。FTP 允许客户指明所存取文件的类型和格式，设置用户存取文件的权限。

众多计算机厂商研制的计算机文件系统是不同的，这些差别包括：

1）存储格式不同。

2）文件目录结构和文件命名不同。

3）访问控制方法不同。

4）存取相同文件时，操作系统使用的命令可能不同。

FTP 的目标是尽量减少或消除上述存在的文件系统差别，提供文件传输的基本服务。

FTP 是面向连接的，使用的运输层协议是 TCP。FTP 采用客户机/服务器模式，提供交互式的工作方式。一个 FTP 服务进程可以同时为多个客户进程提供服务，服务进程包括一个主进程，用于接受新的请求，若干个从属进程，用于处理不同的单个请求。

若用 FTP 对远地节点的文件进行存取，例如，修改文件，需要先获得一个下载到本地的文件副本，只能对文件的副本进行修改，然后将修改后的文件副本传回到远地节点。

4.4.2 FTP 的工作原理

FTP 的工作过程如下：服务器主进程打开默认端口号 21；等待客户机进程的连接请求；启动从属进程处理客户机进程发来的请求，处理完毕后从属进程终止；返回到等待状态，等待下一个客户机进程的请求连接。

FTP 的客户机和服务器之间需要建立并行的“控制连接”和“数据连接”，分别通过端口号 21 和 20 进行。控制连接在会话期间一直打开，控制连接仅用于传送和处理客户发出的连接请求。数据连接用于传输文件。服务器端的控制进程在收到文件传输请求后建立数据传送进程和数据连接，在完成数据传送后关闭数据连接。FTP 客户机/服务器工作模型，如图 4-12 所示。

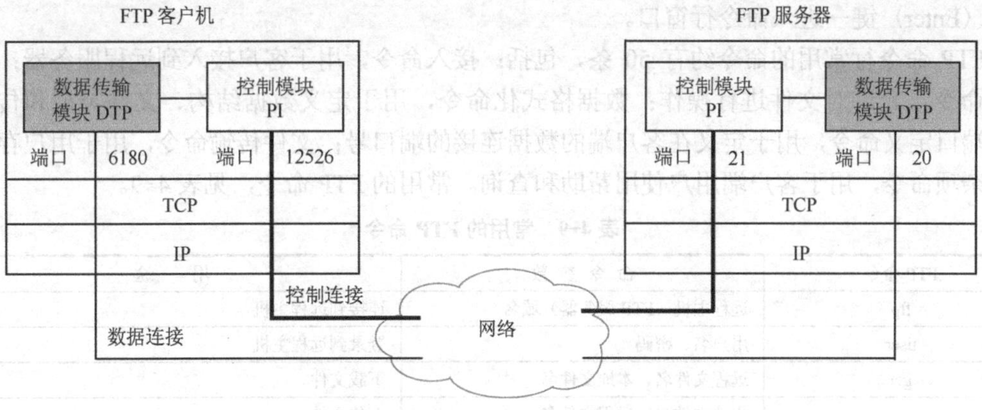

图 4-12　FTP 客户机/服务器工作模型

客户机进程在向服务器发出建立连接请求时，寻找连接服务器进程的控制端口号 21，并告诉服务器自己的端口号 12526。服务器进程用传送数据的 20 端口与客户机进程提供的端口号 6180 建立数据传送连接。FTP 的控制连接使用专用的端口号 21，控制信息是属于带外（Out of Band）传送的，好处是协议简单、容易实现，在传输文件时可以利用分离的控制连接。

FTP 的服务器和客户机都包含协议解释器（Protocol Interpreter，PI）和数据传输进程（Data Transfer Process，DTP），客户机 PI 与服务器 PI 之间建立控制连接、交互 FTP 命令/响应。DTP 的任务是控制和管理数据连接，DTP 要受到 PI 的控制，在需要传输文件时，PI 调用 DTP 建立数据连接。FTP 控制连接是持久的，在整个 FTP 会话期间一直保持，数据连接则是临时的，一次数据传输结束之后就拆除，当需要再传输数据时，再次建立数据连接。

FTP 的数据连接分为主动（Active）数据连接和被动（Passive）数据连接。由服务器 DTP 发起建立到客户机 DTP 的数据连接称为主动连接，在数据连接建立之前，客户机 PI 通过发送命令给服务器 PI 告诉客户机的数据连接端口号，而服务器的数据连接端口号为 20。由客户机 DTP 发起建立到服务器 DTP 的数据连接称为被动连接，客户机 DTP 会在请求报文中携带其数据连接端口号，服务器 DTP 会在响应报文中携带其数据连接端口号。

用户从 FTP 服务器上下载一个文件的过程如下：

1）用户通过客户机 PI 发起到服务器 PI 的控制连接。

2）在控制连接上，客户机 PI 发送 FTP 命令，服务器 PI 给出响应。

3）若用户需要下载文件，客户机 PI 和服务器 PI 分别创建新的进程，客户机 DTP 和服务器 DTP 之间建立数据连接，在数据连接上，服务器 DTP 将文件传输给客户机 DTP，文件传输结束后拆除数据连接，终止服务器 DTP 和客户机 DTP。

4）用户发送 quit 命令给客户机 PI，客户机 PI 拆除与服务器 PI 的控制连接，FTP 会话结束。

4.4.3 客户端应用程序

Internet 用户使用的 FTP 客户端应用程序通常有 3 种：传统的 FTP 命令行、浏览器和 FTP 下载工具。

1. FTP 命令行

传统的 FTP 命令行形式是最早的 FTP 客户端程序，在目前的 Windows 等图形界面操作系统中仍保留着该功能，但需要切换到命令行窗口中执行，切换过程是开始→运行→输入 CMD 并按〈Enter〉键→进入命令行窗口。

FTP 命令行常用的命令约有 50 条，包括：接入命令，用于客户接入到远程服务器；文件管理命令，允许对文件进行操作；数据格式化命令，用于定义数据结构、文件类型和传输模式；端口定义命令，用于定义在客户端的数据连接的端口号；文件传输命令，用于用户存取文件；杂项命令，用于客户端用户使用帮助和查询。常用的 FTP 命令，见表 4-9。

表 4-9　常用的 FTP 命令

FTP 命令	命令参数	用　途
ftp	远程主机（FTP 服务器）域名	连接到远程主机
user	用户名、密码	登录到远程主机
get	远程文件名、本地文件名	下载文件
put	本地文件名、远程文件名	上传文件
dir		显示当前目录
ls		显示当前目录中的子目录和文件
delete	文件名/目录名	删除文件
rename	文件名	更换文件名
quit	无	拆除与远程主机连接，退出会话

FTP 的交互命令是按照 7 位 ASCII 格式在控制连接上传输，FTP 协议的命令是可读的，每个命令由 2～4 个大写的 ASCII 字符组成，有些命令具有可选参数。在用户（客户机）和服务器之间的 FTP 命令有一一对应关系，对每一个命令都有一个 3 位数的应答状态码，后面有一个可选的短语信息。常用的 FTP 响应状态码，见表 4-10。

表 4-10 常用的 FTP 响应状态码

状 态 码	含 义
125	数据连接已经建立，数据传输开始
150	文件状态正常，准备建立数据连接
200	命令正确
220	控制连接已经建立，服务器准备好
221	控制连接已经拆除
226	请求的操作成功，关闭数据连接
230	用户已经登录
250	文件数据传输操作成功
331	用户名正确，要求提供密码
425	数据连接建立失败，状态码以 4 开头表示临时故障，重试后可能成功
450	请求的操作失败，文件不可用
500	命令不能识别，状态码以 5 开头表示永久故障，重试也不能解决问题
550	请求的操作失败

2．浏览器

前面提到过浏览器是访问 WWW 服务的客户端应用程序，用户通过指定 URL 便可以浏览到相应的 Web 文档页面。用户在访问 WWW 服务时，URL 中的协议部分使用的是 HTTP，如果将协议部分换成 FTP，后面指定 FTP 服务器的主机名，便可以通过浏览器访问 FTP 服务器，例如：

ftp://ftp.pku.edu.cn/sample.txt
协议　主机名　　路径及文件名

其中，ftp://指明所采用的协议为 FTP（文件传输协议）；ftp.pku.edu.cn 指明要访问的 FTP 服务器的主机名，FTP 服务器主机名的最左边一个域段通常为 ftp；sample.txt 指明要下载的路径及文件名。

此外，在 Web 文档页面中通常也包含着一些到 ftp 服务器的链接，用户可以通过这些链接方便地访问到 FTP 服务器，并从中下载文件。需要说明的是，使用浏览器作为 FTP 客户端程序时，用户只能从 FTP 服务器下载文件而不能上传文件。

3．FTP 下载工具

在用户利用 FTP 命令行或浏览器从 FTP 服务器下载文件时，经常会遇到在下载已经完成了 95%的时候，网络连接突然中断，文件下载前功尽弃，一切必须从头开始。这个时候用户非常希望能在线路恢复连接之后继续将剩余的 5%传输完，这就需要使用 FTP 下载工具。FTP 下载工具一方面可以提高文件下载的速度，另一方面可以实现断点续传，即接着前面的断接点，完成剩余部分的传输。常用的 FTP 下载工具有 GetRight、CuteFtp 等。

4.4.4 匿名 FTP 服务

因特网中提供 FTP 应用服务的计算机称为 FTP 服务器，通常是 Internet 信息服务提供者的计算机，它负责管理一个文件仓库。Internet 用户可以通过 FTP 客户机从文件仓库中取文件或向文件仓库中存入文件，客户机通常是用户自己的计算机上的 FTP 应用程序。

FTP 服务是一种实时的联机服务，用户在访问 FTP 服务器之前必须进行登录，登录时要求用户给出在 FTP 服务器上的合法账号和口令。只有成功登录的用户才能访问该 FTP 服务器，并对授权的文件进行查阅和传输。FTP 的这种工作方式限制了 Internet 上一些公用文件及资源的发布，为此，Internet 上的多数 FTP 服务器都提供了一种匿名 FTP 服务。

目前，大多数提供公共资料的 FTP 服务器都提供匿名 FTP 服务，用户可以随时访问这些服务器而不需要预先向服务器申请账号。当用户访问提供匿名服务的 FTP 服务器时，用户登录时一般不需要输入账号和密码，有时也不用输入匿名账号和密码。

匿名账户和密码是公开的，如果没有特殊声明，通常用“anonymous”作为账号，用“guest”作为口令，有些 FTP 服务器会要求用户输入自己的电子邮件地址作为口令。

Internet 用户目前所使用的 FTP 服务大多数提供匿名服务。为了保证 FTP 服务器的安全性，几乎所有的 FTP 匿名服务只允许用户下载文件，不允许用户上载文件。

4.4.5 FTP 交互工作过程的例子

FTP 采用交互工作方式，下面是一个通过远地网络信息中心（NIC）上的 FTP 服务获得 RFC 2161 文档的例子，给出在客户端输入和显示的内容。例子中的加粗字体是用户输入的内容，内容输入完毕后需要按〈Enter〉键提交，用户名使用匿名，例子行中的 3 位数字为 FTP 运行的状态码。为方便对输入和屏幕显示内容解释说明，在显示行的左边加上编号[01]～[15]。进入 FTP 操作模式的方法是：在命令行方式“C:\>”，输入“ftp”，然后按〈Enter〉键，出现进入 FTP 操作模式后的提示符“ftp>”，之后就可以输入需要的 ftp 命令。

1．客户端输入或屏幕显示内容

```
[01] ftp nic.ddn.mil
[02] connected to nic.ddn.mil
[03] 220 nic FTP server （Sunos 4.1） ready
[04] Name: anonymous
[05] 331 Guest login ok， send ident as password.
[06] Password: abc@xyz.math.yale.edu
[07] 230 Guest login ok， access restrictions apply.
[08] ftp> cd rfc
[09] 250 CWD command successful.
[10] ftp> get rfc1261.txt nicinfo
[11] 200 PORT command successful.
[12] 150 ASCII data connection for rfc1261.txt
（128.36.12.27，1401） （4318 bytes）.
[13] 226 ASCII Transfer complete.
Local: nicinfo remote: rfc1261.txt
4488 bytes received in 15 seconds （0.3 Kbytes/s）.
[14] ftp> quit
[15] 221 Goodbye.
```

2．对屏幕各行内容的解释说明

[01] 本地用户通过 FTP 与远地网络信息中心 NIC 上的主机建立连接，nic.ddn.mil 为 FTP 服务器名字。

[02] 本地系统提示信息，正在连接远地域名为 nic.ddn.mil 的 FTP 服务器。

[03] 远地 FTP 服务器返回信息，状态码 220 表示连接成功，服务器准备就绪。

[04] 提示输入用户名，输入 anonymous，采用匿名输入。

[05] 状态码 331 表示用户名正确，提示需要口令。

[06] 提示输入口令，因为用户名是匿名输入，对应的口令可以是 guest，也可以是电子邮件地址，例如，耶鲁大学数学系主机 xyz 上的用户邮箱 abc，abc@xyz.math.yale.edu。

[07] 状态码 230 表示用户已经成功在 FTP 服务器上注册。

[08] ftp> 是 FTP 命令行提示符，之后，用户可以输入合法的 FTP 命令。cd rfc 是把目录改变到包含 RFC 文档的目录。

[09] 状态码 250 表示改变工作目录命令成功执行，CWD 是 Change Working Directory 的缩写。

[10] 用户输入 get 命令希望复制 rfc1261，txt 文档，并把文件名改为 nicinfo。

[11] 状态码 200 表示命令正确，PORT 表示要建立数据连接。

[12] 状态码 150 表示文件状态正确，正在建立数据连接。

[13] 状态码 226 表示释放数据连接，文件传输成功，所复制的本地文件 nicinfo 已经生成。

[14] 用户输入退出命令 quit，请求与远地 FTP 服务器断开控制连接。

[15] 状态码 221 表示 FTP 工作结束。

可以通过协议分析工具 Ethereal 捕获实际网络中的协议包（PDU），查看和分析各种 PDU 的结构，帮助理解理论中描述的 PDU。Ethereal 的使用请参看第 1 章中的介绍。下面用实例来分析一个 FTP 会话，通过 TCP 三次握手建立本地主机与远程主机的连接，用 Ethereal 查看到的建立控制连接的过程，如图 4-13 所示。

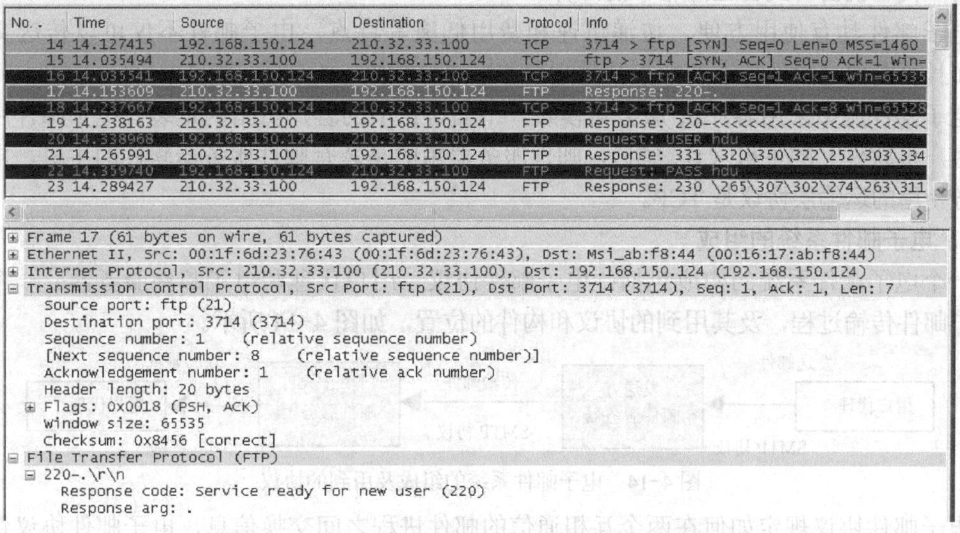

图 4-13 用 Ethereal 查看到的建立控制连接的过程

可以看出，经过 TCP 的三次握手（图中的 14、15、16 行），FTP 的客户端和服务器端建立起控制连接，客户端使用 3714 号端口，服务器端使用 21 号端口来发送控制信息。

由 17 行的报文可以看出，服务器端向客户端返回响应码 220 的信息。图中字符串“Response code: service ready for new user (220)”说明 FTP 服务已经准备就绪，等待新用户的连接登录。

4.4.6 FTP 与 HTTP 协议的比较

HTTP 和 FTP 都是文件传输协议，使用的运输层协议都是 TCP，两个协议的主要差别是，FTP 使用两个并行的 TCP 连接，控制连接用于在客户机和服务器之间传输控制信息，例如，用户标识、口令、改变远程登录命令、put、get 命令等，数据连接用于传输文件。

FTP 的控制信息是属于带外传送的，HTTP 属于带内传输控制信息，HTTP 协议是在传输文件的 TCP 连接中发送请求和响应首部行的。

FTP 协议是有状态的，FTP 必须在整个会话期间保留客户机的状态信息，服务器需要把连接的用户账号与控制连接对应起来，并且跟踪客户机在远程目录树上的当前位置，对每个活动的客户机的会话状态进程跟踪，也需要限制同时进行会话的数目，而 HTTP 协议是无状态的，不对用户状态进行跟踪。

4.5 电子邮件

4.5.1 电子邮件概述

1．电子邮件的特点

电子邮件（E-mail）是最受用户欢迎的一种应用，电子邮件克服了传统电话应用中通信双方必须在场、一些不必要的电话经常打断正在进行的工作等问题，人们通过电子邮件用户代理服务，把邮件发往收信人邮箱所在的电子邮件服务器，收信人在打开计算机上网时，通过电子邮件用户代理就会看到自己邮箱中的邮件。

电子邮件具有使用方便、传递迅速和费用低廉等特点，电子邮件不仅可以传送文本信息，而且可以通过附件传送音频、视频文件等多媒体数据。

电子邮件服务采用客户机/服务器模式，下面讨论中的客户机指的是装有电子邮件用户代理（客户机软件）的主机（计算机），邮件服务器指的是装有邮件服务器软件的主机。电子邮件服务使用的运输层协议是 TCP。

2．电子邮件系统的组成

一个电子邮件系统的构成包括：电子邮件协议、用户代理和电子邮件服务器。一个完整的电子邮件传输过程，及其用到的协议和构件的位置，如图 4-14 所示。

图 4-14　电子邮件系统的组成及用到的协议

电子邮件协议规定如何在两个互相通信的邮件进程之间交换信息，电子邮件协议包括：简单邮件传输协议（Simple Mail Transfer Protocol，SMTP）、邮局协议（Post Office Protocol，POP3）或 Internet 报文存取协议（Internet Mail Access Protocol，IMAP）。

发送方用户代理与邮件服务器之间使用 SMTP 协议，在邮件服务器之间使用 SMTP 协议，在接收方用户代理与接收方邮件服务器之间使用 POP3 协议或 IMAP 协议。

用户代理（User Agent，UA）是用户与电子邮件系统的接口，是在用户上网终端上运行的软件，有时也称 UA 为电子邮件客户端软件，用户通过 UA 发送和接收邮件。微软公司的 Outlook Express 就是一个经常使用的用户代理软件。用户代理应至少提供 4 项功能：

1）撰写，提供编辑邮件的环境。

2）显示，方便在计算机屏幕上显示邮件的内容，包括音频和视频信息。

3）处理，包括发送、接收邮件，可以对邮件进行阅读、删除、保存、转发和打印，以及对邮件分类保存、设置拒绝接收和过滤等。

4）与本地邮件服务器通信，用户通过本地邮件服务器发送和接收邮件。

电子邮件服务器的功能是发送和接收邮件，使用 SMTP 协议发送邮件，使用 POP3 协议或 IMAP 协议接收邮件，并向邮件发送者报告邮件传送的情况，例如，已经交付、无法交付、丢失等。

3．电子邮件地址

Internet 中有大量的电子邮件服务器，用户可以在一台邮件服务器上申请合法的账号，包括账号名和密码，申请成功后，邮件服务器为每个用户开辟一个存放用户邮件的空间，称为用户的电子邮箱。每个邮箱都有一个全球唯一的邮箱地址，也称为用户的电子邮件地址。电子邮件地址由两部分组成，之间由@间隔，前一部分为用户在该邮件服务器中的账号，即信箱名，后一部分为邮件服务器的主机名（域名）。

一封电子邮件由信封（Envelope）和内容（Content）组成，在邮件的信封上要写明电子邮件地址，电子邮件地址的格式如下：

用户邮箱名@邮箱和邮件服务器所在主机的域名

例如，wangedu@163.com

发送方电子邮件服务器负责接收用户送来的邮件，根据邮件的目的地址，送到接收方的邮件服务器中，接收方的邮件服务器同时也负责接收从其他邮件服务器发来的邮件，根据收件人的不同，将邮件分发到用户的电子信箱。

当然接收方和发送方的邮箱也可以在一个邮件服务器中，例如，双方都是申请了同一个邮件服务器中的用户账号。

4.5.2 电子邮件协议

电子邮件协议具有两项基本功能：创建和发送邮件；接收、阅读和管理邮件。电子邮件协议所具有的附加功能包括通信薄管理、收件箱管理和账号管理等。

用户代理在向邮件服务器传送邮件时使用简单邮件传输协议（SMTP）。邮件服务器之间采用 SMTP 协议。用户代理从邮件服务器的信箱中读取邮件时使用 POP3 协议或 IMAP 协议，这取决于邮件服务器支持哪一种协议。

在访问采用 POP3 协议的邮件服务器时，邮箱中的邮件被拷贝到用户的客户机中，用户在自己的客户机中阅读和管理邮件。在访问采用 IMAP 协议的邮件服务器时，用户可以选择邮件拷贝到客户机，也可以选择在 IMAP 服务器中保留副本。

1．简单邮件传输协议（SMTP）

1982 年，简单邮件传输协议（SMTP）开始用于 ARPANET，SMTP 的技术文档是 RFC 821 与 RFC 822。2001 年 4 月，RFC 821 和 RFC 822 经过多次修订后，形成新的 Internet 电子邮件标准 RFC 2821 和 RFC 2882，这是电子邮件发展历程中可以被称为里程碑的事件。

SMTP 只能传送 7 位 ASCII 文本邮件。SMTP 使用默认端口号为 25。SMTP 规定如何在两个互相通信的 SMTP 进程之间交换信息，采用客户机/服务器模式，发送邮件的 SMTP 进程是 SMTP 客户机，接收邮件的 SMTP 进程是 SMTP 服务器。

SMTP 定义了 14 条命令和 21 种应答信息，每条命令由 4 个字符组成，每一种应答信息一般只有一行信息，由 3 位数字的代码开始，之后是简单的文字说明。

SMTP 协议存在的问题是，SMTP 仅能够传送 7 位 ASCII 字符，不能传送非英语国家的文字，不能传送可执行文件或其他二进制对象，对邮件的长度有限制，不能传输多媒体信息。

2．邮件读取协议（POP3）

1984 年，在技术文档 RFC 918 中给出邮局协议（POP）的描述。POP3 是邮局协议版本 3，技术文档是 RFC 1939，POP3 是一个邮件读取协议的 Internet 标准。POP 采用客户机/服务器工作模式，采用 TCP 连接。POP3 使用的默认端口号为 110。

POP3 邮件服务器是一个具有存储转发功能的中间服务器，当用户从 POP 服务器读取了邮件，POP 服务器会把该邮件删除。为解决上述问题，对 POP3 进行了功能扩充，形成新的技术文档 RFC 2449，允许用户设置在读取邮件后，该邮件可以在邮件服务器中保存的时间。

3．邮件读取协议（IMAP）

IMAP 协议也是用于读取邮件的，但是 IMAP 比 POP3 协议复杂得多，所以用得比较少。IMAP 较新的版本是 1996 年给出的 IMAP 4，技术文档是 RFC 2060。用户使用 IMAP 协议读取邮件后，该邮件会一直在邮件服务器中保存，直到执行删除操作为止。IMAP 协议也允许用户只读取邮件中的某个部分。IMAP 的缺点是该协议在联机状态下运行，若用户没有把邮件下载到自己的主机上，则需要经常连接 IMAP 服务器读取邮件。而 POP3 协议是在脱机状态下运行，邮件的处理是在用户的主机上进行。

4.5.3 电子邮件报文格式

电子邮件报文格式由两部分组成：邮件首部（Mail Header）和邮件主体（Mail Body）。RFC 822 规定了电子邮件的首部格式，邮件主体由用户自由撰写。

1．电子邮件报文首部

下面是一个电子邮件报文的首部的例子：

From: liuhe@163.com
To: zhangyue@sohu.com
Subject: Picture of West Lake

邮件首部包括一些用关键字描述的字段（后面加上冒号），邮件首部包括的一些字段，见表 4-11。

表 4-11　邮件首部包括的一些字段

首 部 字 段	含义及后面内容	首 部 字 段	含义及后面内容
From	发信人的邮件地址	Cc	抄送
Date	发信日期	Bcc	暗送
To	一个或多个收信人的邮件地址	Reply-To	对方回信用的地址
Subject	邮件标题	Received	传输途中每个传输代理加上的信息

邮件首部由多项内容构成，其中发件人地址、邮件发送的日期和时间等是由电子邮件应用程序根据系统设置自动产生的，而收件人地址、抄送人地址、邮件主题等是根据用户在创建邮件时输入的信息产生的。

2．邮件主体

邮件报文首部后接着一个空白行，下面是以 ASCII 格式给出的邮件主体。

邮件主体是实际要传送的内容，传统的电子邮件系统只能传递文本信息。目前，使用 Internet 电子邮件扩展（MIME）协议不但可以发送各种文字和各种结构的文本信息，而且还可以发送语音、图像和视频等多媒体信息。

建议读者可以通过 Telnet 应用程序与某一个电子邮件服务器连接，发送包含邮件首部的邮件报文，方法是在命令行方式下输入命令：telnet servername 25，其中 Servername 为电子邮件服务器域名。

4.5.4 SMTP 的工作过程

发送方和接收方邮件服务器之间的通信包括 3 个阶段：连接建立、邮件传输和连接释放。这里把发送方邮件服务器称为本地邮件服务器，或称为 SMTP 客户机，把接收方邮件服务器称为远地邮件服务器，或称为 SMTP 服务器。交互过程中采用 TCP 连接。

1．连接建立

连接建立包括用户代理与本地邮件服务器（用户信箱所处的邮件服务器，即发送方邮件服务器）的连接，以及本地邮件服务器与远地邮件服务器（接收方信箱所处邮件服务器）的连接。连接建立使用的电子邮件协议均是 SMTP。

发件人通过自己计算机上的用户代理撰写和编辑要发送的电子邮件。发件人通过用户代理点击发送按钮，由用户代理完成发送邮件。用户代理使用默认端口号 25 与本地邮件服务器建立连接，把邮件先发送给本地邮件服务器缓存下来。

本地邮件服务器作为 SMTP 客户机，每隔一定时间对邮件缓存扫描一次，若有邮件发送，建立与远地邮件服务器连接的过程如下：

1）使用默认端口号 25 与接收方电子邮件服务器（SMTP 服务器）建立 TCP 连接。

2）SMTP 服务器回答“220 Service ready”，表示服务就绪，连接建立。

3）SMTP 客户机发送 HELO 命令给 SMTP 服务器，附上发送方主机名字。

4）SMTP 服务器回答“250 OK”，表示已经准备好接收，否则回答“421 Service not available”，表示服务不可用。

发送方邮件服务器与接收方邮件服务器之间是直接通过运输层协议 TCP 连接的，中间不经过其他电子邮件服务器，尽管这两个邮件服务器连接途径上可能要经过若干个路由器。可以看出，一个电子邮件服务器在作为发送方时，用做 SMTP 客户机，若作为接收方时，用做 SMTP 服务器。SMTP 客户机和 SMTP 服务器是在后台工作的。电子邮件传输中的客户机和服务器，如图 4-15 所示。

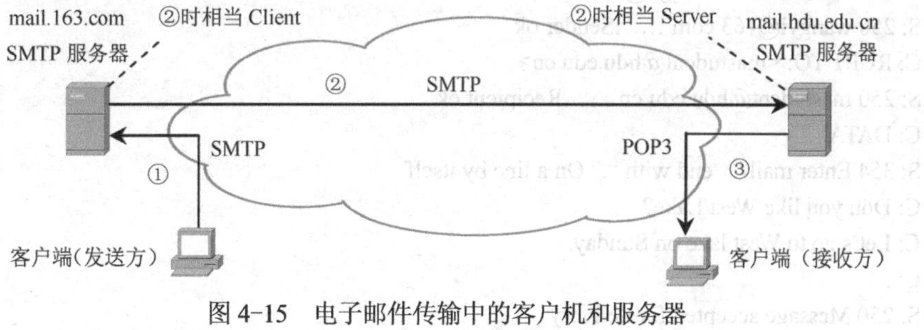

图 4-15　电子邮件传输中的客户机和服务器

图中描述了发送和接收电子邮件的过程：①是客户端（发送方）发送电子邮件，采用 SMTP 协议；②是发送方邮件服务器向接收方邮件服务器传输电子邮件，采用 SMTP 协议，此时发送方邮件服务器的作用相当于客户端，接收方邮件服务器的作用相当于服务器；③是客户端（接收方）接收邮件，采用的是 POP3 协议。

2．邮件传输

邮件传输涉及的命令有 MAIL FROM、RCPT TO、DATA 等。例如，发送人邮件地址 wangyuan@163.com，收件人邮件地址 mastudent@hdu.edu.cn，邮件传输过程如下。

1）MAIL FROM: wangyuan@163.com，给出邮件发送者。

2）SMTP 服务器回答"250 OK"表示准备好接收邮件，否则返回出错状态码，例如，451（处理时出错）、452（缺少存储空间）、500（无法识别命令）等。

3）RCPT TO: mastudent@hdu.edu.cn，指出邮件收件人。

4）SMTP 服务器回答"250 OK"，表示指出的邮箱（信箱）在接收邮件服务器系统中，否则回答"550 No such user here"。

5）DATA 表示开始发送邮件的内容，若可以接收邮件内容，SMTP 服务器回答"354 Start mail input: end with <CRLF>.<CRLF>"，<CRLF>表示回车换行。若不能接收邮件，SMTP 服务器回答 421（服务器不可用）、500（无法识别命令）等。

6）SMTP 客户机发送邮件内容，内容发送完后，发送<CRLF>.<CRLF>表示邮件内容结束，两个<CRLF>之间用点间隔。

7）SMTP 服务器正确收到邮件后，回答"250 OK"，否则返回出错代码。

3．连接释放

连接释放过程如下：

1）邮件发送完后，SMTP 客户机发送 QUIT 命令。

2）SMTP 服务器回答"221 服务器关闭"，表示同意释放 TCP 连接。邮件传输全过程结束。

4．一个完整的例子

为了说明邮件传输过程中客户机与服务器之间交互过程中的各方，在每个 ASCII 文本行的前面用 C 表示 SMTP 客户机，用 S 表示 SMTP 服务器，客户机行的输入省略了回车键。邮件报文内容是"Dou you like West Lake? Let's go to West lake on Sunday."。

```
C:\>telnet mail.hdu.edu.cn 25
S: 220 hdu.edu.cn
C: HELO 163.com
S: 250 HELO 163.com，  pleased to meet you
C: MAIL FROM: < wangyi@163.com >
S: 250 wangyi@163.com ……Sender ok
C: RCPT TO: <mastudent@hdu.edu.cn>
S: 250 mastudent@hdu.edu.cn ……Recipient ok
C: DATA
S: 354 Enter mail，  end with "." On a line by itself
C: Dou you like West Lake?
C: Let's go to West lake on Sunday.
C: .
S: 250 Message accepted for delivery
C: QUIT
S: 221 hdu.edu.cn closing connection
C:\>
```

5．需要说明的问题

需要说明的是，这里的 SMTP 客户机与 SMTP 服务器之间的交互过程，对邮件用户是透明的，因为此交互过程被用户代理屏蔽了。

建议读者在命令行方式下，用 telnet 命令向邮件服务器发送包含一些首部行的报文，例如，C:\> telnet "mail server domain name" 25，体验与邮件服务器的交互过程，并会看到系统回答状态码和短语。

收件人接收邮件时，通过计算机上网，再通过用户代理，使用 POP3 协议（或 IMAP 协议）从收件人邮件服务器读取邮件。以采用 POP3 协议为例，用户代理中的 POP3 客户机程序发起通信，与收件方的 POP3 服务器进行通信，请求取回邮件，POP3 邮件服务器把把收件人邮箱中的邮件发送给收件人。

在邮件传送过程中，涉及两种不同的通信方式，一种是推方式，SMTP 客户机把邮件推给 SMTP 服务器；另一种是拉方式，POP3 客户机把邮件从 POP3 邮件服务器拉过来。

4.5.5 POP3 的工作过程

邮件接收方通过 POP3 协议读取电子邮件包括 3 个步骤：特许，用户代理输入用户名和口令，获得读取邮件的许可；事务处理，用户读取邮件报文，并对邮件进行处理；更新，在用户退出之后，邮件服务器删除做过删除标记的邮件报文。下面用命令行方式给出 POP3 的工作过程，用 C 代表客户机（用户代理），S 代表服务器。为方便对输入和屏幕显示内容解释说明，在显示行的左边加上编号[01]～[19]。

```
[01]C:\> telnet mail.hdu.edu.cn 110
[02]S: +OK POP3 server ready
[03]C: user mastudent
[04]S: +OK
[05]C: pass xiaoma
[06]S: +OK user successfully logged on
[07]C: list
[08]S: 1 315
[09]S: 2 672
[10]S: .
[11]C: retr 1
[12]S: （ let's go to west lake.
[13]S: ………..
[14]S: ………..,    we are very happy.）
[15]S: .
[16]C: dele 1
[17]C: quit
[18]S: +OK POP3 server signing off
[19]C:\>
```

其中，[01]～[06]为特许阶段。使用 POP3 的用户代理可以配置两种处理模式：下载并删除；下载并保留。这里假设采用下载并删除处理模式，[07]～[17]为事务处理阶段。[18]～[19]为更新阶段。POP 协议会话过程，如图 4-16 所示。

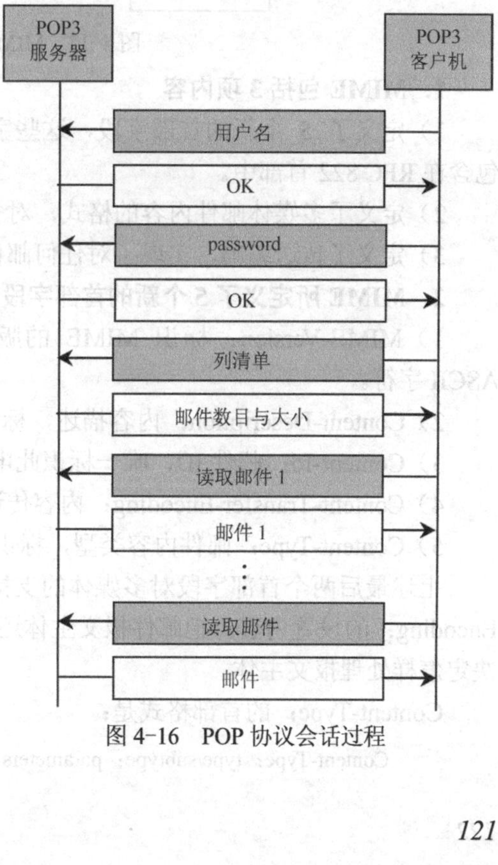

图 4-16　POP 协议会话过程

POP3 服务器会在与用户代理的会话期间保留一些状态信息，例如，哪些邮件报文做了删除标记，但是 POP3 服务器不会在与用户代理的交互过程中携带状态信息，这样有利于 POP3 服务功能的实现。

4.5.6 通用 Internet 邮件扩展（MIME）

SMTP 存在的问题主要有 3 个：不能传输可执行文件或其他二进制文件和对象；仅限于传输 7 位 ASCII 码，其他非英语国家的文字均无法传输；SMTP 服务器对电子邮件的长度有一定限制。

为了解决上述问题，并使电子邮件可以传输多媒体数据信息，1993 年推出了可以传送多媒体信息的通用 Internet 邮件扩展（Multipurpose Internet Mail Extension，MIME）协议，与 MIME 有关的技术文档是 1996 年修订的 Internet 的标准 RFC 2045～RFC 2049。MIME 协议在其首部说明了邮件数据的数据类型，类型包括文本、图像、音频和视频等。

MIME 的设计思想是继续使用 RFC 822 定义的 SMTP 格式，在此基础上增加邮件主体的结构，定义传送非 ASCII 码的规则，MIME 适应任意数据类型和表示，每个 MIME 报文包含数据类型和使用编码的信息。MIME 与 SMTP 之间的联系，如图 4-17 所示。

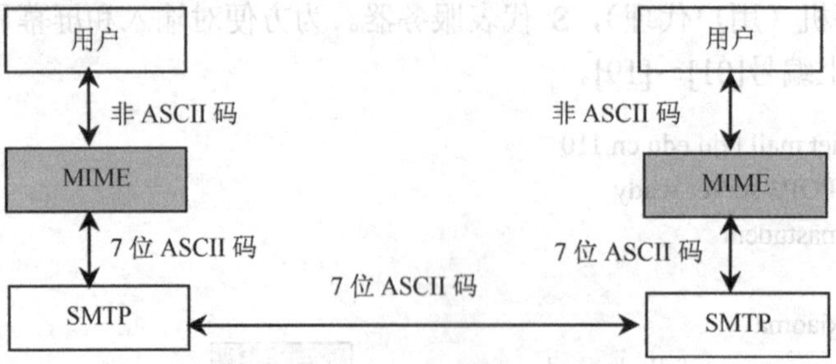

图 4-17　MIME 与 SMTP 之间的联系

1. MIME 包括 3 项内容

1）定义了 5 个新的首部字段，这些字段标识邮件主体的信息（有的可以是选项），可以包含在 RFC 822 首部中。

2）定义了多媒体邮件内容的格式，对多媒体电子邮件的表示方法进行规范。

3）定义了传送编码，实现了对任何邮件内容格式的转换。

2. MIME 所定义了 5 个新的首部字段

1）MIME-Version：标识 MIME 的版本，目前的版本号为 1.0，此行若省略，默认为 ASCII 字符。

2）Content-Description：内容描述，标识邮件的主题内容是什么。

3）Content-Id：邮件 ID，唯一标识此电子邮件。

4）Content-Transfer-Encoding：内容传送编码，标识邮件主体的编码方式。

5）Content-Type：邮件内容类型，标识邮件内容的数据类型。

上述最后两个首部字段对多媒体的支持是最关键的，接收用户代理根据 Content-Transfer-Encoding：的设置内容，把邮件报文主体还原成非 ASCII 形式。再根据 Content-Type：首部行决定怎样处理报文主体。

Content-Type：的首部格式是：

Content-Type：type/subtype；parameters

其中，parameters 是对子类型的修饰，是可选的。通过给定媒体类型名和子类型名，接收用户代理根据 Content-Type：的设置内容，会启用相应的媒体处理程序，例如，若设置内容为 Image/jpeg，则会启用 JPEG 图形的解压缩程序。

3．内容传送编码

1）7 位 ASCII 码是最简单的编码方式，MIME 对由 ASCII 码构成的邮件主体不作转换。每行不能超过 1000 个字符。

2）Quoted-printable 编码，该编码方式适用所传送数据中含有少量非 ASCII 码字符的情况，特点是除了特殊字符“=”外，对所有可以打印的 ASCII 码都不改变。对不可打印的 ASCII 码和非 ASCII 码字符采用的编码方法是，把每个字节的二进制代码用两个十六进制数字表示，并在前面再加上一个“=”。

例如，汉字“系统”的二进制编码是 11001111 10110101 11001101 10110011，这 4 个字节均不是 ASCII 码，对应的十六进制标识为 CFB5CDB3，用 Quoted-printable 编码标识为=CF=B5=CD=B3，12 个字符都是可以打印的 ASCII 码，原来两个汉字编码需要 32 位，经过 Quoted-printable 编码后需要 96 位，增加的开销达到 200%。

3）Base64 编码，适用任意的二进制文件，方法是把二进制代码划分为一个 24 位长的单元，再把每一个单元划分为 4 个 6 位组，每一个 6 位组按规则转换成 ASCII 码。6 位二进制代码可以有 64 种不同的值，取值为 0～63，先对应英文大写字母、依次为英文小写字母、0～9 数字，接着用 62 标识“+”，用 63 标识“/”。用两个等号“= =”标识最后一组的代码有 8 位，用“=”标识最后一组代码有 16 位。回车和换行可以在任何位置插入。把转换后的 ASCII 码进行发送。

例如，24 位二进制代码为 01001001 00110001 01111001，将其划分为 4 个 6 位组 010010 010011 000101 111001，给出对应的 Base64 编码 STF5，展开对应的 ASCII 码后发送 01010011 01010100 01000110 00110101。原来 24 位二进制代码经过 Base64 编码后需要 32 位，增加的开销为 33%。

4．内容类型

Content-Type 必须包含两个标识符：内容类型（Type）和子类型（Subtype），两者之间用“/”间隔。MIME 标准规定了 7 个基本内容类型和 15 种子类型。MIME 也允许发件人和收件人自己定义所使用的内容类型，要求自己定义的内容类型的名称用字符串“X-”开始。内容类型和子类型以及类型的说明，见表 4-12，其中内容类型 Multipart 增加了邮件的灵活性。

表 4-12　内容类型和子类型以及类型的说明

内容类型	子类型	说明
Text 文本	plain	无格式的文本
	richtext	含有少量格式命令的文本
Image 图像	gif	GIF 格式的静止图像
	jpeg	JPEG 格式的静止图像
Audio 音频	basic	可以听见的声音
Video 视频	mpeg	MPEG 格式的视频
Application 应用	octet-stream	连续的字节序列
	postscript	PostScript 可打印文档
Message 报文	rfc 822	MIME RFC 822 邮件
	partial	将邮件分割开，适应传输

（续）

内容类型	子 类 型	说 明
Message 报文	external-body	邮件需要从网上获取
Multipart 多个部分	mixed	按规定顺序的几个独立部分
	alternative	不同格式的同一邮件
	parallel	必须同时读取的几个部分
	digest	每一个部分是一个完整的 RFC822 邮件

5. MIME 邮件的例子

本例描述 wangyi 发送包含 JPEG 图形的邮件给 mastudent。wangyi 通过自己的邮件代理，给出 mastudent 的电子邮件地址，写上邮件报文的名称，在邮件写完后，点击“发送”，产生一个 MIME 邮件报文，MIME 邮件报文具有下面的格式：

From: wangyi@163.com
To: mastudent@hdu.edu.cn
Subject: Picture of West Lake
MIME-Version: 1.0
Content-Transfer-Encoding: base64
Content-Type: image/jpeg
（base64 encoded data ……………）

mastudent 的邮件代理读取该邮件时，采用 MIME 的相同处理规则，看到 Content-Transfer-Encoding: base64 首部行时，会对 base64 编码的报文主体执行解码，看到 Content-Type: image/jpeg 首部行后，提示 mastudent 的邮件代理，该报文主体应进行 JPEG 文件解压缩。

4.5.7 SMTP 与 HTTP 协议的比较

SMTP 和 HTTP 都用于从一台主机向另一台主机传送信息，使用的运输层协议均为 TCP。两者的不同之处如下：

HTTP 是一个拉协议，用户使用 TCP 协议发起向 Web 服务器的连接，使用 HTTP 协议从 Web 服务器拉取信息。而 SMTP 主要是一个推协议，发送邮件服务器发起 TCP 连接，把邮件推向接收邮件服务器。

SMTP 要求邮件使用 7 位 ASCII 码格式，对非 ASCII 码数据必须按照 MIME 规则进行编码，再发送编码后的 ASCII 码。而 HTTP 中的数据没有这个问题。

对于处理既包含文本，又包含其他媒体类型的文档，HTTP 把每个对象封装在自己的响应报文中，而 SMTP 把所有报文对象放在一个邮件报文中。

现在很多用户通过浏览器收发电子邮件，这也称为基于 Web 的电子邮件，给用户带来很大便利。例如，通过浏览 http://www.163.com 网站主页，在免费邮件窗口界面发送和接收电子邮件。此种情况下，用户代理就是浏览器。使用基于 Web 的电子邮件时，包括发送和读取邮件，以及用户与本地邮件服务器中自己邮箱的通信，都是通过 HTTP 协议进行的，而不是采用 SMTP 或 POP3（IAMP）协议。但是发送方（发件人/本地）邮件服务器与接收方（收件人/远地）邮件服务器之间使用的仍然是 SMTP 协议。

4.6 对等网络

4.6.1 对等网络概述

对等（Peer to Peer，P2P）网络通过直接交换来共享计算机资源和服务，采用 P2P 计算模式。采用 P2P 技术的网络称为 P2P 网络。与客户机/服务器（C/S）计算模式不同，P2P 网络环境中的计算机都处于对等的地位，每一台计算机既能充当网络服务的请求者，又能对其他计算机的服务请求做出响应，提供资源与服务。P2P 技术将导致信息数据成本资源向所有用户的计算机均匀分布，即呈现“边缘化”趋势。

P2P 技术的发展可以追溯到 1979 年出现的分布式信息交换系统 USENET（新闻组），可以看做是 P2P 早期的应用。P2P 正式步入发展是在 1997 年 7 月，Hotline Communications 研制出一种可以使网络用户从其他用户计算机中直接下载资料的软件。1998 年，美国波士顿大学 18 岁的一年级新生肖恩.范宁编写出一个在网络上寻找 MP3 音乐文件的程序 Napste，可以作为 P2P 软件成功进入人们生活的一个标志。进入 21 世纪之后，P2P 技术得到日新月异的发展，应用了 P2P 技术的多点下载 BT（BitTorrent）软件的成功，将 P2P 的应用推到了一个新的高峰。

P2P 网络所具有的非中心化（Decentralization）、可扩展性、健壮性、高性能/价格比、隐私保护及负载均衡等特点引发了人们研究和应用的兴趣。国外比较知名的 P2P 研究有麻省理工的 IRIS 计划、SUN 公司的 JXTA 平台，以及斯坦福大学的 P2P 研究。

美国国家安全基金会资助 5 所大学和研究机构（MIT、Rice、NYU、UC Berkeley 和国际计算机学院）合作开发一项安全的分布式数据存储系统 IRIS（Infrastructure for Resilient Internet Systems，IRIS）。IRIS 计划的核心技术是分布式散列表（Distributed Hash Tables，DHT），研究内容主要是资源定位和可以方便地开发其他分布式应用的独立平台，MIT 的 chord 已经实现基于 DHT 的查询。

斯坦福大学主要是对 P2P 系统的搜索、资源分配和汇聚，以及安全问题进行了研究探讨，归纳出了仍需要进一步研究的搜索和安全方面的开放性问题。斯坦福大学的 P2P 研究网址是：http://www-db.stanford.edu/peers/。

中国在 P2P 理论研究和实际应用方面开展了许多工作，北京大学、清华大学与华中科技大学都开发出了相应的 P2P 系统。国内 P2P 的市场从 2000 年底开始逐步启动，多家公司推出了中文 P2P 应用软件，例如，POCO、OP、PPLive、Ezpeer、Jelawat、Kuro、Toperson 等。

Maze 是北京大学网络实验室开发的一个中心控制与对等连接相融合的对等计算文件共享系统，在结构上类似 Napster，对等计算搜索方法类似于 Gnutella。Maze 支持基于关键字的资源检索，网络中的每个节点可以将自己的一个或多个目录下的文件共享给系统的其他成员，也可以分享其他成员的资源。

Granary 是清华大学自主开发的对等计算存储服务系统，实现以对象格式存储数据。Granary 设计了采用节点信息收集算法 PeerWindow 的路由协议 Tourist。

AnySee 是华中科技大设计研发的视频直播系统。它采用了一对多的服务模式，支持部分 NAT 和防火墙的穿越，提高了视频直播系统的可扩展性，同时利用任播、分域调度的思想，采用 Landmark 路由算法构建出多播树。

P2P 作为一种网络应用软件架构，可以开发出种类繁多的应用模式，例如，文件共享交换、分布式存储、深度搜索、分布式计算、个人即时通信和协同工作等。

P2P 网络的主要应用如下：

1）文件共享，P2P 技术支持 Internet 上的任意两台计算机之间直接共享文档、多媒体信息。在 P2P 网络中，对等计算机通过不同的查询机制定位含有所需资源的其他对等计算机后，将直接与其建立连接，并下载所需文件。

2）对等计算，把网络中的众多计算机暂时不用的计算能力连结起来，使用积累的能力执行超级计算机的任务。

3）协同工作，P2P 技术使得 Internet 上任意两台主机都可以建立实时的联系，创建了一个资源共享的虚拟空间，人们在虚拟空间上可以同时、交互、协同进行各种活动。

4）搜索引擎，P2P 技术使得用户能够实现深度搜索，这种搜索无需通过 Web 服务器，也可以不受信息文档格式和宿主设备的限制，可达到传统目录式搜索引擎器（只能搜索到 20%～30%的网络资源）无可比拟的深度。P2P 为 Internet 的信息搜索提供了全新的解决之道。

4.6.2 P2P 网络的结构

1．集中式 P2P 网络

集中式 P2P 网络在组成结构上有一个提供索引服务的中心服务器，用于负责记录共享信息，以及回答对这些信息的查询。网络中每一个对等实体对它将要共享的信息以及进行的通信负责，根据需要下载它所需要的其他对等实体上的信息。所有网上提供的资料都分别存放在提供该资料的计算机上，服务器上只保留索引信息。服务器与对等实体以及对等实体之间都具有交互能力。

采用集中式 P2P 的软件被称为第一代 P2P，其代表性的软件为 Napster。集中式 P2P 网络的结构，如图 4-18 所示。

2．分布式非结构化 P2P 网络

分布式非结构化拓扑的 P2P 网络采用了随机图的组织方式来构成一个松散的网络，特点是对网络的动态变化有较好的容错能力，具有较好的可用性，支持复杂查询，例如，带有规则表达式的多关键字查询、模糊查询等。网络中每个节点都具有相同的功能，既是客户机又是服务器，因而节点也被称为对等点。

Gnutella 是分布式非结构化 P2P 网络的典型代表。Gnutella 没有中心服务器，采用完全随机图的洪泛式搜索和随机转发机制。为了控制搜索消息的传输，Gnutella 网络采用类似 IP 数据包中 TTL 的机制来决定是否继续转发消息，Gnutella 的查询和数据流，如图 4-19 所示。

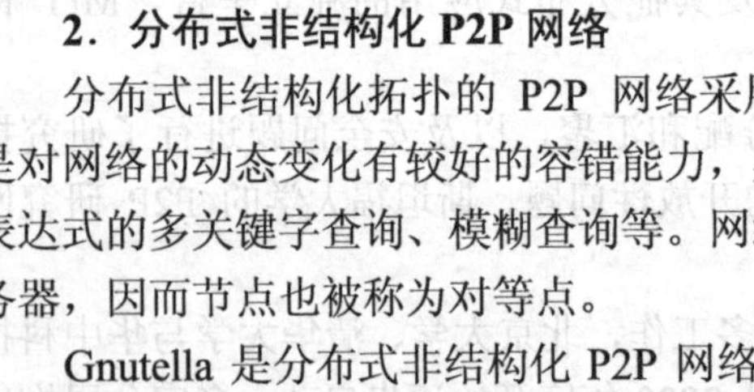

图 4-18　集中式 P2P 网络的结构

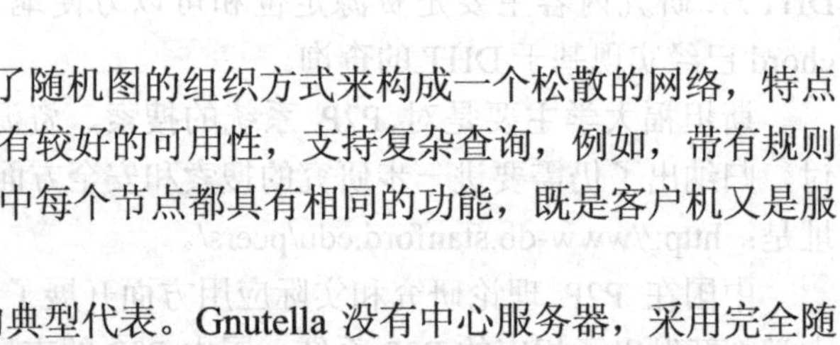

图 4-19　Gnutella 的查询和数据流

3．分布式结构化 P2P 网络

由于非结构化拓扑的 P2P 网络中随机搜索造成的不可扩展性，人们开始研究如何构造一个高度结构化的 P2P 系统。研究的重点在于如何有效地查找信息，最新的成果就是基于分布式散列表（DHT）的分布式发现和路由算法。这种算法避免了使用类似 Napster 的中心服务器，也不同于 Gnutella 使用基于洪泛的查找，而是通过分布式散列函数将输入的关键字唯一地映射到某个节点上，然后通过一些特定路由算法和该节点建立连接。

在 DHT 技术中，网络节点按照一定的方式分配一个唯一节点标识符（Node ID），资源对象通过散列运算产生一个唯一的资源标识符（Object ID），且该资源将存储在节点 ID 与之相等或者相近的节点上。需要查找该资源时，采用同样的方法可定位到存储该资源的节点。DHT 能够自适应节点的动态加入和退出，有着良好的可扩展性、健壮性、自组织能力和节点 ID 分配的均匀性。

DHT 存在的主要问题是：维护机制较为复杂；DHT 仅支持精确关键词匹配查询，无法支持内容和语义等复杂查询。实现分布式结构化拓扑的 P2P 网络有 Pastry、Tapestry、Chord 和 CAN 等。

4．混合式 P2P 网络

集中式 P2P 形式有利于网络资源的快速检索，分布式 P2P 形式解决了抗攻击问题，但是又缺乏快速搜索和可扩展性。混合式 P2P 在分布式模式的基础上，将用户节点按能力进行分类，使某些节点担任特殊的任务，在设计思想和处理能力上都得到进一步优化。混合式 P2P 网络模式的典型例子是即时通信软件 Skype。

混合式 P2P 网络总共包含 3 种节点：用户节点、搜索节点和索引节点。用户节点就是普通的网络节点，不具有任何特殊的功能。搜索节点处理搜索请求，从它们的子节点中搜索文件列表。索引节点保存可以利用的搜索节点信息、搜集状态信息，以及尽力维护网络的结构。一个节点可以既是搜索节点又是索引节点。混合式 P2P 网络结构及查询和数据流，如图 4-20 所示。

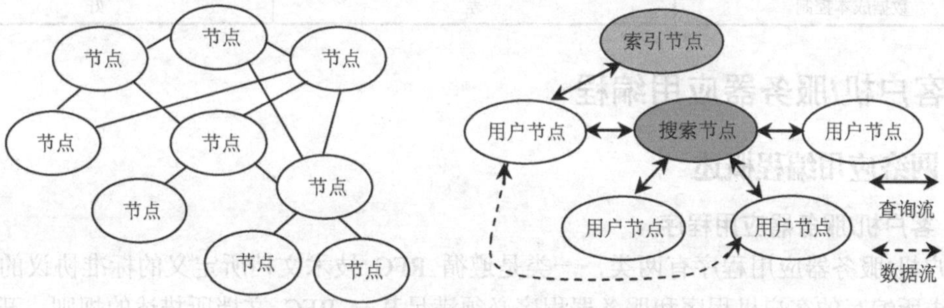

图 4-20　混合式 P2P 网络的结构及查询和数据流

用户节点可以选择 3 个搜索节点作为它的父节点，如果父节点接受该用户节点作为它的子节点的话，那么该用户节点就可以提交它要共享的列表给它的父节点。默认的情况下，搜索节点最多可以维护 500 个子节点。

混合式 P2P 网络核心技术有两点：一是引入索引节点，索引节点不会直接连接到有版权的资料，只是搜索所需资料相关的地址，至于用户连接下载了什么内容和它无关；二是引入搜索节点，搜索节点管理着所属用户的文件列表。用户节点通过索引节点获得搜索节点信息，之后用户节点就与获得的搜索节点相连，每一次查询都通过该搜索节点进行。第三代 P2P 的软件体系结构采用的是混合 P2P，

4.6.3　P2P 网络和 C/S 网络的比较

P2P 网络中弱化了服务器的功能，网络中的主机互为客户机/服务器，即使只有一个对等

点存在，网络也是处于活动状态的，节点所有者可以随意地将自己的信息发布到网上。

P2P 的优点是：网络中每个节点的地位都是对等的，每个节点既充当服务器，为其他节点提供服务，同时也充当客户端，享用其他节点提供的服务。P2P 网络中的一切资源都会有机会得到利用，具有很高的资源利用率。由于每个节点在工作时都在向网络贡献资源（存储空间、CPU 周期等），因此，对等点越多，网络的性能就越好。

而在 C/S 模式中，客户端之间要进行文件交换必须经服务器，随着节点的增加，服务器的负担越来越重，会逐渐形成系统瓶颈。在 C/S 模式下即使客户端有大量的闲置资源，如果没有得到服务器的响应，资源也无法被利用，

P2P 的不足之处就在于不易管理，网络中数据的安全性难以保证。P2P 网络与 C/S 网络的性能比较，见表 4-13。

表 4-13　P2P 网络与 C/S 网络的性能比较

比 较 内 容	C/S 网络的性能	P2P 网络的性能
数据发布	差	好
数据接受	好	中
数据更新	差	好
数据质量	好	中
数据互动性	差	好
数据即时性	差	好
数据安全性	好	差
数据覆盖率和数量	好	差
数据管理方便性	好	差
数据成本控制	差	好

4.7　客户机/服务器应用编程

4.7.1　网络应用编程概述

1．客户机/服务器应用程序

客户机/服务器应用程序有两类，一类是遵循 RFC 技术文档所定义的标准协议的开放应用，要求所编写的客户机程序和服务器程序必须满足某一 RFC 文档所描述的规则，开发出的程序能够在因特网中交互操作，例如，遵循 RFC 959 开发的 FTP 客户机/服务器应用程序。另一类客户机/服务器应用程序是专用的，可以不遵循 RFC 技术文档所定义的规则。

网络应用程序的核心是由客户机程序和服务器程序组成的，这两个程序运行时，将创建一个客户机进程和一个服务器进程，进程之间通过套接字读写数据进行通信。网络应用的主要任务就是编写客户机程序和服务器程序的代码。套接字在客户机/服务器应用程序中起到了核心作用，因此，客户机/服务器应用程序的开发也称为套接字编程。

在具体编程时，可以使用 TCP 协议，采用面向连接的数据流（SOCK_DGRAMSTREAM）传输服务，也可以使用 UDP 协议，采用无连接的数据报（SOCK_DGRAM）传输服务。

网络应用编程时首先要确定应用程序是在 TCP 上还是在 UDP 运行。运输层协议 TCP 是面向连接的，为两个端系统之间的数据流动提供可靠的字节流通道。而 UDP 是无连接的，在从一个端系统向另一个端系统发送 PDU 之前，不需要建立连接，不对交互提供任何可靠

保证。

2．Java 语言编程简介

网络编程可以采用 C 语言、C++语言，或 Java 语言。书中选用 Java 语言编写 TCP 和 UDP 程序，是基于以下原因：用 Java 语言写的程序清晰简洁、代码量少；编写的客户机/服务器程序具有软、硬件平台无关性；Java 语言是采用面向对象软件开发技术、面向类的语言；Java 具有解释性、多线程、动态、安全、易用等特点。

可以从 SUN 公司的网站 http://java.sun.com 免费下载 Java 程序开发环境，例如，下载在 Windows 操作系统环境使用的软件开发工具 SDK1.4（j2sdk-1_4_1_02-windows-i586.exe）。SDK1.4 的安装过程很简单，按对话框提示设置即可，可以指定安装目录，例如，D:\jdk1.4。

SDK 平台提供的 Java 编译器（javac.exe）和解释器（java.exe）位于安装目录下的 bin 文件夹中，为了可以在任何目录中使用编译器和解释器，需要在计算机系统特性中设置两个系统环境变量 Path 和 ClassPath。

在所用计算机上设置环境变量 Path 的方法是：用鼠标右键单击“我的电脑”→“属性”→“系统特性”→“高级”→“环境变量”。在弹出的对话框中添加系统环境变量，变量名：Path，变量值：D:\jdk1.4\bin。也可以在命令行窗口输入命令：Path=D:\jdk1.4\bin。

设置环境变量 ClassPath 的方法同上，在弹出的对话框中添加系统环境变量，变量名：ClassPath，变量值：D:\jdk1.4\jre\lib\rt.jar;.;。也可以在命令行窗口输入命令：set ClassPath= D:\jdk1.4\jre\lib\rt.jar;.;。在 SDK 安装目录的 jre 文件夹中包含 Java 应用程序运行时需要的 Java 类库，这些类库包含在 jre\lib 目录下的压缩文件 rt.jar 中。ClassPath 环境变量设置中的“;.;”是指可以加载应用程序当前目录及子目录中的类。

检验 Java 程序开发环境是否安装成功的方法是，可以在命令行方式下，分别输入“D:\javac”和“D:\javac”，并点击回车键，调用 Java 编译器（javac.exe）和解释器（java.exe），看是否出现正确提示信息。

3．Java 语言程序的开发步骤

1）编写 Java 源程序文件，在纯文本编辑器中（例如，记事本）编写 Java 语言源程序文件，文件扩展名为“.java”，例如，Java 源程序文件 exampl1.java，并保存在指定文件夹中。

2）编译源程序，调用 Java 编译器 javac.exe，在命令行方式方式下，输入“D:\javac exampl1.java”，形成可以解释执行的 Java 字节码文件，文件扩展名为“.class”，该文件自动保存在原先指定的文件夹中，例如，产生一个字节码文件 exampl1. class。此处“D:\”为磁盘标识符，用户也可以指定为自己使用的磁盘标识符。

3）解释执行字节码文件（执行 Java 程序），调用 Java 编译器 java.exe，在命令行方式方式下，输入“D:\java exampl1. class”，执行所设计的 Java 程序，此时，字节码文件的扩展名可以省略。观察程序执行后在屏幕上显示的结果。

Java 语言的语法格式、程序结构、设计方法等内容，请读者参看有关 Java 语言编程的书籍。

4．客户机程序与服务器程序特性比较

客户机程序与服务器程序可以很好地解决应用程序之间的同步，而且能适应计算机网络中网络资源分配不均衡的问题，有些网络节点的计算机设备具有高速 CPU、大容量的存储器，而多数节点的计算机设备是简单的 PC 机。目前，客户机/服务器（C/S）仍然是计算机网络中采用的主要计算模式。客户机程序与服务器程序特性比较，见表 4-14。

表 4-14　客户机程序与服务器程序特性比较

比 较 内 容	客户机程序	服务器程序
程序性质	普通的应用程序，进行远程访问时成为临时客户机，同时也可以进行其他本地计算	专门用途、享有特权的应用程序，用来提供一种特殊的网络服务
面对的用户	为一个用户服务，用户可以随时开始或停止运行	同时处理多个远程客户的请求，一般会先调用执行，并一直保持运行状态
运行的位置	在用户的计算机上本地运行	在网络中一台共享的计算机上运行
主动与被动	主动地与服务器程序联系	被动地等待各个客户的请求
主机硬件的要求	对硬件和操作系统没有特殊要求	对硬件和操作系统有较高的要求

4.7.2 TCP 套接字应用编程

1. TCP 套接字编程

每个应用进程好比是一座房子，与进程相联系的套接字就好比是一个门户，也可以说套接字是应用进程和 TCP 之间的门户。网络应用编程需要给出套接字的描述，这也是把网络编程称为套接字编程的原因。

在面向连接的 C/S 应用系统中，服务器进程应首先处于运行状态，打开套接字，等待客户机进程发起的连接和请求。客户机进程的任务是发起与服务器的联系，有时也把客户机程序发起连接比喻成“敲门”。

客户机进程通过创建一个新套接字，指定要访问的服务器进程地址，即该服务器的 IP 地址和该进程的端口号，向服务器发起一个 TCP 连接请求。客户机中的 TCP 和服务器的 TCP 发起三次握手并建立一个 TCP 连接，在连接过程中，服务器进程接受连接请求，并创建一个新的套接字，为给客户机进程提供服务，即是说客户机进程与服务器进程之间通过一对套接字建立起关联。

从应用程序的观点来看，TCP 连接是客户机套接字和服务器连接套接字之间的一个直接的虚拟管道。客户机进程可以向它的套接字发送任意位（比特）的数据流，TCP 保证服务器进程能够按客户机进程发送的顺序接收（通过连接套接字）到每一位数据。此外，就像人们可以从同一个门进和出一样，客户机进程可以从它的套接字中接收数据，服务器进程也可以向它的套接字中发送数据。通过 TCP 套接字通信的过程，如图 4-21 所示。

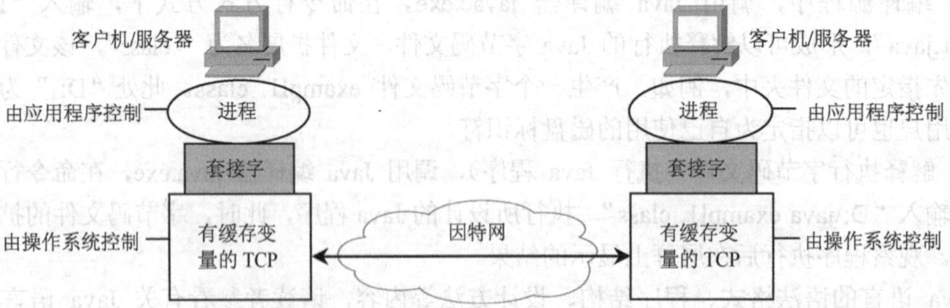

图 4-21　通过 TCP 套接字通信的过程

流（stream）是流入和流出进程的字节序列，输入流与该进程的输入相联系，例如，标准的键盘输入，或者是将流入到套接字的来自 Internet 的数据。输出流与进程的某个输出相联系，例如，标准监视器（显示器）输出，或者是将通过套接字流出到 Internet 的数据。

对 TCP 编程，从进程的观点来看，TCP 连接建立以后，好像在客户机和服务器进程之间有一条管道。这条管道一直保持和存在，除非其中一个进程将其关闭。管道提供了一条可靠的字节流通道，接收进程接收到的字节顺序和发送进程插入管道的字节顺序完全一致。当其中一个进程想向另一进程发送字节时，它直接将这些字节插入管道即可，发送进程不必在这些字节上附加目的地址，因为这条管道已和目的地址有逻辑上的连接。

2．客户机/服务器编程示例

客户机/服务器应用程序的功用是：

1）客户机从其标准输入键盘，读取用户输入一行小写字母字符，并通过其套接字将该行向服务器发送该行字符。

2）服务器从其连接套接字读取一行字符数据。

3）服务器将该行字符转换成大写字符。

4）服务器将修改的一行字符通过其连接套接字再发回给客户机。

5）客户机从其套接字中读取由服务器修改过的一行字符，然后将该行的字符在其标准输出监视器上显示出来。

面向连接的客户机/服务器的运输服务，如图 4-22 所示。

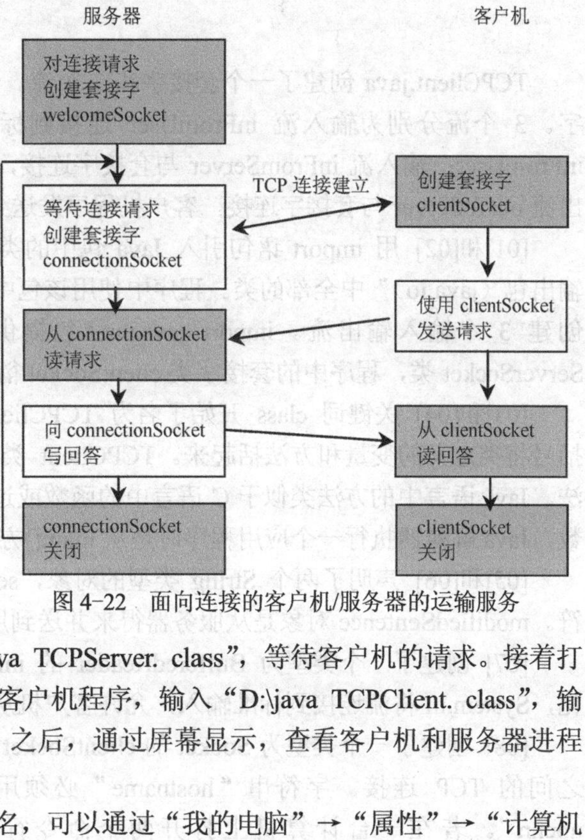

图 4-22　面向连接的客户机/服务器的运输服务

客户机程序的文件名为：TCPClient.java，服务器程序的文件名为：TCPServer.java。两个程序分别编辑、编译好以后，服务器程序先在服务器主机上运行，服务器进程等待由客户机进程发起的连接。也可以在一台计算机主机上打开两个命令行窗口，分别运行服务器和客户机程序。

例如，先打开一个命令行窗口，在命令行方式下运行服务器程序，输入“D:\java TCPServer. class”，等待客户机的请求。接着打开另一个命令行窗口，在命令行方式下运行客户机程序，输入“D:\java TCPClient. class”，输入一行小写英文字母，按〈Enter〉键提交，之后，通过屏幕显示，查看客户机和服务器进程之间的交互结果。

程序中的“hostname”应为本地计算机名，可以通过“我的电脑”→“属性”→“计算机名”，找到本地计算机名。为方便对程序分析，在主要语句行给出数字序号标识，在实际编程时，这些序号是不需要的。

3．TCPClient.java 源代码及分析

```
[01]  import java.io.*;
[02]  import java.net.*;
[03]  class TCPClient {
[04]      public static void main(String argv[]) throws Exception
          {
[05]      String sentence;
[06]      String modifiedSentence;
[07]      BufferedReader inFromUser =
```

```
                new BufferedReader(new InputStreamReader(System.in));
[08]        Socket clientSocket = new Socket("hostname", 6789);
[09]        DataOutputStream outToServer =
                new DataOutputStream(clientSocket.getOutputStream());
[10]        BufferedReader inFromServer =
                new BufferedReader(new InputStreamReader(clientSocket.getInputStream()));
[11]        sentence = inFromUser.readLine();
[12]        outToServer.writeBytes(sentence + '\n');
[13]        modifiedSentence = inFromServer.readLine();
[14]        System.out.println("FROM SERVER: " + modifiedSentence);
[15]        clientSocket.close();
                }
            }
```

TCPClient.java 创建了一个套接字和 3 个流。一个套接字是 clientSocket，是客户端的套接字。3 个流分别为输入流 inFromUser 连接到标准输入键盘，用户从键盘输入的字符流入 inFromUser；输入流 inFromServer 与套接字连接，从网络传输来的字符流入 inFromServer；输出流 outToServer 与套接字连接，客户机程序发送到网络的字符流进入 outToServer。

[01]和[02] 用 import 语句引入 Java 包中的类。import java.io.*中的“*”是指引入“输入输出包（java.io）”中全部的类。程序中使用该包中的类 BufferedReader 类和 DataOutStream 类创建 3 个输入输出流。import java.net.*包提供支持网络功能的类，例如，Socket 类和 ServerSocket 类，程序中的套接字类 clientSocket 衍生于 Socket 类。

[03]和[04] 关键词 class 开始了名为 TCPClient 类的类定义，类包含有变量和方法，用花括号将类定义的变量和方法括起来。TCPClient 类中没有类变量且仅有一个方法，即 main()方法。Java 语言中的方法类似于 C 语言中的函数或过程，同样类似于 C 语言和 C++中的 main 函数，Java 解释器执行一个应用程序时是从 main()方法开始执行。

[05]和[06] 声明了两个 String 类型的对象，sentence 对象包括用户输入和送到服务器的字符。modifiedSentence 对象是从服务器得来并送到用户标准输出的字符串。

[07] 创建了一个类型为 BufferedReader 的 inFromUser 流对象，输入流用 System.in 初始化，System.in 将流连接到标准输入，允许客户机从其键盘读入文本。

[08] 创建了一个类型为 Socket 的 clientSocket 套接字对象，它也初始化客户机端和服务器之间的 TCP 连接。字符串“hostname”必须用服务器的主机名代替（例如，“fling.seas.upenn”。若在一台计算机上打开两个命令行窗口，分别运行服务器和客户机进程，“hostname”应为该计算机的名字）。在 TCP 连接实际初始化之前，客户机必须先进行一次 DNS 查询，通过 hosteame 获得主机的 IP 地址。6789 是一个端口号，可以使用不同的端口号，但必须确认所使用的这个端口号和服务器应用程序所使用的一致。主机 IP 地址和该应用程序的端口号组成套接字，标识了该服务器进程。

[09]和[10] 两行创建了两个连接到套接字的流对象。outToServer 流提供了输出到套接字的进程，inFromServer 流提供了从套接字输入的进程。

[11] 将经过标准输入的一行字符经 inFromUser 流传递到 sentence 字符串对象中，直到用户按下〈Enter〉键为止。

[12] 将字符串 sentence 变量数据和回车符发送到 outToServer 流中。Sentence 字符串流经过客户机套接字并进入 TCP 管道中。然后客户机等待接收来自服务器的字符。

[13] 当字符达到服务器时，它们流过 inFromServer 流，并进入字符串 modifiedSentence 中。modifiedSentence 中的字符不断积累，遇到回车符后结束该行。

[14] 将服务器返回来的 modifiedSentence 字符串输出到显示器上。

[15] 关闭套接字 clientSocket。客户机和服务器之间的 TCP 连接也关闭，客户机向服务器发送连接释放的运输层报文。

4．TCPServer.java 源代码及分析

```
[01] import java.io.*;
[02] import java.net.*;
[03] class TCPServer {
[04]      public static void main(String argv[]) throws Exception
          {
[05]      String clientSentence;
[06]        String capitalizedSentence;
[07]      ServerSocket welcomeSocket = new ServerSocket(6789);
[08]      while(true) {
[09]           Socket connectionSocket = welcomeSocket.accept();
[10]           BufferedReader inFromClient = new BufferedReader(new
                      InputStreamReader(connectionSocket.getInputStream()));
[11]           DataOutputStream outToClient –
                      new DataOutputStream(connectionSocket.getOutputStream());
[12]                  clientSentence = inFromClient.readLine();
[13]                  capitalizedSentence = clientSentence.toUpperCase() + '\n';
[14]                  outToClient.writeBytes(capitalizedSentence);
                      }    }    }
```

TCPServer.java 和 TCPClient.java 在语句上有很多相似之处。下面分析与 TCPClient.java 不同的语句行。

[07] 创建了一个类型为 ServerSocket 的 welcomeSocekt 对象。Welcome 套接字是一种能监听某个客户机“敲门”声的门。welcomeSocekt 在 6789 端口上监听。

[09] 当某些客户机与 welcomeSocekt 连接时，这行就创建一个新的套接字，称为 connectionSocket。这个套接字也使用 6789 端口。之后，TCP 在客户机的 clientSocket 和服务器端的 connectionSocket 之间建立了一条直接的虚拟管道。该客户机和和服务器则可以通过该管道彼此发送字节，并且发送所有字节将按顺序达到对方。

[10]、[11]和[12] 用于创建几个流对象，使用方法在与 clientSocket 中创建的流对象类似。

[13] 该语句行为程序的核心，将客户机发送过来行中的字符转化为大写，然后加上回车符后发送回去，它使用了 toUpperCase()方法。目的地址由目的主机的 IP 地址和目的进程的端口号组成。

4.7.3 UDP 套接字应用编程

1．UDP 套接字编程概述

UDP 协议提供的是一种无连接的服务，即在两个进程之间没有创建管道时所需的初始握手阶段。UDP 协议为通信进程提供的是不可靠的运输服务，它并不确保数据包能够被传输到它的最终目的地。因为 UDP 编程中没有管道，所以当一个进程需要向另一个进程发送数据时，该发送进程需要为这些字节附上目的进程的地址。将带有 IP 目的地址和端口号的一批字节数据称为“分组”，创建一个分组后，发送进程通过套接字将分组送到网络。

用 Java 语言编写 UDP 程序与编写 TCP 程序有很多不同之处，UDP 编程的特征是，两个进程之间没有进行初始握手，不需要欢迎套接字；没有流与套接字相联系；发送主机创建分组，将 IP 目的地址和端口号附在它发送的分组上；接收进程必须拆开所接收到的每个分组，获得该分组的信息数据。无连接的客户机/服务器运输服务过程，如图 4-23 所示。

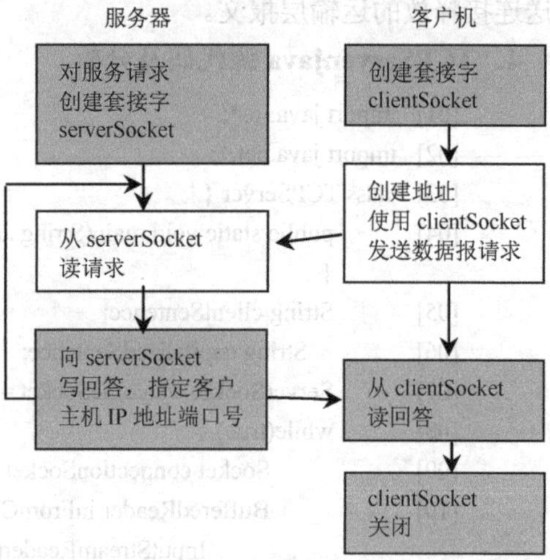

图 4-23　无连接的客户机/服务器的运输服务过程

客户机程序的文件名为 UDPClient.java，服务器程序的文件名为 UDPServer.java。客户机/服务器应用程序的功用与上述 TCP 套接字编程例子一样。

2．UDPClient.java 源代码及分析

```
[01]  import java.io.*;
[02]  import java.net.*;
[03]  class UDPClient {
[04]  public static void main(String args[]) throws Exception
          {
[05]          BufferedReader inFromUser =
                  new BufferedReader(new InputStreamReader(System.in));
[06]          DatagramSocket clientSocket = new DatagramSocket();
[07]          InetAddress IPAddress = InetAddress.getByName("hostname");
[08]          byte[] sendData = new byte[1024];
[09]          byte[] receiveData = new byte[1024];
[10]          String sentence = inFromUser.readLine();
[11]          sendData = sentence.getBytes();
[12]          DatagramPacket sendPacket =
                  new DatagramPacket(sendData, sendData.length, IPAddress, 9876);
[13]          clientSocket.send(sendPacket);
[14]          DatagramPacket receivePacket =
                  new DatagramPacket(receiveData, receiveData.length);
[15]          clientSocket.receive(receivePacket);
[16]          String modifiedSentence = new String(receivePacket.getData());
[17]          System.out.println("FROM SERVER:" + modifiedSentence);
[18]          clientSocket.close();
          }   }
```

UDPClient.java 构造了一条流和一个套接字，UDP 使用了与 TCP 不同类型的套接字，套接字被称为 clientSocket，其类型为 DatagramSocket。InFromUser 流是程序的一条输入流；它与标准输入相联系，即与键盘相联系。与 TCP 不同的是，没有流（输入或输出）被连接到套接字上，UDP 不是将字节送入与套接字相联系的流，而是将各个分组通过 DatagramSocket 对象直接发送出去。下面仅分析与 UDP 编程特征有关的语句行。

[06] 创建一个 DatagramSocket 类型的客户机套接字 clientSocket。构造函数 Datagram

Socket()并没有以服务器主机名或端口号作为参数，执行这一行为客户机进程创建了门户，但并没有在进程之间创建管道。

[07] 获得目的进程的地址，该行调用 DNS 查询，将主机名"hostname"（由开发者在代码中提供）转换成 IP 地址。此处在语句中注明是显式转换，而 TCP 编程是采用隐式转换。getByName()方法将服务器的主机名作为参数，返回该服务器的 IP 地址。并将该地址的值赋予 InetAddress 类型的 IPAddress 对象。

[08]和[09] 进行类型转换，获取这个字符串并将它命名为 sendData，sendData 是个字节数组。

[12] 构造了一个类型为 DatagramPacket 的分组 sendPacket，客户机通过套接字将它发送到网络，该分组包含 sendData 分组中的数据、数据的长度、服务器的 IP 地址和该应用程序的端口号(假设为 9876)。

[13] clientSocket 对象的 send()方法得到了刚刚构造的分组，再通过 ClientSocket 向网络发送。发送之后客户机等待接收来自服务器的分组。

[14] 客户机创建了放置分组的地方，即类型为 DatagramPacket 的 receivePacket 对象。

[15] 将接收到的一个分组放到 receivePacket 中。

[16] 从 receivePacket 中提取数据，进行类型转换，将字节数组数转换成 modifiedSentenc 字符串。

[17] 将 modifiedSentence 字符串输出到显示器上。

[18] 关闭套接字，因为 UDP 是无连接的，与 TCPClient 不同，不会引起客户机向服务器发送运输层报文。

3．UDPServer.java 源代码及分析

```
[01]  import java.io.*;
[02]  import java.net.*;
[03]  class UDPServer {
[04]  public static void main(String args[]) throws Exception
        {
[05]        DatagramSocket serverSocket = new DatagramSocket(9876);
[06]        while(true)
              {
[07]              byte[] receiveData = new byte[1024];
[08]              byte[] sendData    = new byte[1024];
[09]              DatagramPacket receivePacket =
                          new DatagramPacket(receiveData,    receiveData.length);
[10]              serverSocket.receive(receivePacket);
[11]              String sentence = new String(receivePacket.getData());
[12]              InetAddress IPAddress = receivePacket.getAddress();
[13]              int port = receivePacket.getPort();
[14]              String capitalizedSentence = sentence.toUpperCase();
[15]              sendData = capitalizedSentence.getBytes();
[16]              DatagramPacket sendPacket =
                  new DatagramPacket(sendData,  sendData.length,  IPAddress,  port);
[17]              serverSocket.send(sendPacket);
            }  }  }
```

UDPServer.java 程序构造了一个类型为 DatagramSocket 的套接字 serverSocket，与 UDPClient.java 的套接字相同，没有与套接字相联系的流。

[05]在端口 9876 构造了类型为 DatagramSocket 的套接字 serverSocket，所有发送和接收的数据都将通过该套接字。因为 UDP 是无连接的，当接收时没有必要像 TCPServer.java 那样，产生一个新的套接字并继续监听新的请求。如果有多个客户机同时访问服务器时，它们都将向这个单一的门户 serverSocket 发送分组。

[07]和[08]因为字节缓冲区一直存在，再次运行时会有多余的内容，需要将此两行放入循环结构内。而在 TCP 编程例子中用到的缓冲区没有这种情况。

[11]、[12]和[13]对来自客户机的分组进行拆分。其中，第一行从分组中提取出数据，并将这些数据放入 String sentence 中，在 UDPClient 中有类似行；第二行提取 IP 地址；第三行提取了由客户机选择的客户机端口号。

因为 UTP 提供的是无连接服务，与 TCP 不同的是，在测试使用 UDP 的客户机/服务器程序时，可以先运行客户端程序，然后再运行服务器端程序。

4.8 小结

应用层协议需要运输层协议提供的服务，分为 3 种情况：第一种是使用 TCP 协议，例如 HTTP、SMTP、FTP、Telnet 等；第二种是使用 UDP 协议；第三种是既可以使用 TCP 协议，也可以使用 UDP 协议。

计算机网络中网络应用的计算模式主要有客户机/服务器模式和对等模式，应用最多的是客户机/服务器模式。

人们采用域名来对应 IP 地址，域名采用类自然语言的字符串，各字符串之间用点间隔起来，标识一个网络连接。域是名字空间中一个可被管理的划分，域还可以继续划分为子域。应用层协议 DNS 用来实现域名地址到 IP 地址的解析。

万维网（WWW）使用超文本标记语言（HTML）组织信息、创建 Web 文档，使用超文本传输协议（HTTP）传输 Web 文档。URL 是一种统一格式的 Internet 信息资源位置的标识方法。

FTP 使用运输层协议 TCP，FTP 使用客户机/服务器模式，FTP 采用交互式工作方式。FTP 的客户机和服务器之间分别通过端口号 21 和 20 建立“控制连接”和“数据连接”。FTP 的控制信息是属于带外传送的，而 HTTP 属于带内传输控制信息。

电子邮件系统的构成包括用户代理（客户机）、电子邮件服务器和电子邮件协议。电子邮件协议包括简单邮件传输协议 SMTP、POP3 或 IMAP。发送方用户代理与邮件服务器之间使用 SMTP 协议。邮件服务器之间使用 SMTP 协议。在接收方，用户代理与接收方邮件服务器之间使用 POP3 或 IMAP 协议。

对等网络通过直接交换来共享计算机资源和服务，采用 P2P 计算模式。P2P 网络环境中的计算机都处于对等的地位，每一台计算机既能充当网络服务的请求者，又能对其他计算机的请求做出响应，提供资源与服务。P2P 网络的结构主要包括集中式、分布式和混合式。

网络应用程序的核心是由客户机程序和服务器程序组成的，程序运行时，将创建一个客户机进程和一个服务器进程，进程彼此之间通过从套接字读写数据，进行通信。套接字在客户机/服务器应用程序中起关键作用，因此客户机/服务器应用程序的开发也称为套接字编程。

4.9 思考题与习题

4-1　什么是应用层协议？应用层协议与哪些概念相联系？

4-2　应用层需要提供哪些服务？

4-3　网络应用采用哪些计算模式？叙述计算模式的特点。

4-4　通信进程与应用层协议是什么关系？

4-5　为什么采用域名系统？结合例子说明所用到的域名地址。

4-6　为什么域名地址采用层次结构？

4-7　顶级域名有哪些规则？结合应用说明一个多级域名应用的例子。

4-8　域名系统的主要功能是什么？域名系统中的根服务器和授权服务器有何区别？授权服务器与管辖区域有何关系？

4-9　写出 DNS 记录的格式。

4-10　写出 DNS 报文格式，解释各字段的作用。

4-11　以对域名地址 www.computer.pku.edu.cn 解析为例，说明 DNS 的工作原理。

4-12　什么是超文本、超媒体、超链接，结合应用给出一个例子。

4-13　写出 URL 的格式，解释各部分的作用。

4-14　写出 HTTP 请求报文的格式，解释各字段的含义。

4-15　一个文件夹中有两个文件 X 和 Y。从文件 X 中的某处有一个超链的起点：“文件 Y”。点击“文件 Y”就可以链接到文件 Y。这个超链的相应 HTML 语句是：

<A HREF=“Y.html”>文件 Y</A>

现在将文件 X 移动到另一个文件夹中。再打开文件 X 并点击“文件 Y”这个超链起点，发现已无法找到文件 Y(但文件 Y 并未移动位置)。试解决这个问题。

4-16　文件传输协议 FTP 协议的特点有哪些？

4-17　文件传输协议 FTP 为什么采用两个连接？

4-18　写出一个 FTP 应用的例子。

4-19　TFTP 的特点是什么？

4-20　电子邮件的特点是什么？

4-21　电子邮件系统由哪些部分构成，解释各部分的作用。

4-22　电子邮件涉及哪些协议，分别用在哪些位置？

4-23　试简述 SMTP 通信的 3 个阶段的过程。

4-24　试述邮局协议 POP 的工作过程。在电子邮件中，为什么必须使用 POP 和 SMTP 这两个协议？IMAP 与 POP 有何区别？

4-25　MIME 与 SMTP 之间的关系是什么？

4-26　MIME 有哪些类型、子类型？

4-27　写出一个电子邮件传输过程的例子。

4-28　写出 Web 电子邮件的特点，用到的协议是什么？

4-29　MIME 与 SMTP 的关系是怎样的？什么是 Quoted-printable 编码和 Base64 编码？

4-30　FTP 和 HTTP 的最重要的差别是什么？

4-31　简述 P2P 的发展过程，有哪些可以称作里程碑的事件？

4-32 P2P 网络的基本结构有哪些，各有什么特点？

4-33 TCP 网络编程有什么特点？

4-34 UDP 网络编程有什么特点？

4-35 请验证书中 TCP 编程客户机程序和服务器程序例子。

4-36 请验证书中 UDP 编程客户机程序和服务器程序例子。

4-37 对同一个域名向 DNS 服务器发出多次 DNS 请求报文后，每一次得到的 IP 地址都不一样，说明会有这种可能吗，为什么？

4-38 用 Ethereal/Wireshark 工具捕获 DNS 协议包，并进行分析。

4-39 用 Ethereal/Wireshark 工具捕获 HTTP 协议包，并进行分析。

4-40 用 Ethereal/Wireshark 工具捕获 FTP 协议包，并进行分析。

4-41 用 Telnet 命令登录电子邮件服务器，进行验证协议应用的操作。

4-42 用 Telnet 命令登录 Web 服务器，进行验证协议应用的操作。

4-43 用 Telnet 命令登录 FTP 服务器，进行验证协议应用的操作。

4-44 进行 Web 文档文件源代码的查看操作。

第5章　运　输　层

运输层的位置在网络边缘，属于端到端的层次。运输层是计算机网络体系结构中承上启下的层次，运输层要为应用层提供端到端可靠的运输连接，屏蔽掉下面通信子网的差异。由于通信子网只能提供“尽力交付”的服务，运输层所实现的功能是很复杂的。运输层需要解决区分不同应用进程、流量控制、差错控制、拥塞控制等问题。

本章介绍实现可靠数据传输的网络协议，涉及网络协议的设计和实现方法，从理想情况下的网络协议分析着手，逐步接近实际网络环境中用到的网络协议。分析和讨论围绕停-等协议、回退N协议和选择重传协议展开。

TCP/IP 协议簇中，对应运输层的协议有两个：传输控制协议（TCP）和用户数据报协议（UDP），分别提供面向连接和无连接的运输服务，适应不同的因特网应用，本章将对这两个协议进行较详细的介绍。

通过本章学习，要求熟悉运输层复用与分解的基本概念。了解套接字的作用。掌握实现可靠数据传输的网络协议的设计与分析方法，掌握运输层协议基本功能的实现技术和方法。熟悉网络服务质量（QoS）的基本概念。掌握用户数据报协议（UDP），以及传输控制协议（TCP）的基本内容和协议实现方法。

5.1　运输层概述

5.1.1　运输层提供的服务

运输层的位置在网络边缘，属于端到端的层次。运输层协议处在计算机网络中的端系统之间，为应用层提供可靠的端到端的通信和运输连接。运输层为高层用户屏蔽了下面通信子网（网络核心）的细节，例如，网络采用的拓扑结构、所采用的网络协议等。通过运输协议，把尽力交付的不可靠的网络服务演变成为支持网络应用的可靠网络服务。

运输层是计算机网络层次中关键的层次，从 OSI 的 7 层网络体系结构和现在的 5 层网络体系结构层次看，运输层起着承上启下的功用。用网络边缘和网络核心来描述计算机网络，位于网络边缘的运输层，提供网络边缘与网络核心的接口和连接。运输层传输的协议数据单元（PDU）称为报文段（Message Segment，MS）。

有了运输层后，应用于各种网络的应用程序能够采用一个标准的原语集来编写，而不必担心通信子网不同的接口和不可靠的数据传输。

运输层除了要为应用进程提供复用和分用，还要为应用报文提供差错检测，包括传输数据出错、传输数据丢失、应答数据丢失、重复、失序、超时等。运输协议要为端系统提供流量控制，并对尽力交付的网络提供拥塞控制，以及运输连接建立与连接释放、连接控制和报文段序号设置等。

根据应用层协议的要求，运输层要提供两种不同的运输协议，即面向连接的和无连接的。在 TCP/IP 协议簇中，分别是面向连接可靠的 TCP 协议，以及无连接不可靠的 UDP 协议。

按照 OSI 对运输协议的分类，运输协议有 5 类，分别为 TP0、TP1、TP2、TP3、TP4，其中 TP4 是最复杂的协议。这些不同的运输协议分别对应 A、B、C 3 种不同质量的网络服务，其中 A 类网络服务质量最好。因特网中采用的运输层协议 TCP 是面向连接的可靠的运输层协议，相当于 OSI 中的运输协议 TP4。

运输协议的复杂程度和底层网络的关系，如图 5-1 所示，图中用高度表示协议的复杂程度。可以看出，在应用层和运输层的接口处，运输层必须为应用层提供可靠的端到端运输服务。若网络服务可以提供很好的质量，例如，网络服务 2，相应的运输协议就可以很简单，采用运输协议 2；反之若网络服务很差，例如，网络服务 1，对应的运输协议就很复杂，采用运输协议 1。

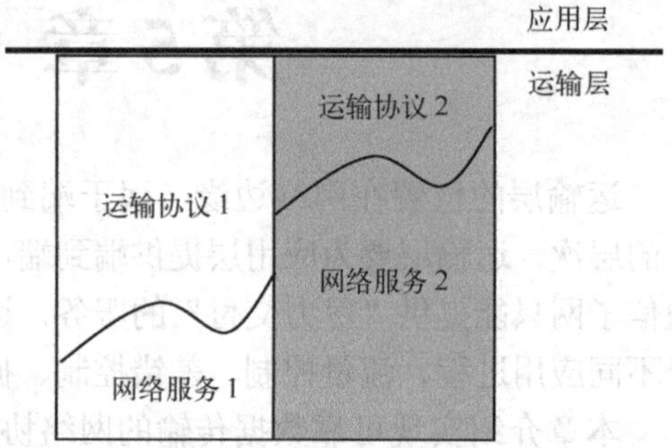

图 5-1　运输协议的复杂程度和底层网络的关系

应用进程之间的可靠通信由运输层实现，运输层提供的主要功能（服务）如下：

1）确保发送进程的应用层报文可靠地达到接收进程，报文不会改变或丢失。

2）接收进程收到的报文顺序应与发送的顺序一致。

3）发送进程发送的一个报文，接收进程应收到且仅收到一次。

4）对应用层报文的长度没有限制。

5）发送进程和接收进程之间保持报文的同步。

6）由接收进程控制发送进程的发送速率，提供流量控制。

7）允许每一个网络节点同时运行多个应用进程。

5.1.2　运输层与相邻层的关系

1．运输层与相邻层关系的描述

依据 OSI 对运输层抽象的描述，运输层向应用层提供运输服务的是运输实体，使用运输服务的是运输服务用户，运输服务用户可以是应用层中的各种应用进程，或是应用层实体。运输层中的两个对等运输实体通过运输协议进行通信，运输层提供的运输服务也使用了下面网络层向上提供的网络服务。

在与运输层相邻各层之间通过服务访问点（Service Access Point, SAP）交换必要服务信息，SAP 是层与层之间交换信息的抽象接口，在应用层与运输层之间的 SAP 为运输服务访问点（TSAP），运输层与网络层之间的 SAP 为网络服务访问点（NSAP），运输层与相邻层关系的抽象描述，如图 5-2 所示。

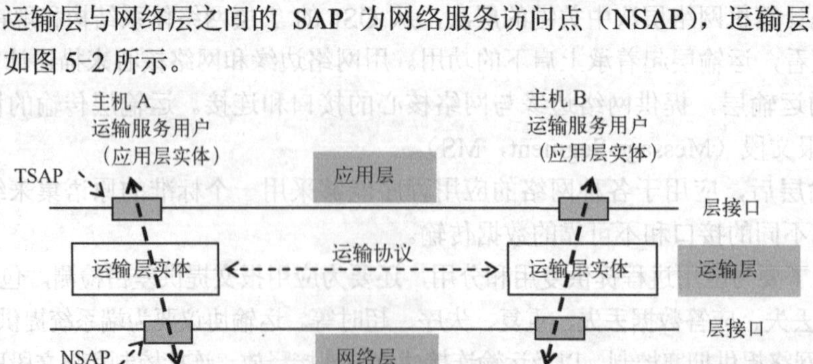

图 5-2　运输层与相邻层关系的抽象描述

在具体应用中，TSAP 对应运输层中的端口地址（“端口号”字段的值），NSAP 对应网络层协议数据单元中“协议标识”字段的值。用 IP 地址（网络层逻辑地址）加上端口地址组成套接字（Socket），构成应用进程的门户，完成应用进程通信所需要的复用和分用功能。需要注意的是，对网络层次和协议关系的抽象描述，可以使网络中的层次、协议、服务、接口之间的关系简洁、清晰，并且这些抽象描述的内容和具体的网络实现是对应的。

运输层提供的服务使应用进程看不见下面通信网络的细节，好像在两个运输实体之间存在一条端到端的逻辑通道。采用不同的运输协议，例如，TCP 协议或 UDP 协议，对应的端到端逻辑通信提供的服务质量是不同的。使用 TCP 协议，可以提供双向同时传输的可靠通信；使用 UDP 协议，所提供的逻辑通信是不可靠的。

2．运输层与网络层的关系

网络层为主机之间提供逻辑通信，运输层为应用进程之间提供端到端的逻辑通信。这里讲的逻辑通信是说，对等层之间的通信好像是沿水平方向传输数据，但实际上对等层之间并不存在一条水平方向的物理连接，实际传送的数据是沿垂直方向逐层进行的。运输层协议的作用范围和网络层协议的作用范围，如图 5-3 所示。

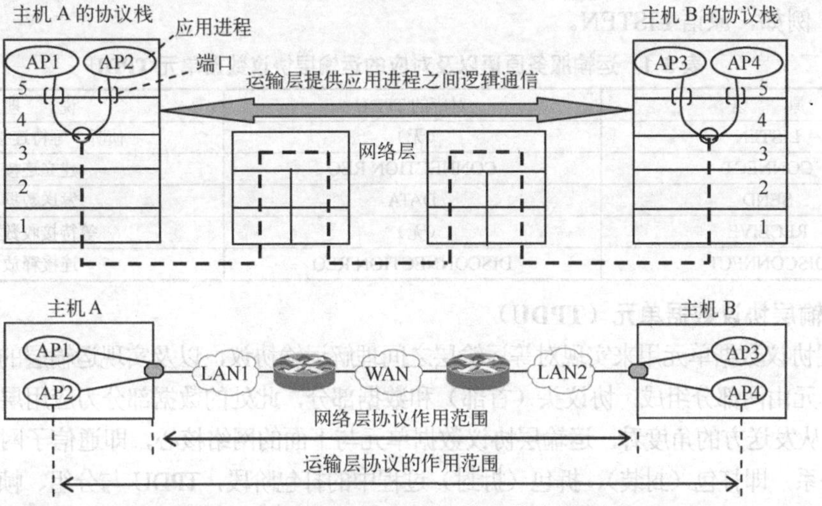

图 5-3　运输层协议和网络层协议的作用范围

运输层与网络层从功能和实现上看区别是很大的，对于网络层讲，通信的两端是两个主机，用网络层逻辑地址（IP 地址）标识两个主机的网络连接，网络层虽然可以把分组（例如，TCP/IP 协议中的 IP 分组）传输到目的主机，可是该分组还是停留在主机的网络层，而没有交付给主机的应用进程。对运输层，通信的真正端点应该是主机中的进程，端到端通信是应用进程之间的通信。这里就存在运输层怎样与应用进程联系的问题，一般情况，一个主机会存在多个应用进程同时分别与其他一个或多个主机的多个进程通信，例如，一个主机同时浏览网页和发送电子邮件，运输层需要具有复用和分用功能，通过运输层地址（例如，TCP/IP 协议中运输层 PDU 的“端口号”字段的值）区分和联系不同的应用进程。

5.1.3　运输服务质量和运输层协议数据单元

1．运输服务质量

服务质量（Quality of Service，QoS），用来描述网络服务的性能，服务质量可以由一些特定的参数来描述。运输协议运行的环境涉及整个通信子网，网络层的服务用户是运输服务，允许用户在建立连接时对各种服务参数指定希望的、可接受的最低限度值，这些服务参数可以分别用于面向连接或无连接的运输服务。运输层根据网络服务的种类或它能够获得的服务来检查这些参数，决定能否提供应用层进程所要求的服务。

运输层服务质量的参数有：连接建立延迟；连接建立失败的概率；吞吐率；传输延迟；残余误码率；安全保护；优先级；恢复功能。

网络服务质量参数是在运输用户请求建立连接时设定的。运输层通过检查服务质量参数可以立即发现其中某些参数值是无法达到的。运输层和运输用户进行服务质量参数确定的过程称为选项协商（Option Negotiation）。若某些参数值不能满足要求，运输层会在连接建立时向远端主机发出降低服务质量的参数值，并进行协商，若最低参数值也不能接受，则运输连接无法建立。

2．运输服务原语

运输服务原语用来描述运输用户（应用进程）如何访问运输服务，运输服务要通过运输协议，即运输层协议数据单元（Transport Protocol Data Unit，TPDU）来实现。例如，对于面向连接运输服务，需要提供可靠的连接建立、数据传输、连接释放，所用到的运输服务原语以及对应的运输层协议数据单元，见表 5-1。有些原语没有对应的 TPDU，可以通过调用系统库函数实现，例如，原语 LISTEN。

表 5-1　运输服务原语以及对应的运输层协议数据单元 TPDU

原　语	对应的 TPDU	说　明
LISTEN	（无）	侦听，等待连接到来
CONNECT	CONNECTION REQ	建立连接
SEND	DATA	发送数据
RECEIVE	（无）	等待接收数据
DISCONNECT	DISCONNECTION REQ	连接释放

3．运输层协议数据单元（TPDU）

运输层协议数据单元用来实现对等运输层之间理解运输协议，以及实现运输层的功能。运输层协议数据单元由两部分组成：协议头（首部）和数据部分，此处的数据部分为应用层协议数据单元（APDU）。从发送方的角度看，运输层协议数据单元与下面的网络核心，即通信子网的各层次之间具有包含关系，即打包（封装）、拆包（拆封）过程中的打包阶段，TPDU 与分组、帧的嵌套关系，如图 5-4 所示，当两个主机通信时，应用进程要将数据从应用层逐层向下打包传输，到物理层后，再通过通信线路和物理网络把封装的 PDU 传输到目的主机的物理层，然后再逐层向上拆包传输。

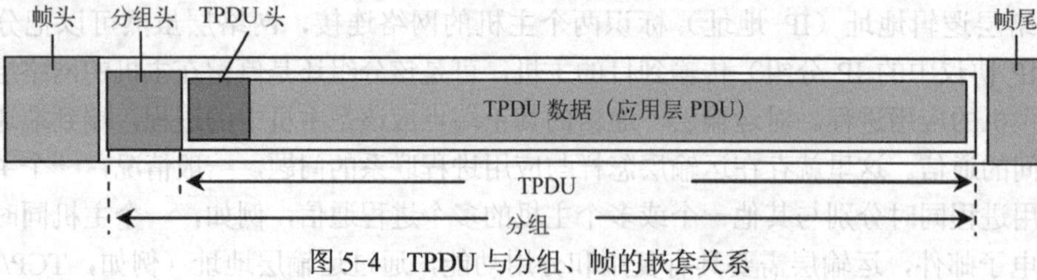

图 5-4　TPDU 与分组、帧的嵌套关系

5.2　运输层协议的要素

5.2.1　网络中的寻址

1．网络中怎样寻址

计算机网络通过通信协议和传输链路把分散在不同地点的计算机设备互连起来，实现资

源共享和数据传输，怎样在计算机网络中找到互相通信的计算机设备？怎样区分和识别网络中的不同应用？怎样提供方便的计算机设备和应用服务的标识？计算机网络中有哪些地址？这些地址之间是什么样的关系？对上述问题的解答需要了解网络中的寻址技术。

类似人们日常生活中寻找某幢建筑物的位置，通过使用街道、门牌号码等标识，这些标识用做连接和寻址。计算机网络中的主机（计算机设备）也有网络连接标识，在因特网中用 IP 地址作为计算机设备的网络连接标识，用端口号（端口地址）作为应用进程的连接标识。这些连接标识都是逻辑地址，逻辑地址与计算机设备的物理地址相联系，最终需要通过逻辑地址映射的物理地址，才能找到通信的网络主机。采用网络连接标识和应用进程连接标识是为了连接和寻址的方便，在计算机网络中必须使用逻辑地址才有可能实现计算机设备之间的寻找以及网络之间的互连。

运输层的复用和分解涉及两个逻辑地址，即运输层的端口地址和网络层的 IP 地址，端口地址加上 IP 地址构成套接字，可以唯一地标识一个应用进程连接。套接字是一个标识，具体来说是一个数字，标识一个应用服务的连接。套接字也称为应用进程的门户（Portal）。

通过 IP 地址找到网络中一个节点，通过端口地址区分不同的网络应用进程，通过套接字找到一个应用进程连接。

2．计算机网络中的地址

计算机网络中有 4 种地址：域名地址、端口地址、IP 地址和物理地址，自顶向下依次与应用层、运输层、网络层、数据链路层对应。网络中的地址和层次对应，以及两个边界，如图 5-5 所示。这里把域名地址与应用层对应，主要是因为域名地址的解析需要用到应用层协议 DNS。需要说明的是，域名地址是与 IP 地址相联系的。

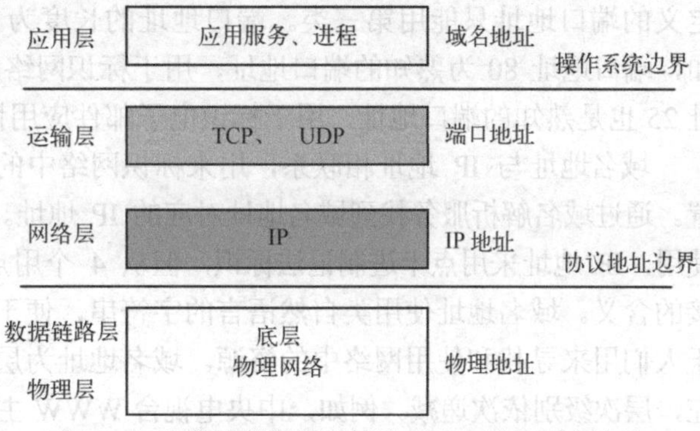

图 5-5　网络中的地址和层次对应，以及两个边界

计算机网络中的地址也可以分为软件地址和硬件地址。软件地址为逻辑地址，域名地址、端口地址、IP 地址都是逻辑地址。硬件地址与物理地址对应，通常是网络适配器地址，也称为 MAC 地址、网卡地址。软、硬件地址的层次划分在网络层与数据链路层之间的接口处，也称为协议地址边界，向上为软件地址、向下为硬件地址。

在运输层和应用层之间的接口处，也称为操作系统边界，把系统和应用区分开来，向上采用操作系统外部实现，向下采用操作系统内部实现。例如，人们使用 Windows，可以安装 QQ 等各类应用层软件，但运输层及以下层是看不到的。不过，随着网络应用层协议的发展，操作系统边界的界限已经开始变得比较模糊。为了解决网络应用无法访问操作系统内核的问题，设计出套接字（Socket），用作连接网络应用和操作系统的接口，通过套接字调用低层协议栈提供的服务。

计算机网络中采用逻辑地址，主要是为了便于标识网络连接和网络寻址，因为互连的计算机设备以及网络是各种各样的，可以采用不同的物理地址格式。直接用物理地址标识实现互连是很困难的，只有采用逻辑地址才能实现网络中计算机设备的寻址，最终需要把逻辑地址映射为物理地址，才能找到网络中的计算机设备。

3．网络地址的使用

访问网络中的计算机设备，寻址最终要执行物理地址，才能找到网络中一个主机的位置，物理地址通常固化在网卡的芯片上，用来唯一标识一个网络物理接口的连接。网络寻址时需要进行逻辑地址到物理地址的转换。物理地址在应用时，对应数据链路层的 PDU（帧）中的 MAC 地址。

IP 地址用来实现不同计算机设备和网络的互连，IP 地址其实是一个网络物理接口的逻辑连接标识，之所以称为地址，是习惯的叫法，实际上 IP 地址标识一个网络连接。例如，网络中的路由器也是一台计算机设备，即也是一台主机，路由器往往有 2 个以上网络接口，需要多个 IP 地址，分别用来标识路由器的不同网络接口。IP 地址包含在 IP 分组（网络层的协议数据单元）中，IP 地址为协议数据单元中的字段，有源 IP 地址字段和目的 IP 地址字段，分别标识通信的发送方和接收方，IP 地址的长度为 32 位二进制位。

端口地址（端口号）用来标识不同的应用进程，实现网络应用的复用和分解。端口地址分为 3 类。第一类为熟知的端口地址，端口地址范围为 0～1023，可以在 ICANN 网站查到。第二类为指定的端口地址，端口地址范围为 1023～49151，须在 ICANN 登记。第三类为动态的端口地址，也称为用户定义的端口地址，范围为 49152～65535。其中，熟知的端口地址和指定的端口地址是不允许用户在网络编程时随便占用的，它是因特网规定分配的，用户编程中定义的端口地址只能用第三类。端口地址的长度为 16 位二进制位，用十进制数来表示。例如，端口地址 80 为熟知的端口地址，用于标识网络应用协议 HTTP，即 WWW 服务，端口地址 25 也是熟知的端口地址，用于标识电子邮件应用协议 SMTP。

域名地址与 IP 地址相联系，用来标识网络中的一个计算机设备和网络资源的网络连接位置。通过域名解析服务找到域名地址对应的 IP 地址。IP 地址使用 32 位二进制表示，为了方便使用，IP 地址采用点十进制记法标识，但从 4 个用点间隔的十进制数上很难看出所标识网络连接的含义。域名地址使用类自然语言的字符串，便于人们识别和记忆，能够做到望文生义，便于人们用来寻找和使用网络中的资源。域名地址为层次结构，各个分量之间由点间隔，从右向左，层次级别依次递减。例如，中央电视台 WWW 主机的域名地址为 www.cctv.com.cn。

4．网络地址之间的转换

在网络中寻址时需进行地址转换，需要用到地址转换（映射）协议。域名地址需要通过域名系统（DNS）协议，经过域名服务器进行域名解析找到对应的 IP 地址。IP 地址通过地址解析协议（ARP）找到对应的物理地址。反之，物理地址可以通过反向地址解析协议（RARP），转换为对应的 IP 地址。

IP 地址与端口地址构成套接字（Socket），用于标识不同的应用服务进程，套接字也称为应用进程的门户。在网络应用编程时使用到套接字，网络编程也称为套接字编程。IP 地址与端口地址分别对应着网络层和运输层。因为要标识通信双方之间的连接，IP 地址与端口地址均有源地址和目的地址。IP 地址与端口地址均是 PDU 用于网络寻址中的重要字段，在应用时由对等层网络协议软件解析和识别。

5.2.2 运输层的复用与分用

从运输层来看，端到端通信是应用进程之间的通信。在一个主机中通常有多个应用进程同时分别与另一个或多个主机中的应用进程通信，运输层的一个很重要的功能就是复用和分用。应用层的多个进程通过应用层和运输层之间的不同端口（端口号）向下交到运输层，再向下复用到网络层，使用网络层提供的服务。通过运输层的逻辑地址端口号和网络层的逻辑地址（IP 地址）构成套接字，用套接字标识不同的应用进程。

当网络协议包遵循网络协议通过因特网（网络）到达目的端系统（主机）后，目的主机的运输层使用分用功能，根据套接字标识，通过不同的端口号，把应用报文分别交付到相应的应用进程。

人们经常看到逻辑通信这一术语，例如，运输层提供应用进程之间的逻辑通信，这里讲的逻辑通信指的是：通信双方的运输层之间的通信好像是沿着水平方向传输的，但是在双方的运输层之间并不存在一个物理连接。所传输的运输协议数据单元在发送方是从上层向下层逐层封装各层协议，在接收方则是从下层向上层逐层拆封协议，在拆分协议时，进行到哪一层次，就实现了该层对等层次协议的通信，即理解了对等层协议的内容。

复用与分用又分为无连接的复用与分用，以及面向连接的复用与分用。一个很好的应用例子是 Web 应用中的复用与分用。3 个应用进程连接的复用和分用，如图 5-6 所示。

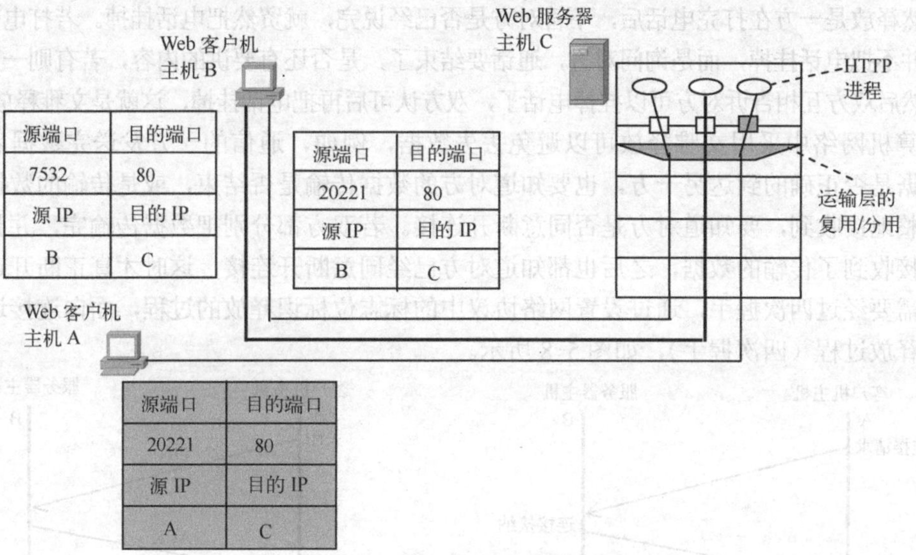

图 5-6　3 个应用进程连接的复用和分用

有两台客户机主机 A、B，一台服务器主机 C，A 有一个 HTTP 进程与服务器连接，B 有两个 HTTP 进程与服务器连接。为方便讨论，分别用 A、B、C 标识主机的 IP 地址。注意，两个不同的主机上有两个客户机应用进程使用相同的源端口号 20221，但通过与不同主机 IP 地址的组合，所构成的套接字可以唯一的区分不同的应用进程。对于面向连接的复用与分用，一个完整的应用进程连接标识需要一个四元组：源端口号、源 IP 地址、目的端口号和目的 IP 地址。

5.2.3　运输连接的建立与释放

以面向连接的运输协议为例，一个完整的数据通信过程包括 3 个阶段：连接建立、数据传输和连接释放。

1．连接建立的三次握手机制

连接建立采用三次握手机制，这里的一次握手其实讲的是协议数据单元从通信的一方传输到另一方。之所以采用三次握手，原因是下层网络（通信子网）提供的服务是不可靠的。例如，一个发起连接请求的主机在发送过连接建立请求 PDU 后，该主机出现了故障，或是传输信道出现了故障而断掉，这时接受连接请求的另一方在发送过连接接纳的响应 PDU 以后，就一直等待发起连接一方的数据传输，由于出现了故障，此时根本无法进行数据传输，接受连接请求的另一方处于一直等待的状态。

另一个例子是，由于通信子网提供的服务质量很差，有时接受连接请求的另一方收到的连接请求可能是一个迟到很久的连接请求，这是由于网络中存在较长的时延和排队，一个很早的连接请求在网络中某一个节点排队时间过长，由于时间太久，连接发起者已经放弃了该连接，或者已经退出了网络。面向连接运输协议的连接建立过程（三次握手），如图 5-7 所示。

采用三次握手，需要有连接请求发送者的连接确认（第三次握手），可以确保可靠的、有效的双方端到端通信连接的建立，弥补了低层通信子网所提供“尽力交付”服务的不足。

2．连接释放

运输层的连接释放分为突然释放和文雅释放，无连接的服务使用突然释放，面向连接的服务采用文雅释放。人们在日常生活中也在自觉或不自觉地使用着突然释放和文雅释放，以双方通电话为例，突然释放是一方在打完电话后，不管对方是否已经说完，就贸然把电话挂掉。若打电话者在讲完之后并不把电话挂掉，而是询问对方，通话要结束了，是否还有要讲的内容，若有则一直听对方讲完，然后双方互相告诉对方可以挂掉电话了，双方认可后再把电话挂掉，这就是文雅释放。

计算机网络中采用文雅释放可以避免丢失数据，例如，通信的一方发送完数据后，需要等待数据是否正确的到达另一方，也要知道对方的数据传输是否结束，或是传输的数据已经被对方完整地接收到，要知道对方是否同意断开连接。若双方都分别把数据传输完，并且都分别完整地接收到了传输的数据，之后也都知道对方已经同意断开连接，这时才真正断开连接。文雅释放需要经过四次握手，通过设置网络协议中的标志位标识释放的过程，面向连接运输协议的连接释放过程（四次握手），如图 5-8 所示。

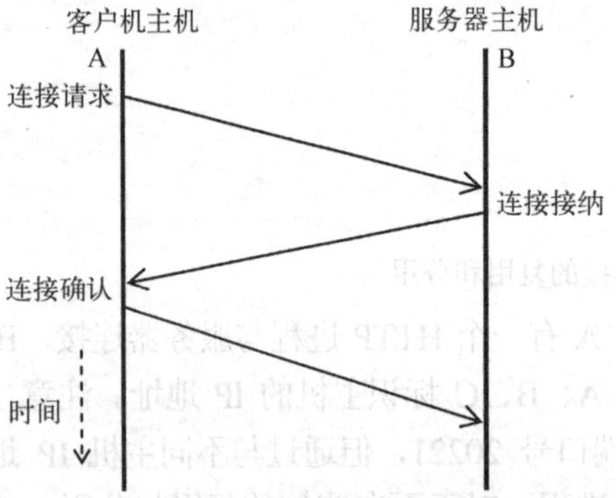

图 5-7　面向连接运输协议的连接建立过程

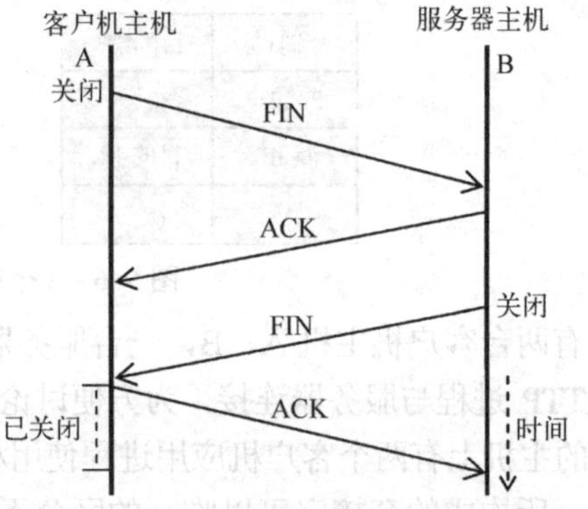

图 5-8　面向连接运输协议的连接释放过程

3．面向连接连接建立和释放的 FSM 状态图

实际的网络协议和软件实现起来涉及许多因素，难以发现其中存在的隐患和问题。可以采用形式化技术和数学方法描述、验证网络协议和软件的功能。在许多网络协议分析工具中，有限状态机（Finite State Machine，FSM）是常用的方法。

FSM 状态图可以清晰直观地描述出网络协议的变化，以及在网络活动中产生的事情和响应发生事件所产生的动作，为网络协议设计、分析、验证提供帮助。FSM 状态图规定：图中用椭圆圈标识协议的状态、用箭头标识状态的跃迁，横线上方标识出现的事件，横线下方标识事件发生后采取的动作。

面向连接的连接建立和释放的状态图，如图 5-9 所示。

连接建立有 3 个主要作用：使每一端都能证实对方的存在；允许对可选参数的协商；触发对运输实体资源的分配。开始时，本地运输用户处于 CLOSED（关闭）状态，本地运输用户通过发出被动打开向本地 TCP 实体表明，自己正在被动地等待一个请求，运输实体将会创建处于 LISTEN（监听）状态的连接对象。

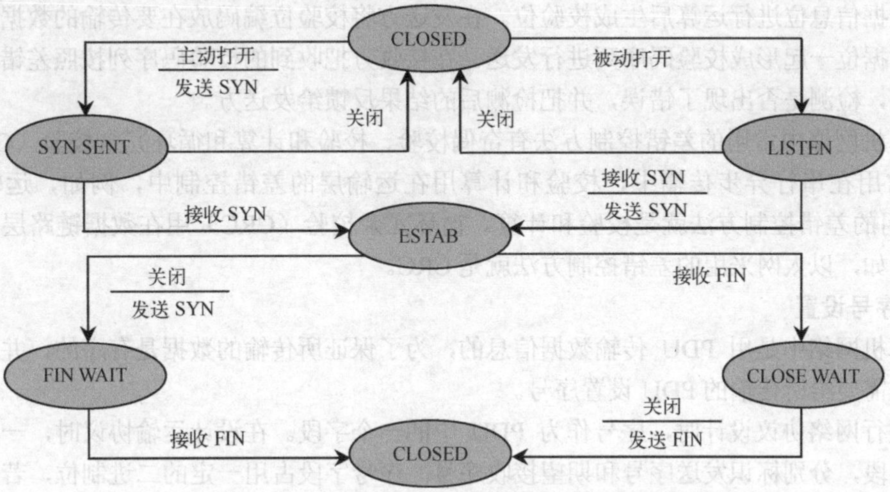

图 5-9　面向连接的连接建立和连接释放的状态图

从 CLOSE 状态出发，本地运输用户通过发出主动打开建立一个连接，主动打开通知运输实体试图与指定的远程运输用户建立连接，会触发运输实体发送 SYN 报文段，该报文段被传输到接收运输实体，解释为连接请求并与特定的端口建立连接。如果目的运输实体特定的端口处于 LISTEN 状态，接收运输实体会通知本地运输用户连接确认，同意打开连接；向远程运输实体发送 SYN 作为确认；将这个连接对象跃迁到 ESTAB（建立）状态。发起连接的一方的运输实体接收到作为响应的 SYN 后，也将该连接设置为 ESTAB（建立）状态。

连接的任何一方都可以文雅地释放连接，要求在所有双方数据传输完成之前不允许任何一方关闭连接。一方数据传输完，想关闭连接时，发送 FIN 报文段，进入 FIN WAIT（结束等待）状态。处于 FIN WAIT 状态中的连接必须继续接收对方的报文段，直至收到 FIN（结束）报文段。当运输实体收到一个 FIN 报文段后，会通知它的用户有对方释放请求到达，并将连接置于 CLOSE WAIT（关闭等待）状态。在此状态下，运输实体必须继续接收用户的数据，并将这些报文段传输到对方，当用户发送 CLOSE（关闭）以后，运输实体向对方发送一个 FIN 报文段，并关闭连接跃迁到 CLOSE 状态，对方接收到 FIN 报文段后，跃迁到 CLOSE 状态。此时才真正实现了释放连接。

5.2.4　运输协议实现的控制

1．连接控制与缓冲管理

运输连接建立以后，需要对所建立的连接维持和管理，这需要用到连接控制协议。连接控制涉及收、发双方的同步，即接收方能够来得及接收到达的 PDU，并能够区分所接收的 PDU 的边界。

发送方和接收方都要有足够的缓冲区存放 PDU，网络协议要能够建立相应的缓冲区，分配和管理缓冲区的大小，并在连接释放后立即释放所占用的缓冲区。

2．差错控制

网络协议包（PDU）在网络中传输的过程中出现差错是不可避免的，可靠的数据传输必须能够实现差错检测和差错纠正。网络中的差错控制分为自动请求重发（ARQ）和前向纠错（FEC）。ARQ 是通过接收方的反馈信息，告诉发送方数据传输过程中是否出错，若出现差错由发送方重新发送 PDU 进行纠错。FEC 是由接收方检测出差错，并由接收方负责纠错，FEC 在计算机网络中实现起来比较困难。计算机网络中的差错控制主要采用 ARQ。

ARQ 差错控制使用通信双方都认可的差错控制协议，采用冗余方法，根据规则，通过对传输的数据信息位进行运算后生成校验位。在发送方将校验位编码放在要传输的数据位编码后面，与数据位一起形成校验码序列进行发送。在接收方把收到的校验码序列按照差错控制协议进行验证，检测是否出现了错误，并把检测后的结果反馈给发送方。

计算机网络中常用的差错控制方法有奇偶校验、校验和计算和循环冗余校验（CRC）。奇偶校验常用在串行异步传输中，校验和计算用在运输层的差错控制中，例如，运输层协议 TCP 采用的差错控制方法就是校验和计算。循环冗余校验（CRC）用在数据链路层的差错控制中，例如，以太网采用的差错控制方法就是 CRC。

3．序号设置

计算机网络中是用 PDU 传输数据信息的，为了保证所传输的数据是有序的，并且是没有重复的，需要给所传输的 PDU 设置序号。

在进行网络协议设计时，序号作为 PDU 中的一个字段。在设计运输协议时，一般设置两个序号字段，分别标识发送序号和期望接收序号。序号字段占用一定的二进制位，若用 k 位标识，可用的序号编码数为 2^k 个，序号为 0、1、2、3、…、2^k-1，序号可以循环使用。

4．超时机制

计算机网络中传输的数据会出现丢失的情况，包括传输数据丢失或应答数据丢失。在设计运输协议时，可以根据 PDU 传输的往返延时（RTT）等因素，预先估计一个时间间隔，设计出超时机制。

若在给定的时间间隔内没有收到期望的 PDU，就可以判定出现了 PDU 丢失，再根据超时机制协议规则做相应的处理。

5.3 实现可靠数据传输的网络协议设计

5.3.1 可靠数据传输协议设计的基本概念

网络协议设计的目的是实现网络中的可靠数据传输（Reliability Data Transfer，RDT），对网络协议的描述可以通过滑动窗口协议，也可以使用有限状态机方法，描述网络协议状态的变化条件、产生了哪些事件、对应事件产生了哪些动作和方法、发生了哪些状态跃迁和跃迁后的新状态。

可靠数据传输的实现可以在网络协议的多个层次上设计，主要涉及运输层、数据链路层和应用层，这里主要以运输层可靠数据传输的设计为例，所讨论的方法对其他网络协议层次的可靠数据传输协议设计是普遍适用的。

对计算机网络协议的描述可以采用如下方法：

1）用自然语言描述网络协议实现的功能。

2）用形式化技术和数学方法描述网络协议的状态及变化。

3）用图形描述网络协议的原理。

4）用算法语言实现网络协议软件的编程。

可靠数据传输的服务模型和服务实现，如图 5-10 所示。

事实上，可靠数据传输协议的下层协议也可能是不可靠的，因为运输层下面的网络层协议就是无连接的，不可靠的。例如，在因特网中，运输层协议 TCP 是在下层不可靠的网络层协议 IP 之上实现的可靠数据传输协议。

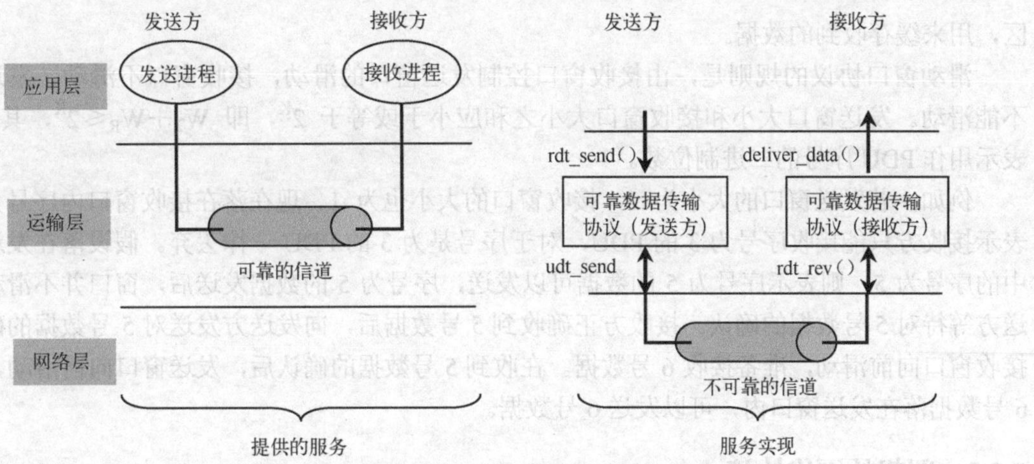

图 5-10 可靠数据传输的服务模型和服务实现

在具体实现可靠数据传输的运输层协议时，是通过软件设计出函数、类或过程，来描述可靠数据传输协议。以 C 语言编程为例，设计可靠数据传输的发送函数 rdt_send（），以将要传输的数据通过下层不可靠的信道发送给接收方的上层（应用层）实体，在下层形成的 PDU（分组）是通过不可靠的发送函数 udt_send（）经过不可靠的信道发送给接收方的。当分组到达接收方时，接收方调用函数 rdt_rcv（）实现可靠的数据接收，再通过调用函数 deliver_data（）把数据交付给上层（应用层）。这里用 rdt 标识可靠数据传输，udt 标识不可靠数据传输。

5.3.2 滑动窗口协议机制描述

计算机网络是一个复杂的系统，在进行网络协议设计与分析时，需要考虑网络中可靠数据传输（RDT），以及资源共享的实现方法等诸多问题，这些问题包括研究异构计算机的互连和异构网络的互连方法，解决差错控制、差错检测、流量控制、拥塞控制、数据丢失、数据失序、数据重复、数据延时、控制连接、服务质量保证等问题。

上述问题的解决只有通过网络协议的设计。网络协议的设计涉及网络体系结构的各个层次，每个层次协议解决一定范围的问题，需要实现对等层协议的理解，为上层提供必要的服务，同时该层也使用下面层次提供的服务。各层协议互相配合，通过层次之间的服务访问点（SAP）交换信息，共同实现计算机网络中的可靠数据传输和资源共享。

在对网络协议进行分析和设计时，经常采用滑动窗口协议（Slide Windows Protocol，SWP）描述协议的执行情况。其实，真正意义上的滑动窗口在网络中是不存在的，采用滑动窗口可以比较形象地反映出网络中收、发双方之间传输 PDU 时的流量控制、序号变化，以及协议机制的实现过程，可以给出直观清晰的图示，使得网络协议设计更加直观，更便于理解。

滑动窗口可以采用等分圆表示，每一等分的圆与 PDU 的序号对应，也可以采用水平的由带序号的 PDU 顺序排列的带状表示。在不至于混淆的情况下，把 PDU 等同于数据或协议包，例如，发送 PDU，可以说成发送数据，或发送协议包。

在发送方，用发送窗口 W_T 描述发送方发送数据的过程。同理，在接收方，用接收窗口 W_R 描述接收方接收数据的过程。两个窗口的大小根据所实现的网络协议不同而不同。在发送方，只有序号落在发送窗口内的 PDU 才能发送；在接收方，只有接收序号落在接收窗口内的 PDU 才能接收。

发送方采用先进先出（FIFO）队列在发送缓冲区暂时保存已经发送过的数据，在收到对数据的对应确认后，从队列中移去已经成功发送的数据。同理，在接收方也有相应的接收缓冲区，用来缓存收到的数据。

滑动窗口协议的规则是，由接收窗口控制发送窗口的滑动，接收窗口不滑动，发送窗口不能滑动。发送窗口大小和接收窗口大小之和应小于或等于 2^K，即 $W_T + W_R \leq 2^K$，其中，K 表示用作 PDU 序号的二进制位数。

例如，若发送窗口的大小为 1，接收窗口的大小也为 1。现在落在接收窗口内序号为 3，表示接收方只能接收序号为 3 的 PDU，对于序号是为 3 的 PDU 一律丢弃。假设落在发送窗口中的序号为 5，则表示序号为 5 的数据可以发送，序号为 5 的数据发送后，窗口并不滑动，发送方等待对 5 号数据的确认。接收方正确收到 5 号数据后，向发送方发送对 5 号数据的确认，接收窗口向前滑动，准备接收 6 号数据。在收到 5 号数据的确认后，发送窗口向前滑动，顺次 6 号数据落在发送窗口内，可以发送 6 号数据。

5.3.3 理想的网络协议

在对网络协议进行设计时，采用的方法是先从理想网络情况开始分析和设计，然后逐步趋近实际的网络环境，循序渐进地分层次解决计算机网络系统中的所有问题。

先看一下理想网络的情况。假设数据在网络中传输时：①不会出现差错；②不会丢失数据；③能够按序到达；④接收方完全来得及接收到达的数据，不用进行流量控制；⑤不会出现网络拥塞。

当然，这种理想网络是不存在的，之所以如此假设，是想从最简单的网络协议设计入手，再逐步增加实际网络应用中存在的、需要网络协议解决的问题，最终设计出适用的网络协议。这也符合人们解决和分析复杂系统的一贯做法，抓主要问题，逐个解决，最后解决整个复杂系统的设计问题。

在发送方和接收方都有发送缓冲区和接收缓冲区，缓冲区是内存的一个存储空间，是实现网络传输需要的。因为数据在计算机中是以字节或若干个字节为单位并行传输的，而在通信线路上数据是以比特流的形式串行传输的，计算机在发送数据时，先以并行方式把数据写入发送缓存，然后以串行方式把数据按比特序列送到通信线路上。接收数据时，计算机把通信线路上的比特流按顺序放入接收缓冲区，然后再以并行方式按字节读出。若接收方的缓冲区不够大，则会发生缓存区溢出或数据丢失。在理想情况下，认为接收方向主机交付数据的速率不会低于发送方发送数据的速率。理想情况的网络协议，如图 5-11 所示。

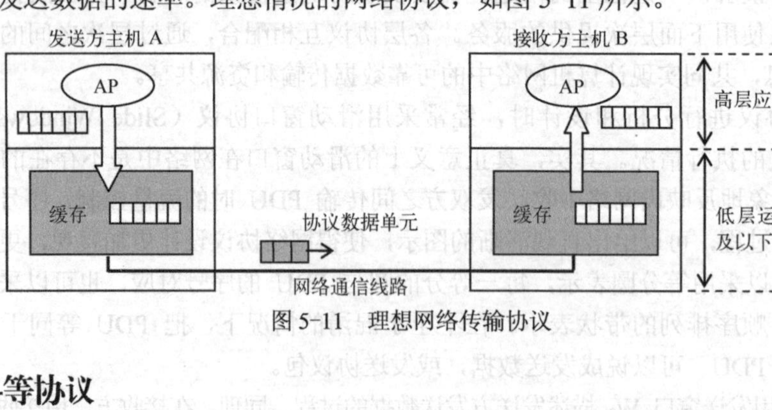

图 5-11　理想网络传输协议

5.3.4 停-等协议

停-等（Stop-Wait）协议考虑到了网络中的差错控制和流量控制机制，也考虑到了数据丢失、数据重复的问题。

1．停-等协议的基本思想

停-等协议的基本思想是，在发送方每发送完一个协议数据单元（PDU）后，就停止发送，等待接收方的确认数据，并把所发送过的数据的副本保留下来。若发送方收到的确认数据的肯定的，例如 ACK，则发送方按顺序接着发送下一个 PDU；若收到的确认数据是否定的，例如 NAK，则发送方就重新发送上次发送过的 PDU。可以看出，停-等协议符合数据双向交替（半双工）的通信方式。

2．差错控制协议的设计思想

在网络中传输数据是不可避免会出现差错的，例如，用做信道的物理传输介质会存在物理缺陷，存在内部热噪声，还有外部噪声。有时在信道附近存在电磁干扰，例如电焊火花、汽车启动时的点火等，都会引起所传输的数据出现错误。也就是说，出现传输错误是不可避免的，关键是网络协议要能够发现和检查出错误，并且能够纠正错误。

网络协议中的差错控制大多采用自动请求重发（ARQ）技术，方法是通过冗余编码由数据位生成校验位，校验位与数据位一起发送给接收方，由接收方根据校验规则判断是否在传输过程中出现差错，再把判断结果反馈给发送方，供发送方确定是发送新的数据，还是重发已经发送过的数据副本。可以看出，实现差错控制的网络协议使用的是反馈机制。

3．流量控制协议的设计思想

流量控制协议的设计思想是采用反馈机制，由接收方控制发送方的发送数据的速率。要使接收方的接收缓存不会产生溢出情况，一个最简单的方法是发送方在发送完一个 PDU 后就停下来，等待接收方的确认信息后再发送。在计算机网络中一般都是采用由接收方控制发送方发送数据的速率，实现网络中的流量控制。

4．重复数据处理方法

为了避免接收方收到重复的 PDU，需要对要发送的 PDU 进行编号，构成序号编码。序号一般设计为 PDU 中的一个字段。同时，反馈信息也需要对收到或期望收到的 PDU 按序号来标识。当接收方收到序号相同的数据时，就可以判断出是重复数据，根据协议规则，丢弃重复的数据，并发送反馈信息给发送方，告诉发送方自己期望收到的 PDU 的序号。

5．数据丢失的处理

在传输过程中，难免会出现协议数据丢失的现象，数据丢失包括：传输数据丢失和反馈数据丢失。为了能够判断是否发生了 PDU 丢失，网络协议需要设计超时计时器机制，设计思想是，依据可以计算出的数据在网络中传输的往返时延（RTT），根据 RTT 设计出一个时间阈值（时间间隔），若在给定的时间间隔内没有收到相应的 PDU（传输数据或反馈数据），就可以判定出现了数据丢失。超时时间间隔不能设置过短，不然会引起不必要的重传，也不能设置得过长，否则会引起传输效率的降低，一般超时时间间隔的长度比 RTT 稍微长一点即可，可以参考相关的计算方法和文献。

例如，若发送方在超时以后没有收到对上次发送数据的确认 PDU，就可以判定所发送的数据没有被接收方收到，发生了传输数据丢失，此时，发送方就发送上次所发送的 PDU 的副本。若接收方收到一个重复序号的 PDU，就可以判定其刚发送的确认 PDU 丢失，此时接收方就丢弃重复序号的 PDU，再发送一个上次发送过的确认 PDU。

停-等协议的效率是很低的，依据滑动窗口机制，停-等协议的发送窗口和接收窗口的大小均为 1。停-等协议 PDU 传输的几种情况，如图 5-12 所示。

停-等协议的工作原理，如图 5-13 所示。停-等协议中 W_T=1、W_R=1，接收方在接收完序号为 4 的数据后，给发送方返回确认信息数据，接收窗口 W_R 向前（向右）滑动 1 个位置，序号 5 落在接收窗口内，等待接收序号为 5 的数据。与此同时，发送方在收到确认信息后，发送窗口也向前滑动 1 个位置，序号 5 落在发送窗口内，允许发送序号为 5 的数据。

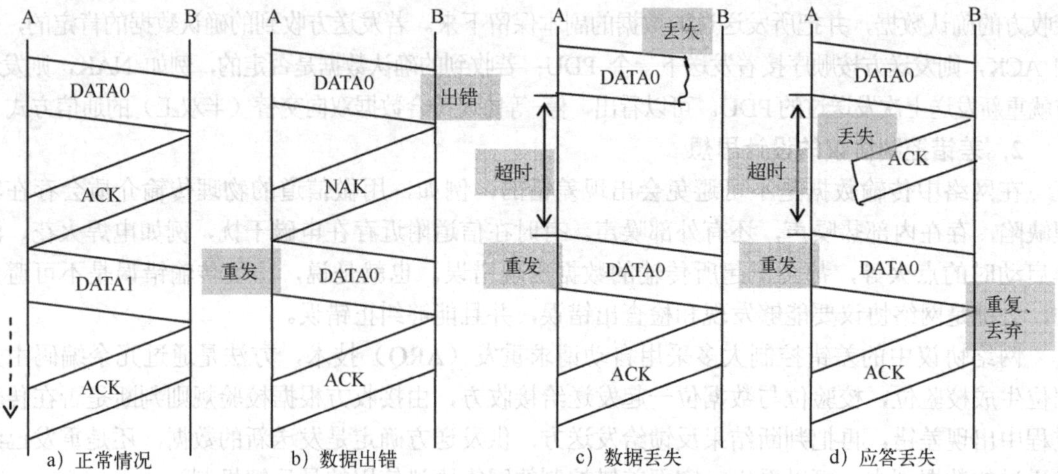

图 5-12　停-等协议 PDU 传输的几种情况

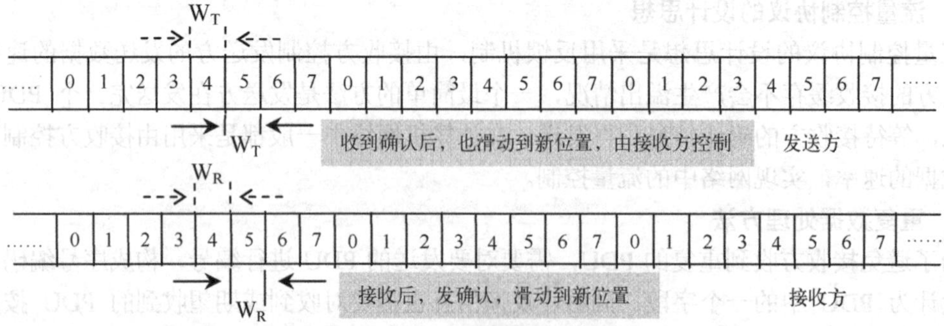

图 5-13　停-等协议工作原理图

6. 停-等协议的算法

算法是解决问题的步骤，这里给出停-等协议的算法，也就是给出实现停-等协议的方法和步骤。依据算法可以很容易地编写实现算法的程序，进行网络软件的设计。

（1）发送节点的算法

1）选定从主机要发送的一个 PDU。

2）发送状态变量 V(S)初始化，V(S)=0。

3）将发送变量的序号值写入发送序号 N(S)=V(S)，把 PDU 送到发送缓存。

4）把发送缓存中的协议数据单元（PDU）发送出去，并在发送缓存中保留 PDU 副本；

5）设置超时计时器，选择适当的超时时间间隔 t_{out}。

6）等待反馈的信息，分为三种情况：若收到确认 PDU 的信息为 ACK（正确），从主机选取下一个新的 PDU，更新发送状态变量，变为下一个序号，V(S)=1-V(S)，转到第 3）步；若收到确认 PDU 的信息为 NAK（出错），转到第 4）步；若超时计时器时间到，还没有收到确认 PDU，说明出现数据丢失，转到第 4）步。

（2）接收节点的算法

1）接收状态变量 V(R)初始化，其数值为准备接收的 PDU 的序号，与发送方所发送的 PDU 序号对应，V(R)=0。

2）等待。

3）接收到一个 PDU 后，采用校验规则，检查是否有传输错误，分两种情况：若正确，执行后续算法步骤；若传输有错，转到第 8）步。

4）判断数据的序号，分为两种情况：若 N(S)=V(R)，收到期望接收序号的正确数据，接收的序号与发送序号对应，继续执行后续算法；若 N(S)≠V(R)，丢弃此数据，转到第7）步。

5）把收到的 PDU 的数据字段内容送交主机。

6）更新接收状态变量，V(R)=1−V(R)，准备接收下一个 PDU。

7）发送确认数据信息 ACK，转到第 2）步。

8）发送否认数据信息 NAK，转到第 2）步。

需要说明的是：

1）发送方在发送完数据后，需要在发送缓存中保留所发数据的副本，以满足重传需要，只有在收到确认信息 ACK 后，才可以删除该副本。

2）只有收到确认信息 ACK 后，才会更新发送状态变量 V(S)，因为是停−等协议，在实现时，可以只用 1 位二进制位作为发送序号 N(S)，序号编码为 0、1，序号循环使用，就可以区分是新的数据还是重复的数据。

3）接收方若收到重复的数据，就简单丢弃，此时接收状态变量不变，只是反馈给发送方一个确认信息 ACK；若收到出错的数据，也可以简单丢弃该数据，其他什么也不必做，发送方在超时时间间隔（重传时间）到后，就会自动重发数据。

4）发送方对出错的 PDU 进行重传是自动进行的，采用的是自动请求重发（ARQ）机制。

7. 停−等协议效率的计算

以双向交替通信模型讨论停−等协议效率的计算。各种时延标识如下：发送一个 PDU 的传输时延为 t_f；电信号从节点 A 传播到节点 B 的传播时延为 t_p；超时时间间隔为 t_{out}；两个成功发送的协议数据单元之间的时间间隔为 t_r；处理时延为 t_{pr}；发送确认信息 ACK 的时延为 t_a。可以计算出重传时间为

$$t_{out}=t_p+t_{pr}+t_a+t_p+t_{pr}$$

可以认为 t_{pr} 和 t_a 都足够小，可以忽略，得出重传时间为传播时延的 2 倍

$$t_{out}=2t_p$$

进一步得出两个成功发送的协议数据单元之间的时间间隔 t_r

$$t_r=t_f+t_{out}=t_f+2t_p$$

可以计算出停−等协议的信道利用率 U

$$U=t_f/t_r=t_f/(t_f+t_{out})=t_f/(t_f+2t_p)$$

若 t_f 为 8 μs，t_p 为 15 ms，可以计算出 U=0.00027。可以看出，停−等协议的信道效率是很低的，需要对停−等协议进行改进，使发送方一次可以连续发送多个 PDU。成功发送一个 PDU 所需要的时间，即停−等协议中的时间，如图 5-14 所示

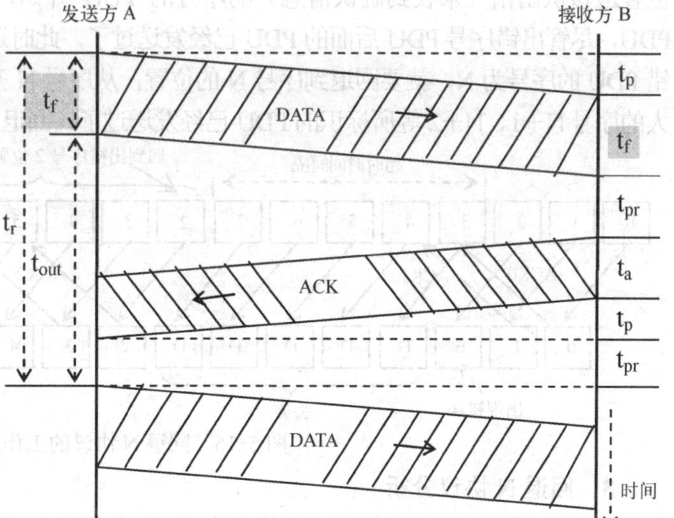

图 5-14　停−等协议中的时间

5.3.5　回退 N 协议

回退 N 协议是对停−等协议的改进，发送方一次可以连续发送多个 PDU，目的是提高网

络的传输效率。发送方的发送窗口 W_T 大于 1，而接收方的接收窗口 W_R 仍然为 1。由于一次发送了多个 PDU，就要设计对多个 PDU 的确认机制，并增加序号字段的位数，满足多个 PDU 需要多个序号标识的需求。

1．累计确认与捎带确认

为了提高网络协议的效率，接收方也可以不必对每一个收到的 PDU 逐个进行确认，仅对最后收到的 PDU 确认就可以了，表明之前的 PDU 都已经收到了。例如，接收方告诉发送方现在希望接收的数据序号为 N 的 PDU，这就表明 N-1 前序号的 PDU 已经收到了，这种协议机制称为累计确认。

在具体实现网络协议时，由于收、发双方是双向同时传输的，接收方的确认信息可以放在所传输的数据 PDU 中，在 PDU 中除发送序号字段外再设置一个确认字段。发送数据 PDU 时，也捎带发送了确认信息，不需要再发送单独的确认 PDU，把确认信息放在传输 PDU 中的这种机制称为捎带确认。

实现连续发送多个 PDU，需要对 PDU 使用的序号进行扩充。例如，用 4 位二进制位作为序号字段，可以使用的序号编码为：0、1、2、3、4、…、15。同时，要增大发送方的发送缓冲区，使得可以容纳下多个 PDU 的副本。

2．回退 N 协议的基本原理

回退 N 协议的基本原理是，发送方可以连续发送落在发送窗口中多个 PDU，然后停止发送，等待接收方的确认，这时发送窗口 W_T 大于 1。

由于接收窗口 W_R 的大小为 1，接收方只能接收当前序号处在接收窗口中的 PDU。若正确接收了到达的 PDU，就向发送方反馈确认信息，然后接收窗口顺序滑动到下一个序号，等待顺序接收下一个序号的 PDU。若到达接收方的 PDU 的序号与接收窗口中的序号不一致，将丢弃该 PDU，并向发送方再次反馈确认信息，接收窗口不滑动，发送窗口也不会滑动。

发送方若在给定的超时时间间隔内没有收到确认信息，就要重新发送 PDU，重新发送 PDU 的位置应该从出错（未收到确认信息）的序号的 PDU 开始，重新发送序号此刻处在发送窗口中的 PDU，尽管出错序号 PDU 后面的 PDU 已经发送过了，此时还需要连续重发这些 PDU。例如，若出错 PDU 的序号为 N，就要回退到序号 N 的位置，从序号 N 开始重新逐个发送 PDU，尽管比序号 N 大的序号 N+1、N+2 等所标识的 PDU 已经发送过了。回退 N 协议的工作原理，如图 5-15 所示。

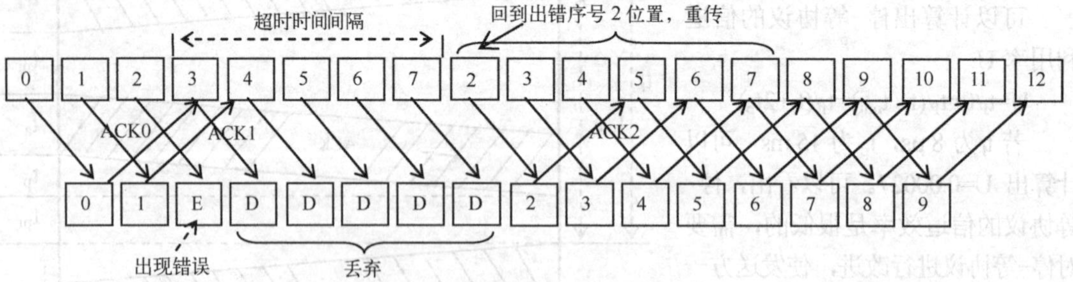

图 5-15　回退 N 协议的工作原理

3．回退 N 协议分析

可以将回退 N 协议的序号范围划分为 4 个部分：[0，base-1]内的序号对应已经发送并且已经收到确认的 PDU；[base，nextseqnum-1] 内的序号对应已经发送但还没有收到确认的 PDU；[nextseqnum，base+M-1]内的序号对应将要被发送的 PDU；大于或等于 base+N 的序号还没有落在发送窗口内，是不可用的。其中，发送窗口 W_T 的大小为 M；基序号（base）为最早的未确认 PDU 的序号；下一个序号（nextseqnum）为最小的未使用序号（下一个待发送 PDU 的序号）。回退 N 协议中发送方看到的序号，如图 5-16 所示。

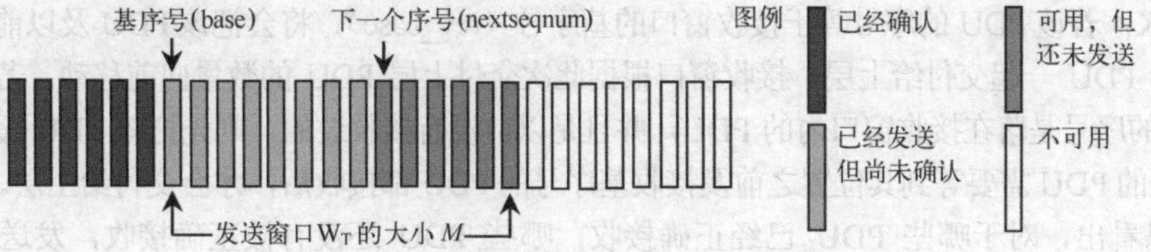

图 5-16　回退 N 协议中发送方看到的序号

发送方在收到确认后，发送窗口在序号空间上向前滑动，有时也将回退 N 协议称为滑动窗口协议（Sliding Window Protocol，SWP）。回退 N 协议中接收方的操作比较简单，接收窗口 W_R 的大小为 1，仅接受落在接收窗口内的序号所对应的 PDU。

5.3.6　选择重传协议

1．选择重传协议的工作原理

回退 N 协议存在的问题是，尽管出错序号后面的 PDU 已经发送过了，但是还要重新发送。人们考虑是否可以让接收方把所有收到的正确 PDU 都接收下来，若发生差错，只重新传输出现差错涉及序号的 PDU，这样可以提高传输效率，减少不必要的重传，这就是选择重传协议的基本思路。选择重传协议也称为选择重传 ARQ 协议。

选择重传协议的发送窗口 W_T 和接收窗口 W_R 的大小都要大于 1，若采用 K 位二进制位作为序号标识，则可用的序号序列为 0、1、2、…、2^K-1，即可用的序号编码为 2 的 K 次方个数值。发送窗口和接收窗口的大小应满足：$W_T+W_R \leqslant 2^K$。接收窗口的最大值应满足 $W_R \leqslant 2^K/2$。最好的情况是发送窗 $W_T=2^K/2$，接收窗口 $W_R=2^K/2$。读者可以考虑若 $W_R>2^K/2$ 是否有意义，此种情况的选择重传协议是否可以成立。

选择重传协议的工作原理，如图 5-17 所示。若发送方连续发送多个数据单元后，接收方接收序号落在接收窗口内的 PDU，若某一个序号的 PDU 出错，接收方会缓存正确接收到的 PDU。发送方在出错序号的 PDU 超时时间间隔到了以后，仅重新发送出错序号的 PDU。这样减少了重传的数据量，提高了传输效率。

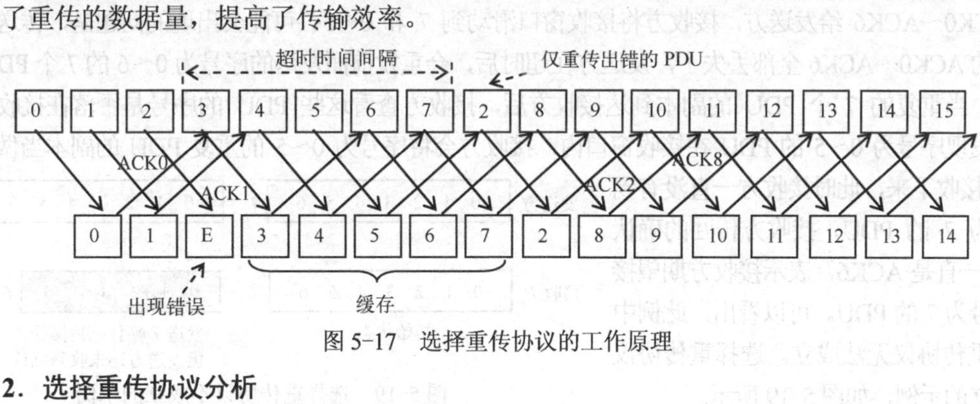

图 5-17　选择重传协议的工作原理

2．选择重传协议分析

选择重传协议中发送方和接收方的序号空间，如图 5-18 所示。发送方连续发送落在发送窗口内的序号对应的 PDU，同时保存 PDU 的副本，启动每个 PDU 对应的超时计时器。发送方收到对某一已发送 PDU 的确认信息（ACK），将被确认的 PDU 标记为已接收，若该 PDU 的序号等于发送基序号（send_base），发送窗口的基序号（指针）位置向前移动到具有最小序号的未确认 PDU 处，若此时还有序号落在发送窗口内未发送的 PDU，将继续发送这些 PDU。

接收方如果正确收到序号在[rev_base，rev_base＋M−1]内的 PDU，会给发送方返回一个带序号的 ACK，若该 PDU 的序号等于接收窗口的基序号（rev_base），将会把该 PDU 及以前缓存的序号连续的 PDU 一起交付给上层，接收窗口根据此次交付上层 PDU 的数量向前移动。若此次接收的 PDU 的序号是落在接收窗口内的 PDU，并且是以前没有接收过的，则先把该 PDU 缓存下来。缓存下来的 PDU 需要等到其位置之前及接收基序号的 PDU 都接收后，才会交付给上层。

可以看出，对于哪些 PDU 已经正确接收，哪些 PDU 还没有被正确接收，发送方和接收方看到的序号可能是不相同的。对于选择重传协议，发送窗口和接收窗口各自指向的基序号位置可能是不同的。

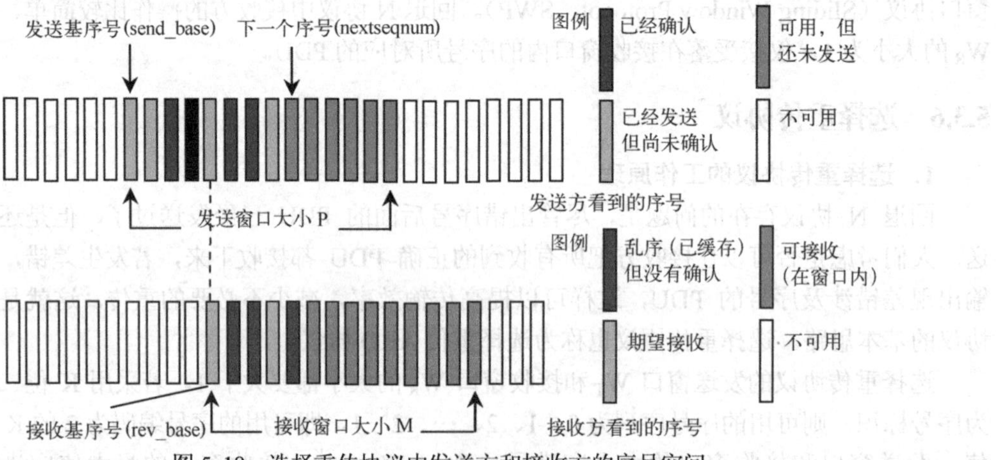

图 5-18　选择重传协议中发送方和接收方的序号空间

选择重传协议需要保证接收窗口移动后，新、旧窗口之间没有任何重叠。要满足这一要求，只能使发送窗口与接收窗口的最大尺寸为 $W_T=W_R\leqslant 2^K/2$。例如，对于 K=3 bit 的情况，发送窗口与接收窗口的最大尺寸只能为 4。

可以给出一个不满足上述要求的例子，K=3 bit，若发送窗口、接收窗口的大小均设置为 7，发送方连续发送序号为 0~6 的 7 个 PDU，正确到达接收方，接收方也全部接收了这 7 个 PDU，并传送 ACK0~ACK6 给发送方，接收方将接收窗口滑动到 7 和 0~5。可能会出现的问题是，传送给发送方的 ACK0~ACK6 全部丢失了，发送方在超时后，会重发前面发送的序号为 0~6 的 7 个 PDU 的副本，当重复的 7 个 PDU 的副本到达接收方后，接收方查看这些 PDU 的序号是否落在接收窗口内，发现序号为 0~5 的 PDU 在接收窗口内，接收方会将序号为 0~5 的重复 PDU 的副本当做新的 PDU 接收下来，此时接收方一直没有到序号为 7 的 PDU，接收方传回的确认 PDU 一直是 ACK6，表示接收方期望接收序号为 7 的 PDU。可以看出，此例中选择重传协议无法成立。选择重传协议不成立的示例，如图 5-19 所示。

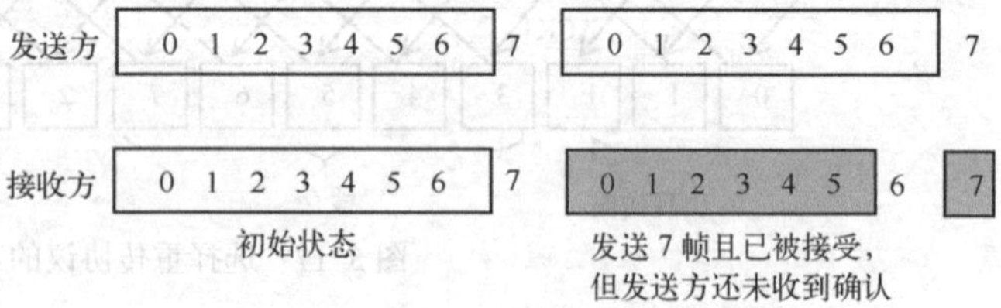

图 5-19　选择重传协议不成立的示例

读者可以自行验证上例中若设置 $W_T=W_R=4$，选择重传协议是否可以成立。

5.3.7　3 种可靠数据传输协议的比较

停-等协议的两个窗口 W_T 和 W_R 的值均为 1。回退 N 协议需要满足 $W_T+W_R\leqslant 2^K$，

W_R=1，若不能满足，则滑动窗口协议不能成立。选择重传协议，也要满足 $W_T+W_R\leqslant 2^K$，接收窗口的值应满足 $W_R\leqslant 2^K/2$，若大于此值，没有意义。3 种可靠数据传输协议发送窗口值和接收窗口值的比较，见表 5-2。

表 5-2　3 种可靠数据传输协议发送窗口和接收窗口值的比较

可靠数据传输协议	发送窗口值 W_T	接收窗口值 W_R
停-等协议	W_T=1	W_R=1
回退 N 协议	大于 1，$W_T\leqslant 2^K-1$	1
选择重传协议	大于 1，$W_T\leqslant 2^K/2$，$W_T\leqslant 2^K-W_R$	大于 1，$W_R\leqslant 2^K/2$，$W_R\leqslant 2^K-W_T$

滑动窗口协议讲的是发送窗口在接收窗口的控制下滑动，只有接收窗口向前滑动，同时向发送方发送了确认信息且发送方收到确认信息后，发送窗口才会向前滑动。

滑动窗口协议可以很好地描述和实现差错控制、流量控制、重复数据判断、超时机制、数据丢失等。

在设计回退 N 协议，考虑发送窗口的最大值的选择时，可能会问发送窗口最大值是否可以选择 $W_T=2^K$。例如，用 3 位二进制位标识序号，可以有 8 个不同的编号，是否可以把发送窗口最大值设置为 8？答案是否定的，因为不满足 $W_T+W_R\leqslant 2^K$ 的要求，会在实际应用中出现接收方无法判断接收的是新数据还是旧数据。

以回退 N 协议为例，可以假设 W_T=8，发送方发送完序号 0~7 共 8 个 PDU 后，发送窗口满，停止发送，假设这 8 个数据 PDU 均正确到达了接收方，接收方对每一个收到的数据 PDU 也都返回了确认信息，此时会存在两种情况：

1）所有的确认信息都到达发送方，发送方按序号 0～7 顺序又发送 8 个数据 PDU，因为序号是循环使用的，发送窗口满时就停止发送，此时发送的 8 个数据 PDU 是新的数据 PDU。

2）所有的确认信息均丢失了，发送方没有收到确认信息，经过超时时间间隔后，发送方认为先前所发送的数据 PDU 丢失了，就会重传 8 个旧的数据 PDU，序号为 0～7。此时，接收方在收到重传的 8 个数据 PDU 时，将无法判断序号为 0～7 的数据 PDU，因为 PDU 的序号都一样，无法区分哪个是新的 PDU，哪个是旧的 PDU。说明发送窗口值设置不符合要求，不满足 $W_T+W_R\leqslant 2^K$ 的要求，网络协议不能成立。请读者证明并写出当 K=3，发送窗口大小等于 8 时网络协议不能成立的过程。

若发送窗口设置满足 $W_T\leqslant 2^K-1$，假设 W_T=7，使用的序号值为 0、1、…、6，发送方按序号 0～6 顺序发送 7 个数据 PDU。也以上述情况为例，所有的确认信息均丢失了，发送方没有收到确认信息，经过超时时间间隔后，发送方认为先前所发送的数据 PDU 丢失了，就会重传 7 个旧的数据 PDU，序号为 0～6。接收方在收到重传的 7 个数据 PDU 时，由于接收方此刻期望接收序号为 7 的数据 PDU，接收方可以判定此时收到的是旧的数据 PDU，接收方会再次发送反馈的确认信息给发送方。这样网络协议可以成立，请读者证明并写出网络协议可以成立的过程。

目前，在计算机网络协议设计和应用中主要采用回退 N 协议。

5.4　拥塞控制

5.4.1　拥塞控制概述

计算机网络中有许多可用的网络资源，例如，链路的容量、交换节点中的缓冲区、CPU

的处理速度等。在某段时间，如果在某一层协议的执行过程中，对网络中的某一资源的需求超过了该资源所能够提供的能力，则表明这一资源在该段时间产生了拥塞，网络的吞吐量将随输入负载的增大而下降。出现资源拥塞的条件可用公式描述为

$$\Sigma \text{对资源的需求} > \Sigma \text{可用资源}$$

网络中出现拥塞是不可避免的，拥塞是影响网络性能和效率的重要因素，必须加以控制。

网络拥塞控制是一个非常复杂的问题，不能简单地靠扩大某个节点缓冲区的存储空间，或提高某条链路的速率来解决。设想将交换节点缓冲区的容量扩展到非常大，到达节点的PDU 都可在缓冲区的队列中排队，但若输出链路的容量和处理机的速度并没有提高，在队列中排队的 PDU 等待的时间将会很长，上层软件在等待超时后只好将 PDU 重传。导致拥塞的原因是多方面的，只改善网络的一部分环节，如处理器或通信线路，并不能消除拥塞现象，它只是将瓶颈转移到系统的其他地方罢了。

拥塞控制的作用是，防止网络因过载而引起吞吐量的下降和时延增加；公平地分配资源；避免出现死锁。拥塞控制要付出代价，要增加额外的开销，必须全面衡量得失。拥塞控制首先需要获得网络内部的拥塞信息，还需要在网络交换节点之间交换拥塞控制信息（命令和参数），这些冗余的信息将增大网络中的传输量。拥塞控制有时需要将一些资源分配给某些用户单独使用，会使得网络资源无法更好地实现共享。

造成网络拥塞的主要原因如下：

1）网络节点的处理器速度太慢。处理器要执行各种管理操作，例如，缓冲区排队、更新路由表等，如果速度太慢，使得到达节点的 PDU 不能被及时缓存、转发，便会造成 PDU 丢失，致使网络出现拥塞。

2）受通信线路容量的限制。当各部分线路容量不一致或尽管一致但低于数据 PDU 的生成速度时，也会产生拥塞现象，这与城市交通线路出现的情况非常类似。

3）节点缓冲区过小。输出 PDU 的能力小于输入 PDU 的能力，当没有足够多的缓冲区时，只能丢弃那些无法缓存的 PDU，这又导致源发送端必须重发这些 PDU。重发使更多的PDU 进入通信子网，这一过程重复进行，会不断加重网络的拥塞状况。

5.4.2 与拥塞控制有关的因素

与拥塞控制有关的因素涉及网络规模，最优性设置，最优化分配，拥塞协议的可靠性，拥塞协议的可用性，拥塞仿真描述和端节点传输模型描述等。

网络节点的数目、通信线路的速率和用户的数量决定了网络的规模（Scalability）。网络中的节点之间的数据传输状态符合统计规律，网络规模越大，网络性能越好，可以采用的网络拥塞机制就越多，PDU 可以选择的路径就越多。

最优化分配采用公平系数（Fairness Index）描述。如果一个分配机制给出不同的最优化的分配，它的不公平性可以定量计算出来。例如，假设对所有源端节点可以共享带宽的一个分配机制用矢量$\{x_1, x_2, x_3, ..., x_i, ..., x_n\}$表示，而最优化分配用矢量$\{y_1, y_2, y_3, ..., y_i, ..., y_n\}$表示，则可计算出对每一个源端节点的归一化分配值为 $z_i= x_i /y_i$ ，公平系数为

$$\text{公平系数}=(\Sigma_i z_i)^2/(n\Sigma z_i^2)$$

由于分配量通常与时间一起变化，公平系数能够作为时间的函数来描述。

目前，已有多种方案来模拟网络拥塞配置和仿真问题，很大一部分方案是用来仿真交换机的串行连接。一种最常用的仿真配置（Simulation Configurations）描述称为“停车区”

（Paking Lot）模型。停车区仿真模型，如图5-20所示。该模型用来研究公平性，图中S1为源端节点1，D1为目的端节点1，SW1为交换节点1，这种配置和名字的想法来自剧院的汽车停车场。仿真模型包括几个串联的停车区域，由一个单向单线的出入通道连接起来，当汽车试图从各自的停车区域汇入离去车流时，会有拥塞现象发生。对计算机网络来讲，上述模型可以类比网络中交换机的串接，串接连接包含有n条虚电路。

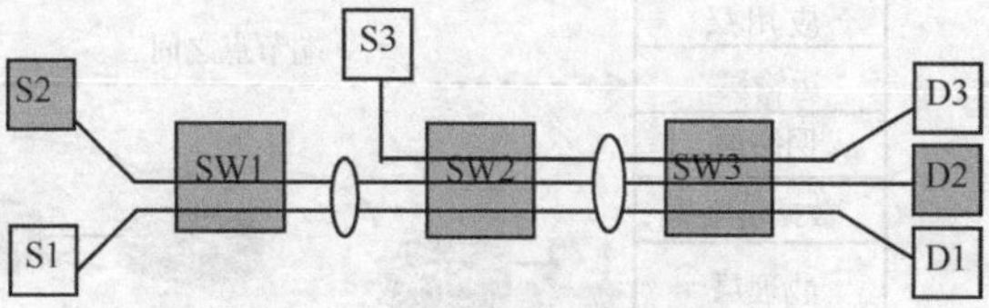

图5-20　停车区仿真模型

网络中存在3种端节点（站点）传输模型（Traffic Patterns）：第一种是持续源站点（Persistent Sources），这些源站点也叫做“贪心的”或“无休止的”，总是有PDU要发送，这样，导致网络总是出现拥塞；第二种是错开源站点（Staggered Sources），源站点在不同的时间发送，允许研究拥塞控制机制的分配时间；第三种是突发源站点（Bursty Sources），这些源站点在活动状态和闲止状态之间摇摆，在活动状态产生突发的PDU，“突发响应时间”为第一个PDU进入到最后一个PDU输出的时间。

5.4.3　流量控制与拥塞控制

流量控制是对一条通信路径上的流量进行控制，其目的是保证发送者的发送速度不超过接收者的接收速度。流量控制只涉及一个发送者和一个接收者，涉及两个节点，可以是相邻节点之间，也可以是端节点之间，分别对应数据链路层的相邻节点之间的流量控制，以及运输层的端节点之间的流量控制。流量控制只涉及两个网络节点，属于是局部控制。

拥塞控制是对整个通信子网的流量进行控制，其目的是保证通信子网的流量与网络可提供资源相匹配，不出现网络系统性能恶化、甚至崩溃的局面。拥塞控制涉及网络中多个节点（主机、路由器、交换机），属于是全局控制。

拥塞控制的最终目标是，防止由于网络中PDU过载而使网络的吞吐量下降；合理分配网络资源；避免死锁；匹配数据传输速度。

拥塞控制涉及的网络层次有：数据链路层、网络层和运输层，在这些层次上对拥塞控制产生影响的策略，见表5-3。

表5-3　对拥塞控制产生影响的网络设计策略

网络层次	对拥塞控制产生影响的策略	网络层次	对拥塞控制产生影响的策略
运输层	重发	网络层	分组丢弃
	失序缓存		路由选择
	确认		分组生命期管理
	流量控制	数据链路层	重发
	超时机制		失序缓存
网络层	虚电路服务与数据报服务		确认
	分组的排队和服务		流量控制

流量控制涉及的层次有数据链路层和运输层。流量控制一般是由接收方根据自己缓冲区的大小和接收数据的情况，给发送方反馈流量控制信息，也就是说，是由接收方控制发送方发送数据的速率。流量控制与拥塞控制是相关的，若局部的流量控制做得很好，可以对全局的拥塞控制起到缓解的作用。拥塞控制涉及的层次，如图5-21所示。

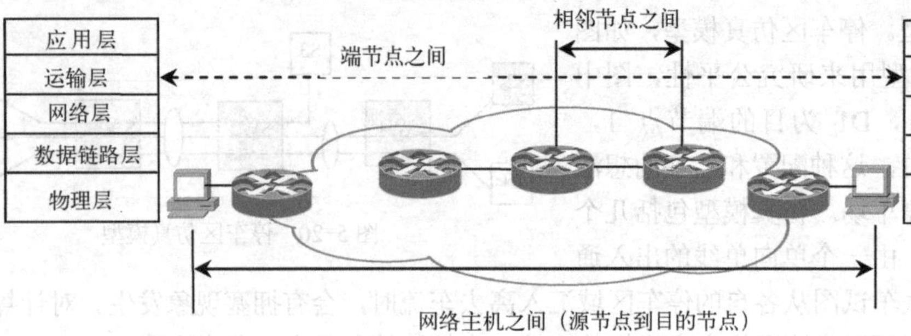

图 5-21　拥塞控制涉及的层次

5.4.4 拥塞控制原理

从理论上说，拥塞控制有两类方法：开环控制和闭环控制。开环控制和闭环控制，如图 5-22 所示。

1．开环控制

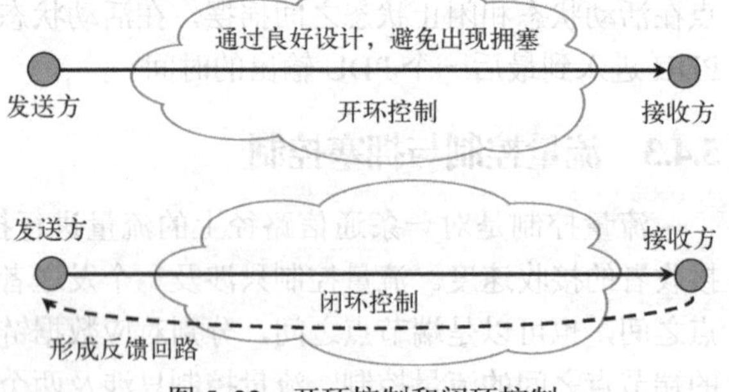

图 5-22　开环控制和闭环控制

开环控制的基本思想是，通过良好的设计，事先将有关发生拥塞的因素考虑周到，避免拥塞问题的出现，力求网络在工作时不会发生拥塞。开环控制设计需要考虑：何时接受新的网络连接请求，出现拥塞时何时丢弃 PDU、丢弃哪些 PDU 等。开环控制的特点是，在做出决定时，需要知道网络环境的基本参数，尽可能分析与网络拥塞控制有关的因素；一旦开环拥塞控制机制开始应用，就不再考虑、也无法控制网络当前的运行状况。

开环拥塞控制机制的例子有：连接接纳控制和基于许可证策略等。

2．闭环控制

闭环控制是建立在反馈环路基础上的方法，在计算机网络中常采用闭环控制方法。闭环控制的基本思想是，通过反馈控制，在工作过程中动态控制拥塞。闭环控制的工作过程包括如下 3 个部分：

1）监视网络系统，检测网络发生拥塞的时间及地点。

2）报告拥塞信息，将此信息传送到可进行拥塞控制的网络节点。

3）给出决策处理，调整系统的操作行为以解决拥塞问题。

目前常用的闭环拥塞控制方法如下：

1）采用闭环反馈回路，把拥塞信息反馈给源端节点，调节源端节点发送数据的速率。

2）在 PDU 中设计拥塞控制位或字段，把拥塞控制信息放在协议字段中，PDU 在传输过程中经过网络节点时，网络节点会知道网络中的拥塞情况，并采取相应的控制措施。

3）由网络中的节点（例如，路由器），周期地产生一些拥塞控制 PDU，告知或询问网络中的拥塞情况。

3．拥塞控制描述

拥塞控制的描述，如图 5-23 所示。图中横坐标表示输入负载，可以认为是进入网络的 PDU 数目，纵坐标表示吞吐量，可以认为是从网络出去的 PDU 数目，图中标出了理想拥塞控制、无拥塞控制和实际拥塞控制 3 条曲线。当网络中的吞吐量等于零时，网络出现了死锁（Dead Lock）现象，死锁现象是应当避免的。可以看出，开始时随着输入负载的增加，网络的吞吐量也在增加，最理想的情况是呈 45 度角线性增加，但实际情况是当输入负载增大到一定数值后，吞吐量会下降，即从网络输出的 PDU 数目小于进入网络的 PDU 数目。这是由于网络中出现了拥塞现象，一些 PDU 在网络中的某个节点处排队，或是节点缓冲区空间不够，出现缓冲区溢出，一些 PDU 被丢弃。

网络中出现拥塞是不可避免的，但对拥塞必须进行控制。可以看出，在网络中加入拥塞控制后，吞吐量会比未加拥塞控制时要少，这是因为拥塞控制信息为冗余信息，是需要消耗网络传输带宽的。

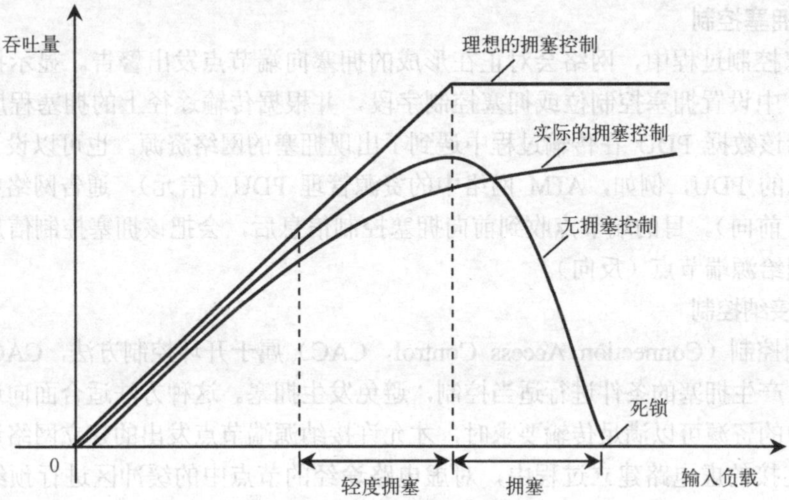

图 5-23　拥塞控制的描述

监测网络拥塞的指标有：因缺少缓冲区而丢弃数据包的比例；平均队列长度；超时和重发 PDU 的数量；PDU 的平均延迟等。

拥塞控制是一个全局的、动态的问题，拥塞控制是很难设计的，因为拥塞控制信息是冗余的信息，拥塞控制信息的传输使得本来就拥塞的网络更加拥塞。例如，将拥塞信息向有关网络节点报告，需要发送特殊的拥塞控制 PDU，这些 PDU 的传输会加重网络的拥塞状况。

5.4.5　网络拥塞控制机制

常用的网络拥塞控制方法有：连接接纳控制（CAC）；基于许可证方法；通信量整形；负载丢弃；拥塞抑制 PDU；基于窗口的拥塞控制；基于速率的流量控制。常用拥塞控制机制，如图 5-24 所示。

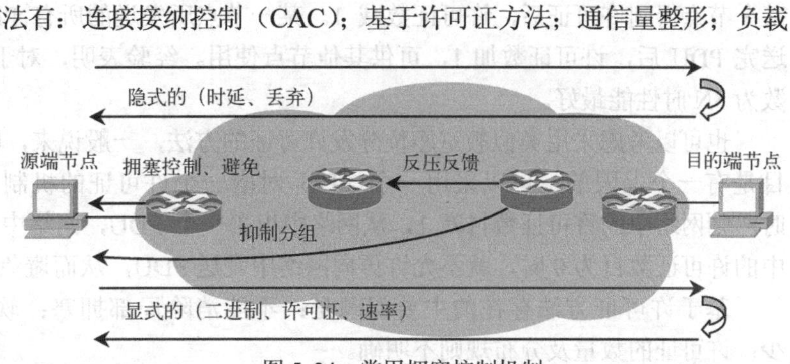

图 5-24　常用拥塞控制机制

1. 反压反馈

反压反馈可以在链路或逻辑链路上实施，若网络中的一个节点出现拥塞（例如，缓冲区溢出），则该节点会减缓或阻止来自前方节点的数据流量，对前方节点形成反压反馈，会一直反向地传输到源端节点，使得源端节点限制过多的 PDU 进入网络。抑制分组是由出现拥塞的节点产生的拥塞控制 PDU，抑制分组的一个应用例子是 ICMP 的源点抑制 PDU，网络中的路由器和目的端节点都可以给源节点发送 ICMP 抑制 PDU，要求源端节点减缓发送 PDU 的速度，降低发送速率。

2．隐式拥塞控制

隐式拥塞控制的基本思想是，若源端节点能够监测到网络传输的时延增加过多或网络中分组丢弃的数目过多，就知道网络中出现了拥塞，就会立即采取措施，减缓发送 PDU 的数目，使得网络拥塞得以缓解、消除。隐式拥塞控制是由源端节点完成的，不需要网络中的其他节点参与。例如，端节点之间通过 TCP 建立的逻辑连接，就可以实现隐式拥塞控制。有些方案中，端节点会使用高层协议（例如，TCP）实现的机制，进行流量控制和拥塞控制。

3．显示拥塞控制

显示拥塞控制过程中，网络会对正在形成的拥塞向端节点发出警告。显示拥塞控制可以在数据 PDU 中设置拥塞控制位或拥塞控制字段，并根据传输途径上的拥塞程度填写拥塞信息，用于指示该数据 PDU 在传输过程中遇到了出现拥塞的网络资源。也可以设计专用于传递拥塞控制信息的 PDU，例如，ATM 网络中的资源管理 PDU（信元），通告网络中出现拥塞的位置和情况（前向）。目的端节点收到前向拥塞控制信息后，会把该拥塞控制信息沿着同一条逻辑连接反馈给源端节点（反向）。

4．连接接纳控制

连接接纳控制（Connection Access Control，CAC）属于开环控制方法，CAC 也称为拥塞预防方法，对产生拥塞的条件进行适当控制，避免发生拥塞。这种方法适合面向连接的服务。只有当网络中的资源可以满足传输要求时，才允许接纳源端节点发出的建立网络连接的请求。

在面向连接的虚电路建立过程中，对虚电路途经的节点中的缓冲区进行预约。预约缓冲区的数量依据系统资源状况确定。例如，对于单向传输，每个节点为每条虚电路至少预留一对输入、输出缓冲区；对于双向同时传输，则至少预留两对输入、输出缓冲区资源。

5．基于许可证方法

基于许可证方法的基本思想是，通过限制网络中 PDU 的总数来避免拥塞。类似于对教室里听课人数的限制，一个座位对应一个许可证，只有持有许可证的人方可进入教室，从教室出去一个人，就有了一个空座位，可以释放一个许可证，允许再进一个人，以避免教室里听课人数出现拥塞，并保证每个听课者均有一个座位。

基于许可证方法是对网络节点发放许可证，只有得到许可证的网络节点才能发送 PDU。某个节点得到许可证后，许可证数减 1。某一节点所发送的所有 PDU 到达目的地后，也即发送完 PDU 后，许可证数加 1，可供其他节点使用。经验表明，对于 N 个节点的网络，许可证数为 3N 时性能最好。

也可以考虑采用类似教室座位分发许可证的方法，一般说来，网络中可以容纳的 PDU 数目是有一个上限的，可以采用一个 PDU 对应一个许可证的机制，进入到网络中一个 PDU 时，则网络中的许可证数目减 1，从网络中出去一个 PDU，网络中的许可证数目加 1。当网络中的许可证数目为 0 时，就不允许再向网络中发送 PDU，从而避免拥塞现象发生。

基于许可证方法存在的主要问题是：不能消除局部拥塞；软硬件故障会导致许可证减少；许可证的数量及分布规则不明确。

6．通信量整形

拥塞出现的原因之一是网络中的通信量具有突发性。如果网络节点采用恒定的速率发送

PDU，会在很大程度上减少拥塞的发生。人们考虑采用通信量整形（Traffic Shaping）的方法。通信量整形的基本思想是，迫使 PDU 以一种可预见的速率发送。可以看出，通信量整形就是调整数据传输的平均速率，以适应通信量的突发性。

漏桶机制是在 1986 年提出的实现通信量整形的一个方法。考察一个底部有一个小孔的桶，水从桶的上面（开口）流入，只要桶中有水，不管进入桶中水的速率是多少，桶中的水从底部小孔流出的速率是基本恒定的。当桶中的水没有时，流出速率变为 0，当桶中的水满时，水便溢出。通信量整形的漏桶机制，如图 5-25 所示。

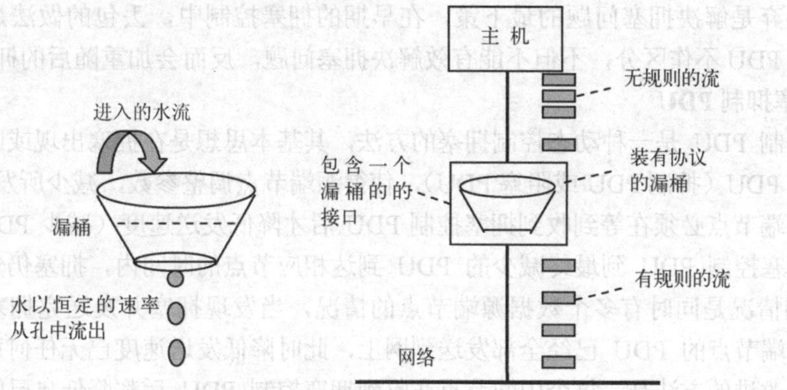

图 5-25　通信量整形的漏桶机制

把漏桶机制的思想用于网络中 PDU 的传输，每台主机都通过一个包含有漏桶的接口与网络连接。在具体实现漏桶机制时，漏桶被设计成一个有限长度的内部队列，如果队列排队已满，则后续到达的 PDU 将被丢弃。漏桶机制可以通过网络硬件接口或软件模拟实现，得到的是一个有恒定服务时间的单服务器排队系统。

漏桶机制规定网络节点每隔固定的时间（称为时间片）向网络发送一个 PDU，保证 PDU 流往通信子网的速率是恒定的。对于输入来的 PDU，如果队列有空位置，就将 PDU 置于队尾，否则就丢弃。

漏桶机制强迫保持恒定的输出速率，没有考虑到突发通信量的变化。在应用中，要求有一个弹性的算法，当突发通信量到来时，可以相应增大输出速率，以避免输入的数据丢失。令牌桶机制就是能满足这一要求的方法。

令牌桶机制的设计思想是，若要向通信子网发送一个 PDU，就必须得到一个令牌，一个令牌只能发送一个 PDU。网络根据通信能力确保每隔一个固定的时间间隔就产生一个令牌，置于令牌桶中。如果 PDU 的生成速度超过了令牌的生成速度，当消耗完令牌桶中所有令牌后，就不能传送 PDU。此时，一方面可以通过令牌桶机制通知主机延缓 PDU 的生成，使得进入网络的通信量与通信能力相匹配；另一方面，可以动态调整令牌生成的时间间隔，适当增大令牌的数量，以适应突发通信量的需求。

令牌桶机制与漏桶机制的区别主要有两点：①漏桶机制在桶满时丢失的是数据包，令牌桶机制在桶满时丢失的是令牌，而不是数据包；②漏桶机制不允许空闲主机保留发送权，而令牌桶机制却允许空闲主机保留发送权，允许发送的 PDU 的数量最大可达到令牌桶中的令牌数 n，即允许 n 个 PDU 的突发通信量同时传送。

7. 负载丢弃

负载丢弃（Load Shedding）方法的基本思想是，当拥塞变得难以控制时，丢弃部分 PDU，以使网络内 PDU 的数量与通信能力相匹配。负载丢弃也简称为“丢包”。但任意丢弃 PDU 会给网络带来不利后果。例如，对于文件传输，如果丢弃的是前面的（旧的）PDU，则会导致所有的 PDU 重发，也称为“葡萄酒”策略，即旧的比新的好。对于多媒体应用，如果丢弃后面的（新的）PDU，则保留下来的可能是无关紧要的信息，也称为“牛奶”策略，即新的比旧的好。

需要针对不同的应用，选择和确定哪些 PDU 可以先丢弃、哪些 PDU 可以后丢弃、哪些 PDU 不能丢弃。为了实现选择性丢弃策略，可以采用在 PDU 上标识优先级的方法，让节点在决定丢弃 PDU 时可做出有利的选择。

负载丢弃是解决拥塞问题的最下策，在早期的拥塞控制中，丢包的做法是很普遍的。但若对丢失的 PDU 不作区分，不但不能有效解决拥塞问题，反而会加重随后的拥塞状况。

8．拥塞抑制 PDU

拥塞抑制 PDU 是一种动态控制拥塞的方法，其基本思想是在拥塞出现或即将出现时，发送拥塞控制 PDU（抑制 PDU 或阻塞 PDU），使得源端节点调整参数，减少所发送的通信量。

如果源端节点必须在等到收到拥塞控制 PDU 后才降低发送速度（减少 PDU 的数量），则在从发出拥塞控制 PDU 到最终减少的 PDU 到达相应节点的时间内，拥塞仍然存在且无任何改善。极端情况是同时有多个数据源端节点的情况，当发现拥塞并发送完拥塞控制 PDU 之后，数据源端节点的 PDU 已经全部发送到网上，此时降低发送速度已无任何意义，而拥塞却没有解决。改进的方法是，每个中间节点在收到拥塞控制 PDU 后都降低自己的转发速度。这时中间节点输出速度可能小于输入速度，因此，要求每个中间节点要有适当多的缓冲区缓存收到的 PDU。

源端主机在收到拥塞控制 PDU 后需要降低发送速度，但是可能会因某种原因导致多个数据源端节点收到拥塞控制 PDU 的时间上有差异，使得有些源端节点没有降低发送速度，而有些源端节点降低了发送速度，有可能造成一种慢的更慢的情况，这对各主机来说是不公平的。为了对响应拥塞抑制 PDU 的源端节点公平，采用公平队列算法，在每条输出线路上有多个队列，每个源端节点一个队列，使得每个主机都有机会发送 PDU。

拥塞抑制属于拥塞控制中的闭环控制方法，常用的基于速率的拥塞控制方法是拥塞抑制很好的应用。

9．基于窗口的拥塞控制

网络中的发送端节点都有一个发送窗口，窗口的尺寸根据往返时间 T 内可以传送的最大 PDU 个数设置。通过设置不同的传输窗口的方法可以控制 PDU 传输速率。接收节点中设置共享缓存区，存放接收的 PDU，接收节点会根据发送节点的窗口大小设置缓存门限 S 的值。当接收节点中缓存的 PDU 数低于门限时，可以通知发送端点线性增加发送窗口尺寸。如果接收节点中缓存的 PDU 数超过门限值时，可以通知发送端点将发送窗口降低一个倍乘系数。显然如果链路上只有有限的连接过程，可以增大接收缓存区的大小，所以说 S 值是当前链路上传输负载的反映。而倍乘系数表明系统希望发送端在可能发生拥塞时采取降低速率的快慢程度。

例如，在最大发送窗口尺寸为 16 的情况，在 T 时间内可以传输 16 个 PDU，考虑倍乘系数为 0.5 的情况下，交换节点传输的情况，若门限值 S 为 8，在缓存区存放到 8 个 PDU 时发出临界警报。

10．基于速率的流量控制

基于速率的流量控制的处理方式与基于窗口的流量控制类似，只不过发送端是通过改变发送 PDU 的速率以降低对接收端缓存区的占有量。可以这样说，窗口方法在时间上改变发送窗口，也相当于改变传输速率。两者的区别是基于速率的方法是在规定的时间能够以均匀的方式传输数据，而窗口方法仍旧以分配的峰值速率传输窗口尺寸大小数量的 PDU。基于速率方式传输 PDU 的数量比较均匀，可以减轻对缓存的压力和交换机处理的压力。

计算机仿真表明，在传输相同数量 PDU 的情况下，基于速率的流量控制需要的缓存数量比基于窗口方法少 25%左右。发送速率开始设置的初值为每一往返时间 1 个 PDU，由于发送端节点在单位时间内是均匀发送 PDU 的，相应 PDU 均匀到达接收端，在速率比较低的情况下，接收节点可以迅速处理接收 PDU，所以占用比较少的存储空间，当速率增大到一定数值、节点无法及时处理 PDU 时，才开始占用交换机缓存空间。基于速率方法同样存在控制延迟，即在发出临界警报后，连接占用缓存区的数量会继续增加，但是和基于窗口控制方法相比，占用的峰值 PDU 数量显然要低，同时从整个 PDU 传输过程来看，缓存区需求量也比较小。考虑到交换节点为多个通信过程设置的是共享缓存区，实质上也减少了交换机中共享缓存区总的大小。

5.5 因特网中的运输层协议

5.5.1 因特网运输层协议概述

因特网采用 TCP/IP 协议，TCP/IP 协议中的运输层协议有两个：TCP 协议和 UDP 协议。TCP/IP 协议中的运输层协议，如图 5-26 所示。TCP 的 PDU 称为 TCP 报文段（Segment），UDP 的 PDU 称为用户数据报或 UDP 报文。TCP 协议是面向连接的协议，提供可靠的运输服务，按字节流顺序发送数据，提供确认、流量控制等。UDP 是无连接的协议，UDP 报文不需要确认，由于附加的控制信息少，传输效率比较高。

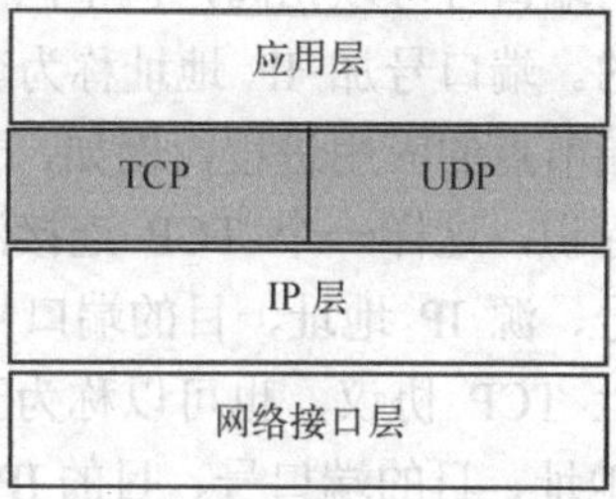

图 5-26 TCP/IP 协议中运输层协议

在因特网中，不同的应用层协议分别对应 TCP 协议或 UDP 协议，应用层协议对应的运输层协议，见表 5-4。

表 5-4 应用层协议对应的运输层协议

应　　用	应用层协议	运输层协议
域名服务	DNS	UDP
WWW 网络浏览	HTTP	TCP
文件传送	FTP	TCP
电子邮件	SMTP	TCP
网络管理	SNMP	UDP
远程终端接入	Telnet	TCP
路由信息协议	RIP	UDP
多播服务	IGMP	UDP
网络文件系统	NFS	UDP
动态 IP 地址配置	DHCP	UDP
IP 电话	专用协议	UDP
流式多媒体通信	专用协议	UDP
简单文件传送	TFTP	UDP
电子邮件读取	POP3	TCP

5.5.2 运输层的端口

端口的位置在运输层与应用层的接口处，在运输协议数据单元（TPDU）中包含源端口号和目的端口号两个字段。依据 OSI 的描述，端口就是运输服务访问点（TSAP），运输层的端口号用于区分不同的应用进程。应用层通过端口使得各种应用进程都能将其数据向下交付给运输层，运输层通过端口知道怎样将其 TPDU 中的数据向上交付给相应的应用进程。

端口号字段占 16 位二进制位，是一个用十进制表示的数字，可以有 64K（K=1024）个不同的编码。应用层源进程把报文发送到某个端口，应用层的目的进程从对应的端口接收报文。

端口号由 ICANN 负责管理。端口分为熟知（默认）端口号，数值范围为 0～1023，熟知端口是因特网系统使用的，由 ICANN 公布，分配给一些常用的应用服务使用；登记端口，数值范围为 1024～49 151，使用这个范围的端口需要在 ICANN 登记；动态端口，数值范围为 49 152～65 535，这个范围的端口留给用户进程使用。常用的熟知端口号与应用进程之间的对应，见表 5-5。

表 5-5 常用的熟知端口号与应用进程的对应

应用服务	HTTP	SMTP	FTP	DNS	SNMP	TFTP	Telnet	POP3
熟知端口	80	25	21、20	53	161	69	23	110

端口号要与网络层的 IP 地址配合使用，所以端口号只有本地意义，例如，不同主机系统中的端口号可以相同，但不同主机系统的 IP 地址应是唯一的，即不同主机系统的 IP 地址是不同的。端口号加 IP 地址称为套接字，也称为套接口、门户或插口。套接字用来标识网络中一个端节点的应用进程，例如，一个 TCP 连接涉及两个端节点，每个端节点的应用进程用套接字标识，这样一个 TCP 连接涉及一个四元组（源端口号、源 IP 地址、目的端口号、目的 IP 地址），若加上 TCP 协议，也可以称为五元组（源端口号、源 IP 地址、目的端口号、目的 IP 地址，TCP 协议）。

端口号、IP 地址和套接字的关系如图 5-27 所示，套接字=（IP 地址 端口号）=（202.101.75.32 1600）。

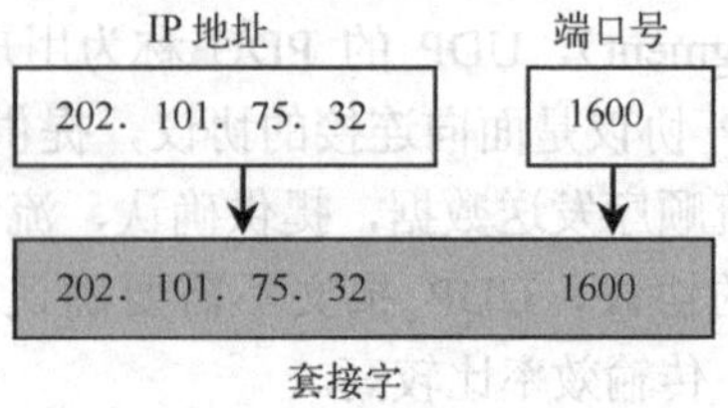

图 5-27 端口号、IP 地址和套接字的关系

5.6 用户数据报协议（UDP）

5.6.1 UDP 的特点与作用

用户数据报协议（User Datagram Protocol，UDP）是 TCP/IP 协议中的无连接的运输层协议，UDP 的技术文档是 RFC 768。UDP 只在 IP 分组提供的服务上增加很少的功能，UDP 提供了端口号字段，可以实现应用进程的复用和分用，UDP 也提供了校验和计算，可以实现包括伪协议首部和 UDP 用户数据报的校验，这里说的伪协议首部，是指校验计算的范围包括了网络层 IP 分组的一部分内容。

UDP 协议的特点如下：

1）在发送用户数据报之前不需要建立连接，好处是可以节省连接建立所需要的时间，有些应用层协议是不需要建立连接的，在有些情况下，也是无法或不能建立连接的，例如，在对网络进行故障检测时。

2）UDP 协议简单，协议首部仅有 8 个字节，不需要维持包含许多参数、复杂的状态表。

UDP 采用尽力交付的方式为应用层提供服务。

3）UDP 不支持拥塞控制，网络出现拥塞时，就简单的丢掉 PDU，有些应用层的应用需要有很低的时延，对在网络出现拥塞时丢失少量的 PDU 是可以容忍的，例如，IP 电话。

4）UDP 是面向报文（应用层的 PDU）的，对应用程序交下来的报文不再划分为若干个报文段来发送。这就要求应用程序要选择合适大小的报文。

5）UDP 支持一对一，一对多，多对一和多对多的交互通信。

5.6.2 UDP 的协议格式

UDP 的 PDU（用户数据报）由两部分组成：首部和数据。UDP 协议的首部很简单，只有 8 个字节，由 4 个字段组成，每个字段都是两个字节。UDP 协议的数据部分就是应用层的 PDU。UDP 的格式，如图 5-28 所示。

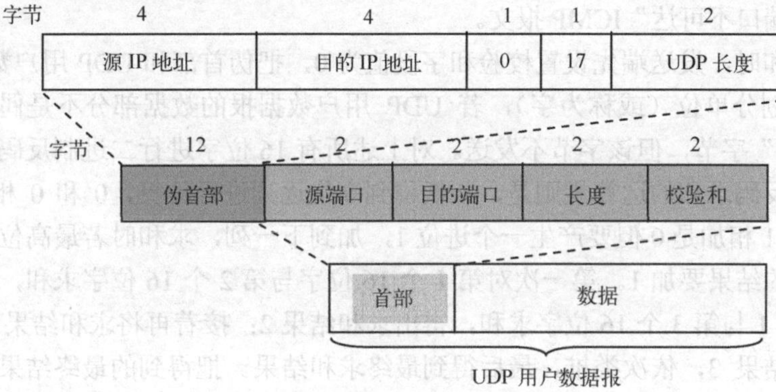

图 5-28　UDP 的格式

UDP 协议首部的字段如下：

1）源端口，指 16 位的源端口号。

2）目的端口号，指 16 位的目的端口号。

3）长度，指 UDP 用户数据报的长度。

4）校验和，指将首部和数据部分一起检验，也包含伪首部。

可以通过协议分析工具 Ethereal 捕获实际网络中的协议包（PDU），查看和分析各种 PDU 的结构，帮助理解理论中描述的 PDU。Ethereal 的使用请参看第 1 章中的介绍。用 Ethereal 查看到的 UDP 协议格式，如图 5-29 所示。

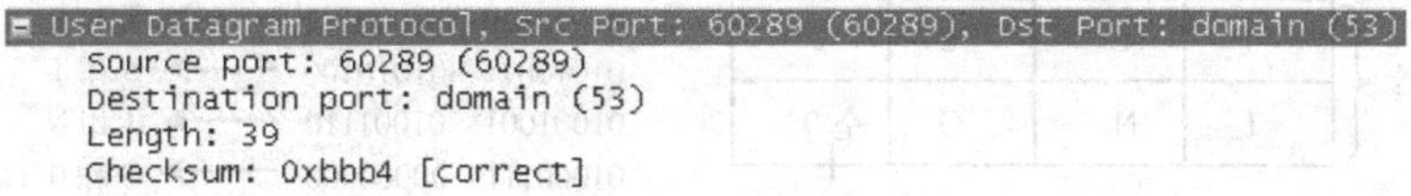

图 5-29　用 Ethereal 查看到的 UDP 协议格式

5.6.3 UDP 的校验和

UDP 校验和的计算方法比较特别，在计算校验和时要在 UDP 数据报之前增加 12 个字节的伪首部，之所以称为伪首部，是因为它并不是 UDP 真正的首部，只是在计算校验和时使用，既不向下传送，也不向上递交。伪首部临时与 UDP 用户数据报连接在一起，形成临时的用户数据报，按照这个临时的 UDP 用户数据报计算出校验和，UDP 的校验和是把首部和数据部分一起检验。UDP 校验和的计算规则在技术文档 RFC 1071 中有详细说明。

伪首部的第 1、2 个字段涉及网络层 IP 分组中的 IP 地址字段内容，原因有两个：一是与应用进程联系套接字包含两个网络地址，即端口号和 IP 地址；二是 UDP 是无连接的，需要增强 UDP 的可靠性。伪首部第 3 个字段为全零，第 4 个字段是 IP 首部中的协议字段值，对于 UDP，该字段值为 17，第 5 个字段是 UDP 用户数据报长度。可以看出 UDP 协议校验和计算范围的设计特点，既检查了 UDP 的端口号和数据部分，又检查了 IP 分组的两个 IP 地址字段值，提高了网络协议的可靠性。

网络层的 IP 分组作为第三层的网络协议，可以运行在所有第二层（数据链路层）网络协议之上，大部分的数据链路层协议都提供有差错检测，也可能有些第二层协议没有提供差错检测，运输层提供校验和差错检测是很有效的。需要指出的是，运输层协议 UDP 提供差错检测，但不提供差错恢复。UDP 可以通过 ICMP 进行报文传输过程中的出错处理，发送 ICMP 报文，通告 UDP 的 PDU（用户数据报）在网络中传输遇到的问题，例如，当目的端口不存在时，给出“目的端口不可达”ICMP 报文。

在计算校验和时，发送端先设置校验和字段值为 0，把伪首部和 UDP 用户数据报以 16 位二进制位为一个划分单位（或称为字），若 UDP 用户数据报的数据部分不是偶数个字节，需要填入一个全“0”字节，但该字节不发送。对上述所有 16 位字进行二进制反码求和运算。

两个数进行反码求和的运算规则是，从低位到高位逐列进行计算，0 和 0 相加是 0，0 和 1 相加是 1，1 和 1 相加是 0 但要产生一个进位 1，加到下一列，求和时若最高位相加后产生进位，则最后得到的结果要加 1。第一次对第 1 个 16 位字与第 2 个 16 位字求和，得出求和结果 1；第二次将结果 1 与第 3 个 16 位字求和，得出求和结果 2；接着再将求和结果 2 与第 4 个 16 位字求和，得出结果 3，依次类推，最后得到最终求和结果。把得到的最终结果求反码（进行 1 的补运算）后得出校验位，放入 UDP 用户数据报的校验和字段。

在接收端，将所有 16 位字相加（包括校验和），得出的结果若为 16 位 1，说明数据在传输过程中没有出现差错，否则说明出现了差错。计算 UDP 校验和的例子如图 5-30 所示。

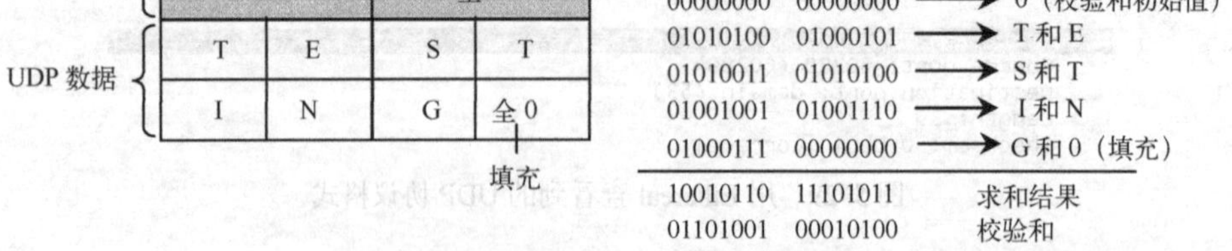

图 5-30　计算 UDP 校验和的例子

5.7 传输控制协议（TCP）

5.7.1 TCP 协议的功能描述

传输控制协议（Transmission Control Protocol，TCP）协议是 TCP/IP 协议簇中的面向连接

的运输层协议。TCP 的协议数据单元（PDU）是报文段（Segment），提供双向同时通信和可靠的数据传输，TCP 连接的任何一方，不管是客户机或是服务器都可以发送和接收数据。发送方的应用进程把应用层报文写入 TCP 的发送缓冲区，依据网络中的最大传输单元（Maximum Transfer Unit，MTU）的规定，TCP 再从发送缓冲区取出符合 MTU 长度要求的数据组成 TCP 报文段，逐个向下传输到网络层（IP 层）、数据链路层、物理层，逐层加上各层的协议首部和尾部后，通过网络发送出去。接收方从 IP 层拆封出 TCP 报文段，并放到接收缓冲区，等待接收方的应用进程读取应用报文。TCP 每一条连接上的通信是一对一的。

TCP 是最复杂的运输层协议，这体现了 TCP/IP 协议把复杂的处理留在端系统，尽量使通信子网简单的设计思想。TCP 协议采用字节流传输数据，传输的数据按字节编号，在 TCP 的 PDU 中设计有发送数据序号字段和确认序号字段，可以一次连续发送多个 TCP 报文段。由于采用双向同时传输，TCP 采用捎带确认和累计确认，不用专门发送确认报文段，提高了传输效率。TCP 协议支持超时机制，用确认和超时重传确保可靠传输。TCP 报文段的传输过程，如图 5-31 所示。

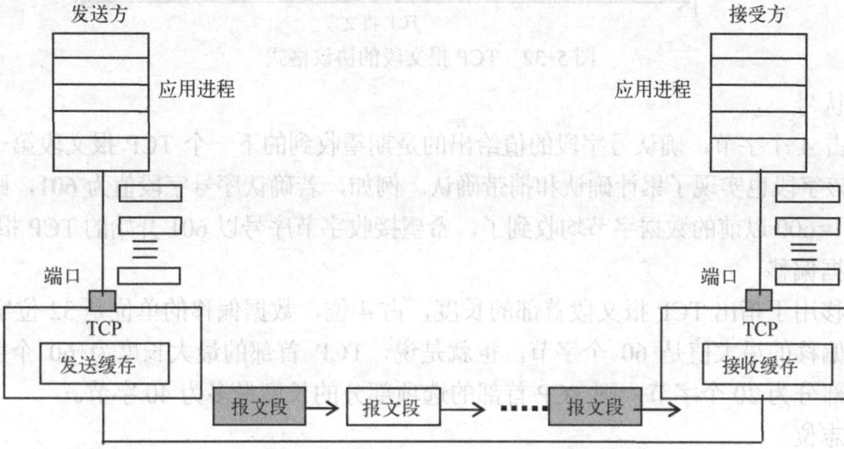

图 5-31　TCP 报文段传输的过程

5.7.2　TCP 报文段的格式

TCP 报文段包括协议首部和数据两部分，协议首部的固定部分有 20 个字节，首部中各字段的设计体现了 TCP 协议的全部功能，协议首部的固定部分后面为选项部分，可以是 4N 个字节，在默认情况下选项部分可以没有。TCP 报文段协议格式，如图 5-32 所示。

TCP 报文段首部字段的含义如下：

（1）源端口和目的端口

源端口和目的端口各占两个字节，是应用层和运输层之间的服务接口，也可以理解为运输服务访问点（TSAP）地址，为网络中的一个逻辑地址，运输层的复用和分用功能需要通过端口实现。

（2）序号

序号占 4 个字节，标识范围从 0、1、…、$2^{32}-1$，TCP 传送的报文段可以看做是连续的字节流，每一个字节对应一个序号，数据按字节顺序编号，序号循环使用。

传输数据的起始序号在连接建立时设置，首部中序号字段的值为所发送数据第一个字节的序号，紧接着下一个报文段的序号字段的值是前一报文段序号字段值加上前一报文段携带的数据字节数，例如，若上一个 TCP 报文段序号字段的值为 201，该报文段携带的数据为 200 字节，则下一个 TCP 报文段序号字段的值为 201＋200=401。

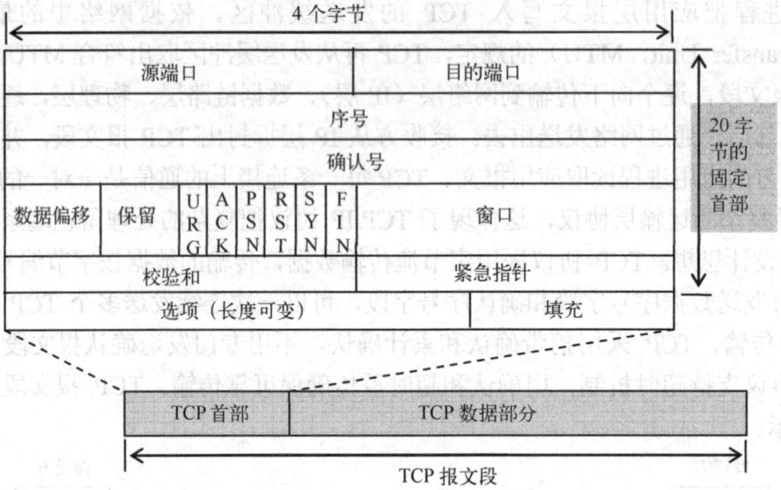

图 5-32　TCP 报文段的协议格式

（3）确认号

确认号占 4 个字节，确认号字段的值给出的是期望收到的下一个 TCP 报文段第一个数据字节的序号，该字段也实现了累计确认和捎带确认。例如，若确认序号字段值为 601，则表明字节序号为 601-1=600 以前的数据字节均收到了，希望接收字节序号以 601 开始的 TCP 报文段。

（4）数据偏移

数据偏移用于指出 TCP 报文段首部的长度，占 4 位，数据偏移的单位是 32 位字，即 4 个字节，数据偏移的最大值是 60 个字节，也就是说，TCP 首部的最大长度为 60 个字节。TCP 首部的固定部分为 20 个字节，则 TCP 首部的选项部分的长度最多为 40 字节。

（5）标志位

有 6 个标志位，用于控制设置或标识报文段，有些标志位需要配合使用。

1）紧急（URGent，URG），该位置 1 时，表明紧急指针字段有效，说明此报文段中有紧急数据。

2）确认（ACK），该位置 1 时，确认号字段才有效。

3）推送（PuSH，PSH），接收方收到该位置 1 的报文段时，尽快交付给应用进程。用在一端的应用进程在键入一个命令后立即可以收到对方响应的情况。发送端把 TCP 报文段的 PSH 置 1，并立即把 TCP 报文段发送出去，接收端收到 PSH 置 1 的报文段后，尽快地推送向前，交付给接收应用进程，不用等整个接收缓存都填满了后再向上交付。

4）复位（ReST，RST），称为重建位或重置位，该位置 1 时，表明 TCP 连接中出现严重故障，必须释放连接，重新建立连接。该位置 1 时还可以用于拒绝打开一个连接或拒绝一个非法的报文段。

5）同步（SYN），在连接建立时用来同步序号。该位置 1 时，表明是连接请求或连接响应报文段。SYN=1 与 ACK=0，表明是一个连接请求报文段。SYN=1 与 ACK=1，表明是一个连接响应报文段。

6）终止（FINal，FIN），用于连接释放，该位置 1 时，表明发送此报文段的一方的数据已经发送完毕，要求释放连接。

（6）接收窗口

接收窗口用于流量控制和拥塞控制，表示当前接收缓冲区的大小。占 2 个字节，接收窗口字段的取值范围为 0～65 535 之间，单位为字节。在计算机网络中，通常是用接收方的接收能力的大小来控制发送方的数据发送量。TCP 连接的一端根据接收缓冲区大小确定自己的接收窗口值，告诉对方，使对方可以确定发送数据的字节数。

（7）校验和

校验和占两个字节，校验的范围包括首部和数据两部分，计算校验和时，在 TCP 报文段的前面加上 12 个字节的伪首部，这是与 UDP 的校验和一样的，伪首部第 4 个字段的值为 6，因为 TCP 的协议号是 6。

（8）选项

选项字段是可选的，默认情况是不选。最初，TCP 只规定了最大报文段长度 （Maximum Segment Size，MSS）一种选项。MSS 的含义是每一个 TCP 报文段中数据部分的最大长度，与 MSS 有关的技术文档是 RFC 879。为提高传输效率，只要在 IP 层传输时不会引起分片，MSS 应尽量选择得大一些。MSS 是连接建立时由双方协商的，两方分别填入各自的 MSS，在数据传输时所采用的 MSS 取最小的数值。MSS 的默认值为 536 字节，这样在因特网上传输的 TCP 报文段长度是 20＋536=556 字节。

在 TCP/IP 协议发展进程中，选项字段又增加了几个选项，分别是：窗口扩大选项、时间戳选项和选择确认选项。若想了解这些增加选项的描述，读者可以阅读技术文档 RFC 1323、RFC 2018。

除了以上所述的字段外，TCP 协议格式中还有保留字段和紧急指针字段。其中，保留字段有 6 位，值全为 0；紧急指针字段有 2 个字节，在标志位 URG 位置 1 时才有作用，用于指出紧急数据的字节数，即使接收窗口字段值为 0 也可发送紧急数据。

可以通过协议分析工具 Ethereal 捕获实际网络中的协议包（PDU），查看和分析各种 PDU 的结构，帮助理解理论中描述的 PDU。Ethereal 的使用请参看第 1 章中的介绍。用 Ethereal 查看到的 TCP 协议格式，如图 5-33 所示。

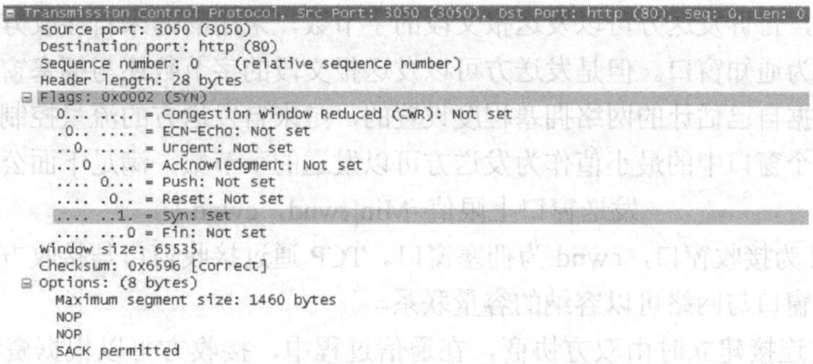

图 5-33　用 Ethereal 查看到的 TCP 协议格式

5.7.3　TCP 连接与控制管理

运输连接有 3 个阶段：连接建立、数据传输和连接释放。TCP 连接与控制管理确保运输连接过程能够正常进行。

在连接建立阶段需要解决 3 个问题：使通信的双方能够确知对方的存在；允许双方协商一些参数，例如，MSS、服务质量、发送窗口大小；能够对运输实体资源进行分配，例如，缓冲区大小等。TCP 的连接建立采用客户机/服务器模式，主动发起连接建立的应用进程是客户机，被动等待连接建立的应用进程是服务器，服务器进程一直处于运行状态。

TCP 的连接建立采用三次握手。TCP 的连接释放采用四次握手，必须双方都释放连接之后，才能真正断开 TCP 连接。

连接建立涉及 TCP 报文段中的序号字段（seq）、确认序号字段（ack），以及标志字段中的 SYN、ACK 位。连接释放涉及 TCP 协议数据单元中的序号字段（seq）、确认序号字段（ack），以及标志字段中的 FIN 位、ACK 位。TCP 连接建立与连接释放，如图 5-34 所示，图中用 ACK 表示标志位，用 ack 表示确认序号字段，用英文字母大、小写来区分。

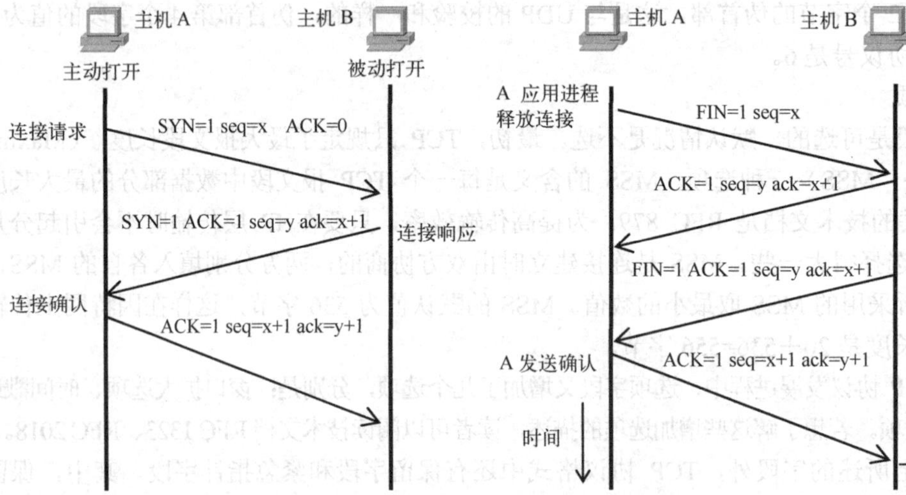

图 5-34 TCP 连接建立与连接释放

5.7.4 TCP 流量控制和拥塞控制

1. TCP 流量控制

TCP 中的流量控制是通过报文段中的接收窗口字段，该字段给出接收方的接收缓冲区当前可用的字节数，告诉发送方可以发送报文段的字节数，采用的是来自接收方的流量控制。接收窗口有时也称为通知窗口。但是发送方可以发送报文段的字节数还与拥塞窗口有关，拥塞窗口是由发送方根据自己估计的网络拥塞程度设置的，是来自发送方的流量控制和拥塞控制，在实际应用时取两个窗口中的最小值作为发送方可以发送的字节数，满足下面公式：

发送窗口上限值=Min[rwnd，cwnd]

其中，rwnd 为接收窗口，cwnd 为拥塞窗口。TCP 通过接收窗口与接收方可以接收的容量联系，通过拥塞窗口与网络可以容纳的容量联系。

发送窗口在连接建立时由双方协商，在通信过程中，接收方可以根据资源情况，随时动态地调整发送窗口值。

2. TCP 拥塞控制

当数据传输所需要的网络资源超过网络可以提供的资源时，就会出现网络拥塞，通常是 PDU 丢失增多，网络中传输时延增大。1999 年，在 RFC 2581 中给出了用于拥塞控制的 4 种算法：慢开始、拥塞避免、快重传和快恢复。

TCP 的拥塞控制是比较复杂的，是对拥塞窗口的值进行动态的调控，采用慢速启动、快速增长、拥塞避免的机制，即由小到大逐渐增大发送方拥塞窗口的值，使向网络中发送 PDU 的速率更加合理。根据最大报文段长度（MSS）值，先将拥塞窗口值设置为一个 MSS 的数值。为方便说明原理，用报文段的个数作为窗口大小的单位，并假定接收方窗口足够大，发送方发送 PDU 的速率只与发送方拥塞窗口大小有关。

在第一次发送报文段时，发送的报文段个数为 1 个，即拥塞窗口大小为 1 个 MSS，在经过第一个往返时间 RTT 后，若没有出现拥塞，发送方收到 ACK 后把拥塞窗口的值由 1 增大到 2。在第二次发送时，发送的报文段的个数为 2 个，依次类推，第三次发送的报文段个数为 4 个，每经过一个传输轮次，按 2 的指数规律增加发送报文段的个数，直到到达门限值（ssthresh）。无拥塞时的慢速启动，如图 5-35 所示。

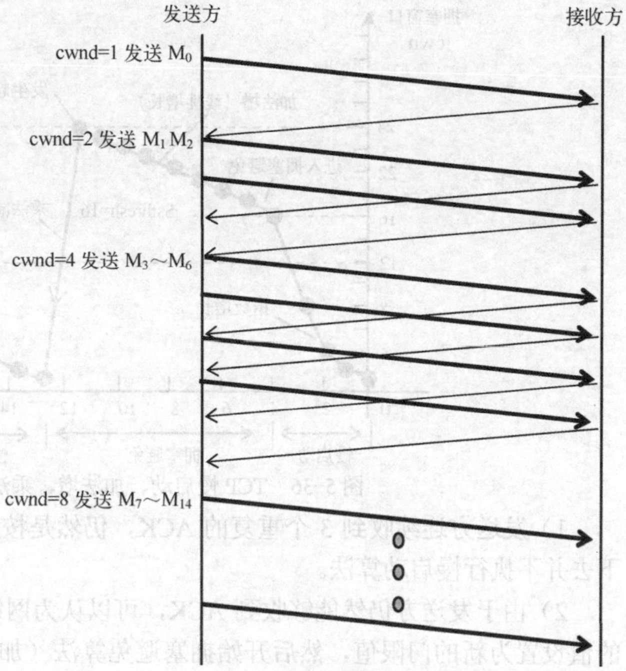

图 5-35 无拥塞时的慢速启动

门限值也称为临界值或慢速启动门限值，是为了防止拥塞窗口增长过大引起网络拥塞而预先设置的一个值。与慢速启动门限值有关的技术文档是 RFC 2581。门限值是一个状态变量，它与拥塞窗口值的关系是：cwnd＜ssthresh，使用慢速启动算法；cwnd＞ssthresh，停止慢速启动算法，使用拥塞避免算法；cwnd=ssthresh，既可使用慢速启动算法，也可使用拥塞避免算法。拥塞窗口到达门限值后，停止使用慢速启动算法，开始使用拥塞避免算法。

拥塞避免算法的设计思路是，拥塞窗口值超过门限值以后，按线性规律增加（加性增）拥塞窗口值，即每经过一个往返时延 RTT，拥塞窗口增加一个 MSS 的大小，使拥塞窗口缓慢增大，以防止网络过早出现拥塞。这里的拥塞避免不是指完全可以避免拥塞，而是指采用加法增算法会使网络不容易出现拥塞。

拥塞的判断方法是，发送方没有按时收到 ACK，或是收到了重复的 ACK，此时需要把慢速启动门限值快速下降（乘性减），设置为出现拥塞时发送方窗口值的一半，然后把拥塞窗口值重新设置为 1 个 MSS，开始新一轮的慢速启动算法。以上拥塞控制的过程也称为 TCP Tahoe 版本，可以归纳为 3 个阶段：慢启动（Slow Start）、加法增（Additive Increase）、乘法减（Multiplicative Decrease）。TCP 慢启动、加法增、乘法减的拥塞控制的过程，如图 5-36 所示。

乘法减是指不论是在慢启动阶段，还是在拥塞避免阶段，一旦出现超时，即出现一次拥塞，就要把门限值减半，设置为当前拥塞窗口的值的一半，当网络拥塞频繁出现时，门限值会下降得很快。

3．快重传和快恢复

对拥塞控制的进一步改进是快重传和快恢复。快重传的思路是，若发送方收到 3 个重复的 ACK 后，就可以判断有报文段丢失，就要立即重传丢失的报文段，而不必继续等到该丢失报文段设置的超时计时器到达超时值，快重传可以实现尽早重传丢失的报文段。

快恢复与快重传配合使用，在采用乘法减算法时，网络出现拥塞时，将拥塞窗口降低为 1，再执行慢启动算法，存在的问题是，网络不能很快恢复到正常工作状态，需要通过快恢复算法解决这一问题。快恢复的做法如下：

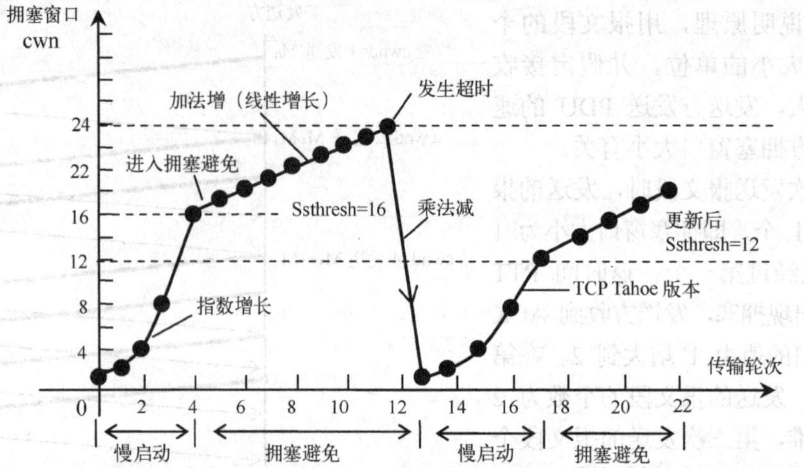

图 5-36　TCP 慢启动、加法增、乘法减的拥塞控制的过程

1）发送方连续收到 3 个重复的 ACK，仍然是按照乘法减，把门限值 ssthresh 减半。但接下去并不执行慢启动算法。

2）由于发送方仍然能够收到 ACK，可以认为网络很有可能还没有发生拥塞，把拥塞窗口的值设置为新的门限值，然后开始拥塞避免算法（加法增），使拥塞窗口缓慢地线性增大。这种拥塞控制的过程也称为 TCP Reno 版本。

TCP 快重传、快恢复的拥塞控制的过程，如图 5-37 所示。

TCP Reno 版本在快重传之后采用快恢复算法，而不是采用慢启动算法，是目前使用广泛的拥塞控制机制。采用快重传后，可以使整个网络的吞吐量提高约 20%。采用快恢复算法时，慢开始算法仅在 TCP 连接建立时和网络中出现超时时才使用。

对 TCP Reno 机制的进一步改进是，在收到 3 个重复的 ACK 后，把拥塞窗口 cwnd 的值设置为 ssthresh＋3×MSS，其中 ssthresh 是拥塞后重新设置的。若收到的 ACK 为 n 个，cwnd 的值设置为 ssthresh＋n×MSS。这样做的理由是，既然发送方收到了 3 个重复的 ACK，说明有 3 个 PDU 已经离开了网络，因此可以适当把拥塞窗口扩大些。

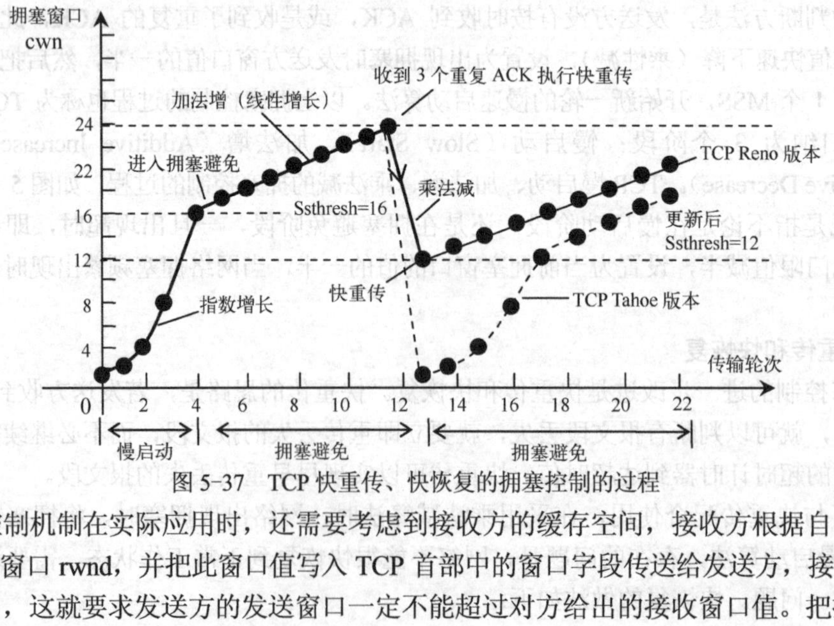

图 5-37　TCP 快重传、快恢复的拥塞控制的过程

拥塞控制机制在实际应用时，还需要考虑到接收方的缓存空间，接收方根据自己的接收能力设定接收窗口 rwnd，并把此窗口值写入 TCP 首部中的窗口字段传送给发送方，接收窗口也称为通知窗口，这就要求发送方的发送窗口一定不能超过对方给出的接收窗口值。把拥塞控制机

制和接收方对发送方的流量控制结合起来考虑，发送方的发送窗口的上限值为 Min[rwnd，cwnd]，可以看出是其中较小的值控制发送方发送数据的速率。

5.7.5 TCP 的重传机制

若在传输过程中出现错误，发送方就要重传 TCP 报文段，TCP 在每发送一个报文段时，同时为该报文段设置一次计时器，即启动超时机制，若在给定的时间间隔内没有收到确认，就需要重传该报文段。

超时控制的时间间隔值的设置是比较重要和复杂的问题，这是因为 TCP 协议下面的网络环境是不可靠和不可知的，例如，传输的 TCP 报文段可能只经过一个高速的局域网，也可能是经过了多个低速的广域网，在网络中经过的路由也可能发生变化。超时时间不能设置得过短，否则会发生不必要的重传，超时时间也不能设置得过长，否则会引起网络传输效率降低。

TCP 的重传机制采用自适应算法，记录下每一个报文段发出的时间和收到相应确认报文段的时间，两个时间值的差作为 RTT。把各个报文段的 RTT 样本加权平均，得到报文段的平均 RTT。每测量到一个新的 RTT 样本，按公式重新计算一次平均 RTT：

$$平均\ RTT=\alpha\times(旧的\ RTT)+(1-\alpha)\times(新的\ RTT)$$

其中，$0\leqslant\alpha<1$，典型的α值为 7/8。计时器设置的超时重传时间 RTO 按下面公式计算：

$$RTO=\beta\times RTT$$

其中，β是个大于 1 的系数，也就是说，RTO 应稍微大于平均往返时延 RTT。早期的 TCP 标准推荐β值为接近 2，因为系数β是很难确定的，因为计算机网络中存在许多不可预知的时延。

5.8 网络服务质量

5.8.1 网络服务质量概述

1．网络服务质量的定义

网络服务质量（Quality of Service，QoS）是为了实现持续的、可以预测和可靠的网络传输服务，支持在 Internet 上高质量的传输多媒体信息。ITU-T 在建议书 E.800 中给出的 QoS 的定义：QoS 是服务性能的总效果，此效果决定一个用户对服务的满意程度。QoS 是网络与用户之间以及网络上互相通信的用户之间关于信息传输与共享的约定，例如，传输延迟允许时间、最小传输画面失真度、声像同步等。QoS 具有分类（根据协议、IP 地址、端口号）、标注、优先级设置等功能。

国际上在 1996 年底开始进行以提高网络服务质量 QoS 为核心的 InternetⅡ、下一代因特网（Next Generation Internet，NGI）和下一代网络（Next Generation Network，NGN）理论和实现技术研究。IETF 成立了专门工作组开展多媒体服务质量定义和相关标准的研究。比较典型的 QoS 技术有：综合服务（Integrated service，IntServ）模型，技术文档是 RFC 2210～RFC 2215；资源预留协议（ReSource reserVation Protocol，RSVP），技术文档是 RFC 2205～RFC 2209；区分服务（Differentiated Service，DiffServ）模型，技术文档是 RFC 2475；多协议标记交换（Multi-Protocol Label Switching，MPLS），技术文档是 RFC 3031～RFC 3032；流量工程（Traffic Engineering，TE）和 QoS 路由（QoS-based Routing）、调度和管理机制等。

2．QoS 涉及的性能指标

QoS 可以用基本的性能指标描述，例如，带宽（吞吐量）、时间延迟、抖动、分组丢失、实用性、差错率、连接建立时间、故障检测和改正时间等。

3．QoS 与管理不公平性

管理不公平（Managed Unfairness）在网络中是需要存在的，根据不同的服务请求，需要为某一种应用分配比另一个应用多的带宽。FTP 流需要较大的带宽，对延迟、抖动、分组丢失的要求不是太高。而 IP 流正好相反，不要求太高的带宽，但对延迟、抖动、分组丢失十分敏感。在共享链路时，要依据各个数据流自身需求提供相应的服务，需要给 FTP 流分配较高的带宽，可以看出带宽的分配是一种不公平、可控制、符合不同服务需求的方法，QoS 技术就是要找出和实现这种方法。

4．QoS 与可预测性

要满足不同服务要求的数据流在网络中经过多个节点传输时的服务要求，很重要的一点就是要实现对 QoS 参数的预测。

QoS 要实现对带宽、延迟、抖动、分组丢失的控制和管理，可以根据不同的服务策略对网络中传输的分组区别对待，构成区别服务体系结构，在相同类型分组通过给定接口时，都提供同样的处理。QoS 的综合目标就是，为网络中传输的分组提供可预测的服务层次。

5.8.2 调度和管制机制

1．调度机制

调度是指排队的规则。一般情况下，路由器采用先进先出（First In First Out，FIFO）的默认排队规则，这种规则无法满足多媒体信息的传输。改进的方法是，按优先级排队，优先级高的分组优先得到服务，路由器对到达的分组通过分类器（分类程序）进行优先级分类，送入不同的优先级队列。在实现时，调度相当于排队论中的服务员，优先转发高优先级队列中的分组。

为了解决低优先级队列中的分组长时间得不到服务的问题，引入公平队列（Fair Queuing，FQ）机制，该机制对每种类别的分组流设置一个队列，轮流使每一个队列每次只能发送一个分组。公平队列存在的问题是，长分组得到的服务时间长、没有区分分组的优先级。

进一步的改进是，引入增加队列“权重”，称为加权公平队列（Weighted Fair Queuing，WFQ），实现方法是对到达的分组分类，送入与其类别相当的队列，但各类别的优先级不同，所对应队列依据指派的权值 W_i，以及分配到的服务时间也不同。WFQ 在服务质量体系结构中得到广泛的应用。

2．管制机制

管制是指对数据流进行控制。对数据流进行管制的指标有：平均速率、峰值速率和突发长度。

平均速率指在一定时间间隔内通过的分组数，时间间隔的选择是很严格的。峰值速率限制了数据流在非常短时间间隔内的流量，需要指明这个时间间隔，峰值速率受到链路带宽的限制。突发长度用来限制在非常短的时间间隔内连续注入网络中的分组数。

实现管制机制的方法有“漏桶管制器（Leaky Bucket Police）”，也称为“漏桶”。漏桶是一个抽象的机制，漏桶中可以加入 N 个权标（Token），进入队列的分组要等待漏桶中的权标，准许一个分组进入到网络，就从漏桶中取走一个权标，目的是规范、整形进入到网络中的分组流。在控制队列中的最大时延应用中，采用将漏桶机制与加权公平排队结合的方法。

5.8.3 综合服务（IntServ）

1．IntServ 的主要特点

IntServ（Integrated Service）的主要特点有两个：资源（链路带宽、缓存空间）预留，路由器需要知道不断出现的会话已经预留的资源情况；呼叫建立，在源端节点到目的段节点之间经过的每一个路由器预留足够的资源。IntServ 在源端对传输的分组进行处理，这种处理会在源端到目的端的路径上维持，实现端到端的 QoS，需要分组传输路径上的每一台网络设备（交换机、路由器）都参与 QoS 工作。

2．IntServ 的 3 种服务类型

1994 年，IETF 在 RFC 1633 给出了 IntServ 模型的定义。IntServ 定义了 3 种服务类型：①保证服务（Guaranteed Services）（RFC 2212），对带宽、时延、分组丢失率提供定量的质量保证服务，可以保证一个分组在通过路由器时的排队时延有一个确定的上限；②控制负载服务（Controlled-load Services）（RFC 2211），提供一种类似在网络欠载情况下的服务，使得应用程序比“尽力交付”更加可靠的服务；④尽力服务（Best-Effort），类似于目前 Internet 网上提供的服务，是一种尽力而为的工作方式。

IntServ 主要采用资源预留协议 RSVP，发送方发送一个路径消息给接收方，该消息收集了中间节点的有关支持 QoS 的信息后达到接收方，接收方处理此路径信息后，产生一个预留（Reservation）请求，该请求再逆向传输到发送方，发送方知道所需资源已经预留，开始发送数据，这实际上是由接收端完成功能指定并进行控制的。

3．IntServ 的问题分析

需要说明的是，RSVP 是网络层的控制协议，而不是运输层协议，RSVP 不携带应用数据。RSVP 需要与已有的 QoS 机制（例如，加权公平队列）配合使用，来实现控制资源的预留。对 RSVP 的改进内容描述在 RFC 3175、3209、3210 文档中。

IntServ 所基于的概念是端系统中与分组流有关的状态信息，在传输路径上的路由器中的预留信息只在有限时间内保存，需要由各节点定期更新。

IntServ 存在的问题有：①IntServ 具有面向连接的特性，这是与无连接的 IP 不相符合的，容易引起复杂化。②IntServ 在实现时需要为每一个数据流维持一个软状态，状态信息的数量与流的数目成正比，按每个流进行资源预留造成很大开销，这会导致设备性能下降或需要更高性能的设备。③IntServ 的分类器技术还不很成熟，调度器技术已比较成熟。④工作方式是基于每个流的，其扩展性较差。⑤RSVP 的有效实施依赖于分组所经过的路径上的每个路由器，所有的路由器都必须装有 RSVP、访问控制、分类器和调度器（称为 RSVP 路由器），同时需要全网设备提供一致的技术，使得 IntServ 在骨干网上实施比较困难。⑥不适合短生存期的流，因为资源预留的开销远大于处理流中对 PDU 的开销。

5.8.4 区分服务（DiffServ）

1．DiffServ 的实现方法

IETF 在 RFC 2475 中提出 DiffServ（Differentiated Service）体系结构，其要点是在路由器中增加区分服务功能，尽量不改变网络的基础结构，复杂的分类、标记、处理和整形操作只需要在网络的边界或主机中实现，网络资源按照服务提供策略（Service Provisioning Policy）分配给数据流。

IP 分组格式中提供一定的 QoS 控制策略。DiffServ 将 IPv4 分组首部中 8 位（bit）服务类型字段（TOS）和 IPv6 中的通信类型字段（COS）重新定义为区分服务字段（DS）。利用 DS 字段值的不同表示不同等级的服务质量，路由器根据分组 DS 字段的值转发处理分组。DS 字段只用到前 6 位（bit），称为区分服务码点（DiffServ Code Point，DSCP），该字段的后两位暂时不用，记为 CU（Currently Unused）。

使用 DS 字段时，需要在网络 ISP 和用户之间商定一个服务等级协定（Service Level Agreement，SLA），用来确定被支持的 QoS 服务类别和每一类别所允许的通信量。

在实现时，网络被划分为多个 DS 域，一个域在对应的管理实体的控制下实施同样的区分服务策略。DiffServ 的特点是，将所有的复杂问题处理放在 DS 域的边界节点（可以是主机、路由器或防火墙），尽量使 DS 域内部路由器的工作简单。各个 DS 域由边界路由器连接。边界路由器实现的功能可分为分类器和通信量调节器两部分。调节器又由标记器、整形器和测定组成。

2．DiffServ 的问题分析

实现区分服务最重要一点是，要求所实现的体系结构应是标准化的，目的是使不同厂商的 QoS 产品可以实现互操作。DiffServ 的另一个特点是比较灵活，没有定义特定的服务或服务类别，当出现新的服务类别时 DiffServ 仍然可以工作。

DiffServ 缺点主要是，需要大量网络单元系统的操作，无法依靠自己提供端到端的 QoS 结构。DiffServ 的配置管理比较复杂，需要对网络中的路由器设置相应的规则。DiffServ 的优点是，实现时处理效率高，部署和实施可以分布进行。在利用现有技术提供 IP QoS 时，Intranet（内联网）实现 QoS 常采用 DiffServ 模型。DiffServ 不需要网络对每一个数据流维持一个软状态。

5.8.5 多协议标记交换（MPLS）

1．多协议标记交换的由来

目前，大部分的运营网络中都采用能够确保 QoS 的 ATM 作为基础网络平台，基于 IP 的业务（服务）已经成为这些基础网络平台最主要业务之一，从电信网发展而来的 NGN 也是基于 IP 的网络。要在运营网络中提供 IP QoS，首先要解决 IP 路由器和 ATM 基础设施的配合和衔接的问题，解决的方法是采用多协议标记交换（Multi Protocol Label Switching，MPLS）。

IETF 在 1997 年成立 MPLS 工作组，任务是研究将第三层的路由选择功能与面向连接的第二层的交换功能结合在一起的新协议，克服覆盖模型（IPOA、MPOA）很难协调 IP 和 ATM 网络差异的困难。第三层的路由在网络的边缘实施，第二层交换在支持 MPLS 的网络核心进行。MPLS 具有 4 个特殊功能：①支持面向连接的服务质量；②支持流量工程，平衡网络负载；③支持虚拟专用网 VPN；④支持多种网络协议。2001 年，MPLS 成为因特网的建议标准（RFC3301、3302）。

MPLS 的思路是，在每个分组的头部增加一个称为标签的 MPLS 字段。分组在网络中的路由转发依据交换标签进行，将标签做成路由转发表中一个索引值，通过对表的查询可以较快完成路由过程，也容易实现在路径经过的节点上预留资源。当数据包要退出 MPLS 网络时，数据包（PDU）被解开封装，继续按照 IP 分组的路由方式到达目的地。

MPLS 可以使用多种第二层（数据链路层）协议（底层技术），例如，ATM、IPX、decNET、FR（帧中继）、Ethernet 以及 PPP。采用 MPLS 技术既可以转发 IP 分组，也能够转发 ATM 信元，具体取决于所转发的是什么样的数据，这一特性也是“多协议”的由来。

2．MPLS 的特点

MPLS 具有以下特点：①转发功能和路由功能是分开的，这样 MPLS 的核心只简单地执行转发功能，而无需检查 PDU 的内容，可以选择仅在网络的边缘实施一次路径路由设置的策略；②MPLS 简化了 IP 路由的操作，这样数据流就可以高效地利用网络的资源，从而使网络的性能得到优化；③利用 MPLS 可以很好地控制资源，可以通过不同的服务等级（CoS），提供原来无法提供的 IP 增值业务；④MPLS 技术可以应用到下一代骨干网络中去，例如，NGI、NGN，成为网络中唯一可以运行在多种第二层通信传输网络之上的协议，构成 MPLS 承载第三层（IP）业务的一项关键技术。

MPLS 的重要特点是，不用长度可变的 IP 地址前缀来匹配转发表中的项目，而是采用简单的转发算法对打上固定长度标记的分组使用硬件转发，即根据第二层的标记用硬件进行转发，节省了在每个节点要经过第三层使用软件查找路由表的过程。

3．MPLS 技术实现的分析

MPLS 作为一种分类转发技术，将具有相同转发处理方式的分组归为类，称为转发等价类（Fowarding Equivalence Class，FEC），相同 FEC 的分组在 MPLS 网络中会获得相同的处理。FEC 的分类依据可以是源 IP 地址、目的 IP 地址、源端口地址、目的端口地址、协议类型等，以及上述分类依据的任意组合。

标签是一个长度固定、只有局部含义的短标示符，唯一标识一个分组所属的 FEC。有时，为了实现负载均衡，对应一个 FEC 可能会有多个标签，但是一个标签只能代表一个 FEC。

对具有相同标签、却不相关的分组，两台不同的路由器可能会转发给同一条输出线路上的路由器，需要在另一端能够区分这些分组，这就要在分组经过的每一跳上重新映射标签。这类似在虚电路交换中，在每一交换节点要映射新的虚电路号。MPLS 中的标签只有局部的含义，分组传送到下一个标签交换路由器（Lable Switch Router，LSR）就进行标签对换，原有的标签不再存在。

如何建立转发表是 MPLS 与传统的 VC 设计之间的一个主要区别。在 MPLS 中创建转发表项的方法有两种：①数据驱动（Data-driven），使用有色绳索技术，采用按需创建虚电路的做法，适用底层传输技术为 ATM 的网络；②控制驱动（Control-driven），适用于非 ATM 网络，当路由器启动时，检查在哪些路由路径中自己是最终目标，为这些路由路径创建一个或多个 FEC，为每一个 FEC 分配一个标签，将这些标签传递给它的邻居路由器，邻居路由器保存标签，并发送新的标签给它们的邻居，直到所有的路由器都得到了路径。

在 MPLS 应用时，要求分组所经过路径上的路由器均要支持 MPLS 协议。MPLS 需要一个协议分配标签来建立标签交换通道（LSP），争论的焦点是通道的建立是采用一般的标签分配协议（LDP），还是扩展的 RSVP。MPLS 的基本思想直截了当，但实现细节十分复杂，有很多变化和优化的问题。

5.9 小结

运输层的位置在网络边缘，属于端到端的层次。运输层协议处在计算机网络中的端系统之间，运输层为高层用户屏蔽了下面通信子网（网络核心）的细节，把尽力交付的不可靠的网络服务演变成为支持网络应用的可靠的运输服务。

从计算机网络体系结构的层次看，运输层起着承上启下的功用。运输层是为应用进程之间提供端到端的逻辑通信。在应用层与运输层之间的 SAP 为运输服务访问点（TSAP），在具体应用时使用逻辑地址端口号。

计算机网络中有 4 种地址：域名地址、端口地址、IP 地址和物理地址，自顶向下依次与应用层、运输层、网络层和数据链路层对应。

面向连接的连接建立采用三次握手机制，这里的一次握手其实讲的是协议数据单元从通信的一方传输到另一方。连接释放分为突然释放和文雅释放，无连接的服务使用突然释放，面向连接的服务采用文雅释放，文雅释放采用四次握手。

网络协议设计的目的是实现网络中的可靠数据传输（RDT），对网络协议的描述可以通过滑动窗口协议，也可以使用有限状态机方法，描述协议状态的变化和跃迁。

停-等协议的基本思想是，在发送方每发送完一个协议数据单元后，就停止发送，等待接收方的确认信息。回退 N 协议的基本原理是，发送方可以连续发送落在发送窗口中多个协议数据单元，然后停止发送，等待接收方的确认，这时发送窗口大于 1。人们考虑是否可以让接收方把所有收到的数据单元都接收下来，若发生差错，只重新传输出现差错涉及序号的数据单元，以提高传输效率，减少不必要的重传，这就是选择重传协议的基本思路。

对网络中的某一资源的需求超过了该资源所能够提供的可用部分，会发生网络拥塞。网络中的拥塞是不可避免的，拥塞是影响网络性能和效率的重要因素，必须加以控制。网络拥塞控制是一个非常复杂的问题。拥塞控制有两类方法：一是开环控制；二是闭环控制。

TCP/IP 协议簇的运输层协议有两个，即 TCP 协议和 UDP 协议。UDP 协议是 TCP/IP 协议簇中的无连接的运输层协议，只在 IP 数据报服务上增加很少的功能。

TCP 是最复杂的运输层协议，这体现了 TCP/IP 协议把复杂留在端系统，尽量使通信子网简单的设计思想。TCP 采用大小可以变化的滑动窗口进行流量控制。用于 TCP 的拥塞控制算法是慢开始；拥塞避免、快重传和快恢复。TCP 的重传机制采用自适应算法。

QoS 是为了实现持续的、可以预测和可靠的网络传输服务。QoS 可以用基本的性能指标描述。QoS 的讨论涉及调度和管制机制、综合服务、区分服务、多协议标记交换（MPLS）。

5.10 思考题与习题

5-1 写出运输层的作用，运输层要解决哪些问题？

5-2 写出运输层与网络层的关系。

5-3 什么是滑动窗口协议，有什么作用？

5-4 讨论网络协议时，为什么要从理想的网络协议开始？

5-5 写出停-等协议的基本设计思路。

5-6 一个信道的数据传输率是 4 kbit/s，传播延迟为 20 ms，那么帧的大小在什么范围内，停-等协议才有至少 50%的效率？

5-7 写出回退 N 协议的基本设计思路。

5-8 写出选择重传协议的基本设计思路。

5-9 比较停-等、回退 N、选择重传 3 种网络协议的特点。

5-10 试导出停止等待协议的信道利用率公式。

5-11 在停止等待协议中，确认 PDU 是否需要序号？请说明理由。

5-12 试写出连续 ARQ 协议算法。

5-13 试证明，当用 n 位（bit）进行编号时，若接收窗口的大小为 1，则只有在发送窗口的大小 $W_T \leq 2^n-1$ 时，连续 ARQ 协议才能正确运行。

5-14 试证明，对于选择重传 ARQ 协议，若用 n 位（bit）进行编号，则接收窗口的最大值受公式 $W_R \leq 2^n/2$ 的约束。

5-15 在选择重传 ARQ 协议中，设编号用 3 位（bit），设发送窗口 W_T=6 而接收窗口

W_R=3。试找出一种情况，使得在此情况下协议不能正确工作。

5-16 在连续 ARQ 协议中，设编号用 3 位（bit），发送窗口 W_T=8。试找出一种情况，使得在此情况下协议不能正确工作。

5-17 在什么条件下，选择重传 ARQ 协议和连续 ARQ 协议在效果上完全一致？

5-18 卫星信道的数据传输率为 1 Mbit/s。设卫星信道的单程传播时延为 0.25 s。每一个数据帧长都是 2000 位（bit）。忽略误码率、确认帧长和处理时间。试计算下列情况下的信道利用率：

（1）停止等待协议。

（2）连续 ARQ 协议，W_T=7。

（3）连续 ARQ 协议，W_T=127。

（4）连续 ARQ 协议，W_T=255。

5-19 什么是运输层的复用和分解？结合身边的例子说明。

5-20 什么是连接建立的三次握手？

5-21 什么是文雅释放、什么是突然释放？结合例子说明。

5-22 运输层怎样实现差错检测和差错纠正？

5-23 超时机制有什么用途？

5-24 为什么要在 PDU 中设置序号字段？

5-25 给出 TCP 协议固定首部的图示，并简要说明各字段的功用。

5-26 一个 TCP 报文段的数据部分最多为多少个字节？为什么？如果用户要传送的数据的字节长度超过 TCP 报文段中的序号字段可能编出的最大序号，问还能否用 TCP 来传送？

5-27 TCP 协议中的标志位 SYN、ACK、FIN 有什么作用？

5-28 TCP 怎样进行流量控制？

5-29 TCP 怎样实现拥塞控制。

5-30 主机 A 和 B 使用 TCP 通信。在 B 发送过的报文段中，有这样连续的两个：ACK=120 和 ACK=100。这可能吗（前一个报文段确认的序号还大于后一个的）？试说明理由。

5-31 设 TCP 使用的最大窗口为 64 KB，即 64×1024 字节，而传输信道的带宽可认为是不受限制的。若报文段的平均往返时延为 20 ms，问所能得到的最大吞吐量是多少？

5-32 用 TCP 传送 512 字节的数据。设窗口为 100 字节，而 TCP 报文段每次也是传送 100 字节的数据。再设发送端和接收端的起始序号分别选为 100 和 200，试画出工作示意图（包括连接建立阶段到连接释放阶段）。

5-33 什么是拥塞、什么是拥塞避免、什么是拥塞控制？

5-34 常用的拥塞控制方法有哪些？

5-35 请说明为什么漏桶机制在每个嘀嗒时间允许一个分组进入网络，而不考虑分组的大小。

5-36 设 TCP 的 ssthresh 的初始值为 8（单位为报文段）。当拥塞窗口上升到 12 时网络发生了超时，TCP 使用慢开始和拥塞避免。试分别求出第 1 次到第 15 次传输的各拥塞窗口的大小。

5-37 通信信道带宽为 1 Gbit/s，端到端时延为 10 ms。TCP 的发送窗口为 65 535 字节。请计算可能达到的最大吞吐量是多少？信道的利用率是多少？

5-38 一个 TCP 连接下面使用 256 kbit/s 的链路，其端到端时延为 128 ms。经测试，发现吞吐量只有 120 kbit/s。请问发送窗口是多少？

5-39 什么是套接字、用在哪里？

5-40 UDP 协议有什么特点？

5-41　熟知端口号是怎样分配和使用的。

5-42　UDP 校验和是怎样工作的？

5-43　一个 UDP 用户数据报的首部的十六进制表示是：06 32 00 45 00 1C E2 17。试求源端口、目的端口、用户数据报的总长度、数据部分长度。这个用户数据报是从客户机发送给服务器还是从服务器发送给客户机？使用 UDP 的这个服务器应用程序是什么？

5-44　为什么说 TCP 是最复杂的运输协议？

5-45　为什么在 TCP 首部中有一个首部长度字段，而 UDP 的首部中没有这个字段？

5-46　什么是服务质量？

5-47　描述服务质量的指标有哪些？

5-48　调度和管制机制的 QoS 技术包括哪些主要内容？

5-49　综合服务的特点是什么？

5-50　区分服务的特点是什么？

5-51　多协议标记交换（MPLS）技术主要包括哪些内容？

5-52　一个卫星信道数据传输速率为 50 kbit/s。往返传播时延为 500 ms，帧的长度为 1000 位（bit），请问：

（1）若采用停-等协议，用 t 来表示从发送一帧数据到发送下一帧数据的时间间隔。试求出 t 值是多少？

（2）采用停-等协议时，线路利用率是多少？

（3）若采用连续 ARQ 协议，则发送方在收到一个帧的应答之前，最多能发送多少帧？

5-53　在回退 N 协议中，请证明并写出当 K=3，发送窗口大小等于 8 时网络协议不能成立的过程。

5-54　TCP 和 UDP 中采用校验和方法实现差错控制，请写出校验和方法的特点，以及进行差错检测的过程。

5-55　网络中为什么会出现拥塞，怎样判断出现了拥塞？

5-56　常用的网络拥塞控制机制有哪些？

5-57　隐式拥塞控制和显示拥塞控制各有什么特点？

5-58　写出累计确认和捎带确认的特点。

5-59　用协议状态机描述网络协议的特点是什么？

5-60　MTU 和 MSS 各代表什么含义？在网络中有什么作用？

5-61　分别画出 TCP 协议固定首部和 UDP 首部。试比较 TCP 和 UDP 的首部。列出在 UDP 首部中没有而在 TCP 首部中出现的字段，给出它们出现的理由。

5-62　TCP 使用初始序号（ISN）14534 打开一个连接。另一端使用 ISN 为 21732 打开一个连接。试给出在连接建立阶段的 3 个 TCP 报文段。

5-63　以十六进制表示的 TCP 首部为 05320017 00000001 00000000 500207FF 00000000。请指出各字段的内容：源端口号、目的端口号、序号、确认号、首部长度、报文段的类型和窗口值。

5-64　TCP 和 UDP 是否都需要计算往返时延 RTT？

5-65　计算机网络中有哪些地址，这些地址和网络层次怎样对应？哪些是逻辑地址，哪些是物理地址？

5-66　用 Ethereal/Wireshark 工具捕获 UDP 协议包，并进行分析。

5-67　用 Ethereal/Wireshark 工具捕获 TCP 协议包，并进行分析。

第6章 网络层

网络层是通信子网的最高层，通信子网提供“尽力交付”的服务，可以使通信子网的设计和实现尽量简单。通信子网中的节点要对 PDU（分组）进行存储、转发、路由选择、寻址等操作，需要把分组从源主机节点正确传输到目的主机节点。

网络层还需要解决网络互连问题，网络互连可以在不同的层次上实现，不同的网络互连类型需要不同的网络互连设备。因特网中采用 IP 地址唯一地标识网络中一个节点的网络连接，通过 IP 地址中的网络标识和主机标识，实现网络的互连，以及网络中主机的互连。

路由选择算法研究分组在网络中传输过程中所经过的途径，力求得出分组从源主机节点到目的主机节点之间的最优路由或可达路由。路由选择算法主要有距离矢量算法、链路状态算法和路径矢量算法。常用的路由协议分为内部路由协议和外部路由协议，因特网中的路由协议主要有 RIP、OSPF、BGP。

网络层为高层提供的服务分为虚电路服务和数据报服务，前者是面向连接的，后者是无连接的。在因特网中采用的是数据报服务，分组携带完整的目的地址，在网络中独立的选择路由。分组在通信子网传输中的一些问题由 ICMP 通知源端节点或通告网络，把可靠传输的一些控制问题交给运输层解决。

学习本章，要求掌握网络层协议的基本概念和知识。熟悉通信子网提供“尽力交付”的原因和特点。熟悉网络层实现的寻址技术、路由选择算法、分组在网络中的路由选择描述、层次路由实现方法。熟悉 IP 分组协议格式及各字段的用途。掌握 IP 地址的使用方法。熟悉网络互连方法。了解 ICMP 的用途。了解移动 IP 技术的实现方法。

6.1 网络层涉及的问题

6.1.1 网络层实现的功能

1. 网络层与网络核心

网络层是网络核心（通信子网）的最高层，网络层的协议数据单元是分组（Packet），网络层提供从源节点（发送主机）到目的节点（接收主机）之间的可靠传输和分组的路由选择，源节点到目的节点之间经过若干个节点（交换节点），节点之间均是点到点的连接。

网络层设计涉及通信子网的拓扑结构，网络中的寻址和互连方法，分组在节点的存储和转发，分组在通信子网中的路由策略及路由算法等。

网络层与运输层之间的接口也用做通信子网与资源子网（连接到端节点用户）的接口。

作为通信传输网络，网络层涉及网络体系结构的第 1、2、3 层，网络层综合本层和以下两层的功能，向资源子网提供通信传输服务，网络层对于广域网是非常重要的。

2. 网络层需要解决的问题

1）网络连接的建立和释放：利用数据链路层提供的数据链路连接，构成服务于运输层运输实体的网络连接。网络连接也可以由若干个互连的通信子网构成，互连的子网可以具有不同的服务能力，子网可以采用不同的网络协议。网络连接需要跨越和经过多段数据链路，并对经过的各段数据链路进行选择。

2）路由选择：分组在通信子网中传输，经过的节点会有许多条线路连接到其他节点，需要确定和选择所要经过的下一个节点，逐跳地在源和目的主机节点之间选择一条适当的路径。网络层需要使用数据链路层的服务来控制逐段数据链路的互连。有3个因素需要考虑：连接线路的容量和速率、节点的处理速度和节点缓冲区大小。最重要的是所经过的连接线路和节点是否为最优的路由，这里的最优路由是指在当前网络状态下的传输路径最短、费用最少。当网络连接是由通信子网互连构成时，需要区别单个子网内的路由选择，以及多个子网之间的路由选择，并考虑每个子网所采用的不同路由策略。

3）拥塞控制：当进入网络内的分组数目大于从网络输出的分组数目时，通信子网出现拥塞，需要考虑减少或避免拥塞现象发生。由于通信子网中会包含大量的节点和连接线路，连接线路所用的传输介质可能不一样，传输速率也会不一样，交换节点的交换机或路由器的型号和处理能力会有很大不同，从而影响到整个通信子网的容量和数据传输率。在传输过程中若某条连接线路或某个节点出现故障，会引起通信子网出现拥塞情况。

4）网络互连：不同的网络可以在不同的网络协议层次上实现互连，在不同的层次上实现网络互连需要不同的网络互连设备，在网络层实现互连用到的网络互连设备称为路由器。网络互连需要遵循一定的规则，若两个网络在第N层实现互连的，则要求两个网络的第N+1层及以上层的网络协议必须相同，第N层及以下层的网络协议可以不同。

5）分片和重组：为满足不同通信子网对传输协议数据单元（PDU）长度的要求，对过长的数据单元要进行分片，对较短的数据单元进行合并组块，以上操作需保证网络服务数据单元（SDU）定界标识完整保留下来，在传输到目的主机节点时能够还原和识别网络协议数据单元。对分片的数据单元，要在目的节点按规则进行重组，然后再传递给高层。

6）差错的检测与处理：网络层的差错检测是利用数据链路层差错检测机制，也可以利用运输层的差错控制，例如，校验和算法，用伪首部包含网络层PDU的一些主要字段，伪首部也在校验和计算范围内。因特网中采用控制报文协议（ICMP），通告IP分组在网络中传输的情况。网络层出现的差错需要高层（例如，运输层）处理，这体现了使网络层协议尽量简单的设计思想。

7）服务选择：一个网络连接通过几个通信子网时，每个子网会有不同的服务指标，网络层提供服务选择功能，使实现网络连接的网络节点能够提供相同的服务。网络层提供的服务有：面向连接的虚电路服务和无连接的数据报服务。在因特网中采用的无连接的网络层服务。

8）网络寻址：在网络层的寻址靠网络地址，网络地址是一个逻辑地址，用来唯一标识一个网络节点的连接。每一个网络物理接口（网络适配器）都对应一个逻辑地址。采用网络地址的好处是统一了所有网络节点连接的地址格式，便于数据通信和传输的处理。网络节点的物理地址是网络适配器地址，也称为网卡地址，需要制定相应的网络地址转换协议，实现网络逻辑地址与网络物理地址之间转换。

因特网的网络地址是IP地址，是网络协议数据单元（分组）的组成部分，有源地址和目的IP地址两个字段。从IP地址到物理地址的转换协议是地址解析协议（ARP），从物理地址到IP地址的转换协议是反向地址解析协议（RARP）。

3．网络核心的组成

网络核心由一些节点（访问节点和交换节点，可以是交换机或路由器）和连接这些节点的链路组成，网络中的节点提供存储和转发分组，以及路由选择的功能。网络核心的组成，如图 6-1 所示。

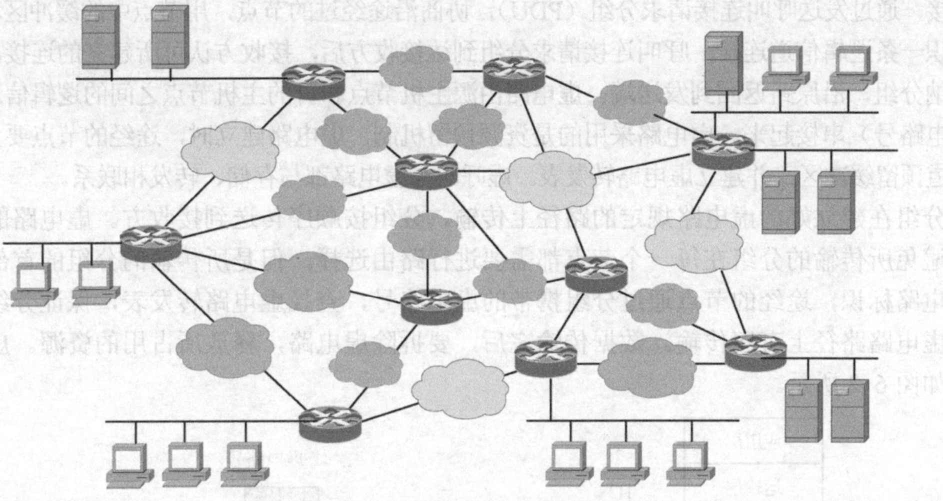

图 6-1　网络核心的组成

路由器和交换机都是具有特殊用途的计算机。在单个广域网中使用节点交换机连接各个主机、转发分组。路由器是一种互连设备，用来互连多个网络，在多个网络构成的互连网络中存储转发分组。在因特网中通过 IP 地址进行寻址和实现网络之间或主机之间的互连，传输的 PDU 到达目的主机后再通过 IP 地址到物理地址的转换，最终使用物理地址与目的主机进行通信。

4．网络层服务的设计目标

网络层通过网络层与运输层之间的接口（NSAP）为运输层提供服务。网络层服务的设计目标是，服务应与通信子网技术无关；通信子网的数量、类型和拓扑结构对运输层是透明的；运输层用到的网络（包括互连后的网络）地址应采用统一编码方式。

网络层提供的服务有两种，一种是面向连接的服务，另一种是无连接的服务，两者的主要差别是将网络中复杂的功能放在哪个位置上。对面向连接服务，复杂功能处理的位置在网络层（通信子网）。对无连接服务，复杂功能处理的位置在运输层。TCP/IP 协议簇采用的设计原则是使通信网络越简单越好，把复杂的功能留在端系统（运输层）处理。

6.1.2　虚电路服务和数据报服务

通信网络提供的服务既有面向连接的服务，也有无连接的服务，前者应用的例子是 ATM 网络，后者应用的例子是因特网。TCP/IP 协议簇中的网络层协议 IP 是无连接的，为上层提供尽力交付的服务。

网络服务与通信子网提供的技术无关，通信子网可以采用各种类型的交换机和路由器，使用不同传输介质，互连的通信子网所采用的技术也可以是不同的。运输层得到的网络层提供的服务时，看不到通信子网实现的细节。可以类比家用电器使用电力网提供的服务，使用家用电器时只需将电源插头插入插座（相当于电力网用户与电力网之间的接口）。当然也有用电协议、插座尺寸、电压电流等技术指标，而电力网内部的构造，哪里设置变压器、用什么规格的传输线等对电力网用户是透明的。

1．虚电路服务

虚电路（Virtual Circuit，VC）服务是面向连接的网络服务，在双方通信之前先要建立一条逻辑连接，通过发送呼叫连接请求分组（PDU），协商沿途经过的节点，用节点中的缓冲区和虚电路号标识一条逻辑信道连接，呼叫连接请求分组到达接收方后，接收方认可所建立的连接，发回连接接纳分组，沿原路返回到发送端。虚电路由源主机节点和目的主机节点之间的逻辑信道号（各段虚电路号）串接起来。虚电路采用的是资源预留机制，虚电路建立时，途经的节点要为各个逻辑信道预留缓冲区，并建立虚电路转发表。虚呼叫与虚电路都与存储、转发相联系。

分组在建立好的虚电路规定的路径上传输，分组按顺序传送到接收方。虚电路的设计思路是避免所传输的分组在每一个节点都需要进行路由选择，但是所传输的分组的首部中需要有虚电路标识，途经的节点通过分组携带的虚电路号，查找虚电路转发表，保证分组在建立好的虚电路路径上有序传输。数据传输完后，要拆除虚电路，释放所占用的资源。虚电路服务，如图 6-2 所示。

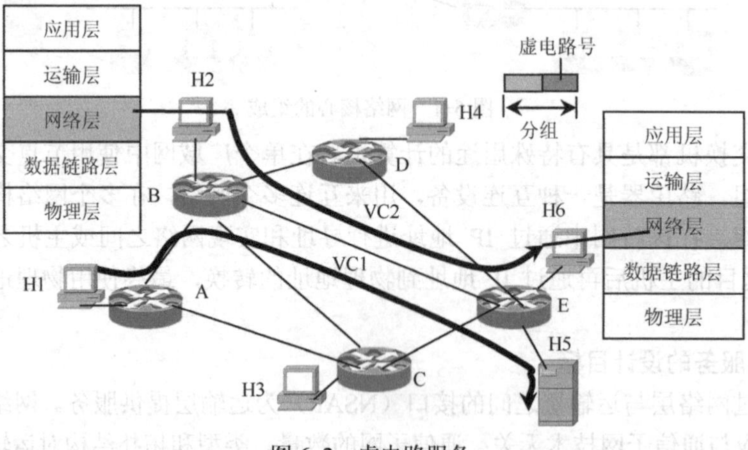

图 6-2　虚电路服务

图中有两条虚电路 VC1 和 VC2，VC1 的虚电路连接是，H1—A—B—E—H5，VC2 的虚电路连接是，H2—B—E—H6。

虚电路的连接建立与运输层的连接建立的区别是，运输连接仅涉及所连接的两个端节点（端系统），而虚电路连接涉及途径的多个节点，这些节点都要参与虚电路的建立，都知道经过该节点的所有虚电路。

虚电路之所以称为“虚”，是因为虚电路并不是独占整个路径的连接，而是与存储、转发相联系，分时、分段使用节点之间的物理连接，采用的是分组交换，在一对物理连接上可以建立多逻辑连接，用不同的虚电路号区别开来。虚电路服务类似人们日常使用的电话服务。而人们日常生活中使用的电话服务所采用的电路交换，一对通话者之间在连接建立起来后，就一直独占该电路连接，直至通话结束释放该连接以后，其他用户才能使用释放的电路路径建立新的连接。

2．数据报服务

数据报（Datagram）服务是无连接的服务，数据报服务不保证所传送的分组不会丢失，也不承诺分组传输的时延。节点想什么时候发送分组就什么时候发送。分组需要携带完整的地址，分组独立地在网络中传输，节点根据分组首部的地址，通过查找路由表，决定将分组转发到哪个路径。

不同分组在网络中经过的路径可能是不一样的，由于经过的路径不同和在网络中的时延不同，分组到达接收方时可能是无序的，目的节点会对到达的无序分组进行缓存，等到相关的分组都收到后，再按顺序交付给目的主机。这些相关的分组由PDU中的标识字段区分。

数据报服务是"尽力交付（Best-effort Service）"的服务，是没有质量保证的服务。因特网采用的就是数据报服务，有时也把IP分组称为IP数据报。与虚电路服务比较，数据报服务的健壮性比较好，当网络中某条路径出现故障时，独立传输的分组可以绕道传输。数据报服务，如图6-3所示。

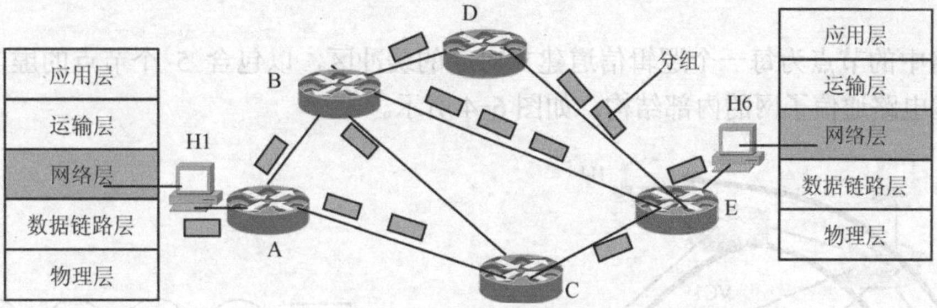

图6-3　数据报服务

每个分组独立发送，与其前后的分组无关。每个分组到达目的地所经过的路径可能是不一样的。网络层不提供服务质量承诺。端节点（主机）中的进程之间的可靠传输由运输层负责。这样可以使网络中的路由器做得比较简单，网络的造价降低，运行方式灵活，可以适应多种网络应用。数据报服务类似人们日常使用的邮政服务，在发送信件之前不需要建立连接，需要发信件时，将信件投入邮政信箱中即可。

3．虚电路服务与数据报服务的比较

虚电路服务与数据报服务的比较，见表6-1。

表6-1　虚电路服务与数据报服务的比较

比较内容	虚电路服务	数据报服务
思路	可靠通信由网络保证	可靠通信由主机（端系统）保证
虚电路连接	需要	不需要
服务方式	面向连接	无连接
地址	每个分组首部包含虚电路号	分组具有完整的源和目的地址
状态信息	节点保存每条虚电路的信息	子网简单，不存储状态信息
分组的转发	属于同一条虚电路的分组按同一路由转发	每个分组独立选择路由进行转发
路由故障的影响	虚电路中断	除分组丢失外，无大的影响
分组到达顺序	有序	无序
拥塞控制	在连接建立时可以协商资源	实现比较难
流量控制和差错处理	子网负责	端节点主机负责

6.1.3　通信子网的内部结构

网络层的虚电路建立与运输层的连接建立（三次握手）有很重要的区别，运输层的连接建立仅涉及两个端系统的端节点，在数据传输之前，两个端系统的端节点协商并确定运输层连接的参数。例如，初始序号和流量控制窗口大小，而网络中的节点无法知道端系统做了什么。网络层中虚电路的建立，沿虚电路路径上的每个网络节点，包括端节点、访问节点和交换节点都需要参与虚电路的建立，创建虚电路转发表，并且知道经过它的所有虚电路，为虚电路建立预留资源。

1. 虚电路通信子网

虚电路服务中的“虚”讲的是分段、分时占用建立的网络连接，分组（PDU）在建立的虚电路上有序的传输，其他的虚电路连接在另一时间也可以在该段连接上传输分组。虚电路服务涉及数据电路、逻辑信道、节点缓冲区、逻辑信道连接等概念和技术。在两节点之间的数据链路上，可以划分多条逻辑信道，一个逻辑信道对应一个输入缓冲区和一个输出缓冲区。虚电路建立在逻辑信道的基础上，由各段逻辑信道串接构成，各段逻辑信道由按规则分配的逻辑信道号标识。

虚电路中的节点为每一个逻辑信道建立对应的缓冲区，以包含 5 个节点的虚电路通信子网为例，虚电路通信子网的内部结构，如图 6-4 所示。

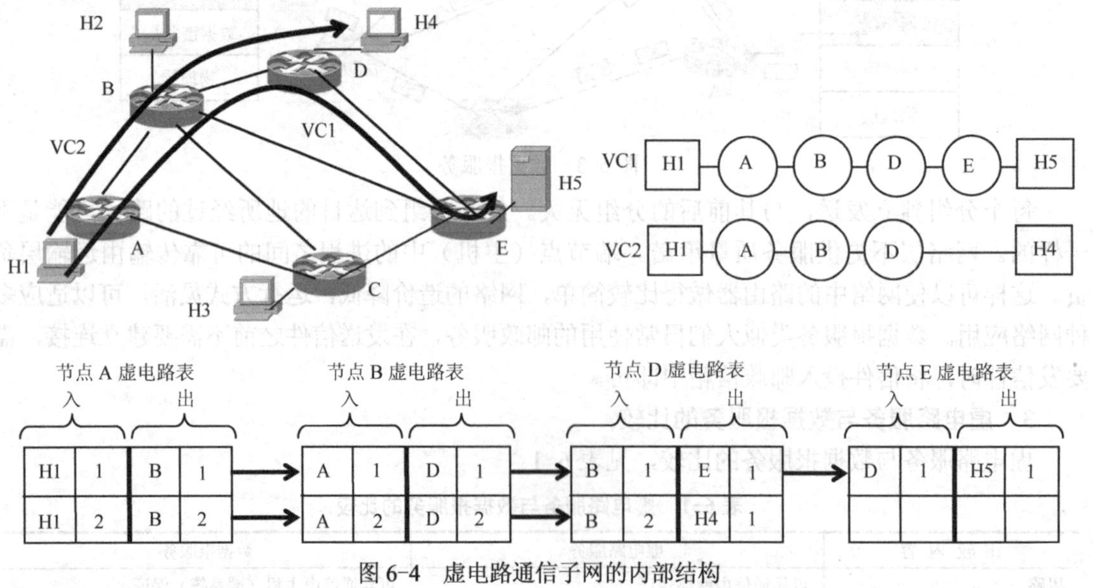

图 6-4　虚电路通信子网的内部结构

图中圆圈代表访问节点或交换节点，方框代表主机，对应着端节点。网络中的节点分为访问节点、交换节点和端节点。访问节点用于连接端节点（计算机主机），处于通信子网与资源子网的交界处，交换节点用于分组的存储、转发和交换连接。一般把网络服务用户标识为主机，可以是端节点。

主机 H1 到节点 A，节点 A 到节点 B 构成数据链路。可以在一条数据链路上构建多个逻辑信道，用逻辑信道号区别每个逻辑信道。每一条通信连接在该数据链路上分配一条逻辑信道。逻辑信道的实现靠节点的缓冲区分配，一条逻辑信道对应一对缓冲区，以区别其他逻辑信道。为讨论简单起见，假设在两个节点之间划分有 4 条逻辑信道，分别标识为 0、1、2、3。虚电路建立时，从主机发出连接请求呼叫分组，寻找合适的路由，在节点之间选择未用的最小逻辑信道号，这样从源主机经过若干节点到目的主机，就建立了一条虚电路连接，把源主机、目的主机与该条虚电路连接途径的各节点（访问节点和交换节点）之间的逻辑信道号串接起来，就构成了一条虚电路。以后凡是从源主机发往目的主机的分组，都在建立好的虚电路上的节点存储、转发，有序的传输。在占用一条虚电路进行通信时，采用的是存储、转发的分组交换，只是断续的占用一段又一段的数据链路，好像是占用了一条端到端的物理电路。虚电路的“虚”代表两层意思，一是不完全占用各段数据链路，二是采用逻辑信道技术。

在每个节点建立逻辑信道和虚电路连接的路由表，也称为虚电路表，用来标识出、入节点的逻辑信道号和主机名、节点名，建立起虚电路连接关系。节点路由表由“入”和“出”两部分组成，每部分包含两个表项：主机或节点名；逻辑信道号。

为了说明问题，在图 6-4 中仅给出 2 条虚电路 VC1 和 VC2，因为两条虚电路没有经过节点 C，没有给出节点 C 的虚电路表。虚电路建立的顺序是先建立 VC1，再建立 VC2。VC1 连接的主机和途径的节点为 H1—A—B—D—E—H5，VC2 连接的主机和途径的节点为 H1—A—B—D—H4。读者可以自己建立其他虚电路，例如，H2—B—D—E—C—H3，在节点虚电路表中填入对应的表项内容。读者也可以试着在虚电路 VC1、VC2 的节点之间标出各段所采用的逻辑信道号。

2．数据报通信子网

数据报通信子网中每个传输的分组携带完整的目的地址，在通信子网中独立的传输。在数据报通信子网中每个节点同样要有一张路由表，节点按照分组携带的目的地址，根据路由算法，查找路由表，确定分组下一跳的节点位置，确定向哪条链路转发分组。

可能存在多条连接路径（路由）可以到达目的节点，各个分组会沿着不同的连接路径到达目的节点。先发送的分组有可能不是最先到达目的节点的分组。为了使到达目的节点的分组按顺序交给目的端节点，发送的分组编有序号，在目的节点缓存所有到达的分组，并进行排序，把排序后的数据报分组交给目的端节点。例如，分组从 A 节点到 E 节点所经过的路由，可以是 A—B—C—E、A—B—D—E、A—C—D—E、A—C—E，分组经过哪个路由，取决于当时的网络状态和路由选择策略。

6.2 路由选择

6.2.1 路由选择概述

1．路径选择和转发

路由是网络层协议实现的功能，在多个网络节点之间选择一条合适的传输路径，把 PDU（分组）从源主机节点通过所选择的传输路径（穿过网络）传递到目的主机节点，在整个传输路径上至少存在一个中间节点。

路由包含两个基本动作：路径选择和转发（交换）。路径选择是通过路由选择算法确定最佳的传输路径，路由选择算法需要确定采用哪种度量（Metric），度量用作路径代价的计量依据，常用的度量有：跳数（经过的网络数）、路由成本、可靠性、时延、带宽和负载。通过路由选择算法计算出路由表，路由协议依据路由表的内容进行路径选择。

转发是逐跳过程，只考虑将要转发的下一跳。逐跳转发过程中，PDU 的目的网络地址（协议地址、IP 地址、网络层地址）一直保持不变，目的物理地址需要依次变成下一跳的物理地址，并选择合适的端口将 PDU 转发出去。

路径选择使用路由选择协议（Routing Protocol，RP），转发（交换）使用路由转发协议（Routed Protocol，RP），两者是互相配合又相互独立的概念，前者使用后者维护的路由表，后者要使用前者提供的功能来发布路由通告 PDU，通告网络中的路由信息。

2．路由和路由表

网络中的一个节点想与另一个并不直接连接的节点通信时，可能会存在多条路由供选择，网络协议必须能够找出一条连接这两个节点的路由。路由选择用于在通信子网传输分组时，给出从源节点到目的节点比较合适的通路，通常根据通过每条路由传输信息所需的费用和时延来比较和确定，这就需要用到路由选择协议。

网络中的路由选择类似于 400 米接力赛跑，接力棒从一个位置传递到另一个位置，在传递时仅考虑前往目的地需要到达的下一个位置，不必考虑更后面的位置。网络中分组传输过程中的路由选择，也是节点根据分组携带的目的地址，仅考虑把该分组转发到前往目的节点的下一个节点位置。为了简化和便于说明问题，用广域网中的路由选择作为例子，一个广域网的描述，如图 6-5 所示。

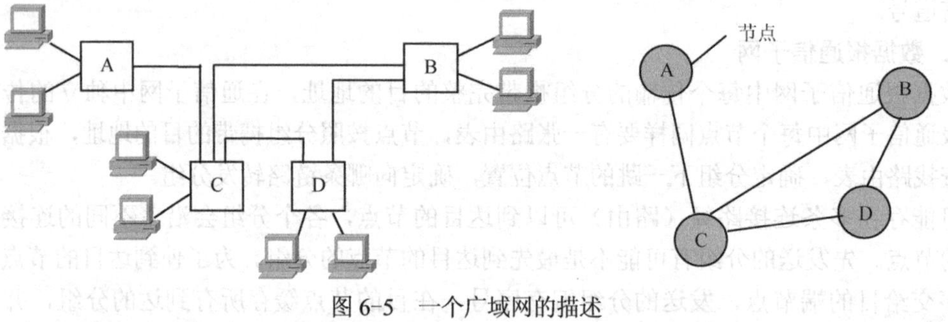

图 6-5　一个广域网的描述

路由选择算法是实现最佳路由选择的步骤和方法，在应用时是网络层软件的一部分，用于确定节点收到的分组向哪条链路转发。路由表是根据路由选择算法生成的。每个节点通过使用和查找路由表，寻找适合的转发路径，路由表通常也不指明完整的路径，仅指出到某个目的地址的下一个节点，以及到达该节点的度量（代价）。

在因特网实际应用中，路由表的表项内容主要有 3 项：目的 IP 地址、子网掩码和下一跳地址。若主机 H1 经源节点 A 向目的节点 F 所连接的主机 H6 传输数据，A 节点的路由表给出到目的节点 F 的后继节点为 B，网络协议将网络层 PDU（分组）发送给 B 节点，B 节点的路由表给出到目的节点 F 的后继节点为 E，E 节点的路由表指出前往目的地的路径中，节点 F 是路由的下一节点。节点路由表的内容和作用，如图 6-6 所示。

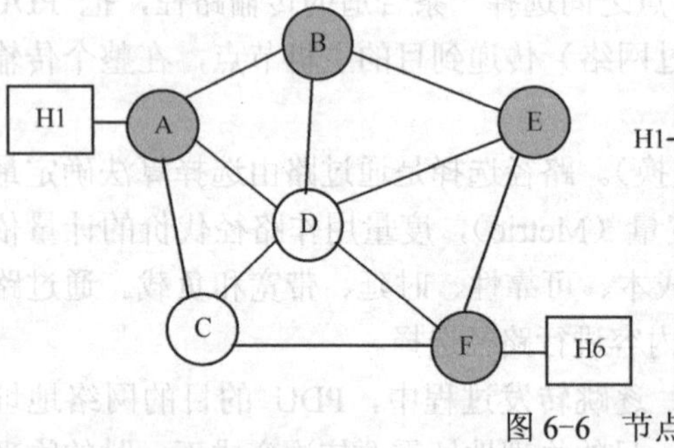

节点 A

目的节点	下一跳
A	直接
B	B
C	C
D	D
E	D
F	B

（H1 连至节点 A 表的 A 行）

节点 B

目的节点	下一跳
A	—
B	直接
C	D
D	—
E	—
F	E

节点 E

目的节点	下一跳
A	B
B	—
C	C
D	—
E	直接
F	F

（F 行：连到 H6）

图 6-6　节点路由表的内容和作用

3．理想的路由算法

路由选择协议的核心是设计路由选择算法。人们是由理想的路由算法开始分析和设计路由选择算法的。一个理想的路由算法的设计原则包括：

1）正确和完整性。在节点的时延应少，使分组迅速、正确的存储和转发。

2）算法是最简单的。算法容易通过软、硬件实现，开销小。

3）适应性。能适应网络状态的变化，在网络通信量、拓扑结构发生变化时，能够及时调整路由。

4）稳定性，路由算法在一定时间阶段应该是稳定的，尽量减少振荡和抖动。

5）最优性，路由选择算法是最佳算法，具有较高的效率。所谓最佳只是相对的，仅是指比较合理的选择。

6）公平性，使各节点具有较均等的传输机会，使每个连接通路的时延差别不大，公平性与最优性是一对矛盾。

4．在具体应用时的路由算法

可以说完全理想的路由选择算法是不存在的，在具体应用时，一个实际的路由选择算法应根据不同的要求，对上述设计原则有不同的侧重。

路由选择是个很复杂的问题，涉及网络中所有的主机、路由器、通信线路、网络拓扑和网络中的通信量等因素，而且上述因素都是动态变化的，这些变化又事先无法知道。另一方面，路由选择算法与网络中的拥塞控制算法又是互为联系、互相影响的，动态路由协议需要彼此相邻的路由器之间交换网络中的路由信息，在一个正在发生拥塞的网络中，路由信息的传送肯定会受到影响。

路由选择算法涉及的参数。

1）跳步数（Hop Count） 分组在传输路径上经过的路由器数目。

2）带宽（Bandwidth） 是指链路的传输速率。

3）延时（Delay） 分组从源节点到目的节点所经过的时间。

4）负载（Load） 指通过路由器或线路的单位时间通信量或吞吐量。

5）可靠性（Reliability） 指对可靠数据传输的支持，确保 PDU 可以正确的传输到目的地，传输过程中的误码率应在允许的范围内。

6）开销（Expensive） 指传输过程中的度量（代价），衡量因素可以是链路容量、链路长度、数据速率、传播时延、通信费用、保密措施的成本等。

在因特网中路由器是采用表驱动的路由选择算法，路由器转发分组是依据路由表中的表项数据，路由表所包含的目的地址一般是网络号，以及如何到达目的地的信息。

地址、路由与路由选择是网络层的重要术语，这 3 个术语的定义是：①地址标识网络中节点的位置；②路由是分组从源节点到目的节点的传输路径；③路由选择是选择分组在网络中经过的最优传输路径。

5．最优路径判定

评价路由选择算法优劣的标准会因用户的不同而有所不同。对最优路径的描述应该是，经过的节点数最少、经过的传输距离最短、占用的系统带宽最少、所用的传输时间最短的路径。不论是什么标准，都可对最优路径作如下断言：如果节点 X 是从节点 I 到节点 J 的最优路径上的一个节点，那么该路径上从 X 到 J 的那段路径也必然是从 X 到 J 的最优路径。该断言称为最优化原则。

为说明最优化原则的正确性，假定从 I 到 X 的路径为 P1，从 X 到 J 的路径为 P2，并假定 P1、P2 为最优路径。如果从 X 到 J 有一条比 P2 更好的路径 P3，则路径 P1、P3 应比 P1、P2 更好，这与 P1、P2 为最优路径相矛盾，故 P2 必为从 X 到 J 的最优路径。读者可以画出图示证明上述问题。

6.2.2 网络分组的交付

分组交付（Packet Forwarding）是指在网络中路由器转发分组的物理传输过程，以及分组（数据报）的转发交付机制。分组交付需要通过网络层地址，网络中采用网络层地址来统一描述网络中主机和网络的连接。在因特网中，网络层地址采用 IP 地址。

网络分组的交付可以分为直接交付和间接交付两类，网络分组的交付，如图 6-7 所示。

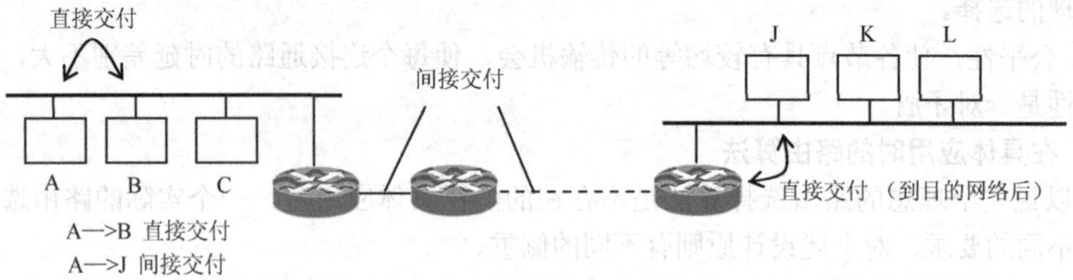

图 6-7　网络分组的交付

在同一个子网中的主机之间传输分组属于直接交付，不需要经过路由器。若是在不同子网中的主机之间传输分组，需要通过一个或多个路由器进行分组转发，属于间接交付。间接交付过程中，路由器从路由表中找出下一跳路由器的地址，就像接力赛跑那样把分组传送给下一跳路由器。对于间接交付的情况，若交付是在最后一个路由器与目的主机之间进行的，分组将会直接交付。

6.2.3　路由选择模块与路由表

路由选择是通过路由选择模块与路由表实现的，路由器接收到一个分组后，路由选择模块就在路由表中查询最优路由，获得下一跳路由器的网络层（IP）地址。逐跳传输时，通过层次协议解析过程，调用 ARP 软件，解析出下一跳路由器对应网络接口的物理地址（MAC），将 PDU 传递到下一跳路由器。以此类推，直到把 PDU 传输到目的 IP 地址所标识的目的主机。

路由选择模块是一个软件，所进行的路由查询是按层次结构进行的，层次顺序是，判断该分组是否为直接交付；若不是直接交付，再确定是否为特定主机交付；若不是特定主机交付，接着确定是否为特定网络交付；若不是特定网络交付，最后确定是否为默认交付。可以按层次结构组织路由表。

路由表是一个数据结构，路由表在使用时调入内存，路由表包含若干个路由表项，因特网中的节点的路由表项一般有 4 项内容，由 4 个字段标识：目的 IP 地址、子网掩码、下一跳位置和生存时间（TTL）。路由表可以用手工配置，这是静态路由常采用的配置方法。在因特网环境中，路由表都是利用动态路由协议动态配置的。路由表的大小受到存储空间的限制，在使用时，多采用汇聚路由，以及默认路由的方法，尽量减少路由表占用的空间，提高路由查找效率。以因特网为例，到达节点的 IP 分组通过 IP 处理模块、路由选择模块、查找路由表之后，若转往下一个网络时需要分片，则再通过分片模块处理，最后根据查找得到的最优路由转发 IP 分组。路由选择模块的结构，如图 6-8 所示。

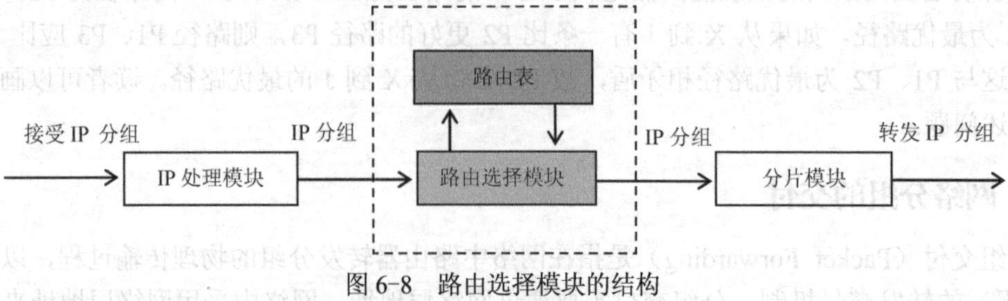

图 6-8　路由选择模块的结构

6.2.4 路由技术要素

在设计路由选择算法时，需要考虑路由技术要素，路由技术要素包括 6 个方面，见表 6-2。

表 6-2 路由技术要素

路由技术要素包括的方面	涉及的内容
基于的性能标准	跳段数
	费用
	延时
	吞吐量
通信子网采用的服务方式	虚电路服务
	数据报服务
路由判决的地点	每个节点（分布式）
	中心节点（集中式）
	源节点
网络路由信息的来源	本地
	相邻节点
	路由中的节点
	所有节点
	无来源
路由信息更新时间	定期更新
	连续更新
	负载显著变化时
	网络拓扑变化时
路由选择策略	静态
	动态

1）算法基于的性能标准，寻找最少花费的路由。

2）通信子网采用的服务方式，是虚电路还是数据报。

3）路由判决的地点，是分布式还是集中式，或是采用源路由。

4）网络路由信息的来源，由基于网络性能标准、路由判决的地点和路由算法决定，路由信息指网络流量、网络拓扑、时延等信息，信息的来源可以是本地（孤立式）、相邻节点（分布式）、路由中的节点和所有节点（分布式），或是无来源。

5）路由信息更新时间，有定期更新、连续更新、负载显著变化时更新和网络拓扑变化时更新。

6）所采用的路由策略，分为静态和动态。

6.3 静态路由选择

6.3.1 静态路由选择的基本概念

从对网络拓扑和通信量变化的自适应能力划分，路由选择算法分为静态路由选择和动态路由选择。

静态路由的改变和设置是由人工完成的，一旦确定了分组路由，在一段时间内一般不会再重新设置路由，静态路由也称为非自适应性路由选择。

静态路由选择算法的特点是，简单、开销小，以及路由过程是已知的，但是静态路由表的更新必须由人工完成，不能及时适应网络状态的变化。一般情况，静态路由只用在小型的，网络拓扑结构不会经常变化的局域网中，或是查找故障的实验网络中。

静态路由选择算法主要包括：固定路由选择算法；随机路由选择算法；扩散路由选择算法。这类算法的共同特点是，实现简单、性能差、效率低。静态路由选择算法都只考虑了网络的静态状况，并且主要考虑的是网络静态拓扑结构。

6.3.2 静态路由选择算法

1．固定路由选择算法

固定路由选择算法是在每个节点保存一张从本节点到其他所有节点的输出路由表，表中可以规定多条输出线，一般至少两条，分别称为主路径和辅助路径。也可以规定更多的路径，称为备用路径。

输出路由表由网络管理人员设置，在网络运行前确定具体内容，在运行中一般不作修改。路径选择过程是，当节点收到分组后，检查目的地，然后在输出路径选择表（路由表）中查找到该目的节点的主路径输出路径，并从该输出路径上转发分组。

固定路由选择运行速度快，开销小，一般多用在小型网络中，以及网络拓扑结构变化很小的网络中。存在的问题是，若网络本身出现故障，或网络拓扑结构发生变化后，破坏了路由表中原来设置的路径，分组将无法到达目的地。

2．随机路由选择算法

节点收到一个分组后，随机选择一条输出路径转发该分组。随机选择可以采用两种方法：

1）完全随机法，若与节点相连的链路路径有 N 条，对输出路径依次编号，节点收到分组后，产生一个从 1 到 N 之间的随机数 i，把该分组送到编号为 i 的输出路径上转发。

2）轮选法，依据对所有输出路径的排序，依次选一条输出路径转发到来的每一个分组。

随机路径选择算法都有可能将所收到的分组又从输入路径上转发出去，造成分组沿原路返回，使分组在网络中循环传送（兜圈子）形成环路。分组兜圈子不仅延误了传送时间，而且还占用了系统的资源。解决办法之一是采用计程法，在分组中增加一个计程字段，记录分组经过的节点数目，初值可以设为实际距离的两倍值，例如，估计所经过节点数目为 N，计程字段的初始值可以设置为 2N，每经过一个节点该字段值减 1，当值变为 0 时就丢弃该分组。这种方法也存在明显的缺点，就是一个分组已经过 2N 个节点转发后，很有可能下一步就会到达目的地。

3．扩散路由选择算法

扩散法也称为洪泛法（Flooding），是将接收的分组从进人路径之外的所有输出路径转发出去，分组每次都被复制多份备份。存在的问题是，网络中会产生大量的重复分组，分组的数目可能会呈指数规律增长，最终使得网络中的分组数目达到难以控制的程度。

一种措施是采用站点计数器，在分组的首部增加一个站点计数字段，该字段的初值一般设为从源节点到达目的节点经过的最多节点数。分组每经过一个节点，计数器值减 1，当值为 0 时，丢弃该分组。

另一种措施是采用首次登录法，在分组中增加一个序号字段，在每个节点设置一张表，用于记录首次到达本节点的分组的序号。节点收到分组时，检查该分组是否是首次到达节点，若是，则登录序号，并扩散转发，若是已经记录过的分组，就丢弃该分组。

扩散法的一种改进称为选择性扩散法，节点并不是将分组从所有输出路径上转发，而是把分组转发到那些与正确方向接近的路径上。

扩散法适用于一些特殊的应用，例如，用在军事网络中，由于网络系统在战时随时可能遭到破坏，拓扑结构随时可能发生变化，采用扩散法可以提高系统的可靠性和可用性。扩散法可以用在分布式数据库应用系统中，用于并行更新所有数据库的内容。扩散法可以作为评价其他路由选择算法的标准，采用扩散路径选择算法传输数据时，至少有一个分组是由最优路径到达目的地的，可以用该最优路径作为评价其他路由算法的依据。

4. 最短路由选择算法

最短路由选择算法是 Dijkstra 在 1959 年提出的。最短路由选择算法也称为标值试探法，基本思路是将网络表示成一个无向图，图中每条边表示一条链路，其上标出表示测度的度量数据，度量数据可以是链路的物理长度（节点间的距离）、通信时延、链路带宽、平均通信量、队列平均长度、平均吞吐量等。

每个节点根据度量值计算从本节点到其他各节点的最优路径，保存计算结果到路由表中。当节点收到一个分组时，通过分组中的目的地址查找路由表，找到适合的转发输出路径，将分组转发出去。最短路由选择算法在离散数学的图论部分有较详细的推导和证明。

6.4 动态路由选择

6.4.1 动态路由选择的基本概念

实际网络中的节点数目是很多的，各节点的通信请求是不可预知的，这些节点可以随时开始或停止工作，网络的拓扑结构与网络上的负载状况也是动态变化的，需要研究适应网络拓扑结构变化和通信负载变化的动态路由选择算法。

动态路由选择也称为自适应性的路由选择，能够较好适应网络状态的变化，动态的改变和设置路由。

动态路由选择可以分为 3 类：孤立式、集中式和分布式。孤立式在路由选择时只考虑节点本身的状况。集中式路由选择是在网络中的某个中心节点计算网络中的路由，然后把路由再传递到网络中的各个节点。分布式路由选择是把路由选择分散到网络中的每个节点，由每个节点按照路由更新规定，通过与相邻节点交换网络中的路由信息，对路由表中的路由信息进行更新。

大型互连网络以及因特网中采用的是分布式动态路由选择策略，系统自动运行动态路由协议，建立和更新路由表。

动态路由选择算法的工作过程如下：

1）测量并感知网络状态，主要包括拓扑结构、网络负载、网络流量及通信时延。

2）与相邻节点交换路由信息，或向有关进程或节点报告新的路由信息。

3）依据新的路由信息更新路由表。

4）依据新路由表中更新过的路由信息，选择合适路径转发分组。

动态路由算法的共同特点是，在进行路由选择时，不仅要利用本身获知的网络状态信息，而且还要同其他节点交换路由信息。

动态路由算法对路由的更新调整可以分为时间上的调整和空间上的调整，前者可以是采用时间间隔或某个时间，后者可以是网络的局部范围或全部网络范围。

动态路由算法要快速反映网络的变化，但也不能太敏感，不停的处于调整过程中，会造成振荡和抖动，出现稳定性差的情况。

6.4.2 孤立式自适应路由选择

孤立式自适应路由选择只根据本节点获知的网络信息确定分组的转发，不与其他节点交换路由信息，可以认为是动态路由选择的一种特例。

1．热土豆算法

网络节点有多条输出路径，每条输出路径都有对应的缓冲区队列，分组在队列中排队等待输出。热土豆算法的思路是，节点收到一个分组后，总是选择队列最短的输出路径转发分组，很快把该分组放到最短的队列中排队。

热土豆算法名字的由来是类比于一个人拿到一个热土豆时，感到非常烫手，想尽快地将热土豆放到手边的一个空位置上。

热土豆算法在转发分组时，只考虑了分组队列的长度，没有考虑分组需要转发的路径方向，也没有考虑网络的负载状况。节点把分组放在的最短队列，未必是该分组应该转发的路径，也就是说，热土豆算法不能保证转发的路径是最优路径。

2．反向探知算法

反向探知算法是利用节点对分组转发的路由记录，或利用路由表中一些表项记录内容，通过反向路径信息进行分组的转发。

当一个节点第一次转发要到达某一目的节点的分组时，节点路由表中没有对应目的节点转发的表项。但是如果节点路由表中有先前转发过的，对应当前分组的目的节点到源节点的记录内容，这一记录内容反映了当前分组的反向路径，节点就可利用该信息，试探沿原路径的反向路径转发当前分组。

反向探知算法存在的问题是，所转发的路径信息是间接的，不一定是最优的路径；也容易存在往返转发分组，出现振荡和抖动的不稳定现象。

6.4.3 距离矢量路由选择

1．距离矢量算法的核心内容

距离矢量路由算法（Distance Vctor Algorithm，DVA）最早由 L R. Ford 和 D R. Fulkerson 提出，路由算法方程式推导由 R E. Bellman 完成，也称为 Bellman-Ford 算法或 Ford-Fulkerson 算法。1988 年 6 月，IETF 给出路由信息协议（RIP）的技术文档 RFC 1058，RIP 采用的就是距离矢量路由协议。距离矢量也称为距离向量，这里的距离实际指的是最小度量值。1979 年之前，ARPANET 使用的是距离矢量路由算法。

距离矢量算法（DVA）是一种分布式、迭代的和异步的算法。

1）分布式讲的是网络中的每个节点都要从一个或多个相邻节点交换路由信息、更新路由信息，然后把更新的路由信息再传输给相邻节点。

2）迭代讲的是节点与邻居交换路由信息的过程一直要持续到邻居之间没有信息交换为止，也就是说 DV 算法是自终止的。

3）异步讲的是不要求网络中的所有节点相互之间步伐一致地操作。

节点将按 Bellman-Ford 算法计算路由。Bellman-Ford 算法计算路由的过程，如图 6-9 所示，其中，用 Ri 标识路由信息。

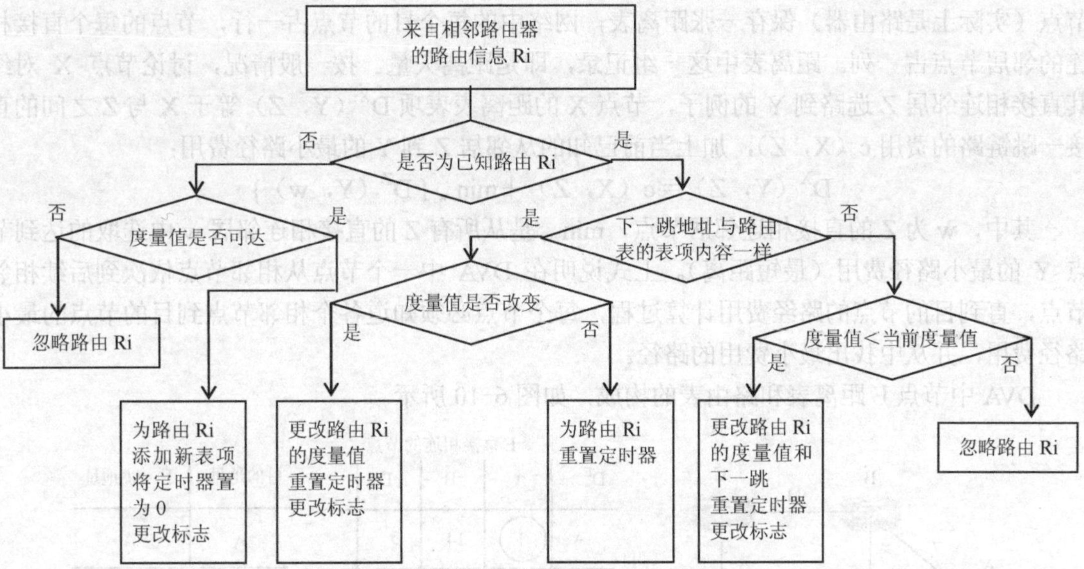

图 6-9　Bellman-Ford 算法计算路由的过程

依据 Bellman-Ford 算法采用的路由更新规则，当满足下列情况时路由表将被更新。

1）路由 Ri 是新的，并且度量值是可达的路由。度量值和下一跳地址将被作为一个新的表项添加到路由表中。计时器被设置为 0，并且给出路由更改标记。

2）路由 Ri 是已知的，并且下一跳地址和路由表中的表项内容一样。如果度量值改变了，路由表被更新，并且给出路由更改标记。计时器被重新设置为 0。

3）路由 Ri 是已知的，但是下一跳和路由表中的条目不一样，度量值也比路由表中的表项内容小。此时该表项的度量值和下一跳地址被更新。计时器被设置为 0，并且给出路由更改标记。

4）路由 Ri 是已知的，但是下一跳和路由表中的条目不一样，而度量值和路由表中的相等。如果路由过程允许在路由表中存在多个等成本路径通往相同的目的地址，路由将被当做一个新的条目（如上所述）。如果路由过程不提供多个等成本路径，路由 Ri 将被删除。

一个节点的路由表在进行初始化时，只知道相邻节点的路由。动态路由信息传递过程中，网络节点依据路由更新规则（周期性或触发性）发送路由更新信息，一个节点的路由信息将发送给所有邻居，并进行处理，然后又被发送给邻居的邻居。

2. 距离矢量算法的工作原理

距离矢量算法的工作原理是，网络节点不知道从源节点到目的节点的完整路径，网络节点只知道与其交换路由信息的相邻节点，网络节点通过与相邻节点交换信息来更新路由表中的内容。每个节点必须知道其每个邻居到每个目的节点的最小费用，当一个节点计算出到某个目的节点的新的最小费用时，必须将这个新的最小费用通知给节点的邻居。

路由表包括两部分内容：到该目的地的输出路径；估计需要的时间或距离。距离矢量的度量标准可以是时延时间，也可以是路径经过的节点数（跳数）、等待输出的分组的数量或其他度量标准。以度量标准为时延时间为例，每个节点都要定期向相邻节点发送一个路由通告 PDU，相邻节点在收到该 PDU 后立即回送应答 PDU，据此测量它到相邻节点的时延时间，每个节点根据自己获知的路由信息计算到其他各节点的最优路径及时延时间，再把新的路由信息通知给相邻节点。

DVA 中的重要数据结构是在每个节点中维护的距离表（Distance Table），DVA 要求每个节点（实际上是路由器）保存一张距离表，网络中的每个目的节点占一行，节点的每个直接相连的邻居节点占一列。距离表中这一组记录，即是距离矢量。按一般情况，讨论节点 X 对经其直接相连邻居 Z 选路到 Y 的例子，节点 X 的距离表表项 D^X（Y，Z）等于 X 与 Z 之间的直接一跳链路的费用 c（X，Z），加上当前已知的从邻居 Z 到 Y 的最小路径费用：

$$D^X(Y,Z)=c(X,Z)+\min_w\{D^Z(Y,w)\}$$

其中，w 为 Z 的直接相连邻居节点，$\min_w$ 是从所有 Z 的直接相连邻居 w 中选取的达到节点 Y 的最小路径费用（最短距离）。上式说明在 DVA 中一个节点从相邻节点依次到后续相邻节点，直到目的节点的路经费用计算过程，每个节点必须知道各个相邻节点到目的节点的最小路径费用，并从中找出最小费用的路径。

DVA 中节点 E 距离表和路由表的构成，如图 6-10 所示。

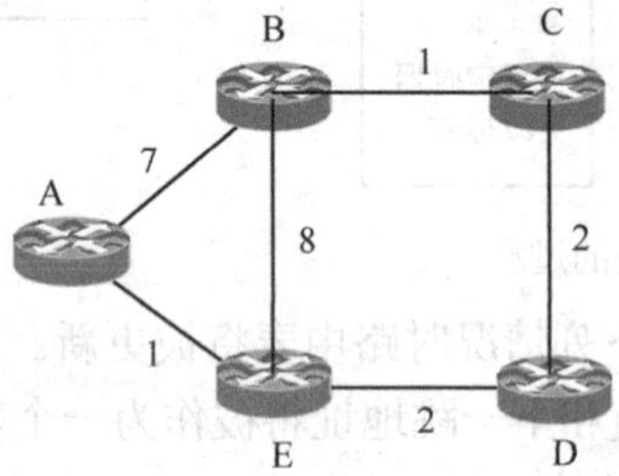

距离表（E 直接相连的节点；行：目的节点）

D^E	A	B	D
A	(1)	14	5
B	7	8	(5)
C	6	9	(4)
D	4	11	(2)

路由表

目的地址	下一跳地址
A	A
B	D
C	D
D	D

图 6-10　DVA 中节点 E 距离表和路由表的构成

网络中有 A、B、C、D、E 共 5 个节点，拓扑连线上标出两节点之间的路径费用，给出 DVA 收敛时节点 E 的距离表，距离表以行列式形式给出，再由距离表构成路由表。

从 E 经过 A 的直接连接，连接到 A 的费用为 1，D^E（A，A）＝1。

从 E 经过 D 的连接到 A，把各参数代入公式：D^E（A，D）＝c（E，D）＋$\min_w\{D^D$（A，w）}，为 E 到 D 的费用 c（E，D）＝2，加上 D 到 A 的最小费用。因为第一步经过 D，再以节点 D 计算经由 D 的所有直接连接邻居节点到 A 的费用，选择 D 到 A 的最小费用为 $\min_w\{D^D$（A，w）}＝3，D^E（A，D）＝5。该最小费用经过的节点依次是 E—D—E—A。

类似地，经 E 的直接连接邻居 B 的距离表项 D^E（A，B）＝14，其中 c（E，B）＝8，经由 B 的所有直接连接邻居节点到 A 的最小费用 $\min_w\{D^B$（A，w）}＝6，该最小费用经过的节点依次是 B—C—D—E—A。

可以从距离表中挑选出从节点 E 到所有目的节点（用行标识）的最小费用值的表项，用圆圈括起，距离表中与圆圈项对应列标识的节点，就是通往目的节点的最小费用路径上的下一个节点，例如，通往目的节点 C 的最小费用路径上的下一个节点是 D，费用值为 4。依据节点的距离表，可以很容易地构成节点的路由表。

需要清楚一个节点和哪些节点（空间范围）交换路由信息，交换什么路由信息，在什么时候交换路由信息。距离矢量算法给出的是分布式路由选择，一个节点具有的路由信息就是到其直接连接相邻节点的链路的费用，以及与相邻节点交换的路由信息，并不使用全局性的路由信息。

3．距离矢量算法存在的问题

1）每个节点周期性地与相邻节点交换信息，需要记录大量数据，与相邻节点交换路由信息增大了通信开销。距离矢量算法用于记录传递时延、路径信息所需的开销，随着网络规模的扩大而变得越来越大，必须加以解决。另外，由于网络的时延及路径信息的传播是通过相邻节点间交换信息实现的，而这一过程是按周期分步完成的，使得网络中各节点获知网络状态的时间有先有后，导致大量分组选择了先前是较优路径但当前已不再是较优甚至是不通的路径转发，最终会导致网络阻塞。

2）距离矢量路由选择算法中时延度量标准的选择没有考虑到网络的带宽，这是因为早期的网络比较简单，各部分带宽几乎是一致的，现在网络的性能指标已变得十分复杂，网络带宽已成为进行路由选择时的不可忽视的因素。

3）网络出现故障后会产生无穷计算问题，存在好消息反应快、坏消息反应慢的状况，可以类比“报喜不报忧”的说法。

无穷计算问题，如图 6-11 所示。

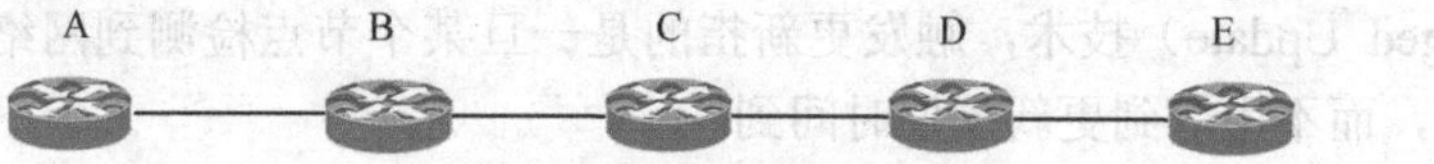

图 6-11　无穷计算问题

图中有 A、B、C、D、E 共 5 个节点。为讨论问题简单起见，用跳数表示距离，各节点之间的跳数均为 1。初始阶段，节点 A 与节点 B 未连接，当节点 B 要向节点 A 发送信息时，无法实现。一段时间后，节点 A 与节点 B 连通，相邻节点通过交换信息，节点 C 得知它可以到达节点 A，距离为 2。以后节点 D、节点 E 依次得知分别有距离为 3、4 的路径可以到达节点 A。节点 B 很快就获知到节点 A 的路径。这是好消息传的快的情况。

若在某一个时刻，节点 A 与节点 B 之间的连接断开，节点 B 想与节点 A 通信，节点 B 不能直接与节点 A 通信，依据以往交换的路由信息和记录，知道节点 C 与节点 A 之间有通路，但并不知道节点 C 与节点 A 间的具体路径是什么，于是就将信息发送给节点 C，想通过 C 转发给节点 A。

节点 C 通过节点 B 无法转发，又会通过节点 D 转发（节点 C 知道节点 D 与节点 A 间有路径），依此类推，直到经若干次交换信息，节点 E 报告与节点 A 无法通信。最后节点 B 才知道与节点 A 不能通信。对这一坏消息，网络反应很慢。这是坏消息传的慢的情况。

由于网络中各节点间交换路径和时延信息是逐步进行的，网络中出现了“坏消息”是在测试了所有可能性后才能知道，当网络规模很大时，这个过程是很缓慢的。在上述例子中采用跳数作为测量标准，跳数存在一个上限值，比较容易判断在什么时候停止测试。但是如果测量标准改用时延时间，时延时间的上限值是无法确定的，致使测试终止条件很难确定，有时只得让算法一直测量或等待下去，出现无穷计算情况。解决无穷计算问题的方法是采用水平分割机制和毒性逆转。

4．水平分割机制和带毒性逆转的水平分割机制

解决路由环路和无穷计数问题的方法是采用水平分割（Split Horizon）和带毒性逆转（Poison Reverse）的水平分割机制，目的是最大可能的避免由于协议本身缺陷造成的收敛慢和路由环路问题。

水平分割采用的设计思想是，任何一个节点并不把从其相邻节点学到的路由信息再回送给那些相邻节点，即当节点向某个网络接口发送路由更新信息时，其中不能包含从该接口学习到的路由信息。我所知道的有关这条路由的信息是来自于你，就不用再告诉你了。例如，如果节点 C 在其距离表中有从节点 B 学到的路由表项（A，2），节点 C 在发送更新路由信息的距离表给节点 B 时，在其距离表中不应包含表项（A，2）。

带毒性逆转的水平分割机制的基本思想是，如果节点上的网络接口断开，节点并不立即删除与该网络接口相关的路由，节点仍然将该路由放在路由表中，并将该路由的度量值增加到无穷大（不可达，例如，设置度量数值为 16），该路由信息被通告给相邻节点。这个过程被称为路由中毒。采用毒性逆转的水平分割机制时，当节点 A 与节点 B 之间的连接断开之后，节点 B 立即在它的下一跳网络接口上回送路由信息，通告其到达节点 A 的路由的度量值会设置为无穷大，意思是不要使用这个路由，由于将路由的度量值设置为无穷大，逆转的毒性立刻就使这些路由无效。

节点 C 仍然会把从节点 B 学到的到达节点 A 的路由信息回送给节点 B，但此时节点 C 的距离表中将这一项的距离标识为无穷大（A，∞）。为了加强毒性逆转的效果，可以同时使用触发更新（Trigged Update）技术，触发更新指的是一旦某个节点检测到网络故障，就立即发送路由更新信息，而不用等到更新周期时间到。

可以类比一个生活中例子来理解水平分隔的思想，假设北京人（D 地）和郑州人（C 地）都要去广州（A 地），他们都必须经过武汉（B 地）。北京人相知道去广州的路径信息必须通过郑州人了解，同理，郑州人想知道到广州的路径信息需要通过武汉人了解。在这种情况下，郑州人告诉武汉人怎样到广州去的路径信息没有任何意义，因为郑州人所得到的怎样到广州的路径信息是从武汉人那里学到的。借助图 6-11 来描述上述类比情况，C 可以告诉 D 它到 A 的实际距离，但 C 或者不告诉 B 它到 A 的情况（水平分割），或者告诉 B 它到 A 的距离为无穷大（带毒性逆转的水平分割）。由于 C 到 A 的路由要通过 B，所以 C 告诉 B 它到 A 的距离没有任何意义，依次类推，D 可以告诉 E 它到 A 的实际距离，但不用向 C 通告它到 A 的距离。可以看出水平分割采用的策略是不对路由信息来源的网络接口通告路由更新信息。

距离矢量算法的无穷计算问题的本质原因是，节点不能得到有关网络拓扑结构的信息，因为该算法只是在相邻节点之间交换部分路由信息，网络中路由信息的交换是不充分的。上述讨论涉及的是两个节点产生的环路问题，带毒性逆转的水平分割机制也无法解决涉及 3 个或更多节点产生的环路问题。

6.4.4 链路状态路由选择

1. 链路状态路由选择概述

链路状态算法（Link State Algorithm，LSA）是对距离矢量算法的一种改进，也称为全局选路算法（Global Routing Algorithm，GRA）。常用的链路状态路由选择算法是 Dijkstra 算法。在链路状态路由选择算法应用中，网络拓扑和所有的链路状态费用（度量）都是已知的。链路状态路径选择算法是广泛采用的一种算法，在美国国家基金会网络（NSFNET）、Netware 网络、DecNet 网络中用的就是 LSA。因特网内部路由协议 OSPF（最短路径优先协议）也是使用链路状态路由选择。

链路是连接网络相邻节点的通路，说到链路就应想到在相邻节点之间连接的通路上加载了网络通信协议。在网络拓扑结构的描述中，链路标识一个网络或网段。链路状态的度量涉及链路的时延、带宽、费用、连接状况等，链路状态的度量值（Metric）是一个量纲为 1 的数。

网络中的每一个节点有这个网络的整个拓扑结构信息、网络节点和链路的列表，以及描述它们如何连接的类型、度量（费用）、链路的状态（工作是否正常）。

LSA 的特点是，使用事件（链路状态变化）驱动链路状态更新，当网络拓扑结构变化时能够快速收敛；具有良好的可扩展性，适合大规模网络应用；对链路带宽，以及节点的处理能力和缓冲区空间有较高的要求。

在链路状态路由选择中，网络中的每一节点都建立和维护一个链路状态数据库（Link Status DataBase，LSDB），LSDB 是一张完整的网络映射图，反映了整个网络的拓扑结构，是节点（路由器）建立路由表的依据。网络中的每一个网络节点均知道整个网络的拓扑结构，每个节点在网络中的位置不同，但均有以本节点（自己）为根，到达网络中所有其他节点的一个最短路径树（Shorted Path Tree，SPT）。

链路状态数据库中的链路状态通告（Link State Advertise，LSA）表项描述了网络中节点的自身状态，例如，该节点的可用网络接口和相邻的节点，通过洪泛（Flooding）将其自身状态通告到整个网络。同一网络的所有节点均同步运行 Dijkstra 算法，根据链路状态数据库中的内容，每个节点构建出一棵以其自身为树根的最短路径树，最短路径树给出到达整个网络内各个目标节点的路径。当到达一个目标节点有多条度量值相同的路径时，数据流量将在这些路径上平均分配。

每一个节点使用同样的拓扑创建路由表，但是每一个节点的路由表却是唯一的，因为路由表的计算是基于每一个节点对该网络拓扑不同的解释。**类似的比喻是**，人们使用一个城市的地图，不同的人可以有相同的地图，但每一个人在城市的位置不同，从所在位置到达目的地的路由是不同的。例如，杭州市民都使用同一张杭州市地图，处在杭州市不同地理位置人，到杭州西湖的路由（路径）是不同的。

链路状态路由选择基于的假设是，虽然一个节点没有整个网络拓扑的全局知识，但是有该网络拓扑的部分的知识，知道该节点自己的链路的状态。整个网络拓扑可以由每一个节点的部分知识汇编形成。每个节点的部分知识会有些重叠，这种重叠保证可以形成一个公共的拓扑结构，给每一个节点提供整个网络区域的拓扑结构图，节点获取链路状态的知识，如图 6-12 所示。

在链路状态路由选择中，网络区域每一个节点的路由表创建步骤如下：

1）每一个节点产生自己的链路状态分组（Link Status Packet，LSP）。

2）采用洪泛方法向网络区域的其他每一个节点洪泛 LSP。

3）为每一个节点形成最短路径树（Shorted Path Tree，SPT）。

4）基于该最短路径树（SPT）计算出路由表。

2. Dijkstra 算法

Dijkstra 算法用于计算从源节点到网络中所有其他节点（目的节点）的最低费用路径。Dijkstra 算法是迭代算法，在经过算法的第 n 次迭代后，可以计算出到 n 个目的节点的最低费用路径。最终实现每一节点都有以自己为根，到网络中所有其他节点的最低费用路径树，网络中的所有节点都有相同的网络拓扑结构图示。网络中的每一节点通过到所有节点的最低费用路径树，得出该节点的转发表，进一步构建出该节点的路由表。

Dijkstra 算法计算过程中的约定如下。

N：从源节点到目的节点的最低费用路径上的节点集合（节点子集）。如果从源节点 A 到目的节点 v 的最低费用路径已经计算出，v 加入 N 中。

c（i，j）：节点 i 到节点 j 链路费用。如果节点之间没有直接连接，那么从 i 节点到 j 节点的链路费用是无穷大。

D（v）：当前从源节点到目的节点 v 的最低费用路径的费用。

p（v）：从源节点到目的节点 v 沿着当前最低费用路径上的前一节点（v 的相邻节点）。

Dijkstra 算法示例用图，如图 6-13 所示。

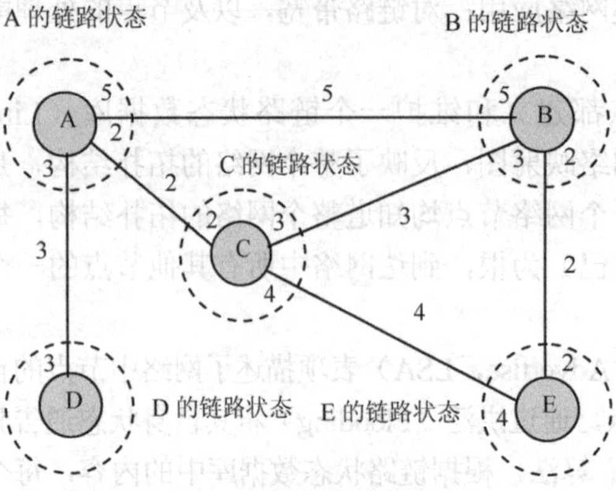

图 6-12　节点获取链路状态的知识

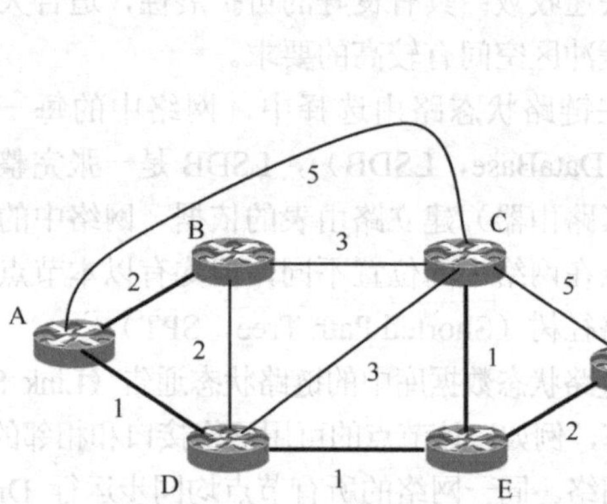

图 6-13　Dijkstra 算法示例用图

假设 A 为源节点，计算从源节点 A 到网络中所有其他目的节点的最低费用路径，所采用的链路状态（LS）算法程序用算法语言描述如下：

```
Initialization:
  N = {A}
  for all nodes v
    if v adjacent to A
      then D（v）= c（A，v）
      else D（v）= infinity

 Loop
   find w not in N such that D（w） is a minimum
   add w to N
   update D（v） for all adjacent to w and not in N:
      D（v）= min（D（v），D（w）+ c（w，v））
   /* new cost to v is either old cost to v or known
    shortest path cost to w plus cost from w to v */
 until all nodes in N
```

链路状态算法的计算过程，见表 6-3。表中的每一行给出每一计算步骤结束时该算法的变量值。

表 6-3　Dijkstra 链路状态算法的运行过程

步骤	N	D（B），p（B）	D（C），p（C）	D（D），p（D）	D（E），p（E）	D（F），p（F）
0	A	2，A	5，A	1，A	infinity	infinity
1	AD	2，A	4，D		2，D	infinity
2	ADE	2，A	3，E			4，E
3	ADEB		3，E			4，E
4	ADEBC					4，E
5	ADEBCF					

初始化阶段对应步骤 0，节点集合 N 中仅有源节点 A，从节点 A 到其直接相连的邻居 B、C、D 最低路径费用分别为 2、5、1。到不直接相连的网络节点 E 与节点 F 的费用值被设置为无穷大。

第一次迭代对应步骤 1，考虑还未加入到集合 N 中的节点，找出上一步骤结束时具有最低费用的节点，找到节点 D，其对应的最低费用为 1，将节点 D 加入集合 N 中。执行链路状态算法程序第 12 行，更新所有节点 v 的 D（v），产生表中第二行所示的结果。可以看出到节点 B 的路径费用未变，源节点 A 经过节点 D 到 C 的最低路径费用（D（C））为 4，并且从源节点 A 到目的节点 C 的最低费用路径上，C 的前一个节点（p（C）的值）被设置为 D。与此类似，源节点 A 经过节点 D 到 E 的最低路径费用更新为 2，E 的前一个节点被设置为 D。同时该表被更新。

第二次迭代对应步骤 2，发现在第一次迭代的结果（第二行）中，节点 B 和节点 E 具有到源节点 A 的最低路径费用，费用均为 2，任意选择节点 E 加入到集合 N 中。继续执行链路状态算法程序第 12 行，计算从源节点 A 到仍不在集合 N 中的其他目的节点 B、C、F 的路径费用，更新后产生表中第三行所示的结果。

以此类推，通过步骤 3、4、5，直到网络中的所有节点都进入到集合 N 中为止。

在链路状态算法结束时，可以得到从源节点 A 到网络中所有其他目的节点的最低费用路径。类似地，可以构建出以源节点为根到网络中所有节点的最短通路树（完整的最低费用路径），网络中的每个节点都建立了以自己节点为根的整个网络拓扑连接图。依据链路状态算法结果，可以构建出源节点 A 到网络中所有目的节点的转发表，由转发表可以很容易的得出路由表。以 A 为源节点的最低费用路径和节点 A 的转发表，如图 6-14 所示。

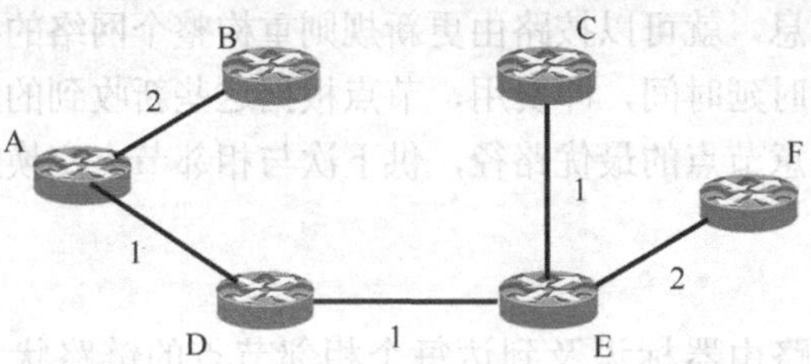

目的地址	链路	下一跳地址
B	（A，B）	B
C	（A，D）	D
D	（A，D）	D
E	（A，D）	D
F	（A，D）	D

图 6-14　以 A 为源节点的最低费用路径和节点 A 的转发表

Dijkstra 算法的复杂度（复杂性）为 n 平方阶序 O（n^2），这里的 n 标识网络中的节点数。在第一次迭代时，需要搜索所有的 n 个节点以确定出不在集合 N 中的，具有最低路径费用的节点。在第二次迭代时，需要搜寻（n−1）个节点确定出不在集合 N 中的，具有最低路径费用的节点。在第三次迭代时，需要搜寻（n−2）个节点，依次类推，直到所有节点都在集合 N 中为止。可以看出在所有迭代中需要搜寻的节点总数为 n×（n+1）/2。

当链路费用是非对称的情况，即链路的一个方向上（顺时针）的费用与另一个方向上（逆时针）的费用不同，使用链路状态算法计算链路最低路径费用时会出现振荡。解决出现振荡的一种方案是避免网络中所有的路由器都同时运行链路状态算法，使得每台路由器发送链路状态通告的时间是随机的。

3. 链路状态路径选择算法的工作过程

1）获知相邻节点

一个节点启动以后，首要的工作是需知道它的相邻节点，其方法是向每个链路发送一个特殊的 HELLO 分组，通告它自己的身份，由链路另一端的节点（相邻节点）回送一个应答分组说明它是谁，节点根据收到的应答分组知道相邻节点是谁。节点仅需知道其直接连接的相邻节点的身份，以及到相邻节点的费用。

2）测量到各相邻节点的费用

度量标准以时延为例，节点发送一个特殊的测量（ECHO）分组到各相邻节点，各相邻节点收到该分组后，必须立即给以应答。节点收到应答后，用所需的往返时间除以 2 作为到相应节点的时延时间。在测量时延时，可考虑带宽因素对时延的影响，通常采用两种方法：第一种方法是测量多次，然后取平均值作为时延，该方法多用在小型网络中；第二种方法是在时延测量时把所有的时间开销，例如，等待时间全部计算在内，这样一般能更真实地反映网络的状态。这样做的缺点是可能会造成振荡，在某个时刻在多条路径中存在一条时延小的路径，会出现全部分组都选择这条时延小的路径，导致该路径堵塞。再测量时，会发现又存在另外一条时延小的路径，所有分组又选择到这条新的时延小的路径，使系统来回更换路径，造成振荡发生，通信负载不能均匀地分配到各个路径上。

3）用链路状态分组将所测量到的路由信息通告其他节点

当一个节点测量到所有相邻节点及时延信息后，就用一个称为链路状态通告（Link State Advertise，LSA）分组的特殊分组将测量的结果通知相邻节点。节点会通过接收来自其他节点的 LSA 分组，获知网络中其余部分的拓扑，各个节点的链路状态通告（洪泛、扩散方法）会使所有节点都有一个相同、并且完整的网络拓扑图。每个节点都以自己为根，运行链路状态算法，并计算出从本节点到其他所有节点的最低费用路径集合。

4）计算新的路由

每个网络节点按路由更新规则收到其他节点发送的链路状态通告分组，一旦一个节点积累了一套新的可以反映全网络状况的路由信息，就可以按路由更新规则重构整个网络的拓扑结构，并且可以知道任意两个相邻节点之间的时延时间，即费用，节点根据这些新收到的路由信息就可以使用 Dijkstra 算法重新计算到达任意节点的最优路径，供下次与相邻节点交换路由信息和发布链路状态通告分组时使用。

4．构造链路状态通告分组

链路状态通告分组包含构造该分组的路由器标识及到达每个相邻节点的链路状态信息（以度量值为例）。可以在网络中链路状态出现变化时，或定期构造链路状态分组。构造链路状态分组的方法，如图 6-15 所示。

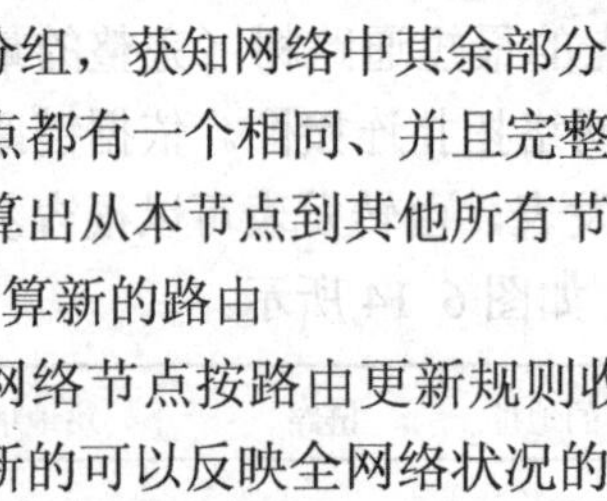

A		B		C		D		E	
序号		序号		序号		序号		序号	
生存期		生存期		生存期		生存期		生存期	
B	5	A	5	A	2	A	3	B	2
C	2	C	3	B	3			C	4
D	3	E	2	E	4				

图 6-15　构造链路状态分组的方法

5．链路状态通告分组实现机制分析

链路状态通告分组的传送对算法的运行有着重要影响，如何把链路状态分组可靠地洪泛（扩散方法）到网络中的每一个节点，是链路状态路由算法最重要、最具有技术性的内容。

链路状态通告分组采用扩散法（洪泛法）传送，会导致网络中出现大量的重复报文。链路状态通告分组中设计有一个序号字段，以区别不同的链路状态分组。网络中的节点记录它接收过的链路状态通告分组中的源路由和序号。节点收到一个链路状态分组后，会查看该分组是否已经收到过，将收到的链路状态通告分组的序号与节点记录的最大序号进行比较：若该分组已收到过，就丢弃；否则，记录该分组并向除了接收该分组的路径外的所有路径进行扩散。该方法存在一个问题，就是某节点在工作过程中因故复位，重新工作后序号从头开始，使得其他节点把本来是新的分组当成已接收过的旧分组而丢弃掉。

仅仅使用序号来控制重复分组可能会存在一些问题。序号的循环使用会导致序号冲突，解决方法是，序号的位数采用 32 位二进制位，这样即使每秒洪泛一次链路状态通告分组，序号计数出现循环也需要 137 年，可以完全避免出现序号冲突的情况。若链路状态通告分组在扩散中出现序号错误，例如，序号值 5 改变为 1027（一位出错），节点会认为当前序号是 1027，所有序号小于或等于 1027 的分组均会被认为是重复分组。解决这一问题的方法是，在链路状态分组中设计一个生存期字段，分组生成时赋以初始值，每经过 1 秒该字段值减 1，若生存期字段值为 0 时，则丢弃该链路状态通告分组。

一种算法改进方法是，节点收到链路状态通告分组后，并不立即放入输出队列排队等待转发，而是先将分组放入缓冲区等待一段时间，若缓冲区中已经有来自同一节点的链路状态通告分组先行到达，就比较它们的序号值，若序号值相等，则丢弃其中的一个分组，否则就丢弃序号小的分组。

如果链路状态通告分组以不同的时延到达相邻节点，或部分分组丢失，就可能导致各相邻节点会使用不同版本的信息。例如，最先得到链路状态通告分组的节点会立即计算新的路由，而较晚获得链路状态通告分组的节点还在使用以前的信息，而这些信息可能对应着不同的网络拓扑结构，从而可能导致链路路径的不一致性、死循环、不可到达的节点及其他问题出现。对没有收到链路状态通告分组的节点会使用以前的路由信息。

为了防止因节点之间的链路故障而出现的链路状态通告分组丢失，要求网络节点对所有接收到的链路状态通告分组进行确认（应答），回应链路状态确认分组。

节点 A 缓冲区中链路状态数据库的内容，如图 6-16 所示。

			发送标志位			应答标志位			
源	序号	生存期	B	C	D	B	C	D	链路状态通告分组
B	11	60	0	1	1	1	0	0	
C	10	59	1	0	1	0	1	0	
D	11	60	1	1	0	0	0	1	
E	11	60	0	0	1	1	1	0	

图 6-16　节点 A 缓冲区中链路状态数据库的内容

图中每一行对应一个新到但尚未处理完毕的链路状态通告分组的记录，内容包括：分组来自何处、分组序号、生存期、链路状态通告分组，以及节点 A 的相邻节点 B、C、D 各对应一个发送标志位和应答标志位。

发送标志位（该位置 1）用于标识需要将链路状态分组发送到该相邻节点，应答标志位（该位置 1）标识需要给该相邻节点发送应答分组。例如，第一行记录，B 生成的链路状态通告分组可以直接到达 A，要求 A 将该分组再扩散到 C 和 D，同时要求 A 向 B 发送应答。其他各行分析以此类推。对来自节点 E 的分组处理方法有些不同，假设 A 两次收到来自 E 的分组，经过的路径分别是 EBA 和 ECA。此时 A 只需将 E 产生的分组发送到 D，但要向 B 和 C 发送应答分组。

如果重复的链路状态通告分组在前一个分组未出缓冲区时到达，需要修改表中对应的标志位。例如，如果节点 A 还未处理完由 C 产生的链路状态通告分组，又接收到一个从 B 发来的 C 的链路状态通告分组，应将对应 C 行的标志位 101010，改为 011110，表示节点 A 要向 B 发送应答分组，而不必把 C 的链路状态分组再转发到 B。

6.5 层次路由选择

6.5.1 层次路由选择概述

由于计算机网络规模的扩大，网络中的一个节点（路由器）中路由表占用的内存越来越大，路由表不仅占用大量存储器空间，更严重的是，测量、计算、交换网络状态及路径信息会占用大量 CPU 的时间。而无限制的扩大路由器的内存显然是不可能的，而且大的路由表处理起来很费时间。

另一个是由部门或单位建立的网络的所有权归属问题，这些网络可以独自设置路由器和进行路由选择配置，不愿意让外界知道所属网络的布局细节和采用的路由策略是什么。

当网络节点数达到一定规模后，再以节点为单位进行路径选择已变得不可能，层次路由选择算法就是针对这一情况而采取的解决方法。与**分层路由选择类似的例子是电话网络**，电话网络也是采用层次选路，例如，电话号码 0086-0571-8691-2968，依次标识国家、城市、电话分局、电话机插口编码。层次路由选择算法涉及路由层次划分，层次数目的多少，对路径选择的效率、性能会有不同的影响。

6.5.2 自治系统

因特网采用分层次的路由选择，因特网划分为多个自治系统（Autonomous System，AS），一个自治系统是具有一个单一的和明确定义的路由选择策略，由一组互连起来的具有相似 IP 前缀（一个或多个前缀）的路由器（节点）组成，由一个或多个网络管理员负责运行、管理的系统。一个自治系统内的所有网络都属于一个行政单位。同一个 AS 内的路由器（节点）可以都运行同样的路由选择算法，例如，链路状态（LS）或距离矢量（DV）算法。每个自治系统都有一个唯一的编号，称为 AS 号，因特网号码分配机构（ICANN）负责 AS 号的分配和管理。

因特网技术标准 RFC 4271 给出自治系统的描述：AS 是在单一的技术管理下的一组路由器，这些路由器使用一种 AS 内部的路由选择协议和共同的度量以确定该分组在该 AS 内的路由，同时还使用一种 AS 之间的路由选择协议以确定分组在 AS 之间的路由。尽管一个 AS 使用了多种内部路由选择协议和度量，但它对其他 AS 表现出的是一个单一的和一致的路由选择策略。例如，因特网中一个大的 ISP 就是一个自治系统。

在自治系统内部运行的路由协议称为内部路由协议（IRP），也称为内部网关协议（IGP），与在其他自治系统内选用什么路由协议无关。在自治系统之间运行的路由协议称为外部路由协议（ERP），也称为外部网关协议（EGP）。有时在自治系统内部的路由选择也称为域内路由选择，在自治系统之间的路由选择也称为域间路由选择，这里的域指的就是 AS。自治系统内部的路由器运行内部路由协议。自治系统的边界路由器运行外部路由协议，也运行内部路由协议，边界路由器有时也称为外部路由器，外部路由协议用于提供 AS 之间的可达性路径信息。具有 3 个 AS（A、B、C）的网络，如图 6-17 所示。

一般用大写字母标识自治系统，用小写字母标识自治系统中的路由器，例如，具有 3 个 AS（A、B、C）的网络，A.c 标识自治系统 A 中的 AS 边界路由器 c。A.c 既可以对内运行内部路由协议，也可以对外运行外部路由协议。AS 边界路由器 A.c 中的路由选择，如图 6-18 所示。

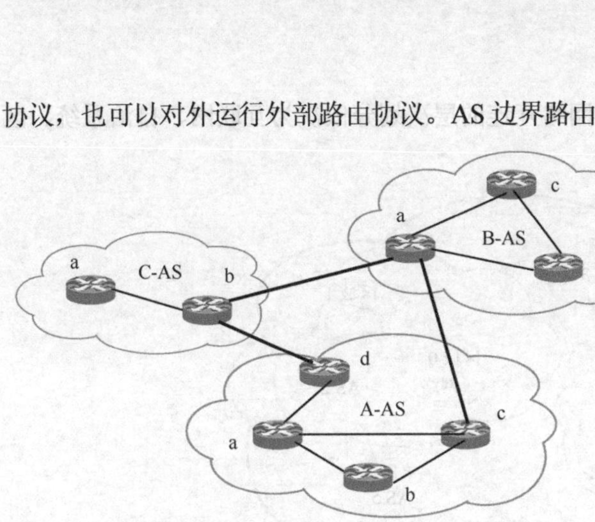

图 6-17　具有 3 个 AS（A、B、C）的网络

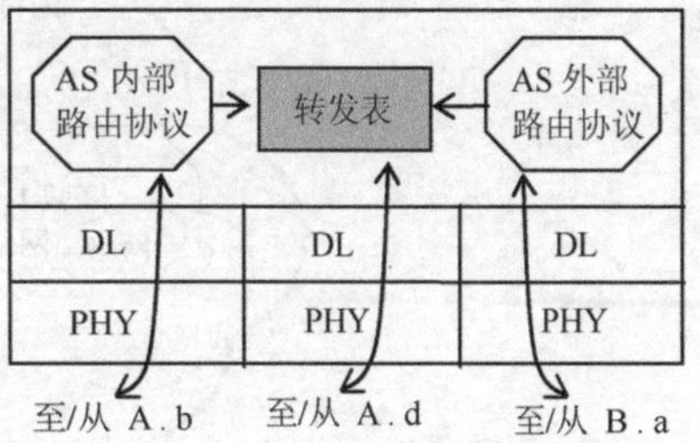

图 6-18　边界路由器 A.c 中的路由选择

每个自治系统内部通过运行内部路由协议保持内部路由器之间的连通性，通过 AS 边界路由器运行外部路由协议，维持 AS 边界路由器之间的连通性。不同 AS 的边界路由器之间的连接一般是通过一条物理链路实现的，在同一个 AS 内部的边界路由器之间一般是通过逻辑链路连接的。

对于比较大的自治系统，还可以把 AS 进一步划分成区域（Region），形成主干区域和一般区域，一般区域通过路由器连接到主干区域。采用层次路由选择时，按节点所处的位置划分区域。每个网络节点知道在自己所处的区域内怎样选择路由、怎样把分组送到处于区域内的目的节点的全部细节。节点并不知道、也不关心其他区域的内部结构。若要访问其他区域中的节点，需要通过区域边界路由器连接到主干区域，再通过主干区域连接到其他区域。网络中的路由器分为区域内部路由器、区域边界路由器、AS 边界路由器。

6.5.3　默认路由和层次路由

路由器是一个互连设备，实现在网络层层次上的互连，路由器一般有多个网络接口，每一个网络接口与一个网络连接，每一个网络接口都要分配一个唯一的 IP 地址。例如，路由器有 2 个广域网接口，2 个局域网接口。路由器的局域网接口连接到局域网，路由器局域网接口的 IP 地址往往设置为局域网中端节点的默认路由的下一跳位置，局域网内的网络节点（计算机）通过默认路由，连接到路由器，通过路由器连接到外部网络。

在配置路由器的路由表的路由表项时，一般都会配置默认路由，在所有路由表项都不能适配目的网络时，路由器就会按默认路由转发到来的 IP 分组。

一般默认路由配置均指向提供网络出口的路由器，即路由器连接内部网络一侧的网络接口地址，也称为网关地址。

因特网中的路由层次为：因特网；自治系统（AS）；区域（Region）；链路或网段。例如，对于比较大的自治系统（AS），还可以把 AS 进一步划分成区域（Region），形成主干区域和一般区域，一般区域通过路由器连接到主干区域。一个自治系统仅有一个主干区域，主干区域一般标识为区域 0。一般区域可以有多个。一个区域内可以包括多个网络，也称为链路或网段。因特网中的路由层次划分，如图 6-19 所示。

引入自治系统的目的是使网络互连更加容易，核心是路由寻址的自治，自治系统内部的路由器了解内部全部网络的路由信息，并能够通过一条路径把发送到其他自治系统的分组传送到连接自治系统的主干路由器。可以看出，网络互连的层次划分依次为互联网、自治系统、区域、网段（链路）。

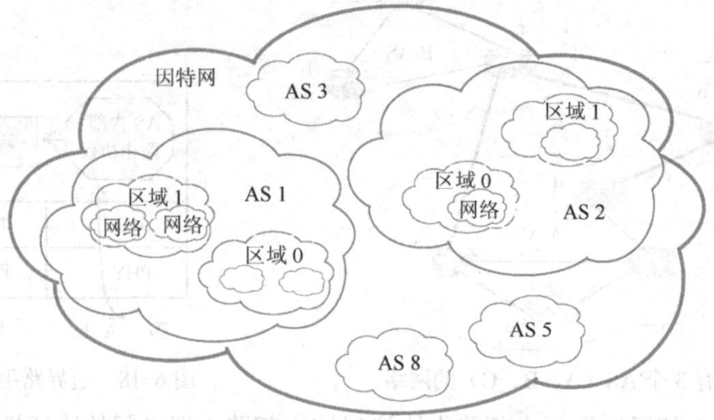

图 6-19　因特网中的路由层次划分

采用层次路由之后，如在中国某处的一个网络节点要向日本的某节点发送数据，当进行路径选择时，不是直接找到达目的节点的路径，而是先找到达日本的路径。所传输的分组到达日本之后，后续的转发路径由位于日本的节点依据相同的算法来确定。这样设计的层次路由选择可以减小路由表的空间、提高路由效率，使得现有的路由协议可以在因特网等大型网络中正常运行。

6.6　因特网上的网络层协议

6.6.1　IP 协议概述

1．IP 层对应的协议

TCP/IP 协议簇中的 IP 层对应 5 层网络体系结构中的网络层，由于 IP（Internet Protocol）是用来实现网络以及网络中节点（主机）的互连，有时 IP 层也称为网际层（Internet Layer）。与 IP 协议同属一个层次的还有 4 个协议与 IP 协议配套使用。IP 层的协议，如图 6-20 所示。

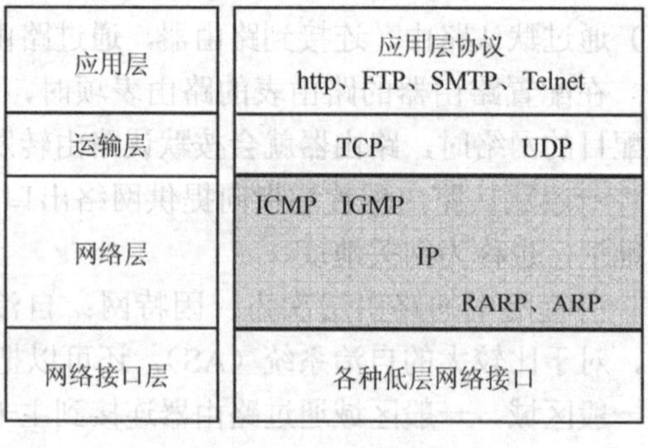

图 6-20　IP 层的协议

IP 层的 5 种协议的名称为网际协议 IP（Internet Protocol，IP）、地址解析协议（Address Resolution Protocol，ARP）、反向地址解析协议（Reverse Address Resolution Protocol，RARP）、因特网控制报文协议（Internet Control Message Protocol，ICMP）、因特网组管理协议（Internet Group Management Protocol，IGMP）。

ARP 和 RARP 协议画在这一层的最下面，一方面是 IP 经常使用这两个协议，另一方面是与数据链路层的物理地址有映射联系。ARP 协议用于把 IP 地址解析为物理地址，RARP 协议用于把物理地址解析为 IP 地址。

ICMP 和 IGMP 协议画在这一层的最上面，是因为这两个协议都要使用 IP 协议。ICMP 协议用来向网络中的节点通告 IP 分组传输中出现的问题和传输结果，IGMP 协议用于网络中的多播应用。

网际协议 IP 用 IP 分组描述，这是因为对应网络层的 PDU 是分组。IP 协议是一个无连接协议，采用 IP 协议互连的网络为高层提供数据报服务，在 TCP/IP 应用中，经常把 IP 分组称为 IP 数据报。通过 IP 协议互连的网络是一个尽力交付的网络，提供无连接的数据报服务。

网络层的 IP 协议是构成 Internet 的基础。Internet 上的主机（计算机设备）的网络接口通过 IP 地址来标识，Internet 上有大量路由器根据 IP 地址选择合适的路径转发 IP 分组，IP 分组从 Internet 上的源节点主机到目的节点主机往往要经过多个路由器。路由器是工作在第三层的网络设备，同时兼有交换机的功能，可以在不同的数据链路层接口之间转发 IP 分组，因此路由器需要将进来的 IP 分组拆掉网络层和数据链路层两层的首部（在拆封过程中理解对等层协议）并重新封装，转发到下一个网络。IP 协议提供尽力交付的网络服务，不提供传输的可靠性，可靠性的保证需要上层协议或应用程序提供。

2. IP 分组协议格式

IP 分组格式描述 IP 协议的功能，在 TCP/IP 协议描述中，各种数据格式经常采用 32 位（bit）（4 字节）为一计数单位，或为一组。每组分成若干字段，每个字段表示确定的协议功能。这里描述的 IP 协议的版本号为 4，IP 分组协议格式，如图 6-21 所示。

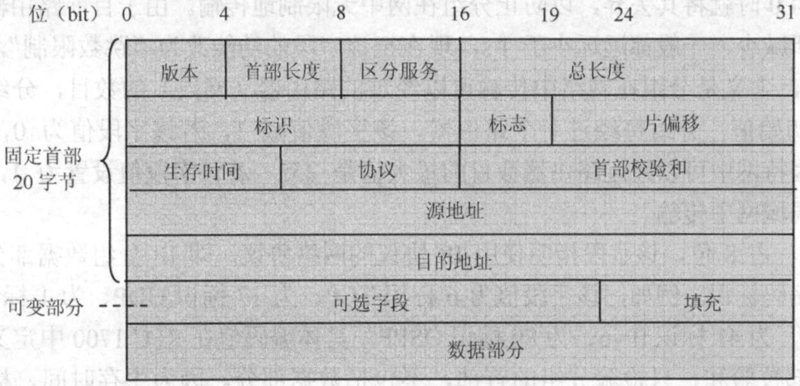

图 6-21 IP 分组协议格式

一个 IP 分组由首部和数据两部分组成，首部的固定部分为 20 字节，首部的可选部分的长度是可变的，最长为 40 字节，若长度不够 4 字节的整数倍，需要利用最后一个填充字段进行填充，以满足要求。可选部分很少使用，可以省略。

IP 分组固定首部包含有 12 个字段，下面介绍每个字段的含义。

1）版本，占 4 位，标识 IP 协议的版本。这里使用的 IP 协议版本号为 4，即 IPv4。通信双方使用的 IP 协议版本要一致，该字段的值为 0100。

2）首部长度，占 4 位，表示 IP 分组首部的长度（以组为单位，一个单位 4 个字节），取值为 5~15，默认值为 5，即首部固定部分为 20 字节。IP 分组首部中包括了选项部分，选项占据的长度由本字段指明。

3）区分服务，占 8 位，该字段在早期标准中叫做服务类型，主机通过此字段告诉网络所要求的服务，但很少使用，其格式为 PPPDTRC0，其中，PPP（3 位）定义了 8 个优先级，D 位标识时延，T 位标识吞吐量，R 位标识可靠性，C 位为新增的，表示选择代价更小的路由，最后一个位未使用。优先级、时延、吞吐量、可靠性、更小代价路由可任意组合。1998 年，IETF 把该字段改名为区分服务，用于实现服务质量中的区分服务功用，对应的技术标准是 RFC 2474。

4）总长度，占 16 位，指包含首部和数据部分以字节为单位的总长度。最大 65 535 字节。需要满足数据链路层的帧格式中的数据字段的最大长度的要求，这个最大长度限制称为最大传输单元（MTU）。

5）标识，占 16 位，在 IP 软件中有一个计数器，每产生一个分组，计数器加 1，并将值写入标识字段。当分组的长度超过 MTU，需要分片时，属于同一个分组的多个 IP 分片的该字段值相同。

6）标志字段，占 3 位，格式为 0、DF、MF，其中，DF 位表示分组是否可分片，该位为 1 时表示不能分片，因为目的端不能重新装配分片，为 0 时表示可以分片。MF 位表示是否为最后一个片，为 0 时表示是最后分片，为 1 时表示后面还有分片。当有 N 个片时，前 N－1 个数据分片的 M 位都为 1。

7）片偏移，占 13 位，指出本分片数据相对于其所属分组起点的偏移量，以 8 字节为单位，即计算时偏移值应乘以 8。每个分片的长度是 8 字节（64 位）的整数倍。

8）生存时间（Time To Live，TTL），占 8 位，是用来限制 IP 分组的生命周期的计数器。最初设计是以秒 s 为单位，分组每经过一个节点该字段值都递减 1，在等待时可加倍递减。当该字段值减为 0 时就将其丢弃，以防止分组在网中无限制地传输。由于目前路由器处理分组需要的时间不断减少，一般都远远小于 1 s，现在把该字段的功能改为“跳数限制”，单位不再是 s，而是跳数，含义是分组在网络中传输可以经过的路由器（网段）的数目，分组生成时赋给该字段一个初始值，分组每经过一个路由器，该字段值减 1，若该字段值为 0，就丢弃该分组。分组在因特网中可以经过路由器数目的最大值是 255。若该字段值设置为 1，表示该分组只能在本地局域网中传输。

9）协议，占 8 位，该字段指明使用 IP 协议的网络协议，即 IP 分组数据部分的内容，协议字段值用编码标识。例如，该字段值为 6 标识 TCP、为 17 标识 UDP、为 1 标识 ICMP、为 2 标识 IGMP、为 41 标识 IPv6、为 89 标识 OSPF，具体编码值在 RFC 1700 中定义。

10）首部校验和，只检验分组的首部，不包括数据部分。因为生存时间、标志、片偏移等字段的值经过每个节点时都发生了变化，该字段在每个节点都必须重新计算。校验和的计算方法与运输层协议 UDP 和 TCP 相同。计算时先把首部校验和字段的值设置为 0，把 IP 分组首部划分为 16 位一个单位，依次对两个 16 位采用反码运算，最后将计算出来的求和结果的反码写入首部校验和字段。接收方对收到的分组也用反码求和运算，并将得到的求和结果取反码，即为接收方校验和的计算结果。若计算结果为 0，表示传输正确，否则表示出现差错，丢弃该分组。

11）源地址和目的地址，各占 32 位，分别表示源节点、目的节点地址。

12）选项为可选内容，最多 10 组共 40 字节，为后续版本提供新的功能而预留，或者为特定的应用提供一种灵活性以避免为了支持少数应用而增大首部长度。选项字段很少使用。目前已定义了 5 类选项，实现的功能分别如下：

- 安全性，指明数据的安全程度（机密程度）。
- 严格源路径选择，给出完整的路径，分组需沿此路径传送。
- 松散源路径选择，给出不能遗漏的路由器的列表。

● 记录路由，使每个路由器都附上其 IP 地址。

● 时间标记，使每个路由器都附上地址及时间标记。

从 IP 协议可以看出，IP 协议并不进行差错控制，差错控制由数据链路层实现。

可以通过协议分析工具 Ethereal 捕获实际网络中的协议包（PDU），查看和分析各种 PDU 的结构，帮助理解理论中描述的 PDU。Ethereal 的使用请参看第 1 章中的介绍。用 Ethereal 查看到的 IP 协议格式，如图 6-22 所示。

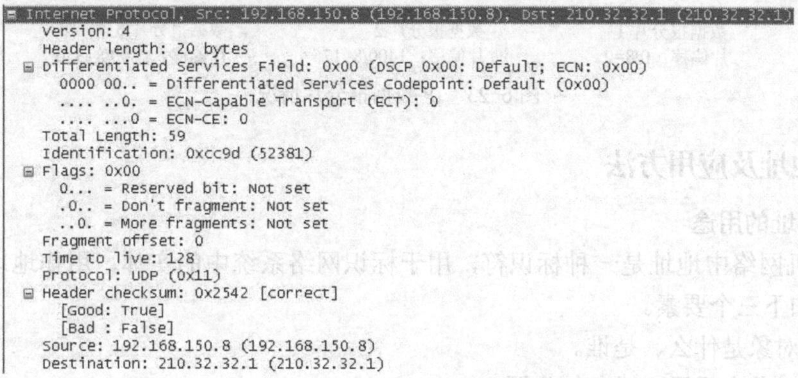

图 6-22　用 Ethereal 查看到的 IP 协议格式

6.6.2　IP 分组的分片

在 IP 层下面的每一种数据链路层都有各自的帧格式，帧格式中的数据字段的最大长度称为最大传输单元（Maximum Transfer Unit，MTU），MTU 对 IP 分组的长度有限制，不能超过下面的数据链路层的 MTU 值，不同数据链路层协议的 MTU 值，见表 6-4。

表 6-4　不同数据链路层协议的 MTU 值

数据链路层协议	最大传输单元 MTU（字节）	数据链路层协议	最大传输单元 MTU（字节）
以太网	1500	PPP	296
令牌环（16 Mbps）	17 914	X.25	576
FDDI	4352	Hyperchannel	65 535

当 IP 分组的数据部分长度不能适合底层网络 MTU 的要求时，需要对 IP 分组进行分片，IP 分组分片涉及 3 个字段：标识、标志和片偏移。

例如，一个分组的数据部分长度为 3800 字节，规定分组分片的长度不超过 1420 字节，假设 IP 分组首部采用固定首部 20 个字节，每个分组分片的数据部分的长度不超过 1400 字节。根据计算需要分成 3 个分组分片。假设标识字段的值为 555，具有相同标识的分组分片在目的节点重装成原来的 IP 分组。IP 分组首部与分片有关的字段中的值，见表 6-5。

表 6-5　IP 分组首部与分片有关的字段中的值

分组分片	总长度	标识字段	MF 位	DF 位	分片偏移字段
原始分组	3820	555	0	0	0
分组分片 1	1420	555	1	0	0
分组分片 2	1420	555	1	0	175
分组分片 3	1020	555	0	0	350

IP 分组分片情况，如图 6-23 所示。

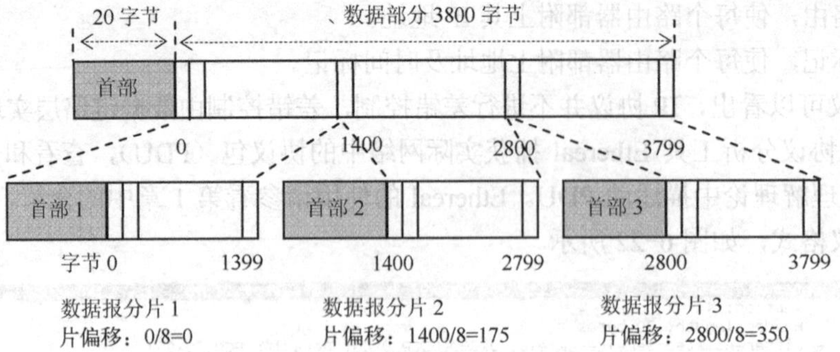

图 6-23　IP 数据报分片情况

6.6.3　IP 地址及应用方法

1．IP 地址的用途

在计算机网络中地址是一种标识符，用于标识网络系统中的实体，用作地址的一个标识符需要具有如下三个要素。

1）标识对象是什么、是谁。

2）标识对象在哪里、对象的位置。

3）指出怎样到达对象所在的位置。

IP 协议中包含源 IP 地址和目的 IP 地址字段，各占 32 位二进制位。IP 地址用于标识 Internet 中的网络和主机。因特网中的节点的每一个网络接口都有一个全网唯一的 32 位 IP 地址。IP 地址是一个逻辑地址，也称为软件地址、协议地址。IP 地址用来唯一标识网络中一个节点（计算机设备）的连接。网络节点可以是主机或路由器。

需要说明的是，IP 地址标识的是网络节点的一个网络接口的连接，之所以称为 IP 地址，是沿用习惯的叫法，例如，一个路由器有多个网络接口，每个网络接口对应一个 IP 地址，用哪个 IP 地址表示该路由器的地址呢，只能是标识该路由器在网络中的一个网络连接。

IP 地址的表示采用层次结构，一般情况下，一个 IP 地址包括网络标识（网络号）和主机标识（网内的主机号）两部分，网络标识也称为网络地址或网络 ID，主机标识也称为主机地址或主机 ID。网络标识表示该网络连接是属于哪个网络，主机标识表示该网络连接是属于某个网络中哪个主机，IP 地址中网络标识和主机标识的作用，如图 6-24 所示。

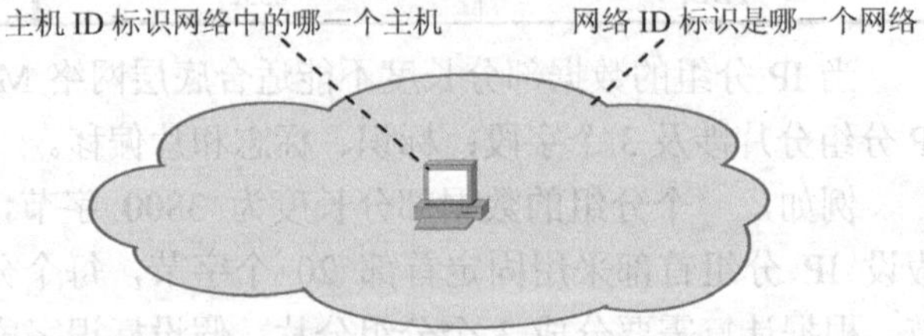

图 6-24　IP 地址中网络标识和主机标识的作用

2．IP 地址的分配

最初 IP 地址的分配由 Internet 号码分配局（Internet Assigned Number Authority，IANA）管理。现在，ICANN 行使 IANA 的职能，按世界地域划分区域，由 ICANN 将 IP 地址分配给各个区域 Internet 注册处（Regional Internet Registry，RIR），再由 RIR 分配给所辖区域的国家或申请者。目前，全球有 5 个 RIR 负责所在区域的 IP 地址的分配，这 5 个 RIR 如下：

1）欧洲地区，RIPE-NCC（RIPE Network Coordination Centre），负责欧洲、中东和部分中亚地区，网址是 www.ripe.net。

2）亚太地区，APNIC（Asia Pacific Network Information Center），负责亚洲和太平洋地

区，网址是 www.apnic.net。

3）非洲地址，AfriNIC（Africa Network Information Center），负责非洲地区。

4）北美地区，ARIN（American Registry for Internet Numbers），负责加拿大、美国以及加勒比海和北大西洋的一些岛屿。

5）拉丁美洲和加勒比海地区，LACNIC（Latin American and Caribbean Internet Address Registry），负责拉丁美洲和加勒比海地区。

需要说明的是，早期北美地区的 RIR 是 INTERNIC，网址是 www.internic.net。

注册机构实施层次化的地址分配方法，RIR 将从 ICANN 获得的前缀的地址块分配给国家 Internet 注册机构 NIR，NIR 再分配给本地 Internet 注册机构 LIR 或 ISP，ISP 再将前缀分配给它们的客户（企业或住家用户），企业再将前缀分配给企业内部的部门。每个组织由其上一级分配一个前缀，依次将前缀分配给其下一级，在这一过程中前缀的位数越来越大，可以看出，通过前缀的划分，每个组织代表了一个路由汇聚边界。

分配 IP 地址的机构负责分配网络标识，主机标识由网络内管理人员负责分配。

3. IP 地址的编址技术的发展

IP 地址的编址技术的发展经历了 3 个阶段。

1）分类的 IP 地址，1981 年制订的基本编址协议标准。

2）子网的划分，是对基本编址协议的改进，使 IP 地址层次结构增加了子网标识，对应的技术文档是 1985 年给出的 RFC 950。为提高 IP 地址资源的利用，在 1987 年提出了 VLSM，技术文档是 RFC 1009。

3）无分类编址方法，1993 年提出 CIDR，是在可变长度子网掩码（VLSM）的基础上发展起来的，CIDR 用于合理使用 IP 地址、解决 IP 地址紧缺，以及路由汇聚实现问题，利用 CIDR 可以进行超网设计。

4. 分类 IP 地址

分类 IP 地址是将 IP 地址划分为若干个固定类。IP 地址分为 A、B、C、D、E 共 5 类，最常用的 3 类是 A、B、C。IP 地址由网络标识字段（Net-id）和主机标识字段（Host-id）组成，也分别称为网络 ID 和主机 ID。IP 地址可以标识为

IP 地址::＝{<网络标识>，<主机标识>}

分类 IP 地址的格式，如图 6-25 所示。

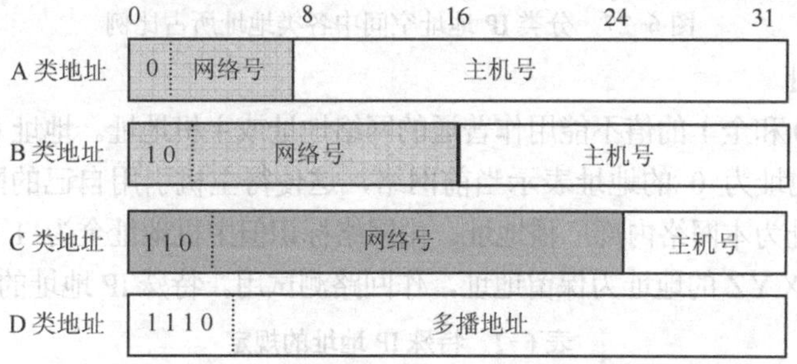

图 6-25　分类 IP 地址格式

其中，A、B、C 类地址是单播地址，是一对一的通信，A、B、C 类地址的网络标识字段最前面有 1~3 位的类别位，其值分别是 0、10、110，主机标识字段的长度分别为 3 个、2

个、1 个字节。D 类地址为多播地址，E 类地址保留为今后使用。

把 IP 地址与默认子网掩码进行“与”运算可以得出网络 ID，把默认子网掩码的反码与 IP 地址进行“与”运算可以得出主机 ID。分类 IP 地址的默认子网掩码如图 6-26 所示。

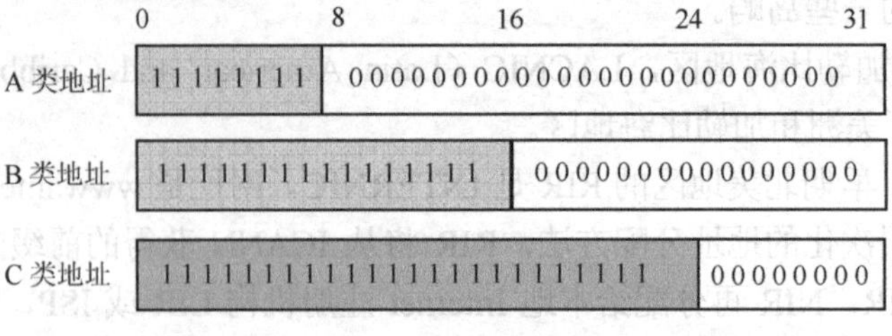

图 6-26　分类 IP 地址的默认子网掩码

对 A、B、C 类 IP 地址，对应的默认子网掩码依次是：255.0.0.0、255.255.0.0、255.255.255.0。

IP 地址的书写采用点分十进制数表示，每个字节（8 位二进制位）用一个十进制数表示，字节之间用句点分隔，例如，01111110.00000000.00000001.00000001 可以书写成 126.0.1.1。也可用十六进制表示，当用十六进制表示时，要以前缀 0x 加以区别。

A 类地址用 8 位表示网络，24 位表示主机，可表示的网络地址范围为 1.0.0.0～127.255.255.255。B 类地址用 16 位表示网络，16 位表示主机，可表示的网络地址范围为 128.0.0.0～191.255.255.255。C 类地址用 24 位表示网络，8 位表示主机，可表示的网络地址范围为 192.0.0.0～223.255.255.255。D 类地址用于多播，可表示的网络地址范围为 224.0.0.0～225.255.255.255。E 类地址为保留地址，网络地址范围为 240.0.0.0～255.255.255.255。IP 地址的使用范围，见表 6-6。

表 6-6　IP 地址的使用范围

网络类别	最大网络数	第一个网络号	最后一个网络号	网络中最大主机数
A	126 (2^7-2)	1	126	16 777 214
B	16 384 (2^{14})	128.0	191.255	65 534
C	2 097 152 (2^{21})	192.0.0	223.255.255	254

分类 IP 地址空间中各类地址所占比例如图 6-27 所示。

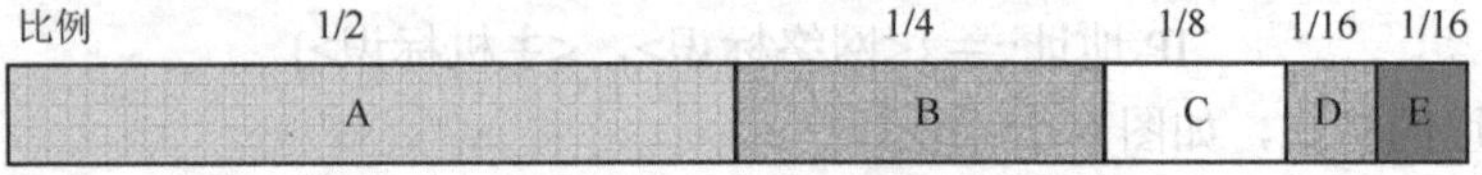

图 6-27　分类 IP 地址空间中各类地址所占比例

5. 特殊 IP 地址

IP 协议规定全 0 和全 1 的值不能用作普通的网络地址或主机地址。地址 0.0.0.0 用于标识本网络的本主机。网络地址为 0 的地址表示当前网络，这使得主机引用自己的网络而不必知道网络号。全部为 1 的地址为本网络内部广播地址。由网络标识但主机地址全为 1 的地址用于针对某一网络进行广播。127.X.Y.Z 的地址为保留地址，作回路测试用。特殊 IP 地址的规定，见表 6-7。

表 6-7　特殊 IP 地址的规定

网络标识	主机标识	源地址使用	目的地址使用	规定含义
0	0	可以	不可以	本网络上的本主机
0	主机标识	可以	不可以	本网络上的某个主机
全 1	全 1	不可以	可以	本网络所有主机，路由器不转发
网络标识	全 1	不可以	可以	网络标识给出网络中的所有主机
127	255 内的任何数	可以	可以	用作本地软件环路测试

对特殊 IP 地址，可以简单的记忆为全 1 是所有（广播），全 0 是自己（本网络本主机）。例如，若网络标识和主机标识均为全 1，称为有限广播，目的地址是本网络所有主机，路由器不向其他网络不转发 PDU，广播范围受到限制，限制在本网络内部。若网络标识为某一数值、主机标识为全 1，则称为直接（对所标识的网络）广播，也称为定向广播，路由器将向其他网络转发 PDU。直接广播地址的示例，如图 6-28 所示。

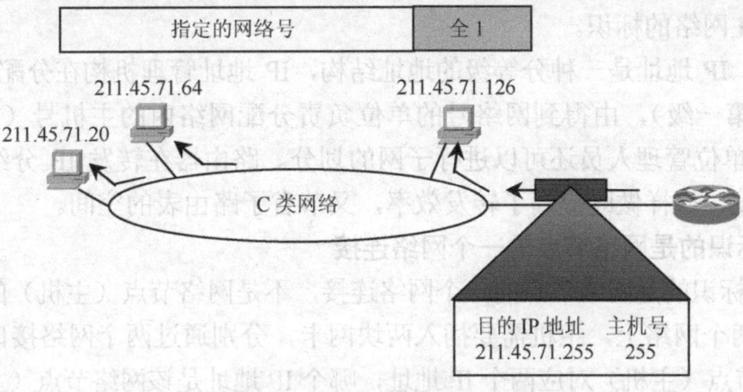

图 6-28　直接广播地址的示例

路由器使用直接广播地址向一个本地网络上的每一个主机（节点）发送 PDU（分组）。每一个主机/路由器接收和处理具有直接广播地址的 PDU。

需要说明的是，近年来由于地址紧缺，以及路由汇聚技术实现等原因，开始使用不分类（无类）IP 地址进行路由选择或 IP 地址划分，分类 IP 地址的使用在逐渐减少。

6.6.4　专用 IP 地址及用途

近年来随着因特网应用的发展，接入因特网中的计算机设备越来越多，IP 地址已经不能满足网络应用增长的需要。企事业单位、学校以及各行业部门组建的网络称为 Intranet，也称为内联网，Intranet 运行 TCP/IP 协议，提供类似因特网的网络应用服务，又称为企事业内部的 Internet。考虑到 Intranet 内部数据信息的传输大都局限在网络内部，如果给 Intranet 内的每一个主机都分配一个合法的 IP 地址，将会占用大量的 IP 地址空间，造成 IP 地址的浪费。

为了组建 Intranet 的方便，ICANN 规定了 Intranet 专用 IP 地址的 3 个地址范围，称为专用 IP 地址，有时也称为私有 IP 地址。专用 IP 地址用于组建 Intranet 时，对内网的计算机设备分配 IP 地址。Intranet 专用 IP 地址的 3 个地址范围如下：

1）A 类地址范围 10.0.0.0～10.255.255.255，一个 A 类地址 10。

2）B 类地址范围 172.16.0.0～172.31.255.255，16 个 B 类地址 172.16～172.31。

3）C 类地址范围 192.168.0.0～192.168.255.255，256 个 C 类地址 192.168.0～192.168.255。

需要指出的是，这些地址不是可以在 Internet（因特网）上使用的 IP 地址，分配有这些 IP 地址的主机不能在因特网（外网）上进行信息传输，解决这一问题的技术方法是在 Intranet（内网）中至少有一台主机具有合法的 IP 地址，将 Intranet 专用地址通过一个可以实现网络地址转换（NAT）的设备或软件转换为合法的 IP 地址，用这个合法的 IP 地址代理所有内网的专用网络地址。相对于专用网络 IP 地址，可以在因特网中使用的 IP 地址也称为公用 IP 地址。

6.6.5 IP 地址的一些要点

1．路由器转发分组的步骤

路由器转发分组时，依据 IP 分组中的网络标识（网络号）找到目的网络，分组到达目的网络后，再依据主机标识（主机号）将 IP 分组直接交付给目的主机。

如果一台主机从一个网络转移到了另一个网络，则该主机的 IP 地址应该随之改变，网络标识应是当前所在网络的标识。

从本质上讲，IP 地址是一种分等级的地址结构，IP 地址管理机构在分配 IP 地址时，可以只分配网络号（第一级），由得到网络号的单位负责分配网络内的主机号（第二级），方便了 IP 地址的管理，单位管理人员还可以进行子网的划分。路由器在转发 IP 分组时，可以仅依据目的网络号来转发，这样做既提高了转发效率，又节省了路由表的空间。

2．IP 地址标识的是网络节点的一个网络连接

IP 地址实际标识的是网络节点的一个网络连接，不是网络节点（主机）的地址。例如，把一台主机连接到两个网络上，主机需要插入两块网卡，分别通过两个网络接口连接到不同的网络上，此时网络节点（主机）对应两个 IP 地址，哪个 IP 地址是该网络节点（主机）的地址呢？

使用抽象的 IP 地址，是为了隐蔽各种底层网络复杂性，使得网络互连成为可能。

在因特网中，所有分配到 IP 地址网络号的网络，无论它是局域网、还是广域网，不管它的规模是大、还是小，也不关心它是采用什么技术，不用看它分到的是 A 类、还是 C 类 IP 地址，这些网络都是平等的，都有同样的协议层次结构，讲述的都是 TCP/IP 语言。

用互连设备中继器或桥接器连接起来的若干个局域网仍然是一个网络，这些局域网都有同样的网络标识（Net-id）。

在同一个网络上的主机或路由器的网络接口，所设置的 IP 地址的网络标识应该是一样的。当两个路由器直接连接时，在连接线两端的网络接口处需要指明 IP 地址，此时，这段连接线可以看作一段特殊的网络。

6.6.6 IP 层转发分组的过程

因特网中所有分组的转发都是基于目的主机所在的网络，路由器依据路由表中表项的内容确定 IP 分组的转发，表项的内容主要有两项：目的网络地址和下一跳地址。若目的主机与源主机不在同一个网络，IP 分组先设法通过间接交付找到目的主机所在网络上的路由器，这个阶段要经过一个或多个路由器。到达与目的主机直接连接的最后一个路由器时，通过直接交付将 IP 分组交给目的主机。

路由器转发 IP 分组的过程示例，如图 6-29 所示。

4 个网络依次对应网络 1、网络 2、网络 3 和网络 4，通过 3 个路由器（R1、R2、R3）互连在一起，路由表项中仅包含网络地址和下一跳路由地址，每个路由器的路由表包含 4 个表项。以 R2 路由器为例，可以通过 R2 接口 0 或接口 1 直接交付目的网络为网络 2 或网络 3 的 IP 分组，若目的网络 IP 地址的网络标识为网络 1 或网络 4，则下一跳路由器应分别为 R1 或 R3。为讨论问题方便，可以把网络简化为一条链路，不用关心网络的具体构成。可以看出，在互连网络上转发 IP 分组，就是从一个路由器转发到下一个路由器，逐跳存储转发的过程，类似于日常生活中的接力赛跑。

需要说明的是，在 IP 分组的首部中没有位置可以指明下一跳路由器的 IP 地址，所转发的分组怎样找到下一跳路由的呢？当从路由表找到下一跳路由器的 IP 地址后，路由器将下一跳路由器的 IP 地址送交下层的网络接口软件。由网络接口软件利用 ARP 协议将下一跳路由器的 IP 地址转换为对应的 MAC 地址（网卡地址、硬件地址、物理地址），把此 MAC 地址放入数据链路层的 MAC 帧的首部的对应字段中，最后依据 MAC 地址找到下一跳路由器。

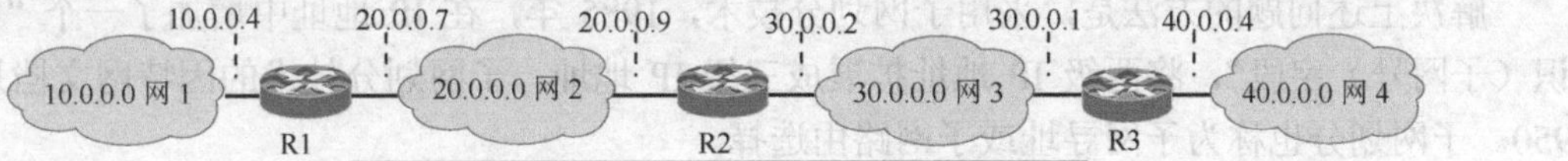

目的网络	下一跳路由地址
20.0.0.0	直接交付，接口 0
30.0.0.0	直接交付，接口 1
10.0.0.0	20.0.0.7
40.0.0.0	30.0.0.1

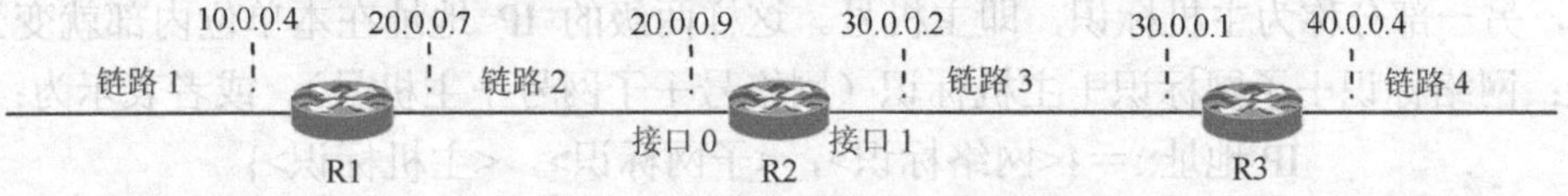

图 6-29 路由器转发 IP 分组的过程示例

是否可以在路由表中直接使用物理地址，答案是否定的。因为底层网络的物理地址是各种各样的，例如，物理地址的位数不同，并且各二进制位组合代表的含义也不同。只有采用抽象的逻辑地址（也称为标准地址或协议地址），能使各种物理地址都与标准地址对应联系。用逻辑地址（IP 地址）连接不同的网络，连接不同网络内的主机。

下面介绍某一个路由器的 IP 层所执行的 IP 分组转发算法，算法给出的步骤描述如下：

1）从 IP 分组首部取出目的 IP 地址为 D 的目的网络标识 N。

2）判断 N 是否为与此路由器直接连接的网络，若是，则直接交付给通过此路由器接口直连的目的网络中的目的主机。若不是，则执行步骤 3。

3）若路由表中有目的地为 D 的特定主机路由，将分组传送给指明的下一跳路由器。否则，执行步骤 4。

4）若路由表中有目的网络 N 的路由，将分组传送给指明的下一跳路由器。否则，执行步骤 5。

5）若路由表中有一个默认路由，将分组传送给指明的默认路由器。否则，执行步骤 6。

6）分组转发出现错误，给出错误报告。

默认路由指的是在路由表中设置一个表项，该表项一般为路由表的最后一行，查找路由表时，当找不到与目的网络标识相匹配的路由表项时，也即路由表所有的表项都没有对应目的网络的内容时，可以采用把分组转发到默认路由给出的下一跳路由器的 IP 地址。在配置路由表时一般都会配置默认路由，设置默认路由可以减少路由表项数目，提高路由效率。

6.6.7 子网划分技术

1．子网划分的基本概念

IP 地址的设计是很不合理的，存在的问题如下：

1）IP 地址空间的利用率很低，例如，一个 A 类 IP 地址网络或一个 B 类 IP 地址网络中可以连接的主机数目是很多的，而实际的一个网络中不可能会有这么多主机。从网络的吞吐量考虑，把大量主机连接到一个网络中也会影响网络的性能。

2）给每一个物理网络分配一个网络号会使路由器的路由表占用很大的空间，影响网络的性能。

3）两级结构的IP地址不灵活，一个单位不能随时灵活增加网络。例如，一个单位需要新增加一个网络时，在新的IP地址申请到之前，新增网络无法连接到因特网。

解决上述问题的方法是，采用子网划分技术，1985年，在IP地址中增加了一个“子网标识（子网号）字段”，将两级IP地址扩展成三级IP地址，子网划分技术的因特网文档是RFC 950。子网划分也称为子网寻址或子网路由选择。

子网划分是将一个网络分成多个部分，每部分称为一个子网。需要注意的是，这里所说的子网与通信子网中的子网是两个完全不同的概念。划分子网纯属一个单位内部的事情，单位以外的网络看不见这个单位网络是由多少个子网组成，对外呈现的还是一个没有划分子网的网络。

子网的划分方法是，将原IP地址的主机标识分成两部分，一部分称为子网标识，也称为子网号，另一部分称为主机标识，即主机号。这样两级的IP地址在本单位内部就变为三级的IP地址：网络标识＋子网标识＋主机标识（网络号＋子网号＋主机号）。或者表示为：

IP地址::＝{<网络标识>，<子网标识>，<主机标识>}

需要指出的是，在没有划分子网时，IP地址为两级结构，地址的网络标识是IP地址的因特网部分，主机标识字段是IP地址的本地部分。划分子网后成为三级结构，只是将IP地址的本地部分进行再划分，没有改变IP地址的因特网部分。

从其他外部网络发送给本单位某个主机的IP分组，还是依据目的IP地址的网络号先找到连接在本单位网络上的路由器，此路由器再依据网络号、子网号找到目的子网，最终将分组交付给目的主机。也就是说，只有在一个网络内部传输IP分组时才考虑子网地址。把一个网络划分为3个子网，如图6-30所示。

一个单位获得一个B类地址，网络地址是145.13.0.0，所有目的地址为145.13.x.x的分组均被送到连接这个网络的路由器R1，再由R1依据分组的目的地址转发到单位内不同的子网。

2．用于子网划分的子网掩码

子网掩码（Subnet Mask）是一个网络或一个子网的重要属性。IP分组的首部和32位的IP地址本身没有子网划分的信息，从一个IP分组首部是无法判断源主机和目的主机所连接的网络是否进行了子网划分。需要通过子网掩码与IP地址进行“与”的操作，得出网络号和子网络号。子网掩码的长度与IP地址一样是32位，在子网掩码中对应IP地址中的网络地址和子网地址的位均为1，对应主机地址的位为0。划分子网时IP地址和子网掩码的关系，如图6-31所示。

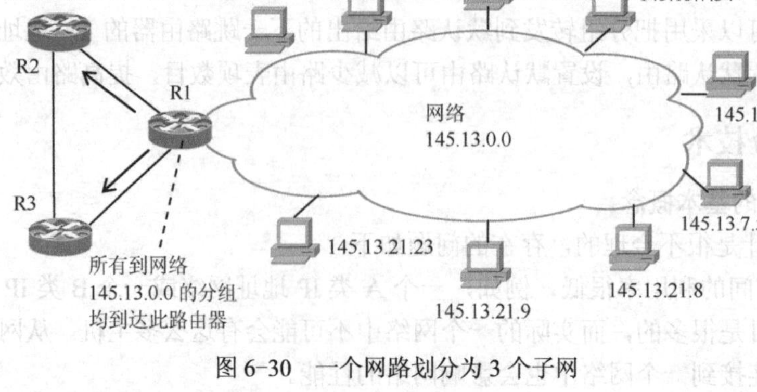

图6-30　一个网路划分为3个子网

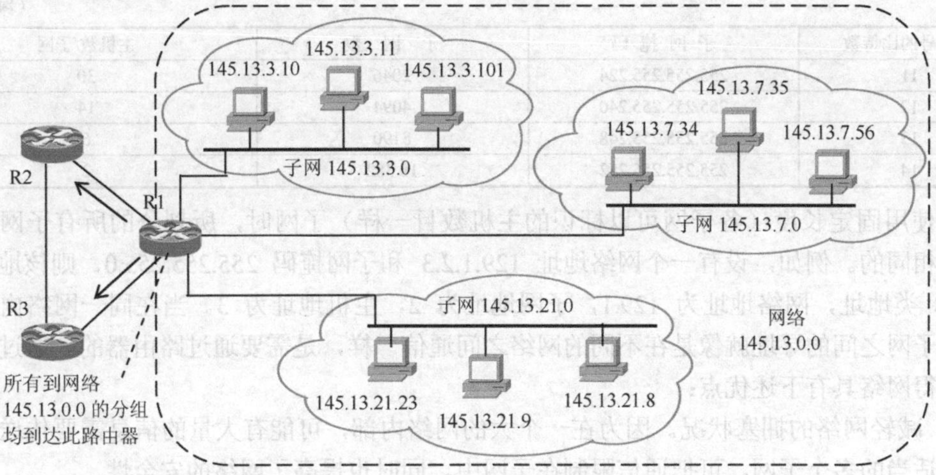

图 6-30　一个网路划分为 3 个子网（续）

子网划分时需要把子网掩码的位数增加，占用原来主机标识的二进制位，这使得可以标识主机的总数减少，换来的是子网数目的增加。

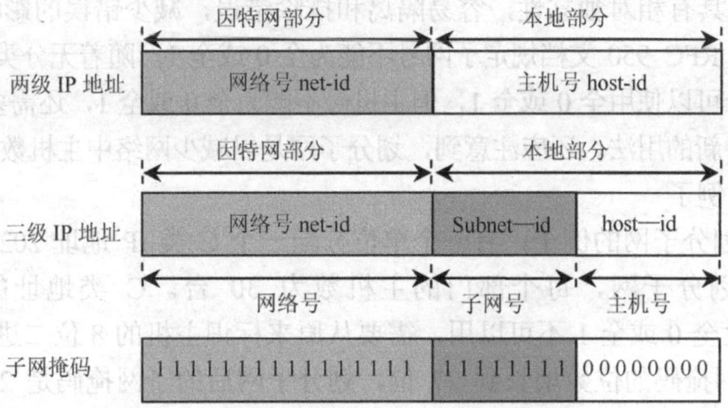

图 6-31　划分子网时 IP 地址与子网掩码的关系

因特网标准规定，所有的网络必须有一个子网掩码或是网络前缀，在路由器的路由表的表项中必须有子网掩码一栏。路由器在与相邻路由器交换路由信息时，需要将自己所在的网络或子网的子网掩码通告相邻路由器。在 IP 地址应用中，也需要子网掩码，如果一个网络不划分子网，就使用默认子网掩码。

子网划分的实现方法是设置子网掩码。对 B 类地址进行子网划分的情况，见表 6-8。

表 6-8　对 B 类地址进行子网划分的情况

子网号的比特数	子 网 掩 码	子　网　数	主机数/子网
2	255.255.192.0	2	16 382
3	255.255.224.0	6	8 190
4	255.255.240.0	14	4 094
5	255.255.248.0	30	2 046
6	255.255.252.0	62	1 022
7	255.255.254.0	126	510
8	255.255.255.0	254	254
9	255.255.255.128	510	126
10	255.255.255.192	1022	62

（续）

子网号的比特数	子 网 掩 码	子 网 数	主机数/子网
11	255.255.255.224	2046	30
12	255.255.255.240	4094	14
13	255.255.255.248	8190	6
14	255.255.255.252	16 382	2

在使用固定长度（各子网可以标识的主机数目一样）子网时，所划分的所有子网的子网掩码是相同的。例如，设有一个网络地址 129.1.2.3 和子网掩码 255.255.255.0，则该地址被解释为 B 类地址，网络地址为 129.1，子网地址为 2，主机地址为 3。当在同一网络内部通信时，各子网之间的寻址就像是在不同的网络之间通信一样，是需要通过路由器的。通过设置子网，使得网络具有下述优点：

1）减轻网络的拥塞状况。因为在一个大的网络内部，可能有大量的信息需要传送，通过划分成适当的多个子网，可把通信限制在子网中。同时也提高了网络的安全性。

2）划分子网增加了灵活性，一个网络可能不是一次建设完成的，建设过程中可能会采用不同的通信介质、不同的控制方式，通过划分子网可以隔离各子网，通过路由器将各子网互连，消除物理上的差别。

3）每个子网都具有相对独立性，容易隔离和排除错误，减少错误的影响范围。

需要注意的是，RFC 950 文档规定子网号不能为全 0 或全 1。随着无分类域间路由（CIDR）的应用，现在子网号可以使用全 0 或全 1，但主机号不能为全 0 或全 1，还需要看所使用的路由器的软件是否支持这种新的用法。还应注意到，划分子网是以减少网络中主机数目为代价的。

3．划分子网的例子

下面讨论一个划分子网的例子，有一个单位分配一个 C 类 IP 地址 202.10.23.0，需要为该单位的 6 个部门划分子网，每个部门的主机数为 30 台。C 类地址的默认子网掩码是 255.255.255.0。假设全 0 或全 1 不可以用，需要从原来标识主机的 8 位二进制位取出 3 位用来标识子网，这样子网掩码的位数增长到 27 位，划分子网后的子网掩码是 255.255.255.224。每个子网中用于标识主机的位数为 5 位，可以标识 30 台主机。一个 C 类 IP 地址划分 6 个子网的例子，如图 6-32 所示。

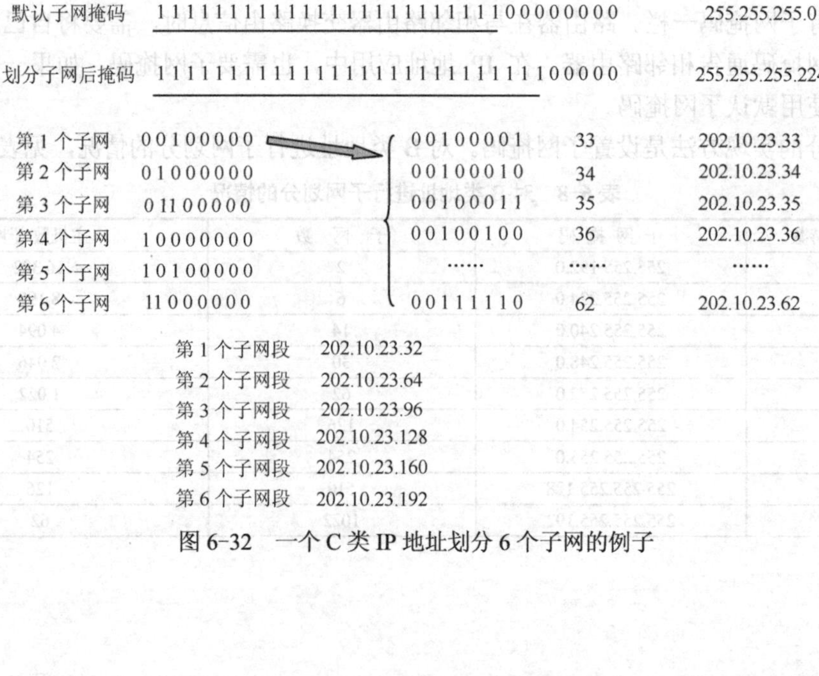

图 6-32　一个 C 类 IP 地址划分 6 个子网的例子

6.6.8 子网划分的分组转发过程

在子网划分的情况下，由于网络地址取决于网络所采用的子网掩码，分组的首部没有子网掩码的信息，所以，不能从 IP 地址唯一地得出网络地址。采用子网划分以后，路由表中的表项内容主要有：目的网络地址、子网掩码和下一跳地址。其中下一跳地址可以是主机、路由器的网络接口的 IP 地址。下面给出使用子网掩码的分组转发算法。

1）从 IP 分组的首部取得目的 IP 地址 D。

2）判断是否为直接交付，对路由器直接连接的网络逐个进行检查，用各网络的子网掩码和 D 进行“与”运算，把结果与相应的网络地址比较，若匹配，则直接交付，否则执行步骤 3。

3）与路有表中的目的网络地址逐个比较，若有目的地址为 D 的特定主机路由，将分组传送给所指明的下一跳路由器，否则执行步骤 4。

4）逐个用路由表中每一行中的子网掩码和 D 进行“与”运算，得出网络号 N，判断 N 是否与该行的目的网络地址匹配，若匹配，将分组传送给所指明的下一跳路由器，否则执行步骤 5。

5）若路由表中设置有默认路由，将分组传送给所指明的默认路由器。否则执行步骤 6。

6）分组转发出现错误，给出错误报告。

划分子网后的分组转发，如图 6-33 所示。

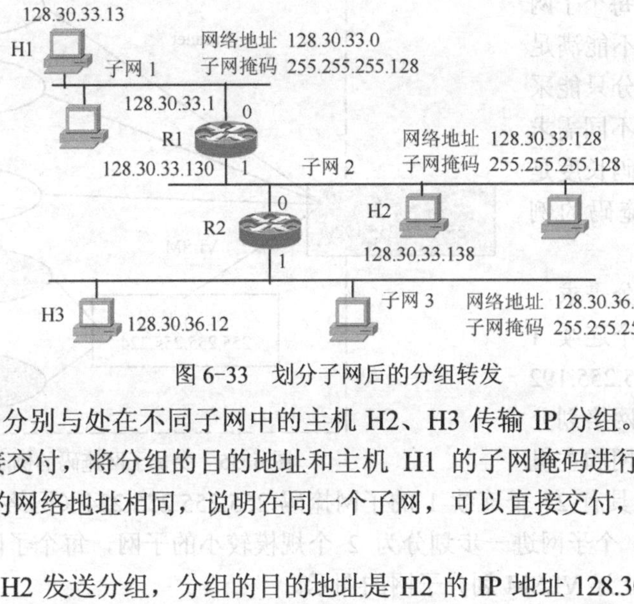

图 6-33 划分子网后的分组转发

图中主机 H1 分别与处在不同子网中的主机 H2、H3 传输 IP 分组。主机 H1 首先应判断是否可以采用直接交付，将分组的目的地址和主机 H1 的子网掩码进行“与”运算，若运算结果与主机 H1 的网络地址相同，说明在同一个子网，可以直接交付，若不相同，需要采用间接交付。

例如，H1 给 H2 发送分组，分组的目的地址是 H2 的 IP 地址 128.30.33.138，将此目的地址和 H1 所处网络的子网掩码 255.255.255.128 进行“与”运算，得到的结果是 128.30.33.128，与 H1 的网络地址 128.30.33.0 不匹配，需要间接交付，必须将分组交给子网上的默认路由器 R1 转发。

路由器 R1 与自己路由表中的表项逐行进行目的地址和子网掩码的“与”运算，运算结果与该行的目的网络地址比较，若匹配，说明这个网络就是所要寻找的目的网络，将分组交给该行对应的下一跳转发。在例子中，目的 IP 地址 128.30.33.138 和路由表中第二行的子网掩码 255.255.255.128 “与”运算的结果为 128.30.33.128，和第二行的目的网络地址匹配，说明子网 2 就是目的网络，不需要再找下一个路由器进行间接交付了。于是分组由 R1 接口 1 转发，由于 R1 的接口 1 和 H2 都连接在同一个子网 2 上，属于直接交付。

6.6.9 无分类编址（CIDR）

1．变长子网掩码（VLSM）

若多个子网的子网掩码长度是相同的，即子网掩码中连续 1 的个数都一样，则每个子网的规模是一样的，每个子网容纳的主机数目是一样的，这种划分子网的方式称为定长子网掩码。在实际应用中，定长子网掩码并不能满足应用的需要，子网数目要求不同，子网中的主机数目要求也不一样，需要使用变长子网掩码技术。变长子网掩码构成不同长度的地址块，如图 6-34 所示。

图 6-34 变长子网掩码构成不同长度的地址块

例如，某单位有 5 个物理网络，5 个物理网络连接的主机数分别是 60、60、60、30、30，但该单位只申请到一个网络前缀为 24 的 IP 地址（C 类）。若使用 2 位做子网号标识，每个子网可以有 62 台主机，但只能有 4 个子网（假设全 1 和全 0 可以用），显然不能满足要求。若使用 3 位做子网号标识，可以划分 8 个子网，但每个子网仅有 30 台主机，也不能满足要求。类似的网络划分只能采用 VLSM，思路是，不同需求的子网使用的子网掩码长度是不同的。变长子网掩码的例子，如图 6-35 所示。

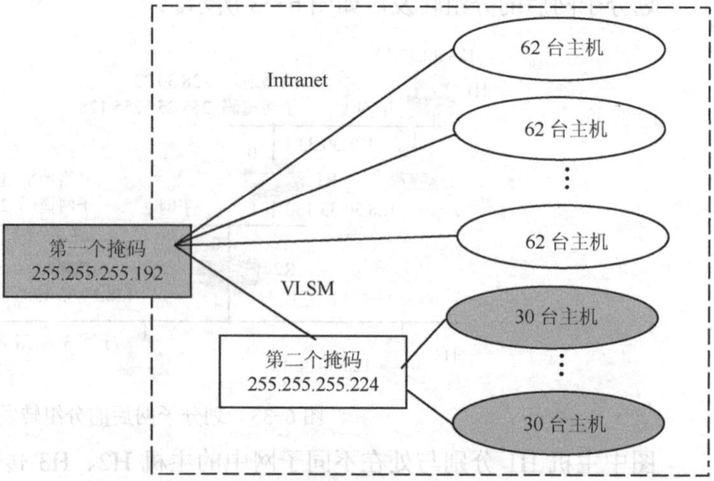

图 6-35 变长子网掩码的例子

针对上述子网划分需求，可以先使用具有 26 个连续 1 的子网掩码 255.255.255.192（网络前缀为 26）把网络划分为 4 个子网，每个子网的主机数不超过 62。再使用具有 27 个连续 1 的子网掩码 255.255.255.224（网络前缀为 27），把上述 4 个子网中的第 4 个子网进一步划分为 2 个规模较小的子网，每个子网的主机数不超过 30。请读者试着画出上述 VLSM 划分子网的图示。

2．CIDR 的由来

1992 年以来随着因特网应用的迅速发展，IP 地址紧缺的状况日趋严重，同时因特网主干网络上路由器的路由表的表项数急剧增长。IETF 在 1993 年给出无分类域间路由（Classless Inter-Domain Routing，CIDR），对应的技术文档是 RFC 1517～1520。CIDR 是在变长子网掩码（Variable Length Subnet Mask，VLSM）的基础上发展起来的，早在 1987 年，为了提高 IP 地址资源的利用提出了 VLSM，对应的技术文档是 RFC 1009。采用 CIDR 的好处是可以更加有效地分配 IP 地址空间，目前 ISP 都采用 CIDR。

3．CIDR 用法

CIDR 取消了传统的 A、B、C 类地址以及子网划分的概念，使用各种长度的网络前缀

（Network-prefix）代替分类 IP 地址中的网络号和子网号，网络前缀是一个十进制数，用来标识 IP 地址中网络标识所占用的位数。CIDR 不再使用子网的概念，使 IP 地址又回到了两级编址，是无分类的两级编址，CIDR 的表示方法如下

IP 地址::＝{<网络前缀>，<主机标识>}

在应用中，CIDR 使用斜线记法（Slash Notation），也称为 CIDR 记法，方法是在 IP 地址后面加一斜线“/”，然后写上网络前缀所占的位数，前缀用十进制数给出。例如，128.30.36.12/24，表示在 32 比特的 IP 地址中，前 24 位表示网络前缀，后面的 8 位表示主机标识（主机号）。

网络前缀都相同的连续的 IP 地址组成 CIDR 地址块，一个 CIDR 地址块由起始地址和地址块中的地址数来定义，起始地址是地址块中地址数值最小的一个。CIDR 地址块也可以用斜线记法表示，例如，128.14.32.0/20，该地址块的起始地址为 128.14.32.0，地址数为 2^{12}。也可以将该地址块简称为“/20 地址块”。该地址块的最小地址和最大地址可以用 32 位二进制数表示为：

最小地址 128.14.32.0　　　10000000 00001110 00100000 00000000

最大地址 128.14.47.255　　10000000 00001110 00101111 11111111

使用 CIDR 地址块的好处是，在路由表中可以利用 CIDR 地址块查找目的网络，使得路由表中的一个表项可以表示很多个分类 IP 地址的路由，这种地址的聚合称为路由汇聚（Route Aggregation），路由汇聚也称为构成超网（Supernet）。构成超网时子网掩码的位数减少，而在创建子网时，子网掩码的位数需要增加。路由汇聚减少了路由器中表项的数目，也减少了路由器之间的路由信息交换量。CIDR 仍然使用掩码，斜线记法中的数字就是掩码中连续 1 的个数。需要注意，用不同网络前缀表示的网络之间的分组传输需要通过路由器。

常用的 CIDR 地址块，见表 6-9，网络前缀小于 13 或大于 27 的情况很少出现，包含的地址数中包括全 0 和全 1 的主机号。K 表示 1024，即 2^{10}。

表 6-9　常用的 CIDR 地址块

CIDR 前缀长度	点分十进制	包含的地址数	包含的分类的网络数
/13	255.248.0.0	512K	8 个 B 类或 2048 个 C 类
/14	255.252.0.0	256K	4 个 B 类或 1024 个 C 类
/15	255.254.0.0	128K	2 个 B 类或 512 个 C 类
/16	255.255.0.0	64K	1 个 B 类或 256 个 C 类
/17	255.255.128.0	32K	128 个 C 类
/18	255.255.192.0	16K	64 个 C 类
/19	255.255.224.0	8K	32 个 C 类
/20	255.255.240.0	4K	16 个 C 类
/21	255.255.248.0	2K	8 个 C 类
/22	255.255.252.0	1K	4 个 C 类
/23	255.255.254.0	512	2 个 C 类
/24	255.255.255.0	256	1 个 C 类
/25	255.255.255.128	128	1/2 个 C 类
/26	255.255.255.192	64	1/4 个 C 类
/27	255.255.255.224	32	1/8 个 C 类

CIDR 地址块中都包含了多个 C 类地址，多个连续的 C 类地址可以“构成超网”。构成超网是将网络前缀缩短，网络前缀越短，该地址块所包含的地址数越多。用 CIDR 分配的地址块中的地址数是 2 的整数次幂。CIDR 的地址块分配有时不容易看清楚，这是由于网络前缀和主

机号的界限不是恰好出现在整数字节位置，可以通过写出 IP 地址对应的二进制位，找出网络前缀的比特数。

4．使用 CIDR 的例子

某个 ISP 拥有地址块 206.0.64.0/18，相当于有 64 个 C 类网络，某学校需要 800 个 IP 地址。采用分类 IP 地址时，需要给该学校分配一个 B 类地址，但会浪费 64 734 个地址，或分配 4 个 C 类地址，但会在路由表中出现对应 4 个表项。若用 CIDR 方法，ISP 可以给该学校分配一个地址块 206.0.68.0/22，该地址块包括 1024 个 IP 地址，相当于 4 个连续的 C 类（网络前缀 24）地址块，占该 ISP 拥有的地址空间的 1/16。学校可以再对各院系分配地址块，院系可以继续对各教研室划分地址块，依次类推。

使用 CIDR 的例子如图 6-36 所示。

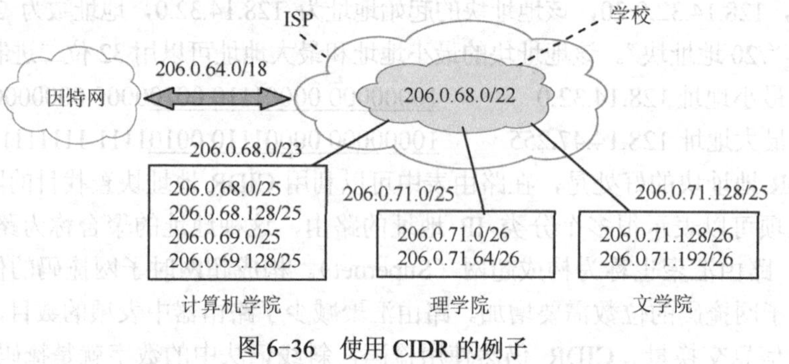

图 6-36 使用 CIDR 的例子

使用 CIDR 的例子图中的地址块分配，见表 6-10。

表 6-10 使用 CIDR 的例子图中的地址块分配

单　位	地 址 块	二进制表示	地 址 数
ISP	206.0.64.0/18	11001110 00000000 01*	16 384
学校	206.0.68.0/22	11001110 00000000 010001*	1 024
计算机学院	206.0.68.0/23	11001110 00000000 0100010*	512
理学院	206.0.71.0/25	11001110 00000000 01000111 0*	128
文学院	206.0.71.128/25	11001110 00000000 01000111 1*	128

采用地址汇聚（路由汇聚）后，在因特网路由器的路由表中只需用路由汇聚后的一个表项 206.0.64.0/18 就可以找到该 ISP，在 ISP 路由器的路由表中只需用路由汇聚后的一个表项 206.0.68.0/22 就可以找到该学校。到学校后再通过学校网络路由器中的表项设置，找到各个学院网络。以此类推，若下面还有前缀划分，可以继续寻址和查找更大前缀值的网络。

可以看出，在引入子网和超网（路由汇聚）技术以后，可以减小路由表的规模，同时提高了的路由器的转发效率，也实现了一个 IP 网络地址划分为多个 IP 子网络地址。路由汇聚是把网络前缀缩短，而划分子网是把网络前缀变长。

5．最长前缀匹配

使用 CIDR 时，路由器中路由表的表项需要有网络前缀和下一跳地址，在查找路由表时可以得到多个符合的匹配结果，应当从多个匹配结果中选择具有最长网络前缀的路由，这称为最长前缀匹配（Longest Prefix Matching，LPM），这是因为网络前缀越长，其地址块就越小，路由的目的地就越接近。

例如，在上述例子中，若学校文学院希望 ISP 转发给文学院的分组直接发到文学院，而不要经过学校的路由器，可以在 ISP 路由器的路由表中包含两个表项：206.0.68.0/22 和 206.0.71.128/25。假设 ISP 收到目的 IP 地址 D 为 206.0.71.130 的分组，把 D 与路由表中的这两个表项的前缀标识的掩码进行“与”运算，得到两个相匹配的结果：

D 和 11111111 11111111 11111100 00000000 “与”运算，结果为 206.0.68.0/22

D 和 11111111 11111111 11111111 10000000 “与”运算，结果为 206.0.71.128/25

根据最长前缀匹配规则，应选择的路由表项是 206.0.71.128/25。

依据 CIDR，可以按网络的所在地理位置分配地址块，这样做可以减少路由表中的路由项目，提高路由效率，也实现了按地理位置转发路由。可以把世界划分为四大地区，每个地区分配一个地址块，按地理位置分配地址块，见表 6-11。

表 6-11　按地理位置分配地址块

地　址　块	IP 地址范围	地 理 位 置
194/7	194.0.0.0 — 195.255.255.255	欧洲
198/7	198.0.0.0 — 199.255.255.255	北美洲
200/7	200.0.0.0 — 201.255.255.255	中美洲和南美洲
202/7	202.0.0.0 — 203.255.255.255	亚洲和太平洋地区

最长前缀匹配会使路由表的查找过程变得复杂，需要在路由表中设计很好的数据结构，采用快速查找算法。

6.7　因特网控制报文协议（ICMP）

6.7.1　ICMP 的基本概念

因特网控制报文协议（Internet Control Message Protocol，ICMP）用于监视与检测网络、报告意外事件的发生，对应的技术文档是 RFC 792。由于 IP 协议是无连接、不可靠的网络协议，当 IP 分组在网络中无法找到目的网络时，就简单把该分组丢弃，IP 协议并不向发送 IP 分组的源节点报告出错信息，只有借助 ICMP 报告 IP 分组在网络传输中出现的问题。ICMP 允许主机或路由器报告差错情况和提供有关异常的报告。例如，一个路由器在不能为 IP 分组选择路由，或者不能递交 IP 分组，或是这个路由器测试到网络出现网络拥塞等不正常情况时，就需要通过 ICMP 报文通知源节点主机网络中发生的情况，源节点就会采取相应的措施。ICMP 报文有两大类：查询报文和差错报告报文。

需要说明的是，ICMP 报文和 IP 分组一样，不能保证可靠传输，ICMP 报文也可能会丢失，对 ICMP 报文传输出现的问题，不能再使用 ICMP。另外，对于分片后的 IP 分组，仅片偏移为 0 的第一个分片 IP 分组才能使用 ICMP。对于多播 IP 分组，不会产生 ICMP 差错报告报文。对于特殊地址的 IP 分组，例如，127．0．0．0 或 0．0．0．0，不会产生 ICMP 差错报告报文。

ICMP 将检测的结果封装在 IP 分组中，ICMP 报文作为 IP 分组的数据部分，加上 IP 分组首部，组成 IP 分组发送出去。发送 ICMP 报文的 IP 分组的协议字段值为 1。

尽管 ICMP 报文使用 IP 协议封装在 IP 分组中传送，但是 ICMP 不被看做是高层协议的内容，ICMP 只是 IP 层中一个协议。采用 IP 分组递交 ICMP 报文，是因为 ICMP 报文可能要跨越多个物理网络才能到达网络源端节点，需要通过 IP 分组寻址、路由和传输。

6.7.2 ICMP 报文格式

ICMP 报文由 ICMP 首部和 ICMP 数据部分组成。ICMP 报文格式，如图 6-37 所示。

ICMP 报文的前 4 个字节采用统一的格式，有 3 个字段：类型；代码及校验和。下面 4 个字节的内容与 ICMP 的类型有关。后面是数据字段，数据部分字段的长度取决于 ICMP 报文的类型。

可以通过协议分析工具 Ethereal 捕获实际网络中的协议包（PDU），查看和分析各种 PDU 的结构，帮助理解理论中描述的 PDU。Ethereal 的使用请参看第 1 章中的介绍。用 Ethereal 查看到的 ICMP 协议格式，如图 6-38 所示。

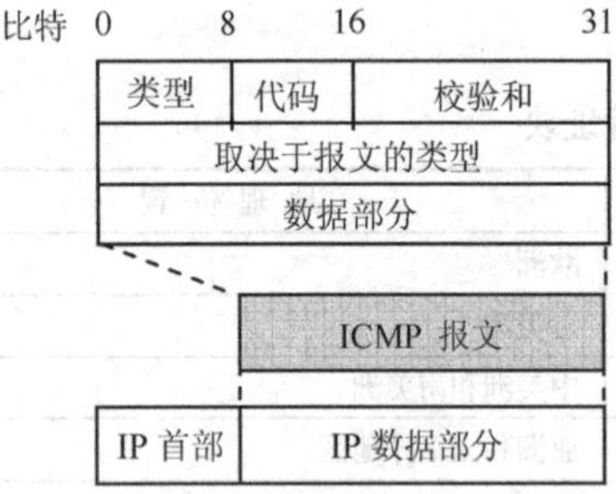

图 6-37 ICMP 报文格式

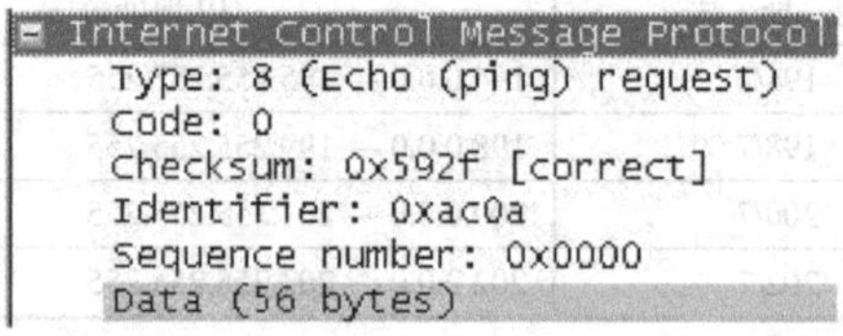

图 6-38 用 Ethereal 查看到的 ICMP 协议格式

ICMP 差错报告报文有 5 种：目的不可达；源端节点抑制；路由重定向；时间超时；参数问题。ICMP 查询报文有 4 种：回送请求或应答；路由器通告或询问；时间戳请求或应答；地址掩码请求或应答。ICMP 差错报告报文的数据部分的内容包括原始（出差错）IP 分组的首部和原始 IP 分组数据部分的前 8 个字节。这前 8 个字节的数据提供了运输层协议 UDP 和 TCP 端口号的信息。请读者可试着画出 ICMP 差错报告报文的数据部分内容的图示。

ICMP 定义的网络事件主要有：

1）目的不可达，子网或路由器不能定位或找不到目的地。

2）超时，IP 分组中的生存时间字段值（计时器）变为 0 时，表明 IP 分组在网中停留时间太长或者存在拥塞情况，或者是计时器初值设置得太小。

3）参数问题，路由器检测到和发现 IP 分组首部中出现了非法值。

4）源端节点抑制，通知源端节点减缓发送速度。源端节点收到该消息后，按照拥塞控制算法减缓发送速度。

5）重定向，路由器在发现路径选择有问题、或有更好的路由路径时发出此报文。

6）回送请求，测试目的节点的主机是否处于连通状态，以及了解有关 IP 分组路径信息。

7）回送应答，被测试节点主机向回声请求者发出的应答报文。可以用于时间同步和测量 IP 分组的时延。

ICMP 报文类型字段值以及报文的用途，见表 6-12。

表 6-12 ICMP 报文类型字段值以及报文的用途

ICMP 报文	类型字段的值	用 途
差错报告	3	目的不可达
	4	源端节点抑制
	5	路由重定向
	11	时间超时
	12	参数问题

（续）

ICMP 报文	类型字段的值	用　途
查询	8 或 0	回送请求或应答
	9 或 10	路由器通告或询问
	13 或 14	时间戳请求或应答
	17 或 18	地址掩码请求或应答

通过 ICMP 报文代码字段的设置，可以对由类型字段定义的 ICMP 报文进一步确定下一层次的用途。以目的不可达 ICMP 报文为例，代码字段值标识为 0 标识网络不可达；1 标识主机不可达；2 标识协议不可达；3 标识端口不可达。

目的不可达 ICMP 报文可以由路由器或目的节点主机生成，代码 0 和代码 1 对应的 ICMP 报文只能由路由器节点生成，代码 2 和代码 3 对应的报文只能由目的节点主机生成。"协议不可达"出现的问题可能是 IP 分组携带的数据属于高层协议，例如，UDP、TCP、OSPF，但此时目的节点主机的 TCP 进程并没有运行。出现"端口不可达"的问题可能是 IP 分组要交付给的那个进程没有运行。

6.7.3 ICMP 报文的应用例子

在因特网应用中，连接在网络上的主机的路由表一般都采用手工配置，主机不与连接在网络上的路由器定期交换路由信息，初始时主机的路由表中会设置一个默认路由器的 IP 地址。这个默认路由器是和主机连接在同一个网络中的，该默认路由器知道到每一个目的网络的最佳路由。若默认路由器发现主机发往某个目的地址的分组的最佳路由应该经过网络上的另一个路由器时，就会用路由重定向 ICMP 报文通知网络节点主机，网络中存在更好的路由。

ICMP 回送请求或回送应答报文用来测试目的节点是否可达，了解网络的连通性，主机向一个特定目的主机发送回送请求报文，目的主机收到此报文后必须响应回送应答报文。例如，用来测试网络设备配置以后，网络连接是否接通的应用层应用命令 ping，就是使用了回送请求和回送应答的应用。ping 是应用层直接使用网络层 ICMP 的例子，没有通过运输层的 TCP 或 UDP。例如：通过执行 ping 127.0.0.1 命令，可以测试本主机网络协议栈的配置是否正确。另一个有用的应用命令是 traceroute，用于跟踪一个 IP 分组从源节点到目的节点的路径，该应用命令在 Windows 中用 tracert 标识。

6.8 广播和多播路由选择

6.8.1 广播和多播路由选择概述

在路由选择中，仅涉及一个源节点（发送方）和一个目的节点（接收方）的路由选择协议称为单播协议（Unicast Protocol）。在网络中，一个节点将数据同时发送给网络所有节点的传输方式称为广播（Broadcasting），在这种方式中，源节点为一个，而目的节点是网络中的所有节点。广播方式多用在一些特定的应用，例如，天气预报、远程教育、股市行情或现场直播节目等。

在有些应用中，一个节点需要将信息发送给网络内的部分节点，这种传输方式称为多播

（Multicast），在这种方式中，源节点为一个，而目的节点是多个。例如，一个研究项目技术资料通过网络分发到处在不同城市的属于课题组的主机节点中，以及软件产品和批量数据的传输等。

需要注意的是，因特网中单播协议是采用无连接服务，而多播协议不是无连接服务，多播的连接状态信息需要在处理多播分组的节点中建立和维护，需要使用多播路由器，运行多播路由协议和控制信息。

6.8.2 广播路由选择

广播路由选择算法主要包括：独立发送；扩散方法；多目的地路由选择；逆向转发方法。

独立发送方法不需要通信子网络具有特殊的广播传输功能。发送（广播）节点以单播方式对网络中的所有节点传输，也即网络中的所有节点都是目的节点。发送节点采用点对点传送策略将广播信息向每个节点发送一遍。这种方法存在的问题是，需要较多的带宽，广播节点需要知道网络中所有节点的地址。这种方法可以用在小型网络中。

扩散方法是采用洪泛法，发送节点向所有直接连接的路径传输 PDU（分组）的拷贝，网络中收到分组的节点复制分组，沿除了分组到来的路径以外的其他路径继续扩散分组，经过一段时间，分组总是可以遍历网络中的所有节点。存在的问题是，网络中产生太多的复制分组，容易产生拥塞；消耗太多的带宽。改进的方案是，在每个分组中设置一个节点计数器，或设置一个标志字段，当计数器值为某一数值时，或分组再次经过同一个节点时，就将分组丢弃。

多目的地路由选择方法是让每个分组都包含一张目的地址清单。每个中间节点根据地址清单确定输出路径集合，节点为所使用的每一条输出路径复制一个新的分组，每个新的分组中仅包含用此路径的那些目的地址，也就是说目的地集合是划分在各条输出路径上的，分组经过若干个节点后，可以使再次复制的新分组仅包含一个目的地址。依此过程，直到到达最后一个节点，即目的地址清单为空为止。多目的地路由选择类似独立寻址的分组，若干分组需要经过一些相同的路由，由发送节点第一次给出的分组携带完整的地址清单，负担全部费用（度量）。

生成树（Spanning Tree）方法以源节点作为生成树的根，采用扩散方法转发分组，节点将收到的分组复制到除到来路径外的所有生成树路径。生成树是子网的子集，它包括网络中的所有节点，并取消了网络中的回路。存在的问题是，每个节点都需要知道它可以使用的生成树，这与节点采用的路由选择协议有关，节点需要采用链路状态路由选择协议。

逆向路径转发（Reverse Path Forwarding，RPF）近似于生成树方法，但不需要事先知道生成树。逆向路径转发的思路是，当节点收到一个广播分组时，就检查该分组是否来自通常用于从本节点发送分组到广播源的路径，存在两种可能：若是，则此广播分组极可能是从源节点来的第一个分组，节点复制该分组，转发到从输入路径外的所有路径；若不是，就丢弃该分组。该方法的优点是算法合理、容易实现，不需要知道生成树，也不需要在广播分组中携带目的地址清单，额外开销没有扩散方法那么大。

6.8.3 多播路由选择

多播是一对多的通信，源节点是一个，目的节点是多个，多播也称为组播。多播可以大大节省网络资源。为了实现多播，每个节点都需要知道自己属于哪个多播组，同时需要计算一棵覆盖整个子网的生成树。在转发过程中，对生成树进行修剪，去掉那些不能到达小组成员的路径，最终得到一个只包含小组成员的生成树。

多播的概念是 Steve Deering 在 1988 年的博士论文中提出的。1992 年 3 月，IETF 第一次在因特网上进行了音频会议的多播试验，有 20 个节点可以同时听到会场的声音。

1. 多播的实现方式

一对多单播，发送节点对每个接收节点使用一个单独的运输连接，这种方法本质上是采用单播的方法。

应用级多播也是使用单播传输，不同的是，让接收节点参与复制与转发分组，发送节点仅向少量的接收节点传输分组拷贝，再由这些接收节点向其他接收节点复制与转发分组拷贝，下面的接收节点依次类推。这种方法需要接收节点建立和维护网络应用级的分布结构。

显示多播是在网络层提供显示的多播，发送节点发出一个多播分组，网络中路由器节点收到分组后，多播路由器根据目的地址复制分组并转发到相应的输出路径上。这种方法实现一条路径上仅传输一个多播分组，可以有效地利用网络带宽。

2. 多播路由选择协议

多播路由选择协议用来在多播路由器之间传播路由信息。多播组的成员在多播过程中是动态变化的，随时会有主机加入或退出多播组。多播路由选择实际是要找出以源节点主机为根节点的多播转发树。每一个路由器向多播树的叶节点方向转发收到的多播分组。不同的多播组对应不同的多播转发树，即便是同一个多播组，对不同的源节点会有不同的多播树。多播路由选择协议实现机制有：洪泛与剪除；隧道技术；基于核心的发现技术。

洪泛与剪除适合较小的多播组，开始时路由器使用洪泛转发多播分组，采用反向路径广播（Reverse Path Broadcasting，RPB）以避免形成环路。之所以称为反向路径，是指在计算最短路径时把源节点当做终点。RPB 的设计思路是，路由器在收到多播分组时，先检查分组是否是从源节点经过最短路径传输来的，若是，就向除了进入方向外其他方向转发刚收到多播分组，否则就丢弃该分组。如果该多播路由器的多个相邻路由器都处在到源节点的最短路径上，只能选择一条最短路径，选择的规则是选取 IP 地址最小的相邻路由器连接的路径。若在多播转发树上的某个路由器发现它的下游树枝（叶节点的方向）已没有该多播组的成员，需要把下游树枝剪除。反向路径广播和下游树枝剪除，如图 6-39 所示。

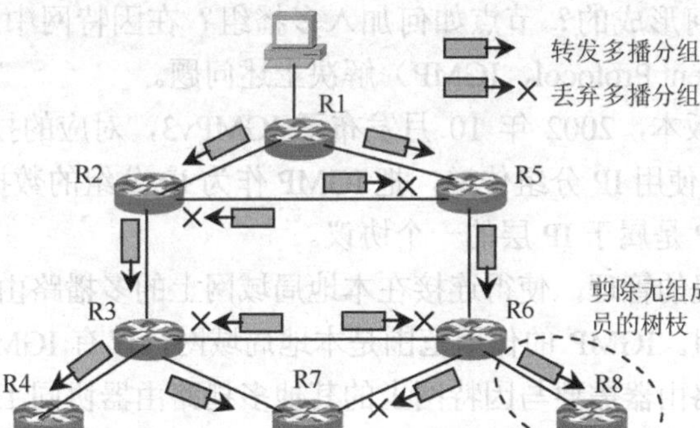

图 6-39 反向路径广播和下游树枝剪除

隧道技术适合多播组的位置在地理上分散的情况。例如，网络 1 和网络 2 都支持多播分组，但网络 3 并不支持多播，这 3 个网络通过路由器 R1 和 R2 互连起来。若网络 1 中的主机通过不支持多播的网络 3 向网络 2 中的主机进行多播，实现网络 3 与网络 1 和网络 2 互连的路由器（R1 和 R2）不能按多播地址转发分组。网络 1 和网络 2 之间多播分组的传输需要对多播分组进行封装，把多播分组当做普通 IP 分组的数据部分，再加上 IP 分组的首部，构成单播 IP

分组穿越不支持多播的网络 3。在路由器 R1 和 R2 之间建立了通过网络 3 的隧道。单播 IP 分组到达 R2 后，拆去 IP 首部，取出原多播分组，继续向网络 2 中的多个多播目的节点转发。日常生活中有许多采用隧道技术的例子，使用隧道技术传输特殊的分组也称为封装的封装，即 IP 中的 IP。读者可以试着画出采用隧道技术的多播路由协议的图示。

基于核心的发现技术适合较大范围的应用，设计思路是，对每一个多播组 G 指定一个核心路由器，并给出其单播 IP 地址。核心路由器创建对应多播组 G 的转发树，如果一个路由器 R1 向该核心路由器发送分组，途径的每个路由器都要检查分组的内容，若分组到达了参加了多播组 G 的路由器 R2 后，发现该分组是目的地址为 G 的多播分组，就向多播组 G 成员转发该多播分组，若发现该分组是一个请求加入多播组 G 的分组，R2 就把 R1 的信息加到它的路由中，并用隧道技术向 R1 转发每一个多播分组的副本。依次类推，加入多播组 G 的路由器从核心向外增多，构成的多播转发树的覆盖范围也逐步扩大。例如，使用核心路由器作为转发树的根节点，自治系统（AS）可以划分为若干的区域，每个区域设置一个核心路由器，也称为汇聚点路由器。但目前还没有在整个因特网中使用的多播路由协议。

常用的多播路由协议有：距离矢量多播路由选择协议（Distance Vector Multicast Routing Protocol，DVMRP），对应的技术文档是 RFC 1075；基于核心的转发树（Core Based Tree，CBT），对应的技术文档是 RFC 2189、2201；开放最短通路优先的多播扩展（Multicast Exetension to OSPF，MOSPF），对应的技术文档是 RFC 1585；协议无关多播-稀疏方式（Protocol Independent Multicast-Sparse Mode，PIM-SM），对应的技术文档是 RFC 2362；协议无关多播-密集方式（Protocol Independent Multicast-Dense Mode，PIM-DM），对应的技术文档是 RFC 3973。

6.8.4 IGMP

在因特网上的多播称为 IP 多播，需要使用多播 IP 地址。在因特网中，多播分组采用间接地址（Address Indirection）来编址，用一个标识表示一组接收节点。采用 D 类 IP 地址为多播地址，与 D 类 IP 地址有关的多个接收节点称为一个多播组（Multicast Group）。需要解决的问题有：一个多播组是如何形成的？节点如何加入多播组？在因特网中通过因特网组管理协议（Internet Group Management Protocol，IGMP）解决上述问题。

IGMP 已经有 3 个版本，2002 年 10 月发布了 IGMPv3，对应的技术文档是 RFC 3376。IGMP 与 ICMP 一样，是使用 IP 分组传递，把 IGMP 作为 IP 分组的数据部分进行封装。IGMP 也向 IP 提供服务，IGMP 是属于 IP 层的一个协议。

IGMP 实现对多播组的管理，使得连接在本地局域网上的多播路由器知道该局域网是否有主机加入或退出了多播组。IGMP 的作用范围是本地局域网，仅有 IGMP 是不能完成多播的，连接在局域网上的多播路由器需要与因特网上的其他多播路由器协同工作，还需要用到多播路由协议。

IGMP 的工作包括两个阶段：主机加入新的多播组时，向多播组的多播地址发送 IGMP 协议数据单元，通告自已想成为多播组的成员，同时本地多播路由器利用多播路由选择协议，把建立的组成员关系转发给因特网上的其他多播路由器；本地多播路由器应周期性地探询本地局域网上的主机，是否还在多播组上，是否为多播组的成员。确定是否继续把该多播组的成员关系通告给其他多播路由器。

IGMP 实现对多播组的管理机制如下：

1）在主机和多播路由器之间使用 IP 多播进行通信，在支持硬件多播的网络上，携带 IGMP 的分组尽可能用硬件多播传输。

2）多播路由器在探询组成员关系时，仅对所有的多播组发送一个 IGMP 询问报文，不用对每一个多播组都发送。

3）当同一个网络上有多个多播路由器时，能够迅速有效地选择其中一个探询主机的组成关系。

4）IGMP 询问报文中包含一个指明最长响应时间的数值 N，默认值为 10 s。主机在收到询问报文时，在 0 到 N 之间随机选择发送响应所需经过的时延。若主机参加了多个多播组，主机对不同的多播组选择不同的随机数，优先发送对应最小时延的响应。

5）同一个多播组的成员都要监听是否有对探询报文的响应，只要有同一多播组的成员给出了响应，该组的其他成员就不用对同一探询报文再给出响应。

6.8.5 IP 多播地址和范围

在有类 IP 地址中，使用 D 类地址标识一个 IP 多播组，D 类地址的范围是 224.0.0.0～239.255.255.255。其中，地址 224.0.0.0～224.0.0.255 属于 ICANN 预留地址，例如，224.0.0.1 标识网络上的所有主机，224.0.0.2 标识网络上的所有路由器。地址 224.0.1.0～238.255.255.255 属于用户在因特网上可以使用的多播地址。239.0.0.0～239.255.255.255 属于本地管理多播地址，仅在特定组织或部门范围内有效。

在多播方式下，IP 分组的生存时间（TTL）字段具有双重功用，TTL 不仅用来控制 IP 分组在网络中的生存时间，还可以用来标识 IP 多播分组的传送范围。IP 多播分组中 TTL 字段所标识的多播范围，见表 6-13。

表 6-13 IP 多播分组中 TTL 字段所标识的多播范围

TTL 值	多 播 范 围	地 址 范 围	说 明
0	节点		只向本主机发送，不能向网络中的其他接口发送
1	链路	224.0.0.0～224.0.0.255	仅在本主机所处的子网内传输，路由器不会转发
32	部门	239.255.0.0～239.255.255.255	仅在一个组织的一个部门内传输
64	组织	239.192.0.0～239.195.255.255	在整个组织内传输
255	全局	224.0.1.0～238.255.255.255	在全局范围内传输，没有限制

需要注意的是，属于多播组的每个节点各自还有一个唯一的 IP 单播地址，也就是说，参与多播的节点用到两个不同的 IP 地址。多播组的实现例子，如图 6-40 所示。

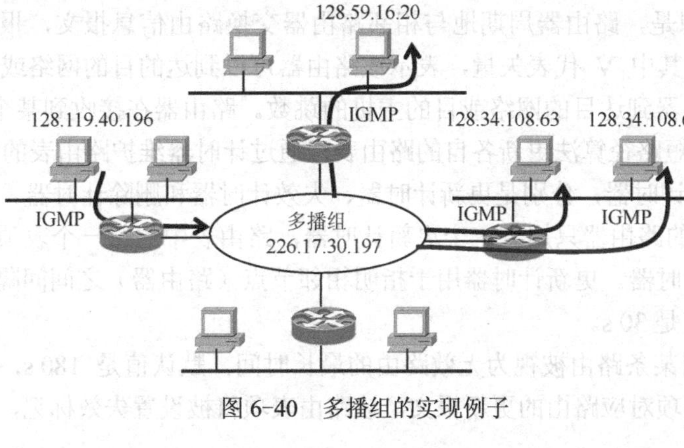

图 6-40 多播组的实现例子

D 类地址为 226.17.30.197，处在不同网络中的 4 个节点属于该多播组。

多播选路的目标是，发现一棵连接了属于多播组节点的路径树，多播分组沿着这棵树从发送节点到多播组中的其他节点。在实践中，有两种方法用于确定多播树，一种是使用组共享树进行多播选路，另一种是使用一棵基于源的树进行多播选路。

ICANN 把 MAC 地址（以太网卡地址）的范围 01-00-5E-00-00-00～01-00-5E-7F-FF-FF 分配给 IP 多播使用。MAC 多播地址与 IP 多播地址的映射规则是，MAC 地址的前 24 位 01-00-5E 不变，接着的下一位设置为 0，将剩下的 23 位用 IP 多播地址的低 23 位替代。例如，主机以太网卡地址为 80-C0-F6-A0-4A-B1，该主机加入的 IP 多播组为 224.0.1.10，则对应的 MAC 多播地址为 01-00-5E-00-01-0A。请读者自己列举个例子，画出 MAC 多播地址与 IP 多播地址的映射关系。在局域网中，如果主机已经加入到一个 IP 多播组，主机网卡将会自动识别到该多播组成员的帧。

6.9 因特网的路由选择协议

因特网是由大量相对独立的网络组成的，这些相对独立的网络可以按自治系统（AS）划分进行网络路由管理。各个 AS 由不同的组织机构拥有、操作、管理，其管理策略可能各不相同。但各 AS 间必须能相互通信，因而需要有能相互识别的路由协议。因特网中采用的内部路由协议为 RIP、OSPF，外部路由协议是 BGP。

6.9.1 内部路由协议 1——RIP

1．RIP 的基本概念

路由信息协议（Routing Information Protocol，RIP）的 RFC 文档是 RFC 1058、RFC 1723、RFC 2453。RIP 是基于 Bellman-Foed 算法的距离矢量路由协议，最初是在伯克利 UNIX 系统中开发的。RIP 对距离的定义是所经过路由器的跳数（Hop Count），或称为经过的网段数，从一个路由器到达下一个路由器的距离为 1，主机直接连接到路由器，距离为 0。例如，主机 A 到主机 B 的分组传输路径上经过 5 个路由器，则跳数为 5。RIP 支持的最大跳数为 15，适用于相对较小的网络自治系统。需要注意的是，主机节点到直接连接的网络的距离也为 0，例如，路由器在和直接连接在同一个网络上的主机节点通信时，不需要经过其他路由器。

2．RIP 的设计思想和使用的计时器

RIP 的设计思想是，路由器周期地与相邻路由器交换路由信息报文，报文内容是由若干（V，D）组成的表，其中 V 代表矢量，表示该路由器可以到达的目的网络或目的主机；D 代表距离，指出该路由器到达目的网络或目的主机的跳数。路由器在接收到某个路由器的（V，D）报文后，根据最短路径算法更新各自的路由表，通过计时器维护路由表的完整性。

RIP 使用了 3 个计时器，分别是更新计时器、失效计时器和删除计时器。

每个运行 RIP 的路由器只用到一个更新计时器，路由表中的每一个表项都对应有自己的失效计时器和删除计时器。更新计时器用于指明相邻节点（路由器）之间间隔多长时间交换一次 RIP 报文，默认值是 30 s。

失效计时器指明某条路由被视为无效路由的最长时间，默认值是 180 s，若在设定的时间内没有收到该路由表项对应路由的更新报文，该路由表项将被设置失效标记，该路由表项的度量值被设置为 16。

删除计时器给出将度量值为 16 的路由表项从路由表中删除所需要经过的时间，默认值是 120 s。到达 120 s 时，该路由表项被删除，若在之前收到该路由表项的更新信息，路由表项内容将被替换，同时删除计时器的计数清零。

3．RIP 的工作过程

RIP 的工作过程包括路由表的建立和路由表的更新。

路由器初始启动时，对（V，D）路由表进行初始化，此时路由表仅包含所有与该路由器直接相连网络的路由，对于直接相连的网络，不需要经过中间路由器的转发，初始（V，D）表中各路由的距离为 0。

路由表建立后，网络中的各个路由器周期性地向外扩散其（V，D）路由表中信息，相邻路由器根据更新规则刷新自己的路由表。例如，路由器 1 和路由器 2 是一个自治系统内的相邻路由器，在互相收到对方的路由信息后，如果路由器 1 的路由表没有这一项记录，就在路由表中增加该项记录，由于要经过下一跳路由器 2 转发，距离 D 值加 1。如果路由表中一项记录的 D 值比路由器 2 发送到同一目的地的一项记录距离 D 值减 1 还要大，路由器 1 更新该项距离 D 值，根据路由器 2 提供的距离 D 值加 1。

4．进一步说明的问题

RIP 仅考虑经过路由器的跳数，不考虑链路的带宽。RIP 不能在两个网络之间同时使用多条路由，一般情况下，RIP 仅选择一条具有最小跳数的路径，在此路径上经过的路由器最少，而不会选择虽路由器数目较多，但具有高速、低时延的路径。

在讨论动态路由协议时，需要明白 3 个问题：节点和哪些节点交换信息；在什么时候交换信息；交换什么信息。RIP 仅和相邻的节点交换信息，相邻节点之间的通信不需要经过其他节点，相邻节点在同一个网络上都有自己的接口。RIP 按固定的时间间隔，每隔 30 s 交换一次路由信息，当网络拓扑变换时，RIP 会及时在相邻节点之间交换路由信息。交换的路由信息内容是当前本路由器知道的全部路由信息，即节点的路由表，路由表项的内容是到所有目的网络的最短距离，以及到每个目的网络应该经过的下一跳路由器。

在一定时间内，节点通过与相邻节点交换路由信息，所有的节点最终都会知道到达本自治系统 AS（或区域网络）内任何一个网络的最短距离和下一跳路由器的地址。相邻节点路由表中的路由信息是相互依赖的。RIP 协议的收敛过程比较快，收敛是指自治系统内所有节点都获得正确路由信息的过程。

5．RIP 的格式

1998 年 11 月发布的 RIPv2 已经成为因特网标准协议，对应的技术文档是 RFC 2453。RIPv2 可以支持变长子网掩码，提供简单的鉴别过程并支持多播。RIP 使用 UDP 封装，对应运输层端口号的值为 520。RIPv2 的协议格式，如图 6-41 所示。

RIP 协议格式由首部和路由部分组成，首部占 4 个字节，命令字段指出报文的含义，例如，该字段值为 1 代表请求路由信息；2 代表对请求路由信息的响应或发出的路由更新报文。首部后面的“必为 0”字段是为了让长度为 4 字节的首部对齐。

路由部分由若干个路由信息组成，每个路由信息占 20 个字节，路由信息可以重复出现，最多为 25 个。路由信息中的地址标识符字段用来表示所使用的地址协议，例如，该字段值为 2，表明采用的地址协议是 IP 地址，这是考虑到 RIP 也可以使用其他网络协议。路由标记字段中填入的是自治系统的号码，是考虑到 RIP 有可能收到其他自治系统的信息。后面的字段依次为网络地址、子网掩码、下一跳路由器地址和到此网络的距离（跳数）。RIP 报文的最大长度为 4B＋20B×25＝504B。

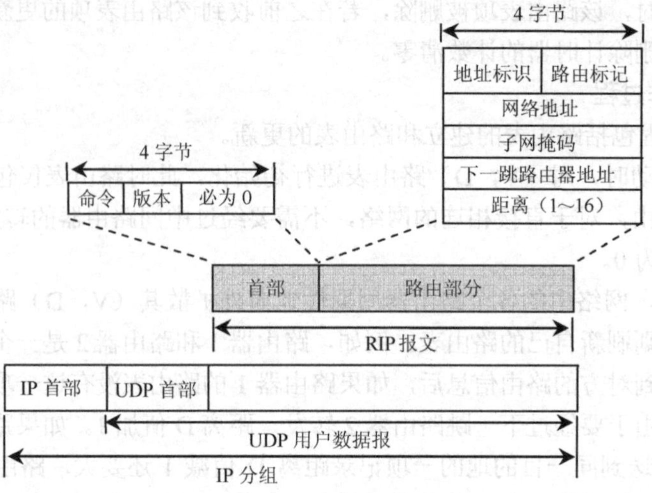

图 6-41　RIPv2 的协议格式

6.9.2　内部路由协议 2——OSPF

1．OSPF 的基本概念

开放最短路径优先（Open shortest Path First，OSPF）协议是内部路由协议，OSPF 采用链路状态路由选择算法。AS 的内部路由协议早期采用的是距离矢量算法，后被链路状态算法所取代。1989 年，IETF 给出 OSPF 的第 2 个版本 OSPFv2，对应的技术文档是 RFC 2328，已经成为因特网的标准协议。OSPF 的原理很简单，但实现起来比较复杂。OSPF 的“开放”是指 OSPF 协议是公开发表的，任何厂商均可以使用。“最短路径优先”是指协议采用了 Dijkstra 提出的最短路径算法。

2．OSPF 在设计时考虑的内容

1）OSPF 应是开放的，不是为一个厂商专门设计的。

2）支持各种度量，包括物理距离、时延、带宽、负载和费用等。

3）能自动而快速地适应拓扑结构的变化，是一个动态算法。

4）支持基于服务类型的路径选择，例如，对实时通信的支持等。

5）具有负载均衡功能。可在度量值相同的多条路径上分配通信量。

6）支持网络区域划分，作为内部路由协议，可以用在 AS、区域网络内。

7）提供必要的安全措施。路由信息分组（链路状态更新分组）具有鉴别功能。

OSPF 支持 3 种类型的连接和网络：两个路由器间的点对点线路；带有广播的多路访问网络，例如，LAN；没有广播的多路访问网络，例如，分组交换式 WAN。

3．OSPF 的要点

OSPF 采用洪泛法向 AS 或区域内的所有节点（路由器）发送路由信息，每一个节点通过所有输出端口向相邻节点发送信息，每一个相邻节点又把此路由信息发往它相邻的所有节点（除了发送该路由信息的节点），依次类推，最终整个网络区域内的所有节点都得到了这个路由信息的一个副本。只有当网络中的链路状态发生变化时，OSPF 才会用洪泛法向所有的节点发送链路状态变化的路由信息，采用的是触发更新，与周期更新相比，可以减少网络中的路由信息流量、节省网络带宽、减少路由器的开销。

节点所发送的路由信息是与本节点相邻的所有节点的链路状态，但这只是节点所知道的部分信息。链路状态是指本节点与哪些节点相邻，以及该链路的度量。度量标准可以是费用、延时、距离、带宽等。通过链路状态信息可以知道网络的拓扑结构。而在 RIP 协议中，发送的路由信息是到所有网络的距离和下一跳路由器。

网络中的所有节点最终都要建立一个链路状态数据库（Link State Database，LSD），通过这个链路状态数据库可以勾勒出整个网络的拓扑结构图，这个网络拓扑图在整个网络中是一致的，这称为链路状态数据库的同步。网络中的每一个节点都知道整个网络中有多少个节点，以及节点是怎样相连的，链路的度量值是多少。每个节点用链路状态数据库中的数据，采用 Dijkstra 最短路径算法，构造节点的路由表。而 RIP 协议中一个节点虽然知道到所有网络节点的距离，以及下一跳路由器，但不知道整个网络的拓扑结构，只有到了下一跳路由器，才可以知道后面的下一跳如何走。

4．链路的类型

在 OSPF 术语中，一条网络连接称为一条链路。目前定义了 4 种链路类型：点对点链路；转接链路；末节链路；虚拟链路。

点对点链路连接两个路由器（网络节点），中间没有其他路由器或主机。这种链路类型的例子是用一条传输线（例如，V.35 电缆）连接起来的两个路由器。标识方法是，路由器用节点（路由器图示）表示，链路用一条连接两个节点的双向线表示，度量值标识在两端，各表示一个方向的度量，通常这两个度量值是一样的。点对点链路，如图 6-42 所示。

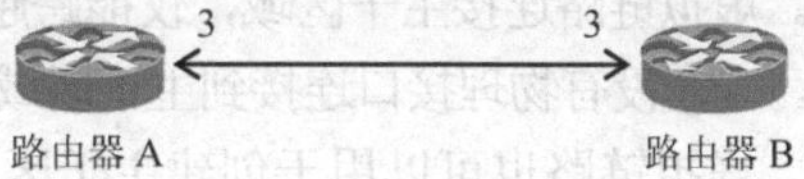

图 6-42　点对点链路

转接链路是一种网络，与共享信道网络联系起来，网络上连接有若干个路由器，数据可以从每一个路由器进、出网络。这种类型链路的例子是具有两个或更多路由器的局域网（总线型以太网）。转接链路，如图 6-43 所示。

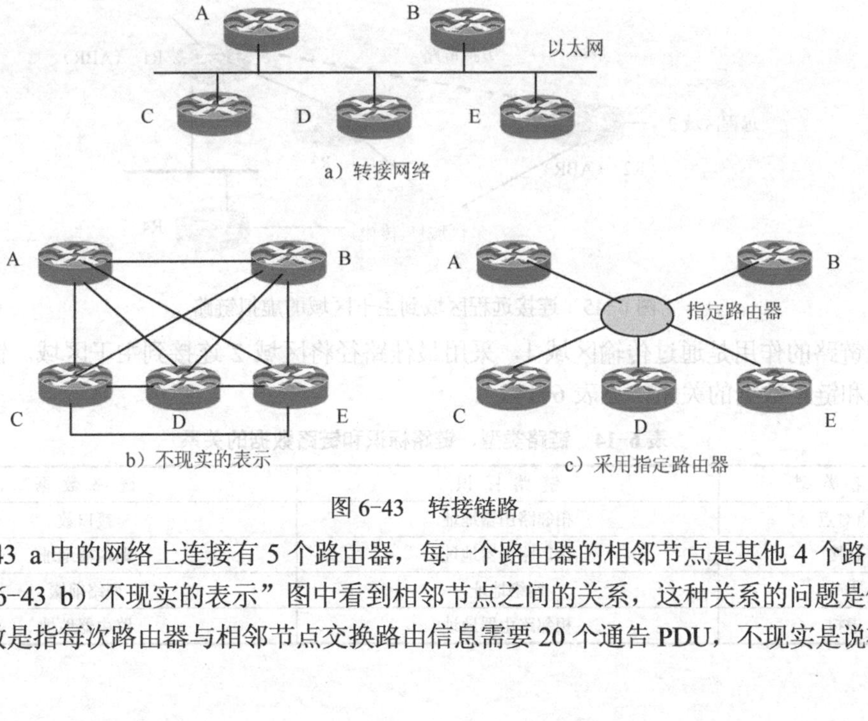

图 6-43　转接链路

图 6-43 a 中的网络上连接有 5 个路由器，每一个路由器的相邻节点是其他 4 个路由器。可以从“图 6-43 b）不现实的表示”图中看到相邻节点之间的关系，这种关系的问题是低效又不现实，低效是指每次路由器与相邻节点交换路由信息需要 20 个通告 PDU，不现实是说在每一对

路由器之间没有一个单独的网络（链路），只有一个网络作为这5个路由器之间的交叉路口。

需要考虑5个路由器之间通过一个网络连接的描述方法，可以设想让网络上的一个路由器模拟为网络，这个路由器是一个真路由器，又是一个指定路由器（DR），采用指定路由器如图6-43c所示。

此时指定路由器有5个相邻节点，每一个路由器的相邻节点只有指定路由器（网络），相邻节点之间的通告数从20减少到10。需要注意的是，从节点到指定路由器有一个度量值，从指定路由器到其他节点没有度量值，因为指定路由器只是代表虚拟的网络，度量值不能计算两次。

末节链路是只连接到某个路由器的网络，分组通过这个单一路由器进、出网络。末节链路可以认为是转接网络的一个特例，可以把路由器表示为一个节点，用指定路由器表示这个网络（链路），链路是单向的，从路由器到网络，末节链路，如图6-44所示。

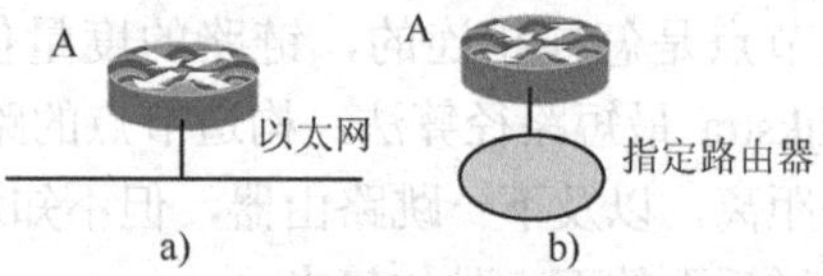

图6-44 末节链路

a) 末节网络 b) 表示方法

虚拟链路一般用在两个路由器之间的链路断开时，通过在它们之间创建一条更长路径的连接，构成虚拟链路。OSPF认为，虚拟链路是一个点对点链路。虚拟链路是一个逻辑链路，虚拟链路也可以将主干区域和非主干区域之间的通信以隧道方式连接起来。虚拟链路的建立从逻辑上看是在两个ABR（自治系统边界路由器）之间进行配置，实际的物理连接是通过一个叫做传输区域的共同非主干区域。虚拟链路连接主干区域，仅能跨越一个非主干区域的传输区域，要求传输区域不能是末节区域。一个没有物理接口连接到主干区域的远程区域，可以使用虚拟链路连接到主干区域。

虚拟链路也可以用于创建主干区域的备用连接。ABR之间通过传输区域的最短路径决定了隧道两端的实际端点位置。隧道端点地址必须是可以在Internet使用的IP地址。连接远程区域到主干区域的虚拟链路，如图6-45所示。

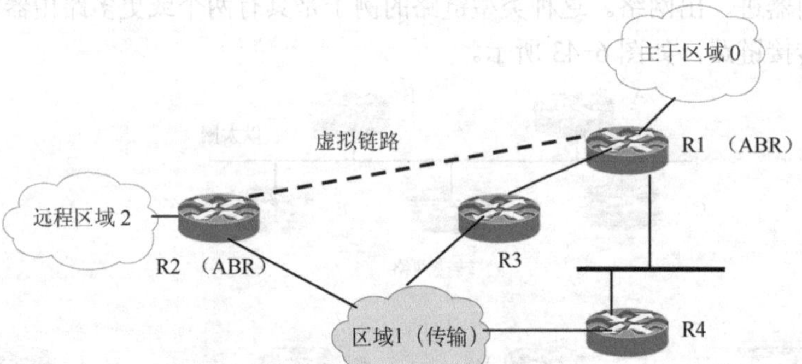

图6-45 连接远程区域到主干区域的虚拟链路

虚拟链路的作用是通过传输区域1，采用最佳路径将区域2连接到主干区域。链路类型、链路标识和链路数据的关系，见表6-14。

表6-14 链路类型、链路标识和链路数据的关系

链 路 类 型	链 路 标 识	链 路 数 据
点对点	相邻路由器地址	接口数
转接	指定路由器地址	路由器地址
末节	网络地址	网络前缀
虚拟	相邻路由器地址	路由器地址

5. OSPF 协议格式

OSPF 协议包（PDU）作为 IP 分组的数据部分，直接封装在 IP 分组内传输，对应 IP 分组中的协议字段值为 89。

从网络层次的位置看，OSPF 协议的位置属于网络层。而 RIP 协议包是作为 UDP 的数据部分，封装在 UDP 协议包中。OSPF 协议格式，如图 6-46 所示。

OSPF 协议格式由首部和数据部分组成，固定首部长度为 24 字节，数据部分可以是 5 种类型 OSPF 分组中的一种。

首部中的版本号字段的值为 2，表明是 OSPFv2。类型字段指明可以是 5 种类型 OSPF 分组中的一种。分组长度字段以字节为单位，指明包括首部在内的 OSPF 协议包长度。路由器标识符字段指出发送该 OSPF 协议包的路由器接口的 IP 地址。区域标识符字段指出 OSPF 协议包属于的区域。校验和字段用来检验 OSPF 协议包中的差错。鉴别类型字段目前只设置有两种值：0 为不用；1 为采用口令。鉴别字段与鉴别类型字段值联系，类型为 0 时，填入 0；类型为 1 时，填入 8 个字符的口令。

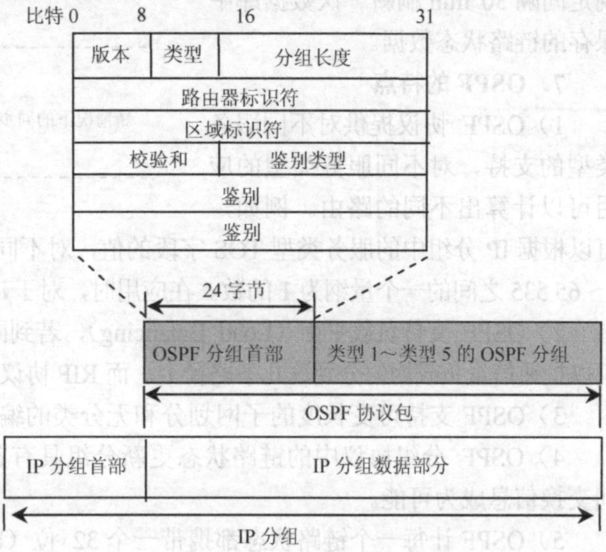

图 6-46 OSPF 协议格式

6. OSPF 的 5 种分组类型

OSPF 的 5 种分组类型如下：

1）问候（Hello）分组，用来发现和维持相邻节点的可达性。

2）数据库描述（Database Description）分组，用于向相邻节点给出节点链路状态数据库中的所有链路状态项目的摘要信息。

3）链路状态请求（Link State Request）分组，向相邻节点请求发送某些自己缺少的链路状态项目的详细信息。

4）链路状态更新（Link State Update）分组，采用洪泛法对整个网络更新链路状态，链路状态更新分组有 5 种不同的链路状态。

5）链路状态确认（Link State Acknowlegement）分组，用于对链路状态更新分组的确认。

OSPF 的 5 种分组类型中，问候分组用于确定相邻节点是否可以到达，其他 4 种分组用来进行链路状态数据库的同步。OSPF 规定，每两个相邻节点间隔 10 s 交换一次问候分组。若 40 s 没有收到某个相邻节点发来的问候分组，就认为该节点是不可达的，需要立即修改链路状态数据库，重新计算路由表。当一个节点开始工作时，需要通过问候分组得知它的相邻节点，以及到相邻节点所需要的度量值（费用）。OSPF 基本操作，如图 6-47 所示。

在具体实现时，为了减少发送的信息量，OSPF 采用让每一个节点用数据库描述分组和相邻节点交换本数据库中已有的链路状态摘要信息。摘要信息的内容是，有哪些节点的链路状态信息以及序号写入了数据库。节点可以使用链路状态请求分组，向相邻节点请求发送自己所缺少的某些链路状态项目的详细信息，最终形成整个网络同步的链路状态数据库。

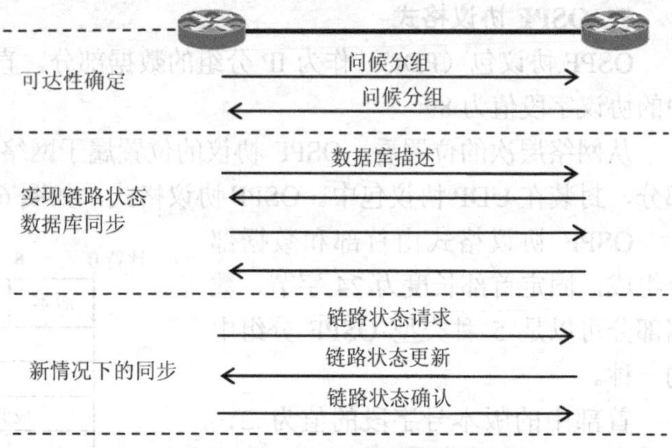

图 6-47 OSPF 的基本操作

OSPF 中的同步讲的是，不同节点的链路状态数据库的内容是一样的。两个完全同步的节点称为完全邻接节点。为了保持整个网络中节点的链路状态数据库同步，OSPF 规定间隔 30 min 刷新一次数据库中保存的链路状态数据。

7. OSPF 的特点

1）OSPF 协议提供对不同服务类型的支持，对不同服务类型的应用可以计算出不同的路由。例如，可以根据 IP 分组中的服务类型 TOS 字段的值，对不同的链路设置不同的费用代价，代价可以是 1～65 535 之间的一个量纲为 1 的数。在应用时，对于延时敏感的业务可以设置较高的代价。

2）OSPF 支持负载平衡（Load Balancing），若到同一个目的网络存在多条代价相同的路径，可以把通信量负载均匀分到这几条路径上。而 RIP 协议只支持找出到目的网络的一条路径。

3）OSPF 支持可变长度的子网划分和无分类的编址 CIDR。

4）OSPF 分组协议中的链路状态更新分组具有鉴别能力，使得仅在可信赖的相邻节点之间交换信息成为可能。

5）OSPF 让每一个链路状态都携带一个 32 位（bit）的序号，标识链路状态变化的版本，序号越大表明链路状态越新。OSPF 还规定，链路状态序号数值增长的速率不能超过 5 s/次。

8. 进一步的讨论

OSPF 将一个实际的网络抽象为一个有向图。图中的边被赋予度量值（吞吐量或时延值），然后根据边上的权值计算最短路径。

对于大型 AS，可将其分为多个编号区域。一个区域是一个或多个相邻的互连网络，各区域之间一般不重叠。每个 AS 都有一个主干区域，编号为 0，其他区域都与主干区域相连。在同一区域内，所有路由器具有相同的链路状态数据库，运行相同的最短路径算法，分别计算从自己到区域内所有其他路由器的最短路径。对于连接两个区域的路由器，则必须保存每个区域的链路状态数据库，并分别运行相应的最短路径算法。

OSPF 处理不同服务类型路径选择的办法是保留多张拓扑结构图，每张拓扑结构图上边的权值分别表示不同的度量，例如，吞吐量、时延、可靠性等，并分别加以计算，根据计算结果及事先确定的加权规则确定出一条路径。

路由协议（Routing Protocol）和可被路由协议（Routed Protocol）是两个不同的概念。路由协议允许路由器动态的通告、学习和更新路由，是一种为路由器寻找分组转发路径的协议，例如，RIP、OSPF 等。可被路由协议是能够为用户数据提供足够的被路由信息，例如，网络接口的逻辑地址，也就是 IP 地址。用户数据若想要被路由、穿越网络，必须用可被路由协议封装，例如，IP 分组可以被路由，IP 协议是一个可被路由协议。

6.9.3 外部路由协议——BGP4

1. BGP4 的基本概念

在 AS 之间使用的是外部路由协议，因特网中具体应用的外部路由协议是 1989 年公布的边界网关协议（Border Gateway Protocol，BGP）。1995 年给出 BGP 协议版本 4，简称 BGP4，对应的技术文档是 RFC1771、1772。外部路由协议的主要功能是在 AS 之间交换有关网络可达性的路由信息。

BGP4 采用路径矢量（Path Vector，PV）路由选择协议，与距离矢量协议和链路状态协议有很大的区别。BGP4 通过 PV 算法实现因特网自治系统（AS）之间交换网络可达性的路由信息。每个 BGP4 路由器记录的是确切的路径，而不是到目的地的度量值。同样，每个 BGP4 路由器不是定期向其邻居提供到每个目的地的度量值，而是提供正在使用的确切路径。

内部路由协议与外部路由协议是两个不相同的协议，原因是两者要满足的要求和达到的目的不相同。内部路由协议的目的是将分组尽量高效地从源端送到目的端，而外部路由协议除此之外，还需考虑策略问题。典型的策略涉及政治、经济、安全等方面的原因。例如，某些路由器可能不为某些网络转发信息，或只单向转发信息。

在 BGP4 应用的拓扑结构描述中，网络由 BGP4 路由器及连接它们的线路组成，BGP4 路由器起中转的作用。根据 BGP4 路由器作用的不同，可以将网络分为以下 3 类：支线网络，它们与 BGP4 拓扑图只有一个连接，这种网络不能用于中转通信；多连接网络，这种网络可用于中转通信；中转网络或主干网络。

BGP4 协议支持 CIDR，BGP4 的路由表的表项内容包括目的网络前缀、下一跳路由器，以及到达目的网络所要经过的各个自治系统编号序列（AS1，AS2，AS3，…ASi，…ASn），这个编号序列是路径顺序经过的自治系统编号排列。在 BGP4 开始运行时，BGP4 的邻站相互之间交换整个 BGP4 路径表，之后仅需要在发生路径变化时更新有变化的内容，这样设计可以减少路由器的开销和节省网络带宽。

2．BGP4 协议适用的网络环境

BGP4 协议用于 AS 之间的连接，这是 BGP4 协议在应用时所处的位置。随着因特网规模的扩大，AS 之间路由选择比较困难，连接在因特网主干网上的路由器，需要对任何有效的 IP 地址都能在路由表中找到匹配的目的网络。由于因特网中互连的各个网络的性能存在很大的差异，采用最短距离，即最少跳数找出来的路径，未必是应当选用的路径。若采用链路状态协议，使得每个网络中的节点（路由器）需要维持一个庞大的链路状态数据库，若主干网上路由器中路由表的表项数目超过 5 万个网络前缀，对如此大的主干网络，用 Dijkstra 算法计算最短路径的花费也是巨大的。

在自治系统之间寻找最佳路由是很不现实的，各自治系统运行所选定的内部路由协议，采用各自治系统规定的路径度量标准，当一条路径经过若干个不同的自治系统时，想对这样的路径计算出合理的度量值是不可能的。由此可以看出，自治系统之间的路由选择只可能交换“可达性”信息，例如，告诉相邻路由器，到达某一目的网络 M 可以经过自治系统 A。

自治系统之间的路由选择涉及有关的策略，例如，某些自治系统不允许有些数据经过自己的网络。自治系统之间的路由选择协议应当允许多种路由选择策略，这些策略涉及政治、宗教、经济、安全等方面。例如，可以设置策略“在自治系统 A 和 B 都可以通过的情况下，优先选择 B”。

一般说来，BGP4 只能是力求找到一条能够到达目的网络，并且不会出现环路、相对比较好的路径，强调的是网络可达性，BGP4 并不是要寻找一条最佳路由，也无法找到一条最佳路由。

3．BGP4 发言人与 AS 的关系

在配置 BGP4 路由协议时，一个自治系统内至少有一台路由器作为自治系统的“BGP4 发言人”，这个发言人可以是 BGP4 边界路由器，也可以不是 BGP4 边界路由器。不同自治系统的 BGP4 发言人彼此成为对方的邻站（Neighbor）或对等站（Peer）。对等站在交换信息之前，要建立一个 TCP 连接，所用的端口号为 179，在建立好的连接上通过交换 BGP4 报文创建 BGP4 会话（Session），利用 BGP4 会话交换路由信息，这些路由信息可以是增加了新的路由、撤销了旧的路由、出错报告等。之所以采用 TCP 协议，是为了简化路由选择协议，提供可靠的服务。每一个 BGP4 发言人不仅需要运行 BGP4 协议，还需要运行它们自治系统内使用的内部路由协议，例如，RIP 协议和 OSPF 协议。

BGP4 发言人与自治系统 AS 之间的关系，如图 6-48 所示。

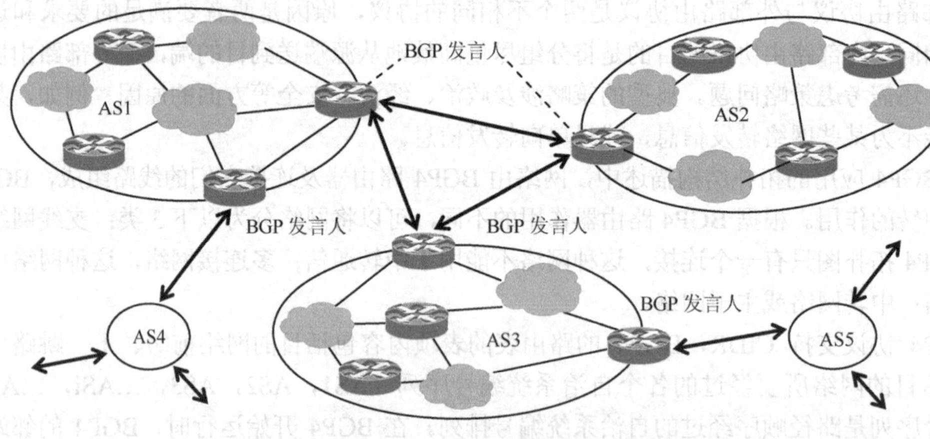

图 6-48　BGP-4 发言人和自治系统 AS 的关系

图中给出了 3 个自治系统，有 5 个 BGP4 发言人。BGP4 交换的可达性信息内容是要到达目的网络（用网络前缀标识）所要经过的一系列自治系统编号，例如，AS1，AS2，AS3，AS4 等。在交换了可达性信息后，各 BGP4 发言人依据所采用的策略从收到的路径信息中寻找到达各自治系统比较好的路径，所构成的路径连通图是不存在环路的树形结构。

4. BGP4 协议格式

BGP4 报文首部的格式及位置，如图 6-49 所示。

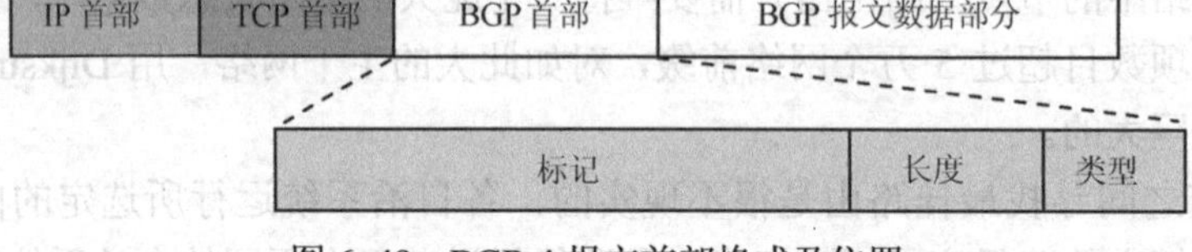

图 6-49　BGP-4 报文首部格式及位置

BGP4 报文作为 TCP 报文段的数据部分，封装在 TCP 报文段中，对应运输层端口号的值为 179。

BGP4 采用 4 种报文。BGP4 报文格式，如图 6-50 所示：

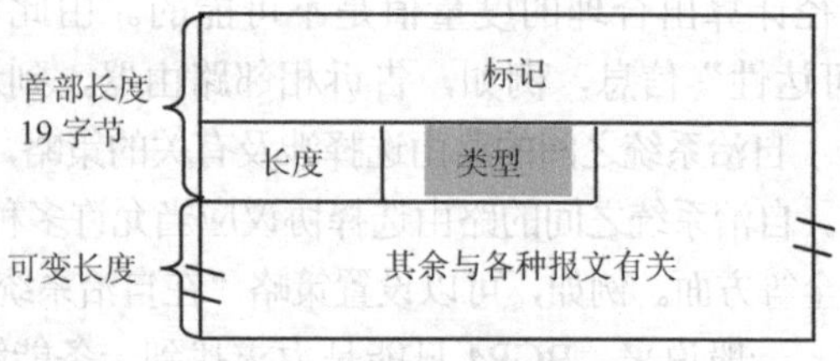

图 6-50　BGP-4 报文格式

1）打开（Open）报文，用于与相邻的 BGP4 发言人建立联系。

2）更新（Update）报文，用于发送一个路径信息，内容可以是一个新的路径，也可以是需要撤销的一个或多个旧的路径。

3）保活（KeepAlive）报文，用于确认打开报文，以及周期性地证实邻站关系。

4）通知（Notification）报文，用于发送检测到的差错。

4 种类型 BGP4 报文的首部是一样的，长度为 19 字节，分为 3 个字段。标记字段用来鉴别收到的报文，长度为 16 字节，当不使用该字段时，字段内容设置为全 1。长度字段指出包括首部在内的整个 BGP4 报文的长度，长度以字节为单位，最小值为 19，最大值为 4096。类型字段用于对应 BGP4 所采用的四种报文，取值为 1～4。

BGP4 报文可变长度部分的内容与 4 种报文有关，描述如下。

1）打开报文有 6 个字段：版本字段，占一个字节，值设置为 4；本自治系统编号字段，占 2 字节，使用全球唯一的 16 bit AS 代码；保持时间字段，占 2 字节，以秒为单位计算保持邻站关系的时间；BGP4 标识符字段，占 4 字节，通常是该节点的 IP 地址；可选参数长度字段，占 1 字节；可选参数字段。

2）更新报文有 5 个字段：不可行路由长度，占 2 字节，指明下一个字段的长度；撤销的路径，用于列出所要撤销的路径；路径属性总长度，占 2 字节，指明下一个字段的长度；路径属性，定义在这个报文中所增加的路径的属性；网络层可达性信息，定义发出此报文的网络，内容有 IP 地址前缀、网络前缀的比特数。

3）保活报文仅有 BGP 报文的首部，没有数据部分。

4）通知（Notification）报文有 3 个字段：差错代码，占 1 字节；差错子代码，占 1 字节；差错数据，给出与差错有关的诊断信息。

5. BGP 连接建立

在交换路由更新信息之前，两个对等节点首先必须建立一个 BGP 连接。建立一个 BGP 连接所需的步骤，如图 6-51 所示。

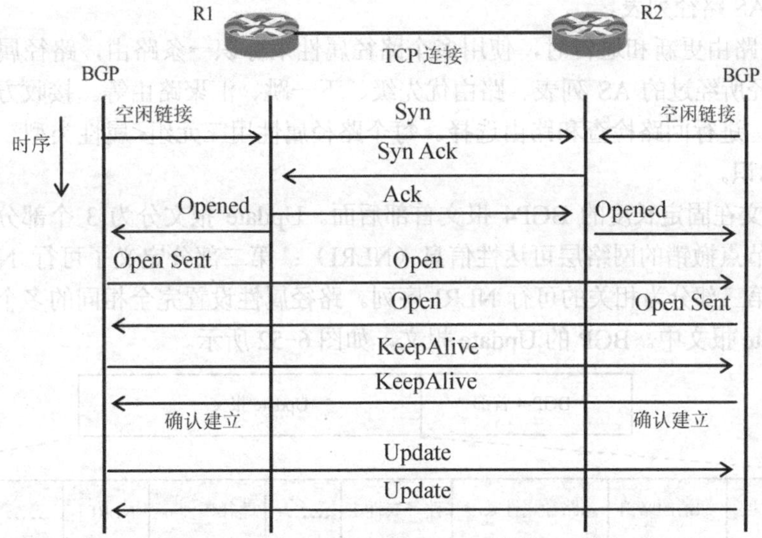

图 6-51 建立一个 BGP 连接所需的步骤

BGP 连接建立过程中需要交换的不同 BGP 报文和对等节点状态。涉及的对等节点状态机制等内容在 RFC 1771 文档中描述。

如果两个路由器在同一时刻都想同对方建立一个 BGP 连接，将会形成两个平行的连接，产生冲突。为了避免这种连接冲突，要求其中的一个路由器必须放弃建立连接。路由器使用 BGP 标识符开始连接。此时规定 BGP 标识符值高的路由器可以优先建立连接。BGP 标识符唯一地被分配给每个 BGP 路由器，BGP 标识符通过 Open 报文传输。一旦连接建立并得到确认，将开始基于路由策略在运行 BGP 协议的路由器之间交换整个路由表。BGP 协议规定只有路由表中的内容有变化时才交换路由信息。KeepAlive 报文用于防止 BGP 连接过期。BGP 通过运输层协议 TCP 传输，TCP 运输连接保证每个 BGP 报文都能可靠地交付。

BGP 有两种不同的对等节点连接方式，描述如下：

1）IBGP 连接，在相同 AS 中的对等节点被称为内部对等节点。从内部对等节点获悉的 BGP 路由不能被发回到其他的内部对等节点，它们只能被发送到外部对等节点。每个内部对等节点必须与所有的其他内部对等节点有一个连接，内部对等节点应有足够多的接口。在技术文档 RFC 2796（BGP 路由映射）和 RFC 3065（BGP AS 关联）中描述了上述规则，在传输更新到内部对等节点时，不能修改 AS_PATH 和 NEXT_HOP 属性。

2）EBGP 连接，在不同 AS 中的对等节点被称为外部对等节点。从外部对等节点获悉的 BGP 路由可以被更新到所有的其他对等节点。在传输更新到外部对等节点时，将会修改 AS_PATH 和 NEXT_HOP 属性。发送路由器将本地 AS 号添加进 AS_PATH 字段中，并将 NEXT_HOP 字段设置为它的本地 IP 地址。

通知报文向对等节点通告在路由连接建立或路由更新过程中发生的错误，BGP 连接的释放可以使用一个结束连接，通知报文文雅地断开连接。

6. BGP 的 Update 报文

Update 报文的作用是发送路由更新信息到 BGP4 对等的路由器。可以用 Update 报文通告一条可用路由，或者通告撤销路由表中不可用的一条或多条路由。依据 Update 报文所携带的对等节点信息，在 BGP4 路由域内构造出 AS 之间的拓扑关系，在 AS 之间拓扑关系的基础上，再构建出 AS 路径列表。

BGP 进行路由更新和通告时，使用多个路径属性来标识一条路由，路径属性中包含路径信息来源、路径所经过的 AS 列表、路由优先级、下一跳、汇聚路由等。接收方使用这些信息实现策略约束、进行回路检查和路由选择。每个路径属性用三元组<属性类型、属性长度、属性值>编码和标识。

Update 报文在固定长度的 BGP4 报文首部后面。Update 报文分为 3 个部分：第一部分指定了发送对等节点撤销的网络层可达性信息（NLRI）；第二部分定义了可行 NLRI 有关的所有路径属性；第三部分为相关的可行 NLRI 序列。路径属性设置完全相同的多个 NLRI 可以放在单一的 Update 报文中。BGP 的 Update 报文，如图 6-52 所示。

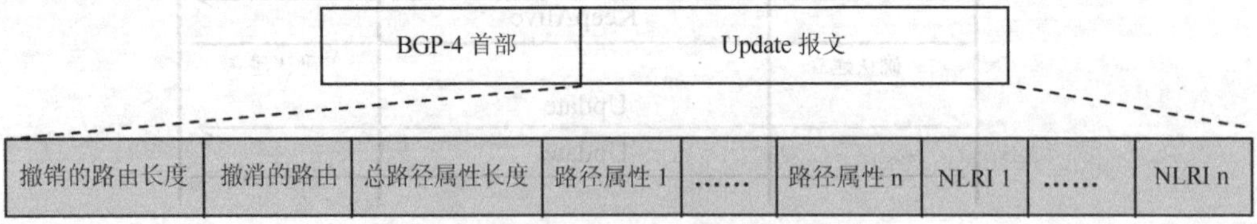

图 6-52　Update 报文格式及位置

Update 报文各字段的功用解释如下：

1）撤销的路由长度 （Unfeasible Routes Length，URL），占 2 字节，定义撤销路由字段的长度。如果长度设置为 0，表示发起对等节点在这个报文中没有需要撤销的路由。

2）撤销的路由（Withdrawn Routes），该字段长度可变，每一个撤销的路由都是编码为〈长度，前缀〉二维元素组的路由 IP 前缀。其中，长度占 1 字节，指出 IP 地址前缀的比特数，0 长度标识此路由匹配所有 IP 地址的前缀，这样的路由就是默认路由。前缀编码包含了 IP 地址前缀，必须保证一个完整的前缀编码是字节的整数倍，若前缀编码不是字节的整数倍，则需要进行比特填充，在接收方对该前缀处理时，仅对长度值指明的前面的位（bit）进行处理。

3）总路径属性长度（Total Path Attributes Length，TPAL），占 2 字节，定义了路径属性字段的长度。若该字段值为 0 表示 Update 报文中没有 NLRI 字段。

4）路径属性（Path Attributes），该字段长度可变，包含一个属于可行 NLRI 的路径列表，每一个路径属性都是一个编码为〈属性类型，属性长度，属性值〉的变长三维元素组。路径属性提供了 NLRI 的附加信息，用于过滤及路由选择过程。

5）网络层可达性信息（NLRI），该字段长度可变，包含了网络层可以到达的 IP 地址前缀列表，用于更新 NLRI 列表。每个 NLRI 都按〈长度、前缀〉编码格式嵌入，编码格式与撤销的路由字段一样。该字段长度的计算方式如下

该字段长度＝Update 报文长度－23－撤销的路由长度－总路径属性长度

需要说明的是，Update 报文用于更新路由，至少能够通告一条路由，也可以仅仅通告可达路由，此时撤销路由可以没有。所通告的路由可用几个路径属性描述。一个 Update 报文可以列出多个路由撤销服务，若仅仅是撤销路由，可以不需要包括路径属性或 NLRI。

7. BGP4 协议的特点

BGP4 协议的特点是，BGP4 交换路由信息的节点数目等同于路由路径经过的网络 AS 的数目；AS 中边界路由器（BGP4 发言人）的数目比较少，使得 AS 之间的路由选择不至于太复杂；BGP4 支持 CIDR，也支持路由汇聚，路由表的表项内容包括目的网络前缀、下一跳位置、到达目的网络要经过的 AS 序列号；BGP4 初始运行时，与相邻节点交换整个 BGP4 路由表，此后仅在路径路由信息发生变化时才对路由表进行更新。

BGP4 具有距离矢量路由算法的一些特点，BGP4 路由器只与相邻 BGP4 路由器交换 BGP4 路径路由信息，BGP4 协议利用 BGP4 路径属性中的 AS_PATH 属性记录某条 BGP4 路由穿越自治系统的路由信息。BGP4 又具有链路状态路由算法的一些特点，对 AS 内部采用的路由协议没有任何要求，对底层网络的拓扑结构没有任何限制。

需要说明的是，为什么会有不同的 AS 之间选路协议和 AS 内部选路协议，因为两者在策略、规模和性能上有很大的差异。

1）策略。在 AS 之间，策略是至关重要的。例如，一个 AS 产生的网络流量不能穿过另一个 AS，BGP 依据路径属性、受控制的选路信息分布，做出基于策略的选路决策，而在 AS 内部，则统一采用内部规定的选路策略。

2）规模。在 AS 之间，需要关心选路涉及的网络规模，需要考虑选路算法及其数据结构对处理大量选路信息适应能力。在 AS 内部，则可以通过划分区域或划分多个 AS 和建立路由层次结构避免网络规模给选路带来的影响。

3）性能。在 AS 之间，选路是面向策略的，路由的性能通常是次要的，需要的是路由可达性。例如，在实践中，往往采用一条路径更长或费用更高，但却能满足某些选路策略，可以提供路由可达性的路由途径。在 AS 之间除了跳数以外，几乎没有度量值的考虑。而在 AS 内部，更关注的是路由的性能，追求的是最优路由。例如，RIP、OSPF 均要给出最小度量值的路由。

8. 因特网路由协议的比较

可以对因特网中用到的 3 种路由协议的核心内容进行归纳比较，比较内容为路由选择协

议、路由选择算法、路由设计目标、封装位置、内部或外部路由、度量值。因特网路由协议的比较，见表 6-15。

表 6-15 因特网路由协议的比较

比较内容	RIP	OSPF	BGP4
路由选择协议	距离矢量	链路状态	路径矢量
路由选择算法	Bellman-Ford	Dijkstra	发言人交换可达性信息
路由设计目标	最优路由	最优路由	路由可达性
封装位置	UDP	IP	TCP
内部或外部路由	内部	内部	外部
度量值	跳数	时延（链路状态）	AS 号序列长度

6.10 网络互连

6.10.1 网络互连概述

网络互连是通过采用互连协议和互连设备，实现不同种类网络之间的连接，使得处在不同网络中的主机（节点）可以互相访问、共享资源和传输数据。互连的网络可以是异构的、处在不同物理位置上的。各种不同的网络在提供的服务、协议、寻址方式、包的大小、服务质量、差错处理方式、流量控制方式、拥塞控制方法、安全性、计费方式等诸多方面存在较大的差异。

所有的网络都是为满足某种要求而设计的，每个网络都采用了一些特殊技术，在网络设计中不存在对所有的网络需求都是最好的网络技术。各种不同的网络技术与网络协议将长期共存下去。其原因有三个方面：第一，各种网络都有广泛的用户，并且还在不断发展，并非所有网络厂家都同意放弃自己的技术而采用别家的技术；第二，由于管理、网络价格下降等原因，网络将更加多样化，就是在一个机构内也是如此；第三，由于不同的网络采用不同的技术，当有新的硬件技术出现后，很快就会有新的软件及协议与之配套，这种技术的进步会带来新的网络多样性。

在计算机网络技术发展的初期，人们认识到必须提供一种通用的网络互连服务，使得任何网络中的任意两台计算机（不论连在哪个网络上）都能进行通信，就像任意两个电话之间可以通话一样。网络互连需要硬件和软件，通常使用专门的硬件将各网络连接起来，应用中硬件体现在各种互连设备上，软件体现在互连协议上。在因特网中是通过 TCP/IP 协议簇中的 IP 协议实现网络互连，任何一个网络可以用 IP 地址中的网络标识来区分，网络中的任一台计算机设备可以用 IP 地址中的主机标识来区分。

需要注意的是，互连网络没有对网络规模大小的限制，每个参与互连的网络的地位是平等的，都具有相同的网络协议层次描述，也没有对参与互连的网络所采用的技术有任何限制。通过互连网络协议软件为众多的网络和网络中的计算机设备提供单一的、无缝的互连网络通信系统，实现通用的网络服务，而用户无需了解、也没有必要知道网络互连的细节。

因此，可以说互连网络是一个虚拟网络，因为互连网络通信系统是一个抽象系统，在用户看来，互连网络是一个庞大的、单一的网络，但事实上用户面对的只是所处的物理网络，与其他网络的通信是靠网络互连协议和通用网络服务实现的。

在因特网中实现网络的互连是采用 TCP/IP 协议中网络层协议（Internet Protocol，IP）也称为网际协议，通过采用 IP 协议可以屏蔽低层网络的差异，所有的网络都使用 TCP/IP 协议，使用同一种网络语言。同时，借助 IP 协议的层次结构地址（IP 地址），可以实现不同网络的互连（利用 IP 地址中的网络标识 ID）。以及不同网络中不同主机之间的互连（利用 IP 地址中的主机标识 ID）。

因特网中的互连设备大多使用路由器，虚拟的互连网络模型，如图 6-53 所示。

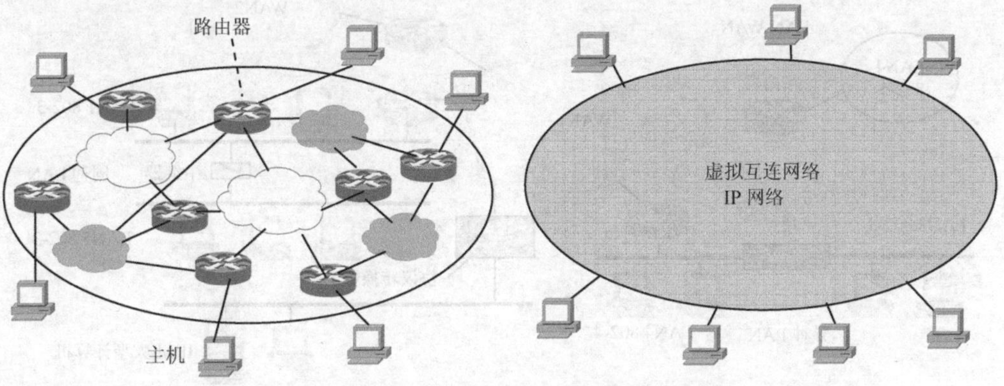

图 6-53　虚拟的互连网络模型

可以把互连以后的网络看作一个虚拟网络，即一个采用 IP 协议、IP 逻辑地址的逻辑网络。从因特网用户的角度来看这个网络，就像是一个统一的网络，看不到逻辑网络里面存在的差异，也不必关心网络内部的构成，使用的是什么网络设备，以及使用的路由协议是什么、具体的编址方案是什么。有时也把使用 IP 的虚拟互连网络简称为 IP 网。因特网就是一个虚拟网络。

网络互连需要考虑到网络之间的差异，这些差异是多方面的，可能存在的网络差异及内容，见表 6-16。

表 6-16　可能存在的网络差异及内容

差 异 项 目	网络之间可能存在的差异内容
提供的服务	面向连接和无连接
网络协议	IP、IPX、CLNP、 AppleTalk、DECnet
寻址方式	平面结构（LAN 地址）、层次结构（IP 地址）
分组大小	每一个网络都有最大数据单元 MTU 的限制
多点传播	是否支持
服务质量	是否提供，带宽、延时、抖动、优先级等参数，集中服务、区分服务、MPLS 等机制
数据顺序	有序或无序提交
出错处理	校验和、CRC、奇偶校验
流量控制	滑动窗口、速率控制或其他方法，或不支持
拥塞控制	漏桶算法、抑制分组数目，或其他方法
安全性	加密机制、采用的规则
网络参数	不同的超时值设置，数据流标记说明
计费方式	按连接时间，或按分组数、字节数，或不支持
信息编码方式	ASCII 码或 EBCDIC 码
路由协议	RIP、OSPF、IS-IS、BGP

6.10.2　网络互连模型及互连规则

1．互连类型及涉及的层次

网络互连的类型有：LAN—LAN（同种与异种）、LAN—WAN、WAN—WAN（同种与异种）、LAN—WAN—LAN 和 LAN—大型计算机。

这里需要考虑在哪个层次上互连，不同的互连类型需要用到不同的互连设备。网络互连的类型，如图 6-54 所示。

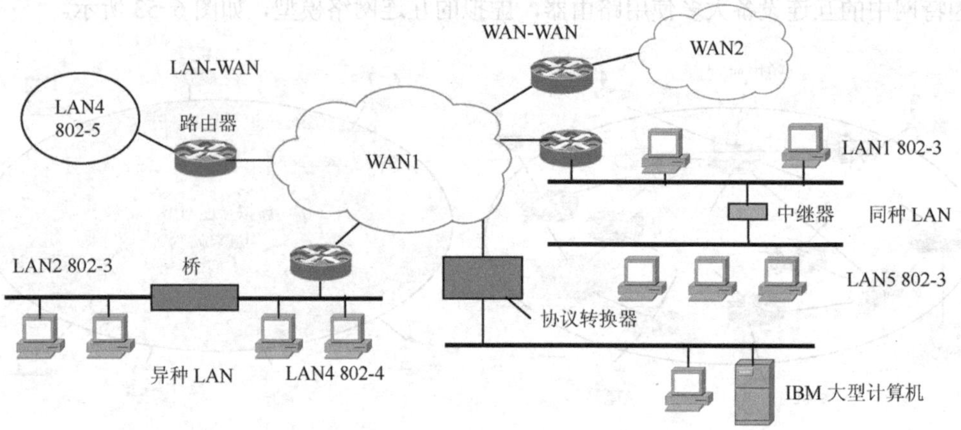

图 6-54　网络互连的类型

2．网络互连层次模型

网络互连层次模型，如图 6-55 所示。

网络 1 和网络 2 通过互连设备连接起来，为讨论问题方便，模型中仅考虑与互连层次 N 的层次接口有联系的 N+1 层和 N-1 层。同一层次上的 N 与 N′是不同的，N 与 N′表示采用不同的协议。网络 1 和网络 2 可以是任意类型的网络。

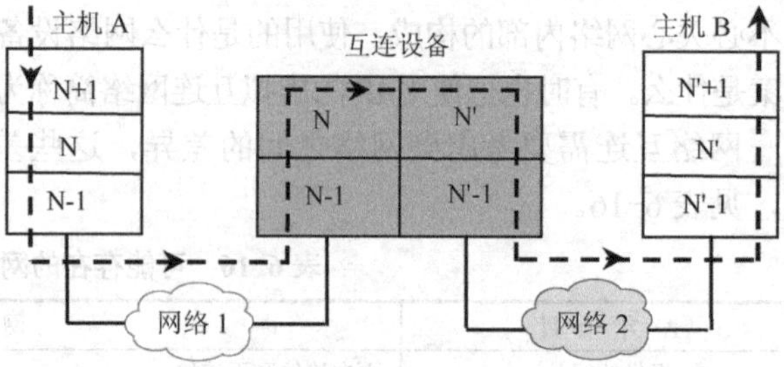

图 6-55　网络互连模型

3．网络互连的规则

网络互连时需要遵循的规则如下：

1）网络在第 N 层上实现互连，第 N 层可以对应网络体系结构的任何一个层次。

2）要求进行互连的两个网络的第 N+1 层及以上层的协议必须相同，N 层及以下层两个网络的协议可以不同。

3）互连后的信息流在第 N 层上跨越至对方，跨越时若两个网络的协议相同，则直接转发；若两个网络的协议不同，则在这个层次上进行转换，这是最普遍的情况。

4）互连设备应能够提供连接两个（或多个）不同网络的物理接口（硬件接口），例如，连接器插头、座；能够支持在第 N 层上互连的软件接口，例如，网络互连协议及网络接口配置。互连设备通过与所互连网络相同的硬件接口在物理上连接不同的网络，互连设备的硬件接口一般有两个以上。

6.10.3　网络互连设备

网络互连设备分别对应计算机网络体系结构中的 5 个层次，可以支持不同的网络互连类型。有 4 种互连设备，分别对应不同的网络层次，自顶向下依次为协议转换器（Gateway）、路由器（Router）、网桥（Bridge）、中继器（Repeater）。依次对应的网络层次为运输层及以上层次（应用层）、网络层、数据链路层、物理层。也就是说，网络互连是在不同的网络层次上进行的，越在高层次上实现互连，互连设备需要处理的东西就越多。

1．中继器

中继器是在物理层实现网络互连的设备，中继器从 LAN 接收信号，进行放大，用于扩展信号的传输距离，使用时对中继器的数目有限制，因为信号在传输过程中有衰减，会遇到干扰，在放大信号的同时也放大了噪声。中继器没有定向控制网络流量的能力，也没有为所传输数据选路的功能，用中继器互连的网络仍然属于一个冲突域。

中继器可以实现同种 LAN（局域网）之间的互连，例如，以太网与以太网的互连。

2．网桥

网桥是在数据链路层上连接两个网络的设备。其工作原理是：收到一帧数据后，就根据帧中的目的地址来判断目的节点是否与源节点在同一个物理网上。若是，则不作任何处理；若不是，则将该帧发送到目的节点所在的网络上。在转发之前，还要进行差错控制处理。

网桥可以实现异种 LAN 之间的互连，例如，以太网与令牌环型网的互连。网桥用来隔离不同的网段，根据转发表决定是否把收到的帧送往另一个网络。网桥可以识别帧中的 MAC 地址。网桥根据实现转发帧的机制又分为透明桥和源选路径桥。网桥在实现互连时由于要复制帧，容易产生广播风暴。

3．路由器

路由器是在网络层实现网络互连的设备。其工作原理是，接收相连的所有网络上的每个分组，根据目的地址判断目的主机（节点）与源主机是否在同一物理网络上。若是，则不作任何处理；若不是，就进行转发。在转发过程中需要进行路径选择和拥塞控制。如果输出网络与输入网络的网络协议不同，则要进行协议转换，即将输入分组转换为输出网络要求的协议格式后转发。为进行路径选择，路由器可能还需要与其他路由器交换路由信息。

路由器可以实现多种形式的网络互连，例如，LAN 之间的互连、WAN 之间的互连、LAN 与 WAN 之间的互连等。路由器综合使用硬件和软件，将数据从源“路由”到目的地。使用路由器的软件可以配置各个网络连接接口，经过设计，路由器硬件可以实现各种路由协议，提高了路由效率。

使用路由器可以把网络划分为逻辑网段，这种划分与网络中采用的寻址方法相联系，例如，通过对 IP 地址和网络前缀的设计，可以实现网络（子网）划分，实现无类别域间选路（Classless InterDomain Routing，CIDR）。还可以使用使能路由器实现内网与外网之间的网络地址转换（Network Address Translation，NAT）。

4．协议转换器

协议转换器是运输层及以上层（应用层）实现网络互连的设备。其功能是：首先保证在运输层实现网络连接，特别是在虚电路网络中；其次还可能需要完成应用程序级的连接，例如，完成应用协议、字符集、数据格式，甚至指令系统的转换。

协议转换器实现不同运输层及以上层协议的网络之间的互连，例如，一个网络在运输层采用 TP4 协议，另一个网络在运输层采用 TCP 协议，在实现两个网络的互连时就要用到协议转换器。由于协议转换器实现互连的层次比较高，实现起来比较复杂，一般用在特定的使用环境和场合。协议转换器的功能往往通过软件设计来实现。

6.10.4 网络互连设备实现功能的包含关系

网络互连设备之间的关系为包含关系，可以通过网络互连设备的包含关系描述，说明网络互连设备与网络互连层次的联系，即对应高一层次上的互连设备，可以完成较低对应层次互连设备完成的功能。

以 5 层计算机网络体系结构中的网络协议为例，4 种网络互连设备和所对应的网络层次，以及网络互连设备功能的包含关系，如图 6-56 所示。

以 LAN—LAN 互连类型为例，若是同种 LAN 互连，例如，网络 1 是采用 IEEE 802.3 协议的 LAN，网络 2 也是采用 IEEE 802.3 协议的 LAN，此时可以使用中继器实现互连，也可以采用网桥、路由器进行互连。

若是异种 LAN 互连，例如，网络 1 是采用 IEEE 802.3 协议的总线型 LAN，网络 2 是采用 IEEE 802.5 协议的令牌环型 LAN，可以采用网桥实现互连，也可以采用路由器进行互连。

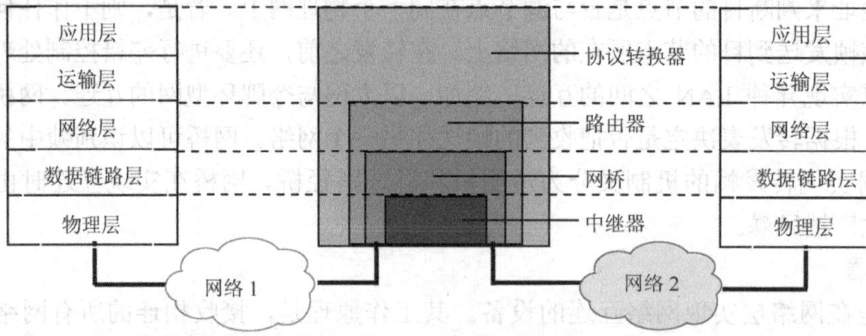

图 6-56　网络互连设备功能的包含关系

对于 LAN—WAN、WAN—WAN 网络互连类型，必须采用路由器进行互连。

对于运输层及以上层网络协议不同的网络，在实现互连时必须使用协议转换器。

6.11　移动 IP 网络

6.11.1　移动 IP 概述

1．移动 IP 基本概念

在移动技术出现之前，人们习惯于通过家里、办公室里或者公共场合的电话进行联系。今天移动电话的使用已经很普遍了，人们几乎可以从任何地方、在任何生活状态下打电话。笔记本电脑、无线网络和便携式设备的使用也正在普及。现在，人们拥有具备 IP 地址的移动电话或者个人数字辅助设备（Personal Digital Assistance，PDA），并且在任何时候可以方便地使用它们，这些设备需要使用 IP 作为传输协议，需要移动 IP 技术来实现信息的传输。

为了实现网络中的移动通信，需要通过漫游（Roaming）和移动（Mobile）技术。漫游是指移动节点访问 Internet 上的资源，例如，浏览网页和收发电子邮件。移动是指移动节点不仅要访问 Internet 上的资源，还要能够让 Internet 上的主机可以访问移动节点，实现移动节点与固定节点，以及移动节点之间的通信。

有线网和移动网通信的接入方法是不同的。在有线 TCP/IP 网络环境中，IP 协议通过 IP 地址为 Internet 提供了路由能力，网络中的所有节点（主机或路由器）的每个网络接口都分配有唯一的 IP 地址。IP 地址包括网络前缀和主机标识，同一条链路上的所有主机通常有同样的网络前缀和不同的主机标识，IP 网络就是通过网络前缀标识来进行路由选择的。网络中的路由器只需要在路由表中保存一条简单的网络前缀路由表项信息，不必为属于该网络前缀的网络中的每个主机都保存一条表项信息。当网络中的节点从一条链路切换到另一条链路而没有及时更改为属于新链路的 IP 地址时，该节点不能够在新链路上与网络中的其他节点通信。

移动节点是指从一个链路（网络）移动到另一个链路的主机，也可以是参与移动通信的路由器。当移动节点在不同的网络之间移动时，随着接入位置的变化，最初分配给移动节点的 IP 地址已经不能标识出目前所处的网络位置，移动节点总是通过本地（家乡）地址进行通信，移动 IP 机制对 IP 层以上的协议层次是完全透明的。

支持移动性的 Internet 体系结构与协议称为移动 IP。移动 IP 技术是指移动节点在跨越不同 TCP/IP 网络环境时，可以随意地移动和漫游，不需要修改主机的 IP 地址，仍然可以继续使用在原网络中的一切权限和服务的技术。

2. 移动 IP 技术的发展历程

1992 年，IETF 成立了无线移动 IP 工作组（IP Routing for Wireless/Mobile Hosts），开始制定一系列移动 IPv4 的标准草案，这些标准包括如下内容：

1）移动 IPv4 的定义，RFC 2002“IP Mobility Support”。

2）定义了移动 IPv4 中用到的 3 种隧道技术：

- RFC 1701“Generic Routing Encapsulation”。
- RFC 2003“IP Encapsulation within IP”。
- RFC 2004“Minimal Encapsulation within IP”。

3）描述移动 IPv4 的应用，RFC 2005“Applicability Statement for IP Mobility Support”。

4）描述移动 IPv4 的管理信息库等内容，RFC 2006“The Definitions of Managed Objects for IP Mobility Support Using SMIv2”。

1996 年 6 月，IESG 通过了移动 IPv4 协议，并于 1996 年 11 月发布 RFC 3220 “IP Mobility Support”，RFC 3220 替代了 RFC 1701、RFC 2002、RFC 2003、RFC 2004、RFC 2005 和 RFC 2006。2010 年 11 月，IETF 给出 RFC 5944，替代了 RFC 3220。

6.11.2 移动 IP 技术的要点及需要解决的问题

1. 移动 IP 技术的要点

移动 IP 在网络层增加了新的特性，移动 IP 技术不仅可以用于跨越同类传输介质的网络，也可以用于跨越不同种类传输介质的网络。

移动数据业务（提供的服务）是移动通信和数据通信相结合的业务，其基础设施是移动网络通信平台，这些业务包括视频点播；移动定位；远程监控；Internet 访问；Intranet 访问；多媒体短信。

网络中节点实现漫游的方法主要有 3 种：拨号上网；通过动态主机配置协议 DHCP 分配 IP 地址；手工配置 IP 地址。这 3 种方法存在的问题是，IP 地址不固定使得节点的访问权限受到限制；实现漫游的节点只能作为网络应用中的客户机而不能用作服务器；不支持无缝的通信，在更改 IP 地址的过程中已经建立的连接会中断。

2. 移动 IP 技术需要解决的问题

移动通信的基本要求是：节点在移动过程中能够时刻保持同网络连接、同权限访问 Internet 资源、能够作为服务被其他节点访问。

需要注意的是，移动 IP 目标是解决通信对端和移动主机之间 IP 分组的传输问题，实质上是一个网络层解决方案，有关移动应用中对运输层协议或应用程序等方面的改进不属于移动IP技术的范畴。移动IP技术需要解决的问题如下：

1）移动节点在改变数据链路层的接入点之后，仍然可以与网络中的节点进行通信。

2）移动节点在不同链路之间移动时，仍然可以使用原来的IP地址进行通信。

3）解决移动节点与非移动节点之间的通信问题。

4）解决移动节点通信的安全问题。

5）尽量减少移动路由更新报文的数量。

6）尽量简化移动IP实现机制，节省移动IP使用的IP地址数。

6.11.3 移动IP技术涉及的术语

1）移动节点（Mobile Node）：网络中的主机或路由器，在切换链路时不改变 IP 地址，不中断正在进行的通信。

2）通信对端节点（Correspondent Node，CN）：与移动节点通信的对端节点，可以是一台主机或路由器，也称为对端通信节点或通信者。对端节点可以是移动的，也可以是固定的。

3）家乡网络（Home Network）：指在一个网络环境中，与一个移动节点的 IP 地址网络前缀一致的网络链路。也称为本地网络或归属网络。

4）家乡代理（Home Agent）：一般设置在一台路由器上，一个端口连接在移动节点的家乡网络（链路）上，移动节点在家乡代理上注册它当前的转交地址。该端口截获所有发往移动节点家乡地址的数据报，然后将其封装，通过隧道将数据报送往移动节点最新注册的转交地址上。家乡代理也称为本地代理或归属代理。

5）外地网络（Foreign Network）：移动节点目前所在的网络，也称为被访问网络。

6）外地代理（Foreign Agent）：一个端口连接到移动节点的外地链路上，它帮助移动节点完成移动检测，给移动节点提供路由服务，接收移动节点家乡代理通过隧道发送给移动节点的分组。外地代理一般放置在外部网络的边缘路由器上。

7）家乡地址（Home Address）：移动节点IP地址的网络前缀与该节点家乡网络链路的网络前缀一致，是移动节点的对端节点所知道的移动节点的 IP 地址。移动节点的家乡地址是一个路由可达的单播地址。当移动节点在 Internet 上移动时，其家乡地址不变。家乡地址与家乡网络链路和家乡代理密切联系。家乡地址也称为永久地址（Permanent Address）。移动节点可以拥有多个家乡地址，例如，当移动节点的家乡链路上有多个地址前缀时，移动节点有可能得到多个家乡地址。

8）转交地址（Care of Address，CoA）：一般为用作外部代理的外部网络边缘路由器接口的 IP 地址。CoA 用于把分组通过外部代理重新选路到移动节点。当移动节点在 Internet 上移动时，转交地址会发生改变。移动节点的转交地址与外地网络链路和外地代理密切联系。转交地址分为外地代理转交地址和配置转交地址两类，外地代理转交地址是一个端口在移动节点当前链路上的外地代理的地址，配置转交地址是暂时分配给移动节点某一个端口的地址。

9）移动：移动节点改变它的 Internet 接入点，移动节点当前接入点不是它的家乡链路，离开了其家乡网络链路。

10）移动绑定：是指移动节点家乡地址与转交地址的关联，绑定有一定的有效期。

11）注册：移动节点发送一个绑定更新请求到它的家乡代理或通信对端节点，使家乡代理或通信对端节点为实施注册的移动节点创建一条绑定记录。

12）移动报文：指包含移动扩展首部的报文。

13）绑定授权：移动节点在向通信对端接点更新注册的过程需要授权，使得接收者相信发送者有权指定新的绑定。

6.11.4 移动 IP 的组成和结构

移动 IP 的组成包括移动节点、家乡代理、外地代理和通信对端节点。移动节点是从一个链路（网络）移动到另一个链路的主机。家乡代理是移动节点在家乡网络上连接 Internet 的路由器，负责维护移动节点当前的位置信息，并把发送给处在外部网络的移动节点的分组通过隧道转发给移动节点。外地代理是指移动节点所访问的外地网路连接 Internet 的路由器，为移动节点发送的分组提供路由服务，负责接收移动节点家乡代理通过隧道发送给移动节点的分组。通信对端节点可以是一个固定节点，也可以是一个移动节点。移动 IP 的组成和结构，如图 6-57 所示。

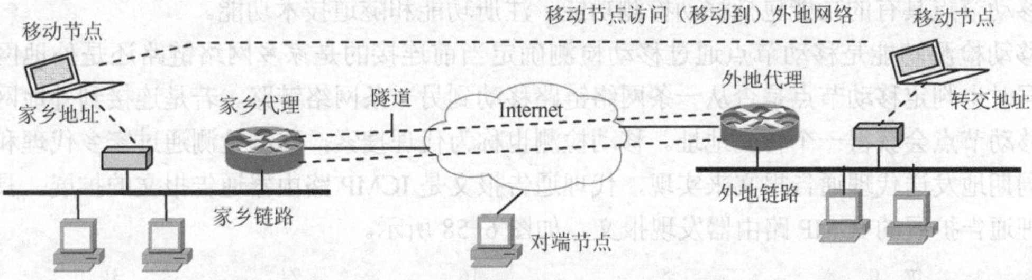

图 6-57 移动 IP 的组成和结构

当移动节点移动到外地网络时，家乡代理采用隧道技术，将发送给移动节点的 IP 分组转发给移动节点，隧道的一端（入口）是家乡代理，隧道的另一端（出口）是外地代理，也可以是移动节点。家乡代理在转发送往移动节点的 IP 分组时，源 IP 地址为发送该 IP 分组的节点的 IP 地址，目的 IP 地址为移动节点的 IP 地址，家乡代理需要对 IP 分组进行封装，封装后外层 IP 分组的源 IP 地址为隧道入口的家乡代理的地址，目的 IP 地址为隧道出口外地代理的地址。在隧道传输过程中，中间路由器看不到移动节点的家乡地址。家乡代理和外地代理统称为移动代理。

家乡代理和外地代理是运行在节点（主机或路由器）上的软件系统。通常一个节点可以是一些移动节点的家乡代理，同时又是一些节点的外地代理。移动节点、家乡代理和外地代理 3 个实体的机制可以同时在一个节点上实现，就是说移动节点也能承担外地代理的职责。例如，一个移动节点可以在外地网络中通过使用 DHCP 得到一个转交地址（CoA），并且由它自己把它的 CoA 通告给家乡代理。

移动节点、家乡代理和通信对端节点是移动 IP 中最主要的 3 个逻辑功能实体，移动过程主要围绕三者展开。这 3 个逻辑实体是概念上的，并不是指某个具体的、物理的 IP 网络节点。同一个 IP 网络节点可能在不同的通信过程中扮演不同的逻辑实体角色。

路由器通过路由器通告报文指出它是否能担任家乡代理，同一个链路内允许多个本地代理存在，移动节点可以向任意一个家乡代理注册。家乡代理中保存有移动节点的家乡地址和转交地址的对照表，收到发送给移动节点的报文后，根据对照表把报文转发给移动节点。每当移动节点收到其他主机发来的报文后，在响应报文中以转交地址作为源地址，并要附带上移动节点的家乡地址。其他主机的后续报文以移动节点的转交地址为目的地址，但是要附带源路由选择首部，首部内容为移动节点的家乡地址。使用这种机制的目的是保证移动节点在移动过程中也不会丢失报文。

移动节点在家乡网络链路或是离开家乡网络链路，总是期望通过家乡地址寻址，移动节点离开家乡网络链路移动到外地网络链路时，是通过一个或多个转交地址寻址。

移动节点家乡地址和转交地址之间的联合被称为移动节点的绑定，移动节点离开家乡网络链路时，在家乡链路上的一台路由器上注册其转交地址，该路由器用作移动节点家乡代理。移动节点通过发送绑定更新至家乡代理来执行绑定注册，家乡代理通过应答绑定确认报文响应移动节点。

可以类比生活中的例子，离家外出的游子，不管走到哪里，都会告诉自己的家人，自己在哪里、自己的联系方式，其他人与外出游子的信件和联系，可以通过家人转交给游子。

6.11.5 移动节点的功能

移动节点具有的功能包括移动检测功能、注册功能和隧道技术功能。

移动检测功能是移动节点通过移动检测确定当前连接的是家乡网络链路还是外地网络链路，同时也判定移动节点是否从一条网络链路移动到另一条网络链路。若是连接到外地网络链路，移动节点会获得一个转交地址。移动检测也称为代理搜索，移动检测通过家乡代理和外地代理周期地发送代理通告报文来实现，代理通告报文是ICMP路由器通告报文的扩展。具有移动代理通告扩展的ICMP路由器发现报文，如图6-58所示。

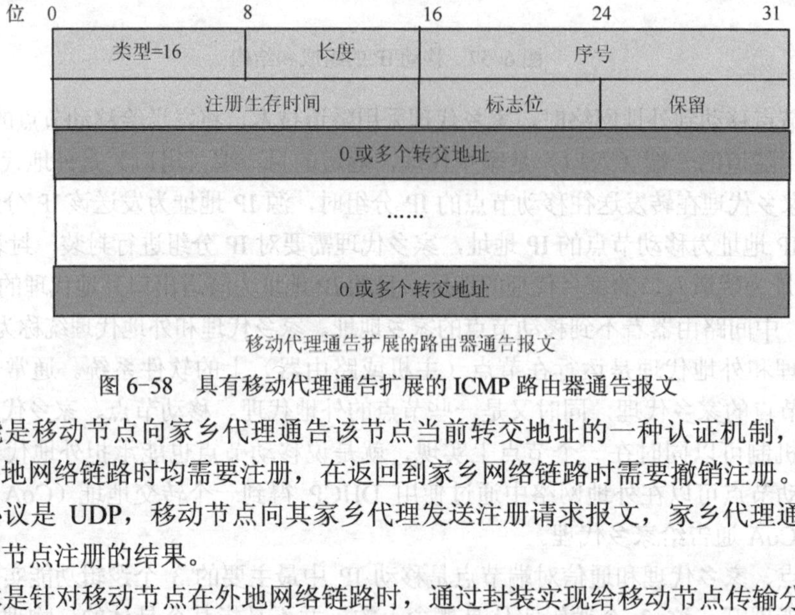

移动代理通告扩展的路由器通告报文

图6-58 具有移动代理通告扩展的ICMP路由器通告报文

注册功能是移动节点向家乡代理通告该节点当前转交地址的一种认证机制，移动节点在移动到一个外地网络链路时均需要注册，在返回到家乡网络链路时需要撤销注册。注册报文使用的运输层协议是UDP，移动节点向其家乡代理发送注册请求报文，家乡代理通过注册应答报文告诉移动节点注册的结果。

隧道技术是针对移动节点在外地网络链路时，通过封装实现给移动节点传输分组的机制。移动节点在外地网络链路时，发给移动节点家乡地址的分组依据网络前缀先被路由到该节点的家乡网络（归属网络），家乡代理截获分组后，通过隧道技术将该分组送到移动节点的转交地址（一般是外地网络的路由器），在转交地址处，从隧道中取出分组后送往移动节点。

6.11.6 移动IP的工作原理

RFC 2002技术文档“IP移动性支持（IP Mobility Support）”描述了IPv4网络中移动IP的概念，可以允许IP数据报透明地路由到Internet中的移动节点上。

移动IP的工作过程包括代理发现（Agent Discovery）、注册（Registration）、分组路由

（Packet Routing）和注销（Deregistration）。

代理发现可以通过 ICMP 报文实现，可以确定移动节点是否从一个网络切换到另一个网络，是在家乡网络还是在外地网络。在切换到外地网络时，可以选择外地代理提供的转交地址。移动 IP 发现过程要使用路由器通告报文（在 RFC 1256 和 RFC 2461 中定义），对路由器通告报文进行扩展后加入了移动信息，例如，转交地址。这些扩展后的路由器通告报文被称为代理通告（Agent Advertisements）报文。代理按照一定的周期发布代理通告报文。如果移动节点不想等待下次代理通告报文的话，移动节点可以发出请求代理通告的报文。这些请求报文称为代理请求（Agent Solicitation）报文。

移动节点移动到新的网络后，通过注册把它新的可达信息告诉家乡代理。为了实现 IP 节点的移动，移动 IP 需要一个家乡代理。当移动节点不属于其家乡（本地）网络的时候，家乡代理会把所有去往该移动节点家乡地址的分组收集起来，并把它们转发到该移动节点的转交地址。每当移动节点移动到一个不同的网络时，它都必须向它的家乡代理注册新的转交地址。在移动 IPv4 中，外部网络具有一个协助移动节点接收分组的外部代理（Foreign Agent）。这个向移动节点发送分组的节点被称为联系人节点（Correspondent Node）。

家乡代理（HA）接收那些发往移动节点（MN）家乡地址的分组，并把它们转发到转交地址。家乡代理之所以知道转交地址，是因为移动节点必须在每次移动到其他网络的时候，向家乡代理注册当前的转交地址。

当家乡代理要对发往移动节点的家乡地址的分组重新定向的时候，必须要把目的 IP 地址改为移动节点的转交地址。家乡代理通过应用一个目的地址字段包含着转交地址的新的 IP 首部，并把原始分组封装在这个新的 IP 首部内来实现这一功能。当移动节点收到这个分组的时候，它会除去附加的 IP 首部，像往常一样处理原始分组。代理通告与移动 IP 注册，如图 6-59 所示。

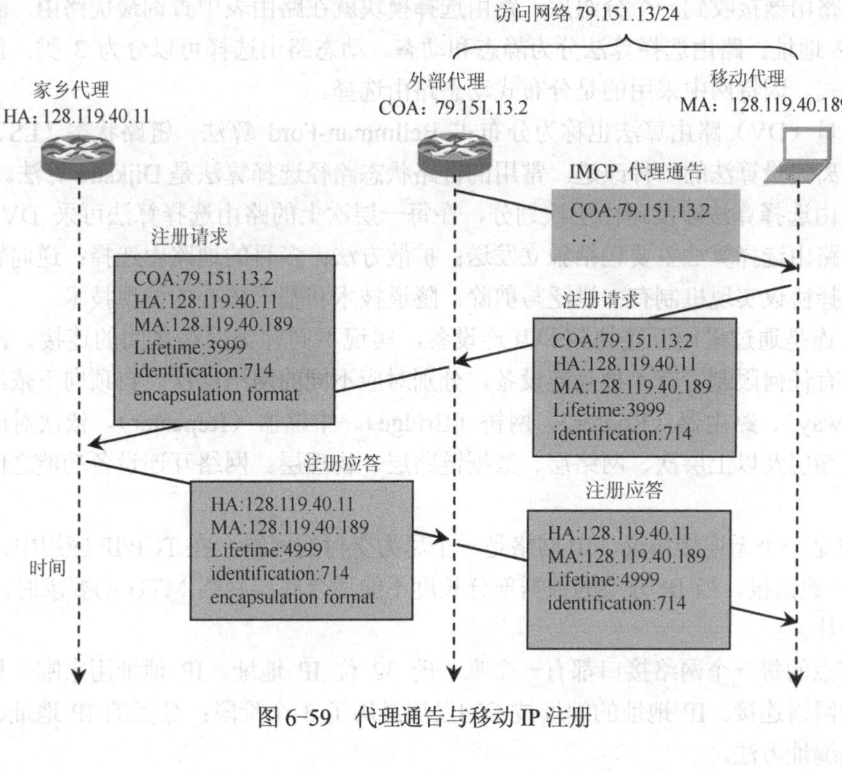

图 6-59　代理通告与移动 IP 注册

移动节点向其家乡代理发送一条包含着转交地址的注册请求。家乡代理接受该请求并且返回一条注册应答。注册请求包含有关这种特殊隧道的参数和标记，还包括一个注册生存时间。家乡地址、转交地址和注册生存时间合在一起称为绑定（Binding）。当移动节点移动到一个不同的网络时，它会发出一个绑定更新来注册新的转交地址。很明显这种机制具有一个潜在的安全漏洞，移动节点和家乡代理需要一种验证机制，这样家乡代理才能判断该绑定更新是来自移动节点。移动节点和家乡代理必须能够使用具有 128 位密钥的报文摘要 5（Message Digest 5，MD5）来为注册请求创建数字签名，该签名是通过对注册报文首部内的所有数据，以及签名之前执行 MD5 单向哈希（Hash）算法计算出来的。MD5 的描述可以参考 RFC 1321。

家乡代理截获发送到移动节点家乡地址的分组，进行封装后通过隧道将截获的分组按照转交地址发送给移动节点，在隧道的出口将收到的分组拆封，转交给移动节点。此时移动节点已经知道对端通信节点的地址，再将通信对端的地址作为目的地址，转交地址作为源地址，与通信对端按正常的 IP 路由机制进行通信。

若移动节点回到家乡网络，需要在家乡代理上对注册进行注销。

6.12 小结

网络层是网络核心（通信子网）的最高层，网络层提供从发送节点到目的节点之间的可靠传输，以及分组的路由选择。网络层需要解决的问题主要有：网络连接的建立和释放、路由选择、网络互连、网络寻址、拥塞控制、分片和组块、服务选择等。网络层提供的服务有两种：一种是面向连接的虚电路服务，另一种是无连接的数据报服务。

路由选择算法是实现最佳路由选择的步骤和方法。路由选择是通过路由选择模块与路由表实现的，路由器接收到一个分组后，路由选择模块就在路由表中查询最优路由，获得下一跳路由器的 IP 地址。路由选择算法分为静态和动态。动态路由选择可以分为 3 类：孤立式、集中式和分布式。因特网中采用的是分布式动态路由选择。

距离矢量（DV）路由算法也称为分布式 Bellmman-Ford 算法。链路状态（LS）路由选择算法是对距离矢量算法的一种改进。常用的链路状态路径选择算法是 Dijkstra 算法。

层次路由选择算法涉及路由层次划分，在每一层次上的路由选择算法可采 DV、LS 方法实现。广播路由选择算法主要包括独立发送；扩散方法；多目的地路由选择；逆向转发方法。多播路由选择协议实现机制有：洪泛与剪除；隧道技术和基于核心的发现技术。

网络互连是通过采用互连协议和互连设备，实现不同种类网络之间的连接。没有对参与互连的网络有任何限制。有 4 种互连设备，分别对应不同的网络层次，自顶向下依次为协议转换器（Gateway）、路由器（Router）、网桥（Bridge）、中继器（Repeater）。依次对应的网络协议层次为运输层及以上层次、网络层、数据链路层、物理层。网络互连设备功能之间的关系为包含关系。

IP 协议是一个无连接协议，IP 网络是一个尽力交付的网络。在 TCP/IP 应用中，经常把 IP 分组称为 IP 数据报。当 IP 分组的数据部分长度不能适合底层网络 MTU 的要求时，需要对 IP 分组进行分片。

网络节点的每一个网络接口都有一个唯一的 32 位 IP 地址。IP 地址用来唯一标识网络中一个节点的网络连接。IP 地址的编址技术的发展经历了 3 个阶段：分类的 IP 地址、子网的划分和无分类编址方法。

CIDR 是在变长子网掩码 VLSM 的基础上发展起来的。CIDR 使用各种长度的网络前缀代替分类地址中的网络号和子网号。在查找路由表时可以得到多个符合的匹配结果，应当从多个匹配结果中选择具有最长网络前缀的路由，这称为最长前缀匹配。

ICMP 用于监视与检测网络、报告意外事件。ICMP 分为差错报告报文和查询报文。ICMP 报文作为 IP 分组的数据部分，封装在 IP 分组中传输。

支持移动性的 Internet 体系结构与协议称为移动 IP。移动 IP 技术是指移动节点在跨越不同 TCP/IP 网络环境时，可以随意的移动和漫游，不需要修改主机的 IP 地址，仍然可以继续使用在原网络中的一切权限和服务的技术。移动 IP 的工作过程包括：代理发现；注册；分组路由和注销。

6.13 思考题与习题

6-1 简述网络层的作用和位置。

6-2 网络层为高层提供什么样的服务？

6-3 当应用程序使用面向连续的 TCP 和无连接的 IP 时，这种传输是面向连接的还是无连接的？

6-4 若一个应用进程使用运输层的用户数据报 UDP。但继续向下交给 IP 层后，又封装成 IP 数据报。既然都是数据报，是否可以跳过 UDP 而直接交给 IP 层？哪些功能 UDP 提供了但 IP 没有提供？

6-5 网络层的设计目标是什么？

6-6 画出虚电路服务的图示。

6-7 画出数据报服务的图示。

6-8 给出虚电路服务与数据报服务的比较。

6-9 设有一个分组交换网。若使用面向连接的虚电路，则每一组必须有 3 字节的分组首部，而每个网络结点必须为虚电路保留 8 字节的存储空间来识别虚电路。但若使用无连接的数据报，则每个分组 15 字节的分组首部，而节点就不需要保留转发表的存储空间。假设每段链路每传 1 兆字节需 0.01 元。购买节点存储器的代价为每字节 0.01 元，而存储器的寿命为 2 年工作时间（每周工作 40 h）。假定一条虚电路的每次平均使用时间为 1000 s，而在此时间内发送 200 个分组，每个分组平均要经过 4 段链路。试问：采用哪种方案（虚电路或数据报）更为经济？相差多少？

6-10 什么是路由选择？

6-11 路由选择有哪些方法？

6-12 有哪些静态路由选择方法？

6-13 理想的路由选择算法有哪些特点？

6-14 写出距离矢量路由选择算法的要点。

6-15 写出链路状态路由选择算法的要点。

6-16 为什么要采用层次路由？

6-17 什么是自治系统？

6-18 什么是内部路由协议？什么是外部路由协议？

6-19 画出 RIP 协议的格式。

6-20 画出 OSPF 协议的格式。

6-21　什么是网络互连？

6-22　网络互连要解决哪些问题？

6-23　网络互连有哪些类型？

6-24　画出网络互连的模型。

6-25　网络互连的规则是什么？

6-26　有哪些网络互连设备？

6-27　说明网络互连设备实现功能的包含关系。

6-28　IP 协议有什么特点？

6-29　画出 IP 协议的格式。

6-30　一个 UDP 用户数据报的数据字段为 8192 字节。要使用以太网来传送。试问应当划分为几个数据报分片？说明每一个数据报分片的数据字段长度和片偏移字段的值。

6-31　在因特网中将 IP 分组分片传送的分组，需要最后在目的主机进行组装。还可以有另一种做法，即分组分片通过一个网络就进行一次组装。试比较这两种方法的优劣。

6-32　为什么说 IP 协议可以实现网络的互连？

6-33　分类 IP 地址有哪些类？

6-34　子网掩码有什么作用？

6-35　什么叫 CIDR？有什么特点？

6-36　最长前缀匹配是什么含义？

6-37　假设某路由器建立了如下路由表（这 3 列分别是目的网络、子网掩码和下一跳路由器，若直接交付则最后一列表示应当从哪一个网络接口转发出去）：

128.96.39.0	255.255.255.128	接口 0
128.96.39.128	255.255.255.128	接口 1
128.96.40.0	255.255.255.128	R_2
192.4.153.0	255.255.255.192	R_3
*（默认）	—	R_4

现共收到 5 个分组，其目的站 IP 地址分别为：

（1）128.96.39.10

（2）128.96.40.12

（3）128.96.40.151

（4）192.4.153.17

（5）192.4.153.90

试分别计算其下一跳。

6-38　某单位分配到一个 B 类 IP 地址。其 Net-id 为 129.250.0.0。该单位有 4000 多台机器，分布在 16 个不同地点。假设选用子网掩码为 255.255.255.0，试给每一个地点分配一个子网号，并计算出每个子网中主机号的最小值和最大值。

6-39　一个 4000 字节的分组（20 字节的首部加上 3980 字节 IP 有效载荷），到达一台路由器，需要转发到一条 MTU 为 1500 字节的链路上，请画出分片的情况，假定原始分组附加上的标识字段值为 999，按下面格式给出每一分片的序号、字节数、标识、偏移和标志。

6-40　试找出可产生以下数目的 A 类子网的子网掩码。

（1）2；　（2）6；（3）30；　（4）62；　（5）122；（6）250

6-41　有如下的 4 个/24 地址块，试进行最大可能的路由汇聚。

（1）212.56.132.0/24　　　　　　　　（2）212.56.133.0/24

（3）212.56.134.0/24　　　　　　　　（4）212.56.135.0/24

6-42　有两个 CIDR 地址块 208.128/11 和 208.130.28/22。是否有哪一个地址块包含了另一个地址块的地址？如果有请指出，并说明理由。

6-43　下面的前缀中的哪一个和地址 152.7.77.159 及 152.31.47.252 都匹配？请说明理由。

（1）152.40/13；　（2）153.40/9；　（3）152.64/12；　（4）152.0/11。

6-44　一个网络划分有几个子网，其中的一个已经分配了子网掩码 74.178.247.96/29。试问下列网络前缀中的哪些不能再分配给其他的子网？

（1）74.178.247.120/29　　　　　　（2）74.178.247.64/29

（3）74.178.247.80/28　　　　　　（4）74.178.247.104/29

6-45　假定网络中路由器 B 地路由表有如下项目（这 3 列分别表示“目的网络”、“距离（度量值）”和“下一跳路由器”）：

N_1	7	A
N_2	2	C
N_6	8	F
N_8	4	E
N_9	4	F

现在 B 收到从 C 发来的路由信息（这两列分别表示“目的网络”和“距离（度量值）”）：

N_2	4
N_3	8
N_6	4
N_8	3
N_9	5

试求出路由器 B 更新后的路由表（详细说明每一个步骤）。

6-46　有 3 个网络 A、B、C。各有主机数分别为 25、18、50，并用两个路由器 R1、R2 把它们互连起来，该互连网的 IP 地址设定为 195.100.80.0。试为该互连网设计一个 IP 地址编址方案。

6-47　网络中的广播路由选择有什么特点？

6-48　网络中的多播路由选择有什么特点？

6-49　ICMP 有什么作用？

6-50　给出 ICMP 协议的格式

6-51　说明重定向 ICMP 报文的用途。

6-52　有几类网络互连设备，各用于什么样的网络互连，这些互连设备与网络协议层次有什么关系

6-53　在图 6-4 中设计和建立其他虚电路，例如，H2—B—D—E—C—H3。在节点虚电路表中填入对应的表项内容。

6-54　假定从 I 到 X 的路径为 R1，从 X 到 J 的路径为 R2，并假定 R1、R2 为最优路径。如果从 X 到 J 有一条比 R2 更好的路径 R3，则路径 R1、R3 应比 R1、R2 更好，这与 R1、R2 为最优路径相矛盾，故 R2 必为从 X 到 J 的最优路径。请画出图示证明上述问题。

6-55　试着画出层次路由划分图示。

6-56　试着画出采用隧道技术的多播路由协议的图示。

6-57　试着画出 ICMP 差错报告报文的数据部分内容的图示。

6-58　写出移动 IP 的定义和特征。

6-59　什么是转交地址，什么是家乡代理，什么是外部代理？

6-60　画出移动 IP 组成和结构，说明每一部分的作用。

6-61　简述移动 IP 的发展历程。

6-62　简述移动 IP 的工作过程。

6-63　因特网中的内部路由协议有哪些，分别采用什么路由选择算法？对应的路由度量值怎样确定和表示？

6-64　IP 协议提供什么样的服务？IP 地址包括哪些部分，每一部分有什么功用？

6-65　路由器中路由表的表项内容主要由哪些字段组成。什么是默认路由？

6-66　当某个路由器发现一个 IP 分组的首部校验和有差错时，为什么采取丢弃的办法而不是要求源站重发此数据报？计算首部检验和为什么不采用 CRC 检验码？

6-67　虚电路中的“虚”是什么含义？如何区分一个网络节点所处理的多个虚电路？

6-68　用 Ethereal/Wireshark 工具捕获 IP 协议包，并进行分析。

6-69　用 Ethereal/Wireshark 工具捕获 ICMP 协议包，并进行分析。

6-70　用 Ethereal/Wireshark 工具捕获 RIP 协议包，并进行分析。

6-71　用 Ethereal/Wireshark 工具捕获 OSPF 协议包，并进行分析。

6-72　请用网络命令行程序 tracert 进行路由追踪测试和验证，并给出分析。

第 7 章　数据链路层和局域网

数据链路层的主要任务是实现计算机网络中相邻节点之间的可靠传输，把原始的、有差错的物理传输线路加上数据链路协议以后，构成逻辑上可靠的数据链路。数据链路协议需要完成差错检测、差错控制、流量控制、协议数据单元边界的确定和物理寻址等。高级数据链控制（HDLC）协议和点对点（PPP）协议是学习数据链路层协议最好的例子。

交换局域网是目前最常用的组网技术和方式，三层交换技术已经得到广泛的应用。虚拟局域网可以不受地理位置的限制，实现网段的逻辑划分。无线局域网在近年得到长足的发展，IEEE 802.11 系列的无线局域网产品成为应用的主流。

本章介绍数据链路层的基本概念，分析数据链路层协议的实现方法，重点介绍 HDLC 和 PPP。结合应用介绍局域网的标准、体系结构，了解 IEEE 802 局域网标准系列的内容。重点介绍以太网的技术和原理。本章还对交换局域网、三层交换技术、虚拟局域网和无线局域网的基本概念、工作原理、实现技术和应用方法进行了分析，目的是让读者理解身边的这些局域网是怎样实现的。

学习本章，要求了解面向字符的数据链路层协议 BSC，了解多路访问协议的分类方法，了解局域网的发展过程和局域网的技术标准。掌握数据链路层的基本概念、面向位的数据链路层协议 HDCL 的协议机制，掌握以太网的基本技术。掌握交换局域网、三层交换技术、虚拟局域网和无线局域网的基本知识和实现方法。

7.1　数据链路层基础知识

7.1.1　数据链路层的基本概念

数据链路层属于通信子网的层次，提供网络中相邻节点之间的可靠数据传输。把原始的、有差错的物理传输线路加上数据链路协议以后，构成逻辑上可靠的数据链路。数据链路层使用的信道主要是，点对点信道，采用一对一的通信方式；广播信道，采用一对多的通信方式。这里讲的是相邻节点之间，中间不经过其他节点，也包括使用广播信道的一个节点对多个节点之间的通信。相邻节点可以是主机与路由器之间、主机之间、路由器之间。相邻节点之间的描述，如图 7-1 所示。

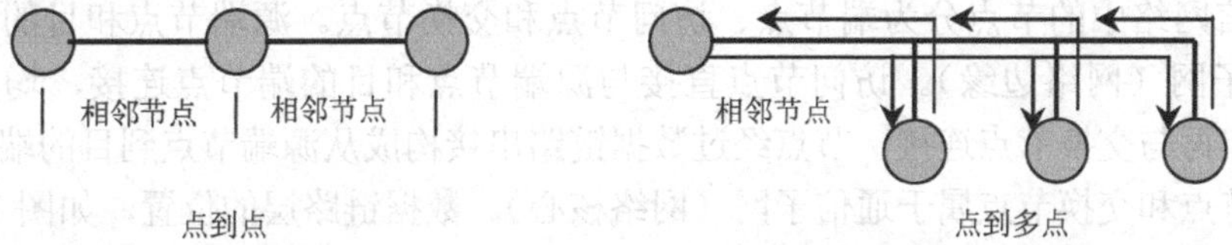

图 7-1　相邻节点之间的描述

“链路”和“数据链路”是两个不同的概念，链路是一条无源的点到点的物理线路段，多条链路的串接组成一条两个主机之间的通信路径。在计算机网络中，通信的源节点和目的节点之间的通路就是由一个个链路连接起来的。链路本身是不可靠的，会出现差错。通信传输时需要可靠的链路，需要通信控制协议控制数据在链路上的传输，把实现控制协议的软件和硬件加到链路上，就构成了数据链路。网络适配器（也称为网卡）和对应的网卡驱动程序用来实现数据链路层协议，网络适配器硬件和软件可以实现数据链路层和物理层的功能。在计算机网络拓扑结构中，链路也称为网段，例如，在两个路由器之间的网络，可以描述为一个链路（网段）。

有时也用物理链路和逻辑链路来介绍数据链路层，在物理链路上加上通信控制协议就构成了逻辑链路。物理链路对应上述的链路，逻辑链路对应上述的数据链路。

数据链路层的协议数据单元（PDU）为帧（Frame）。在物理媒体（传输介质）上传送的是电信号或光信号，在物理层实体之间传送的是比特流（bits），通过数据链路层协议把比特流组成帧，可以区分帧的起、止比特（bit）。物理层实现比特流传输的细节对数据链路层是透明的。使用点对点信道的数据链路层的简化模型，如图 7-2 所示。

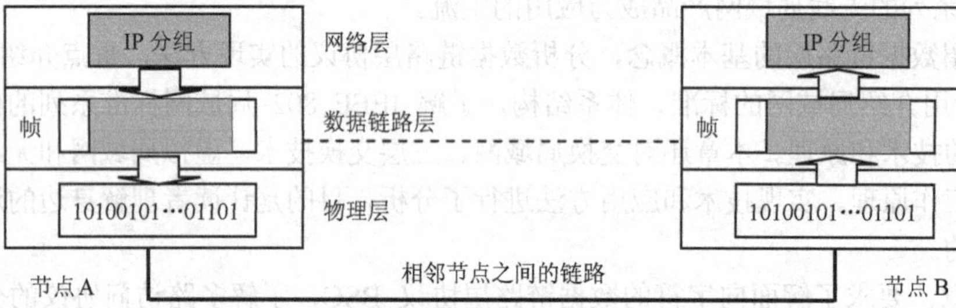

图 7-2　使用点对点信道的数据链路层的简化模型

数据链路层的设计目的是，使原始的、有差错的物理线路成为无差错的数据链路。数据链路层协议基本分为两类：面向字符的协议和面向位的协议。

数据链路层需要解决的问题。

1）把从网络层交下来的 IP 分组封装成帧，给出帧的边界。

2）把帧从一个节点发送到另一个节点，实现相邻节点之间的可靠传输，涉及差错控制、流量控制、信道访问、丢失、重复、超时和失序控制等。这里实现可靠数据传输的机制与运输层类似。

3）目的节点收到的正确的帧后，从帧中取出 IP 分组交给上面的网络层。

4）为网络层提供的服务可以是，无确认的无连接服务；有确认的无连接服务；有确认的面向连接服务。

5）物理寻址，保证每一帧都能送到目的节点，收、发双方均知道对方是谁。

7.1.2　数据链路层的用途

数据通信网络中的节点分为端节点、访问节点和交换节点。源端节点和目的端节点的位置属于资源子网（网络边缘）。访问节点直接与源端节点和目的端节点连接，均属于相邻节点。访问节点再与交换节点连接，节点经过数据链路串接构成从源端节点到目的端节点的通信路径。访问节点和交换节点属于通信子网（网络核心）。数据链路层的位置，如图 7-3 所示。

数据链路层协议实现相邻节点之间的可靠数据传输，通过相邻节点之间的链路段的串接，为网络层提供传输 IP 分组服务。数据链路层提供的许多服务与运输层很类似，但是两个层次在网络中的位置是不同的。数据链路层协议定义了帧的格式，以及相邻节点之间在发送和接收帧时应该采取的动作。数据链路层为网络层屏蔽了物理层采用的传输技术的差异性。

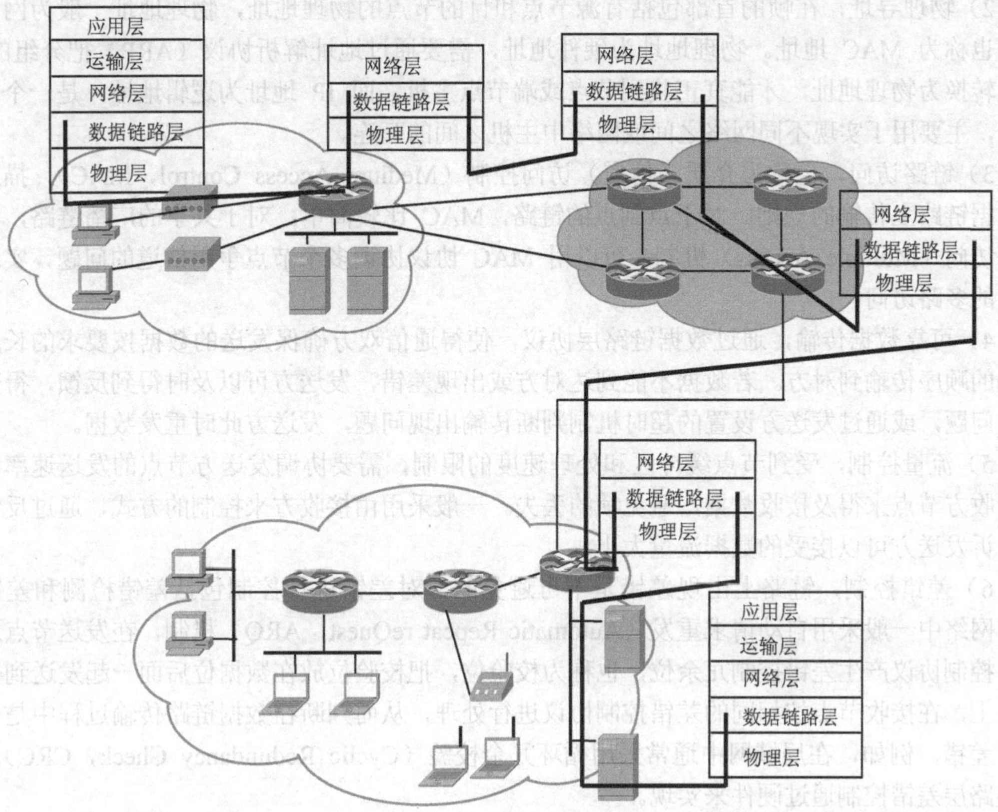

图 7-3　数据链路层的位置

数据链路层信道有两种：点对点信道多用在广域网中，例如，两台路由器之间的通信链路；广播信道通常用在局域网、无线局域网、卫星网中。多个节点（主机）被连接到广播信道，若有多个节点同时发送数据就会产生冲突，需要设计信道访问协议。信道访问协议也称为介质访问控制（Medium Access Control，MAC）协议，用来协调对信道的使用。

需要注意的是，网络层的 IP 分组在传输路径的各段链路上可能会由不同的数据链路层协议处理，例如，分组在第一段链路上由以太网协议处理，在中间的各段链路上由帧中继协议处理，在最后一段链路上由 PPP 协议处理。在各段链路上均要进行数据链路层协议的拆封和封装过程，把前一段链路的协议转换为下一段链路的协议，在数据链路层协议的拆封和封装过程中实现对等层协议的理解。

下面用一个生活中的例子来类比各段链路可以采用不同数据链路层协议的过程，例如，从北京—上海—杭州—西湖的旅行过程，在各段行程中可以使用不同的交通工具，从北京到上海可以乘坐飞机，从上海到杭州可以乘坐动车列车，到杭州之后可以乘地铁或汽车到西湖。在这个例子中，每个人可以类比一个分组，每个运输区段类比一段链路，每种运输方式类比一种数据链路层协议。

数据链路层协议需要提供的主要服务有：

1）成帧，用来把网络层的 PDU（例如分组）封装成帧，帧由协议控制部分和数据部分组成，网络层的分组插在数据字段中，多个协议控制字段执行数据链路层协议，包括协议首部和协议尾部，同时形成帧的边界。

2）物理寻址，在帧的首部包括有源节点和目的节点的物理地址，物理地址一般为网卡地址，也称为 MAC 地址。物理地址为硬件地址，需要通过地址解析协议（ARP）把分组的 IP 地址转换为物理地址，才能真正找到节点或端节点主机。而 IP 地址为逻辑地址，是一个软件地址，主要用于实现不同网络之间或网络中主机之间的互连。

3）链路访问，也称为介质（信道）访问控制（Medium Access Control，MAC），描述帧在数据链路上传输的规则。对于点到点的链路，MAC 比较简单；对于共享的广播链路，涉及多路访问（Multiple Access）机制，可以用 MAC 协议协调多个节点争用信道的问题，实现对链路的多路访问。

4）可靠数据传输，通过数据链路层协议，使得通信双方确保发送的数据按要求的长度、正确的顺序传输到对方。若数据不能到达对方或出现差错，发送方可以及时得到反馈，得知出现了问题，或通过发送方设置的超时机制判断传输出现问题，发送方此时重发数据。

5）流量控制，受到节点缓冲区和处理速度的限制，需要协调发送方节点的发送速率，使得接收方节点来得及接收数据，避免帧的丢失。一般采用由接收方来控制的方式，通过反馈机制告诉发送方可以接受的数据流量大小。

6）差错控制，链路上出现差错是不可避免的，对差错进行控制包括差错检测和差错纠正。网络中一般采用自动请求重发（Automatic Repeat reQuest，ARQ）机制，在发送节点通过差错控制协议产生差错控制冗余位，也称为校验位，把校验位放在数据位后面一起发送到数据链路上，在接收节点按相同的差错控制协议进行处理，从而判断在数据链路传输过程中是否出现了差错。例如，在局域网中通常采用循环冗余校验（Cyclic Redundancy Check，CRC）。数据链路层差错控制通过硬件来实现。

7）双向同时通信，数据链路两端的节点可以同时传输帧。而双向交替通信，也称为半双工通信，只能交替的传输帧。

7.1.3 帧边界的确定及成帧方法

数据链路层使用物理层为它提供的服务，需要把物理层提供的二进制位流组成帧，执行差错检测、流量控制等数据链路层协议，而物理层协议是不提供位流的差错检测和流量控制的。把二进制位流组成帧通常采用以下 4 种方法：字符计数法或字节计数法；字符填充法；位填充法；物理违例法。

1．字符计数法或字节计数法

字符计数法或字节计数法是在帧首部设置一个字段，标明帧内字符数或字节数，从而可以确定帧的长度和边界。此种算法的问题是，字段中标明帧长度的数值可能因传输差错出现错误，而无法确定帧的边界，需要想办法解决出错后再同步的问题。字符计数法已经很少采用。

2．字符填充法

字符填充法是采用填充特殊的 ASCII 字符作为帧的边界，字符的位数限制为 8 位。例如，每一帧以 ASCII 字符序列 DLE STX 开头，以 DLE ETX 结束，ASCII 字符序列 DLE STX 和 DLE ETX 总是成对出现的。目的节点若发现丢失帧边界，可以寻找规定的 ASCII 字符序列即可重新确定帧的边界。这些用作通信控制的特殊 ASCII 字符排在 ASCII 表的前面。

存在的问题是，若帧中的数据字段部分中的内容与规定的 ASCII 字符序列内容相同时应如何处理？解决的这一问题的方法是采用字符填充法，实现透明传输。字符填充法的实现过程是，发送方在发送数据字段内容时，若发现有 DLE 字符，则在这个 DLE 字符前再插入一个 DLE 字符的 ASCII 代码，目的节点的数据链路层在接收数据字段的内容时，根据规则去掉插入的字符，再把完整的数据字段内容交给网络层。这种方法存在的另一个问题是要完全依赖 ASCII 特殊字符，对于其他字符编码集则无法使用。

3. 位填充法

位填充法采用特殊的位模式作为帧的边界，方法是每一个帧使用位模式“01111110”作为帧的开始标志和结束标志。允许数据帧包含任意个数的位（bit），也允许每个字符的编码包含任意个数的位（bit）。

需要解决帧中的数据字段内容出现与位模式组合相同的问题，解决的办法是采用位填充技术。实现的过程是，发送方在发送数据字段内容时，若出现连续的 5 个“1”时，就自动的在其后插入一个“0”到输出的比特流中，接收方在接收数据字段内容时，若发现 5 个连续的“1”后面有一个“0”时，就自动删去这个“0”。位填充法也称为“0”比特插入删除技术。

位填充技术和字符填充技术对通信双方计算机的网络层是完全透明的，这里“透明”的含义是，填充和删除过程存在，但感觉不到或不用再考虑实现过程。如果接收方失去同步，只需要重新寻找位流中的标志序列（位模式）即可重新获得同步。位填充法的透明传输机制，如图 7-4 所示。

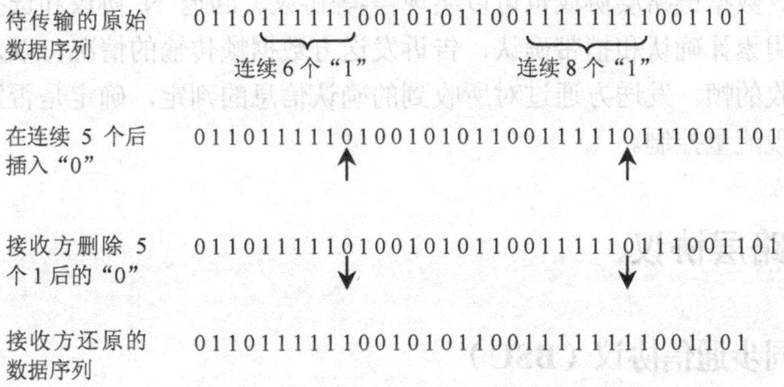

图 7-4　位填充法的透明传输机制

4. 物理违例法

物理违例法是采用特殊的电信号编码方式，用非 0 和非 1 的编码来作为帧的边界，例如，正常的编码是，数据位 1 的编码为高-低电平对；数据位 0 的编码为低-高电平对。而高-高电平对和低-低电平对是属于违例的。采用物理违例法确定帧边界的例子是 IEEE 802.5 令牌环局域网。IEEE 802.5 采用物理违例法成帧的机制，如图 7-5 所示。

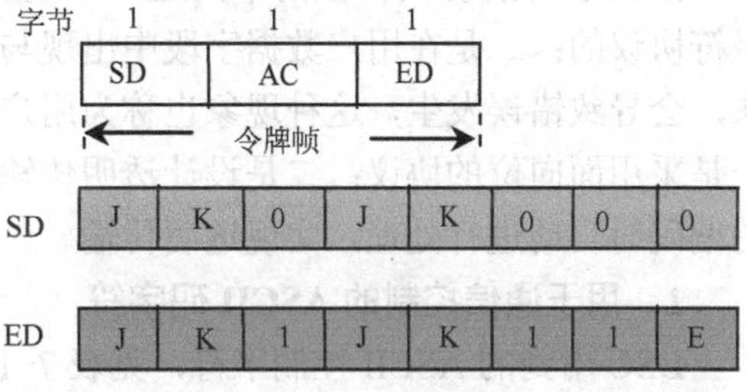

图 7-5　IEEE 802.5 采用物理违例法成帧的机制

IEEE 802.5 令牌其实是一个特殊的帧，只有 3 个字段，占 3 个字节，分别是开始字段（SD）、访问控制字段（AC）、结束字段（ED）。SD 和 ED 字段中设置有非 0 或非 1

电信号的编码 J 和 K。IEEE 802.5 令牌环型局域网采用差分曼彻斯特编码，SD 和 ED 字段中的 0 和 1 为正常编码信号。物理违例信号 J 是数据 0 的正常编码信号去掉信号中间的跳变，K 是数据 1 的正常编码信号去掉信号中间的跳变，采用物理违例编码方法实现帧边界的标识。

7.1.4 数据链路层的流量控制

在数据链路层以及在较高网络层次中都要考虑数据流量控制问题，目的是使得接收方来得及接收发送方发来的数据，避免数据丢失。在发送方和接收方的数据链路层上分别有发送缓存和接收缓存，在通信线路上数据是以比特流的形式串行传输的，而在计算机内部数据是以字节或若干字节为单位并行传输的。

流量控制是对两个节点来讲的，两个节点构成通信的双方，两个节点可以是相邻节点，也可以是源节点到目的节点，或是通过网络的两个端节点。在不同层次上的流量控制所涉及的节点对象是不同的。

流量控制是用来限制发送方发出的数据流量，通常流量控制采用由接收方控制的方法，通过反馈机制，使得发送方可以知道接收方接收数据的能力。流量控制协议告诉发送方在什么情况下可以发送下一帧。

数据链路层的流量控制采用滑动窗口协议描述。在帧的字段中有一个序号字段，用来标识帧发送的顺序。通过超时机制，若在设置的时间间隔内，规定序号的帧没有到来，则可以判断数据帧或应答帧是否丢失。这些网络协议设计的方法与运输层介绍的可靠数据传输协议设计的内容是一致的。数据链路层协议也可以实现停-等协议、回退 N 协议和选择重传协议。数据链路层协议也采用累计确认和捎带确认，告诉发送方数据帧传输的情况，以及接收方是否正确接收到了期望接收的帧。发送方通过对所收到的确认信息的判定，确定是否发送新的帧，或是重传帧，从而实现流量控制。

7.2 数据链路层协议

7.2.1 二进制同步通信协议（BSC）

二进制同步通信协议（Binary Synchronous Communication，BSC）为面向字符的协议，BSC 利用已经定义好的一种标准字符编码集的子集实现通信传输控制。例如，ASCII 码中的 10 个通信控制字符，用于实现通信控制功能，可以用这些控制字符来规定数据帧和控制帧的格式，以及通信协议的操作过程。

面向字符的协议存在两个问题，一是使用不同字符编码集的计算机之间是很难利用面向字符协议的；二是在用户数据字段中出现与控制字符编码相同的编码时，若没有给出处理的方法，会导致错误发生，这种现象也称为用户数据不能透明传输。解决上述问题的对应方法是，一是采用面向位的协议；二是设计透明传输协议，在用户数据字段中出现与控制字符编码相同的编码时自动进行处理，实现透明传输。

1. 用于通信控制的 ASCII 码字符

BSC 用到的 ASCII 控制字符，见表 7-1。

表 7-1　BSC 用到的 ASCII 控制字符

控制字符	编　码	含　义
SOH（start of head）	0000001	报头开始
STX（start of text）	0000010	文本开始
ETX（end of text）	0000011	文本结束
EOT（end of transmission）	0000100	传输结束
ENQ（enquiry）	0000101	询问对方，并要求回答
ACK（acknowledge）	0000110	确认应答
NAK（negative acknowledge）	0010101	否认应答
DEL（data link escape）	0010000	转义字符
SYN（synchronous）	0010110	同步
ETB（end of transmission block）	0010111	文本信息块结束

2．BSC 帧格式

BSC 数据帧格式，如图 7-6 所示。开始是两个同步字符 SYN，用于收、发之间的同步，接收端至少要收到两个同步字符。SOH 表示帧的开始，报头字段是由用户定义的选项，例如，可以是地址、路径信息、发送日期等。STX 表示正文字段开始。数据（正文）字段是所传输的数据，对长度未做规定，若数据太长，需要将数据分块传输。每块用 ETB 结束。全部数据传输完后，用 ETX 结束。BCC 是校验字段。

SYN	SYN	SOH	报头	STX	正文	ETB/ETX	BCC

图 7-6　BSC 数据帧格式

BSC 控制帧的帧格式与数据帧类似，用于传输过程中的控制连接，这里不再介绍。

3．透明传输的实现

在用户数据字段中出现与控制字符编码相同的编码的字符时，若不进行适当的处理，会造成理解错误。例如，若在数据字段中出现 ETX 字符，会认为是数据字段结束。BSC 规定发送方发送帧时，当数据字段出现与控制字符相同的编码时，会自动在其后面插入一个转义字符（DLE），接收方在接收数据字段的值时，会通过硬件自动删除转义字符（DLE）。这个过程是由系统自动完成的，不需要用户操作，对用户是透明的。

4．BSC 协议的工作过程

BSC 协议的工作过程包括链路的建立维持、数据传输和链路释放。发送节点在发送数据帧前，先发送控制帧（ENQ）询问接收节点是否同意接收，若同意，接收节点发回确认帧（ACK）给发送节点，数据链路建立。接着发送方发送数据帧，接收节点对收到的数据帧根据校验字段（BCC）判定传输是否出现错误，若传输正确，则返回确认帧（ACK），若出现错误，则返回否认帧（NAK）。发送节点在收到 ACK 帧后，若还有数据发送，就继续发送数据帧，直到数据传输完毕。若没有数据要发送，就向接收节点发送传输结束控制帧（EOT）。双方数据传输结束时通过控制帧对链路进行释放。

从上面介绍可以看出，面向字符协议 BSC 属于停止-等待（Stop-Wait）协议。

7.2.2　高级数据链路控制协议（HDLC）

1．HDLC 的由来

高级数据链路控制协议（High-level Data Link Control，HDLC）是从 IBM 的系统网络体

系结构（SNA）的同步数据链路控制协议（Synchronous Data Link Control，SDLC）演变来的。ANSI 和 ISO 把 SDLC 接受为美国标准和世界标准，并进行了部分修改，形成 ANSI 的高级数据通信控制过程（ASCCP）和 ISO 的高级数据链路控制协议（HDLC）。

HDLC 是用在广域网中的数据链路层协议。在 HDLC 描述中，根据节点处于控制位置还是处于响应位置，把相邻节点分为 3 种类型：主站；从站和复合站。主站负责控制链路的操作，主站发出的帧称为命令帧。从站按主站发出的命令进行操作，从站发出的帧称为响应帧。复合站是既具有主站功能，又具有从站功能的节点。主站和从站之间的通信属于非平衡方式。复合站之间的通信属于平衡方式。读者可以试着画出 HDLC 三种类型节点的通信图示。

HDLC 中的数据通信操作方式有 3 种：正常响应方式（NRM），为非平衡方式，主站向从站发出命令，从站给出响应，从站只有收到主站许可后，方可进行操作；异步平衡方式（ABM），复合站之间均可以发起传输数据；异步响应方式（ARM），为非平衡方式，从站不经主站许可就可以进行数据传输。

2. HDLC 帧格式

HDLC 采用面向位的协议，使用位填充实现数据的透明传输。HDLC 的帧格式，如图 7-7 所示。

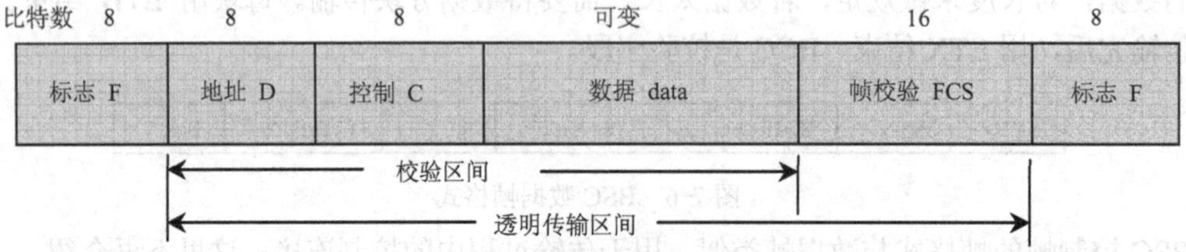

图 7-7 HDLC 帧格式

HDLC 帧由 6 个字段组成。图中标识出了校验区间和透明传输区间。帧边界字段采用位模式“01111110”。地址字段在点到多点（多节点广播信道）链路的场合用来区分各个节点，对于点到点链路用来区分命令和响应。数据字段可以包含任意信息，一般为网络层的分组（PDU），数据字段的长度也是任意的。HDLC 采用 CRC 进行差错控制，生成多项式采用 CRC-CCITT 标准，校验和字段的内容为 CRC 校验编码。控制字段很重要，用来实现数据链路层的大部分协议。

3. HDLC 的 3 种类型帧

通过对控制字段前两位二进制位进行编码设计，设计出 3 种类型的帧：信息帧；监控帧和无编号帧。3 种类型的帧，见表 7-2。

表 7-2 3 种类型的帧

帧 类 型	1	2	3	4	5	6	7	8
信息帧	0	N（S）			P/F	N（R）		
监控帧	1	0	S		P/F	N（R）		
无编号帧	1	1	M1		P/F	M2		

若控制字段的第 1 位为 0，表明此帧为信息帧，信息帧用来发送数据。若控制字段的第 1 位和第 2 位的组合为 10，表明此帧为监控帧，监控帧用来实现流量控制，以及停-等协议、回退 N 协议和选择重传协议等功能。若控制字段的第 1 位和第 2 位的组合为 11，表明此帧为无序号帧，无编号帧用来进行链路的控制，例如，链路的建立和释放。

HDLC 协议使用 3 位二进制位作为序号编号，N（S）为当前发送的帧的序列号。N（R）为下一个期待接收的帧的序号，具有捎带确认的功用，表明此序号值减 1 之前的帧均正确收到了。

P/F 位表示查询/终止（Poll/Final），在网络中应用时，通信的节点双方可以根据通信过程中所处的位置分为主站和从站，但是节点也可以是复合站，即在某一时刻，该节点作为主站，在另一个时刻，该节点作为从站。P 和 F 位在传输过程中成对出现，主站中的该位称为 P 位，从站中的该位称为 F 位。主站发出的命令帧中若将 P 比特位置 1，则要求对方响应，有强制回答的意思。在对方响应的帧中若将 F 位置 1，则表示该帧是最后一帧。

监控帧的类型字段 S 占用两位，可以有 4 种不同的编码组合，用来标识监控帧的类型。监控帧的标识与作用，见表 7-3。

表 7-3 监控帧的标识与作用

S 位组合	帧 名 称	含 义
00	RR（Receive Ready）	接收准备好，N（R）−1 及以前的帧均收妥
10	RNR Receive Not Ready）	接收未准备好，N（R）−1 及以前的帧均收妥
01	REJ（Reject）	从 N（R） 起所有的帧均被拒绝，N（R）−1 及以前的帧均收妥
11	SREJ（Selective Reject）	只否认序号为 N（R）的帧，N（R）−1 及以前的帧均收妥

监控帧仅有 48 位二进制位，不包含要传送的数据信息，监控帧中没有发送序号 N（S），但是期望接收序号 N（R）是很重要的。可以看出，监控帧中的 N（R）的含义相同，具有累计确认和捎带确认的含义。前两种监控帧类似于前面介绍过的确认帧（ACK），RR 帧和 RNR 帧还具有流量控制的作用。第三种 REJ 帧类似于否认帧（NAK）。

通过使用监控帧，可以实现前面（在运输层中）介绍过的停-等协议，回退 N 协议和选择重传协议。

无编号帧顾名思义是帧中没有发送序号，也没有期望接收的序号。无编号帧用作通信双方传输中的控制连接、节点模式设置等。通过修改位 M1、M2 的 5 位二进制位组合，有 32 种不同的编码，在具体使用时只用到其中的一些二进制位组合，定义了 19 种无编号帧。无编号帧的命令编码和响应编码，见表 7-4。其中，M1 标识控制字段的第 3、4 位，M2 标识控制字段的第 6、7、8 位，P/F 位中 P 标识命令，F 标识响应。

表 7-4 无编号帧的命令编码和响应编码

M1	P/F	M2	帧 名 称	功 用
00	P	001	SNRM	设置正常响应方式
11	P	000	SARM	设置异步响应方式
11	P	100	SABM	设置异步平衡响应方式
11	P	011	SNRME	设置扩充正常响应方式
11	P	010	SARME	设置扩充异步响应方式
11	P	110	SABME	设置扩充异步平衡方式
10	P	000	SIM	设置初始化方式
00	P	010	DISC	设置断开连接
00	P	000	UI	无编号信息帧
00	P	100	UP	无编号探询
11	P	001	REST	复位
11	P	101	XID	交换标志指令
00	F	110	UA	无编号确认
11	F	000	DM	断开连接响应

（续）

M1	P/F	M2	帧 名 称	功 用
10	F	000	RIM	请求初始化
00	F	000	UI	无编号信息帧
10	F	001	FRMR	帧拒绝
11	F	101	XID	交换标志响应
10	F	010	RD	请求断开连接

需要指出的是，HDLC 在网络技术发展过着中曾经起过很大的作用，同时对分析和理解网络协议的设计方法，理解协议数据单元（PDU）的结构，了解各字段的设计和作用，以及字段中二进制位组合的含义很有帮助。

4．HDLC 协议通信示例

主站 A 与从站 B、C 的通信过程，如图 7-8 所示。

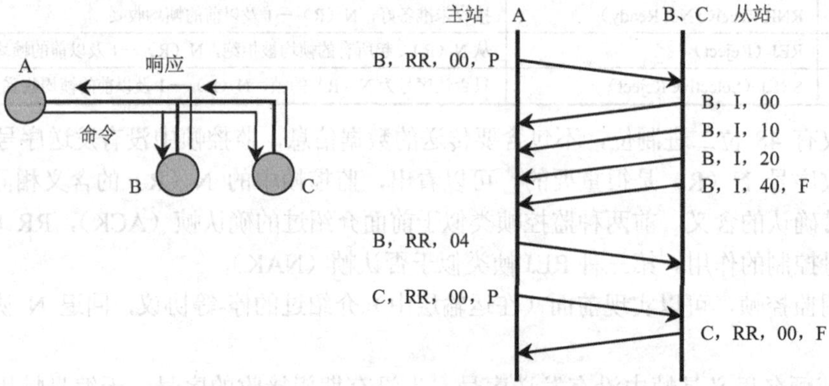

图 7-8 主站 A 与从站 B、C 的通信过程

属于点到多点的数据链路传输情况，采用的是广播信道。节点 A 为主站，节点 B、C 为从站，仅允许节点 A 与节点 B 之间，以及节点 A 与节点 C 之间通信，从站之间不允许通信。约定帧的标识为地址、帧名、N（S）N（R）、P/F，其中，地址永远是从站的地址，帧名用 3 种类型的帧名标识，N（S）N（R）标识发送序号和期望接收的序号。主站发出的帧为命令帧，从站发出的帧为响应帧，命令帧中 P/F 位置 1 标识为 P，响应帧中 P/F 位置 1 标识为 F。

下面给出数据传输阶段的通信过程描述。

主站 A 发送命令帧：B，RR，00，P，询问 B 站，接收已经准备好（RR），现在期望接收序号为 0 的帧，P 位置位，要求从站必须响应。然后 B 站连续发送 4 个 I 帧（信息帧），帧的发送序号依次为 0、1、2、3。B 站发出的第 4 个帧是 B，I，30，F，表示从站 B 发出信息帧 I，发送帧序号是 3，期望接收的帧的序号是 0，F 位置位，表示对主站的响应，也表示这是最后一帧。可以看到，在双方通信过程中 P 和 F 成对出现。

接着主站 A 发送帧：B，RR，04，表示告诉从站 B，接收已经准备好（RR），现在期望接收序号为 0 的帧，此时 P 位没有置位，不用写出，说明并不要求从站必须响应。从站 B 已经没有数据（信息帧）传输，可以不用响应。

主站 A 继续发送命令帧：C，RR，00，P，询问 C 站，接收准备好（RR），现在期望接收序号为 0 的帧，P 位置位，要求从站必须响应。从站 C 此时没有数据发送，但也必须给出响应：C，RR，00，F，表示从站 C，接收准备好（RR），发送序号为 0，现在期望接收序号为 0

的帧，F 位置位，表示对主站的响应，也表示这是最后一帧。可以看出，尽管 C 站没有数据传输，也要给出应答。

上述仅是给出数据传输阶段的通信过程描述，采用类似的分析，可以给出连接建立阶段和连接释放阶段的通信过程描述。请读者试着画出具有连接建立阶段和连接释放阶段的通信过程，提示如下：

主站和从站之间为相邻节点，数据通信操作方式为正常响应方式（NRM），属于非平衡方式，连接建立和连接释放过程需要使用到无编号帧。例如，设置正常响应方式的无编号帧 SNRM，无编号确认帧（UA），设置断开连接帧（DISC），断开连接响应帧（DM）。

7.2.3 因特网中的数据链路层协议 PPP

1．点对点协议（PPP）的由来

因特网中用到的数据链路层协议是点对点协议（Point-to-Point，PPP）。PPP 仅支持双向同时通信。用户接入因特网的方法主要有两种，一种方法是使用拨号电话线接入，另一种方法是通过专线接入，都要用到数据链路层协议。

1984 年，在因特网中使用的是面向字符的串行线路因特网协议（Serial Line Internet Protocol，SLIP），对应的技术文档是 RFC 1055。SLIP 的特点是没有差错检测功能，需要靠高层处理差错检测，通信的双方需要预先知道对方的 IP 地址，网络层协议仅支持 IP，SLIP 存在多种互相不兼容的版本，影响到网络互连。为了解决 SLIP 存在的问题，1992 年，IETF 开发出 PPP，PPP 用于在点到点串行链路上传输网络层 PDU。该协议在 1993 年和 1994 年又经过了修订，成为因特网的正式标准。PPP 协议的功能十分丰富，支持多种网络层协议，支持动态地址分配以及多链路捆绑，支持多种数据压缩方式、多种身份认证方式。与 PPP 有关的技术文档是 RFC 1661～1663。

2．PPP 协议的组成

PPP 协议由 3 个部分组成。

1）一个是将网络层 PDU 封装到串行链路的方法，支持异步链路（无奇偶校验的 8 比特位数据），也支持面向比特的同步链路。帧中的最大接收单元（MRU）的默认值为 1500 字节。

2）用来建立、配置和测试数据链路连接的链路控制协议（Link Control Protocol，LCP），LCP 负责 PPP 链路的创建、维护和终止。通信双方可以协商一些选项，定义了 11 种类型的 LCP 协议数据单元。

3）针对不同的网络层协议，定义了一组网络控制协议（Network Control Protocol，NCP），NCP 用于协商 PPP 链路上运行的网络协议以及网络层协议的配置，可以支持不同的网络层协议，包括 IP、IPX、DECnet 和 AppleTalk 等。

PPP 协议的组成，如图 7-9 所示。

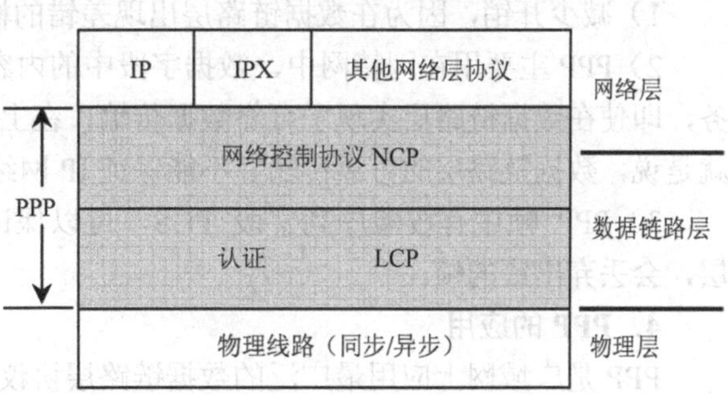

图 7-9 PPP 协议的组成

3．PPP 的帧格式

与 HDLC 类似，PPP 帧由 7 个字段组成，前 3 个字段和后 2 个字段与 HDLC 的格式是一样的。与 HDLC 不同的是，PPP 多了一个 2 字节的协议字段，用来表示其上层网络层的协议或 PPP 帧的用途。PPP 的帧格式，如图 7-10 所示。

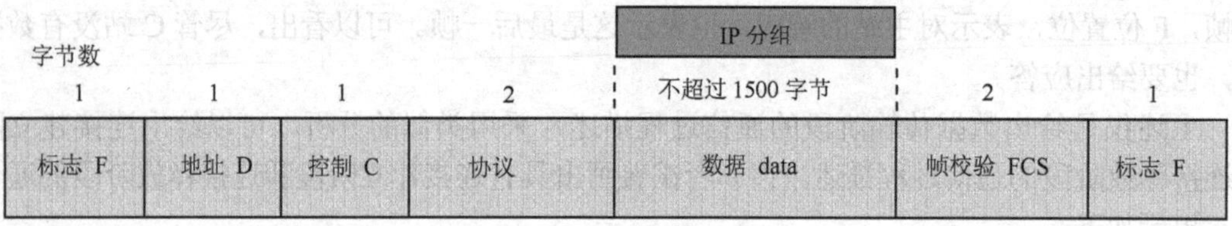

图 7-10 PPP 帧格式

PPP 主要字段描述如下：

1）标志字段 F 的值为 01111110，用十六进制表示为 0x7E。

2）地址字段 D 的值为 11111111，十六进制表示为 0xFF，表示所有的节点都接收该帧，为一个广播帧，PPP 只用于点对点链路，地址字段实际不起什么作用。

3）控制字段 C 的值通常设置为 00000011，用十六进制表示为 0x03，表示 PPP 帧不使用编号。注意，此时 PPP 帧中控制字段的最低位画在右边，为 11，而在 HDLC 中是画在最左边，同样也是 11。

4）协议字段用来指明数据字段中的协议类型，用代码标识不同的协议。代码中第 1 位若是"0"，标识的是网络层协议；若是"1"，标识的是其他协议。例如，0x0021—IP；0xC021—LCP；0x8021—NCP；0xC023—口令认证 PAP；0xC223—握手认证 CHAP，具体代码在 RFC 1700 中给出。

需要注意的是，PPP 是面向字节的，而不是面向位的，要求帧的长度都是整数个字节。

在数据字段出现与标志字段相同的比特组合时的处理方法是，若 PPP 用在同步传输，例如，PPP 协议用在 SONET/SDH 链路时，协议规定采用硬件实现比特填充，采用"0"比特插入删除技术，实现透明传输，方法同上述"位填充法"。

若 PPP 用在异步传输，即逐个字符传输时，使用特殊的"字符填充法"，把转义字符定义为 0x7D，并使用字符填充。方法是把数据字段出现的每一个 0x7E 字节转变为 2 字节序列（0x7D，0x5E），若数据字段出现 0x7D，即和转义字节一样的比特组合，把 0x7D 字节转变为 2 字节序列（0x7D， 0x5D）；若数据字段出现 ASCII 码的控制字符，即字符数值小于 0x20，则在该字符前加入一个 0x7D 字节，同时改变该字符的编码，在 RFC 1662 中有详细的规定。接收方收到传输的数据后，再进行相反的字符填充变换，恢复出原始数据。

PPP 不支持使用序号和确认的可靠传输，之所以如此是基于以下原因：

1）减少开销，因为在数据链路层出现差错的概率比较小。

2）PPP 主要用在因特网中，数据字段中的内容为 IP 分组，IP 网络提供尽力交付的网络服务，即使在数据链路层实现了可靠数据传输，在上层网络层仍然有可能出现不可靠的情况，也就是说，数据链路层的可靠传输并不能保证 IP 网络层传输也是可靠的。

3）PPP 帧中有校验序列字段 FCS，可以保证无差错接收，不会把有差错的帧交给上一层，会丢弃出错的帧。

4．PPP 的应用

PPP 是广域网上应用最广泛的数据链路层协议之一。大部分因特网家庭拨号上网用户都是通过 PPP，在用户端与 ISP 的接入服务器之间建立通信链路。随着宽带接入技术的发展，PPP 也衍生出新的协议和新的应用。PPPoE（PPP over Ethernet）是目前 ADSL 接入方式中应用最广泛的标准，PPPoE 是利用以太网资源，在以太网上运行 PPP 协议，实现用户认证接入。

当用户拨号接入 ISP 以后，建立了一条从用户计算机到 ISP 的物理连接，用户计算机向 ISP 发送一系列 LCP 协议数据单元（PDU），封装成多个 PPP 帧，建立起 LCP 连接。接着进行网络层配置，NCP 给新接入的用户计算机分配一个临时的 IP 地址。当用户计算机结束与因特网连接时，NCP 释放网络层连接，收回 IP 地址，接着 LCP 释放数据链路层连接，最后释放物理层连接。

PPP 还支持多链路 PPP，把多个物理信道捆绑成一个 PPP 链路来使用，从而提高 PPP 链路的效率。

7.3 局域计算机网络

7.3.1 局域网概述

局域网（Local Area Network，LAN）的属性涉及网络地域范围的大小，一般把 10 km 范围内的网络划为 LAN，LAN 属于通信子网的范畴。局域网的主要特点是地域范围有限，网络中的节点数目有限，网络为一个单位所拥有，数据传输率高。局域网是从 20 世纪 70 年代开始发展起来的，局域网的出现和发展与微型计算机的发展密切相关，微型计算机的出现使得计算机应用普及成为可能，也促使人们考虑怎样把微型计算机连接起来，实现资源共享。

LAN 的要素有三个：拓扑结构；传输介质；信道访问协议。

LAN 可以有各种各样的拓扑结构，使用各种各样的传输介质，以及采用各种各样的信道访问协议，这就使得 LAN 的构成是各种各样的。所以，需要设计针对 LAN 的一系列国际标准，以实现 LAN 的标准化、开放性和可扩充性。1980 年 2 月，IEEE 给出了局域网的系列标准，称为 IEEE 802 局域网标准，之后被国际标准化组织 ISO 接纳为国际标准，标准号为 ISO 8802。

局域网常采用的拓扑结构有：总线型、星形、环形和树形。常用的传输介质有：双绞线、同轴电缆（又分基带和宽带）、光纤（又分多模和单模）。常用的信道访问协议有：CSMA/CD、CSMA/CA 和令牌传递等。

信道访问控制技术也可以分为两大类：静态划分信道和动态介质访问控制。动态介质访问控制也称为多路访问协议，动态介质访问控制又分为随机访问和受控制访问。

网络传输技术是指借助传输介质进行数据通信的技术，常用的传输技术有基带传输和宽带传输两种。传输技术主要包括信道编码、调制解调和复用技术等，属于物理层研究的范畴。传输技术为数据链路层提供了虚拟的数字管道，实现了透明的比特流传输服务。

基带传输是直接将计算机主机输出的数字信号波形加载到传输介质上进行传输，在局域网中使用的数字信号编码技术主要有曼彻斯特编码和差分曼彻斯特编码，这两种编码分别用在以太网和令牌环网。宽带传输是将数字信号波形调制到合适的中心频率上。考虑到网络接口的成本和复杂性，局域网通常采用基带传输。

局域网经过近 40 年的发展，通过了技术的演进和实践的检验，1990 年以来，局域网主要采用的技术有 3 种：以太网技术；FDDI 技术和 ATM 技术。

1998 年以来，随着千兆（1000 Mbit/s）以太网和的万兆（10000 Mbit/s）以太网的出现，以太网技术逐渐成为局域网的主流技术。这是由于以太网使用简单，接入方便，组网成本低，尤其是可以达到很高的数据传输率。进入 21 世纪以后，局域网技术已经和城域网技术融合在一起，例如，千兆以太网技术和万兆位以太网技术已经应用在城域网中。近年来，无线局域网络技术和应用发展很快，借助无线网络，以及无线网络与有线网络的连接，人们可以在任何地点、任何时间方便地连接到网络。网络无处不在已经成为现实。

局域网体系结构的介绍，读者可以阅读第 2 章的有关内容。

7.3.2 局域网涉及的问题

局域网在应用中多是采用广播信道，广播信道也称为多路访问信道或随机访问信道。多个网络节点同时对信道使用时，存在冲突和竞争，需要解决信道访问的争用问题。在局域网中采用在数据链路层中分离出一个子层，称为介质访问控制（MAC）子层，设计 MAC 协议，用来描述局域网中信道访问协议，解决信道访问的争用问题。

局域网与广域网相比，具有传输时延低、数据传输率高和误码率低等优点。通过局域网连接，一个节点可以方便地访问全网，节点可以方便地共享网络中的 I/O 设备、软件和数据等资源。局域网有很好的可扩充性，便于系统的升级和演变，计算机设备的位置也可以灵活地调整和改变。

局域网属于通信子网，需要为高层提供较可靠的低层网络服务和实现网络接口层的功能。局域网要实现差错控制、差错恢复、流量控制、超时和重传，以及提供与传输介质的连接。对传输介质的选择涉及容量、可靠性、所支持的数据信号类型、使用的环境要求。对拓扑结构的选择涉及可扩充性、可靠性、拓扑性能。对信道访问协议的选择涉及网络所采用的信道、多路访问机制、连接设备的选型。

需要注意的是，传输介质与网络拓扑结构有一定的关系，例如，双绞线适合总线型、星型和环型拓扑。基带同轴电缆适合总线型、环形拓扑。光纤适合总线型、星形和环形拓扑。而宽带同轴电缆适合总线型和树形拓扑。无线传输介质适合总线型、星形和环形拓扑。

局域网属于通信子网的范畴，局域网体系结构的功能对应 5 层网络体系结构的低两层，即数据链路层和物理层。局域网的层次怎样划分？层次划分怎样体现局域网的特点？这些都是需要研究和解决的问题。

7.3.3 局域网标准 IEEE 802

IEEE 802 标准为 LAN 的国际标准。20 世纪 70 年代，局域网得到快速发展，IEEE 考虑到必须制定局域网技术标准，规范和指导 LAN 的设计和应用。IEEE 在 1980 年 2 月成立局域网标准委员会，开始研究和制订用于局域网设计和应用的 IEEE 802 标准，标准名称中 802 的含义是此标准开始制定的日期。IEEE 802 标准已经成为一个标准系列，不仅涉及局域网标准，还包括城域网、无线网等的标准。

IEEE 802 标准系列中的标准之间的区别主要在物理层和 MAC 子层。IEEE 802 标准系列中的主要内容，见表 7-5。

表 7-5 IEEE802 标准系列中的主要内容

IEEE 802 标准	内 容	IEEE 802 标准	内 容
802.1A	局域网体系结构	802.9	语音/数据融合，综合语音与数据局域网（IVD LAN）标准
802.1B	寻址、网际互连、网络管理	802.10	LAN 安全，可互操作的局域网安全性规范（SILS）
802.1D	生成树协议	802.11	无线局域网
802.1Q	虚拟局域网（VLAN）标记协议	802.14	基于有线电视网的城域网
802.2	LLC 子层描述	802.15	无线个人区域网 WPAN
802.3	总线型局域网	802.16	宽带无线局域网
802.4	令牌总线型局域网	802.17	弹性分组环网
802.5	令牌环型局域网	802.20	移动宽带无线访问
802.6	城域网	802.21	传输介质无关切换，异构网络交接和互操作
802.7	宽带 LAN	802.22	无线区域网络
802.8	光纤 LAN		

目前，IEEE 802 标准的制订和研究工作主要包括 5 类。

1）IEEE 802.1 标准定义局域网的体系结构、网络管理、网络互连与性能测试。

2）IEEE 802.2 标准定义逻辑链路控制子层（LLC）的功能和服务。

3）不同介质访问控制的有关标准，IEEE 802.3～IEEE 802.17。

4）无线局域网的标准。

5）城域网标准。

7.3.4 局域网技术的研究与发展

促进局域网技术发展的主要原因，一个是个人计算机的广泛应用，另一个是这些个人计算机连网的需求，还有就是个人手持计算机设备（便携式计算机、手机、iPad）的广泛应用，以及无线连网的需要。

随着局域网应用需求的提高，迫切需要提高局域网的带宽。改善局域网的性能途径主要是不断提升局域网的数据传输率。局域网技术发展过程中里程碑式的改进如下：

1）在保持以太网主要结构不变的前提下，不断提高以太网的数据传输率，从最初的 10 ME 到目前的 10 GE。

2）采用子网划分与互连技术，通过可变长度子网掩码，以及路由汇聚，改善子网的性能，提高路由效率，减少对路由表空间的占用。

3）研究实现交换式局域网技术的方法，采用硬件实现交换机不同端口（网段）之间的交换，极大提高了局域网络的带宽。

4）为解决原来 Intranet 组网使用路由器存在的瓶颈问题，提出三层交换技术。

5）局域网络设计采用核心层、汇聚层和接入层的 Intranet 组网结构，扩大了局域网的覆盖范围，增强了局域网的可靠性，使得局域网组网更加灵活方便。

6）用于无线网络的免许可证的工业、科学和医疗（ISM）频段方案。

7）无线局域网的 IEEE 802.11 系列标准的制定，IEEE 802.11n 的数据传输率可以达到 600 Mbit/s。

目前 1 GE、10 GE 以太网技术成为局域网的主流技术，10 GE 并不是简单地把 1 GE 的数据传输率提高 10 倍，需要修改物理层协议，10 GE 技术的应用已经从局域网迈向城域网和广域网，10 GE 的物理层采用光纤通道技术，定义了两种不同的物理层标准：适用局域网的 ELAN（Ethernet LAN）；适用广域网的 EWAN（Ethernet WAN）。

7.4 信道访问协议

7.4.1 信道访问协议概述

在计算机网络中，为了提高通信资源的利用率，广泛采用多个通信实体同时共享一条公共信道的方法。信道的共享可以通过信道复用技术，也可以通过多路访问协议实现。信道共享技术与带宽和时延两个技术指标密切联系，信道共享需要明确如何分配公共信道的带宽资源，包括静态和动态的分配策略。动态信道分配的特点是，能够根据用户数据源对传输资源的随机需求，分配用户所使用的信道资源。动态信道分配需要解决如何在多个竞争发送的用户之间分配单个广播信道，寻找多路访问的控制方法，真正实现信道的多路访问。

信道访问协议有时也称为多路访问协议，多路访问协议主要解决多个发送和接收节点对共享信道的访问问题。

多路访问中的“访问”是指两个实体之间建立联系并交换数据，访问方式指的是分配传输介质使用权限的机制、算法和策略，访问方式也称为接入方式。多路访问技术可以分为受控访问和随机访问。受控访问是指节点用户不能随意接入信道，需要遵循访问控制规则。受控访问又分为集中式控制和分散式控制。随机访问的特点是所有的节点用户都可以根据自己的需要随机的向信道发送数据，随机访问会产生冲突，需要解决竞争发送问题。

信道共享技术的分类如下：

1）固定信道划分协议，主要有时分复用；频分复用和码分多址等。

2）随机访问协议，主要有纯 ALOHA、时隙 ALOHA、CSMA、CSMA/CD 和 CSMA/CA 等。

3）轮流访问协议，主要有预约协议、轮询协议和令牌传递协议。

7.4.2 固定信道划分协议

固定信道划分协议主要有时分复用（TDM）和频分复用（FDM）。可以进行固定信道划分的前提是，单一信道的传输能力大于一路信号传输所需要的能力，通过把信道划分为子信道，每一路信号占用一个子信道，实现信道的共享。信道划分协议不会存在冲突和争用问题。固定信道划分存在的问题是，若某一路信号没有数据传输，也会占用该子信道，使得信道的利用率不高。日常生活中，话音传输采用 TDM 技术，有线电视传输采用 FDM 技术。

以 TDM 为例，将传输信道划分为小的时间隙，多路信号按周期轮流使用时间隙，插入要发送的数据，TDM 存在的问题：一是会出现空闲时间隙，二是有些多媒体数据需要使用的数据传输率很高，而对每路信号给出的均匀的时间隙无法适应数据传输率高的信号，例如，音频或视频数据的传输。TDM 属于同步传输模式（STM），STM 中每一路信号与其他路信号之间的时间间隔是固定的，或是可以预知的，同步传输模式不适宜多媒体数据的传输。多媒体数据传输需要使用异步传输模式（ATM），采用统计复用技术。

码分多址（CDMA）是在移动通信中采用的信道访问协议，CDMA 对每个节点分配不同的编码信号，节点用唯一的编码信号对发送的数据进行编码。类似于在一个公共场合，多对通信的双方采用不同的语言进行通信，例如，分别使用英语、汉语、德语或日语交谈，彼此均能够区分出所采用的语言和语言的内容。

TDM、FDM、CDMA 和统计时分复用 STDM（异步传输模式）的更详细的介绍，读者可以阅读第 3 章的有关内容。

7.4.3 随机访问协议

随机访问协议适用广播信道，节点以随机的方式发送数据，当多个节点同时发送数据时，每个节点总是想立即占用整个信道，存在冲突和竞争发送。当有冲突发生时，信道上的信号产生叠加，使得数据传输无法完成，节点又会重新发送数据，形成更严重的冲突。对随机访问需要设计随机信道访问协议，解决在发生冲突时如何使用信道，以及解决在什么情况下可以使用信道等问题。

随机访问协议有许多种，常用的随机访问协议有：纯 ALOHA、时隙 ALOHA、CSMA、CSMA/CD 和 CSMA/CA 等。

1. ALOHA 协议

ALOHA 协议是 1970 年由美国夏威夷大学设计的，用于美国夏威夷群岛的无线计算机网络的信道访问。ALOHA 协议分为纯 ALOHA 和时隙 ALOHA。

纯 ALOHA 协议的设计思想很简单，用户只要有数据发送，就允许发送，不用考虑其他节点在做什么。当然在节点同时发送数据帧时，就会产生冲突，冲突发生后，发送方等待一段随机时间后重新发送该数据帧的副本。等待时间必须是随机的，否则可能会存在多次冲突，最终导致网络瘫痪。纯 ALOHA 协议下信道的使用效率为 18%。纯 ALOHA 协议随机发送数据帧的情况，如图 7-11 所示。

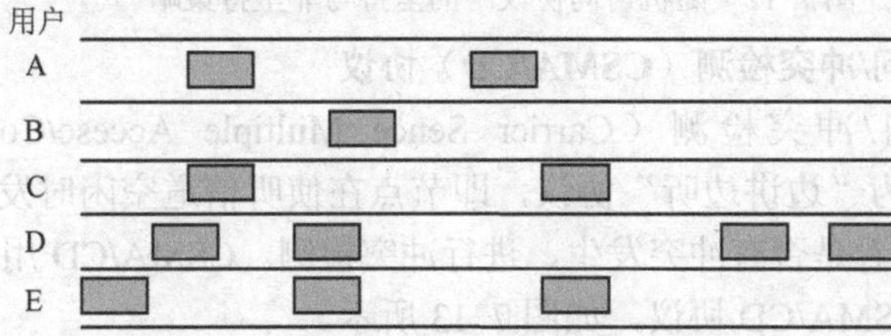

图 7-11 纯 ALOHA 协议随机发送数据帧的情况

为了提高纯 ALOHA 协议的效率，1972 年设计出了时隙 ALOHA 协议。时隙 ALOHA 协议的设计思路是，把时间分为离散的时间隙，每个时间隙对应一帧数据，该种方法需要时间的同步，节点在发送数据时，要等待时间隙的到来。使用时隙 ALOHA 协议的效率最高可以达到 37%。若帧的长度为 L 位（bit），信道上的数据传输率为 R（bit/s），时间隙的大小为 L/R（s），即一个时间隙为传输一帧的时间。时隙 ALOHA 协议的工作原理如下：

1）节点只在时间隙的开始传输帧，可以使节点同步，节点知道时间隙的开始。

2）若两个及以上的帧在一个时间隙发生冲突，所有的节点在该时间隙结束之前可以检测到冲突。

3）如果没有冲突，传输成功，如果发生冲突，该节点在时间隙结束之前检测到冲突，以概率 P 在后续的每一个时间隙重新传输。

2. 载波侦听多路访问（CSMA）协议

载波侦听多路访问（Carrier Sence Multiple Accese，CSMA）协议也称为“讲前先听”的协议，是对 ALOHA 协议的改进。网络中的节点在发送数据之前必须先侦听信道，看信道上是否有其他节点在发送数据，只有在信道空闲时，该节点才被允许发送数据。

CSMA 分为非坚持 CSMA 和坚持 CSMA 两种机制。在非坚持 CSMA 情况，节点被称为是“理智”的节点，在发送数据之前侦听信道是否空闲，若信道空闲就开始发送数据，若信道忙，就不再继续侦听信道，而是等待一个随机时间后再重复上述过程。坚持 CSMA 又分为 1-坚持和 p-坚持两种。1-坚持是若信道空闲，立即发送数据，即一旦发现信道空闲，发送数据的概率为 1，若信道忙，就坚持侦听信道，直到侦听到信道空闲时立即发送数据。P-坚是若信道空闲，以概率 p 发送数据，而以概率 q=1－p 延迟发送。随机访问协议中的坚持与非坚持策略，如图 7-12 所示。

概率 p 的确定方法是，先确定一个 I 值作为比较值，例如，I 值为 0.6，生成一个 0 到 1 之间的随机值 p，将随机值 p 与 I 值比较，若 p≥I 则发送，否则以概率 q=1－p 延迟发送。

由于信号传播时延的存在，不同节点会在同一时刻（或细微时间间隔内）都侦听到信道空闲，若同时发送了数据，也会在信道传输过程中出现冲突，若节点不坚持侦听信道，就不会知道已经发生了冲突，出现数据传输失败情况，需要对 CSMA 协议进行改进。

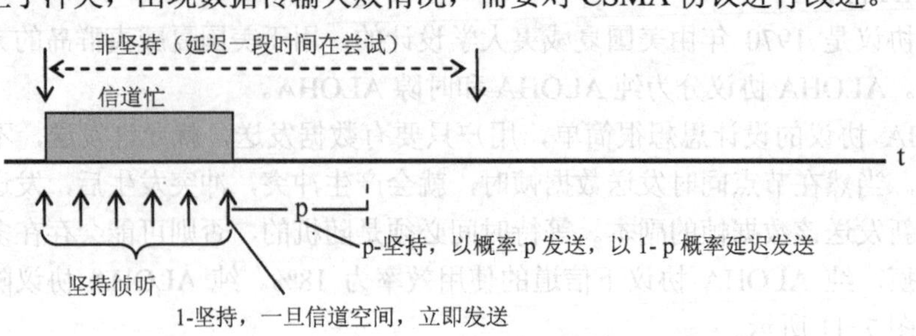

图 7-12　随机访问协议中的坚持与非坚持策略

3．载波侦听多路访问/冲突检测（CSMA/CD）协议

载波侦听多路访问/冲突检测（Carrier Sence Multiple Accese/Collision Detection，CSMA/CD）协议，也称为“边讲边听”协议，即节点在侦听信道空闲时发送数据，发送数据以后还在继续侦听信道，看是否有冲突发生，进行冲突检测。CSMA/CD 用在 IEEE 802.3 局域网中。具有冲突检测的 CSMA/CD 协议，如图 7-13 所示。

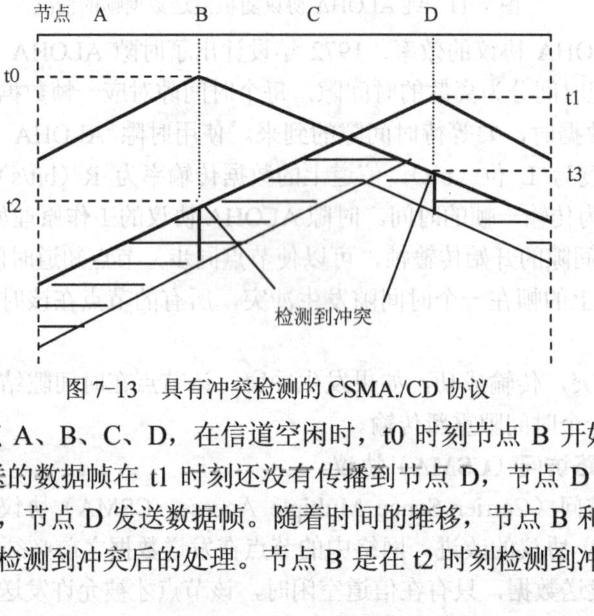

图 7-13　具有冲突检测的 CSMA./CD 协议

网络中有 4 个节点 A、B、C、D，在信道空闲时，t0 时刻节点 B 开始发送数据帧，由于传播延迟，节点 B 发送的数据帧在 t1 时刻还没有传播到节点 D，节点 D 在 t1 时刻侦听信道时，发现信道仍然空闲，节点 D 发送数据帧。随着时间的推移，节点 B 和节点 D 先后检测到冲突，两个节点均执行检测到冲突后的处理。节点 B 是在 t2 时刻检测到冲突，节点 D 是在 t3 时刻检测到冲突。

CSMA/CD 的工作原理是，节点发送数据前必须侦听信道，如果信道空闲，节点可以立即发送数据并进行冲突检测；如果信道忙，继续侦听信道，直到信道出现空闲，再发送数据并进行冲突检测。节点检测到冲突后立即停止发送，推迟一个随机时间再尝试发送，重复上述过程。

怎样知道冲突发生呢？可以根据检测到的信号的能量、信号脉冲宽度、帧碎片来判定。一般来讲，节点常用的检测冲突的方法是：比较法，节点在发送数据的同时接收广播信道上信号，将接收的数据同发送的数据进行比较，如果发生变化，就说明产生了冲突，这就是常说的“边讲边听”；编码违例判断法，检查广播信道上的信号波形是否符合曼彻斯特编码规则，若不符合说明信道上发生了冲突，检测到冲突后发送的阻塞信号就属于违例编码信号。

在检测到冲突后，节点采取的动作如下：

1）停止发送。

2）强化冲突，发送一阻塞信号，让网络中的其他节点知道信道已经发送了冲突。

3）根据冲突退避协议算法，退避一个随机时间后再尝试发送。

一般来讲，检测到冲突的最短时间应该是信号从一个节点传输到另一个节点的时间，即两个节点之间的信号传播时延 τ。对于广播信道中的节点，必须在经过 2τ 时间内没有检测到冲突时，才能确定该节点“抓住”了信道，一般把 2τ 定义为冲突窗口。例如，对于 10 Mbit/s 的以太网，规定的冲突窗口为 51.2 μs，发送 64 字节（512 位）所用的时间恰好是 51.2 μs。

CSMA/CD 采用二进制指数退避（Binary Exponential Backoff）算法。退避算法是以冲突窗口大小为基准的，每个节点有一个冲突计数器 C。退避的时间与冲突次数具有指数关系，冲突次数越多，退避的时间就可能越长，若达到限定的冲突次数，该节点就停止发送数据。二进制指数退避算法的设计思想如下：

1）确定基本退避时间，一般为端到端往返时间 2τ，2τ 也称为冲突窗口或争用期。

2）定义参数 k，k 与冲突次数有关，规定 k 不能超过 10，k=Min[冲突次数，10]。在冲突次数大于 10，小于 16 时，k 不再增大，一直取值为 10。

3）从离散的整数集合[0，1，2，…，(2^k-1)]中随机的取出一个数 r，等待的时延是 r 倍的基本退避时间，等于 r×2τ。r 的取值范围与冲突次数 k 有关，r 可选的随机取值数为 2^k 个。这也是称为二进制指数退避的起因。

4）当冲突次数大于 10 以后，都是从 0 ~ $2^{10}-1$ 个 2τ 中随机选择一个作为等待时间。

5）当冲突次数超过 16 次，发送失败，丢弃所传输的帧，发出错误报告。

例如，当节点发生第 1 次冲突后，节点将等待 0 或 1 个基本退避时间（2τ）后重新侦听信道。如果发生第 2 次冲突，节点将从 0、1、2、3 个 2τ 中随机选择一个作为等待时间。依次类推，当冲突次数超过 16 时，表示发送失败，放弃该数据的发送。

二进制退避算法的核心思想是，节点发送数据时冲突次数越多，平均等待时间就越长。从算法的实现过程可以看出，未发生冲突或发生冲突次数较少的节点，具有优先发送的概率。这种算法在信道低负荷时，如果信道空闲，节点能够立即发送数据，在信道重负荷时，仍然能够保证系统稳定。请读者思考为什么要采用指数退避算法。

7.4.4 轮流访问协议

轮流访问协议是无冲突的协议，轮流访问协议也有许多种，比较重要的是轮询协议和令牌传递协议。

轮询协议在使用时，需要指定网络中的某一个节点为主节点，主节点以循环的方式轮询网络中的每个节点，查看节点是否有数据要发送，并告诉节点能够传输的最大帧数。主节点通过查看信道上是否有信号来判断节点什么时间完成了数据发送。存在的问题是，轮询会引入时延，另外主节点出现问题后，会使网络信道失去作用。

令牌传递协议主要用在局域网中，例如，IEEE 802.5 局域网。令牌传递协议中没有主节点，网络中有一个称为令牌的帧（位数很少），以规定的顺序在节点之间传递，若某个节点要发送数据，必须先截获令牌，即获得发言权，把需要发送的数据插入令牌帧中组成数据帧，在网络中传输。传输完成后由发送节点回收所发送的数据帧，检测帧中的标识位查看发送结果，正确无误后释放令牌，令牌在网络中继续传递。在具体应用时对令牌的管理是很复杂的，涉及令牌丢失、多个令牌等问题的处理。需要选择一个监控节点和若干个备用监控节点负责令牌和环路的监控和维护。

无冲突的协议还有位图协议、二进制倒计数法等。

7.5 MAC 地址与地址解析协议（ARP）

7.5.1 MAC 地址

MAC 地址在 MAC 帧中，MAC 帧有源 MAC 地址和目的 MAC 地址两个字段。MAC 地址为硬件地址，也称为物理地址或网卡地址，有时也称为网络适配器地址。在计算机网络设计中网络和节点的寻址是很重要的，地址是识别网络中节点的标识符，对地址的描述常常引用以下定义：“名字指出所要寻找的那个资源，地址指出那个资源在何处，路由告诉如何到达资源处”。

例如，以太网中 MAC 地址用 48 位二进制位标识，通常用 12 位 16 进制数表示。源 MAC 地址和目的 MAC 地址各占用 6 个字节。MAC 地址固化在网卡的 ROM 芯片中，MAC 地址编号在全世界是唯一的。以太网 MAC 地址由 IEEE 的注册管理委员会（Registration Authority Committee，RAC）来管理，管理委员会负责分配 6 个字节中的前 3 个字节（高位 24 位），生产网络适配器（网卡）的厂商可以申请购买由前 3 个字节构成的地址块，这个地址块号也称为公司标识符或称为组织唯一标识符。MAC 地址字段中的后 3 个字节（低 24 位）由厂商自己编码。

例如，MAC 地址：00-A0-24-28-8F-5D，前 6 个十六进制数标识是 3COM 公司生产的网卡，后 6 个十六进制数标识该网卡出厂的编号。在 Windows 环境下，进入 dos 命令方式，执行 ipconfig 命令，可以显示出该计算机上所插入网卡的物理地址，显示值为十六进制数。

网卡插入某台计算机设备的主板上的扩展槽后，适配器上的网卡地址就是该台计算机设备的 MAC 地址。IEEE 规定 MAC 地址字段第 1 字节的最低位为 I/G（Individual/Group）位，当 I/G 位为 0 时，地址字段表示一个单节点地址，该位为 1 时表示组地址。路由器上有多个网络接口，用来互连不同的网络，每个网络接口都与一个网络适配器对应，路由器是通过网络适配器连接到网络的。网络适配器（网卡）和网卡驱动程序一般可以实现网络体系结构中低两层（即物理层和数据链路层）的功用，网络适配器从网络上接收到一个 MAC 帧时，先检测帧中的目的 MAC 地址，若是该节点的地址则收下，否则就丢弃该帧。

一个节点可以接收的帧有 3 种。

1）单播（Unicast）帧，一对一，目的 MAC 地址与该节点的 MAC 地址相同。

2）广播（Broadcast）帧，一对全体，目的 MAC 地址的值为全 1，发送给 LAN 上的所有节点。

3）多播（Multicast）帧，一对多，发送给 LAN 上的一部分节点。

需要说明的是，不是节点具有 MAC 地址，是节点的网络适配器具有 MAC 地址。网络适配器的 MAC 地址具有平面结构，不管网络适配器移到什么位置，其物理地址都不会改变。而 IP 地址是一个逻辑地址，IP 地址由网络标识和主机标识构成，具有层次结构，当节点（主机）移动到另一个网络时，节点网络接口的 IP 地址也需要改变。可以类比人类社会中的标识，MAC 地址类似于人们的身份证号码，而 IP 地址类似于邮政地址。

与网络相连的每一个网络适配器都有一个唯一的 MAC 地址，网络中主机网卡和路由器网络接口的 MAC 地址，如图 7-14 所示。

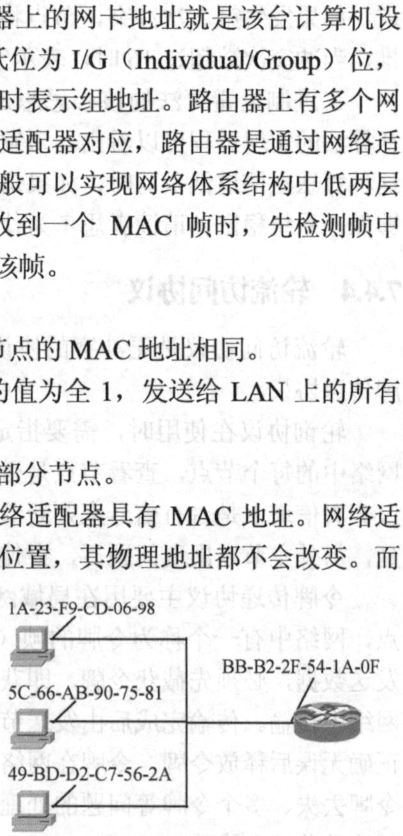

图 7-14 主机网卡和路由器网络接口的 MAC 地址

需要说明的是，物理地址（MAC 地址）是数据链路层和物理层使用的地址，逻辑地址（IP 地址）是网络层及以上各层使用的地址。物理地址是一个硬件地址，不会因节点在网络中物理位置的改变而需要修改，逻辑地址是一个软件地址，当节点的物理位置从一个网络移动到另一个网络时，逻辑地址需要随之改变。IP 地址在 IP 分组首部的源 IP 地址和目的 IP 地址字段中，MAC 地址放在 MAC 帧中目的 MAC 地址和源 MAC 地址字段中。网络层及以上层使用的是 IP 地址，即使用软件地址。数据链路层及以下层使用 MAC 地址，即使用硬件地址。MAC 地址和 IP 地址与网络层次对应，如图 7-15 所示。

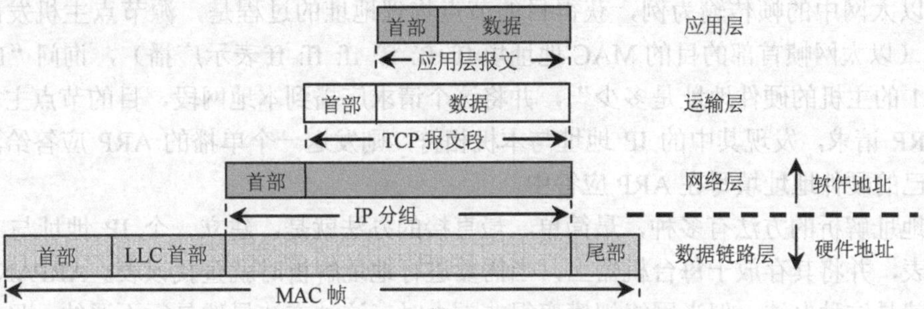

图 7-15　MAC 地址和 IP 地址与网络层次的对应

当 IP 分组放入 MAC 帧中时，IP 分组是 MAC 帧的数据部分，在数据链路层看不到 IP 分组的 IP 地址。同理，IP 分组在网络层传输时，也看不到运输层的端口号地址。

7.5.2　地址解析协议（ARP）

1. ARP 概述

IP 地址是 32 位，而 MAC 地址是 48 位，它们之间不存在简单的映射关系，这样就需要通过地址解析协议（Address Resolution Protocol，ARP）进行从 IP 地址到 MAC 地址的转换。从 IP 地址找到对应节点的 MAC 地址的过程称为地址解析。与以太网的 ARP 协议有关的技术文档是 RFC 826。在 RFC 1180“TCP/IP 指南”中对 ARP 有很好的描述。

在因特网上，每一台主机或路由器都有 IP 地址。网络层的通信实体之间利用 IP 地址相互识别与通信。但 IP 地址是一个逻辑地址，一个 IP 地址可以分配给这台机器，也可以分配给另一台机器，与机器硬件并没有必然的联系。网络层 IP 分组的传送最终是靠数据链路层和物理层实现的，需要通过 MAC 地址才能找到目的主机。

与数据链路层相联系的是每台主机的网卡都有一个唯一的、固化在硬件中的、硬件能自动识别的 MAC 地址。主机之间最终须用 MAC 地址来识别和区分，主机之间的通信最终是在 MAC 地址之间进行的。当网络层用 IP 地址传送数据时，这些数据被交给低层，低层需要知道 IP 地址所代表的节点主机究竟是哪一个，在什么地方，这只能通过 MAC 地址来实现。

考虑处在同一的物理网络（本地网段）的两个节点 A 和 B 之间的通信，两个主机的网络地址（IP 地址）和物理地址（MAC 地址）分别是 IPA，IPB 及 MACA、MACB。网络寻址的设计目标是，通过一个实现网络地址与物理地址转换的低层软件，把物理地址隐藏起来，让高层网络协议通过统一的网络地址（IP 地址）实现网络互连和网络节点的寻址，以及 IP 分组的路由。这个低层软件就是 ARP。这里之所以考虑处在同一的物理网络的两个节点，原因是数据链路层协议仅涉及相邻两节点之间的可靠传输，网络中相邻的两个路由器的网络接口同属于一个物理网络（网段），用做目的访问节点的路由器的网络接口与目的网络也是属于同一个物理网络，还有处在同一物理网络（例如以太网）中的节点。同一物理网络中节点之间的通信必须通过物理地址，需要通过 ARP 进行网络地址到物理地址的解析转换。

网络中的两个节点进行通信时，源节点的应用程序仅知道目的节点的 IP 地址和端口号，并不知道目的节点的 MAC（物理）地址，需要通过物理地址才能找到目的节点主机。目的节点主机通过网络适配器（网卡）接收到帧，首先要查看物理地址，若帧中的物理地址与本节点物理地址相符，则接受该帧，接着再去处理上层协议内容，如果接收到的帧的物理地址与本节点不符，则直接丢弃该帧。因此，在源节点与目的节点通信之前必须获得目的节点的物理地址。

以在以太网中的帧传输为例，获得目的节点物理地址的过程是，源节点主机发出广播的 ARP 请求（以太网帧首部的目的 MAC 地址填 ff: ff: ff: ff: ff: ff 表示广播），询问“IP 地址是 192.168.0.1 的主机的硬件地址是多少”，并将这个请求广播到本地网段，目的节点主机接收到广播的 ARP 请求，发现其中的 IP 地址与本机相符，则发送一个单播的 ARP 应答给源节点主机，将自己的硬件地址填写在 ARP 应答中。

完成地址解析的方法有多种，最简单、最直接的办法就是，建立一个 IP 地址与 MAC 地址的对照表，并将其存放于每台机器上，当需要进行地址解析时就查找该表。ARPANET 在初期采用的就是这种办法。但当网络规模变得非常大时，这种方法显然是行不通的。目前，网络中的每一个节点主机都维护一个 ARP 缓存表，ARP 缓存表可以在命令行方式下用 arp -a 命令查看。缓存表中的表项有生存时间（一般为 20 min），如果 20 min 内没有再次使用某个表项，则该表项失效，下次还要发送 ARP 请求来获得目的节点主机的物理地址，建立起新的表项。

2．ARP 的协议格式

用以太网中 ARP 的协议格式作为具体实例进行介绍。ARP 协议格式，如图 7-16 所示。

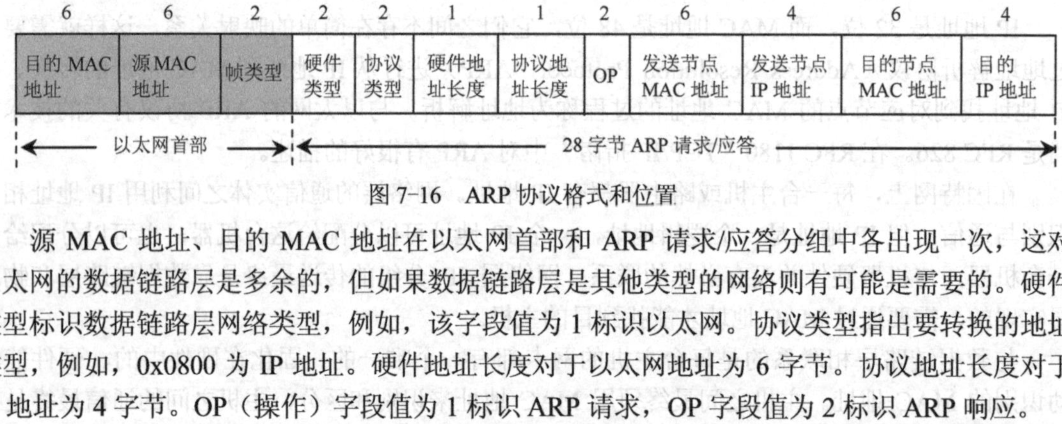

图 7-16　ARP 协议格式和位置

源 MAC 地址、目的 MAC 地址在以太网首部和 ARP 请求/应答分组中各出现一次，这对以太网的数据链路层是多余的，但如果数据链路层是其他类型的网络则有可能是需要的。硬件类型标识数据链路层网络类型，例如，该字段值为 1 标识以太网。协议类型指出要转换的地址类型，例如，0x0800 为 IP 地址。硬件地址长度对于以太网地址为 6 字节。协议地址长度对于 IP 地址为 4 字节。OP（操作）字段值为 1 标识 ARP 请求，OP 字段值为 2 标识 ARP 响应。

可以通过协议分析工具 Ethereal 捕获实际网络中的协议包（PDU），查看和分析各种 PDU 的结构，帮助理解理论中描述的 PDU。Ethereal 的使用请参看第 1 章中的介绍。用 Ethereal 查看到的 ARP 请求协议格式，如图 7-17 所示。

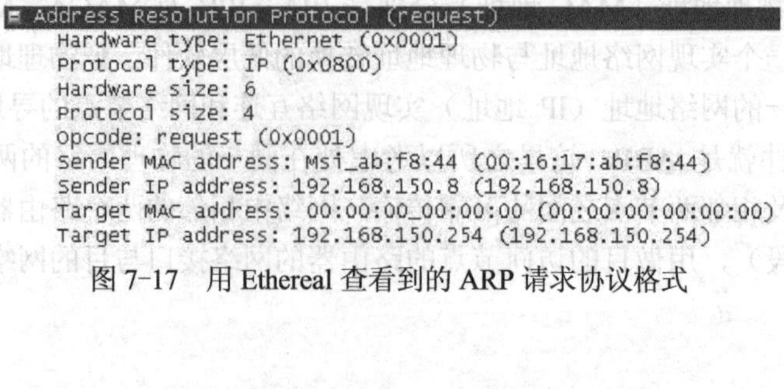

图 7-17　用 Ethereal 查看到的 ARP 请求协议格式

下面举一个具体的 ARP 请求协议包和 ARP 响应协议包的例子，可以加深对 ARP 协议的理解，例子给出的协议字段代码内容用十六进制标识，为方便清晰阅读，在每行代码的前面加了字节计数，每行代码 16 个字节。

3．ARP 请求协议包

ARP 请求协议包字段代码内容如下：

以太网首部（14 字节）

0000: ff ff ff ff ff ff 00 05 5d 61 58 a8 08 06

ARP 协议包（28 字节）

0000: 00 01

0010: 08 00 06 04 00 01 00 05 5d 61 58 a8 c0 a8 00 37

0020: 00 00 00 00 00 00 c0 a8 00 02

填充位（18 字节）

0020: 00 77 31 d2 50 10

0030: fd 78 41 d3 00 00 00 00 00 00 00 00

以太网首部：目的主机采用广播地址 ff ff ff ff ff ff，源主机的 MAC 地址是 00:05:5d:61:58:a8，上层协议类型 0x0806 表示 ARP。

ARP 协议包：硬件类型 0x0001 表示以太网，协议类型 0x0800 表示 IP 协议；硬件地址（MAC 地址）长度为 6，协议地址（IP 地址）长度为 4；OP 为 0x0001 表示请求目的主机的 MAC 地址；源主机 MAC 地址为 00:05:5d:61:58:a8，源主机 IP 地址为 c0 a8 00 37（192.168.0.55）；目的主机 MAC 地址全 0 待填写，目的主机 IP 地址为 c0 a8 00 02（192.168.0.2）。

由于以太网规定最小数据长度为 46 字节，ARP 帧长度只有 28 字节，因此有 18 字节填充位，填充位的内容没有定义，与具体实现相关。

4．ARP 响应协议包

ARP 响应分组字段代码内容如下：

以太网首部（14 字节）

0000: 00 05 5d 61 58 a8 00 05 5d a1 b8 40 08 06

ARP 协议包（28 字节）

0000: 00 01

0010: 08 00 06 04 00 02 00 05 5d a1 b8 40 c0 a8 00 02

0020: 00 05 5d 61 58 a8 c0 a8 00 37

填充位（18 字节）

0020: 00 77 31 d2 50 10

0030: fd 78 41 d3 00 00 00 00 00 00 00 00

以太网首部：目的主机的 MAC 地址是 00:05:5d:61:58:a8，源主机的 MAC 地址是 00:05:5d:a1:b8:40，上层协议类型 0x0806 表示 ARP。

ARP 协议包：硬件类型 0x0001 表示以太网，协议类型 0x0800 表示 IP 协议；硬件地址（MAC 地址）长度为 6，协议地址（IP 地址）长度为 4；OP 为 0x0002 表示应答，源主机 MAC 地址为 00:05:5d:a1:b8:40，源主机 IP 地址为 c0 a8 00 02（192.168.0.2）；目的主机 MAC 地址为 00:05:5d:61:58:a8，目的主机 IP 地址为 c0 a8 00 37（192.168.0.55）。

5. ARP 的工作原理

ARP 的工作原理，如图 7-18 所示。

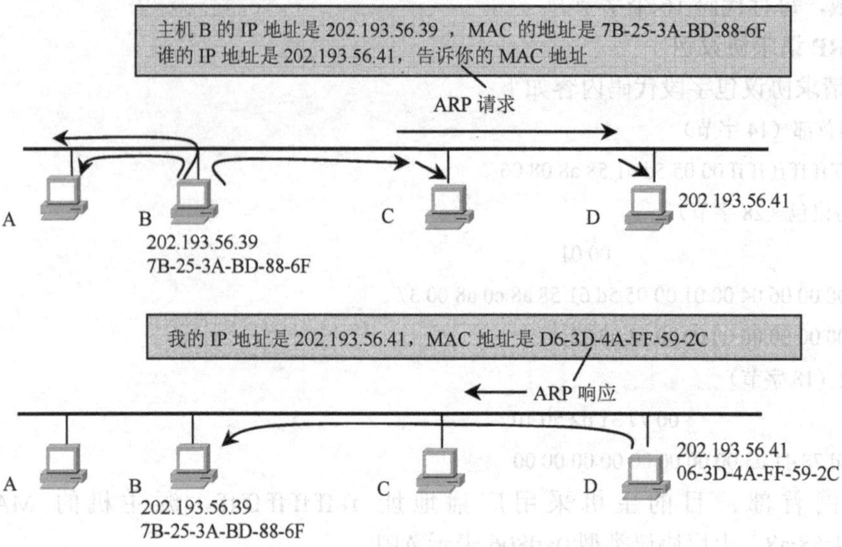

图 7-18　ARP 的工作原理

网络中的主机 B 与同一个网络中的主机 D 通信，主机 B 只知道主机 D 的 IP 地址。当一台主机需要进行地址解析时，广播发送一个 ARP 查询请求，其内容是查找给定 IP 地址的主机的 MAC 地址。如“谁的 IP 地址是 202.193.56.41”，网络中收到该消息的每台主机根据自己的 IP 地址确定是否应答该消息。若被询问的主机 D 的 IP 地址是 202.193.56.41，则向请求主机 B 单播发送一个 ARP 响应，将自己的 MAC 地址置于其中。IP 地址不是 202.193.56.41 的主机不作应答。主机 B 收到 ARP 响应分组后，在自己的 ARP 表中写入对应该 IP 地址和 MAC 地址的记录。

ARP 在实现寻址时，可采用多种优化方法以提高效率。方法之一是，每台主机设置一个 ARP 高速缓存，在完成 ARP 后就缓存结果以备后用，下次与同一 IP 地址通信时就可以直接在高速缓存中找到所需的 MAC 地址，不用再以广播方式发送 ARP 请求。但当 IP 地址被更改或 MAC 地址被更换（更换了硬件设备）时，缓存就可能产生错误，这样对 ARP 的缓存必须加上限定条件，设置有效时间（生存时间 TTL），超过了有效时间的就必须重新解析以适应网络的动态变化。

ARP 只为在同一个网络上的节点解析 IP 地址，在网络上的每个主机和路由器都有一个 ARP 模块软件。每个 ARP 模块在它对应的 RAM 区域中都有一个表，称为 ARP 表，表中内容为 IP 地址到 MAC 地址的映射，一个节点中的 ARP 表，见表 7-6。

表 7-6　一个节点中的 ARP 表

IP 地址	MAC 地址	TTL
33.121.47.31	88-b2-2f-54-1a-df	12:51:00
33.121.69.23	5c-1a-66-91-75-b1	12:57:00

ARP 表中的每个表项有三个字段：IP 地址、MAC 地址和 TTL。其中，TTL 为生存时间字段，表示一个表项的存在时间，表项的生存时间一般为 20 min。

7.5.3 地址解析协议应用分析

1．节点在同一个网络上的 ARP 解析过程

设源节点要发送一个 IP 寻址的分组到同一个网络上的另一个节点，源节点需要根据目的节点的 IP 地址来获得目的节点的 MAC 地址，源节点查询自己的 ARP 表，若 ARP 表中存在需要解析的表项，就从中取出目的 IP 地址对应的目的 MAC 地址，并放入 MAC 帧中。更一般的情况是，没有对应的表项，此时源节点需要构建一个 ARP 请求，产生一个 ARP 请求（查询）广播帧，该帧中包括源节点和目的节点的 IP 地址，以及源节点的 MAC 地址，帧中的目的 MAC 地址为全 1，为广播地址，即 ff-ff-ff-ff-ff-ff，目的是想询问网络上的所有其他节点，目的 IP 地址对应的 MAC 地址是什么。

请求广播帧可以被网络上的所有节点的网络适配器收到，适配器把该帧中的 ARP 请求向上传递到它的主机节点，每个节点检查它的 IP 地址，看是否匹配，若不匹配就把该 ARP 请求丢弃，若匹配就会构成一个 ARP 响应，ARP 响应是放在单播帧中，在返回查询节点的帧中放入自己的 MAC 地址，源（查询）节点收到响应帧后，会更新自己的 ARP 表，并用解析到的目的 MAC 地址组成帧发送到目的节点。需要说明的是，ARP 是即插即用的，节点的 ARP 表是自动建立和更新的，若一个节点从网络上断开连接，其对应的表项会从 ARP 表中删除。

2．节点在不同的网络上的 ARP 解析过程

ARP 解析中更普遍的情况是通信的节点双方在不同的网络上。节点在不同的 LAN 上的 ARP 解析应用，如图 7-19 所示。

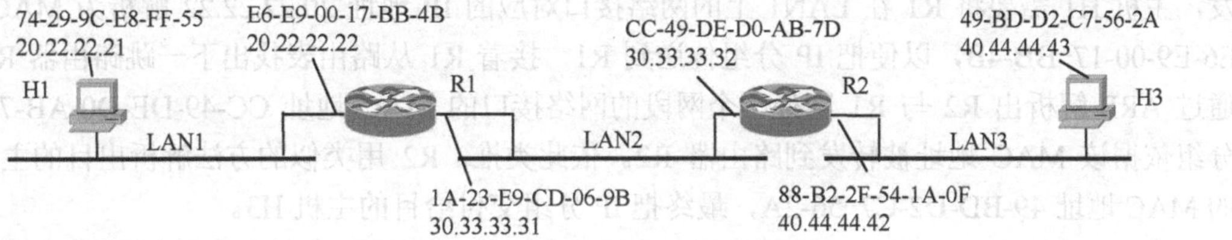

图 7-19 节点在不同网络上的 ARP 应用

节点 H1 在 LAN1 上，节点 H3 在 LAN3 上，节点在两个不同的 IP 网络中，两个网络用不同网络 ID 标识，LAN1 的网络 ID 是 20.22.22.0，LAN3 的网络 ID 是 40.44.44.0，两个网络通过路由器 R1 和 R2 互连。

可以看出，网络中有两种不同类型的节点：主机和路由器。每个主机一般仅有一个 IP 地址、一个网络适配器（网卡）和一个 MAC 地址，而路由器的每个网络接口都有一个 IP 地址，并且每个路由器网络接口都有自己的 ARP 模块，以及自己的网络适配器和 MAC 地址。路由器 R1 和 R2 分别有两个网络接口，对应有两个 IP 地址、两个 ARP 模块、两个网络适配器和两个 MAC 地址，路由器的每个网络接口连接一个网络，这就要求用作连接的网络接口的 IP 地址中的网络 ID 要与所连接的网络的 IP 地址中的网络 ID 标识一致，同时，网络接口的物理特性也必须与所连接网络的物理特性保持一致，例如，连接器的插头、插座的物理尺寸和引线数要一致。

假设节点 20.22.22.21 向节点 40.44.44.43 发送 IP 分组，即主机 H1 向主机 H3 发送 IP 分组，发送节点把 IP 分组传递给它的适配器，发送节点必须确定合适的目的 MAC 地址，怎样确定呢？显然不能是节点 40.44.44.43 的 MAC 地址，因为两个节点不在同一个网络上。节点 20.22.22.21 的路由转发表会指明 IP 分组必须先发送到路由器 R1 的网络接口 20.22.22.22，此时帧的合适 MAC 地址是路由器网络接口 20.22.22.22 的适配器地址 E6-E9-00-17-BB-4B，发送节点仍然是通过 ARP 解析，得到路由器 R1 的这个适配器地址，组成一个帧发送到 LAN1，接在 LAN1 上的路由器看到帧是向它寻址的，把该帧向上传递到路由器的网络层。路由器通过路由表再判断该 IP 分组转发的正确接口，通过查询路由表得知该 IP 分组要经过路由器的网络接口 30.33.33.31 转发，该网络接口把这个 IP 分组传递到它的右边适配器的网络接口，接着适配器再把 IP 分组封装到一个新的帧中，将帧发送到 LAN2 中，依次类推。经过 ARP 解析过程，获得最终目的地节点的 MAC 地址。整个 ARP 解析过程中经历的 3 个步骤，经过 3 段链路，即从主机 H1 到路由器 R1，从路由器 R1 到路由器 R2，从路由器 R2 到主机 H3。在不同的网络（链路）上的 ARP 解析过程，见表 7-7，表中给出在各段链路中涉及的目的 MAC 地址、源 MAC 地址、源 IP 地址和目的 IP 地址。

表 7-7 在不同的网络（链路）上的 ARP 解析过程

链路	目的 MAC 地址	源 MAC 地址	源 IP 地址	目的 IP 地址
1	E6-E9-00-17-BB-4B	74-29-9C-B8-FF-55	20.22.22.21	40.44.44.43
2	CC-49-DE-D0-AB-7D	1A-23-F9-CD-06-9B	20.22.22.21	40.44.44.43
3	49-BD-D2-C7-56-2A	88-B2-2F-54-1A-0F	20.22.22.21	40.44.44.43

3．ARP 协议的进一步分析

需要说明的是，ARP 只是解决同一网络上的主机或路由器（包括相邻节点主机之间）的 IP 地址和 MAC 地址的映射。若源主机和目的主机不在同一个网络上，主机 H1 无法解析出主机 H3 的 MAC 地址，此时 IP 分组需要通过与主机 H1 连接在同一个网络上的路由器 R1 转发，主机 H1 需要将 R1 在 LAN1 上的网络接口对应的 IP 地址 20.22.22.22 解析为 MAC 地址 E6-E9-00-17-BB-4B，以便把 IP 分组传送到 R1，接着 R1 从路由表找出下一跳路由器 R2，并通过 ARP 解析出 R2 与 R1 同处一个网段的网络接口的 MAC 地址 CC-49-DE-D0-AB-7D，IP 分组依据该 MAC 地址被转发到路由器 R2。依此类推，R2 用类似的方法解析出目的主机 H3 的 MAC 地址 49-BD-D2-C7-56-2A，最终把 IP 分组交付给目的主机 H3。

从 IP 地址到 MAC 地址的解析是自动进行的，这种解析过程对主机用户是透明的。人们也许会问，网络中主机之间是否可以直接用硬件地址通信？答案是否定的，因为存在各种各样的网络，这些网络使用多种互不相同的硬件地址，若直接采用硬件地址进行互连，就要进行非常复杂的硬件地址转换工作，这显然是不可能的。只有采用一个统一的逻辑地址，即目前采用的 IP 地址，使得连接到互联网上的主机之间的通信像是连接在同一个网络上那样。到了数据链路阶段以后，再通过 ARP 协议进行 IP 地址到 MAC（硬件）地址的解析，调用 ARP 协议的执行是由主机软件自动进行的。

需要注意的是，在 IP 层抽象的互联网上只能看到 IP 分组，IP 分组要经过 R1 和 R2 路由器转发，但在数据传输过程中 IP 分组首部中源 IP 地址和目的 IP 地址始终没有变，两个路由器的 IP 地址并不出现在 IP 分组首部中。路由器仅依据目的 IP 地址的网络号进行路由选择。在具体的物理网络的数据链路层，只能看到 MAC 帧，IP 分组被封装在 MAC 帧中，MAC 帧在不同的链路上传输时，MAC 地址会变化，而上面的 IP 层看不到 MAC 地址的这种变化。IP 层抽象的互联网络是一个逻辑网络，它向高层屏蔽了下面网络层次复杂的细节，使得人们可以用统一的、抽象的逻辑地址，即 IP 地址研究和实现主机之间，以及网络之间的互连，不必关心互连在一起的网络的硬件地址体系有什么不同。这些是计算机网络最重要的概念，是需要认真理解和掌握的。

7.5.4 反向地址解析协议 RARP

ARP 解决的是从 IP 地址到 MAC 地址的映射。在网络中有时需要进行相反的映射，即从物理地址找到或得到对应的IP 地址，反向地址解析协议（Reverse Address Resolution Protocol，RARP）使只知道自己硬件地址的主机能够得到自己对应的 IP 地址。例如，无盘工作站或采用动态主机配置协议（DHCP）工作的网络中的主机，主机启动时并不知道自己的IP 地址。

反向地址解析协议（RARP）的原理是，当主机启动时，广播一个 RARP 请求分组，以询问自己的 IP 地址，广播请求分组中包含请求主机的 MAC 地址。RARP 服务器接收到该请求分组之后，发回 RARP 响应分组，其中包括相应的 IP 地址。RARP 的技术文档是 RFC 903。

以无盘工作站获得其 IP 地址为例，无盘工作站只要运行其 ROM 中的文件传送代码，就可以用下行装载方法从其他主机得到所需要的操作系统和 TCP/IP 通信软件，但这些软件中没有 IP 地址，无盘工作站需要运行 ROM 中的 RARP 来得到它的 IP 地址。无盘工作站向网络发送 RARP 请求分组，RARP 服务器有一个事先做好的从无盘工作站的硬件地址映射到 IP 地址的映射表，查找出无盘工作站的 IP 地址，写入 RARP 响应分组返回给无盘工作站。

RARP 的缺点是，要使用一个全 1 地址的广播请求分组，而这类广播分组不会被路由器转发，因此，RARP 服务器必须局限于本网络内。为克服这一局限性，提出了一种改进的协议，即 BOOTP，这种协议采用 UDP 数据报发送 RARP 分组，可通过路由器转发。

7.6 以太网原理与技术

7.6.1 以太网概述

1. 以太网的由来

以太网（Ethernet）由施乐（Xerox）公司的帕洛阿尔托研究中心（PARC）于 1975 年研制成功。最初以太网用无源电缆作为传输介质来传输数据，网络拓扑为总线型结构，是一种基带总线型局域网，当初的数据传输率为 2.94 Mbit/s。“以太”二字是采用历史上的宗教术语，当时认为地球表面的空间中充满了可以传播电磁波的“以太”物质，而后的研究表明，在大气和真空中是可以传播电磁波的。以太网的名字就一直沿用下来。

1976 年 7 月，施乐公司的 Metcalf 和 Boggs 发表了里程碑式的以太网论文。1980 年 9 月，由 DEC、Intel 和 Xerox 三家公司成立以太网联盟，制订出以太网规范 DIX 版本 1。DIX 规范定义的以太网采用总线型拓扑，信道访问协议为 CSMA/CD，传输介质为阻抗 50 Ω的粗同轴电缆，数据传输率为 10 Mbit/s。之后在 1982 年给出以太网规范 DIX 版本 2，成为世界上第一个 LAN 产品规范。

在以太网协议基础上，IEEE 802 委员会于 1983 年制订出 IEEE 802.3 LAN 标准，IEEE 802.3 仅对以太网标准的帧（MAC 帧）格式做了很小的改动，也就是说两者的差别很小，目前常常把 IEEE 802.3 LAN 也称为以太网。

依据局域网的 3 个要素分析，10 Mbit/s 以太网的拓扑结构为总线型或星总线形，传输介质是同轴电缆、双绞线、光纤，信道访问协议采用 1-坚持的 CSMA/CD，数字信号编码是采用曼彻斯特编码。

进入 20 世纪 90 年代以后，以太网在 LAN 市场处于垄断地位，这主要是由于以太网结构实现简单、可扩充性好、使用方便，再加上以太网数据传输率不断提高，从 1990 年的 10 Mbit/s，到 1995 年的 100 Mbit/s、1998 年的 1 000 Mbit/s、2002 年的 10 000 Mbit/s。

2002 年 IEEE 批准 10 Gbit/s 以太网，成立了城域网以太网论坛，专门研究将以太网用于城域网时需要解决的技术问题，从此以太网从局域网迈向到城域网，甚至到广域网。2004 年 IEEE 批准了最后一英里以太网技术标准（Ethernet in the First Mile，EFM）IEEE 802.3 ah，在最后一英里的接入线路上采用以太网技术。2007 年 7 月，IEEE 批准数据传输率为 40 Gbit/s～100 Gbit/s 的下一代以太网标准。

2．以太网的帧格式

以太网的 MAC 帧格式有两个标准，即 DIX Ethernet II 和 IEEE 802.3 标准，两者主要的区别在于第 3 个字段的规定：IEEE 802.3 标准规定第 3 个字段为“长度/类型”，当该字段值大于 0x0600 时，表示为类型字段，与 DIX Ethernet II 完全一致，当该字段值小于 0x0600 时，表示为长度字段，帧中的数据字段必须装入上层 LLC 子层的 LLC 帧。

目前使用较多的是 DIX Ethernet II 标准，简称以太网 II，以太网 II 的 MAC 帧格式，如图 7-20 所示。

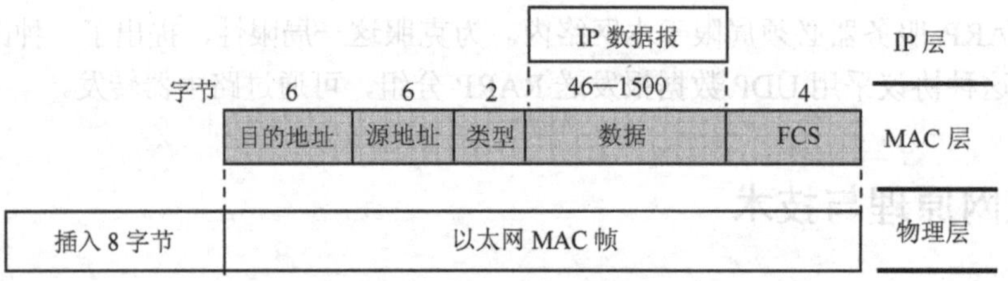

图 7-20　以太网 II 的 MAC 帧格式

以太网 MAC 帧由 5 个字段组成。第 1、2 字段分别为目的 MAC 地址和源 MAC 地址，各占用 6 个字节。第 3 个字段是类型字段，占用 2 个字节，用来标识上一层采用的协议，也即帧中数据字段的内容，由施乐公司管理该字段的代码标识，例如，类型字段的值为 0x0800 时，标识上层为 IP 分组，若为 0x8137 时，标识上层为 IPX。第 4 个字段为数据字段，数据长度可以在 46～1500 字节之间。第 5 个字段是帧校验序列 FCS，占用 4 个字节，用于差错控制，采用的是 CRC 校验，帧校验范围包括前 4 个字段。

以太网帧的首部与尾部长度之和为 18 字节，以太网帧对数据字段的长度有最短长度为 46 字节的限制，与最短以太网帧长 64 字节的限制对应。当数据字段长度小于 46 字节时，MAC 子层会在数据字段后面加入一个整数字节的填充字段。之所以有最短帧长的要求，是因为要实现以太网的信道访问协议 CSMA/CD，考虑到信道上的传播时延，若检测到冲突，MAC 帧的长度不能小于 64 字节。在物理传输媒体上传输以太网帧时，要实现收、发双方的同步，在从 MAC 子层向下传输到物理层时，需要在以太网 MAC 帧前面插入 8 字节的同步序列编码，前 7 个字节为 0 和 1 交替的同步码，用于实现位同步，第 8 个字节为 10101011，称为帧开始定界符，标识以太网 MAC 帧到来。

可以通过协议分析工具 Ethereal 捕获实际网络中的协议包（PDU），查看和分析各种 PDU 的结构，帮助理解理论中描述的 PDU。Ethereal 的使用请参看第 1 章中的介绍。用 Ethereal 查看到的以太网 II 帧协议格式，如图 7-21 所示。

需要说明的是，以太网帧之间有间隙，不需要帧结束定界符，不用透明传输。以太网帧对 IP 分组的封装方式是 IP 分组直接封装在以太网 MAC 帧中，通过以太网帧的类型字段值进行标识，可以看出，LAN 体系结构中的 LLC 协议已很少使用。以太网 MAC 子层协议如何确定帧的长度呢？靠的是曼彻斯特编码中的信号跳变，若检测不到跳变，即可确定帧传输结束。

```
⊟ Ethernet II, Src: Msi_ab:f8:44 (00:16:17:ab:f8:44), Dst: Broadcast (ff:ff:ff:ff:ff:ff)
  ⊟ Destination: Broadcast (ff:ff:ff:ff:ff:ff)
      Address: Broadcast (ff:ff:ff:ff:ff:ff)
      .... ...1 .... .... .... .... = Multicast: This is a MULTICAST frame
      .... ..1. .... .... .... .... = Locally Administrated Address: This is NOT a factory default address
  ⊟ Source: Msi_ab:f8:44 (00:16:17:ab:f8:44)
      Address: Msi_ab:f8:44 (00:16:17:ab:f8:44)
      .... ...0 .... .... .... .... = Multicast: This is a UNICAST frame
      .... ..0. .... .... .... .... = Locally Administrated Address: This is a FACTORY DEFAULT address
    Type: ARP (0x0806)
```

图 7-21　用 Ethereal 查看到的以太网 II 帧协议格式

以太网帧中的目的地址分为单播地址、多播地址和广播地址。单播地址是指向某个网络适配器的地址，在以太网帧中源地址必须为单播地址。在以太网地址格式中，第 40 位（第一个字节的最低位）是多播地址标志位，以太网帧在发送时是按照一个字节的最低位先发送的。广播地址为全“1”地址，目的节点是局域网内的所有节点，广播地址只能用作目的地址。在以太网地址格式中，第 41 位是本地管理地址标志位，该位值为 1，表示是本地组织自行分配到地址。

对于检测到的无效以太网 MAC 帧的处理方法是简单的丢弃，以太网不负责重传丢弃的帧。IEEE 802.3 标准判定无效以太网 MAC 帧的依据如下：

1）帧的长度不是整数个字节。

2）FCS 检测出帧有错。

3）帧的数据字段长度不在 46～1500 字节范围。

4）帧的数据字段长度与 IP 分组中长度字段值不一致。

MAC 子层协议规定帧之间的最小间隔为 9.6 μs，等同于 96 位的发送时间，使得一个节点检测到信道空闲后，要等待 9.6 μs 后才可以发送数据，目的是使刚收到数据帧的节点的缓冲区来得及处理，有时间做好接收下一帧的准备。

需要指出的是，在以太网帧格式中，类型字段之后就是 IP 分组或 ARP 分组（数据字段的内容）。但在 IEEE 802.3 的帧格式中，对应以太网帧格式中类型字段位置的字段称为长度字段，跟随在长度字段后面的是 3 个字节的 IEEE 802.2 LLC 和 5 个字节的 IEEE 802.2 SNAP。IEEE 802.2 SNAP 是对 IEEE 802.2 LLC 的扩展，SNAP 是子网访问协议。有关内容可以参阅 RFC 1042。

3．以太网的实现方法

许多计算机厂商和超大规模规模集成电路（VLSI）厂商都支持 IEEE802.3 标准。采用粗同轴电缆的以太网的实现方法，如图 7-22 所示。

采用其他传输介质的以太网是类似的。构成网络连接的设备由 3 部分组成：网卡、收发器和收发器电缆。功能部分有：发送和接收信号的收发器、曼彻斯特编码解码器、以太网数据链路控制、帧装配及与主机接口。涉及的网络层次为 MAC 子层和物理层。

网络适配器（网卡）插入主机总线的扩展槽中，连接连网的主机，网卡的另一端通过收发器与传输介质连接。网卡实现了数据的编码与解码、帧的装配和拆封、CSMA/CD 协议和 CRC 校验的功能，网卡制造时均采用 VLSI 芯片。图 7-22 中的 AUI 是连接单元接口（Attachment Unit Interface），MAU 是介质连接单元（Medium Attachment Unit）。

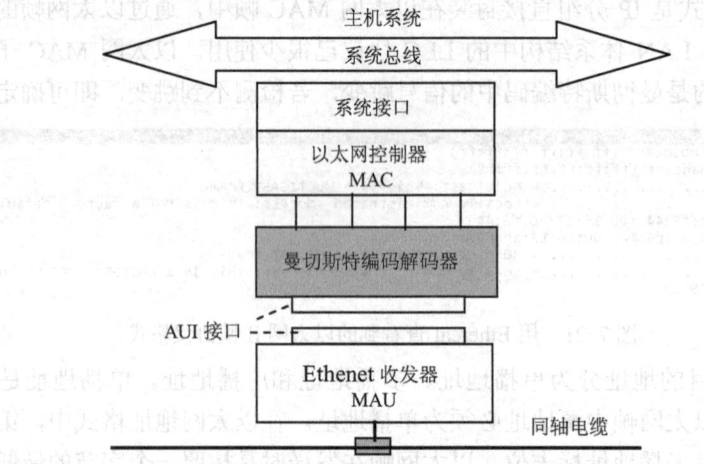

图 7-22　采用粗同轴电缆的以太网的实现方法

4．以太网是运行参数和默认值

以太网是运行参数和默认值，见表 7-8。其中，帧间间隔是指节点发送完一帧后，再发送下一帧需要等待的时间，阻塞帧是在检测到冲突时节点发送的干扰信号，用于强化冲突，通告其他节点信道上有冲突发生。

表 7-8　以太网是运行参数和默认值

运 行 参 数	默 认 值	运 行 参 数	默 认 值
比特时间	100 ns	冲突后退限制	10
冲突窗口	51.2 μs	阻塞帧	4 字节
帧间间隔	9.6 μs	最大帧长度	1518 字节
冲突重发次数	16	最小帧长度	64 字节

5．测量以太网特性的测度 α

一个重要测度 α 用来测量以太网的特性，测度 α 涉及 4 个参数：以太网帧长度 L（bit）、数据传输率 C（bit/s）、传播时延 τ（s）、传输时延 T_0（s）。α 是一个无量纲数，α 计算公式为：$\alpha=\tau/T_0=\tau/(L/C)=(\tau C)/L$。α 的取值一般要小于 1。

7.6.2　快速以太网

1．快速以太网概述

以太网技术一直跟随着网络技术的发展，在不断地改进，以适应网络应用的进步和需要。以太网技术的进步主要体现在传输介质的更新，以及数据传输率的不断提高。传输介质由最初的 50 Ω的粗同轴电缆，演变为细同轴电缆、双绞线、光纤，数据传输率从 1990 年的 10 Mbit/s，到 1994 年的 100 Mbit/s、1998 年的 1 000 Mbit/s（千兆）、2002 年的 10 000 Mbit/s（万兆）。一般把数据传输速率达到或超过 100 Mbit/s 的以太网称为快速以太网（Fast Ethernet）。

在千兆以太网之前采用的信道访问协议是 CSAMA/CD，之后由于数据传输率的大幅度提高，物理信号的编码方式和信道访问协议已经进行了很多改进。同时千兆与万兆位以太网技术已经突破局域网的地域范围限制，开始进入城域网应用领域，千兆与万兆位以太网所支持的传输介质为光纤和双绞线。传统以太网所采用的传输介质同轴电缆已经不再使用，因为数据传输率仅为 10 Mbit/s，并且由于传输介质采用紧固插接，造成可靠性较低。

2．快速以太网技术指标

1995 年，100base-T 成为正式的国际标准 IEEE 802.3u。100base-T 采用星总线拓扑结构，信道访问协议是 CSMA/CD，MAC 帧格式仍然是 IEEE 802.3 规定的帧格式，可以与 10base-T 兼容，从 10base-T 升级到 100base-T 很方便，需要更新的仅是添加支持 100 Mbit/s 的网卡和支持 100 Mbit/s 的交换机，原来的网络软件和应用软件均不用改变。

以太网的产品标识包含 3 个内容，以 100base-T 为例，其中，100 标识数据传输率为 100，单位是 Mbit/s；base 标识为基带传输，可以分为基带 base 或宽带 broad；T 标识传输介质和网络中两节点之间的大概最大距离，单位为 100 m。

100base-T 表示的以太网产品的技术指标是，数据传输率为 100 Mbit/s，采用基带传输，使用双绞线作为传输介质，节点之间的最大距离为 100 m。

需要对原有 10 Mbit/s 以太网的技术参数做改进，改进的依据是，在数据传输率提高后要保证参数 α 不变，或保持为较小的数值，公式为

$$\alpha = \tau / T_0 = \tau / (L/C) = (\tau C) / L$$

其中，τ 与电缆长度有关，为两节点之间的传播时延；C 表示数据传输率；L 表示帧长。从式中可以看出，当数据传输率 C 提高 10 倍以后，为保持参数 α 不变，可以把帧的长度 L 增长到 10 倍，或是把网络电缆长度 τ 减少到原来数值的 1/10。

在 100base-T 中采用的方法是，保持最短帧长不变，把网段的最大长度减小到 10 m，帧间的时间间隔也从原来的 9.6 μs 减小为 0.96 μs。100base-T 定义了 3 种不同的物理层标准，差别主要在物理层描述，形成不同快速以太网产品，100base-TX 和 100base-FX 也称为 100base-X。快速以太网的物理标准，见表 7-9。

表 7-9　快速以太网的物理标准

产品名称	线缆	信号编码	网段长度/m	特点	线路数
100base-TX	2 对 5 类 UTP	4B/5B，MLT-3	100	100Mbit/s，双向同时	2
100base-T4	4 对 3、4、5 类 UTP	8B/6T，NRZ	100	不对称	4
100base-FX	单模或多模光纤	4B/5B，NRZ1	2000 或 412	100Mbit/s，双向同时	2

快速以太网的运行参数和默认值除了帧间间隔改变为 0.96 μs 以外，其他基本与 10base-T 以太网相同。

3．100base-TX

使用 2 对 UTP-5 双绞线或屏蔽双绞线 STP，分别用于发送和接收。采用多电平传输 3（MLT-3）信号编码方式，采用三元制（正、负和零）进行编码，目的是使信号主要能量集中在 30 MHz 以下，减少辐射的影响。编码规则为

输入一个 0 时，下一个输出值不变。

输入一个 1 时，若前一个输出值为正值或负值，则下一个输出值为零；若前一个输出值为零，则下一个输出值与上次的一个非零输出值的符号相反。

4．100base-T4

传输介质采用 4 对 UTP-3 类线或 UTP-5 类线，主要是考虑到有些网络使用到 UTP-3 类线，信号编码采用 8B/6T-NRZ（不归零），编码方式是把数据的每 8 位作为一个组，再按编码规则转换为对应的 6 位三元制（Ternary）码元。使用 3 对线同时传输数据，每一对线以

33 Mbit/s 的速率传输数据，使用 1 对线用作冲突检测的信道。

5．100base-FX

采用两根光纤，分别用于发送和接收。信号编码采用 4B/5B-NRZ1。NRZ1 为不归零 1 制，当 1 出现时，信号电平在正值与负值之间变化一次。4B/5B 编码的规则是把传输数据分为 4 位一组，形成数据块，把每一个数据块对应编码规则转换成 5 位二进制位，要求选用的 5 位对应编码中至少有两位是 1，确保信号码元至少有两次跳变。

7.6.3 千兆位以太网

1．千兆位以太网概述

1995 年，IEEE 802.3 委员会成立一个研究千兆位以太网（Gigabit Ethernet）的工作组 IEEE 802.3z，负责制定采用光纤和同轴电缆传输介质的双向同时传输链路标准。后来又成立一个工作组 IEEE 802.3ab，负责制定基于 UTP 传输介质的千兆位以太网标准。设计时充分考虑到与以太网和快速以太网的兼容要求，千兆位以太网仍然保留了以太网的帧格式和 MTU 要求，采用 CSMA/CD 信道访问协议。

1998 年，IEEE 802.3z 成为千兆位以太网的正式标准，IEEE 802.3z 实现了设计要求。可以说，千兆位以太网的出现开创了局域网技术发展的里程碑，并使以太网技术迅速成为局域网的主流技术。当时并存的局域网技术还有 FDDI 和 ATM 技术，但两者可以实现的最大数据传输率分别为 100 Mbit/s 和 625 Mbit/s，已经不能和千兆位以太网技术相比，况且千兆位以太网还具有很多其他的优点。

千兆位以太网 IEEE 802.3z 的特点是，数据传输率为 1000 Mbit/s，采用 IEEE 802.3 协议定义的帧格式，可以在双向同时和双向交替两种方式下工作，在双向交替工作方式下采用的信道访问协议是 CSMA/CD，向下兼容原有的 100 Mbit/s 和 10 Mbit/s 以太网。

目前千兆位以太网已经得到广泛的应用，许多计算机网络厂商的产品均提供千兆位以太网接口。千兆位以太网多用来作为 Intranet（企业网）的主干网。千兆位以太网的物理层标准，见表 7-10。

表 7-10　千兆位以太网的物理层标准

产品名称	传输介质	信号编码	最大网段长度	线路数
1000base-SX	多模光纤（50 μm，62.5 μm）	8B/10B，NRZ	275 m—550 m	2
1000base-LX	单模光纤（10 μm） 多模光纤（50 μm，62.5 μm）	8B/10B，NRZ	5 km 550 m	2
1000base-CX	同轴电缆	8B/10B，NRZ	75 m	2
1000base-T4	4 对 5 类 UTP	4D，PAM5	100 m	4

（1）1000base-X（IEEE802.3z）

1000base-X 的物理层是基于光纤信道 FC-0 和 FC-1，使用的传输介质有 3 种。

1）1000base-SX，SX 表示使用 850 nm 短波长的激光器，光纤纤芯直径为 62.5 μm 和 50 μm 的多模光纤，传输距离分别是 275 m 和 550 m。

2）1000base-LX，LX 表示使用 1300 nm 长波长的激光器，光纤纤芯直径为 62.5 μm 和 50 μm 的多模光纤，传输距离是 550 m。使用纤芯直径为 10 μm 的单模光纤，传输距离是 5 km。

3）1000base-CX，CX 表示使用铜线，采用两对屏蔽双绞线 STP，传输距离是 25 m。

（2）1000base-T4（IEEE802.3 ab）

1000base-T4 采用 4 对 5 类非屏蔽双绞线 UTP，传输距离是 100 m。千兆位以太网工作在双向交替传输工作方式，需要提供冲突检测。为了使参数 α 保持为较小的值，通常的做法是减小最大电缆长度或增大帧的最小长度。

2．千兆以太网短 MAC 帧的载波延伸

千兆位以太网仍然支持一个网段的最大长度为 100 m，当工作在双向交替方式时，采用载波延伸（Carrier Extension）技术，保持最短帧长为 64 字节，以保持向下的兼容性，同时把争用时间增大到 512 字节，对帧长不足 512 字节的 MAC 帧，需要在帧后填充一些特殊字符，使 MAC 帧长达到 512 字节，接收方会把填充的特殊字符自动删除。在短 MAC 帧后面加上载波延伸，千兆以太网短 MAC 帧的载波延伸，如图 7-23 所示。

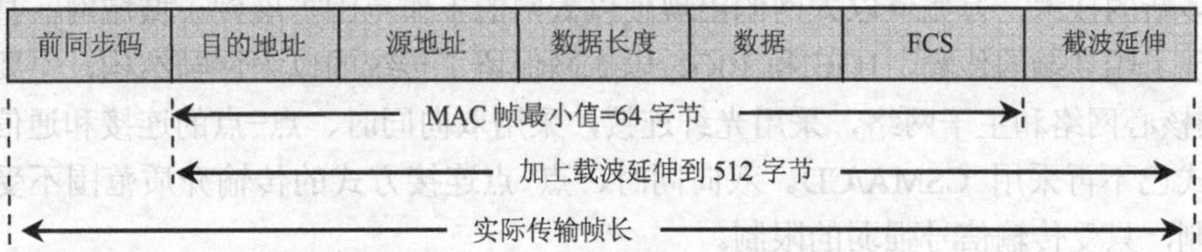

图 7-23　千兆以太网短 MAC 帧的载波延伸

千兆以太网还引入了帧突发机制，一旦第一个帧发送成功，具有帧突发功能的节点可以接着连续发送其他帧，直到帧突发的长度达到 1518 字节为止。

千兆以太网通过引入载波延伸和帧突发机制，在保证节点发送效率的基础上，支持的组网距离可以达到 75 m。

若短帧的长度为 64 字节，填充到 512 字节时，需要填充 448 字节，造成了较大的开销，为了解决这一问题，千兆位以太网采用分组突发（Packet Bursting）技术，当有许多短帧需要发送时，只是第 1 个短帧采用载波延伸的方法进行填充，而随后的短帧可以顺序发送，发送的各帧之间需要最小的帧间间隔。

3．千兆位以太网的协议结构

需要说明的是，千兆位以太网工作在双向同时工作方式时，不采用载波延伸和分组突发。千兆位以太网的协议结构，如图 7-24 所示。

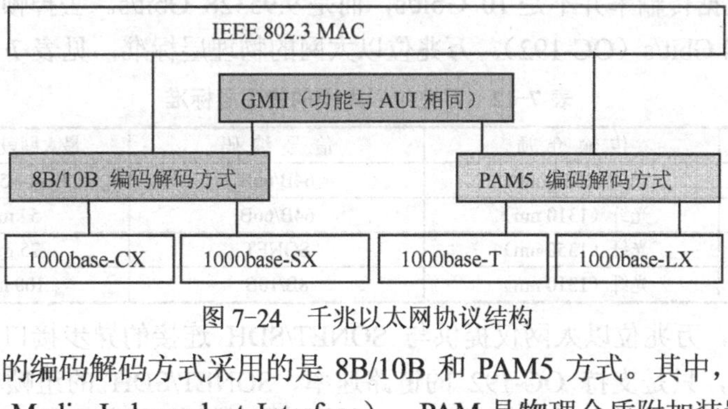

图 7-24　千兆以太网协议结构

千兆位以太网的编码解码方式采用的是 8B/10B 和 PAM5 方式。其中，GMII 是千兆介质专用接口（Gigabit Media Independent Interface），PAM 是物理介质附加装置（Physical Media Attachment）。

4．千兆位以太网运行参数及默认值

千兆位以太网运行参数及默认值，见表 7-11。

表 7-11　千兆位以太网运行参数及默认值

运 行 参 数	默 认 值	运 行 参 数	默 认 值
比特时间	0.1 ns	冲突后退限制	10
冲突窗口	4.096 μs	阻塞帧	4 字节
帧间间隔	0.096 μs	最大帧长度	1518 字节
冲突重发次数	16	最小帧长度	512 字节
帧突发最大长度	. 1518 字节		

7.6.4 万兆位以太网

1999 年 3 月，IEEE 成立高速研究组（High Speed Study Group，HSSG），制订 10GE（万兆位以太网）的技术标准，2002 年 6 月给出万兆位以太网标准 IEEE 802.3 ae。万兆位以太网采用了许多新的技术，万兆位以太网的出现使以太网的工作范围扩展到了城域网，甚至到了广域网，实现了端到端的传输。1GE 和 10GE 以太网保留了传统的以太网帧结构，主要用于构建 Intranet 的核心网络和主干网络，采用光纤连接，采用双向同时、点-点的连接和通信方式，信道访问方式已不再采用 CSMA/CD。双向同时、点-点连接方式的传输介质范围不受冲突窗口大小的限制，只受传输信号强弱的限制。

1．IEEE802.3 ae 的主要特点

1）帧格式向下兼容，还保留 IEEE 802.3 标准规定的最小帧长和最大帧长，支持已有的以太网平缓升级。

2）使用的传输介质为光纤，使用单模光纤和长距离的光收发器，传输距离达到 40 km，可以工作在局域网和城域网的地域范围。也可以使用多模光纤，传输距离为 65～300 m。

3）信道访问协议不再使用 CSMA/CD，传输距离不再受冲突检测的限制，只在双向同时传输方式下工作，信道不存在争用问题。

2．万兆位以太网的物理层采用两种标准

1）局域网物理层（LAN PHY），局域网物理层数据传输率为 10 Gbit/s，在应用时，一个万兆位以太网交换机正好可以提供 10 个 1 Gbit/s 以太网端口。

2）广域网物理层（WAN PHY），广域网物理层是为了与 SONET/SDH（OC-192/STM-64）连接，使得万兆位以太网的帧能够插入到 OC-192/STM-64 帧的有效载荷中，因为 OC-192/STM-64 准确数据传输率并不是 10 Gbit/s，而是 9.95328 Gbit/s。去掉帧首部的开销后，数据传输率为 9.58464 Gbit/s（OC-192）。万兆位以太网的物理层标准，见表 7-12。

表 7-12　万兆位以太网的物理层标准

产 品 名 称	传 输 介 质	信 号 编 码	最大网段长度	线 路 数
10Gbase-SR	光纤（850 nm）	64B/66B	275 m—550 m	2
10Gbase-LR	光纤（1310 nm）	64B/66B	5 km	2
10G base-EW	光纤（1350 nm）	SONET	75 m	2
10G base-X4	光纤（1310 nm）	8B/10B	100 m	2

需要说明的是，万兆位以太网仅提供与 SONET/SDH 连接的异步接口，与 SONET/SDH 并不是全部兼容的，只是支持 OC-192 的链路速率、SONET/SDH 的组帧格式，并不提供对 TDM 的支持，没有分层的精确时钟和完整的网络管理功能。

3．万兆位以太网地域范围的扩展

以太网经过近 40 年的发展和自然演变，取得了长足的进步，不仅成为局域网的主流技术，也对城域网和广域网中采用的 ATM 技术提出了挑战。

万兆位以太网的传输距离可以扩展到 40 km，采用万兆位以太网组建城域网可以节约大量成本，数据从以太网接口的节点出发，经过万兆以太网通过整个城区，在数据传输过程中帧格式无需改变。万兆位以太网扩展到广域网以后，可以实现端到端的以太网帧传输，可以简化整个网络的组网结构，提高网络的性能。

4. 万兆位以太网运行参数

万兆位以太网保留了以太网帧格式、最大帧长度（1518 字节）、最小帧长度（64 字节）等主要内容。位（比特）时间为 1 ns，冲突间隔为 0.0096 μs。与千兆以太网不同的是万兆位以太网不允许双向交替通信，与时隙计时有关的参数都不再适用，这些参数有：冲突窗口、冲突重发次数和冲突后退限制。

5. 以太网的宽带接入

2001 年初，IEEE 成立 802.3EFM 工作组，研究以太网宽带接入问题。当城域网和广域网都采用千兆位以太网或万兆位以太网后，采用以太网接入可以实现端到端的以太网传输，传输过程中不需要进行帧格式的转换，可以大大提高传输的效率和节约传输的成本。

以太网的接入可以采用多种方案，一种是采用光纤到楼方案，每座楼安装 100 Mbit/s 以太网交换机，每个楼层也可以安装 10 Mbit/s 或 100 Mbit/s 以太网交换机。各座楼的以太网交换机通过光纤连接到光结点汇接点，若干个光结点汇接点再连接到千兆位以太网，再汇接到一个高速光结点汇接点（GigaPoP），进一步通过城域网接到因特网的主干网。

6. 40G/100G 以太网

以太网的速度发展是一个永恒的话题。人们会问，将来的以太网可以达到多高的速率？2007 年 7 月，IEEE 的高速研究组（HSSG）制定出包含两个速率（40G/100G）的单一标准 IEEE 802.3 ba。针对每种速率提供一组物理接口。40 G 速率的物理接口有 1 m 交换机背板链路、10 m 铜缆链路、100 m 多模光纤链路标准。100 G 速率的物理接口有 10 m 铜缆链路、100 m 多模光纤链路、10 km、40 km 单模光纤链路标准。

7.7 令牌环型局域网

7.7.1 令牌环型局域网概述

令牌环型局域网的标准 IEEE 802.5 是在 IBM 公司的 Token Ring 协议的基础上制订的。1969 年，令牌环信道访问技术开始用于贝尔实验室的 Newhall 网络。1971 年又给出时间片环技术。IEEE802.5 令牌环网一般用屏蔽双绞线作为传输介质，构成环形拓扑结构，数据传输率为 16 Mbit/s，信道访问协议采用令牌传递。令牌环网的信道访问协议是非冲突的。

网络中的节点通过环接口连接组成一个物理环路，环路上的令牌只能有一个，令牌逆时针沿环路逐个经过网络中的节点顺序传递，若某一个节点有数据发送，必须先截获令牌，把需要发送的数据插入令牌中组成数据帧，发送到环路上，最后由发送节点根据数据帧经过环路一周后某些字段（帧状态字段 FS 和结束字段 ED）值的设置情况，判断是否传输成功，并由发送节点回收所发送的数据帧，并释放新的令牌，送到环路上。令牌环网的结构，如图 7-25 所示。

令牌其实是一个特殊的帧，只有 3 个字段，占 3 个字节，分别是开始字段 SD、访问控制字段 AC、结束字段 ED。SD 和 ED 字段中设置有非 0 或非 1 电信号的编码 J 和 K，IEEE 802.5 令牌环型局域网采用差分曼彻斯特编码，物理违例信号 J 是数据 0 的正常编码信号去掉信号中间的跳变，K 是数据 1 的正常编码信号去掉信号中间的跳变。采用物理违例编码方法实现帧边界的标识。

ED 字段中包含 I、E 两个标志位。I 位为后继位，I=1 时标识有后继帧，I=0 时标识无后继帧，该帧为节点发送的最后一帧。E 位为出错位，E=1 时标识出错，I=0 时标识无错。

AC 字段包含 6 个优先级位 PPP 和 RRR，一个令牌标识位 T，一个监督位 M。PPP 为优先级位，可以有 8 种不同的组合，RRR 为预约优先级位。T=1 时标识忙令牌，T=0 时标识空令牌，即令牌是空，没有节点截获令牌发送数据。监督位 M 用来避免数据帧在环路上重复传输，当数据帧开始传输时，M 的初始值为 0，当数据帧沿环路第一次经过监控节点时，M 位的值由 0 设置为 1，当再有数据帧通过环路时，若数据帧的 M=1，就可以确定该帧是一个无效帧，将此帧丢弃。令牌帧及 3 个字段的内容，如图 7-26 所示。

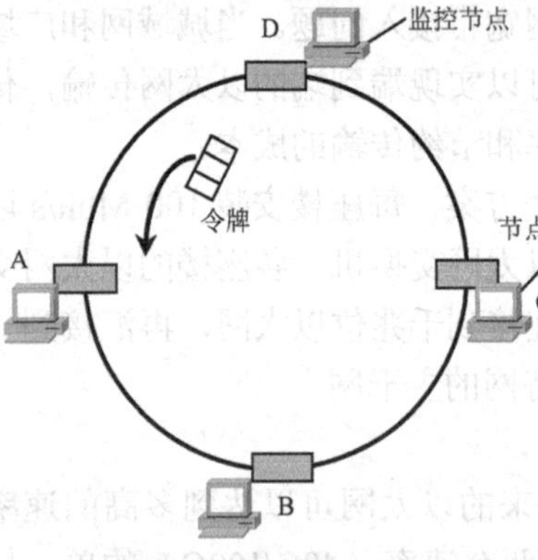

图 7-25　令牌环网的结构

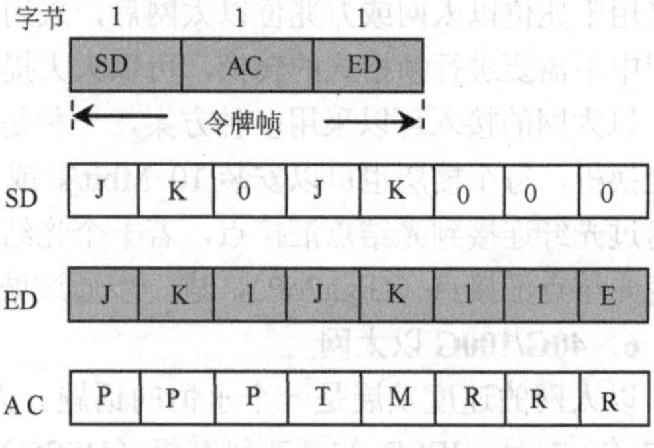

图 7-26　令牌帧及 3 个字段的内容

IEEE 802.5 环型局域网的特点是，节点对信道的访问没有冲突；节点对信道访问的延时时间可以有确定的值；支持优先级服务，通过设置帧中的优先级位，可以给出 8 种不同的优先级；通过预约指示器进行令牌预约。

7.7.2　IEEE 802.5 帧结构

IEEE 802.5 帧结构及 FS 字段的内容，如图 7-27 所示。

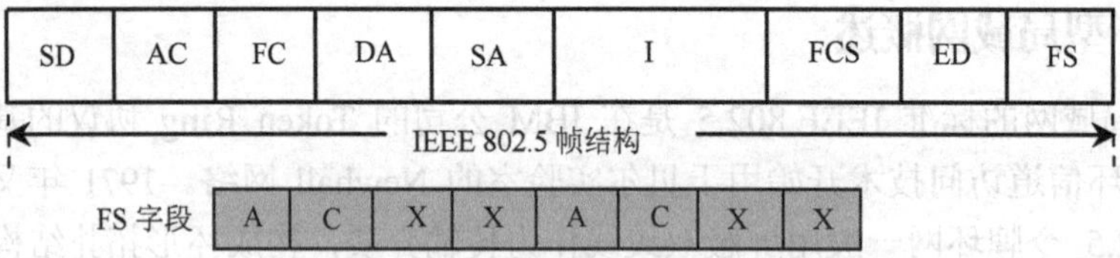

图 7-27　IEEE 802.5 帧结构及 FS 字段的内容

帧结构包含 9 个字段，FC 位帧控制字段，实现数据链路层中控制功能，DA、SA 是地址字段，FCS 是帧校验字段，I 为信息字段，内容为网络层的 PDU（IP 分组）。帧结构中的 FS 为帧状态字段，数据帧传输完后由发送节点回收，依据 FS 字段中的地址位 A 和复制位 C，结合 ED 字段的错误位 E 来判定数据帧的传输情况，若 A=1，C=1，E=0，说明目的站存在，并且复制了数据帧，即接收到了数据帧，传输中没有出现差错；若为其他组合，可以依据 3 个标志位分析出存在的问题。

需要注意的是，环路不是真正的广播控制，而是单个网络节点经过点到点的连接，组合在一起形成的环形信道，在每个节点的接口处对帧进行存储转发，节点接口处处理的时延至少是一个比特的延时。在计算环路上的传输时间时，通常采用位长度的概念，位长度是传输一位二进制位所需的时间与信号传播速度的乘积，传输一位二进制位所需的传输时间等于 1（bit）除以数据传输率（bit /s）。电信号在有线传输介质中的传播速度为光速的 2/3。需要指出，环型局域网对环路的长度有要求，环路的长度一般说来不能小于令牌帧的位数乘以位长度的值，否则令牌就不能在环路上跑起来，就像一条公路的长度还没有一辆汽车的长度长一样，汽车是跑不起来的。

IEEE 802.5 令牌环型局域网存在的问题是，环路的维护比较复杂，需要把有些网络节点作为环路的监控节点或备用监控节点，通过监控节点处理环路初始化、节点插入、节点撤出、令牌丢失、多令牌等问题。监控节点和备用监控节点在环路的初始化过程中产生，若监控节点出现故障，备用监控节点替补监控节点的位置，再通过规则产生新的备用监控节点。

IEEE 802.5 标准定义了 25 种 MAC 帧，用于环路的维护。大量研究和试验表明，在重负载情况下，IEEE 802.5 环型局域网有较高的传输效率。

7.8 交换式局域网

7.8.1 交换式局域网的结构和工作原理

1. 交换式局域网的基本结构

交换式局域网的核心设备是局域网交换机。需要注意的是，交换机（Switch）是一个连接设备，是一个多端口的网桥，交换机的每个端口与一个网段对应，各个网络段由网桥连接，可以隔离冲突域。交换机工作在网络体系结构的第二层（数据链路层），交换可以并行工作，特点主要体现在硬件实现上。交换式局域网的基本连接形式主要是通过交换机的端口直接连接主机，或者交换机的端口连接另一个交换机，或者交换机的端口连接一个局域网络。

目前，Intranet（内联网）组网基本都采用交换机组网，组网的交换机分为 3 个层次：核心层、汇聚层和接入层。核心层交换机提供高速交换和高速数据传输，一般采用两个以上千兆或万兆交换机用作核心层交换机。汇聚层交换机可以支持多个接入层交换机的连接，通过汇聚层接入 Internet（因特网）。接入层交换机提供网络节点的接入，计算机主机通过接入层交换机接入网络，支持到桌面 100 Mbit/s 或者更高数据传输率的连接。从网络拓扑结构看，核心层、汇聚层和接入层的连接是树形结构，向下连接的层次数目是没有限制的，具有很好是可靠性、灵活性和可扩展性。读者可以试着画出用交换机组网的 3 个层次。

2. 交换机的工作原理

交换机有多个端口，每个端口可以连接一台主机或一个网段。与集线器不同的是，集线器是一个共享式的设备，所有连接到集线器的计算机设备属于一个冲突域，集线器从一个端口向所有别的端口转发信号。而交换机是一个多端口的网桥，每个端口都有桥接功能，它能够在任意一对端口间转发帧，每一个端口属于一个冲突域，可以看做是一个独立的以太网网段，按照 CSMA/CD 协议工作，接入端口的主机可以独享整个网段的带宽。交换机中的硬件交换电路可以把任意端口的网段与别的端口的网段在数据链路层上连接起来。类比人类社会中交通运输网络中的交叉路口，可以把交换机比作立交，集线器比作平交。交换机的工作原理及内部构造，如图 7-28 所示。

交换机内的桥接功能仅在需要时转发帧，交换机内可以同时存在多个转发帧的数据通道。交换机以 MAC 子层为基础进行帧的转发，交换机的工作原理与网桥一样，只不过端口数目较多，其帧转发和地址学习以及所使用的生成树算法也是类似的。

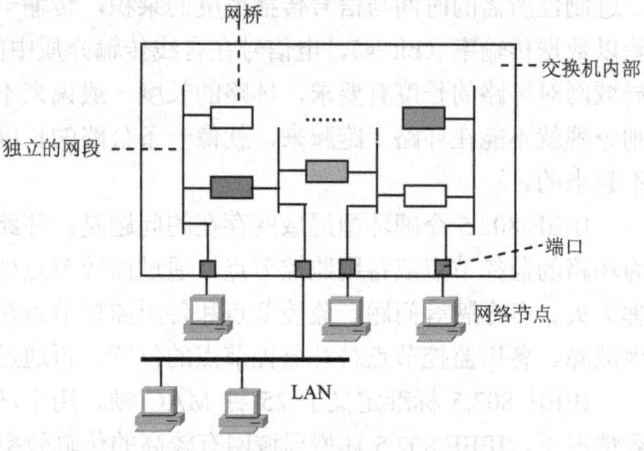

图 7-28　交换机的工作原理及内部构造

3. 网桥与交换机的区别

网桥与交换机的主要区别表现在：第一，网桥的功能主要靠软件实现，交换机的功能则通过应用专用集成电路（Application Specific IC，ASIC）实现，交换处理速度很快；第二，交换机允许多组端口同时交换帧，相当于多个网桥同时工作，可以实现帧转发的并行操作。例如，网桥和交换机的端口速率都是 10 Mbit/s，网桥有两个端口，网桥的容量仅 10 Mbit/s，交换机有 n 个端口，可以同时有 n/2 对端口同时转发帧，交换机的容量可以到达 5n Mbit/s。通过交换机支持多个端口，可以把网络划分为多个冲突域，每个冲突域独立的执行 CSMA/CD 协议，一个冲突域只连接一台或很少的几台主机，使在一个冲突域中的网络节点可以获得较高的带宽，使整个系统具有更高的带宽。

4. 交换机的功能和性能

交换机可以把每个端口连接的节点和网络分割为独立的局域网段，每个端口对应一个冲突域，可以在冲突域限定的距离内组成一个较大距离的局域网，扩大了局域网覆盖的范围。

交换机可以提供足够的缓冲区，并通过流量控制消除网络的拥塞，交换机在负载过重时，向源节点发出一个假冲突信号，使源节点延迟一个随机时间后再发送。

交换机支持 SNMP 网络管理协议，可以收集网络流量和状态信息，供网络管理用。

以太网交换机是基于透明网桥的原理工作的，当交换机不知道目的地址时，向全网广播要传输的帧，通过逆向学习获得转发路径信息。

交换机的功能受到其特性的限制。交换机的特性包括如下内容：

1）端口-站地址表的大小，使用的是专用集成电路（ASIC）、复杂指令系统（CISC）或是精简指令系统（RISC）。

2）端口的自适应性支持，是否支持 10 Mbit/s/100 Mbit/s/1000 Mbit/s 的速率；支持大量并发交叉连接的能力；进行广播传输能力；处理碎片的能力；单位时间解释帧目的地址的能力。

3）单位时间转发帧的能力；流量控制能力；交换机是否具备双向同时传输（全双工）能力。

4）帧传输的时延大小。时延是衡量计算机性能的重要技术指标。

5）交换机端口对地址的支持。基于端口的交换机，每个端口只支持一个地址。基于网段的交换机，每个端口可以支持多个地址。

6）对虚拟局域网（VLAN）的支持，是否可以按照交换机端口、MAC 地址或网络层参数划分 VLAN。

7.8.2 交换机的交换方式

以太网交换机的交换方式分为静态方式和动态方式。静态方式的特点是端口间的通道由人工事先配置，两个端口间的连接类似于硬件连接，端口按固定的连接方式交换帧。动态方式是基于网桥的工作原理，形成两个端口间交换帧的通道，通道的工作形式是基于 MAC 地址的交换转发操作，根据帧的目的地址去查找交换机中自动生成的转发（端口、MAC 地址）表，判定把这个帧从哪个端口转发出去。

动态交换方式又分为：存储转发（Store Forward）、直通方式和帧碎片丢弃。

1．存储转发的工作原理

交换机从通过某个端口进入缓冲区的帧中提取目的地址，查找端口-MAC 地址表，获得输出端口号，把帧从输出端口转发出去。交换机要存储、检测、丢弃坏帧、查表、转发帧。交换机的处理时延比较长，但可靠性比较高。

2．直通方式的工作原理

帧格式中目的地址字段在前面，交换机不用先对整个帧接收缓存，输入端口接收到帧的目的地址字段的 6 个字节后，立即查找端口-MAC 地址表，获得输出端口号后，就把整个帧导向输出端口，避免了存储转发方式中的串并转换、存储、处理、并串转发要耗费的时间。直通方式时延小，但不对帧进行差错处理，会有可能把有差错的帧或因冲突而产生的碎片转发出去，这些差错只能由目的节点处理，通过反馈要求发送节点重发。

3．帧碎片丢弃的工作原理

依据最短帧长要求，以太网中因冲突产生的帧碎片小于 64 字节，相当于 512 比特。输入端口上收到小于 512 比特的帧，交换机将该帧丢弃，接收到 512 比特时，就可以根据目的字段的 6 个字节的值去查表确定输出端口，把帧导向输出端口，完成端口间帧的交换。帧碎片丢弃是前两种交换方式的优化折中，在源节点（主机）和交换机输入端口之间的链路上不进行差错处理，差错处理放到目的节点进行，但避免了碎片的传输。

7.8.3 三层交换的概念

二层交换的问题是，其工作是基于 MAC 地址，不涉及网络层的功能，没有路由能力，当转发目的地址不明的帧时，只能广播该帧，这样，在多个 LAN 经由网桥和交换机连接成的大网中（属于同一个广播域），会造成广播风暴而拥塞。

用路由器互连网络，可以实现网络隔离。路由器能阻止 LAN 间的广播流量，避免广播风暴。路由器的路由选择能力可以为 PDU 选择最适宜的路径并均衡网络负载。路由器根据网络地址过滤数据包，增强了网络安全性。路由器不仅可以实现 LAN 之间的互连，也可以实现 LAN 与 WAN、WAN 与 WAN 之间的互连。

路由器存在的问题是，路由器的大部分功能均由软件实现，造成时延增大，吞吐率受到限制。路由器对 PDU 的处理需要逐层拆包、查看第三层信息，即网络层的分组的协议格式内容，然后查路由表确定这个分组的路由，如果有防火墙，还需检查安全访问控制规则和列表，若可以放行，再打包封装成一个帧，最后将这个帧转发出去。由于路由器是无连接的设备，对转发的一连串帧均是独立进行的，不可能利用多个帧间的联系以加快转发速度。例如，发往同一目的地址的 IP 分组尽管有相同的目的地址，经过路由器时，也是一个一个数据包进行拆包和打包。路由器往往成为网络中传输的瓶颈。

交换机是基于硬件结构的，对帧的转发处理过程非常简单，可以达到很高的吞吐量，尤其是虚拟局域网（VLAN）技术的出现，可以把不同位置、不同 LAN 中的主机分配到不同的 VLAN 中，成为一个独立的管理域，但 VLAN 之间的通信也必须经过路由器才能实现。

一个想法是，使交换机既保持交换的高性能，又具有路由能力，这种想法导致了三层路由交换机的出现。三层交换机能够实现路由器的大部分功能，是 Intranet 的主要组网设备，已经得到广泛应用。

7.8.4 局域网采用的三层交换技术

局域网采用的三层交换技术主要有两种。

1. 下一跳解析协议

第一种三层交换技术称为下一跳解析协议（Next Hop Resolution Protocol，NHRP），采用的技术也描述为“路由一次，随后交换”，对应的技术文档是 RFC 1735。3COM 公司的 Fast IP 技术使用的就是 NHRP。Fast IP 的工作原理，如图 7-29 所示。

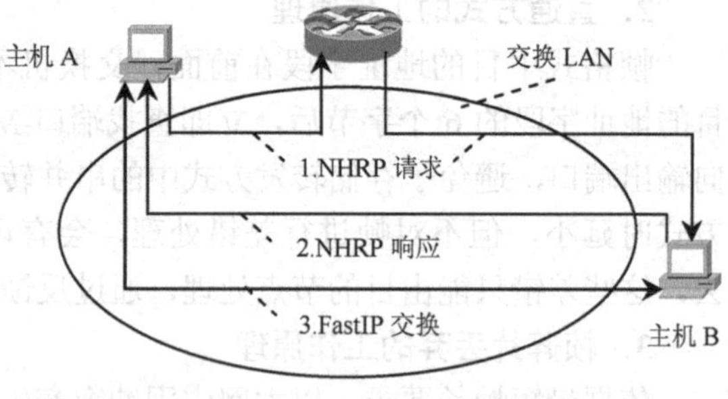

图 7-29 Fast IP 的工作原理

其中，主机 A、B 分别处在不同的 VLAN 中，图中数字表示下一跳解析协议的工作顺序。以主机 A 与主机 B 通信为例，最初主机 A 通过路由器与主机 B 建立通信连接，并学习到 A 与 B 之间的交换路径，主机 B 给出响应，双方建立起交换路径，一旦通过路由确定了交换路径，双方就可以在确定的交换路径上进行通信，无须再通过路由器。这就是“路由一次，随后交换”的核心思想。

可以类比日常生活中的例子来进一步理解“路由一次，随后交换”概念。例如，一个人要到火车站，最初他不知道到火车站的路径，需要询问知道怎样去火车站的人。这个人找到了火车站，学习到了去火车站的路径，这个人以后再去火车站时，就可以自己直接去了。

Fast IP 受到网络拓扑结构的限制，这是因为 NHRP 的响应是基于交换路径的，在通信的双方之间必须存在交换路径。Fast IP 技术的关键是在数据交换过程中避开第三层路由器，把基于 IP 地址路由表的功能转换成基于端口 MAC 地址表的转发功能。Fast IP 把交换和路由结合在一起，在一次路由的基础上进行交换，既使用路由，又对路由进行补充。通过采用 Fast IP 可以提高网络的吞吐量 4～5 倍。Fast IP 可以用于千兆位以太网和 ATM 网络环境，采用 IP Navigator 技术方案后 Fast IP 可以实现与 WAN 的互连。

2. NetFlow 交换

第二种三层交换技术是 Cisco 公司提出的 NetFlow 交换，NetFlow 交换仍然是在第三层操作，目的是提高路由器的性能，可以在 Cisco 路由器上进行软件升级实现 NetFlow。在传统的第三层路由技术中，独立的处理每一个数据分组，即使某些数据分组属于一个网络流并有一定的内在关系也要如此处理。NetFlow 交换并没有建立连接源和目的端系统的第二层交换路径，它是在单台路由器上进行的，仅仅是利用先前缓存下来的路由信息。

在 NetFlow 交换中，第一个数据分组仍然采用一般的第三层路由/交换方式，处理之后，路由器把第一个数据分组的路由信息记录在 NetFlow 的高速缓存 Cache 中，路由信息内容为主机或中继路由的 MAC 地址和输出端口号。路由器对后续的每一个分组确定转发路径时，首先在 Cache 中查找，如果查找到，就用 Cache 中的路由信息直接转发，否则按通常的第三层路由方式处理。NetFlow 工作原理，如图 7-30 所示。

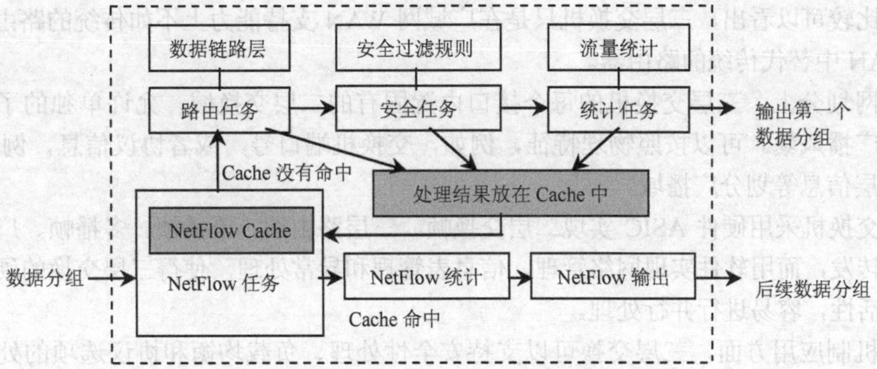

图 7-30 NetFlow 工作原理

在 NetFlow 技术中，网络数据流的划分标准是依据源和目的 IP 地址。NetFlow 强调路由器中“路由”和“转发”功能的区别，使用“交换”这个概念来描述路由器的“转发”功能。可以看出，NetFlow 交换并不是真正的第二层交换，第二层交换是基于 MAC 地址进行的，在源和目的之间应建立一条直通（Cut Through）的交换路径。

可以说，NetFlow 交换是通过使用高速缓存技术的一种传统路由和转发的改进方法。NetFlow 是在单独的路由器上完成的，数据分组的“交换”与通常意义上的交换是完全不同的。路由交换机比传统的高性能路由器具有高得多的性能价格比，并且吞吐率比第二层交换机高。

7.8.5 三层交换机与传统路由器的比较

通过三层交换机与传统路由器的比较，可以进一步了解两者的差异，清楚三层交换技术的实质。两者的相同点在于，三层交换机可以完成传统路由器在局域网中的几乎所有的功能。三层交换机可以完成的功能如下：

1）通过第三层路由信息确定分组转发路径。

2）通过校验字段检验第三层协议首部。

3）检查分组的生存时间（TTL）字段，可以更新生存时间。

4）对管理信息库（MIB）中的统计信息进行更新。

5）通过检查分组首部信息实现安全性控制。

6）对分组选项字段信息响应和处理。

7）通过标准的路由协议，例如，RIP、OSPF，可以与广域网路由器通信。

三层交换机与传统路由器的比较，见表 7-13。

表 7-13 三层交换机与传统路由器的比较

比 较 内 容	三层交换机	传统路由器
对 LAN 协议的路由支持	有	有
子网和广播域划分方法	VLAN、第二层交换域	按接口划分，每个接口为一个广播域
数据转发的体系结构	硬件实现、ASIC	软件实现
数据转发速度	高	低
远程监控 RMON 支持能力	有	无
策略支持性能	灵活	不太灵活
广域网 WAN 支持能力	无	有
产品价格	低	高

通过比较可以看出，三层交换机只是在广域网 WAN 支持能力上不如传统的路由器，完全可以在 LAN 中替代传统的路由器。

在子网划分上，三层交换机的每个接口内置固有的二层交换域，允许单独的子网带宽分配并限制广播风暴。可以按照物理特征，例如，交换机端口号，或者协议信息，例如，MAC 地址、IP 层信息等划分广播域。

三层交换机采用硬件 ASIC 实现二层交换帧、三层路由帧、单播帧、多播帧、广播帧等各种数据的转发，而用软件实现网络管理、信息表管理和异常处理，使得三层交换的硬件实现具有很高灵活性，容易进行并行处理。

策略机制应用方面，三层交换可以支持安全性处理、负载均衡和协议选项的处理。提供部分服务质量（Quality of Service，QoS）和服务类型（Class of Service，CoS）的选择，QoS 涉及带宽分配和传输延迟的控制，CoS 涉及分组包优先权的方法。QoS 和 CoS 机制用于在计算机网络上传输多媒体信息，是目前人们关注的两种策略

三层交换机的安装、配置和管理比较方便，而路由器需要记忆很多复杂的配置命令。三层交换机具有远程监控（Remote Monitoring，RMON）和 RMON2 能力，RMON 在 RFC 1757 中定义，主要是针对物理层和 MAC 层的统计数据，RMON2 在 RFC 2021 中定义，把对统计数据的采集扩展到网络层以上。

7.9 虚拟局域网

7.9.1 使用虚拟局域网的原因

通过第三层的路由设置，能够很好地解决广播风暴问题。当客户端发出用来查询的广播分组时，路由器能够将其截获，并判断是否进行全网转发，从而大大抑制了引发广播风暴连锁反应的可能性。

由于路由器能够有效地隔离广播风暴，所以，一些局域网就设计成以路由器为中心的网络构架。但是路由器通常会成为网络之间通信的瓶颈。实际上，一些交换机就具备一定程度的广播风暴控制功能，只要配置合理，就不会出现环路引起的广播风暴，第三层交换机在这方面具有很好的性能。

Cisco 第二层交换机也支持一定的广播风暴控制功能。它定义交换机端口的广播风暴门限值，当端口接收的广播超过了该值时，该端口便会立刻处于挂起状态，以避免出现循环广播状态。该功能默认值为禁用，需要通过手动配置打开。

使用冗余连接是提高网络可靠性的常用方法，但是所形成的环路可能会导致广播风暴的发生。采用生成树协议（Spanning-Tree Protocol，STP）可以消除网络中的环路，从而解决了因环路而引起的广播风暴。

用集线器、网桥和一般交换机组建的传统网络中存在下列问题：

1）全网属于一个广播域，每一次广播的数据帧无论是否需要，都会到达网络中的所有设备，这就必然造成带宽资源的极大浪费。

2）全网属于一个广播域，很容易引起广播风暴等问题。

3）网络的安全性不高。在这种网络结构中，所有用户都可以监听到服务器以及其他设备端口发出的数据包，所以很不安全。

虚拟局域网（VLAN）技术能够有效地解决网络中的广播风暴问题，提供按网络用途的逻辑划分，以及逻辑划分范围内的数据安全性。

交换机在出厂时，有一个默认的 VLAN 1，交换机的所有端口都默认地划分到 VLAN 1 中，交换机属于即插即用的网络设备就是因为有默认的 VLAN 1，VLAN 1 不可删除。

7.9.2 虚拟局域网概述

虚拟局域网（Virtual Local Area Network，VLAN）允许一组不同物理位置的网络用户（网络节点）共享一个独立的广播域。可以在一个物理网络中划分多个 VLAN，使得不同用户群属于不同的广播域。这样的逻辑划分与网络节点的物理位置无关，通过划分用户群控制 PDU 的广播范围。也可以把不同物理网络中的网络用户划分到同一个 VLAN，尽管这些网络用户处在不同的物理位置，但可以像在一个网络中那样共享资源、传输数据。VLAN 技术能够提高网络效率，增强网络的安全性，提供跨越物理地域范围的连接。

VLAN 实现广播域的划分是通过交换机软件来完成的。它通过对用户分类来规划自己的用户群。例如，按项目组、部门或管理权限等进行 VLAN 划分。划分 VLAN 时能够超越地域范围的限制，做到真正意义上的逻辑分组。只有相同 VLAN 号的用户才同属于一个独立的广播域，广播被限制在各自的 VLAN 之内。VLAN 的划分，如图 7-31 所示。

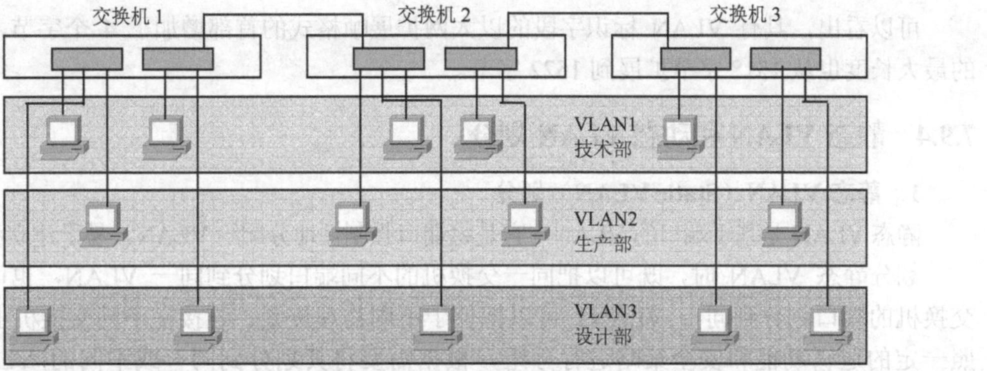

图 7-31　VLAN 的划分

图中共划分了 3 个 VLAN，VLAN 中的数据帧和广播帧在各自的 VLAN 域内传输，不会传输到达其他 VLAN 中。

VLAN 技术具有以下三大优点。

1）广播控制（Broadcast Control），把网络按需要划分为几个独立的广播域 VLAN，广播域范围的缩小使得网络中因广播消耗带宽所占的比例大大降低，网络性能得到显著改善，有效减少了广播风暴的发生。

2）灵活性（Flexibility），在传统网络技术中，网络内一台主机的移动、删除、增加，都需要在物理位置上对网络设备重新设置。引入 VLAN 技术后，一台主机的变更不需要对网络设备重新进行设置，不受主机物理位置的限制，这给网络管理带来了极大的方便。

3）安全性（Security），传统网络中，同一子网的用户在网络层很难实施安全措施。引入 VLAN 技术后，可以通过划分不同的 VLAN 来控制处于同一子网中的用户之间的通信。不同 VLAN 之间的用户不能直接访问，即使是处于同一个交换机的相邻端口。所以，按职责权限把用户划分在不同的 VLAN 中，就可使得各自的内部信息得到保护，从而增强了安全性。

7.9.3 VLAN 使用的帧格式

为支持虚拟局域网应用，1988 年 IEEE 给出用于以太网帧格式扩展的 IEEE 802.3ac 协议，允许在以太网帧格式中插入一个 4 字节的 VLAN 标识字段，标识字段用来指明发送以太网帧的节点属于哪一个虚拟局域网。具有 VLAN 标识字段的以太网扩展帧格式，如图 7-32 所示。

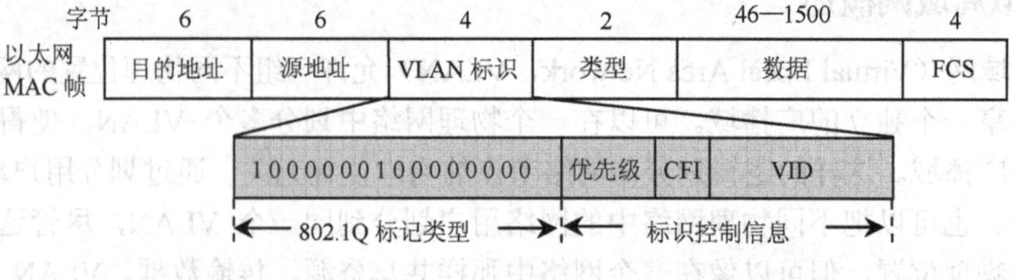

图 7-32 具有 VLAN 标识字段的以太网扩展帧格式

VLAN 标识字段的前两个字节，称为 802.1Q 标记类型，这两个字节的值为 0x8100，数据链路层检测到源 MAC 地址字段后面的长度/类型字段的值是 0x8100 时，就知道后面插入了 4 个字节的 VLAN 标识，接着检测后面的两个字节的内容。后两个字节属于标识控制信息，前 3 位标识优先级，第 4 位是规范格式指示符（Canonical Format Indicator，CFI），紧接其后的 12 位是该虚拟局域网的标识符（VID），VID 唯一地标识该以太网帧属于哪一个 VLAN。

可以看出，具有 VLAN 标识字段的以太网扩展帧格式的首部增加了 4 个字节，以太网帧的最大长度也从 1518 字节扩展到 1522 字节。

7.9.4 静态 VLAN 和动态 VLAN 划分

1．静态 VLAN（Static VLAN）划分

静态 VLAN 是基于端口的 VLAN，它是将端口强制性地分配给 VLAN。易于建立和监控。

划分静态 VLAN 时，既可以把同一交换机的不同端口划分到同一 VLAN，也可以把不同交换机的端口划分到同一 VLAN。可以把位于不同物理位置、连接在不同交换机上的用户按照一定的逻辑功能和安全策略进行分组，根据需要将其划分到同一或不同的 VLAN。静态 VLAN 通常使用网络管理软件来配置和维护端口。若需要改变端口的属性，必须手动重新配置，所以具有较好的安全性。

静态 VLAN 划分方式应用最多，几乎所有支持 VLAN 的交换机都支持该方式。许多交换机还支持将同一端口划分到多个 VLAN，例如，多个 VLAN 需要共享的打印机、需要访问的服务器等，就可以连接在该端口上。

动态 VLAN 是一种较为复杂的划分方法。它可以通过基于 MAC 地址、IP 地址等来划分。

2．基于 MAC 地址的 VLAN 划分

当一台主机连接到一个交换机的端口时，交换机缓存它所发送的帧的源 MAC 地址，随后，交换机向一个称为 VLAN 成员策略服务器（VLAN Membership Policy Server，VMPS）的外部服务器发出请求，检索 VMPS 中的一个 MAC 地址数据库。如果找到匹配的 MAC 地址，交换机就将端口分配给该匹配项所指定的 VLAN；如果没有找到匹配项，就分配给默认的 VLAN，假设已经定义了默认 VLAN。

通过这种划分方式，一个交换机端口同时只能属于一个 VLAN，在相同 VLAN 中的动态 VLAN 用户可以灵活地移动。在用户随意移动端口时，交换机能够为动态 VLAN 用户自动地选择正确的 VLAN 配置，而不必由网络管理员进行手动分配。但是创建和更新数据库是一项非常烦琐的工作。

3．基于 IP 地址的 VLAN 划分

该方式是根据连接到交换机端口上的主机 IP 地址来划分 VLAN。只有识别 IP 分组的交换机，即第三层交换机，才能用这种方式来定义 VLAN。其优点是，当某一主机的 IP 地址改变时，交换机能够自动识别并重新定义 VLAN，而不需要网络管理员的干预。但是 IP 地址可以人为地设置，所以如果不采取其他措施，这种划分会带来安全隐患。

还有基于 IP 多播组地址的 VLAN 划分。

基于交换机端口的 VLAN 划分是建立在物理层上，具有 MAC 地址的划分是建立在数据链路层上，基于 IP 地址的划分建立在网络层上。实现 VLAN 划分的主要方式，见表 7-14。

表 7-14　实现 VLAN 划分的主要方式

实现方式	类　型	优　点	缺　点	应用范围
基于端口	静态	划分简单；性能好；大部分交换机支持；交换机负担小	手工设置；变更端口时，必重新定义	应用广泛
基于 MAC	动态	用户位置改变时不用重新配置；安全性好	用户都必须配置；交换机执行效率降低	一般
基于协议	动态	管理方便；维护工作量小	交换机负担较重	支持较少
基于 IP 多播	动态	可扩展到广域网；容易通过路由器进行扩展	不适合局域网；效率不高	应用较少

7.9.5　VLAN 主干连接标准协议

1．VLAN 的主干连接

VLAN 设计的基本思想是，让不同的 VLAN 的数据帧都共享同一条连接进行传输，采用一定的技术对这些帧进行区分和标识。这个共享的连接称为主干连接。通过一个主干连接传送多个 VLAN 通信量。当 VLAN 中的成员位于同一台交换机时，它们之间的通信很简单，但是 VLAN 的设置是按逻辑功能而非物理位置进行划分的，同一 VLAN 跨越任意物理位置的多个交换机的情况更为常见。跨越交换机创建 VLAN 环境，如图 7-33 所示。

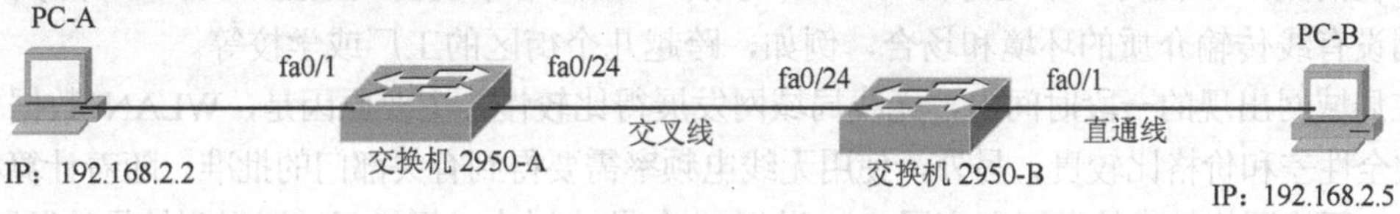

图 7-33　跨越交换机创建 VLAN 环境

跨越交换机的同一 VLAN 的成员之间的通信的技术之一是采用“主干连接（Trunk Link）技术”，运行 VLAN 协议。主干连接是在不同交换机之间的一条链路，用来同时承载多个 VLAN 的信息。VLAN 主干连接主要采用两种标准协议。

2．IEEE 802.1Q 标准

IEEE 802.1Q 标准是由 IEEE 建立的通用 VLAN 主干连接标准协议，在每个数据帧中的特定字段中建立一个标识，进行 VLAN 的识别。IEEE 802.1Q 被许多厂商广泛采纳，国产交换机多采用此标准。Cisco 交换机也支持该标准，对应的协议是 dot1q。Cisco 交换机与其他厂商的交换机相连时，不能采用 Cisco 的 ISL 标准，而只能采用 802.1Q 标准。

在 IEEE 802.1Q 标准中，连接两个交换机的端口称为“主干连接端口”，它属于所有的 VLAN。在某一交换机上接收到的广播帧将向该 VLAN 的所有端口转发，其中也包括交换机之间的主干连接端口。当广播帧在交换机间的主干连接端口上传输时，它被写上标明 VLAN 的标记。另一个交换机接收到该帧之后将依据标记所标识的 VLAN，向该 VLAN 所连接的端口转发。

3．内部交换链路（ISL）标准

内部交换链路（Inter Switch Link，ISL）标准是 Cisco 为自己的交换机建立的一种专用标准。它主要适用于快速以太网和千兆位以太网的连接，应用于交换机端口、路由器端口以及服务器端口的 VLAN 配置中。

ISL 主要用于跨越多个 Cisco 交换机 VLAN 划分。VLAN 控制的实现是靠帧标记（Frame Tagging）进行的。帧标记主要用于在交换网络中对用户数据的跟踪或 VLAN 号码的识别，当一个用户的数据帧通过主干连接时，交换机将会根据它的 VLAN 识别号，进行路由选择。如果数据是在同一交换机时，该识别号将会被自动删除，然后送到相应端口的主机。反之，则会由交换机附加上 VLAN 识别号一起送到相应的主干连接端口。Cisco Catalyst 系列交换机均支持这种低延迟的 VLAN 识别方式。

ISL 的帧标记封装过程实际属于一个外部的标识进程，即它要将每一个发出的以太网数据帧加入 VLAN 识别号，之后再送到网络上传输。ISL 协议作用在第二层，即数据链路层，这不会改变数据的帧内容，而是在原始数据的基础上添加一个新的 ISL 帧头与一段 CRC 冗余校验码。

在多 VLAN 端口的交换网络，即一个端口同时配置在多个 VLAN 中，例如，多个 VLAN 共享的网络打印机、服务器等，它们所连接的交换机端口就如此配置，使用 ISL 封装的网络接口（包括主干连接端口）允许数据帧带有多个 VLAN 的标识，这样，数据帧便可以在多个 VLAN 间进行高速交换。

7.10 无线局域网

7.10.1 无线局域网概述

无线局域网（Wireless Local Area Network，WLAN）用于提供移动接入，可以为持有便携式计算机的用户在任何一个地方同时上网。例如，在图书馆或会议室里。WLAN 尤其适合不便于铺设有线传输介质的环境和场合，例如，跨越几个街区的工厂或学校等。

在局域网出现的一段时间内，无线局域网发展得比较慢，主要原因是，WLAN 数据传输率低、安全性差和价格比较贵。另外，使用无线电频率需要得到有关部门的批准。随着计算机网络和移动、无线网络技术的发展和应用，20 世纪 80 年代末以来，无线局域网得到长足的发展。

无线局域网可以分为两大类：有固定基础设施和无固定基础设施。有固定基础设施是指建立能够覆盖一定地理范围的固定基站，例如，移动电话通信中用到的蜂窝基站，在 WLAN 中是采用访问接入点（Access Point，AP）作为固定基础设施。无固定基础设施是指没有预先建立基站，WLAN 采用 Ad hoc 技术，无线环境中的节点之间通过 Ad hoc 技术进行连接。用 Ad hoc 技术构建的网络也称为自组网络（Ad hoc Network）。无线网络的分类，如图 7-34 所示。

1997 年，IEEE 制定出适用于有固定基础设施的无线局域网协议 IEEE 802.11。IEEE 802.11 很快也被 ISO/IEC 接纳为国际标准，国际标准号是 ISO/IEC 8802-11。可以简单地把 IEEE 802.11 称为无线以太网标准，它使用星形拓扑，网络中心为接入点（AP），信道访问协议为载波侦听多路访问/冲突避免（CSMA/CA）。使用 IEEE 802.11 系列协议的 WLAN 又称为无线保真（Wireless Fidelity，Wi-Fi）。

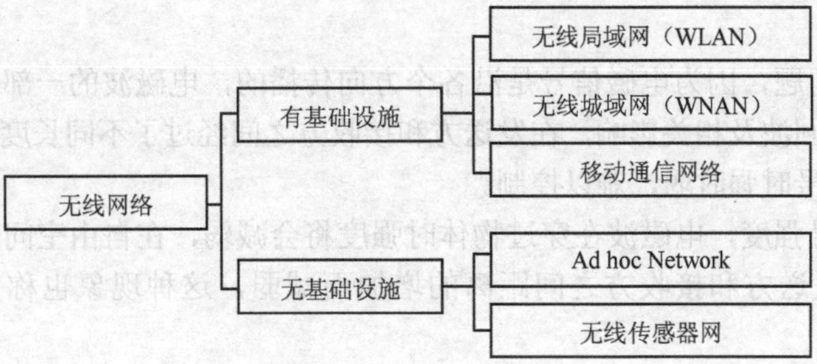

图 7-34　无线网络的分类

现在许多公共场合都可以向公众提供有偿或无偿接入 Wi-Fi 服务，例如，在办公室、图书馆、阅览室、机场和购物中心等。这样的地点也称为热点（Hot Point），热点也称为公众无线入网点。由许多热点和 AP 连接起来的区域称为热区（Hot Zone）。现在又出现了无线因特网服务提供者（Wireless Internet Service Provider，WISP），无线用户可以通过无线信道接入 WISP，再通过 WISP 接入因特网。

无线局域网采用的无线传输介质主要是微波和红外线。采用微波的 WLAN 的调制方式主要是扩展频谱方式和窄带调制方式。WLAN 的网络接口大多采用从数据链路层接入网络，当然也可以采用从物理层接入网络，但在应用时会比较复杂。红外线仅能提供视距传输，在 WLAN 中很少使用。

需要说明的是，无线网络不能代替有线网络，无线网络只能是有线网络的补充，因为高速、可靠、高带宽和长距离的通信必须依靠有线网络。具体应用时，无线网络往往要与有线网络连接，通过有线网络连接上因特网。

7.10.2　无线局域网的发展历程

1．最初的研究计划

20 世纪 70 年代后期，位于瑞士的 IBM Buschlikon 实验室的 Gfeller 提出无线局域网的概念，当时主要是针对工厂生产车间铺设有线传输介质困难的问题，最初是选择红外线作为传输介质，目标是数据传输率要达到 1 Mbit/s。

在同一时间里，位于美国加利福利亚的惠普 Palo Alto 研究实验室的 Ferrert 也开展用于办公区域的无线局域网研究，采用直接序列扩频调制技术、数据传输率为 100 kbit/s、频率为 900 MHz，信道访问协议为 CSMA。该计划是在联邦通信委员会（Federal Communication Commission，FCC）的试验许可协议指导下进行的，但没有从联邦通信委员会 FCC 获得所需要的频段。之后，为获得用于无线局域网频段，与 FCC 的谈判一直在持续进行。

2．无线局域网面临的问题

最初的无线网络的研究揭示了今天 WLAN 仍然面临的几个主要问题。

1）复杂性和成本，所采用的红外线、扩频技术，以及电磁波技术等都要比有线局域网的技术复杂，并且成本比较高。

2）数据传输率，无线传输介质的数据传输率比有线传输介质要低得多。

3）频率管理，无线局域网会受到频率限制，以及会受到不定时的频率限制。

4）易受干扰，会受到无线局域网之间地域重叠所引起的干扰，以及来自同一通信频段的其他用户的干扰。

5）覆盖面积受到限制，无线局域网的覆盖面积远小于有线局域网（单根电缆）所覆盖的面积。

6）多径传播问题，因为电磁信号是沿各个方向传播的，电磁波的一部分受物体和地面反射，将会形成反射回波及相关影响，在发送方和接收方之间经过了不同长度的路径，会出现多径传播，叠加后信号时强时弱，难以控制。

7）递减的信号强度，电磁波在穿过物体时强度将会减弱，在自由空间中传播时信号会扩散，信号会随着发送方和接收方之间距离的增加而减弱，这种现象也称为路径损耗（Path Loss）。

3．免许可证频段

WLAN 至少需要几十 MHz 的带宽。20 世纪 80 年代中期，FCC 提出解决无线局域网频段问题的两个方法。

1）避免蜂窝电话和个人通信服务所使用的 1～2 GHz 的频段范围，选择几十 GHz 的频率，最早是摩托罗拉公司研制的采用 13～19 GHz 频段的 Altair 网。

2）采用免许可证的频段。1995 年 5 月，FCC 的 Mike Marcus 提出了免许可证的工业科学和医学（Industrial Scientific and Medical，ISM）频段方案，这是具有创新意义的方案，ISM 为无线局域网的发展起到里程碑式的重要作用。

ISM 频段属于微波波段，ISM 的工作频率有 3 个频段范围：902～928 MHz；2.4～2.4386 GHz；5.725～5.875 GHz。ISM 传输功率上限是 1 W，对任何调制方式均能够以小功率工作。

4．无线局域网标准的制订

20 世纪 80 年代后期，第一代无线局域网产品开始出现。与此同时，IEEE 802.4L 无线局域网的标准化工作也在进行，IEEE 802.4L 主要用于工厂生产车间无线局域网组建，例如，美国通用汽车公司就积极参与了 IEEE 802.4L 的制定工作。1990 年，IEEE 802.4L 工作组正式更名为 IEEE 802.11 工作组，在 IEEE 802.4L 基础上，最终在 1997 年形成了 IEEE 802.11 标准。1991 年 5 月，IEEE 发起成立无线局域网专题研究小组，目的是为无线局域网技术研究建立一个交流平台。

1992 年，由苹果公司领导的 WINForum 工业联盟成立，目的是想从 FCC 得到更多的免许可证频段，最终从 FCC 得到在专用通信系统 PCS 频段使用的 20 MHz 带宽。

1992 年，欧洲电信标准协会（European Telecommunication Standards Institute，ETSI）成立了无线局域网标准组织 HiperLAN，目标是建立数据传输率为 23 Mbit/s 的高性能网络。HiperLAN 获得了 5.15～5.35 GHz 和 17.1～17.3 GHz 的两个 200 MHz 的频段。1997 年，HiperLAN-1 标准制订完成，促使 FCC 颁布免许可证的信息基础设施（U-NII），U-NII 的频段和相关参数，见表 7-15。其中 PSD 为功率和频率的比值。为了实现基于正交频分多路复用（OFDM）、数据传输率为 54 Mbit/s 的无线局域网，IEEE 802.11a 和 HiperLAN-2 都采用 U-NII 频段。

表 7-15　U-NII 的频段和相关参数

频段/GHz	最大功率/mW	最大 PSD/（mW/ MHz）	应 用 范 围	说　明
5.15～5.25	50	2.5	限制在室内	需要天线设备
5.25～5.35	250	12.5	校园 WLAN	与 HiperLAN 兼容
5.725～5.825	1 000	50	社区网络	在低干扰环境下距离更长

在 20 世纪 90 年代最初的 5 年里，无线局域网产品的发展形成了两个方向，一个是利用访问接入点（AP）设备，在其允许的功率范围内进行调节，调整到最大发送功率，再安装定向天线，实现室外建筑物之间的互连，经过无线网桥设备的连接，可以使无线局域网的覆盖面积到达几十千米。另一个是研制可以装入便携式计算机的 PCMCIA 无线网卡，满足大量增长的便携式计算机的移动连接需求。

无线局域网的标准化进程可以分为两个阵营：IEEE 802.11 主张采用无连接的 WLAN；HiperLAN-2 关注的是基于连接的 WLAN。IEEE 802.11 确定了 MAC 层，正在着手 MAC 寻址增强的研究，使其运行在不同的物理层上以支持更高的数据传输率。HiperLAN-2 标准采用与 IEEE 802.11 相同的物理层，MAC 层集成了蜂窝电话系统的计费机制，与 IEEE 802.11 MAC 层的功能不一样。

7.10.3 无线传输技术

1. 无线网络采用的传输技术

无线网络采用的传输技术属于物理层协议，传输技术不断改进的目的是提高数据的传输速率、抗干扰能力、可靠性等。常用的基本无线传输技术主要有扩频（Spread Spectrum，SS）、正交频分复用（Orthogonal Frequency Division Multiplexing，OFDM）、多入多出（Multiple Input Multiple Output，MIMO）、红外无线（Infrarcd Radio，FR）。其中，红外无线只能用于视距传输，已经逐渐淡出应用。

2. 扩频技术

扩频是指将所传输的信号的带宽扩展到一个很宽的频带，也称为扩展频谱（Spread Spectrum，SS）。扩频技术是以减少通信频带带宽为代价，将数据基带信号频谱扩展几倍或几十倍，提高通信系统的抗干扰性和安全性。

扩频通信所传递信息的信号带宽远大于原始信息信号的带宽，如果原始信息信号带宽为 f_B，扩频信号带宽为 f_{SS}，则扩频因子为 f_{SS}/f_B。

1）若 $f_{SS}/f_B=1\sim2$，称为窄带通信。

2）若 $f_{SS}/f_B>40$，称为宽带通信。

3）若 $f_{SS}/f_B>100$，称为扩频通信。

扩频通信的主要特性如下：

1）抗干扰能力强。通过在接收端对干扰频谱能力加以扩散，对信号频谱能量压缩集中，得到信噪比的增益。

2）可以随机接入和任意选址。扩频技术与正交编码方法相结合，可以实现码分多址，通过使用不同的正交地址码，可以区分在同一载频、同一时间段的多个不同用户。也可以使用跳频器的随机变换信号载频功能，用不同的载频跳变规律区分不同的用户，在同一频带内，可以有多个具有不同地址的用户。

3）频带利用率高。由于扩频码实现了码分多址，地址数由几百个增加到几千个，多个用户对可以同时占用同一频带。

4）通信安全性好。对要传输的信息进行扩频扩展，使其频谱分量的能量被扩散，使信号功率密度降低，近似于噪声性能，使信号具有低幅度、较好的隐蔽性。扩频通信用户地址采用伪随机码，方便进行数字加密。

5）距离分辨率高。利用脉冲在信道中的传播时延可以计算出信号的传播距离，可以通过扩频信号进行定位和测距。时延测量的不确定度△t 与信号带宽 B 成反比、与脉冲上升时间成正比，信号带宽 B 越大，测距的精度越高。

无线局域网采用的扩频技术主要有两种：跳频扩频（Frequency Hooping Spread Spectrum，FHSS）和直接序列扩频（Direct Sequence Spread Spectrum，DSSS）。

3．跳频扩频

跳频扩频（FHSS）将带宽划分成多个频带带宽相同的子频带，子频带互不交叠。发送方利用一个伪随机数发生器产生的随机数，确定每次发送信号时使用的子频带，信号可以在整个可用频带上跳来跳去。在接收过程中，采用与发送方相同的伪随机数发生器产生随机数，实现接收方和发送方同步跳动，确保接收到正确的信号。跳频扩频的工作原理，如图 7-35 所示。

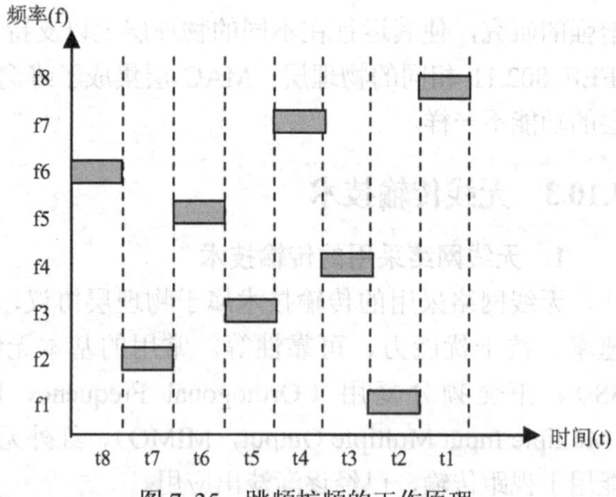

图 7-35　跳频扩频的工作原理

直接序列扩频（DSSS）中发送方在发送信号时，先将要发送的信号与伪随机数发生器产生的随机码进行异或运算，再把异或操作的结果经调制后发送出去。由于随机码的带宽比发送数据的带宽小很多，两者异或后的结果也具有随机性。接收方采用与发送方相同的伪随机数发生器，可以通过将接收的信号与随机码通过异或运算后得到正确的信号。直接序列扩频的工作原理，如图 7-36 所示。

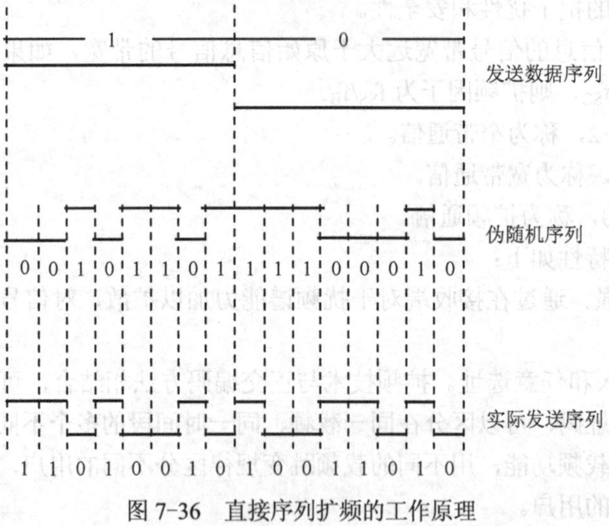

图 7-36　直接序列扩频的工作原理

4．正交频分复用技术

正交频分复用（OFDM）是一种多载波调制技术，设计思想是把整个频带划分为若干子频带，将高速信号转换成并行的低速子数据流，调制到每个子频带上传输。接收方使用相同的技术在各个子频带接收低速子数据流，然后合并成高速的信号流提交。OFDM 可以减少码间干扰的机会，并且频带带宽的使用比较均衡。OFDM 的工作原理，如图 7-37 所示。

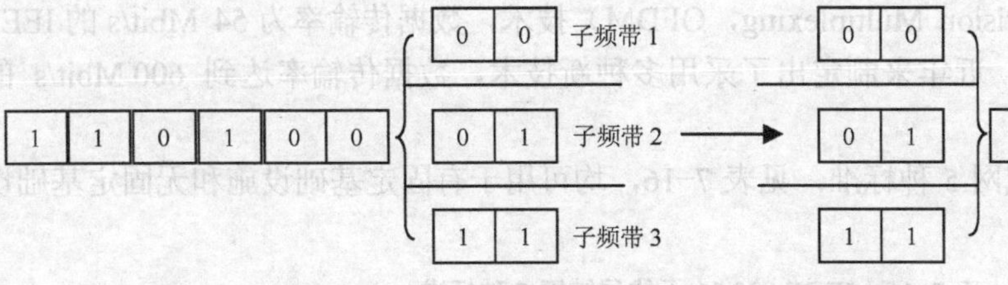

图 7-37　OFDM 工作原理

5. 多入多出技术

多入多出（MIMO）技术是在发送端和接收端采用多副天线（或天线阵列），通过将多径传输信道与发射、接收进行整体优化，利用空时处理技术，不用增加频带带宽，实现同时发送多个数据流，成倍地提高了通信系统的容量，提高了频带利用率，提升了数据传输率，使得无线局域网的数据传输率可以达到 600 Mbit/s。MIMO 的工作原理，如图 7-38 所示。

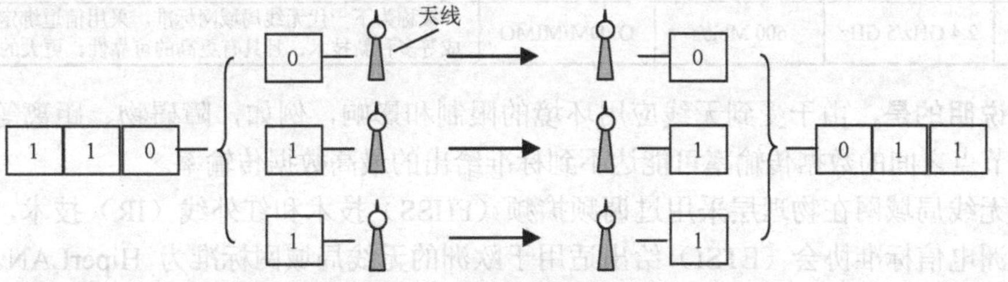

图 7-38　MIMO 的工作原理

7.10.4　IEEE 802.11 概述

IEEE 802.11 属于基于数据传输的无连接网络，提供常用的物理层和 MAC 层规范，能够改善所有无线网络的应用，只要这种应用的网络层和运输层能够支持 IEEE 802.11 的 MAC 层。TCP/IP 协议簇中的 TCP 协议和 IP 协议是目前最主要的运输层和网络层协议，几乎所有的因特网的网络应用都可以通过 TCP/IP 协议在 IEEE 802.11 的 MAC 层上直接运行。这就是说 IEEE 802.11 不需要明确规定服务的类型。

IEEE 802.11 标准制定工作的第一步是要把所有解决方案归纳细分，形成一套有大量可选参数的设计要求。第二步定义参考系统模型和有关接口的规范。

对 IEEE 802.11 标准制定的要求包括以下内容：

1）支持多种物理层的简单、统一的 MAC 层。

2）支持在同一区域允许多个网络互相重叠的机制。

3）具有抵御来自 ISM 频段和家用微波炉电磁干扰的能力。

4）对隐蔽节点进行处理。

5）支持时间限制服务的选项。

6）可以进行访问控制和加密处理。

1990 年给出的 IEEE 802.11 标准定义了物理层和 MAC 层，支持 1 Mbit/s 和 2 Mbit/s 的数据传输率，能够支持直接序列扩频（Direct Sequence Spread Spectrum，DSSS）、调频扩频（Frequency Hopping Spread Spectrum，FHSS）和扩散红外线（Diffused Infrared，DFIR）等。

1997 年形成了不同的 IEEE 802.11 标准，采用互补编码键控法（Complimentary Code Keying，CCK）技术，数据传输率为 11 Mbit/s 的 IEEE 802.11b；采用正交频分多路复用

(Orthogonal Frequency Division Multiplexing，OFDM）技术，数据传输率为 54 Mbit/s 的 IEEE 802.11a 和 IEEE 802.11g。近年来制定出了采用多种新技术，数据传输率达到 600 Mbit/s 的 IEEE 802.11n。

IEEE 802.11 无线局域网 5 种标准，见表 7-16，均可用于有固定基础设施和无固定基础设施两种类型的无线局域网。

表 7-16　IEEE 802.11 无线局域网 5 种标准

标　准	频　段	数据速率	物　理　层	性能及特点
802.11	2.4 GHz	2 Mbit/s	FHSS/DSSS	是最初的标准，因速率原因，目前已逐渐淡出市场
802.11b	2.4 GHz	11 Mbit/s	HR-DSSS	信号传播距离远，价格低，不易受阻碍，最高数据传输率比较低，HR-DSSS 为高速 DSSS
802.11a	5 GHz	54 Mbit/s	OFDM	数据传输率高，支持更多用户同时上网，信号传播距离较短，价格高，易受阻碍
802.11g	2.4 GHz	54 Mbit/s	OFDM/DSSS	数据传输率高，支持更多用户同时上网，信号传播距离最远，不易受阻碍，价格比 802.11b 高
802.11n	2.4 GHz/5 GHz	600 Mbit/s	OFDM/MIMO	被称为下一代无线局域网标准，采用信道绑定、数据帧集成等多种新技术，且具有更高的可靠性、更大的覆盖范围

需要说明的是，由于受到无线应用环境的限制和影响，例如，障碍物、距离等因素，无线网络中节点之间的数据传输率可能达不到标准给出的最高数据传输率。

早期无线局域网在物理层采用过调频扩频（FHSS）技术和红外线（IR）技术，现在已很少用。欧洲电信标准协会（ETSI）给出适用于欧洲的无线局域网标准为 HiperLAN。ETSI 和 IEEE 的标准在应用时可以互操作。

IEEE 802.11n 被称为下一代无线网络标准，采用 OFDM、MIMO、信道绑定（channel bonding)、数据帧集成（packet aggregation）等多种新技术，数据传输率高达 600 Mbit/s，且具有更高的可靠性、更大的覆盖范围和更好的兼容性。IEEE 802.11n 将逐步成为无线局域网的主流技术和标准。2012 年又推出 IEEE 802.11ac，使用 5 GHz 频段，数据速率可达 1 Gbps，并实现向后兼容。

Wi-Fi 无线保真联盟（Wireless Fidelity Alliance）致力于无线局域网产品的互通性、开放性认证和推广，通过 Wi-Fi 认证的产品都具有很好的互通性和兼容性。例如，通过认证的产品一般符合 IEEE 802.11b 或 IEEE 802.11g 标准。IEEE 802.11n 标准的 Wi-Fi 认证准备工作已经在进行。符合 IEEE 802.11 系列标准的 WLAN 产品又称为无线保真（Wireless Fidelity，Wi-Fi）产品。

7.10.5　有固定基础设施的无线局域网

IEEE 802.11 规定基本服务集（Basic Service Set，BSS）是无线局域网的最基本构件。一个 BSS 包括一个基站（Base Station）和若干移动站，基站就是基本服务集的接入点（AP)。AP 的 BSSID 标识，是 AP 设备的 48 位 MAC 地址。属于一个 BSS 的所有的节点之间都可以通过 AP 进行通信，在与本 BSS 以外的节点通信时，需要经过本 BSS 的基站与其他 ESS 中基站的联系。BSS 所覆盖的地理范围称为一个基本服务区（Base Service Area，BSA)，无线局域网中的一个 BSA 的范围的直径在 100 m 内，BSA 类似于无线移动通信中的蜂窝小区。

一个 BSS 可以是单独的（孤立的)，也可以通过接入点 AP 连接到一个分配系统（Distribution System，DS)，通过 DS 再连接到一个 BSS，这样可以构成一个扩展的服务集（Extended Service Set，ESS)。IEEE 802.11 基本服务集和扩展服务集，如图 7-39 所示。

图中用一个椭圆表示一个 BSS 的范围，服务范围是由移动站所发射的电磁波的辐射范围所确定的。ESS 使用 ESSID 标识，ESSID 由 ASCII 码组成，最长为 32 字节，在安装 AP 时设置。

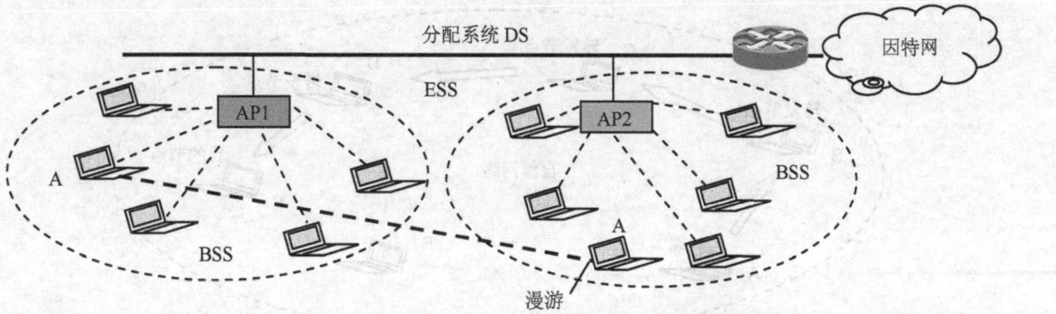

图 7-39　IEEE 802.11 基本服务集和扩展服务集

分配系统（DS）主要使用有线网络，可以是以太网、点到点链路，也可以是其他无线网络，DS 的作用是使 ESS 对上层的表现就像是一个基本服务集 BSS，ESS 可以为无线用户提供到因特网的接入。一个 ESS 内的几个不同 BSS 会有相交的部分，例如，移动站 A 要与不同 BSS 中的移动站 B 通信，需要经过 AP1 和 AP2，AP1 与 AP2 之间是通过有线网络通信的。移动站 A 还可以从一个 BSS 漫游到另一个 BSS，在此过程中仍然可以保持与移动站 B 的通信，只是 A 在不同的 BSS 中，需要切换（Hand off）到目前所在 BSS 中的基站，所使用的 AP 改变了。

IEEE 802.11 没有描述如何实现漫游，只是定义了一些工具。一个移动站若要加入一个 BSS，需要先选择一个 AP 并建立关联，建立关联后，移动站就可以通过该 AP 传输数据。移动站采用两种方法与接入点建立关联：一种是被动扫描；另一种是主动扫描。

移动站可以使用重建关联，把这种关联转移到另一个接入点 AP，也可以使用分离服务，终止这种关联。

有固定基础设施的无线局域网实现了对移动计算的支持，移动计算功能包括：同一 BSS 区域内的节点可以移动；同一 BSS 内的节点可以通过 AP 间接通信；不同 BSS 的节点可以经过网络接入点 AP 及主干网进行通信。

当节点在 BSS 间移动时，通过越区切换协议和算法，节点被切换到新的 BSS 区域。BSS 内的节点可以通过主干网上的路由器访问因特网。

7.10.6　无固定基础设施的自组网络

在有些网络应用环境中，不能依赖任何预先设置的网络基础设施，例如，自然灾害之后的现场救援，或是一次临时会议。需要一种能够随时、快速自动组网的无线网络。移动 Ad hoc 可以满足这种需求，Ad hoc 一词来源于拉丁语，其含义是“for this purpose only”，即为某种特定目的或场合。用 Ad hoc 技术构建的网络称为自组网络（Ad hoc Network），是多跳的（Multi Hop）、无中心的、自组织的对等式无线网络。自组网络可以构成无固定基础设施的无线局域网，在自组网络中的节点处于平等状态。自组网络的构成，如图 7-40 所示。

自组网络是由一些处于平等状态的移动节点之间相互通信组成的临时网络，网络中没有接入点 AP。自组网络因没有 AP，其服务范围会受到限制，自组网络一般不与外界的其他网络连接。IETF 成立移动自组网络工作组（Mobile Ad-hoc NETworks，MANET），研究自组网络的技术和标准。自组网络（Ad hoc）的 BSSID 是一个 48 位的随机数。

自组网络中节点之间的通信需要经过一些节点的转发，这些转发节点的作用类似于路由器，都具有路由器的功能。例如，移动站源节点 A 和目的节点 E 通信，经过了一连串的转发过程，传输过程中途经的节点B、C、D是转发节点。

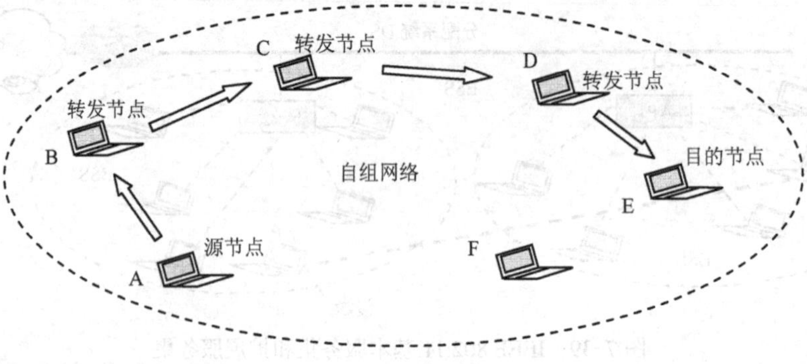

图 7-40　自组网络的构成

自组网络的构成方法是，移动节点检测在它们附近是否还有其他移动设备，若有，就与这些移动设备建立通信联系，自组网络中的每一个移动节点都要参与其他移动节点的路由发现和维护，每一个移动设备都具有路由器转发分组的功能，分布式的移动自组网络具有很好的生存性。移动自组网络也称为移动分组无线网络。

自组网络存在的问题是，移动节点构成的网络拓扑变化很快，路由选择协议不同于有线网络中采用的策略；自组网络中的多播也是一个重要的问题，需要有实时性好、效率高的多播协议；另一个突出问题是安全问题。

需要注意的是，移动自组网络和移动 IP 是两个不同的概念，移动 IP 使漫游的主机可以用多种方式连接到因特网，其核心网络功能是基于固定互联中使用的各种路由协议。移动自组网络将移动性扩展到无线领域中的自治系统，具有自己特定的路由协议，可以不与因特网连接。移动自组网络以末节网络（Stub Network）方式工作，末节网络是指通信量可以从其所连接的外部网络进入末节网络，也可以从末节网络发出，但不允许外部网络的通信量穿越末节网络。

7.10.7　IEEE 802.11 的协议体系结构

IEEE 802.11 标准的协议体系结构描述中，把对应传统的物理层分为 3 个子层：物理相关（Physical Medium Dependent，PMD）子层；物理层汇聚协议（Physical Layer Convergence Protocol，PLCP）子层；物理管理层（Physical Management Layer，PML）子层。PMD 子层用于识别传输介质的信号所使用的调制和编码技术。PLCP 子层主要用于载波侦听的分析，以及依据不同物理层形成相应格式的无线分组。物理管理子层为不同的物理层进行信道选择。

WLAN 把对应传统的数据链路层分为 LLC 层和 MAC 层。LLC 层对所有的局域网是一样的，这里主要是 MAC 层的不同。MAC 层又分为 MAC 子层和 MAC 管理子层，MAC 子层主要负责访问机制的实现与分组的拆分和重组。MAC 管理子层主要负责 ESS 漫游管理、电源管理，以及接入（登录）过程中关联、去关联、重新关联等的管理。

IEEE 802.11 还定义一个站管理子层，用于协调物理层和 MAC 层之间的交互作用。IEEE 802.11 标准的协议体系结构，如图 7-41 所示。

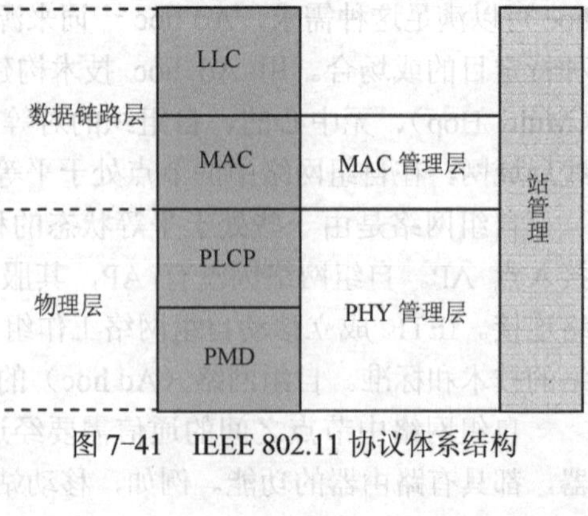

图 7-41　IEEE 802.11 协议体系结构

7.10.8 IEEE 802.11 的 MAC 层

1. IEEE 802.11 MAC 层的设计思路

IEEE 802.11 标准设计了专用的 MAC 层，通过协调功能（Coordination Function）确定在基本服务集（BSS）中的移动节点在什么时间可以发送或接收数据。IEEE 802.11MAC 层包括两个子层：一个称为分布协调功能（Distributed Coordination Function，DCF）子层；另一个称为点协调功能（Point Coordination Function，PCF）子层。DCF 提供争用服务，在每一个节点使用 CSMA 机制的分布式接入算法，使各个节点通过争用信道获得发送权。PCF 使用集中控制的接入算法，一般是在接入点 AP 实现集中控制，采用轮询的方法把发送权交给各个节点，实现了避免冲突，适合对于时间敏感的业务，例如，分组语音业务。IEEE 802.11 中的 MAC 层，如图 7-42 所示。

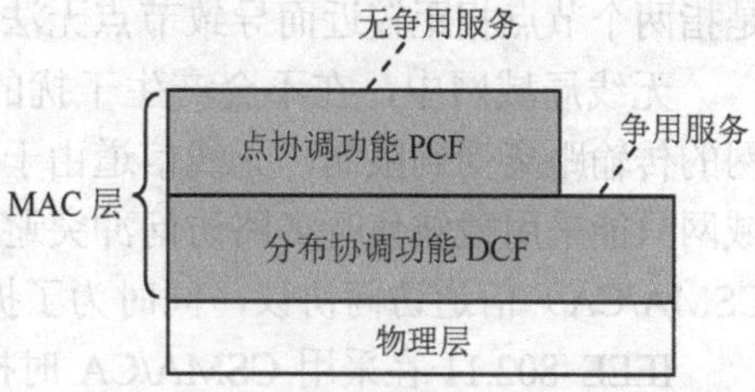

图 7-42 IEEE 802.11 中的 MAC 层

需要说明的是，PCF 是选项，对于自组网络就没有 PCF 子层。

DCF 方式是指节点之间直接通信，不需要借助第三方。如果两个节点处在不同的基本服务集，不能直接通信，就必须借助到第三方，采用 PCF 方式，例如，通过不同 AP 之间的转发。无线节点选择 AP 进行帧转发有两种方法：第一种方法是无线节点主动发送探测（Probe）帧寻址 AP，也称为主动扫描；第二种方法是 AP 定期发送一个宣告自己的信标（Beacon）帧，也称为被动扫描。主动扫描的工作过程如下：

1）无线节点发送探测帧。

2）所有接收到该探测帧的 AP 用探测响应帧应答。

3）无线节点从中选择一个 AP，并向该 AP 发送一个关联请求（Association Request）帧。

4）选择的 AP 用关联响应帧应答。

例如，当节点 C 离开原来所属基本服务集的 AP1 所覆盖的区域，进入到 AP2 的覆盖区域时，节点 C 在目前所处区域不断发出探测帧，将会收到来自 AP2 的关联响应帧，在节点 C 与 AP2 之间建立起关联，同时，AP2 会通过分配系统（DS）将新的关联通知节点 C 原来关联的 AP1。

在被动扫描方法中，无线节点接收到 AP 定期发出的信标帧后，仅需要向该 AP 发回一个关联请求帧即可以完成无线节点与 AP 的关联。

为了避免冲突，所有的节点在完成发送后，需要等待一段时间才能发送下一帧，这段时间称为帧间间隔（InterFrame Space，IFS）。帧间间隔的长短取决于帧的优先级，高优先级的帧等待的时间较短，低优先级的帧会在信道变为忙态时推迟发送，减少了发生碰撞的机会。

2. WLAN 不能采用 CSMA/CD 协议的原因

无线局域网不能采用 CSMA/CD 协议的主要原因有两个：一个是在 IEEE 802.11 适配器上接收信号的强度远远小于发送信号的强度，在适配器上检测到冲突需要的费用比较高；二是冲突检测对无线局域网并没有什么用，这主要是由无线信道本身的特点引起的。

由于无线电波能够向所有的方向传播，当电磁波在传输过程中遇到障碍时，传播就会受到影响，例如，3 个节点 A、B、C 彼此距离差不多，但 A 和 C 之间有一座山，A 和 C 都不能检测到对方的信号，若 A 和 C 同时向 B 发送数据就会发生冲突，A 和 C 并不知道。

另一种情况是，B 在 A 和 C 的中间，A 和 C 相距较远，彼此都收不到对方发送的信号，就认为信道是空闲的，A 和 C 都向 B 发送数据，造成冲突，这种未能检测到信道上已存在信号的问题称为隐蔽站（节点）问题（Hidden Station Problem，HSP）。隐蔽站问题是指两个节点相距较远，或者受到物理障碍阻挡而导致节点无法检测到对方的存在。

还有一种情况，有顺序排列的 A、B、C、D 四个节点，B 向 A 发送数据，C 想向 D 发送数据，但 C 检测到信道上有信号，则不会向 D 发数据，其实 B 向 A 发送数据并不影响 C 向 D 发送数据。这种现象称为暴露站（节点）问题（Exposed Station Problem，ESP）。暴露站问题是指两个节点相距较近而导致节点无法发送数据。

无线局域网中，在不会产生干扰的前提下，允许同时多个移动节点进行通信。无线局域网的传输距离受到限制，无线信道由于传输条件特殊，造成信号强度的动态范围很大，无线局域网只能采用载波侦听多路访问冲突避免（Carrier Sence Multiple Accese/Collision Avoidence，CSMA/CA）信道访问协议，同时为了提高可靠性，增加使用确认机制。

IEEE 802.11 在采用 CSMA/CA 时推荐了两种方式：一种是基于来自物理层的 CA 信号；另一种是带有 ACK 应答和差错恢复。利用 ACK 信号是为了避免冲突的发生，只有当发送端收到返回的 ACK 信号后，才能确定所发送数据已经正确到达接收端，也称为显示的 ACK 机制。

3. CSMA/CA 的工作原理

CSMA/CA 的工作原理，如图 7-43 所示，图中给出常用的 3 种帧间间隔。

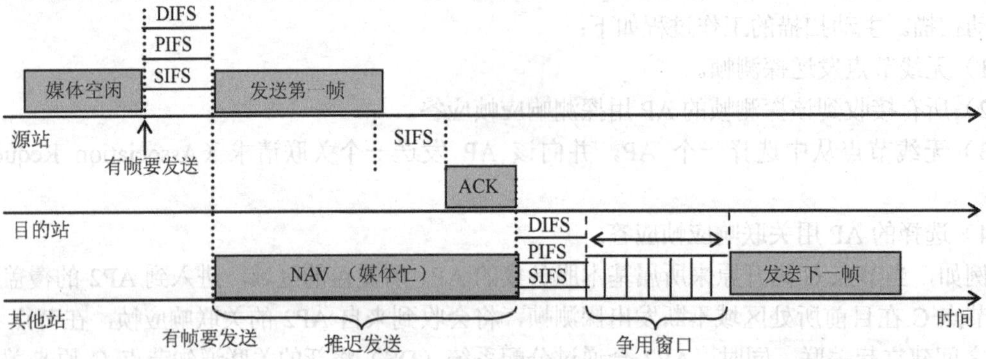

图 7-43　CSMA/CA 工作原理

1）SIFS 是短帧间间隔，长度为 28 μs，用来分隔属于一次会话的各帧，节点在这段时间内可以从发送方式切换到接收方式。使用 SIFS 的帧类型包括 ACK、CTS、分片后的数据帧、回答 AP 轮询的帧，以及在 PCF 方式接入点 AP 发出的任何帧。

2） PIFS 是点协调功能间隔帧，用于在开始使用 PCF 方式时，优先获得接入到信道的发送权。长度是 SIFS 加一个时隙长度（为 50 μs）。时隙长度确定的方法是，在一个基本服务集内，某个节点在一个时隙开始接入到信道，在下一个时隙开始时，其他节点均能够检测出信道转为忙状态。

3）DIFS 是分布协调功能帧间间隔，用于在 DCF 方式中发送数据和管理帧，DIFS 的长度为 128 μs，比 PIFS 再多一个时隙长度。

无线网络中的节点在发送数据前，先检测信道。IEEE 802.11 判定信道上是否有数据发送的方法是，设定一个门限值，在物理层的空中接口进行载波侦听，若接收的信号强度超过门限值即可判定信道上有数据在发送。若源节点要发送数据，须检测到信道空闲，等待一段 DIFS

时间后发送。信道空闲仍然要等待的原因是，可能会存在其他高优先级的帧要发送。若目的节点正确收到数据帧，需要一个 SIFS 时间间隔，向源节点返回确认帧。源节点若在重传计时器设置的时间内没有收到 ACK，需要重传数据帧，若超过重传的次数，就放弃发送。

IEEE 802.11 也采用一种虚拟载波侦听（Virtual Carrier Sense，VCS）机制，让源节点把要占用信道的所有时间，包括目的节点返回确认帧需要的时间（时间单位为 μs），作为“源节点通知”，放入 MAC 帧的第二个字段“持续时间”中，通知给所有其他节点，让其他节点在这段时间均不要发送数据，以减少冲突的机会，得到的效果是好像其他节点也监听了信道。

当一个节点检测道信道中正在传输的 MAC 帧首部的“持续字段”时，就会调整自己的网络分配向量（Network Allocation Vector，NAV），NAV 指出信道转入空闲状态所需要的时间。这样信道忙就与 MAC 层的虚拟载波监听机制和物理层的载波侦听机制相联系。

当信道从忙状态转变为空闲时，要发送数据的节点不仅要等待一个 DIFS 间隔，还要进入争用窗口，并计算随机退避时间以再次尝试接入信道。在 IEEE 802.11 中信道从忙状态转为空闲时，各节点就要执行退避算法。IEEE 802.11 标准也是采用二进制指数退避算法，在具体实现时的不同之处是：第 i 次退避就在 2^{2+i} 个退避时间中随机地选择一个值。当节点采用退避算法选择了争用窗口中的某个退避时间后，会依据该退避时间的位置设置一个退避计时器（Backoff Timer）时间值，当该值减少到零时开始发送数据。也有可能退避计时器的时间还未减小到零时，信道又转为忙状态，此时就冻结退避计时器的时间值，重新等待信道变为空闲，经过时间间隔 DIFS 后，从剩下的时间开始，继续启动退避计时器，以利于节点可以较早接入信道。

需要指出的是，若源节点在发送第一个数据帧，并且侦听到信道空闲时，可以在 DIFS 间隔后发送数据，不用使用退避算法，在其他情况需要使用退避算法，这些情况包括每一次成功发送后；每次重传后；发送第一个帧前检测到信道处于忙状态时。

4. 解决隐蔽站问题的思路

IEEE 802.11 用来解决隐蔽站（也称为隐藏节点）引起冲突所采用的方法称为信道预约。信道预约的设计思路是，发送节点在发送数据前先发送一个短的请求发送（Request To Send，RTS）控制帧，内容包括源地址、目的地址和此次通信所需的持续时间。若信道空闲，目的节点返回一个允许发送（Clear To Send，CTS）响应帧，内容也包括从 RTS 帧中复制过来的通信所需的持续时间。发送节点收到 CTS 帧后，就开始发送数据帧。IEEE 802.11 中 RTS 和 CTS 的工作机制，如图 7-44 所示。

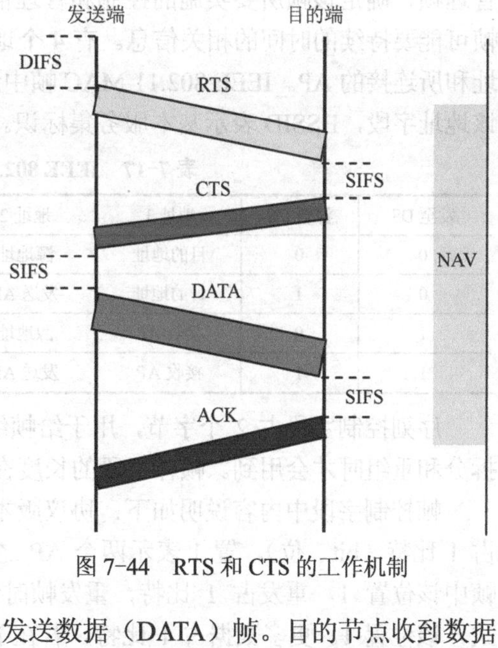

图 7-44　RTS 和 CTS 的工作机制

源节点先发送一个 20 字节长的请求放送 RST 帧，内容包括源地址、目的地址和要发送的数据段的长度。目的节点收到 RST 帧后，经过一个 SIFS 周期后返回一个清除发送 CTS 帧。源节点收到 CTS 帧后再等待一个 SIFS 周期后开始发送数据（DATA）帧。目的节点收到数据帧后经过一个 SIFS 周期后，返回 ACK 帧给源节点。无线网络中的其他节点发现 RTS/CTS 的地址与自己无关时，会在 RTS/CTS 通信周期内，通过设定 RTS 帧中的网络分配矢量（Network Allocation Vector，NAV）字段值继续保持虚拟载波侦听模式。

源节点发送数据的过程是没有竞争的，数据发送结束后，目的节点发送一个确认帧中止 NAV 信号，之后其他有数据发送的节点就可以竞争信道。这里的目的节点可以是 AP，由于网络中的所有节点能够监听到 AP 发出的信号，所以 CTS 能够让它们停止发送数据，源节点可以发送数据和接收 ACK 信号，不会有冲突发生，这就间接解决了“隐蔽站”的问题。

可以看出为了解决隐蔽站问题，IEEE 802.11 MAC 对基本 DCF 做了改进和扩展，引入 RTS/CTS 机制。扩展 DCF 具有的特征是接收节点发送的 CTS 可以被其附近的所有节点收到，RTS 和 CTS 帧很短，RTS 帧或 CTS 帧发生冲突的可能比较小，即使发生冲突，损失也不大。当 RTS 帧和 CTS 帧发送成功后，紧随其后的 DATA 帧和 ACK 帧就不会发生冲突。

5. IEEE 802.11 MAC 帧的格式

IEEE 802.11 MAC 帧的一般格式及控制字段内容，如图 7-45 所示。

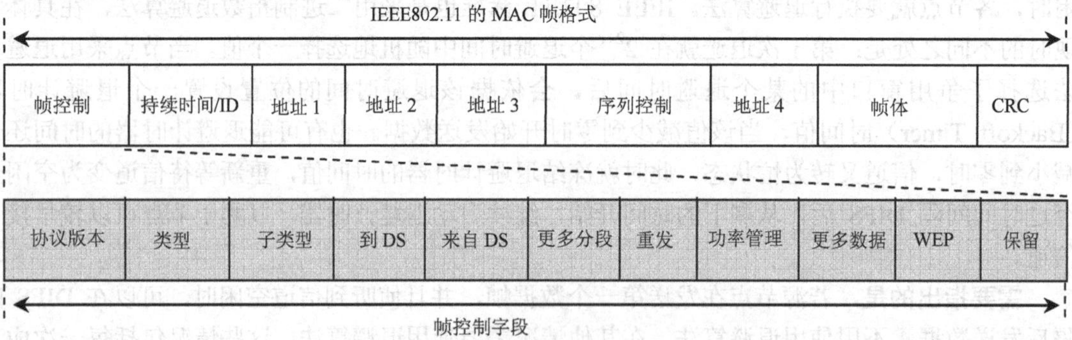

图 7-45 IEEE 802.11 中 MAC 帧格式及控制字段内容

帧控制字段占 2 个字节，内容为帧的特征信息，可以标识所传输的数据是来自控制帧或管理帧，确定该帧所要实施的控制和管理信号的类别。持续时间/ID 字段标识下一个要发送的帧可能要持续的时间的相关信息。有 4 个地址字段，各占 6 个字节，分别标识源地址、目的地址和所连接的 AP。IEEE 802.11 MAC 帧中地址字段的含义，见表 7-17，其中 N/A 表示不使用该地址字段，BSSID 表示基本服务集标识。

表 7-17 IEEE 802.11 MAC 帧中地址字段的含义

发至 DS	源自 DS	地址 1	地址 2	地址 3	地址 4	发送 方 向
0	0	目的地址	源地址	BSSID	N/A	BSS 中主机直接通信
0	1	目的地址	发送 AP	源地址	N/A	AP 发送，主机接收
1	0	接收 AP	源地址	目的地址	N/A	主机发送，AP 接收
1	1	接收 AP	发送 AP	目的地址	源地址	AP 发送至 AP

序列控制字段占 2 个字节，用于给帧编号，该字段与持续时间/ID 字段在 MAC 协议支持拆分和重组时才会用到。帧体字段的长度在 0～2312 字节之间。CRC 校验字段占 4 个字节。

帧控制字段中内容说明如下：协议版本占 2 比特，当前的标准是 00。到 DS 和来自 DS 各占 1 比特（bit、位），置 1 表示两个 AP 之间的通信。更多分段占 1 比特，有其他分段在后续帧中该位置 1。重发占 1 比特，重发帧时该位置 1。功率管理占 1 比特，若节点处于睡眠模式，该位置 1。更多数据占 1 比特，若在节能模式下，若还有帧发送到目的节点，该位置 1。WEP 占 1 比特，若数据加密，该位置 1。

IEEE 802.11 需要较多的控制和管理信号来处理无线网络中的节点登录、功率管理、移动管理和安全管理等问题。类似于广域网的情况，需要采用大量的指令帧。

类型和子类型是很重要的内容，规定了使用的帧类型的指令模式，类型占 2 个比特，可以定义 4 种帧类型：00 管理帧；01 控制帧；10 数据帧；11 保留帧。子类型 4 个比特，可以为每种类型的帧所具有的功能进行定义，可以有 16 种组合。

IEEE 802.11 MAC 层提供 CRC 帧校验和分段功能。无线局域网中传输的 MAC 帧附加上 4 个字节的校验位，用于差错检测。分段功能允许在传输大的数据时，把数据分为较小的数据传输，在网络拥挤或者存在较大干扰下会呈现出很好的特性，减少了数据重传的概率。分段过程对上层是透明的。

7.10.9 IEEE 802.11 的物理层

IEEE 802.11 的物理层标准有 802.11b、802.11a 和 802.11g。目前，802.11a 已经被 802.11g 取代。802.11b 是目前最流行的无线局域网协议，物理层编码采用高速率直接序列扩展（HR-DSSS），通过 Wi-Fi 认证，提供了设备之间的兼容性。802.11g 兼有 802.11b 和 802.11a 的特点，例如，比 802.11a 的功耗小、穿透力强、传输距离长。3 个 IEEE 802.11 物理层标准的属性，见表 7-18。目前，802.11n 的数据传输率可以达到 600 Mbit/s。

表 7-18　3 个 IEEE 802.11 物理层标准的属性

属　性	802.11b	802.11a	802.11g	802.11n
物理编码	HR-DSSS	OFDM	DSSS /OFDM	OFDM/MIMO
最大数据传输率	11 Mbit/s	54 Mbit/s	54 Mbit/s	600 Mbit/s
工作频段	2.4 GHz	5 GHz	2.4 GHz	2.4 GHz/5 GHz
MAC 协议	CSMA/CA	CSMA/CA	CSMA/CA	CSMA/CA
安全机制	WEP/WPA	WEP/WPA	WEP/WPA	WEP/WPA

与有线网络不同，无线网络覆盖区域内的节点都可以发送数据，不存在接入网络的“认证”。并且无线信道上的信息很容易被窃取。需要设计无线网路的接入认证和数据加密机制。802.11b 标准中定义了用于安全的有线等效保密（Wired Equivalent Privacy，WEP）协议，提供认证和加密，但其安全性不够高。之后又提出 WPA（Wi-Fi Protected Access）安全协议，WPA 提供认证、加密和消息完整性验证，有较高的安全性保证。

IEEE 802.11 的 MAC 协议数据单元（MPDU）到达 PLCP 子层时，通过帧首部的内容来选择传输使用的 PMD 子层，PLCP 分组依据信号传送技术的规范由 PMD 层传送。早期 IEEE 802.11 依据 FHSS、DSSS、DFIR 定义了 3 种 PLCP 的分组格式，用于 MPDU 的传输。

目前主要采用的是 DSSS 和 OFDM，下面对直接序列扩频 DSSS 进行介绍。

IEEE 802.11 中 DSSS 版本的 PMD 采用长度为 11 位的 Barker 码，DSSS 通信采用的是不覆盖的脉冲，数据码片速率为 11 Mcps，占用带宽为 26 MHz。采用差分二进制相移键控 DBIT/SK 时的数据传输率为 1 Mbit/s，采用四相差分相移键控 DQPSK 时的数据传输率为 2 Mbit/s。

ISM 免许可证的 2.4 GHz 频段被分成 11 个互相覆盖的信道，每两个信道之间的中心频率间隔为 5 MHz。DSSS 的最大发送功率为 100 mW，所需要的采样速率在 11 Mcps。DSSS 的 PLCP 帧格式，如图 7-46 所示。

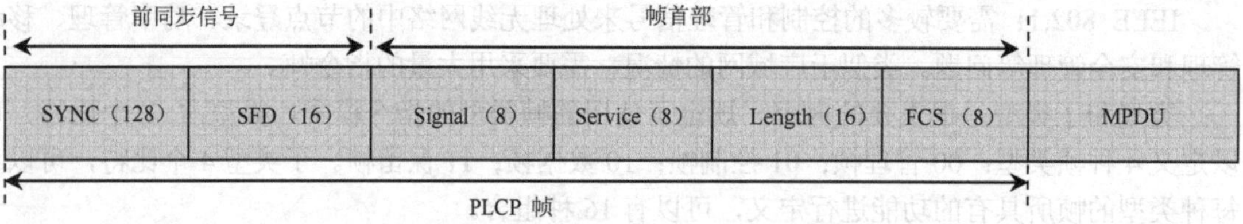

图 7-46 IEEE 802.11 中 DSSS 的 PLCP 帧格式

其中，来自 MAC 层的 MPDU 数据传输率为 1 Mbit/s，采用二进制相移键控调制技术。同步字段 SYNC 占 128 位，内容是交替的 0 或 1 的组合，用于同步。SFD 字段 16 位，内容为 11110011 10100000，与 SYNC 字段一起用于同步，说明该字段之后为帧的首部。Signal 字段用 8 位比特长度表示 100 kHz 步进的数据速率，例如，用 00001010（10×100 kHz）表示的数据传输率是 1 Mbit/s，用 00010100（20×100 kHz）表示的数据传输率是 2 Mbit/s，依次类推。用 01101110（11×100 kHz）表示的数据传输率是 11 Mbit/s，Service 字段保留将来用。Length 字段占 16 位，表示 MPDU 的长度，单位为 ms。FCS 字段占 8 位，用于帧校验。

7.10.10 其他无线计算机网络

1．IEEE 802.15

IEEE 802.15 是无线个人区域网（Wireless Peronal Area Network，WPAN）的标准。WPAN 用于在个人工作区域，把个人区域所使用的电子设备，例如，移动手机、便携式计算机、掌上电脑等采用无线技术连接起来。网络覆盖的大致范围为 10 m。WPAN 也可以由多个人共同使用，例如，几位医生把几米范围内的电子设备连接在一起。无线个人区域网是一个低功率、低速率、小范围有线网络的替代技术。

欧洲的 ETSI 将无线个人区域网取名为 HiperPAN。1994 年，由爱立信公司推出的蓝牙（Bluetooth）技术是早期 WPAN 的例子，数据传输率 1 Mbit/s、通信范围 10～30 m、工作频段 2.4 GHz，采用时分复用传输技术，实现双向同时传输，支持点到点和点到多点连接。1998 年 5 月，由爱立信、诺基亚，Intel、IBM 和东芝 5 家公司发起，成立蓝牙特别兴趣小组（SIG），共同提出用无线网络实现语音与数据传输的统一规范。1999 年 7 月，SIG 发布蓝牙规范 1.0 版本，规定了应用所需要的 13 种专门协议集，这不同于 IEEE 802.11 和 IEEE 802.15，后两者仅按计算机网络体系结构的层次设计，仅考虑低两层，并不涉及高层协议。

蓝牙系统的基本单元是微微网（Piconet），每个微微网包含一个主节点，在 10 m 的范围内最多允许有 7 个从节点，以及最多可以有 255 个静观节点（parked node）。静观节点是主节点已经将其关闭、切换到低功耗的节点。

IEEE 802.15.3 是超宽带（Ultra Wide Band，UWB）的标准，数据传输率为 400 Mbit/s，可以在小范围内传输 DVD 质量的多媒体信号。

2．IEEE 802.16

IEEE 802.16 是无线城域网（Wireless Mwtropolitan Area Network，WMAN）的标准，对应 ETSI 的 HiperMAN。1999 年 7 月，IEEE 802 成立研究 WMAN 的工作组，2002 年发布宽带城域网标准 IEEE 802.16“Air Interface for Fixed Broadband Wireless Access System”，即“固定宽带无线访问系统空间接口”，也称为无线城域网。WMAN 提供最后一英里的宽带无线接入，可以用来代替现有的有线接入。WMAN 的技术参数为工作频段 10～66 GHz、数据传输率 134 Mbit/s、通信距离 50 m。

IEEE 802.16 包括 3 个标准：IEEE 802.16a、IEEE 802.16d 和 IEEE 802.16e。IEEE 802.16a 不仅适用点对多点的视距条件，而且增加了对非视距和对无线网状网的支持，IEEE 802.16d 主要针对固定的无线网络部署，IEEE 802.16e 则针对移动物体通信的无线网络部署，例如，行驶中的火车和汽车。

2001 年 4 月，成立了全球微波接入的互操作性（Worldwide Interoprability for Microwave Access，WiMAX）论坛，该论坛的主题主要针对 IEEE 802.16，论坛的参加者包括 150 家厂商，该论坛为通过一致性和互操作性的测试的产品颁发 WiMAX 证书，类似于 Wi-Fi 用来表示无线局域网 WLAN，WiMAX 常用来表示无线城域网 WMAN。目前，WiMAX 基本上成为 IEEE 802.16 的代名词。2006 年，华为公司和 Intel 开始联合建设新型 WiMAX/ IEEE 802.16 的标准和规范，目的是建设电信级无线宽带网络。

3. ZigBee 技术与协议

ZigBee 是一种面向自动控制的低速、低功耗、低价格的无线网络技术，ZigBee 也译为“紫蜂”。ZigBee 网络的节点数量、覆盖范围都要比蓝牙网络大得多。ZigBee 的工作频段为 2.4 GHz；915 MHz、868 MHz，支持的数据传输率分别为 250 kbit/s、40 kbit/s、20 kbit/s，传输距离为 10 m～75 m，ZigBee 网络中的节点在不更换电池的情况下，可以工作几个月甚至几年。ZigBee 技术在家庭网络、安全监控、工业控制、医疗保健、无线定位等方面有很好的应用前景。ZigBee 已经成为物联网和无线传感器网络中采用的主要网络通信技术之一。

ZigBee 技术的主要特点如下：

1）ZigBee 节点工作周期短，收发数据量小，节点不传输数据时处于睡眠状态，有数据传输时由担任协调器的节点唤醒，实现了低耗能、延长了工作时间。

2）信道访问采用冲突避免机制，并为需要固定带宽的应用提供预留专用时间片。通过在 MAC 层采用确认机制，提供可靠性。

3）ZigBee 协议结构简单，系统软件简单，协议由价格低廉的硬件芯片实现。

4）ZigBee 网络节点的睡眠/工作状态转换需要的时间为 15 ms，入网时间需要 30 ms，具有较低的时延。

5）ZigBee 提供数据完整性检测，提供保障网络安全的加密算法。

ZigBee 的网络体系结构由应用层、应用汇聚层、网络层、数据链路层和物理层组成，数据链路层又分为 LLC 子层和 MAC 子层。请读者试着画出 ZigBee 的网络协议结构。

1）应用层描述和定义各种类型的网络应用。

2）应用汇聚层将不同的网络应用汇聚到网络层。

3）网络层负责网络拓扑管理、路由选择等功能。

4）数据链路层分为 LLC 和 MAC 子层，MAC 子层采用 SSCS 协议，完成数据链路层的一个功能。

5）物理层采用直接序列扩频（DSSS）技术，定义了 3 种数据传输率：2.4 GHz 的 16 信道，数据传速率为 250 kbit/s；915 MHz 的 10 信道，数据传速率为 40 kbit/s；868 MHz 的单信道，数据传速率为 20 kbit/s。

7.11　小结

数据链路层属于通信子网的层次，提供网络中相邻节点之间的可靠数据传输。数据链路层的协议数据单元为帧。数据链路层的目的是使原始的有差错的物理线路成为无差错的数据链路。

数据链路层协议基本分为两类：面向字符的协议和面向位的协议。二进制同步通信协议（BSC）是面向字符的协议，高级数据链路控制协议（HDLC）是面向位的协议。因特网中用到的数据链路层协议是点对点协议（PPP）。PPP 可以支持面向字符或面向位的方案。

“链路”和“数据链路”是两个不同的概念，把实现控制协议的软件和硬件加到链路上，就构成了数据链路。数据链路层提供的许多服务与运输层很类似。有两种数据链路层信道：一种为广播信道；另一种为点对点的通信链路。

把二进制位流组成帧，通常采用方法有：字符计数法或字节计数法；字符填充法；位填充法；物理违例法。

信道访问协议有时也称为多路访问协议，多路访问协议主要解决多个发送和接收节点对共享广播信道的访问问题。常用的信道共享技术有：固定信道划分协议；随机访问协议；轮流访问协议。局域网络采用的随机访问协议主要有：CSMA、CSMA/CD、CSMA/CA 等。

MAC 地址为硬件地址，也称为物理地址、网卡地址。物理地址（MAC 地址）是数据链路层和物理层使用的地址，逻辑地址（IP 地址）是网络层及以上各层使用的地址。IP 地址是 32 位，而 MAC 地址是 48 位，它们之间不存在简单的映射关系，这样就需要用地址解析协议 ARP，从 IP 地址找到对应节点的 MAC 地址，这一过程称为地址解析。

以太网技术的进步主要体现在数据传输率的不断提高，以及信道访问协议和信号编码技术的改进，唯一不变是以太网帧格式。现在千兆和万兆以太网已经成为主流技术。以太网已经从局域网迈进城域网和广域网。

局域网采用三层交换技术主要有两种：第一种称为下一跳解析协议 NHRP，采用的技术称为“路由一次，随后交换”；第二种是 Cisco 公司提出的 NetFlow 交换，仍然是在第三层操作，目的是提高路由器的性能。

VLAN 允许一组不同物理位置的用户群共享一个独立的广播域，可以在一个或多个物理网络中划分多个 VLAN，使得不同的用户群属于不同的广播域，这样的逻辑划分与物理位置无关，通过划分用户群控制广播范围。

无线局域网可以分为两大类：有固定基础设施的；无固定基础设施的。1997 年，IEEE 制定出适用有固定基础设施的无线局域网的协议 IEEE 802.11，很快被 ISO/IEC 接纳为国际标准。IEEE 802.11 的信道访问协议为载波侦听多路访问/冲突避免（CSMA/CA）。

7.12 思考题与习题

7-1 什么是链路？什么是数据链路？画出链路和数据链路的图示。

7-2 数据链路层有什么用途？

7-3 数据帧边界的界定采用什么方法？

7-4 什么是透明传输？

7-5 什么是数据链路层的流量控制？

7-6 数据链路层与运输层有什么区别？

7-7 二进制同步通信协议有什么特点？

7-8 高级数据链路控制协议（HDLC）用什么方法实现停-等协议？

7-9　HDLC 中接收序号 N（R）的用途是什么，HDLC 中怎样实现累计确认和捎带确认？

7-10　有一二进制位串 0110111111111100 用 HDLC 协议传送。经过位填充以后变成怎样的位串？若接收端收到的 HDLC 帧的数据部分是 0001110111110111110110，问删除发送端加入的“0”位（比特）后变成怎样的位串？

7-11　PPP 协议的特点是什么？

7-12　给出 PPP 帧的格式，说明各个字段的功用。指出 PPP 与 HDLC 不同的地方在哪里。

7-13　什么是多路访问协议？

7-14　数据链路层的信道分为哪些信道？

7-15　有冲突的信道访问协议有哪些？

7-16　无冲突的信道访问协议有哪些？

7-17　什么是信道访问协议中的坚持和非坚持？

7-18　在 CSMA/CD 中遇到冲突以后怎么办？

7-19　写出 CSMA/CD 遇到冲突以后，二进制退避算法所采取的动作。

7-20　网络中硬件地址与软件地址各有什么特点？用在哪里？

7-21　写出 ARP 协议的工作原理。

7-22　局域网的 3 个要素是什么？

7-23　传统以太网涉及的 3 个要素是什么？

7-24　以太网的传输效率发生了哪些改变，请进行归纳总结。

7-25　以太网上只有两个节点，它们同时发送数据，产生了碰撞。于是按二进制指数类型退避算法进行重传。重传次数记为 i，i=1，2，3，…。试计算第一次重传失败的概率、第二次重传失败的概率、第三次重传失败的概率，以及一个节点成功发送数据之前的平均重传次数 I。

7-26　10 Mbit/s 以太网升级到 100 Mbit/s、1 Gbit/s 和 10 Gbit/s 时，都需要解决哪些技术问题？为什么以太网能够在发展的过程中淘汰掉自己的竞争对手，并使自己的应用范围从局域网一直扩展到城域网和广域网？

7-27　给出以太网 V2 的帧格式，并说明每个字段的功用，说明为什么在以太网中，LLC 已经很少使用？

7-28　假定 1 km 长的 CSMA/CD 网络的数据率为 1 Gbit/s。设信号在网络上的传播速率为 200 000 km/s。求能够使用此协议的最短帧长。

7-29　写出令牌环型局域网中令牌的格式，说明各字段的含义？

7-30　环型局域网的特点是什么？

7-31　环型局域网中怎样判断数据帧传输的情况？

7-32　环型局域网怎样区分帧的边界？

7-33　什么是快速以太网？

7-34　千兆位以太网的协议结构是怎样的？

7-35　写出交换局域网的组成部分。

7-36　交换机有哪些工作方式？

7-37　交换机主要改进了哪些网络性能，在交换式网络中是否还会发生冲突现象？

7-38　什么是三层交换？常采用哪些技术？

7-39　为什么要采用虚拟局域网技术？

7-40　虚拟局域网有什么特点？

7-41　跨越交换机的不同虚拟局域网怎样进行通信？

7-42　无线局域网有哪些工作方式？

7-43　有固定设施的无线局域网有哪些特点？

7-44　无固定设施的无线局域网有哪些特点？

7-45　CSAM/CD 信道访问协议与 CSMA/CA 信道访问协议有什么异同？

7-46　简述 CSMA/CA 信道访问协议的工作原理。

7-47　无线局域网的 MAC 协议有哪些特点？

7-48　为什么在无线局域网中必须使用 CSMA/CA 协议？结合隐蔽站问题和暴露站问题说明 RTS 帧和 CTS 帧的作用。

7-49　假定有两个局域网桥接器（网桥），它们都连接两个 IEEE 802.3 网络。第一个桥接器每秒必须转发 1000 个 512 字节的帧。第二个桥接器每秒要转发 200 个 4096 字节的帧，哪个需要更快的 CPU？

7-50　试着画出 3 种 HDLC 类型站点（节点）的通信图示。

7-51　请画出具有连接建立阶段和连接释放阶段的通信过程，提示如下：主站和从站之间为相邻节点，数据通信操作方式为正常响应方式（NRM），属于非平衡方式，连接建立和连接释放过程需要使用到无编号帧。

7-52　如果源主机和目的主机不在同一网段，ARP 请求的广播帧无法穿过路由器，源主机如何与目的主机通信？

7-53　简述无线局域网的发展历程。

7-54　数据链路（即逻辑链路）与链路（即物理链路）有何区别？“电路接通了”与“数据链路接通了”的区别在哪里？

7-55　PPP 协议不使用帧的编号和不采用确认机制是基于什么考虑？

7-56　CSMA/CD 为什么要采用指数退避，请说明二进制指数退避算法中随机退避时间的选择方法。

7-57　接收方收到的一个 PPP 帧的数据部分（用十六进制表示）是：7D 5E FE 27 7D 5D 7D 5D 65 7D 5E，请还原出原始数据。

7-58　以太网怎样确定帧的边界？

7-59　以太网怎样确定帧的长度？

7-60　说明 GE 以太网和 10GE 以太网的帧结构，为什么两者不能采用 CSMA/CD 信道访问协议，两者采用什么样的编码技术？

7-61　简述目前无线网络的应用和发展。

7-62　写出 IEEE 802.15 的主要特点。

7-63　写出蓝牙技术的主要特征。

7-64　写出 ZigBee 技术的主要特点。

7-65　用 Ethereal/Wireshark 工具捕获 Ethernet 协议包，并进行分析。

7-66　用 Ethereal/Wireshark 工具捕获 arp 协议包，并进行分析。

7-67　写出 IEEE 802.11 物理层标准的属性。

第8章 物 理 层

物理层是 5 层计算机网络体系结构的最低层，物理层要为数据链路层提供二进制位流传输的服务，涉及信号的编码、解码和同步。物理层需要提供与传输介质的接口，通常是用连接器实现的。连接器有多根传输线，每根线标识特定的功用，各根线之间需要同步操作，即规定哪根线先动作，哪根线后动作。物理连接分为点对点连接和多点连接。

介绍物理层协议时常用 RS-232 接口标准规范作为例子。物理层协议用物理层的 4 个特性描述，这 4 个特性符合计算机网络协议的定义和描述方法。

学习本章，要求了解物理层协议涉及的内容，掌握物理层协议的 4 个特性描述方法，掌握物理层协议的分析方法，了解宽带接入方式，了解同步数字体系（SDH）的基本概念。

8.1 物理层协议

8.1.1 物理层涉及的问题

物理层是计算机网络体系结构中的最低层，网络中的每个节点都要实现物理层协议。例如，资源子网的计算机设备（端节点）和通信子网的边缘连接设备（访问节点）之间采用物理层协议，目的是把计算机设备接入通信子网，提供在传输介质上传输的二进制位流，为数据链路层提供位流服务。资源子网的计算机设备称为数据终端设备（Data Terminal Equipment，DTE），通信子网的边缘连接设备称为数据电路端接设备（Data Circuit-terminating Equipment，DCE）。

物理层涉及的问题是，怎样在网络中的信道上传输可靠的二进制数据位流。物理层的作用是屏蔽网络中各种网络设备和传输介质的差异，给上层数据链路层提供二进制数据位流服务，这些服务包括：

1）物理连接的建立、维持和释放。

2）确定物理连接的类型是点对点连接还是点与多点连接。

3）提供二进制数据位流的编码方法。

4）确定物理接口的连接器，涉及尺寸规格、引脚数目、各信号线的功用等。

5）确定是双向同时传输、双向交替传输还是单向传输。

6）确定是串行传输还是并行传输。

由于技术发展的原因，人们最早接触的是物理层协议。物理层协议也常称为规程，需要考虑怎样把物理网络设备接入网络中，需要多少根传输线，信号的电平怎样表示，怎样对网络中的数据进行编码，在数据传输时怎样实现收发双方的同步，解决通信时先做什么、后做什么的问题。物理层的主要任务是描述和确定网络设备与传输介质的接口的一些特性。

8.1.2　物理层协议描述

物理层的协议描述包括提供物理连接器，提供连接器插接件，即插头和插座；连接器每根信号线的作用，要求功能作用要唯一；连接信号线上电信号的电压及连接电气性能；信号线之间的关系，在通信时哪根信号线先动作，哪根信号线后动作。

具体的物理层协议比较复杂的，需要描述物理连接的方式，是点对点，还是点对多点，或是广播连接，涉及各种各样的有线传输介质（传输媒体），例如，架空明线、双绞线、同轴电缆、光纤，还有各种波段的无线传输介质，例如，红外线、微波、无线电、激光等。

上述物理层协议的描述称为物理层协议的 4 个要素，有时也称为物理层的 4 个特性。

1）机械特性，涉及网络中的网络设备与传输介质（媒体）之间接口所涉及的连接器的外形和尺寸、接口引脚数目、引脚排列方式、固定和锁定装置。

2）电气特性，涉及接口引线上信号电平的表示，什么电平代表 1，什么电平代表 0。

3）功能特性，规定接口某一条引线上出现某一电平表示的含义。

4）规程特性，规定接口上各种信号线以及各种电平出现的先后顺序，即哪根信号线先动作，哪根信号线后动作。

物理层的 4 个特性可以涵盖网络协议的 3 个要素：语法、语义和同步。

在计算机网络中，数据在通信线路上的传输是采用串行传输，这是由于计算机网络中的传输是远距离的传输，从传输线路的布线和差错恢复方面讲，是不宜采用并行传输的。串行传输是一个位（bit）接着一个位（bit）依据时间顺序传输。而在计算机设备中，例如,在计算机主机中，数据传输是并行传输，物理层协议还需要完成串行传输方式与并行传输方式之间的转换。

8.1.3　物理层的物理连接

计算机网络中两个端节点之间的数据通信，在资源子网和通信子网之间涉及 4 个基本功能单元，各有一个数据终端设备（DTE）和数据电路端接设备（DCE）。DTE 是具有数据处理能力，以及发送和接收数据能力的设备。DCE 也称为信号变换设备，是能够通过通信子网发送和接收信号形式数据的设备，信号可以是数字信号或是模拟信号。物理层的物理连接涉及的功能单元，如图 8-1 所示。

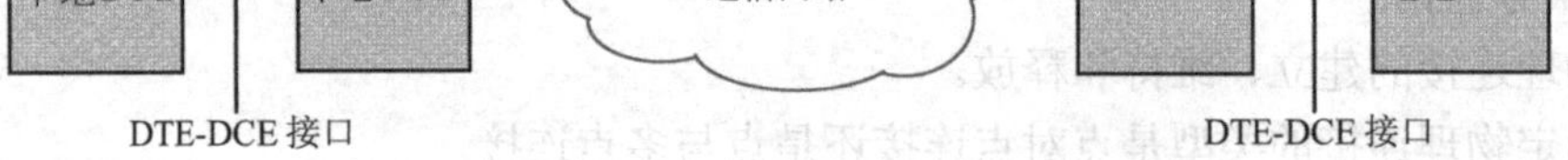

图 8-1　物理层的物理连接涉及的功能单元

DTE 通过 DCE 连接通信子网，DTE 与 DCE 的连接称为 DTE-DCE 接口。本地 DTE 产生数字数据并传输给本地 DCE，本地 DCE 将数字数据变换成在通信子网传输介质上可以传输的信号形式和传输格式，并将转换后的信号发送给网络另一端的远地 DCE，远地 DCE 从通信线路上接收信号，再将信号变换成远地 DTE 可以接收的信号形式和格式，提供给远地 DTE。

在 DTE-DCE 接口上既有数据信息又有控制信息。为了实现 DTE-DCE 接口的开放，使不同厂商生产的 DTE 可以方便地与 DCE 连接，需要制定 DTE-DCE 接口的标准，这些标准涉及物理层协议。

在应用连接时 DTE 是插头（针），DCE 是插座（孔）。DTE 与 DTE 之间的接口有多条连接线，这些线用作信号线和控制线。

8.2 物理层标准举例

8.2.1 EIA-RS-232 标准概述

EIA-RS-232 是美国电子工业协会 EIA 制定的物理层异步通信接口标准。以 EIA-RS-232-D 为例，RS 为推荐标准的英文缩写，232 为编号，D 为版本号。1962 年给出 EIA-RS-232，1969 年进行修订给出 EIA- RS-232-C，又分别在 1987 年和 1991 年进行修订，发布 RS-232-D 和 RS-232-E。

EIA-RS-232 定义了 25 根信号线（针）的功用，用 DB-25 规范描述，常用 9 根信号线，用 DB-9 规范描述。RS-232 的 DTE 与 DCE 连接和信号定义，如图 8-2 所示。

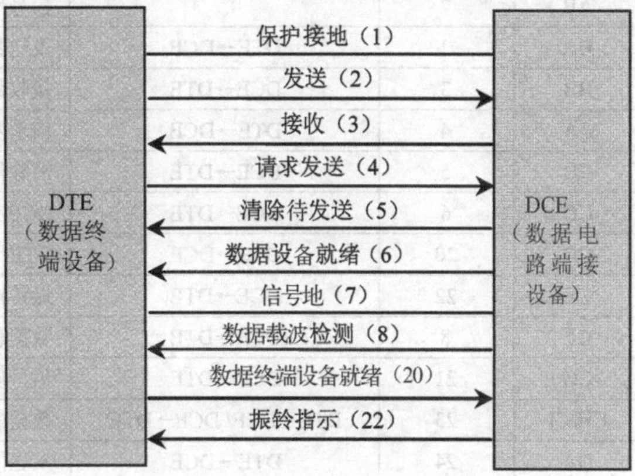

图 8-2 RS-232 的 DTE 与 DCE 连接和信号定义

EIA-RS-232 提供 DTE 和 DCE 之间的接口标准，可以把 DTE 理解为要接入网络的设备，例如，计算机主机、各种 I/O 设备，把 DCE 理解为网络上的接口设备，例如，拨号上网时的调制解调器。DTE 设备具有一定的数据处理能力与发送数据和接收数据的能力。DCE 用于在 DTE 和传输线路之间提供信号变换和信号编码，这是因为大部分数字处理设备的数据能力是有限的，需要在数据处理设备和传输线路之间设置一个 DEC 设备。

需要对 DTE 和 DCE 的接口做规范处理，以实现网络连接的开放，所研究的接口规范就是物理层协议，是人们在设计和研制计算机网络设备时彼此要遵循的协议。

需要说明的是，多数物理层协议使用的是上述模型，但并非全是这样，例如，在局域网应用中，物理层描述的是一个 DTE 与链路的传输介质（媒体）之间的接口。还有一种 DCE 类型称为信道服务单元/数据服务单元（CSU/DSU），用来把 DTE-DCE 接口转换为常用的电信接口。

8.2.2 EIA- RS-232 标准的 4 个特性描述

1．机械特性

使用 ISO 2110 给出的连接器插头、插座标准，使用 DB-25 插头、插座，有 25 根引脚，为梯形外形，引脚分为上、下两排，上排 13 根引脚，下排 12 根引脚，分辨引脚编号时，面对引脚，编号从左到右分别为 1～13 和 14～25。对于物理连接器的插头和插座，规定 DTE 为插头（针），DCE 为插座（孔）。

2．电气特性

与 ITU-T（原 CCITT）的 V.28 建议书一致，采用非平衡的电气特性。采用负逻辑，逻辑 0 对应于对信号地线有＋3V 电压，逻辑 1 对应于对信号地线有-3V 电压。逻辑 0 相当于数据的“0”（空号）或控制线的“接通”状态；逻辑 1 相当于数据的“1”（传号）或控制线的“断开”状态。一般连接电缆长度限制在 15 m 以内，数据传输率可以达到 20 kbit/s。

3．功能特性

RS-232 的功能特性与 CCITT 的 V.24 建议书一致，规定了每根引脚的功用，常用的信号线和控制线为 9 根（保护地可以不用），使用 DB-9 插头和插座。每根信号线有确定的功用，括号中的数字为引线的编号，依次为保护地（1）；发送（2）；接收（3）；请求放送（4）；清除发送（5）；数据设置就绪（6）；功用返回（7）；线检测（8）；数据终端设备就绪（20）。EIA-RS-232 连接编码、引脚编号及引脚功能，见表 8-1。

表 8-1　EIA- RS-232 连接编码、引脚编号及引脚功能

连接编码	引脚编号	信 号 方 向	引 脚 功 能
AA	1		保护接地，连接设备外壳或地表
AB	7		信号地线，所有的信号电平的参考电平
BA	2	DTE→DCE	发送数据（TD）
BB	3	DCE→DTE	接收数据（RD）
CA	4	DTE→DCE	请求发送（RTS）
CB	5	DCE→DTE	清除待发送（CTS）
CC	6	DCE→DTE	DCE 设备准备就绪（DSR）
CD	20	DTE→DCE	DTE 设备准备就绪（DTR）
CE	22	DCE→DTE	振铃指示
CF	8	DCE→DTE	数据载波检测
CG	21	DCE→DTE	信号质量检测
CH/CI	23	DTE→DCE/ DCE→DTE	数据信号速率选择与指示
DA	24	DTE→DCE	发送信号时钟
DB	15	DCE→DTE	发送信号时钟
DD	17	DCE→DTE	接收信号时钟
SBA	14	DTE→DCE	辅助信道发送数据
SBB	16	DCE→DTE	辅助信道接收数据
SCA	19	DTE→DCE	辅助信道请求发送
SCB	13	DCE→DTE	辅助信道清除待发送
SCF	12	DCE→DTE	辅助信道数据载波检测
RL	21	DTE→DCE	远地回送，用于测试，指示远地 DCE 返回传输信号
LL	18	DTE→DCE	本地回送，指示本地 DCE 返回传输信号
TM	25	DCE→DTE	测试模式，标识 DCE 处于测试模式

4．规程特性

给出 RS-232 各信号线和控制线的动作顺序，规定了在 DTE 和 DCE 之间所发生事件的合法序列，与 CCITT 的 V.24 建议书一致。

以两台计算机 DTE-A、DTE-B 通过两台调制解调器 DCE-A、DCE-B 经电话网络传输数据为例，说明 RS-232 的规程特性，两台计算机通过电话网传输数据，如图 8-3 所示。

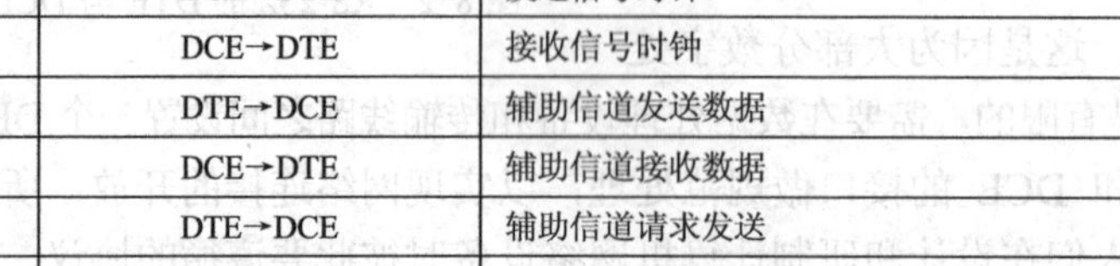

图 8-3　两台计算机通过电话网传输数据

其中涉及的规程如下：

1）DTE-A 要向 DTE-B 通信时，将引脚 20“DTE 就绪”设置为 ON，同时通过引脚 2“发送数据”，向 DCE-A 传送电话号码信号。

2）将引脚 22“振铃指示”设置为 ON，通知 DTE-B 有呼入信号达到。DTE-B 将引脚 20“DTE 就绪”设置为 ON，DCE-B 接着产生载波信号，将引脚 6“DCE 就绪”设置为 ON，准备好接收数据。

3）DCE-A 检测到载波信号后，将引脚 8“数据载波检测”和引脚 6“DCE 就绪”设置为 ON，使 DTE-A 知道已经建立通信线路，DCE-A 通过引脚 3“接收数据”向 DTE-A 发送屏幕显示信息。

4）DCE-A 接着向 DCE-B 发送载波信号，DCE-B 将引脚 8“数据载波检测”设置为 ON。

5）当 DTE-A 发送数据时，将引脚 4“请求发送”设置为 ON，DCE-A 作为应答，将引线 5“清除待发送”设置为 ON，然后 DTE-A 通过引脚 2“发送数据”传输数据，DCE-A 将数字信号转换为可以在模拟电话线路上传输的模拟信号，向 DCE-B 传输。

6）DCE-B 将收到的模拟信号转换为数字信号，通过引脚 3“接收数据”向 DTE-B 传输。

其他一些引线比较少用，分别用于：测试调制解调器（Modem）；选择数据发送速率；传送数据的码元定时信号；从另一个信道反向发送数据。

8.2.3 两台计算机直接连接

两台计算机直接连接必须使用相同的物理端口，连接电缆应选用计算机专用电缆，长度不要超过 5 m。两台计算机直接连接的方法有许多，例如，通过 RS-232-C 串行接口，通过并行（打印）接口、通过网卡接口。两台计算机之间的距离不超过 20 m 时，可以考虑通过串、并口连接。距离相距几十米以内时可以通过网卡连接。此外，还可以通过 USB 接口连接，通过计算机红外线接口进行无线连接，相距距离更远的计算机之间可以通过 Modem 和电话网连接，或是通过计算机网络连接。

通过串行接口 RS-232 连接的方法是：串口连接器有 25 针和 9 针两种插头座，在连接时应注意采用交叉连接线缆，线缆一端的发送信号线与另一端的接收信号线连接，一端的接收与另一端的发送连接。两台计算机通过 RS-232 串口直接连接，如图 8-4 所示。

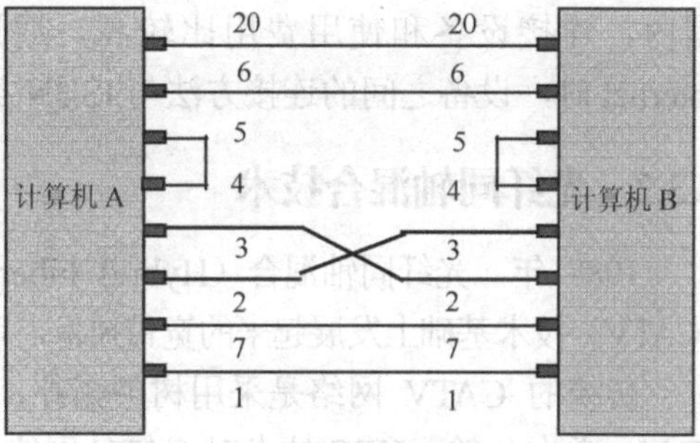

图 8-4　两台计算机通过 RS-232C 串口直接连接

使用 DB-9 连接器，按照 DTE-DCE 接口描述，此种交叉直接连接，DCE 在连接线缆上，不需要调制解调器设备，也称为“零”调制解调器连接方式。

8.3 宽带接入技术

8.3.1 xDSL 技术

宽带接入技术讲的是数据传输率可以达到 Mbit/s 数量级的接入因特网的技术。数字用户线

(Digital Subscriber Line，DSL）是常用的技术，是由电信部门提供的一种住宅宽带接入业务。xDSL 技术是用数字技术对现有的模拟电话用户线进行改造，利用用户线通过的频率可以达到数 MHz，使访问网络的传输速率为 Mbit/s 数量级。DSL 使用 FDM 技术将住宅与 ISP 之间的电话线划分为 3 个不重叠的频段。模拟话音的频带在 300～4000 Hz。xDSL 技术是把 0～4000 Hz 低端频谱用于传统电话，把没有利用的高端频谱用于用户上网。常用的 xDSL 技术类型，见表 8-2。下面以非对称式数字用户线路（Asymmetric Digital Subscriber Line，ADSL）为例说明。

表 8-2 常用的 xDSL 技术类型

xDSL	对称性	下行带宽	上行带宽	传输距离/km
ADSL	非对称	1.5 Mbit/s	64 kbit/s	4.6～5.5
ADSL	非对称	6～8 Mbit/s	640 kbit/s～1 Mbit/s	2.7～3.6
HDSL	对称（1 对线）	768 kbit/s	768 kbit/s	2.7～3.6
SDSL	对称	1.5 Mbit/s	1.5 Mbit/s	3
VDSL	非对称	12.96 Mbit/s	1.6～2.3 Mbit/s	1.4
DSL（ISDN）	对称	160 kbit/s	160 kbit/s	4.6～5.5

ADSL 采用先进的数字信号处理技术。非对称讲的是上行带宽与下行带宽数值不一致，考虑到用户上网时从网络中获取资源多于向网络中传输信息的实际情况，下行带宽大于上行带宽。

ADSL 将上传频道（Upstream）、下载频道（Downstream）和语音传输的传统电话（Plain Old Telephone System，POTS）的频段分开，在一条电话线上同时传输 3 种不同频道的数据。

根据用户访问 Internet 的特点，一般总是从网上下载的内容多，下载传输带宽最高可以达到 8 Mbit/s，上传传输带宽为 64 kbit/s～1 Mbit/s。上传与下载的带宽不对称，这也是 ADSL 名字的由来。ADSL 能够实现数字信号与模拟信号同时在电话线上传输，可以与现有的电话网络频段兼容，使用现有的电话线作为传输介质。ADSL 的连接，如图 8-5 所示。

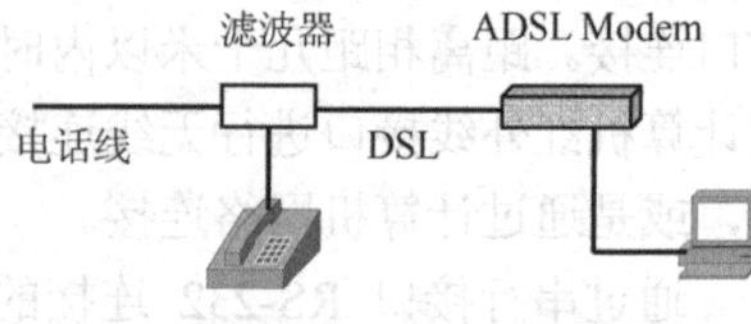

图 8-5 ADSL 的连接

ADSL 的不足之处在于其有效传输距离在 3～5 km 范围内，连接设备和使用费用比较高。通过 ADSL 接入 Internet 时，设备之间的连接方法与 ISDN 类似。

8.3.2 光纤同轴混合技术

1988 年，光纤同轴混合（Hybrid Fiber Coax，HFC）技术提出。HFC 技术是在有线电视网（CATV）技术基础上发展起来的宽带技术，可以传输有线电视、电话、计算机数据和交互型业务。

传统的 CATV 网络是采用树型拓扑，传输介质为外皮白色的同轴电缆，采用模拟信道和 FDM，单向传输。HFC 技术对 CATV 网络进行了改造。HFC 的主要特点如下：

1）主干线路采用光纤，使用模拟光纤技术，采用光的振幅调制（AM），光信号通过模拟光纤从头端连接到光分配结点（ODN），也称为光纤结点，然后转换为电信号，光纤结点的另一端为同轴电缆，电信号在同轴电缆中传输。一个光纤结点可以连接 1～6 路同轴电缆。从头端到光纤结点的距离可达到 25 km，从光纤结点到用户的距离一般可达到 2～3 km。

2）采用结点体系结构（Node Architecture），HFC 采用结点体系结构，特点是从头端到各个光纤结点用模拟光纤连接，构成星形拓扑。光纤结点以下是用同轴电缆组成的树型拓扑。

一个光纤结点下的用户构成一个用户群（Cluster），也称为邻区（Neighborhood Area），一个用户群的用户数不超过 2000。

光纤节点体系结构的特点如下：

1）能够提高网络的可靠性，每一个用户都独立于其他的用户群，用户群之间也是互相独立的。

2）简化了上行信道的设计，HFC 技术的上行信道是用户共享的。

3）具有比 CATV 网络更宽的频谱，支持双向传输。

4）用户家庭需要安装用户接口盒。

8.3.3 光纤接入技术

光纤接入是指网络用户与计算机网络之间采用光纤作为传输介质，可以实现高速双向宽带传输。光纤接入网可以分为无源光网络（Passive Optical Network，PON）和有源光网络（Active Optical Network，AON）。AON 主要是指交换以太网。PON 由光配线网（ODN）、光网络单元（ONU）和光线路终端（OLT）构成，ODN 是由无源光器件（例如光缆、光连接器、光分路器等）组成的纯无源光配线网。ONU 提供用户接口，具有光/电转换功能，承担光信号、电信号的处理，依据 ONU 在光纤接入网中的不同位置，可以把光纤接入网分为不同的类型。OLT 为光纤接入网提供网络与本地用户交换机之间的接口，并经过一个或多个 ODN 与用户侧的 ONU 进行通信。

光纤到用户（FTTH）技术属于光纤接入网（FTTx）技术，字符 x 可以代表不同的含义。光纤接入网的分类，见表 8-3。

表 8-3　光纤接入网技术的分类

类 型 名 称	用途和功能
FTTH 光纤到用户	ONU 设置在用户家中，为家庭用户服务
FTTC 光纤到路边	ONU 设置在路边，为住宅用户服务，可以为几十栋楼的用户提供接入服务
FTTB 光纤到大楼	ONU 设置在大楼内，为大中企业、商业用户、公寓用户服务
FTTO 光纤到办公室	ONU 设置在办公室，为企事业单位用户服务
FTTF 光纤到楼层	ONU 设置在楼层，为企事业单位用户服务
FTTZ 光纤到小区	ONU 设置在居民小区，主要用于 HFC

8.3.4 以太网接入技术

目前的 Intranet 多采用以太网技术，采用核心层、汇聚层和接入层组织结构，实现千兆级、万兆级和 10 万兆级的数据传输速率。Intranet 多提供与 Internet 的连接，可以提供数兆带宽的接入流量。

以太网技术成熟、成本低、结构简单、稳定性好、可扩充性好；便于网络升级，同时可实现实时监控、智能化物业管理、小区/大楼/家庭保安、家庭自动化（如远程遥控家电、可视门铃等）、远程抄表等，可提供智能化、信息化的办公与家居环境，满足不同层次的人们对信息化的需求。

以太网接入是指网络用户可以利用已经建立好的校园或企业网络，通过 Intranet 接入 Internet。

8.3.5 无线接入技术

无线接入是指网络用户与无线网络接入 Internet，接入过程中使用无线传输介质，在较大范围内（几十千米）向用户提供固定或者非固定的网络接入服务。无线接入技术按接入对象可分为移动无线接入和固定无线接入两类。移动无线接入的代表是蜂窝移动通信系统和卫星移动通信系统；固定无线接入指从网络交换节点到固定用户终端采用无线接入方式，目前主要有固定宽带无线保真（Wi-Fi）无线接入和全球微波接入互操作性（WiMAX）等几种技术。

通常在实验室网络环境，计算机可以通过 AP 接入无线局域网（WLAN），再通过无线局域网与内部有线网络连接，例如，校园无线计算机网络，经过内联网提供的服务接入因特网。

移动无线接入网包括蜂窝移动电话网、无线寻呼网、无绳电话网、集群电话网、卫星全球移动通信网，以及个人通信网等，是当今通信行业中最活跃的领域之一。3G 蜂窝网可以为网络用户提供开车和外出时查询行车路线、阅读、收发微博和微信、收发电子邮件等服务。

8.4 同步数字体系（SDH）

8.4.1 同步数字体系的基本概念

1．数字传输系统存在的问题

数字传输系统采用脉冲编码调制（PCM）和多路复用技术，例如，TDM。由于技术发展的不同，存在两个不同的多路复用速率的技术标准，即美国和日本的 T1 标准和欧洲的 E1 标准。中国是采用 E1 标准。可以把若干个 T1 或 E1 汇聚为高次群的速率，在高次群的速率定义中，日本又采用了第三种不兼容的标准。随着光纤传输技术的应用，迫切需要实现高次群的数据传输速率标准化，以适应国际范围互连网络的开放。另外，还存在光设备接口标准不规范问题。目前通信网络的主干网均采用光纤作为传输介质，而光设备接口没有国际标准，厂商生产的光设备接口互不兼容，给互连网络带来许多困难。

2．同步、准同步与异步

同步指的是接收端的接收时钟与发送端的发送时钟严格保持一致，这样接收方才能正确地区分出所接收的二进制位流的每一位。同步涉及进行通信的收、发双方，是保持接收时钟与发送时钟一致性的过程。

同步信号的信号之间是在规定的偏差内以绝对相同的速率和相位传输的。在同步网络中时钟的时间同步通过基本参考时钟（PRC）获得，基本参考时钟的精度为$\pm1\times10^{-11}$，铯原子钟提供这样的时间精度。

准同步信号之间的速率和相位必须基本相同，例如，在两个互连的网络中，每个网络中的时钟通过 PRC 获得，但两个网络的 PRC 之间的精度可能存在偏差。

异步信号是指信号之间的速率和相位偏差大于准同步信号，例如，两个网络的时钟分别从各自的石英振荡器获得，构成两组异步信号。时钟是独立和非同步的。发送时钟和接收时钟的差异会造成发送速率和接收速率的差异。在数据传输速率不断提高时，对收发双方时钟频率同步的要求越来越高。

需要说明的是，在计算机网络中，若信号之间的时间间隔是可以预知的，例如，令牌传递协议中，令牌到达网络中某一个节点的时间是可以计算出来的，也称为同步，即可以实现实时传输，与这里讨论的时钟同步是不同的概念。

3．同步光纤网

同步光纤网（Synchronous Optical Network，SONET）是由美国贝尔通信研究所提出的，目的是建立在光纤传输基础上的同步光纤网，制定光接口的标准和规范，定义同步传输的线路速率的等级体系，实现不同厂商产品的开放和互连，建立大型的光纤数据传输网络系统，使得电信网络能够为用户提供更多、更新的服务。SONET 为光纤传输系统定义了同步传输的线路等级结构，其数据传输速率以 51.84 Mbit/s 为基础。

1988 年，ITU-T 采纳 SONET 的设计理念，进行修订，使之也能够适用于微波和卫星传输，并给出新的名称——同步数字体系（Synchronous Digital Hierarchy，SDH）。ITU-T 给出了一系列 SDH 标准，即 G.707～G.709 三个建议书，对 SDH 的速率、光接口、信息模型、复用帧结构、复用设备、线路系统、网络管理等进行规范描述，到 1992 年又增加了十几个建议书，作为国际标准颁布。

4．同步数字体系的技术特点

1）SDH 对两大数据速率体系 T1 标准和 E1 标准进行统一，数字信号在传输过程中不再需要转换标准。

2）SDH 网络与光纤分布式数据接口（FDDI）、分布式队列双总线（DQDB）、ATM 信元交换网络兼容。

3）SDH 采用同步复用方式，各种级别的码元流有规律地排列在帧结构的负荷内，净荷与网络是同步的，可以利用软件把高次信号一次直接分离出低速复用的支路信号，降低了复用设备的复杂性。

4）SDH 帧结构中的管理字节增强了网络管理功能，通过将网络管理功能分配到网络组成单元，实现了分布式网络管理。

5）实现了光接口的开放性，实现了光接口设备的互连。

8.4.2　同步数字体系的速率体系

1．STS-1 速率

美国国家标准协会（ANSI）在 1988 年给出两个 SONET 标准，ANSI T1.105 和 ANSI T1.106，ANSI T1.105 是线路速率标准的等级结构。标准规定每秒传输 8000 帧，这是为了与脉冲编码调制采用的速率保持一致，每个帧长度为 810 B（字节），可以计算出的数据传输速率为 51.840 Mbit/s（8×8000×810），作为 SONET 速率标准的基础，对于电信号称为第 1 级同步传输信号（Synchronous Transport Signal-1，STS-1），对于光信号称为第 1 级光载波（Optical Carrier-1，OC-1）。

STS-1 的帧结构是块状的。STS-1 块状帧结构，如图 8-6 所示。

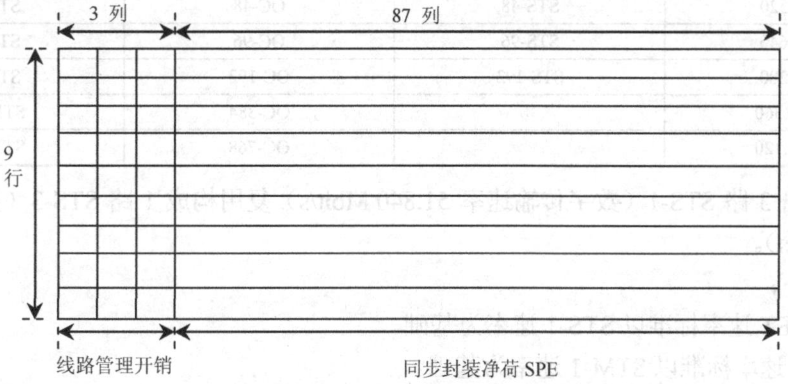

图 8-6　STS-1 块状帧结构

通常画成 9 行 90 列，帧的总长度为 810 B，其中 27 B 用于线路管理，783 B 为用户数据部分，称为同步封装载荷（Synchronous Payload Envelope，SPE）。可以计算出：

1）总的数据传输速率为：8×9×90×8000=51.840 Mbit/s。

2）线路管理开销带宽为：8×3×90×8000=1.728 Mbit/s。

3）SPE 速率为：8×9×87×8000=50.112 Mbit/s。

2．网络常用的物理层数据传输速率标准

1988 年，ITU-T（原 CCITT）给出同步数字体系（SDH）的国际标准系列 G.707、G.708、G.709 建议书，1992 年又增加了十几个建议书，构成统一的通信传输体制、速率、接口标准。

SDH 的速率涉及 3 种速率标准：STS、OC 和 STM。其中，STS、OC 属于 SONET，STS 对应数字电路接口的电信号传输速率，OC 对应光纤上传输光信号的速率；STM 属于 SDH，STM 对应电信主干线路上数字信号的速率标准。

SONET 的 STS 级、OC 级与 SDH 的 STM 级的数字传输速率对应关系，在 STM-0 级之后实现了统一，基准数据传输速率是 51.840 Mbit/s。网络常用的物理层数据传输速率标准，见表 8-4。

表 8-4 网络常用的物理层数据传输速率标准

线路速率/(Mbit/s)	STS 级(电接口 SONET 标识)	OC 级(光接口 SONET 标识)	STM 级（SDH ITU-T 标识）
0.064	DS0		
2.048			E1
8.448			E2
34.368			E3
1.544	DS1	T1	
6.312	DS2	T2	
44.736	DS3	T3	
51.840	STS-1	OC-1	STM-0
155.520	STS-3	OC-3	STM-1
466.560	STS-9	OC-9	STM-3
622.080	STS-12	OC-12	STM-4
933.120	STS-18	OC-18	STM-6
1 243.160	STS-24	OC-24	STM-8
1 866.240	STS-36	OC-36	STM-12
2 488.320	STS-48	OC-48	STM-16
4 796.640	STS-96	OC-96	STM-32
9 952.280	STS-192	OC-192	STM-64
19 906.560		OC-384	STM-128
39 813.120		OC-768	STM-256

可以看出 3 路 STS-1（数字传输速率 51.840 Mbit/s）复用构成 1 路 STS-3（数字传输速率 155.520 Mbit/s）。

说明如下：

1）SONET 速率标准以 STS-1 速率为基础。

2）SDH 速率标准以 STM-1 速率为基础。

3）更高级别的 STM-N 速率是将 STM-1 同步复用构成，N 大于 1，例如，STM-4 是由 4

个 STM-1 构成，速率为 622.080 Mbit/s，其他以此类推。

8.4.3 SONET 的体系结构

SONET 的体系结构定义了 4 个光接口层，SONET 的体系结构，如图 8-7 所示。

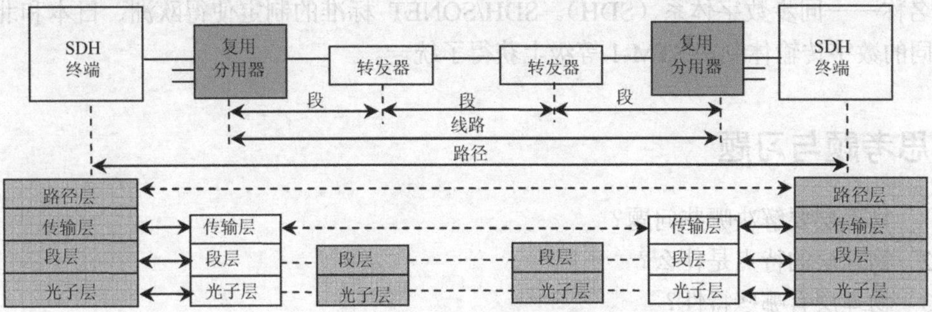

图 8-7 SONET 的体系结构

从下向上的层次依次为：

1）光子层，处理跨越光纤的位（二进制位）传送，负责同步传送信号 STS 的电信号和光载波 OC 的光信号之间的转换，这些转换在此层由光电转换器进行通信。

2）段层，具有成帧和差错检测功能，在光纤上传输 STS-N 帧。

3）线路层，提供路径层的同步和复用。

4）路径层，提供路径端接设备（PTE）之间的业务传输处理，PTE 是具有 SONET 能力的交换机，该层还具有与非 SONET 网络的接口。

需要说明的是，SONET 自身只对应于 5 层网络体系结构的物理层，是属于物理层的协议。SDH/SONET 规定了波长为 1310 nm 和 1550 nm 的激光源和标准光信号，为数字信号的复用和操作过程定义了帧结构，在物理层为宽带接口使用了帧技术。SDH 的帧结构是块结构，基本信号是 STM-1，较高的等级的 STM-N 是用 N 个 STM-1 复用组成，SDH 简化了复用技术。SDH/SONET 标准的制定使得欧洲、日本和北美三个地区不同的数字传输体制在 STM-1 等级上获得了统一。

8.5 小结

物理层是计算机网络体系结构中的最低层，网络中的每个节点都要实现物理层协议。处在 DTE 与 DCE 之间的物理层协议，目的是把计算机设备接入通信子网。物理层涉及的问题是，怎样在网络中的信道上传输二进制数据位流。物理层的作用是屏蔽网络中各种网络设备和传输介质的差异，给上层数据链路层提供二进制数据位流服务。

物理层协议的内容可以用 4 个特性描述。这 4 个特性是，机械特性、电气特性、功能特性和规程特性。物理层协议还需要完成串行传输方式与并行传输方式之间的转换。

EIA- RS-232 是美国电子工业协会（EIA）制订的物理层异步通信接口标准，EIA- RS-232 提供 DTE 和 DCE 之间的接口标准，是物理层标准（协议）的一个例子。

宽带接入技术讲的是数据传输率可以达到 Mbit/s 数量级的接入因特网的技术。DSL 是数字用户线的英文缩写，xDSL 技术是用数字技术对现有的模拟电话用户线进行改造，利用用户线通过的频率可以达到数 MHz 的特性，使之访问网络的传输速率为 Mbit/s 数量级。

同步光纤网络（SONET）是由美国贝尔通信研究所提出的，目的是建立在光纤传输基础上的同步光网络，制订光接口的标准和规范，定义同步传输的线路速率的等级体系。1988 年，ITU-T 采纳了 SONET 的设计理念，进行修订，使之也能够适用于微波和卫星传输，并给出新的名称——同步数字体系（SDH）。SDH/SONET 标准的制定使得欧洲、日本和北美三个地区不同的数字传输体制在 STM-1 等级上获得了统一。

8.6 思考题与习题

8-1 物理层要解决哪些问题？

8-2 物理层的特点是什么？

8-3 物理层有哪些特性？

8-4 物理层实现与传输介质物理连接的功能属于什么特性？

8-5 画出物理层标准 RS 232 的接口图示。

8-6 什么是 DTE？有什么用途？

8-7 什么是 DCE？有什么用途？

8-8 如果一个计算机采用调制解调器上网，它如何与调制解调器连接，如果两个计算机通过 RS-232C 直接连接，它们如何进行连接，画出它们的连线图。

8-9 宽带接入主要采用哪些技术？比较这些技术的特点。

8-10 HFC 中光纤结点体系结构有哪些特点？

8-11 说明传输系统中同步、准同步与异步的特点。

8-12 以前的数字传输系统存在哪些主要问题？

8-13 同步光纤网络 SONET 的特点是什么。

8-14 说明 SDH 的特点。

8-15 给出 SONET 的体系结构层次，有什么特点？

8-16 传输介质是物理层吗？传输介质和物理层的主要区别是什么？

8-17 给出 SONET 的 STS 级、OC 级与 STM 级的对应关系

8-18 说明 STM-8 是如何构成的，速率为多少？

8-19 写出物理层机械特性规定的内容。

8-20 写出物理层电气特性规定的内容。

8-21 写出物理层功能特性规定的内容。

8-22 写出物理层规程特性规定的内容。

8-23 以两台计算机通过电话线路网传输数据为例，写出涉及的规程。

第 9 章　网络管理与网络安全

网络管理涉及 3 个方面的内容：网络管理服务、网络维护和网络故障处理。网络管理的目的是提高计算机网络的性能，检测网络的运行状态，寻找网络中出现的故障原因。网络管理协议属于应用层，因特网中采用简单网络管理协议（SNMP）。

网络安全需要采用加密技术和认证技术，加密体制分为对称密钥和非对称密钥。密钥的分发也是很重要的内容。随着因特网应用范围的扩大和应用内容的增多，计算机网络在金融、商业等方面的应用对身份认证、数字签名的需求越来越多。近年来，网络安全技术有了长足的发展，防火墙技术、入侵检测技术的研究和产品为网络安全提供了很好的保障。

学习本章，要求了解计算机网络管理的基本概念和方法，熟悉网络管理的功能，掌握网络管理模型的建立和描述方法。要求了解网络所面临的威胁类型，熟悉认证和数字签名的实现方法。掌握对称密钥机制和非对称密钥机制的基本概念和应用方法，掌握报文摘要（MD）的实现原理，掌握防火墙的基本概念和构成方法，掌握入侵检测技术的基本概念。

9.1　网络管理

9.1.1　网络管理概述

计算机网络已经广泛应用在金融、商业、交通、政府机关的信息处理，以及工业生产过程中的控制。随着网络规模的扩大、应用内容的增多，网络结构越来越复杂，对网络性能管理的要求越来越高。研究网络管理的理论，研制和开发有效的网络管理技术，采用动态的网络管理软件和工具已经成为迫切的任务。

检测网络运行状况，监控网络设备，对网络性能分析，以及对网络故障的诊断和修复等，逐渐成为日常网络管理最重要的工作。目前，网络系统的设计都需要考虑到网络管理，网络管理在计算机网络应用中的作用越来越重要。

网络管理功能主要包括：

1）差错管理，涉及差错检测、差错定位、差错改正。管理系统定时查询网络设备的状态，以文本和图形方式把发现的问题显示出来或打印出来。

2）配置管理，是网络管理的重要功能，对网络环境的参数进行设置，也只有在有权配置整个网络时，才可能正确地管理该网络。

3）计费管理，对网络中用户使用网络的资源进行收费管理，可以根据通信量、通信时间规定收费标准，并定期公布计费单。计费管理软件可以放在一个特定的服务器主机上。

4）性能管理，包括网络性能和系统性能，网络管理实用系统应都能管理网络性能，例如，某条网络线路的利用率，某个网络节点的分组排队情况等。

5）安全管理，对网络系统进行权限设置和管理，管理用户登录到特定的路由器或其他互连设备时进行的各种操作，可以给出警报检测和提示功能，对重要信息数据的访问采用防火墙技术。

6）网络资源管理，对域名注册、网络 IP 地址分配、代理服务器登录的管理。

计算机网络是一个开放的系统，遵循同一个网络体系结构的硬件和软件都可以互连，要求网络管理系统要遵循和适应被管理网络的体系结构。

网络管理系统要能管理不同厂商的计算机软、硬件产品，涉及 3 个重要因素：一是要有网络管理协议，网管协议用于在网管系统和被管对象之间实现通信；二是要记录被管理对象和状态的数据信息；三是运行一个大的网络还应有相应的网络管理机构和组织，例如，校园网络管理中心，Internet 的管理机构。

9.1.2 网络管理协议

1. ISO 的网络管理体系

1989 年，ISO 颁布了定义网络管理基本概念和总体框架的 ISO DIS7498-4 文档。1991 年，又发布 ISO 9595 公共管理服务定义（Common Management Information Service，CMIS）和 ISO 9596 公共管理信息协议规范（Common Management Information Protocol，CMIP）。1992 年，公布 ISO 10164 系统管理功能（System Management Functions，SMFs）、ISO 10165 管理信息结构（Structure of Management Information，SMI）。这些文件组成 ISO 网络管理标准。

ISO 网络管理由两部分组成：公共管理信息服务（CMIS）和公共管理信息协议（CMIP）。CIMP 是 ISO 网络管理模式的主要组成部分，管理信息采用面向对象模型，管理功能包罗万象，还有一些附加的功能和一致性测试方面的说明，构成了一个复杂的网络管理体系，由于太复杂了，使得 ISO 的网络管理的实现和应用进展缓慢。

2. TCP/IP 网络管理协议

TCP/IP 网络最初使用的网络管理协议是 1987 年 11 月给出的简单网关监控协议（Simple Gateway Management Protocol，SGMP），在此基础上经过改进，在 1988 年给出简单网络管理协议（Simple Network Management Protocol，SNMP），称为 SNMPv1。1990 年和 1991 年陆续给出 RFC 1155 管理信息结构（Structure of Management Information，SMI）、RFC 1157（SNMP）、RFC 1212 管理信息库（Management Information Base，MIB）、RFC 1213（MIB-2）。1996 年，给出 RFC 1902～1908（SNMPv2）。1999 年 4 月，给出 RFC 2570～2575（SNMPv3）。

与此同时，在 1991 年给出用于监控局域网的远程网络监控（Remote Monitoring，RMON），称为 REMON-1。1995 年，又给出 REMON-2。RMON 标准定义了监视网络通信的管理信息库，是对 SNMP 管理信息库的扩充，得到了广泛应用。

IEEE 也定义了 IEEE 802.1b 局域网的管理标准，用于管理物理层和数据链路层的网络设备，也称为用在 LLC 上的公共管理信息协议规范（CMIP over LLC，CMOL）。ITU-T 在 1989 年定义了电信网络管理标准（Telecommunication Management Network，TMN），也称为 M.30 建议书。在网络管理中网络数据采用抽象语法标记（Abstract Syntax Notation 1，ASN.1）描述和表示。

TCP/IP 网络管理系统包括 3 个主要部分：SNMP、SMI、MIB。

9.1.3 网络管理的三种方式

对网络及设备的管理有三种方式：本地终端方式；远程 telnet 命令方式；基于 SNMP 的代理服务器方式。

1）本地终端方式，管理计算机作为被管理设备的终端，管理计算机的 RS-232 接口与被管理设备的控制端口连接，进行相应的监控、配置、计费以及性能和安全等管理。一般适用于管理和配置单台的重要网络设备，例如，路由器、交换机等。

2）远程 telnet 命令方式，通过计算机网络对已经连接到网络环境，并配置 IP 地址和管理口令的网络设备进行远程登录，并进行各种命令操作和管理。与本地终端方式的区别是，telnet 命令可以远程、异地通过网络环境操作，管理人员不必到现场。本地终端方式和远程 telnet 命令方式都只能针对某台具体计算机设备，无法提供网络运行情况的自动检测与跟踪功能，不利于根据需要开发用于管理的图形界面。

3）基于 SNMP 的代理服务器网管方式也称为 SNMP 网络管理模型，属于客户机/服务器计算模式，需要在被管理网络设备上安装网络管理代理软件，网络管理站是一个安装有网络管理软件的网络节点，网络管理站通过 SNMP 协议与网络管理代理通信，检测和监控被管网络设备。

9.1.4 SNMP 网络管理模型

SNMP 管理采用客户机/服务器计算模式，SNMP 管理环境的组成包括：网络管理站、被管网络设备、网络管理代理（Agent）、网络管理信息库（Management Information Base，MIB）、SNMP 协议。SNMP 管理模型，如图 9-1 所示。

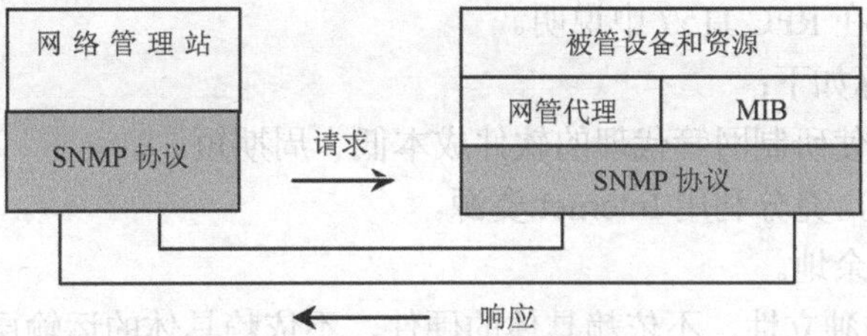

图 9-1 SNMP 管理模型

被管设备可以有多个，每个被管设备通过代理服务器向网络管理站汇报被管设备的运行状态，和接收来自网络管理站的操作命令，并完成相应的操作。

网络管理站安装在一台计算机上，通过运行专用的网络管理软件实现网络管理。例如，美国惠普的网络管理软件 Open View，可以定时、动态地向网络设备发送管理信息，收集网络设备的运行状态，给出非常友好的图形用户界面，方便操作使用。

MIB 中存放被管网络设备中由网管代理所维持的设备状态信息，例如，数据分组计数、出错计数、用户访问计数、路由器中的 IP 路由表等。

SNMP 协议用于网络管理站与被管设备的网管代理之间交互管理信息，网络管理站通过 SNMP 协议向被管设备的网管代理发出各种请求报文，例如，读取被管设备内部对象的状态，必要时修改一些对象的状态，网管代理接收这些请求并完成相应的操作，通过响应返回操作结果。网络管理操作基本上都是以请求/响应模式进行的。这里的对象是指 SNMP 管理模型中按照抽象语法标记（ASN.1）定义的有关被管设备和网络运行状态的变量与数据结构。SNMP 是 TCP/IP 协议中的一个应用层协议，SNMP 在 TCP/IP 之上运行，如图 9-2 所示。

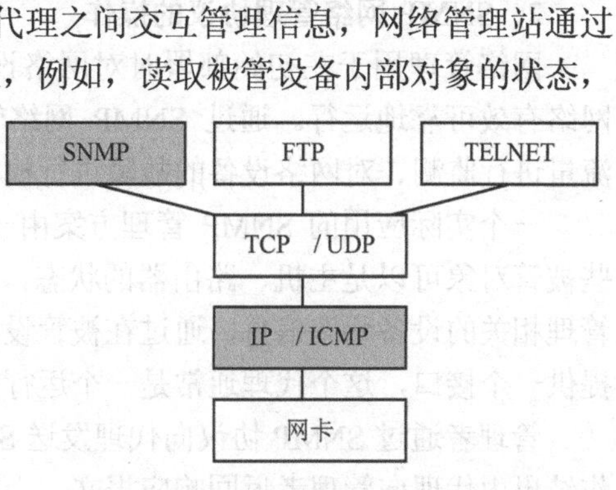

图 9-2 SNMP 协议在 TCP/IP 上运行

网管代理可以设置在主机、路由器、交换机等计算机设备中。当被管设备上的网管代理检测到紧急事件发生时，立刻向网络管理站报告，这种报告称为 SNMP 异常（Trap）。管理站要继续发出查询命令，理解异常事件发生的细节，为什么发生，造成了什么后果。

需要注意的是，有些网络设备可能不支持网络管理标准，也有一些小的网络设备，例如，调制解调器等不能运行网络管理协议，这些设备对于网络管理来讲称为非标准设备，对非标准设备实施网络管理的方法是，用一个称为委托代理的设备，来管理一个或多个非标准设备，委托代理与管理站之间运行标准的网络管理协议，委托代理与非标准设备之间运行制造商专用的协议，使得网络管理站可以得到非标准网络设备的信息。

9.1.5 简单网络管理协议（SNMP）

1. SNMP 网络管理协议

SNMP 是一个应用层协议，负责在管理设备与被管设备之间交换网络管理信息。SNMP 是事实上的计算机网络管理标准。与 SNMP 联系的运输层协议是 UDP，用到的端口号是 161、162。SNMP 的应用由一系列协议组成，包括 3 个部分：

1）管理信息库（MIB），在 RFC 1212 中说明。

2）管理信息结构（SMI），在 RFC 1155 中说明。

3）SNMP 协议，在 RFC 1157 中说明。

SNMP 的设计目标如下：

1）尽可能简单，使研制网管代理的软件成本低、周期短。

2）支持远程管理，充分利用 Internet 资源。

3）协议有扩充的余地。

4）保持 SNMP 的独立性，不依赖具体的硬件，不依赖具体的运输层协议。

SNMP 主要用于监视网络性能、检测和分析网络出现的差错、配置网络设备。SNMP 协议比较简单，使用比较方便，但功能有限。SNMP 存在的主要问题如下：

1）不能有效地传送大块数据。

2）不能将网络的管理功能分散化。

3）安全性不够好。

1996 年给出的 SNMPv2 解决了前两个问题。IETF 成立了制定 SNMPv3 的工作组 W-SNMPv3，W-SNMPv3 的目标是解决安全问题，使网络管理增加 3 种功能：鉴别、加密和存取控制。

2. SNMP 网络管理协议的操作

网络管理用于在初始部署时对网络设备进行配置，网络管理还需要执行许多任务以保证网络有效可靠地运行。通过 SNMP 网络管理员可以从被管设备收集统计信息、对网络设备的流量进行监测、对网络设备的故障进行检测、确定故障的位置、判断故障的原因。

一个实际应用的 SNMP 管理方案由一个 SNMP 管理者和多个被管对象（设备）组成。这些被管对象可以是主机、路由器的状态，被管对象维护管理信息库（MIB），MIB 中记录本地管理相关的设备状态信息，通过在被管设备运行的 SNMP 代理，在 SNMP 管理者与 MIB 之间提供一个接口，这个代理通常是一个运行在 UDP 的 161 端口上的守护进程。

管理者通过 SNMP 协议向代理发送 SNMP 报文，通过代理对 MIB 中的对象进行操作，操作结果由代理向管理者返回响应报文。当被管设备发生了重要事件时，代理会通过 UDP 端口

162 向管理者发送一条 Trap 报文。SNMP 网络管理协议的操作，如图 9-3 所示。

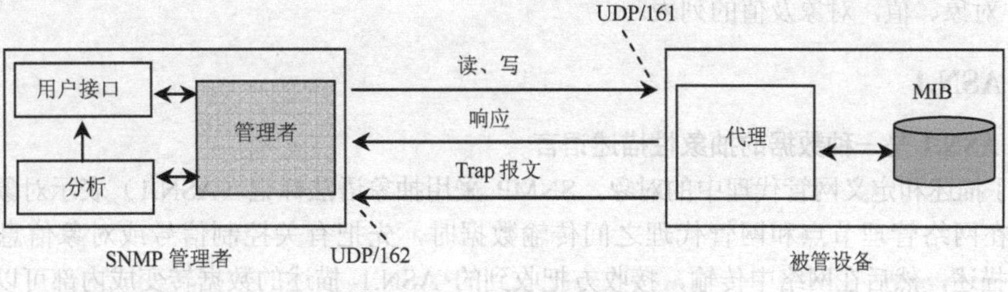

图 9-3 SNMP 网络管理协议的操作

3．SNMP 网络管理协议报文

SNMP 规定的操作有 7 种：请求搜索和获取指定的对象；请求获取指定对象的下一个对象；修改和设置指定的对象；发出异常指令；返回一个或多个对象值；报告被管设备中发生的某些重要事件；允许传送尽可能大的响应报文。

针对规定的操作，SNMP 定义了 7 种报文类型。

1）Get，获得一个或多个对象的值。

2）GetNext，获得指定对象之后下一个对象的值。

3）Set，设置一个或多个对象的值。

4）Response，返回一个或多个对象的值。

5）Trap，报告被管设备所发生的重要事件，不要求管理者对 Trap 报文进行确认。

6）Inform，报告被管设备所发生的重要事件，要求管理者对 Inform 报文进行确认。

7）GetBulk，仅 SNMPv2、SNMPv3 提供该报文，允许传送尽可能大的响应报文，在检索大量管理信息时尽量减少所交换的报文数。

SNMPv2 的前 6 种报文的格式以及第 7 种报文 GetBulk 的格式，如图 9-4 所示。

版本号	团体名	PDU 类型	请求 ID	错误状态	错误索引	对象 1	值 1	…

a)

版本号	团体名	PDU 类型	请求 ID	非重复对象数	最大重复次数	对象 1	值 1	…

b)

图 9-4 SNMPv2 报文格式

a) SNMPv2 的 Get、GetNext、Inform、Response、Set Trap 报文格式 b) SNMPv2 的 GetBulk 报文格式

SNMPv2 报文中字段的功用描述如下：

1）版本号，SNMP 的版本，当前版本是 SNMPv3，允许 3 个版本共存。

2）团体名，定义 SNMP 管理者和代理的访问范围，与团体名不同的 SNMP 报文将被丢弃，提供了一种简单的认证机制。

3）协议数据单元类型，指定 SNMP 报文的类型。

4）请求 ID，用来把 SNMP 请求报文和响应报文匹配。

5）错误状态，由 SNMP 响应报文设置，用一个整数值说明错误的内容。

6）错误索引，由 SNMP 响应报文设置，若出现错误，该字段用来指定哪个对象处于错误

状态的整数偏移值。

7）对象、值，对象及值的列表。

9.1.6 ASN.1

1．ASN.1 是一种数据的抽象性描述语言

为了描述和定义网管代理中的对象，SNMP 采用抽象语法标记（ASN.1）表示对象的语法结构，在网络管理节点和网管代理之间传输数据时，先把有关控制信号或对象信息变换成 ASN.1 描述，然后在网络中传输，接收方把收到的 ASN.1 描述的数据转变成内部可以识别的数据结构后才能去执行其他操作。这样做的原因是被管网络设备和系统具有多样性，需要采用抽象统一的被管对象描述方法。

反映网络设备状态的变量称为对象，这些被管对象保存在 MIB 中。网络管理节点通过 SNMP 协议对这些对象进行读写和操作，依据计算的结果监控被管网络设备。

ASN.1 是一种不依赖任何硬件系统的抽象性描述语言，只要在网络管理节点能够对 ASN.1 描述进行解释和执行，就可以实现不同系统中的无缝连接与通信。SNMP 使用 ASN.1 作为管理对象的定义语言和编码规则，MIB 中的每个对象都由一个形式化的方法定义，说明对象的数据类型、取值范围，以及与 MIB 中的其他对象的关系。

ASN.1 描述了一种对数据进行表示、编码、传输和解码的数据格式，提供了一整套格式用于描述对象的结构，不涉及对这些数据的具体指代，也不涉及对数据运算采用的算法语言、采用的计算机系统。ASN.1 功能强大，为保持简单性，在具体应用时，仅使用了 ASN.1 的元素和特征的一个有限的子集。

管理信息结构（SMI）规定被管对象必须使用 ASN.1 描述。网络体系结构中的应用层协议使用 ASN.1 描述 PDU，涉及的应用层协议有 SNMP、用于 VoIP 的 H.323 等。

需要指出的是，ASN.1 是独立于任何编码技术的，抽象语法只与网络应用数据表示有关。应用协议按照预先定义的抽象语法构造协议数据单元（PDU），用于和对等系统的应用实体交换信息。通过基本编码规则（BER）对应用层数据进行编码，构成二进制位串，由下层的运输实体在网络中传输，把抽象数据变换成位串的编码规则称为传送语法。在网络端节点（端系统）内部，应用数据采用或转换为本地语法描述，在端节点存储或显示。

2．SMI 对象语法

对管理对象定义用到的 ASN.1 的数据类型有通用类型（UNIVERSAL）和应用类型（APPLICATION-WIDE）。类型包含有子类型，每个子类型与父类相联系，用子类型标识，例如，通用类型的子类型名为 UNIVERSAL 1、UNIVERSAL 2、…、UNIVERSAL 28 等。标识抽象类型的子类型的格式为：子类型名、类型、值。

UNIVERSAL 中用于描述 MIB 对象的子类型有：

1）integer（UNIVERSAL 2），32 位（bit）整数，整型变量有多种形式，一些变量没有范围限制，一些变量定义为特定的数值，例如，IP 的转发标志仅有允许转发或不允许转发两种，UDP 和 TCP 的端口号的值为 0～65 535。

2）octet string（UNIVERSAL 4），可变长度字符串，字节（8 位二进制位）的十进制值在 0～255 之间。

3）null（UNIVERSAL 5），占位符，变量值为空，例如，在 Get 或 GetNext 操作中，变量的值为 NULL，因为对应的值有待到代理进程中读取。

4）object indentifier（UNIVERSAL 6），唯一标识对象的标识符，由 integer 序列组成，定义了对象在 MIB 树型结构中的位置，此处的 integer 也称为子标识符。

5）sequence（UNIVERSAL 16），sequence 是简单数据类型的组合，类似 C 语言中 struct、record。一个 sequence 中包含 0 个或多个元素，每一个元素又是另一个 ASN.1 数据类型。

6）sequence of（UNIVERSAL 16），sequence of 是一个矢量定义，其所有元素具有相同的数据类型，类似 C 语言中 array。例如，SNMP 使用该子类型的变量，构建 MIB 中的 UDP 监听表 udpTable，是一个二元的 sequence of 变量，每个二元组就是一个 UdpEntry，udpTable 的描述如图 9-5 所示。

图 9-5　udpTable 的描述

上述子类型是最常用的，前 3 个子类型是构成其他对象类型的基本类型。

ASN.1 的 APPLICATION 类由特定应用相关的数据类型组成，每个网络应用可以定义自己的 APPLICATION 数据类型。

SNMP 中用于描述 MIB 对象的子类型有：

1）networkaddress，用 CHOICE 结构定义，允许选择多个协议簇的地址格式，目前，仅定义了 IpAddress 一种地址格式。

2）ipaddress，32 位二进制位的 IP 地址格式，为 4B 的 octetstring，每个字节代表 IP 地址的一个字段。

3）counter，只能在增值运算的非负整数，32 位二进制位，值的范围为 $0\sim2^{32}-1$，可以循环使用计数值。

4）gauge，可以进行增值或减值运算的非负整数，32 位二进制位，值的范围为 $0\sim2^{32}-1$，到达最大值时被锁定，需要进行复位（reset）。例如，MIB 中的 tcpCurrEstab，标识目前在连接建立（ESTABLISHEI）或连接关闭等待（CLOSE-WAIT）中的 TCP 连接数。

5）timeticks，时间计数器，单位为 0.01s。不同的变量可以有不同的递增幅度。例如，MIB 中的 sysUpTime 变量，标识进程从启动开始计算的时间长度。

6）opaque，提供传递任意格式的数据，数据用 octetstring 编码。

3．定义对象的方法

MIB 由一系列对象组成，每一个对象均有数据类型和取值。对象的定义包括 5 个字段。

1）对象（OBJECT），对象标识符描述。

2）语法（SYNTAX），对象类型的抽象句法，必须解析成一种基本数据类型。

3）对象说明（DESCRIPTION），是对象的意义的一般性文本描述。

4）存取方式（ACCESS），定义通过 SNMP 访问对象实例的方法，对象的存取权限有 4 种：只读（read-only）、读写（read-write）、只写（write-only）和不可访问（not-accessible）。

5）状态（STATUS），对象的状态有 3 种：必备（mandatory）、可选（optical）和过期（obsoleteo）。

例如，MIB-2 中 TCP 功能组对象 tcpMaxConn 的完整描述如下：

```
tcpMaxConn OBJECT-TYPE
SYNTAX INTEGER
ACCESS read-only
STATUS mandatory
DESCRIPTION “………”
::(tcp 5)
```

4．定义表格的方法

SMI 仅提供一种数据结构化方法，即标量值记录的二维表格。表格定义用到 ASN.1 的 sequence 和 sequence of 两个类型和 OBJECT-TYPE 宏中的 IndexPart。表格定义规范如下：

1）概念表的 SYNTAX 字句为：SEQUENCE OF <entry>，其中，<entry>表示概念行。

2）概念表的 SYNTAX 字句为：SEQUENCE { <type 1>…<type n>}，其中，每个列对象都有一个整数类型。

3）每一个列对象都用一个 OBJECT-TYPE 宏来定义。

4）每一个概念行定义中必须包含 INDEX 字句。

5．基本编码规则（BER）

SNMP 使用基本编码规则（Basic Encoding Rules，BER）作为编码方案，实现被管对象的信息编码。BER 用字符 0、1 描述对象的规则，描述如何将 ASN.1 类型编码为 8 位二进制位串（字节串）。网络中传输的数据先通过 BER 编码，之后由运输层协议，例如，UDP，通过网络传输到接收方，接收方在 SNMP 端口收到 PDU，经过 BER 解码后，获得具体的 SNMP 操作数据。ASN.1 对数据的描述很容易被映射为 C 或 Java 语言中的数据结构。

BER 把 ASN.1 表示的抽象类型值编码为字节串，BER 编码结构为：类型（Type）-长度（Length）-值（Value），也称为 TLV。BER 编码结构 TLV，如图 9-6 所示。

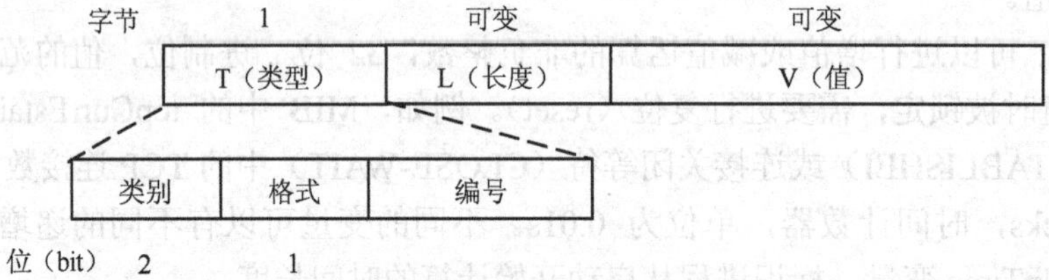

图 9-6　BER 编码结构

TLV 由 3 个字段构成。

1）T 字段占一个字节，又包含 3 个子字段，其中，类别占 2 位（bit），可以标识 4 种不同的数据类型，00 通用类、01 应用类、10 上下文类、11 专用类；格式占 1 位（bit），0 简单数据类型、1 结构化数据类型；编号 5 位（bit），编号范围 1～50，标识不同的数据类型。几种数据类型的 T 字段编码，见表 9-1。

表 9-1　几种数据类型的 T 字段编码

数据类型	类别	格式	编号	T 字段（二进制）
INTEGER	00	0	00010	0000 0010
OCTET STRING	00	0	00100	0000 0100

（续）

数据类型	类别	格式	编号	T 字段（二进制）
OBJECT IDENTIFIER	00	0	00110	0000 0110
IPAddress	01	0	00000	0100 0000
Counter	01	0	00001	0100 0001
Gauge	01	0	00010	0100 0010
TimeTicks	01	0	00011	0100 0011
SEQUENCE，SEQUENCE OF	00	1	10000	0011 0000

2）L 字段可以为单字节或多字节，单字节时最高位为 0，其余 7 位定义 V 字段的长度，单位为字节（B），多字节时最高位为 1，其余 7 位定义后续字节的字节数，所有后续字节表示的二进制整数定义 V 字段的长度。

3）V 字段定义数据的数值。

例如，INTEGER 12，TVL 编码为 02 04 00 00 00 0C。

9.1.7　管理信息结构

管理信息结构（Structure of Management Information，SMI）定义描述管理信息的规则和一些与 SNMP 中所有数据类型有关的规则，数据类型有：整数，在有限范围内的带符号整数；8 位位组串，0～65 535 个 8 位位组的有序序列；序列，定义一个向量，其中所有的元素具有相同的数据类型。具体应用时，由被管网络设备中的网管代理负责维护、存储、管理 MIB 中的对象。SMI 采用类似域名系统（DNS）的树型结构。SMI 涉及的技术文档是 RFC 1155。

SMI 规范指明，MIB 中的被管理对象必须由 ASN.1 描述和定义。被管理对象包含对象类型（Objet Type）和实例（Instance），例如，对象类型 ifMtu 标识网络接口的最大传输单元（MTU），它的实例可以是某个网络接口的 MTU，MTU 的取值为 1500 B。

SNMP 中的对象被组织成一棵有匿名根的树，树的每一层都包含几个组（节点），每个组都有一个名字和一个数字标识符，例如，mib-2 子树的叶子节点就是 MIB 的对象。在 SNMP 报文中对象标识符用来指定目标对象。每一个对象代表被管资源和信息，SMI 对象命名树，如图 9-7 所示

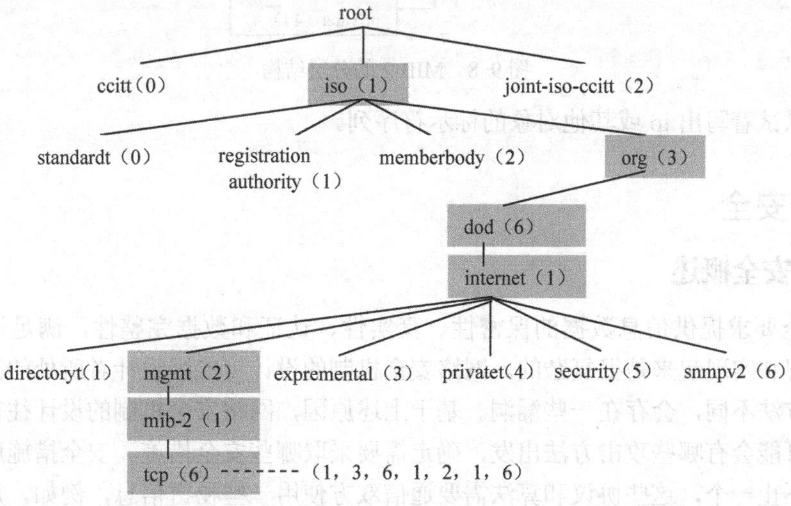

图 9-7　SMI 对象命名树

可以看出 SMI 在 Internet 节点之下定义了 6 个节点。其中，与网络管理有关节点为 mgmt（2），mgmt（2）之下为管理信息库 mib-2（1）节点，与网络管理协议有关的节点为 snmpv2（6）。这种层次结构树有 3 个作用：

1）表示管理和控制关系，上层的中间节点是某些组织机构的名字，说明这些机构负责下面子树信息的管理和审批，树根没有名字，默认为抽象语法标记 ASN.1。

2）提供了结构化信息组织技术，下层的中间节点代表子树是与每个网络资源或网络协议相关的信息集合，例如，有关 TCP 协议的管理信息都放在 tcp（6）子树中，可以方便地沿着树层次访问相关信息。

3）提供了对象命名机制，树中每个节点都有一个分层的编号，叶子节点表示实际的管理对象，从树根到树叶的编号串联起来，之间由点间隔，构成管理对象的全局标识符。例如，tcp 的标识符是 1.3.6.1.2.1.6，也可以写为：

iso（1） org（3） dod（6） internet（1） mgmt（2） mib-2（1） tcp（6）

SMI 对象命名树中 mib-2 的分层结构，如图 9-8 所示。

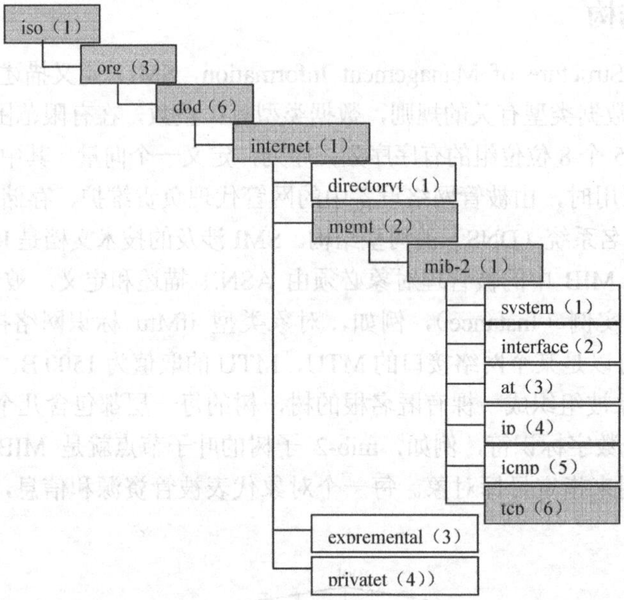

图 9-8 MIB-2 的分层结构

读者可以试着写出 ip 或其他对象的标示符序列。

9.2 网络安全

9.2.1 网络安全概述

网络安全要求提供信息数据的保密性、真实性、认证和数据完整性，满足这些要求的安全机制在理解和实现起来是很复杂的。网络安全机制的设计可能因设计者所处的角度不同，以及所采用的方法不同，会存在一些漏洞。基于上述原因，网络安全机制的设计往往采用逆向思维，从考虑可能会有哪些攻击方法出发，确定需要采取哪些安全措施。安全措施所使用的算法和协议通常不止一个，这些协议和算法需要通信双方使用一些秘密信息，例如，加密密钥和解密密钥，这就产生了秘密信息的产生、分配、传递和保护问题。

需要采用系统的方法来定义和描述对网络安全的要求，以及怎样满足要求。网络安全需要考虑 3 个方面：

1）安全攻击，是任何危及网络系统信息安全的活动。

2）安全机制，用来保护网络系统不受截听，阻止安全攻击，恢复受到攻击的系统。

3）安全服务，提供加强网络信息传输安全的服务，利用一种或多种安全机制阻止对网络的攻击。

计算机和计算机网络中处理及传输的电子信息，对信息和网络安全提出了一些特殊要求，原因如下：

1）一般情况，区分纸质文本的原件和复印件是可能的，电子信息是二进制位串，要区分原件和复印件是很困难的。

2）对纸质文本的修改必然会留下一物理些痕迹，而对内存中或存储设备中的电子信息二进制位串的修改不会留下任何物理痕迹。

3）所有与纸质文本有关的物理证据都来自纸质文本自身的物理特征，例如手写签名、阴文或阳文的公证印章等。电子信息只能依靠自身所记录的二进制信息，例如数字签名、数字水印等信息来提供这些认证。

没有一种安全机制可以提供所有的安全服务，网络安全机制都包含和使用密码技术，加密和利用 hash 函数加密信息是常用的安全手段，对网络安全的讨论主要集中在怎样使用加密方法提供安全服务上。

在因特网安全词汇表（Internet Security Glossary）RFC 2828 文档中对攻击和威胁有类似的定义：威胁是侵犯安全的可能性，在破坏安全或引起危害的环境、可能性、行为或事件的情况下，会出现这种威胁，也就是说，威胁是利用脆弱性的潜在危险；攻击是对系统安全的攻击，它来源于一种有智能的威胁，也就是说，有意违反安全服务和侵犯系统安全策略的、特别是在方法或技巧的智能行为。

ITU-T 给出的安全推荐方案为 X.800，也称为 OSI 安全框架，这个框架是作为国际标准开发的，该框架主要关注安全服务、安全机制和攻击，安全服务怎样通过安全机制来实现安全策略。

X.800 的安全服务主要集中在数据源认证、同等实体认证、存取控制、数据保密性、数据完整性、可用性和不可否认性。

X.800 的安全机制分为两类：一类在特定的协议层次上实现，例如，加密、数字签名、存取控制、数据完整性、认证交换、流量填充、路由控制、公证；另一类不属于任何的协议层次或安全服务，例如，可信功能、安全标签、事件检测、安全审计跟踪、安全恢复。X.800 是区分可逆和不可逆的加密机制，可逆的加密机制是一种简单的加密算法，使数据可以加密和解密，不可逆的加密机制包括用于数字签名和认证的哈希（Hash）算法。

9.2.2 网络安全面临的威胁

在最初设计网络时，是考虑把网络用在军用和科学研究中，认为使用网络的人员都是可靠的，没有考虑到网络的安全性问题。人们都知道因特网是个不安全的地方，当计算机连接到因特网时，它就面临遭受攻击的威胁，计算机网络面临的威胁包括：截获（Interception）；中断（Interruption）；篡改（Modification）；伪造（Fabrication）。网络面临的 4 种威胁，如图 9-9 所示。

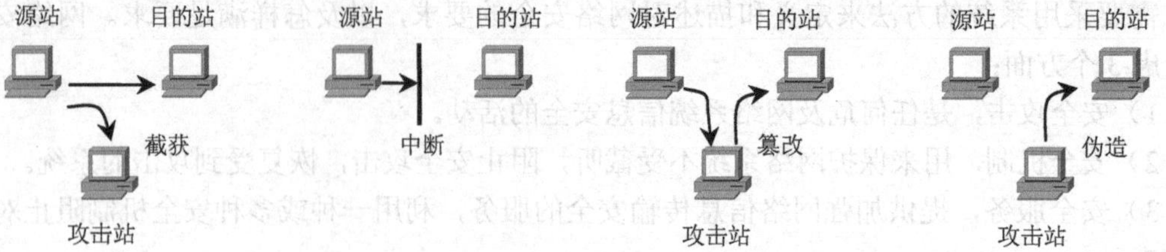

图 9-9　网络面临的 4 种威胁

4 种网络安全威胁可以分为被动攻击和主动攻击两大类，截获属于被动攻击，其他属于主动攻击。

被动攻击也称为通信量分析（Traffic Analysis），仅是对网络中协议包（PDU）进行观察和分析，并不改变 PDU 的内容，通过对 PDU 首部字段（控制信息）的分析，可以了解正在通信的协议实体的内容，例如，地址、身份、PDU 的长度、传输的频度、交换数据的性质，以及采用的技术等。

主动攻击是对网络中传输的 PDU 进行有选择的修改、删除、延迟、插入重放、伪造等，也包括记录和复制。主动攻击可以是上面 4 种网络威胁的某种组合，主动攻击可以再划分为：

1）更改报文流。

2）拒绝服务。

3）伪造初始化连接。

对付被动攻击的重要措施是加密，而对付主动攻击中的篡改和伪造需要使用报文鉴别。

计算机网络安全的目标是，防止析出协议包内容；防止通信量分析；检测到更改、拒绝服务，检测到伪造初始化连接的发生。

还有一种主动攻击称为恶意程序（Rogue Program），重要包括：计算机病毒（Computer Virus）；计算机蠕虫（Computer Worm）；特洛伊木马（Trojan Horse）；逻辑炸弹（Logic Bomb）。计算机病毒泛指非法的程序、恶意的程序。

网络安全的基本元素是认证、授权和记账，也称为 AAA（Authentication Authorization Accounting）。认证的目的是确认用户身份，通信是可信的。授权的目的是为用户分配允许的访问权限。记账的目的是记录用户使用操作的情况和网络的状态。ISO 7498-2 给出基于 OSI 的安全体系结构和安全服务描述，计算机安全服务的内容包括：

1）数据保密（Data Confidentiality），使传输的数据不能够分析出内容。

2）数据完整性（Data Integrity），确保信息没有被改变。

3）不可抵赖性（Non Repudiation），对数据信息施加数字水印、数字签名，确保发送方或接收方不能否认发送或接收了数据信息。

4）可用性（Availability），保证网络服务是可以使用的。

5）安全协议设计（Security Protocol Design），结合网络体系结构的层次，设计网络安全协议，增加各层实现安全的规则。

6）接入控制（Access Control），对接入网络的节点给出限制，并对该节点可以访问网络资源的范围给出限制。

7）身份鉴别（Authentication），在两个开放系统同等层实体建立连接和数据传输期间，提供连接实体的身份鉴别，用于防止假冒或重放以前的连接。

9.2.3 网络安全评价标准

计算机系统安全评价标准是一种技术性规范。第一个有关信息技术的安全评价标准是在1970 年由美国国防科学委员会提出的“可信计算机系统评价准则（TCSEC）”，1985 年由美国国防部正式颁布。

1．可信计算机系统评价准则（TCSEC）

TCSEC 将计算机系统的安全分为 4 个等级（A、B、C、D）和 8 个级别。其中，A 类安全等级最高，仅包含 A1 一个安全级别，A1 系统的显著特征是，系统的设计者必须按照一个正式的设计规范来分析系统，运用验证核对技术确保系统符合设计规范。B 类安全等级分为 B1、B2、B3 三个安全级别，B 类系统具有高强制性保护功能，如果用户不符合安全等级要求，系统拒绝用户访问系统中对象。C 类安全等级能够提供基本的保护，为用户的行动和责任提供审计，C 类安全等级包含 C1、C2 两个安全级别。D 类安全等级仅包含 D1 一个级别，D1 的安全等级最低，D1 系统仅为文件和用户提供安全保护，D1 系统最普通的例子是本地操作系统。

2．欧洲安全评价标准（ITSEC）

ITSEC 将安全分为功能与评估两部分。功能准则分为 10 级，从 F1～F10，F1～F5 对应 TCSEC 的 D～A，F6～F10 分别对应数据和程序的完整性、系统的可用性、数据通信的完整性、数据通信的保密性、机密性和完整性。评估准则分为 6 级，分别是测试、配置控制、详细设计和源代码访问、脆弱性分析、设计与源代码对应一致性、设计与源代码形式一致性。

3．加拿大安全评价标准（CTCPEC）

CTCPEC 主要是针对政府信息安全需求，也是将安全分为功能性需求和保证性需求两部分。CTCPEC 功能性需求分为 4 类：机密性、完整性、可用性和可控性。CTCPEC 的每种安全需求又分为 0～5 级，标识安全性上的不同保证。

4．美国联邦准则（FC）

FC 在 TCSEC 的基础上，引入保护轮廓（PP）的思想，每个保护轮廓都包括 3 个部分：功能、开放保证和评价。FC 充分吸收了 TCSEC 和 ITSEC 的优点，在美国的政府、商业和民间已经得到广泛应用。

5．国际通用准则（CC）

通用准则（CC）是由国际标准化组织颁布的国际标准，是国际标准化组织给出的最全面的评测准则。ISO 于 1996 年 6 月发布 CC1.0，接着在 1998 年 5 月发布 CC2.0，1999 年 10 月发布 CC2.1。CC 的主要思想和框架都取自 FC 和 ITSEC，并且充分体现了保护轮廓（PP）的思想。CC 将评估过程分为功能和保证两部分。评估等级分为 EAL1～EAL7 共 7 个等级。每一个等级均需要评估 7 个功能类，这 7 个功能类分别是：配置管理；分发和操作；开发过程；指导文献；生存时间和技术支持；测试和脆弱性评估。

6．中国国家安全评价标准

中国制定了计算机信息系统安全保护等级划分细则，把计算机系统安全保护能力划分为 5 个等级：用户自主；系统审计；安全标记；结构化保护；访问验证。

9.3 数据加密技术

9.3.1 网络安全模型

网络中的通信双方必须经过协调，共同完成数据信息交换，涉及两个方面：对所发送的消息（Message）进行安全变换，消息也称为报文，例如，对消息明文进行加密，使得攻击者读不懂信息，或者把基于消息的校验编码附于消息后面，用于验证发送方的身份；双方共享某些秘密信息，并希望攻击者不知道这些信息，例如，发送方和接收方使用的密钥。

为了实现安全传输，需要有可信的第三方，例如，第三方负责产生密钥并将密钥分发给通信的双方。此外，当通信双方对信息传输的真实性发生争执时，由第三方进行仲裁。

数据加密过程为：在发送端，明文 X 用加密算法 E 和加密密钥 K 处理后得到密文 Y=EK（X），密文在信道上传输，到达接收端后，利用解密算法 D 和解密密钥 K 解出明文，公式为

$$D_K(Y)=D_K(E_K(X))=X$$

网络安全的一般模型，如图 9-10 所示。

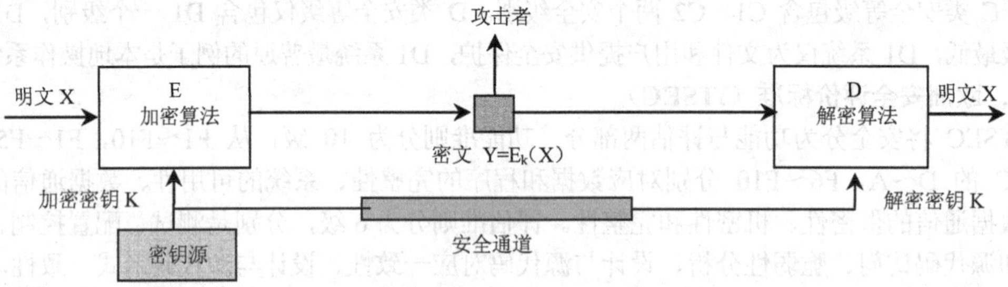

图 9-10　网络安全模型

数据加密、解密过程有 5 个基本成分。

1）明文，原始可以理解的消息或数据，作为算法的输入。

2）加密算法，用于对明文进行各种代换和变换。

3）密钥，密钥独立于明文，也是加密算法的输入，算法根据所用特定密钥产生不同的输出。算法所用的代换和变换也依赖密钥。

4）密文，依赖于明文和密钥，是加密算法的输出，看起来是完全随机和杂乱无章的数据，其意义是不可理解的。

5）解密算法，本质上是加密算法的逆运算，输入密文和密钥可通过解密算法恢复出明文。

若加密密钥与解密密钥相同称为对称密钥加密，若不同则为非对称密钥加密。但不管两种密钥是否相同，两者会必然具有相关性。

密码编码学（Cryptography）是密码体制的设计学，密码分析学（Cryptanalysis）是在未知密钥的情况下从密文推演出明文或密钥的技术。密码学（Cryptology）由密码编码学和密码分析学组成。

若截取者无法从获得的密文中确定出明文，则称所采用的密码体制是安全的，或称为在理论上是不可破的。有矛就有盾，在无任何限制条件下，几乎所有实用的密码体制均是可破解的。判断一个密码体制的好坏，关心的是否是在计算上是不可破解的，即若一个密码体制中密码不能被可以使用的计算资源破译，认为该密码体制在计算上是安全的。

从上述网络安全模型可以看出，安全服务的设计包括 4 项内容：

1）设计安全算法，该算法应是攻击者无法破解的。

2）生产算法所使用的密钥信息。

3）设计分配、传递和共享密钥的方法。

4）利用安全算法和秘密信息，制定通信双方使用的安全服务协议。

9.3.2 对称密钥密码体制

对称密钥密码体制也称为常规密钥密码体制，加密密钥与解密密钥是相同的。大多数传统的加密技术采用的是改变明文字符顺序的置换方式，以及将明文字母映射为另一个字母的替换方式。执行加密功能的模块称为加密器（Cipher）。

1. 替换密码与置换密码

替换密码（Substitution）与置换密码（Transposition）是早期采用的加密方法。目前替换密码和置换密码只是作为复杂编码过程中的一个中间步骤。替换密码也称为替代密码。

替换密码是有规律地把一个明文字符（字母、数字或符号）用另一个字符替换，例如，将英文小写字母表中的每个字母与相差3个字符的英文大写字母顺序对应。若把明文看做是二进制序列的话，替换就是用密文位串来代替明文位串。

置换密码是根据规则重新排列消息中的二进制位或字符的顺序，例如，以 CIPHER 这个字作为密钥，依据英文 26 个字符的排列顺序，可以得出密钥中每一个字母的相对先后顺序，没有 A 和 B，因此 C 的顺序为第 1，依次类推，E 为第 2、H 为第 3、R 为第 6，得到密钥字母的排列顺序为 145326。构成密钥规律是，若密钥中对应的数字 i 在密钥中的顺序是第 j 个，则表示第 i 次读取第 j 列的字符。例如，明文 attackbeginsatfour 的置换加密过程为：

密钥	C	I	P	H	E	R
顺序	1	4	5	3	2	6
明文	a	t	t	a	c	k
	b	e	g	i	n	s
	a	t	f	o	u	r

得出密文：abacnuaiotettgfksr，接收方收到密文后，按列顺序写下字母，按行读出，还原出明文。

2. 序列密码和分组密码

按得到的密文序列的结构划分，可以把密码体制划分为序列密码和分组密码。分组密码要比序列密码的应用范围广泛。序列密码又称为密钥流密码，每次加密数据流的一位（bit）或一个字节，是把明文看做是连续的比特流或字符流 $x_1x_2\ldots$，用密钥序列 $K=k_1k_2\ldots$ 中的第 i 个元素 k_i 对明文中的 x_i 进行加密，即逐个位（bit）或逐个字节地对数据进行加密：

$$E_K(X)=E_{k1}(x_1)E_{k2}(x_2)\ldots$$

序列密码体制，如图 9-11 所示。

图 9-11 序列密码体制

在发送方加密时，种子 I_0 对密钥序列产生器进行初始化。k_i、x_i 和 y_i 均为 1 位（bit），或均为 1 个字符，按照模 2 进行运算得出：

$$y_i=E_{ki}(x_i)=x_i \oplus k_i$$

在接收方，对 y_i 的解密算法是：

$$D_{ki}(y_i)=y_i \oplus k_i=(x_i \oplus k_i) \oplus k_i=x_i$$

分组密码是将明文划分为固定的 n 位（bit）的数据组，以组为单位在密钥控制下进行一系列的线形或非线形的变化得到密文，即先将数据比特打包成一个定长的块，再将这个块加密成一个密文块，分组密码作用在 n 位明文组，以产生 n 位密文组，共有 2^n 个不同的明文组，由于加密是可逆的，即解密是可能的，每一个明文组将唯一地对应一个密文组。这样的变换称为可逆变换，也称为非奇异变换。分组密码体制，如图 9-12 所示。

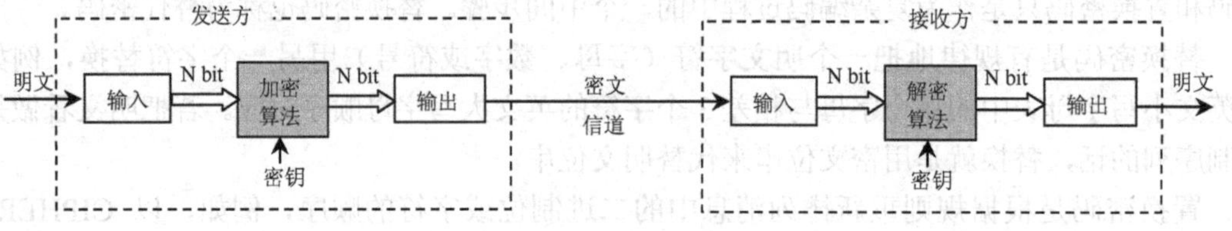

图 9-12　分组密码体制

分组密码一次变换一组数据。分组密码算法的特点是，不需要同步；给定一个密钥后，若明文分组相同，则所变换出来的密文分组也相同。分组密码最重要的应用是数据加密标准（DES）和国际数据加密算法（IDEA）。

9.3.3　数据加密标准（DES）

数据加密标准（DES）最初是在 20 世纪 60 年代由 IBM 公司研制的，1977 年被美国国家标准局（NBS），即现在的国家标准和技术研究所（NIST）采纳，成为美国联邦信息加密标准。DES 是世界上第一个公认的实用密码算法标准。DES 是一种分组密码，采用 64 位密钥，其中，实际密钥长度为 56 位，8 位用于奇偶校验。

DES 的保密性仅取决于对密钥的保密，算法是公开的。加密前把明文分成 64 位长的分组，然后对每一个 64 位二进制数据进行加密处理，产生一组 64 位密文数据，最后把各组密文串接起来，得到整个密文。DES 加密的过程，如图 9-13 所示。

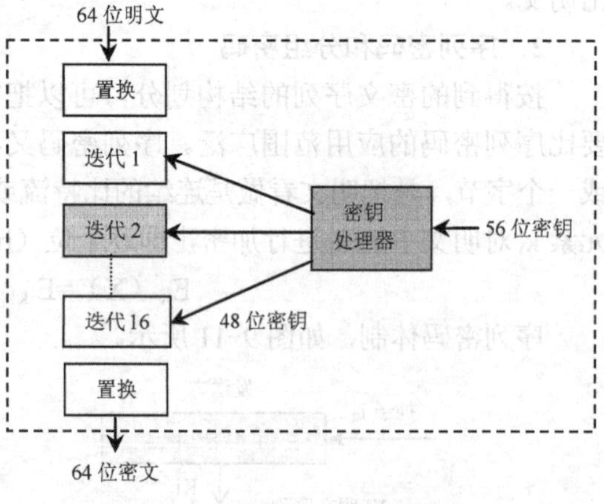

图 9-13　DES 加密的过程

进行加密时，开始时先对 64 位明文进行置换，把左半边 32 位与右半边 32 位进行交换，中间部分再进行 16 次的迭代处理，每一次迭代都要和相应的密钥进行复杂的加密运算。过程中用到的 16 个密钥是经过密钥处理器，把原来的一个 56 位密钥变换出 16 个不同的 48 位密钥。最后再进行一次置换得出 64 位密文。

在 DES 处理过程中，对明文的处理经过了 3 个阶段：首先，64 位明文经过初始置换被重新排列；然后进行 16 轮的相同函数的置换和代换作用；最后一轮迭代输出 64 位密文，是输入明文和密钥的函数。将左半部分 32 位和右半部分 32 位互换产生预输出，最后预输出再与初始置换的逆初始置换作用产生 64 位密文。

DES 中 56 位密钥的使用过程是，密钥在开始时经过一个置换，然后经过循环左移和另一个置换分别得到子密钥 K_i，供每一轮迭代加密使用。虽然每轮使用同样的置换函数，但由于密钥位的重复迭代使得子密钥是不相同的。

DES 的一个特点是雪崩效应（Avalanche Effect），明文或 56 比特密钥中的微小变化就会引起密文产生很大的变化，使得破解密文非常困难。

解密过程类似于加密过程，只是生成 16 个密钥的顺序正好相反。DES 明显是一种单字符替代，而这种字符的长度是 64 位，相同的明文就产生相同的密文，这显然对安全性是不利的。可以采用加密分组链接的方法，来提高 DES 的安全性。加密分组链接，如图 9-14 所示。

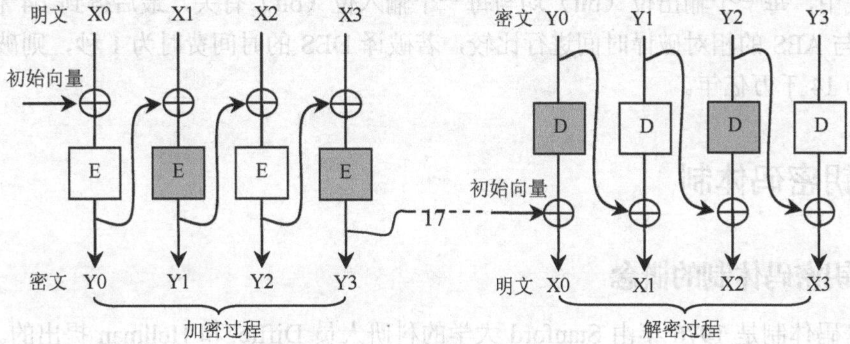

图 9-14 加密分组链接

在加密过程中，64 位的明文分组 X_0 先与初始向量逐位进行异或运算，然后进行加密操作得到密文 Y_0。再将 Y_0 和下一个明文分组 X_1 进行异或运算后再加密，得到密文 Y_1，依次类推得到完整的密文。采用这种方法，相同的明文就会产生不相同的密文，增强了 DES 的安全性。在解密过程中，先对密文分组 Y_0 解密，再与初始向量进行异或运算，得出明文 X_0，下一个密文分组在经过解密后，与密文 Y_0 进行异或运算得出第二个明文分组 X_1。依次类推得出整个明文。

尽管人们对破译 EDS 算法取得了很多进展，但仍未能找到比穷举搜索密钥更有效的方法。

DES 密钥的长度为 56 位，可以有 2^{56} 种不同的密钥，即约有 7.2×10^{16} 种密钥。现在已经设计出搜索 DES 密钥的专用芯片。进一步的改进是设计三重 DES，使用两个密钥，执行 3 次 DES 算法，三重 DES 加密解密，如图 9-15 所示。

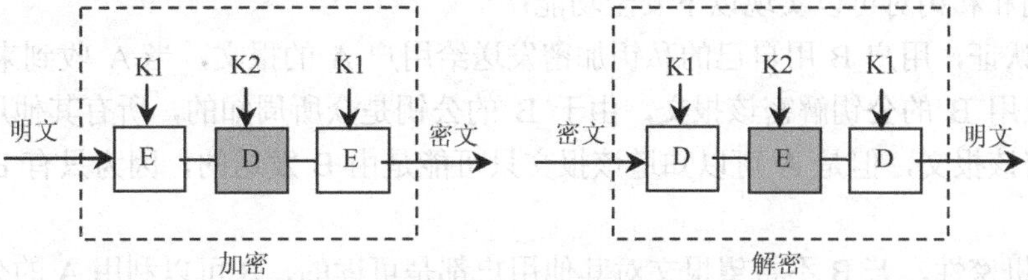

图 9-15 三重 DES 加密解密

方框中 E 代表执行加密算法、D 代表执行解密算法，加密时是 E-D-E，解密时是 D-E-D。

加密时采用 E-D-E，而不是 E-E-E，主要是为了与现有的 DES 系统向后兼容，其实加密和解密过程都是在两个 64 位的数之间的一种映射，从密码学的角度看，这两种映射的作用是一样的。在加密和解密过程中使用两个密钥是因为两个密钥加起来的长度已经达到 112 位，已经足够用了。1985 年，三重 DES 成为美国的一个商用加密标准。

1998 年 7 月，EFF（Electronic Frontier Foundation）宣布使用一台造价不到 25 万美元的专用计算机，用不到三天是时间破译了 DES，证明 DES 是不安全的。EFF 还公布了所使用的计算机的细节，使其他人也可以制造自己的破译机。

用国际数据加密算法（International Data Encryption Algorithm，IEDA）实现的高级数据加密标准（Advanced Encryption Standard，AES），是在 DES 之后出现的，AES 使用 128 位密钥，与 DES 类似，采用把明文划分为 64 位长的数据分组，然后经过 8 次迭代和一次变换，在每一次迭代中，每一个输出位（bit）均与每一个输入位（bit）有关，最后得到 64 位密文。可以对 DES 与 AES 的相对破译时间进行比较，若破译 DES 的时间费时为 1 秒，则破译 AES 的时间费时为 14 千万亿年。

9.4 公钥密码体制

9.4.1 公钥密码体制的概念

公钥密码体制是 1976 年由 Stanford 大学的科研人员 Diffie 和 Hellman 提出的。公钥密码体制也称为非对称密钥体制，使用不同的加密密钥和解密密钥，是一种由已知加密密钥推导出解密密钥在计算上是不可行的密钥体制。

公钥密码学的发展是密码学发展历史中最伟大的一次革命。公钥密码学与其前的密码学完全不同，公钥算法基于数学函数而不是基于替换和置换，使用两个独立的密钥，在信息的保密性、认证和密钥分配应用中有重要的意义。而之前的密码体制，包括 DES 都是基于替换和置换这些初等方法的。

公钥密码体制出现的原因主要是两个，一个是用来解决常规密钥密码体制中的密钥分配（Key Distribution）问题，另一个是解决和实现数字签名（Digital Signature）。

在公钥密码体制中，加密密钥也称为公钥（PK），是公开信息，解密密钥也称为私钥（SK），是保密信息，私钥也叫秘密密钥。加密算法 E 和解密算法 D 也是公开的。私钥（SK）是由公钥（PK）决定的，不能根据 PK 计算出 SK。私有密钥产生的密文只能用公钥来解密，另一方面，公钥产生的密文也只能用私钥来解密。

利用公钥和私钥对可以实现以下安全功能：

1）提供认证，用户 B 用自己的私钥加密发送给用户 A 的报文，当 A 收到来自 B 的加密报文时，可以用 B 的公钥解密该报文，由于 B 的公钥是众所周知的，所有其他用户也可以用 B 的公钥解密该报文，但是 A 可以知道该报文只可能是由 B 发送的，因为只有 B 才知道他自己的私钥。

2）提供机密性，若 B 不希望报文对其他用户都是可读的，B 可以利用 A 的公钥对报文加密，A 可以利用他的私钥解密报文。由于没有其他用户知道 A 的私钥，所以其他用户都无法解密报文。

3）提供认证和机密性，B 可以先用 A 的公钥来加密报文，这样就确保了只有 A 才能解密报文，然后再用 B 自己的私钥对密文进行加密，这就确保了报文是来自 B 的。当 A 收到该报文时，先用 B 的公钥解密该报文，得到一个结果，然后 A 自己的私钥对得到的结果再次进行解密。

需要说明的是，任何加密方法的安全性取决于密钥的长度，以及攻破密钥所需要的计算量。公钥加密算法的开销比较大，另外，公钥的密钥分配还需要密钥分配协议。所以不能简单说传统的对称加密体制不如公钥密码体制好。

公钥密码体制，如图 9-16 所示。

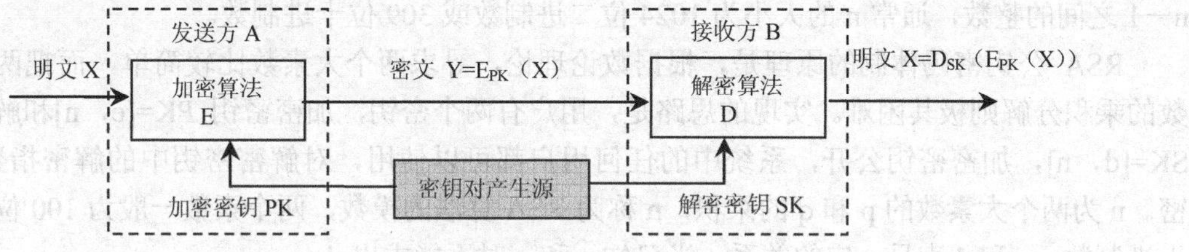

图 9-16　公钥密码体制

公钥密码体制有 5 个组成部分：

1）明文，算法的输入，是可读消息或数据。

2）加密算法，用于对明文进行各种转换。

3）公钥和私钥，算法的输入，两个密钥不同，私钥为秘密的，公钥是公开的，一个用于加密，一个用于解密。加密和解密算法执行的变换依赖于公钥和私钥。

4）密文，为算法的输出，依赖于明文和密钥。

5）解密算法，用于接收密文，利用相应的密钥恢复出原始的明文。

公钥算法的特点如下：

1）发送方用加密密钥 PK（公钥）对明文 X 加密，在接收方用解密密钥 SK（私钥）解密，恢复出明文，给出公式

$$D_{SK}(E_{PK}(X))=X$$

加密和解密运算可以对调，运算结果是一样的

$$E_{PK}(D_{SK}(X))=X$$

2）加密密钥不能用它来解密

$$D_{PK}(E_{PK}(X))\neq X$$

3）从已知的 PK 不可能推导出 SK，在计算上是不可能的。

4）加密算法和解密算法是公开的。

5）可以很容易地生成 PK 和 SK 对。

需要说明的是，有关公钥密码的研究和应用存在几种误解，具体分析如下：

第一种误解是，认为从密码分析的角度看，公钥密码比传统密码更安全，事实上，任何加密方法的安全性依赖于密钥的长度和破译密文所需要的计算量。

第二种误解是，公钥密码是一种通用的方法，公钥密码学在数字签名、认证和密钥管理中有很好的应用价值，传统密码已经过时。实际情况正相反，因为现有的公钥密码方法需要计算量很大，所以，很快就取消传统密码是不可能的。

第三种误解是，传统密码中实现与密钥中心握手是一件很不容易的事情，而用公钥实现密钥分配则很简单。实际上，采用公钥密码也需要某种形式的协议，该协议通常包含一个中心

代理，所包含的处理过程也不比传统密码简单，更谈不上更有效。

9.4.2 公钥密码体制RSA

目前，使用最多的公钥密码体制是RSA（Rivest-Shamir-Adleman），RSA是由MIT的Ron Rivest、Adi Shamir、和Len Adleman在1977年提出并于1978年首次发表的算法，是最早提出的满足要求的公钥算法之一，也称为RSA方案。

RSA采用数论中大数分解的机制。RSA体制是一种分组密码，其明文是和密文均是0 ～ n－1之间的整数，通常n的大小为1024位二进制数或309位十进制数。

RSA公钥密码体制的原理是，根据数论理论，寻求两个大素数比较简单，而把两个大素数的乘积分解则极其困难。实现的思路是，用户有两个密钥，加密密钥PK=[e，n]和解密密钥SK=[d，n]，加密密钥公开，系统中的任何用户都可以使用，对解密密钥中的解密指数d保密。n为两个大素数的p和q的乘积，n称为RSA算法的模数，两个素数一般为100位以上的十进制数，e和d满足一定的关系，当已知e和n时不能求出d。

1．加密算法

用整数X表示明文，用整数Y表示密文，X和Y均小于n，有

加密：$Y=X^e \bmod n$

解密：$X=Y^d \bmod n$

2．密钥的产生

分析RSA公钥密码体制中的参数的选择和计算：

1）计算n，秘密地选择两个大素数p和q，计算出n=p×q，明文必须能够用小于n的数来表示，一般n为几百位长的数。

2）计算n的欧拉函数φ(n)，φ(n)定义为不超过n并与n互素的个数。

$$\varphi(n)=(p-1)(q-1)$$

3）选择e，用户从[0，φ(n)-1]中选择一个与φ(n)互素的数e作为公开的加密指数。

4）选择d，计算解密指数d：

$$ed=1 \bmod \varphi(n)$$

5）找出公钥和密钥

公钥：PK={e，n}

密钥：SK={d，n}

在RSA中，加密和解密都要计算某整数的模n整数次幂，再对n取模，这样中间的运算结果会很大，可以利用模算术的下列性质进行模幂运算：

$$[(a \bmod n)\times(b \bmod n)] \bmod n=(a\times b) \bmod n$$

将中间结果对n取模，使得计算简便可行。

3．例子分析

为了运算的简单，并能够说明算法，假设选择了两个素数：p=7，q=17。计算出n=pq=7×17=119，计算出φ(n)=(p-1)(q-1)=96。

从[0，95]中选择一个与96互素的数e，选择e=5，然后根据上面公式计算出d。

$$5d=1 \bmod 96$$

因为ed=5×77=385=4×96＋1=1 mod 96，解出d=77。

得出公钥：PK={e，n}=（5，119），密钥：SK={d，n}=（77，119）。

1）加密过程如下：

把明文划分为分组，每个明文分组的二进制值不超过 n，即不超过 119。设明文 X=19。

计算 $Y=X^e \bmod n$ 中的 $X^e=19^5=2\ 476\ 099$，再除以 119，得出商为 20 807，余数为 66，即为对应于明文 19 的密文 Y 的值。

2）解密过程如下：

计算 $X=Y^d \bmod n$ 中的 $Y^d=66^{77}=1.27\ldots\times10^{140}$，再除以 119，得出的商为 $1.36\ldots\times10^{138}$，余数为 19，即为解密后得出的明文 X。

对于 RSA 算法，同样的明文映射为同样的密文。采用 RSA 提供的保密性在于，对大数进行因数分解需要很长时间。根据目前的计算机水平，选择 1024 位长的密钥，相当于 300 位十进制数，就可以认为是无法攻破的。

9.4.3 数字签名技术

计算机中的书信和文件是可以复制、修改的，并且可以不留下处理过的痕迹。如何判断计算机文件的真实性呢？日常生活中，人们通过对文件签名和加盖印章证明真实性，在计算机和计算机网络中需要用到数字签名。

数字签名可以保证：

1）接收方可以核实发送方对报文的签名。

2）发送方不能抵赖对报文的签名。

3）接收方不能伪造对报文的签名。

一般情况下，采用公钥加密算法要比用常规密钥算法更容易实现数字签名。实现数字签名也同时实现了对报文来源的鉴别，可以做到对反拒认或伪造的鉴别。数字签名的实现方法，如图 9-17 所示。

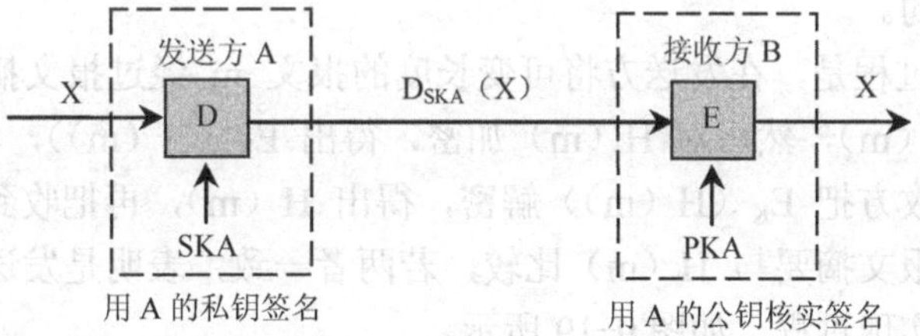

图 9-17　数字签名实现方法

发送方 A 用其私钥，即解密密钥 SKA 对报文 X 进行运算，得出结果 D_{SKA}（X）并传送给接收方 B。注意，这里的解密仅仅是一种运算，发送方的这种运算是为了进行数字签名。接收方 B 收到报文 D_{SKA}（X），用已知的 A 的公钥，即加密密钥对报文进行 E_{PKA}（D_{SKA}（X））运算，得出报文 X。由于除 A 以外没有人能够具有 A 的解密密钥 SKA，不可能产生密文 D_{SKA}（X），B 就可以核实报文 X 的确是 A 签名发送的。如果 A 抵赖不承认发送报文给 B，B 可以把报文 X 和 D_{SKA}（X）提交给具有判断权威的第三方，第三方可以用 PKA 很容易地判断真实性。若 B 把 X 伪造成 X'，但 B 不可能给第三方出示 D_{SKA}（X'），即可判断 B 伪造了报文 X'。

上述讨论仅涉及对报文进行的签名，没有讨论到对报文本身 X 的加密，采用下面的方法，可以同时实现秘密通信的数字签名，具有保密性的数字签名，如图 9-18 所示。

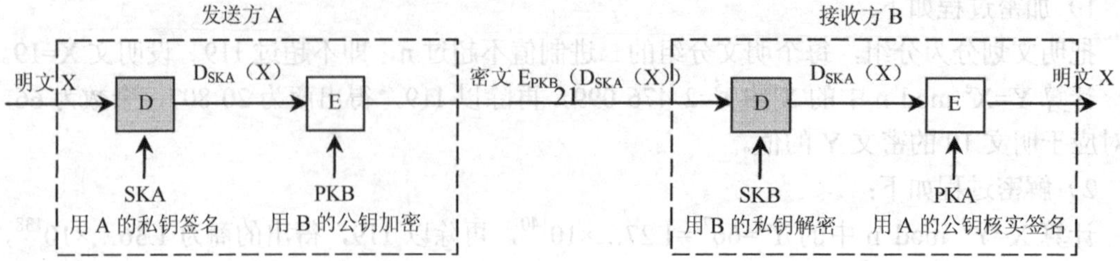

图 9-18　具有保密功能的数字签名

图中 SKA 和 SKB 分别是 A 和 B 的私钥，PKA 和 PKB 分别是 A 和 B 的公钥，在发送方端和接收方端分别要进行解密和加密运算过程。

9.4.4　报文鉴别技术

报文鉴别（Message Authentication）主要用来对付主动攻击中的篡改和伪造。报文鉴别是一种过程，通过这一过程，接收方可以验证所接收报文的发送者、报文内容、发送的时间、序列等的真伪。报文鉴别也称为消息鉴别。

认证和鉴别用到产生认证符的 3 类函数：报文加密，整个报文的密文作为认证符；报文认证码，是报文和密钥的函数，用生成的定长值作为认证符；hash 函数，用来将任意长的报文映射为定长的 hash 值的公开函数，认证符为该 hash 值。hash 函数的输入是长度可变大小的信息 m，输出是固定大小的 hash 码 H（m），hash 码并不使用密钥，它仅是输入报文的函数。hash 码也称为报文摘要，是所有信息位的函数，具有错误检测能力。

网络中有许多报文并不需要加密，而是需要判断和鉴别报文的真伪，例如，网络中的一些通知信息。目前，在计算机网络中多采用报文摘要（Message Digest，MD）来实现对报文的鉴别，就是说仅对计算出的报文摘要进行加密，不用对整个报文加密，这样既减少了开销，又达到了鉴别真伪的目的。

报文摘要的工作过程是，在发送方将可变长度的报文 m 经过报文摘要算法运算后得出固定长度的报文摘要 H（m），然后对 H（m）加密，得出 E_K（H（m）），将其附加在报文 m 后面发送到信道上，接收方把 E_K（H（m））解密，得出 H（m），再把收到的报文 m′ 进行报文摘要运算，把得到的报文摘要与 H（m）比较，若两者一致，表明是发送方发出的，否则就不是。报文摘要加密的实现过程，如图 9-19 所示。

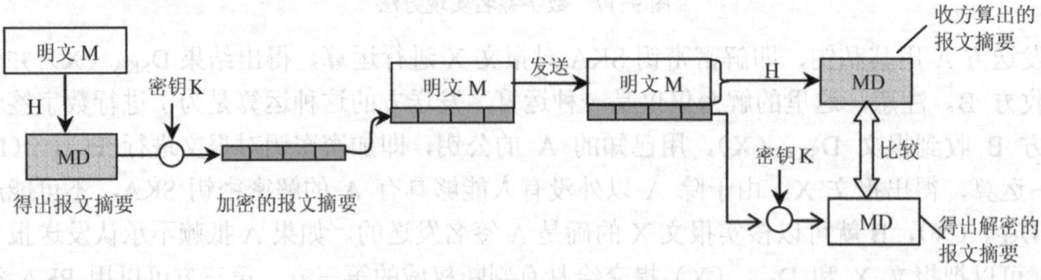

图 9-19　报文摘要加密的实现过程

MD 的特点是仅对很短的固定长度的报文摘要进行加密，是简单和高效的，相当于加上安全标记，这种标记称为数字指纹。报文 m 和 E_K（H（m））合在一起是不可伪造的，是可以鉴别和不可抵赖的。报文摘要类似于差错检测中的循环冗余校验 CRC，都是多对一的散列函数

（Hash Function）应用的例子，散列函数也称为哈希（hash）函数，hash 函数的目的是要产生报文、文件或其他数据块的“指纹”，hash 函数用于报文的鉴别和认证，hash 函数算法的性质和要求如下：

1）hash 函数可以用于任意大小的报文数据块 m。

2）hash 函数的输出 H（m）是定长的。

3）计算 H（m）比较容易，用硬件和软件均可实现。

4）任何一个报文摘要值 x，若想找到一个报文 y，使得 H（y）=x，则在计算上是不可能的，称为单向性。

5）对任意给定的报文 x， 找到 y≠x，并且 H（x）=H（y）的 y，在计算上是不可能的，称为抗弱碰撞性。

6）找到任何满足 H（x）=H（y）的偶对（x，y），在计算上是不可能的，称为抗碰撞性。

前 3 个性质和要求是 hash 函数用于报文认证时必须满足的。第 4 个要求单向性是指，由报文很容易计算出报文摘要，但是由报文摘要却不能计算出相应的报文。第 5 个性质可以保证不能找到与给定报文具有相同报文摘要值的另一报文。第 6 个性质涉及 hash 函数抗生日攻击的能力强弱问题。

报文经过散列函数运算可以看成是没有密钥的加密运算，在接收方不需要，也无法把报文摘要还原成明文。若（m，H（m））是发送方产生的报文和报文摘要对，攻击者不可能伪造出一个报文 y，使得 H（m）=H（y）。

目前，广泛使用的报文摘要算法 MD5 由 RFC 1321 文档给出，对任意长度的报文进行运算后，得出 128 位的 MD5 报文摘要代码。MD5 的运算过程如下：

1）将报文按模 2^{64} 计算其余数（64 位），追加在报文后面，MD 代码已经包含了报文长度的信息。

2）在报文摘要和余数之间填充 1～512 位，填充的首位是 1，其余位为 0，使得填充后的总长度是 512 的整数倍。

3）将追加和填充后的报文分割为一个个 512 位的数据块，512 位的报文数据分成 4 个 128 位的数据块依次送到不同的散列函数进行 4 轮运算，每一轮又按 32 位的小数据块进行复杂的运算，直到计算出 MD5 报文摘要代码。

4）最终得出的 MD5 代码中的每一位都与原来报文中的每一位有关。

与 MD5 类似的另一种标准称为安全散列算法（Security Hash Algorithm，SHA），码长为 160 位，也是用 512 位长的数据块经过复杂运算得出的。

9.4.5　密钥分配技术

网络的安全取决于密钥和密钥分配的安全，密钥分发属于密钥管理，密钥管理的内容有：密钥的产生、分配、注入、验证和使用。可以看出，在计算机网络中的密钥分配是最重要的问题。密钥必须通过最安全可靠的渠道进行分配。密钥分配分为网外分配方式和网内分配方式。前一种方式是采用可靠的信使携带密钥直接交给互相通信的用户的方法，由于网络中用户数量的增加，以及密钥定期更换频繁，此种方式已经不再使用。后一种方式是采用自动分配方法，是目前因特网中常用的方式。

公钥密码体制的主要作用之一就是解决密钥分配问题，人们已经提出了以下几种公钥分配方案：公开发布；公开可访问目录；公钥授权和公钥证书。

通过设立密钥分配中心（Key Distribution Center，KDC）来分配密钥，假设用户 A 要与用户 B 进行通信，两者均是 KDC 登记的用户，分别拥有与 KDC 通信的私有主密钥 KA 和 KB，密钥分配通过 4 个步骤进行：

1）用户 A 向 KDC 发送用主钥 KA 加密的报文 E_{KA}（A，B），告诉 KDC 想与用户 B 通信。

2）KDC 用随机数产生一个"一次一密"的密钥 R_i 提供 A 与 B 此次通信，向 A 发送用 A 主密钥 KA 加密的回答报文，报文中有密钥 R_i 和请 A 发送给 B 的由 B 的私有主密钥加密的报文 E_{KB}（A，R_i），A 无法知道，也无需知道此报文的内容。

3）用户 B 收到 A 转来的报文 E_{KB}（A，R_i），使用自己的私有主密钥解密，知道 A 要与 B 通信，也知道通信时所使用的密钥 R_i。

4）用户 A 与 B 开始使用"一次一密"的密钥 R_i 进行通信。

KDC 可以在报文中加入时间戳，以防止截取者利用以前记录下来的报文实施重放攻击。目前最常用的密钥分配协议是美国麻省理工学院研制的 Kerberos，对应的 RFC 文档编号是 RFC 1510。利用 KDC 的密钥分配协议，如图 9-20 所示。

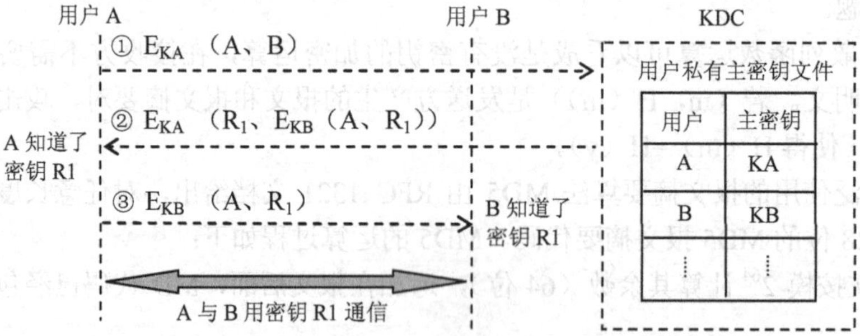

图 9-20 利用 KDC 的密钥分配协议

在公约加密体制中为了证明公钥的真实性，需要有一个可以信赖的机构将公钥与其对应的实体，例如人或主机绑定，这个可以信赖的机构称为认证中心（Certification Authority，CA）。CA 一般由政府建立，每个实体都拥有 CA 发来的被数字签名的证书（Certificate），证书中有公钥和拥有者的标识信息，例如，用户名或 IP 地址。用户可以从可信的地方，例如，代表政府的报纸获得认证中心 CA 的公钥，通过这个公钥向 CA 查询来验证某个公钥是否与某个实体对应。

公钥证书方法是使通信各方使用证书来交换密钥，这种方案与直接从公钥管理员处获得密钥的可靠性相同。公钥证书由证书管理员产生，证书的内容包括公钥和其他一些信息，发送给拥有相应私钥的通信方，该通信方通过传递证书将密钥信息给另一方。该方法应满足以下要求：

1）任何通信方可以确定证书拥有者的名字和公钥，读取证书。

2）任何通信方可以验证该证书不是伪造的，是由证书管理员产生的。

3）证书的产生和更新只能由证书管理员操作。

4）可以验证证书的时效性。

9.4.6 链路加密与端到端加密

1. 链路加密

从网络传输的角度看，存在两种不同的加密策略，一种称为链路加密，另一种称为端到端加密。链路加密对用户来讲是透明的，加密功能由通信子网提供。

在采用链路加密的网络中，每条通信链路上的加密都是独立的，通常对每条链路使用不同的加密密钥，这样当某条链路被破坏后，其他链路上的信息也不会被析出，链路加密的加密算法通常采用序列密码加密。若对协议数据单元（PDU）的控制信息和数据信息都进行加密，可以掩盖源节点和目的节点的地址信息等，但在另一方面，会无法确定发送方或接收方。在节点间保持连续的密文序列，也可以对 PDU 的频度和长度掩盖，这样做可以防止各种形式的通信量分析。链路加密过程，如图 9-21 所示。

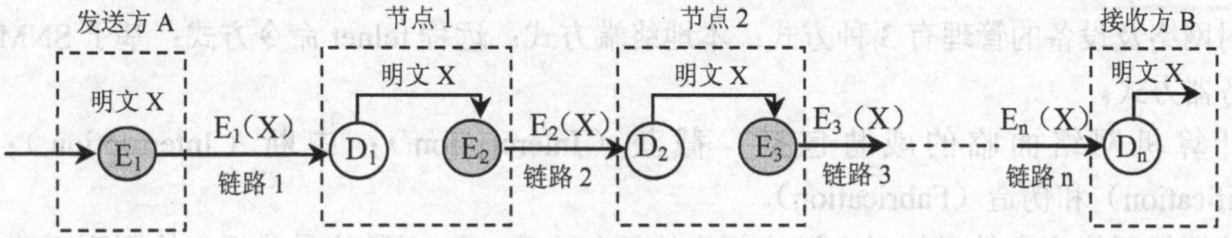

图 9-21　链路加密过程

由于只要求相邻节点之间具有相同的密码，使得密钥管理容易实现，由于不需要传输额外的数据，也不会减少网络原有的带宽。

链路加密要求节点本身是安全的，这是因为报文是以明文的形式在各节点内加密的，源节点和目的节点一般是安全的，主要是要考虑中间节点的安全性，例如，经过的路由器等。链路加密的问题是，有可能在中间节点泄露信息的内容，例如，在采用动态路由的网络中，被攻击者控制的中间节点会有可能更改路由，使所需要的 PDU 经过该节点。在网络互连情况下，仅采用链路加密是不能实现通信安全的。链路加密不能用于广播网络，因为广播网络的通信子网不存在明确的链路。

2．端到端加密

端到端加密是在源节点和目的节点中对传输的 PDU 进行加密，报文的安全性不会因中间节点存在的问题受到影响。端到端加密是在运输层及以上层次上实现的，可以选择在运输层上实现，安全措施对用户是透明的，不必为每一个用户提供单独的安全保护。选择在应用层上实现时，用户可以根据需要选择不同的加密算法，用户之间互不影响。端到端加密过程，如图 9-22 所示。

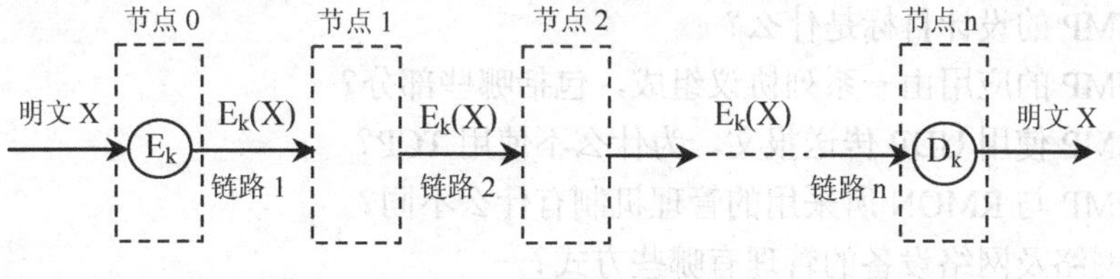

图 9-22　端到端加密过程

端到端加密的特点是，可以适用互联网环境，也可以适用广播网络环境；容易适合不同用户的加密要求；不能对 PDU 的控制信息部分加密，例如，节点地址、路由信息等，否则中间节点将无法正确选择路由；各节点必须持有与其他节点相同的密钥，需要在网络范围内进行密钥分配和管理。

在具体应用时，可以考虑把链路加密和端到端加密结合起来使用。

9.5 小结

网络管理涉及 3 个重要因素：一是要有网络管理协议，网管协议用于在网管系统和被管对象之间实现通信；二是要记录被管理对象和状态的数据信息；三是运行一个大的网络还应有相应的网络管理机构和组织。

SNMP 是事实上的计算机网络管理标准。SNMP 的应用由一系列协议组成，包括 3 个部分：管理信息库（MIB）；管理信息结构（SMI）；SNMP 协议。

对网络及设备的管理有 3 种方式：本地终端方式；远程 telnet 命令方式；基于 SNMP 的代理服务器方式。

计算机网络面临的威胁包括：截获（Interception）；中断（Interruption）；篡改（Modification）和伪造（Fabrication）。

计算机网络安全的目标是：防止析出协议包内容；防止通信量分析；检测到更改、拒绝服务，检测到伪造初始化连接的发生。

对称密钥密码体制也称为常规密钥密码体制，加密密钥与解密密钥是相同的。公钥密码体制也称为非对称密钥体制，是使用不同的加密密钥和解密密钥，是一种由已知加密密钥推导出解密密钥在计算上是不可行的密钥体制。

在计算机和计算机网络中需要用到数字签名。应用数字签名，接收方可以核实发送方对报文的签名；发送方不能抵赖对报文的签名；接收方不能伪造对报文的签名。

报文鉴别（Message Authentication）主要用来对付主动攻击中的篡改和伪造。报文鉴别是一种过程，通过这一过程，接收方可以验证所接收报文的发送者、报文内容、发送的时间、序列等的真伪。

9.6 思考题与习题

9-1 网络管理的作用是什么？

9-2 网络管理实现包括哪些组成部分？

9-3 画出网络管理模型，解释各部的功用。

9-4 SNMP 的设计目标是什么？

9-5 SNMP 的应用由一系列协议组成，包括哪些部分？

9-6 SNMP 使用 UDP 传送报文。为什么不使用 TCP？

9-7 SNMP 与 RMON 所采用的管理机制有什么不同？

9-8 对网络及网络设备的管理有哪些方式？

9-9 计算机网络面临哪些威胁？哪些属于主动攻击？哪些属于被动攻击？

9-10 计算机网络安全的目标是什么？

9-11 出现网络安全问题的主要原因是什么？

9-12 写出对称密钥机制中数据加密过程，画出图示。

9-13 什么是密码学？什么是密码编码学？什么是密码分析学？

9-14 对称密钥体制有什么特点，传统的加密方法采用哪些方法？

9-15 试破译下面的密文诗。加密采用替换密码，使得 26 个字母（从 a 到 z）中的每一个用其他某个字母替代（注意，不是按序替代）。密文中无标点符号。空格未加密。

Kfd ktbd fzm eubd kfd pzyiom mztx ku kzyg ur bzha kfthcm ur mfudm zhx

Mftnm zhx mdzvthc pzg ur ezsszcdm zhx gthcm zhx pfa kfd mdz tm sutythc

Fuk zhx pfdkfdi ntcm fzld pthcm sok pztk z stk kfd uamkdim eitdx sdruid

Pd fzld uoi efzk rui mubd ur om zid uok ur sidzkf zhx zyy ur om zid rzk

Hu foiia mztx kfd ezindhkdi kfda kfzhgdx ftb boef rui kfzk

9-16　下面一段密文本来是连续的字串，只是为了便于阅读将它分成每 5 个一组。明文是计算机教科书的一段话，因此，也许有“computer”这个字出现。加密采用的是置换密码，明文中无空格，无标点符号。试破译这段密文。

aauan cvlre rurnn dltme aeepb ytust iceat npmey iicgo gorch srsoc nntii

imiha oofpa gsivt tpsit lbolr otoex

9-17　公钥密码体制有什么特点，为什么说它的出现是密码学发展历史上的一次革命？

9-18　非对称密码算法有两种应用模式：一是发送者使用接收者的公钥加密，而接收者使用自己的私钥解密；二是发送者使用自己的私钥加密，接收者使用发送者的公钥解密，它们分别用于支持什么安全机制？

9-19　使用 RSA 公开密钥体制进行加密。

（1）密 $p=7$，$q=11$，试列出 5 个有效的 e。

（2）若 $p=13$，$q=31$，$e=7$，问 d 是多少？

（3）若 $p=5$，$q=11$，$d=27$，试求 e。设 26 个英文字母可用其字母序号来代替，如 a=1，b=2，…，z=26。试将“abcdefghij”进行加密。

（4）若 $p=5$ 而 $q=11$，而 $e=7$，试求 d，并将报文“RSA”进行加密（报文中的字母用其字母序号代替），然后再解密，看是否能够恢复出原来的明文。

提示：利用以下公式：$(a \times b) \bmod n = ((a \bmod n) \times (b \bmod n)) \bmod n$

9-20　计算机网络中采用数字签名可以实现什么？

9-21　为什么需要进行报文鉴别？报文的保密性与完整性有何区别？

9-22　什么是报文摘要？什么是 MD5？

9-23　写出计算机网络中报文鉴别的实现过程。

9-24　对称密钥与公钥密钥机制有什么不同？对数字签名采用哪种密钥机制？为什么？

9-25　简述网络安全通信具有哪些特点？哪些特点是对安全通信概念的最新扩展？

9-26　分别说明 SNMP 管理站和 SNMP 网管代理的功能。

9-27　什么是管理信息库（MIB）？

9-28　画出管理信息结构（SMI）的树型结构，举例说明对管理对象的组织方法。

9-29　结合应用给出对 ASN.1 的理解。

第 10 章　IPv6 网络

IPv6 协议的提出是为了解决 IPv4 网络面临的多种问题。目前，几乎所有的主流操作系统均都支持 IPv6 协议。下一代因特网（NGI）和下一代网络（NGN）都要采用 IPv6 技术。

学习本章，要求了解 IPv6 技术的发展历程。理解 IPv6 协议的基本内容。掌握 IPv6 协议格式描述方法，掌握 IPv6 地址格式的描述。理解 IPv6 的特点；熟悉 IPv6 过渡中的三种基本技术。掌握比较 IPv6 与 IPv4 两种协议的方法。

10.1　IPv6 协议概述

10.1.1　IPv4 协议存在的问题

在 Internet 快速发展的过程中，IPv4 协议存在的局限性凸显出来。IPv4 的局限性以及需要改进的原因主要包括：

1）地址空间的局限性。IPv4 地址为 32 位长，由于 IPv4 的地址空间可能具有多于 40 亿的地址编码，有人可能会认为 Internet 很容易容纳数以亿计的主机。但是这只适用于 IP 地址以顺序化分布的情况，即第一台主机的地址为 1，第二台主机的地址为 2，依此类推。而 IPv4 地址是采用分类的层次结构划分的，造成地址空间浪费严重。

2）缺乏对安全性的支持。长期以来人们认为安全问题在网络协议的低层并不重要，都是把网络安全问题交给高层处理，例如，安全套接字层（SSL）和安全超文本传输协议（SHTTP），就是分别在运输层和应用层增强网络的安全性。这些技术均不能从根本上解决网络安全问题。

3）IPv4 网络中的节点配置很复杂。在将主机节点接入网络时一般需要专业人员的指导和帮助，需要对网络节点设置 IP 地址、子网掩码、网关地址、域名系统（DNS）地址，还要对网络节点进行路由配置。人们希望计算机网络中的网络设备、终端设备可以即插即用，实现设备的自动识别和自动配置。

4）缺乏对服务质量的支持。IPv4 网提供尽力交付的服务，缺乏对多媒体信息传输的有效支持，不提供服务质量保证，例如，带宽、时延、误码率和抖动等。目前网络中主要是音频和视频信息流的传输，尽管已经提出了资源预留协议（RSVP）、综合服务（InteServ）、区分服务（DiffServ）、支持实时传输的实时传输协议（Real Transfer Protocol，RTP）和实时传输通信协议（Real Transfer Communication Protocol，RTCP），但是这些附加的协议又增加了构建网络的复杂性和成本。

5）缺乏对移动性的支持。移动 IPv4 中必须有外地代理，需要使用较多的 IP 地址，移动 IPv4 中也存在三角路由问题。移动 IPv4 还存在入境过滤问题，不支持节点快速移动。移动 IPv4 采用的是静态配置的移动安全关联，不能对移动 IPv4 进行路由优化。

6）IPv4 路由问题。由于 IPv4 路由表的长度将随着网络数量的增加而变长。路由器在表中查询正确路由的时间就越长。现在的 Internet 拥有大量的网络，在骨干路由器上通常携带超过 10 万个以上不同网络地址的显式路由表项，查询路由的延时影响到网络的性能，这种影响远比地址空间的匮乏更紧迫。必须寻找采用分级地址寻址来汇聚和简化选路的方法。

7）网络地址翻译（NAT）问题。虽然 NAT 对于提高 IPv4 地址的分配效率有所帮助，但是网络设计人员在决定一个网络是否使用 NAT 之前必须非常小心，要先确定其是否适用。如果两个以上使用专用网络地址的网络需要合并，例如，两个使用专用 IP 地址的银行要把他们的 ATM 机合并，那么最终形成的网络很可能需要进行重新进行专用 IP 地址编号，以避免 IPv4 地址的冲突。另外，NAT 的设计思想显然不符合 IP 协议设计时端到端连接的设计理念。

10.1.2 IPv6 协议的发展历程

IPv6 是"Internet Protocol Version 6"的缩写，是下一代 Internet 协议（IP-the next generation，IPng）的实现，它是由 IETF 设计的用来替代 IPv4 协议的一种新的 IP 协议。

伴随着 Internet、电信网络技术的发展，采用 IPv6 技术的下一代网络（NGN/NGI）已初具端倪，并将进一步演进和发展。国际电信联盟（ITU）和国际电信联盟电信标准化部（ITU-T）的 NGN 计划（NGN 2004 Project）将下一代网络看做是全球信息基础设施（Global Information Infrastructure，GII）的具体实现。ETSI 将 NGN 定义为是一种规范和部署网络的概念，通过采用分层、分面和开放接口的方式，给业务提供者和运营者提供一个平台，借助这一平台逐步演进，以生成、部署和管理新的业务。IETF 重在发展具有可扩展性、安全性和移动性等特点的增强 IPv6 网络；3GPP、3GPP2 提出了 All-IP 核心网络的发展理念。

从 1983 年 1 月 TCP/IP 协议作为 ARPANET 网络的标准协议以来，今天的 Internet 大多数应用的是 IPv4 协议，IPv4 以其简单性、易用性获得了巨大的成功，同时随着应用范围的扩大，它也面临着越来越不容忽视的危机，需要设计和研究新的网络协议来替代 IPv4 协议。早在 20 世纪 90 年代初期，Internet 工程任务组（IETF）就开始着手下一代 Internet 协议的制定工作。IETF 在 RFC 1550 里给出征求新的 IP 协议的呼吁和新协议需要实现的主要目标。

1991 年 12 月，IETF 发布 RFC 1287 文档“未来的 Internet 体系结构”，该文档内容包括对于 Internet 将来发展的基本估计，以及 Internet 协议中需要改进的最重要的领域，这些内容是在 1991 年 1 月的 Internet 体系结构委员会（IAB）和 Internet 工程指导小组（IESG）会议上确定的研究方向。1992 年 6 月，IETF 公开征求对 IPng 的建议。1993 年成立 IPng Area 工作组，1994 年 12 月 IPng Area 给出对下一代 Internet 协议技术标准进行评议的 RFC 1726 文档，提出 17 条评议标准。

按照 RFC 1726 的技术评议标准推荐了 3 个主要的下一代 Internet 协议建议，这 3 个建议是，Internet 通用体系结构（Common Architecture for the Internet，CATNIP）；简单增强 IP 协议（Simple Internet Protocol Plus，SIPP）；CLNP 编址网络的 TCP/UDP 协议 TUBA（The TCP/UDP Over CLNP-Addressed Networks）。

依据 RFC 1726 文档提出的 17 条评议标准，IETF 认为 CATNIP 不够完整，不考虑采用，而 SIPP 和 TUBA 也存在各自的问题，需要进行改进。

1994 年 7 月 IETF 决定以 SIPP 作为 IPng 的基础，对 SIPP 进行了改进，包括把地址位数由 64 位增加到 128 位的固定长度、路由首部增强技术、IPv4 的 CIDR 技术，以及 TUBA 的自动配置和过渡技术等。

1995 年 1 月 IPng Area 给出 RFC 1752 文档，所给出的新的 IP 协议称为 IPv6（版本号 5 已经在实验中被用掉），提出下一代网络协议 IPv6 的推荐版本，RFC 1752 概述了 IPng 的需求，规定了 IPng PDU 的格式，提出了 IPng 在寻址、路由选择、安全等方面的措施，可以说 RFC 1752 的发表是因特网发展过程中的一个里程碑。

1995 年，由 Cisco 公司的 Steve Deering 和 Nokia 公司的 Robert Hinden 起草完成 IPv6 协议最初的草案。1995 年 12 月在 RFC 1883 中公布了 IPv6 协议规范的建议标准（Proposal Standard）。1996 年 IETF 发起建设全球 IPv6 实验床 6BONE，1996 年 7 月和 1997 年 11 月先后

发布了版本 2 和版本 2.1 的草案标准（Draft Standard），1998 年 12 月，发布了 IPv6 协议标准 RFC 2460，1999 年完成了 IETF 要求的协议审定和测试。

10.2 IPv6 协议格式

10.2.1 IPv6 协议数据单元

IPv6 协议数据单元（PDU）称为分组（Packet），IPv6 协议数据单元格式，如图 10-1 所示。

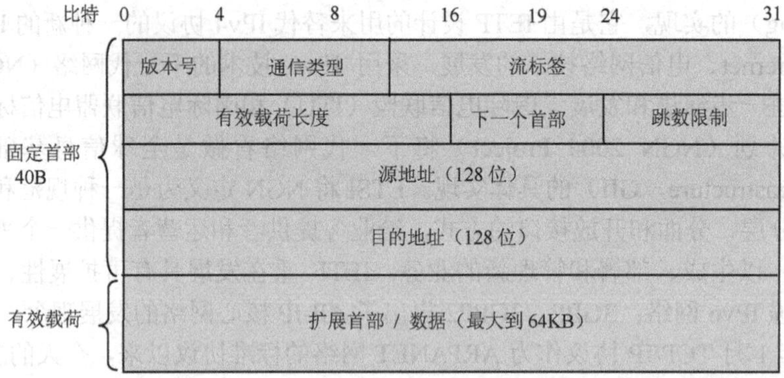

图 10-1 IPv6 协议格式

IPv6 协议数据单元由固定首部（Base Header）和有效载荷（Payload）组成，有效载荷又包括扩展首部（Extension Header）和数据部分。固定首部有 40 字节，包含有 8 个字段，扩展首部是可选的，扩展首部的长度可变，之后是数据部分。

IPv6 分组在基本首部后面允许有零个或多个扩展首部，再后面是数据。具有多个可选扩展首部的 IPv6 分组的一般格式，如图 10-2 所示。

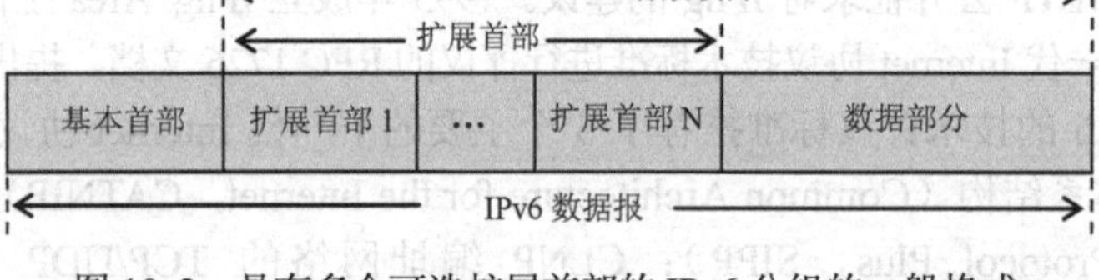

图 10-2 具有多个可选扩展首部的 IPv6 分组的一般格式

IPv6 协议固定首部 8 个字段的作用描述如下：

1）版本（Version），占 4 位，指明 IP 协议的版本，对 IPv6 该字段取值为 6，二进制标识为 0110。

2）通信类型（Traffic Class），占 8 位，用于区分不同 IPv6 分组的类别或优先级。目前正在进行各种通信类型的实验。

3）流标签（Flow Label），占 20 位，用于将每一个分组与一个给定的资源分配相联系，这里的流是指 Internet 上从特定源节点到特定目的节点（单播或多播）的一系列分组，在这个流经过的路径上的路由器保证支持的服务质量。所有属于同一个流的分组都具有相同的流标签。

4）有效载荷长度（Payload Length），占 16 位，用于指出除固定首部以外的字节数，包括扩展首部在内，字段的最大值为 64 KB，即有效载荷的最大长度可以是 64 KB。

5）下一个首部（Next Header），占 8 位，分为两种情况：若 IPv6 分组没有扩展首部，该字段的作用和 IPv4 协议字段的作用一样，字段值指出固定首部后面的数据交付给 IP 层上面的哪一个高层协议，例如，6 或 17 分别对应 TCP 或 UDP；若分组有扩展首部，该字段的值指出第一个扩展首部的类型。RFC 1700 对 IPv6 协议固定首部中下一个首部字段的取值，以及取值标识的意义给出定义。

IPv6 分组中下一个首部字段对应着 IPv4 协议中的协议字段，下一个首部字段的一些可能取值，见表 10-1，这些取值用来描述后续的扩展首部和其他相关的协议。

表 10-1　IPv6 分组中下一个首部字段的一些可能取值

下一个首部字段的取值	描述及含义	下一个首部字段的取值	描述及含义
0	逐跳选项首部	50	加密的安全有效载荷首部
1	ICMPv4，IP v4 协议支持	51	身份认证首部（AH）
2	IGMPv4，IP v4 协议支持	52	封装安全有效载荷（ESP）
4	IP 中包含 IP，封装的封装	58	ICMPv6
6	TCP	59	没有下一个首部
8	BGP	60	目的站选项首部
9	IGP，Cisco 用于 IGRP	88	EIGRP
17	UDP	89	OSPF
41	IPv6	108	IP 有效载荷压缩协议
43	路由首部（RH）	115	第 2 层隧道传输协议（L2TP）
44	分段首部（FH）	132	流控制传输协议（SCTP）
45	网域间路由协议（IDRP）	134～254	未分配
46	资源预留协议（RSVP）	255	保留

6）跳数限制（Hop Limit），占 8 位，用于限制分组在网络中经过的路由器数目，避免无用的分组在网络中兜圈子。源节点在发送分组时按规则设定跳数限制值，网络中的每个路由器在转发分组时，将该字段值减 1，当分组中该字段的值为零时丢弃该分组。

7）源地址（Source Address），占 128 位，标识发送分组的节点的 IP 地址。

8）目的地址（Destination Address），占 128 位，标识接收分组的节点的 IP 地址。

10.2.2　IPv6 协议与 IPv4 协议的比较

IPv6 协议与 IPv4 协议是互相不兼容的两个网络层协议，IPv6 是在 IPv4 基础上的改进。IPv6 协议首部与 IPv4 协议首部的比较，如图 10-3 所示。

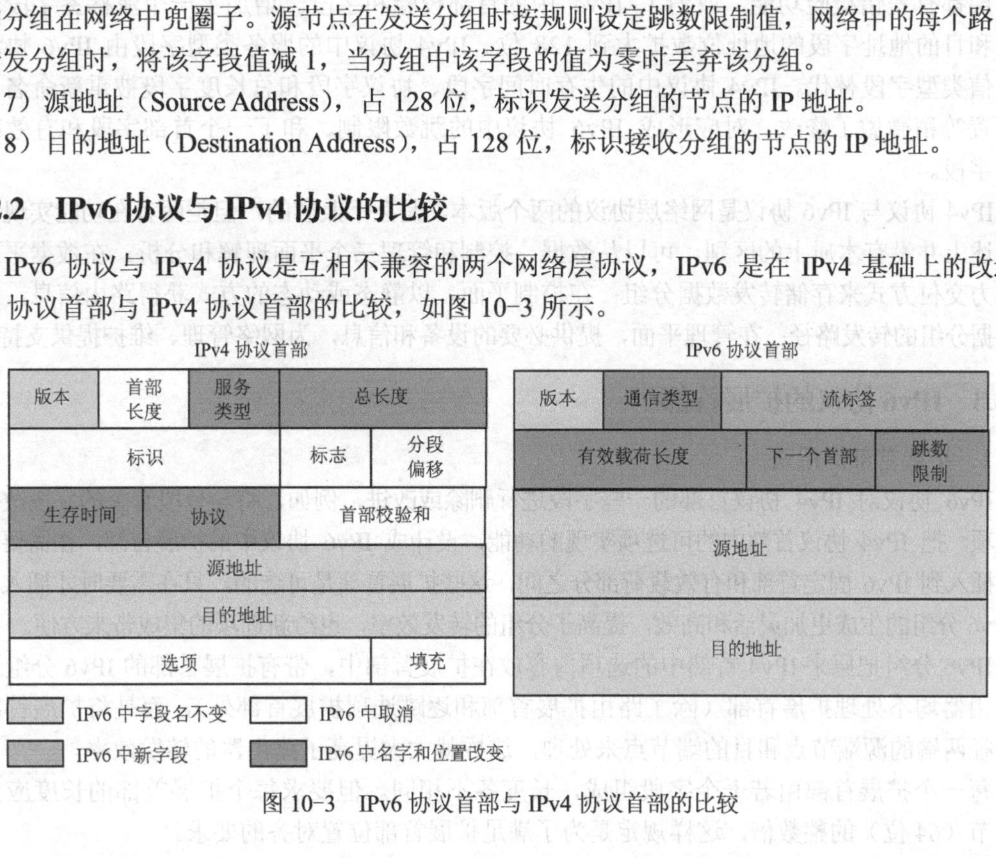

图 10-3　IPv6 协议首部与 IPv4 协议首部的比较

IPv6 协议首部的字段与 IPv4 协议首部的字段的比较，以及 IPv6 协议首部字段的特征，见表 10-2。

表 10-2　IPv6 协议首部与 IPv4 协议首部的比较

IPv4 首部的字段	IPv6 首部的字段	比较及 IPv6 中的特征
版本（4 位）	版本（4 位）	功能相同，IPv6 中该字段值为 6
IHL（4 位）		IPv6 分组固定首部为 40 字节
服务类型（8 位）	通信类型（8 位）	具有类似的功能
	流标签（20 位）	用于标识 IPv6 数据流
总长度（16 位）	有效载荷长度（20 位）	具有类似的功能
标识（16 位）		IPv6 中分段处理方式不同
标志（3 位）		IPv6 中分段处理方式不同
分段偏移（13 位）		IPv6 中分段处理方式不同
生存时间（8 位）	跳数限制（8 位）	具有类似的功能
协议（8 位）	下一个首部（8 位）	具有类似的功能
首部校验和（16 位）		IPv6 中由数据链路层和高层处理校验和
源地址（32 位）	源地址（128 位）	IPv6 中地址位数扩大到 128 位
目的地址（32 位）	目的地址（128 位）	IPv6 中地址位数扩大到 128 位
选项（可变）		IPv6 中采用扩展首部方法
填充（可变）		IPv6 中没有

可以看出，与 IPv4 协议中的字段比较，IPv6 协议首部去掉了 IPv4 协议中的 5 个字段，这 5 个字段是，首部长度、标识、标志、片偏移和首部校验和，例如，考虑到数据链路层和运输层都有差错检验功能，取消了 IPv4 中的首部校验和字段。增加了一个流标签字段，源地址和目的地址字段的地址位数扩大到 128 位。IPv4 协议中的服务类型字段由 IPv6 协议中的通信类型字段替代。IPv4 协议中的生存时间字段、协议字段和总长度字段被重新命名，并对位置等稍微做了修改，对应形成 IPv6 协议中的跳数限制、和下一个首部字段和有效载荷长度字段。

IPv4 协议与 IPv6 协议是网络层协议的两个版本，是互不兼容的，但是两者在功能实现和应用描述上并没有本质上的区别，可以从数据、控制和管理三个平面理解和分析。在数据平面，以尽力交付方式来存储转发数据分组；在控制平面，以静态或动态的方式获得路由信息，决定对数据分组的转发路径；在管理平面，提供必要的设备和信息，为网络管理、维护提供支持。

10.2.3　IPv6 协议的扩展首部

1．扩展首部的用法

IPv6 协议对 IPv4 协议首部的一些字段进行删除或改进，例如，将与分段有关的字段改变为可选项，把 IPv4 协议首部中的可选项实现的功能，设计成 IPv6 协议中的扩展首部，在需要的情况下插入到 IPv6 固定首部和有效载荷部分之间，这些扩展首部是可选的，只在需要时才插入，使得 IPv6 分组的生成更加灵活和高效，提高了分组的转发效率，也给新选项的集成带来方便。

IPv6 分组把原来 IPv4 首部中的选项内容放在扩展首部中，带有扩展首部的 IPv6 分组途经的路由器均不处理扩展首部（除了路由扩展首部和逐跳选项扩展首部外），而是将扩展首部留给路径两端的源端节点和目的端节点来处理，这样就大大提高了路由器的转发效率。

每一个扩展首部由若干个字段组成，长度各不相同。但要求每个扩展首部的长度应为 8 个字节（64 位）的整数倍，这样规定是为了满足扩展首部位置对齐的要求。

每一个扩展首部的第 1 个字段都是下一个首部字段，由下一个首部字段构成扩展首部指针链表。若同时存在多个扩展首部，扩展首部的排列有顺序要求。若下一个首部字段的值为 59，标识该首部为最后一个首部。

2．扩展首部的标识

下一个首部字段值指明是否有下一个扩展首部，以及下一个扩展首部是什么，因此 IPv6 首部可以链接起来，从基本的 IPv6 固定首部开始，逐个链接各扩展首部。IPv6 分组首部的连接链，如图 10-4 所示，图中的第一个 IPv6 分组没有扩展首部；第二个分组有选路扩展首部，其后为 TCP 首部和数据部分；最后一个 IPv6 分组有较复杂的首部链，IPv6 首部后面有路由扩展首部，接着是身份认证扩展首部，最后是 TCP 首部和数据部分，对应的下一个首部字段值分别为 43、51、6。

3．扩展首部的顺序

一个 IPv6 分组可以有多个扩展首部，但是只有一种情况允许同一类型的扩展首部在一个分组中多次出现，而且各扩展首部在出现时应有一定的顺序，RFC 2460 规定扩展首部应该依照如下顺序：

1）IPv6 基本首部。

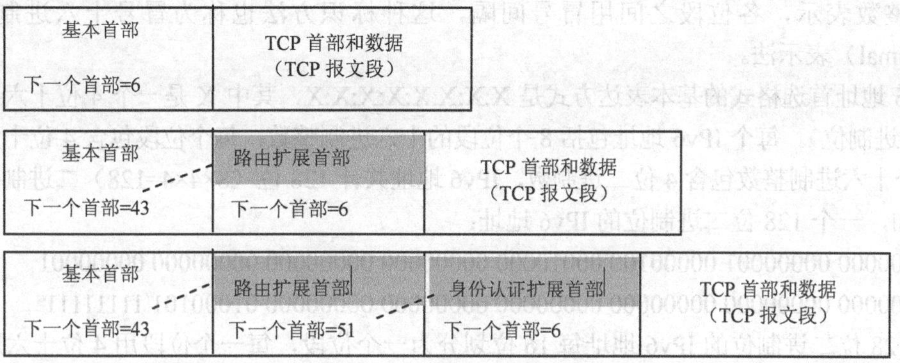

图 10-4　IPv6 分组首部的连接链

2）逐跳选项扩展首部。

3）目的站选项扩展首部①，该首部的处理由目的站选项首部中的地址节点依次进行处理，应用于 IPv6 目的地址字段的第一个目的地和路由首部中所列的附加目的地，以及分组的中间目的站。

4）路由扩展首部。

5）分段扩展首部。

6）身份鉴别认证（AH）扩展首部。

7）封装安全有效载荷（ESP）扩展首部。

8）目的站选项扩展首部②，当使用路由选择首部时，这个首部仅由 IPv6 基本首部中的目的节点处理。

9）高层协议首部，例如，TCP、UDP。

从以上顺序可知，在同一个 IPv6 分组中只有目的站选项扩展首部可以出现两次，并且仅限于分组中包含路由扩展首部的情况，并且这两个目的站选项扩展首部的处理是不相同的。其他扩展首部至多出现一次。

上述顺序并不是绝对的。例如前面已提及，在分组的其余部分要加密时，ESP 首部必须是最后一个扩展首部。同样，逐跳选项优先于其他所有扩展首部，因为每个接收 IPv6 分组的节点都必须对该选项进行处理。

10.3 IPv6 地址

10.3.1 IPv6 地址标识方法

1987 年，在 RFC 2373 文档中规定了 IPv6 的地址结构。2006 年 12 月，发布 RFC 4291，该文档是对 RFC 2373 的进一步修订。IPv6 地址长度是 128 位，包括 16 个字节。为了便于记忆、识别和应用，规定 IPv6 地址有 3 种格式：首选格式；压缩表示格式；内嵌 IPv4 地址的 IPv6 地址格式。

1. 首选格式

首选格式也称为标准的 IPv6 地址表达方式，方法是把 IPv6 地址的 128 位二进制位地址按每 16 位划分为一个位段，IPv6 地址可以划分为 8 个位段，每位段 2 个字节，用一个 4 位的十六进制整数表示，各位段之间用冒号间隔，这种标识方法也称为冒号十六进制（Colon Hexadecimal）表示法。

IPv6 地址首选格式的基本表达方式是 X:X:X:X:X:X:X:X，其中 X 是一个 4 位十六进制整数（16 位二进制位）。每个 IPv6 地址包括 8 个位段的十六进制整数，每个位段包含 4 位十六进制整数，每个十六进制整数包含 4 位二进制数，IPv6 地址共计 128 位（8×4×4=128）二进制位。

例如，一个 128 位二进制位的 IPv6 地址：

00100000 00000001 00000100 00010000 00000000 00000000 00000000 00000001

00000000 00000000 00000000 00000000 00000000 00000000 01000101 11111111

把 128 位二进制位的 IPv6 地址每 16 位划分为一个位段，每一个位段用 4 位十六进制整数表示，各组之间由冒号（:）间隔，注意，这里的冒号需要在英文输入方式下输入，得出该 IPv6 地址首选格式：

2001: 0410: 0000: 0001: 0000: 0000: 0000: 45FF

这些 IPv6 地址首选格式中的整数是十六进制整数，其中 A 到 F 表示的是十进制的 10 到 15。IPv6 地址首选格式中的每个整数都必须表示出来。用首选格式标识的 IPv6 地址与用 128 位二进制位标识的 IPv6 地址是等价的。之所以采用十六进制整数标识 IPv6 地址，是因为十六进制和二进制之间的转换更容易、标识和实现起来更方便。

2. 压缩表示格式

压缩表示格式也称为零压缩表示法。在 IPv6 地址首选格式中可能包含一个或多个 0，就像上面给出的例子那样。当出现这种情况时，规定 IPv6 地址结构中允许用“空隙”来表示这些 0，并且规定在一个位段 4 位十六进制整数的起始位置的 0 可以省略（压缩掉），也称为压缩位段的前导 0，例如，“02AB”可以简写为“2AB”，但是一组 4 位十六进制整数中间和后面的 0 不可以省略，例如，“FD05”不可以简写为“FD5”，“3A00”不可以简写为“3A”。并规定每个位段至少应有一个数字，例如，“0000”可以简写为“0”。例如，上面用首选格式表示的 IPv6 地址：

2001: 0410: 0000: 0001: 0000: 0000: 0000: 45FF

可以进一步被压缩表示为：

2001: 410: 0: 1: 0: 0: 0: 45FF

为了书写的方便和阅读的清晰，RFC 4291 又规定当首选格式的 IPv6 地址中存在多个连续位段都是 0 时，为了进一步简化地址标识，这些多个连续位段 0 可以用两个冒号（双冒号）表示，简写为“::”，这也称为双冒号表示法（Double Colon），这两个冒号表示该地址可以扩展到一个完整的 128 位地址，例如多播地址 FF02:0: 0: 0: 0: 0: 0:2 可以简写为 FF02: :2。上面的地址可以表示为：

2001: 410: 0: 1:: 45FF

需要注意的是，在使用压缩表示格式时，IPv6 标准规定双冒号在地址中只能出现一次:。并且不能省略一个组中有效的 0，例如上面的地址不可以写为：

2001: 41: 0: 1:: 45FF。

若要确定双冒号代表了多少个被压缩的 0，可以计算地址中有几个位段，用 8 减去位段数，再将结果乘以 16。例如，地址 FF02: :2 中有 2 个位段，用计算公式（8－2）×16=96，双冒号代表了 96 位（二进制位）被压缩的 0。

3．内嵌 IPv4 地址的 IPv6 地址格式

在 IPv4 和 IPv6 的混合环境中可以采用内嵌 IPv4 地址的 IPv6 地址格式，这也是 IPv4/IPv6 过渡时期使用的特殊表示方法。RFC 4213 对处于 IPv4 向 IPv6 过渡阶段的特殊地址格式做出规定，用于主机和路由器可以在 IPv4 路由基础设施的结构中，动态地通过隧道方式传输 IPv6 分组。

IPv6 地址中的最低 32 位可以用于表示 IPv4 地址，内嵌 IPv4 地址的 IPv6 地址格式可以按照一种混合方式表达，即 X:X:X:X:X:X:d.d.d.d，其中，X 表示一个位段（表示 4 位十六进制数），d 表示一个十进制整数（表示 8 位二进制数）。

内嵌 IPv4 地址的 IPv6 地址格式可以分为：IPv4 兼容的 IPv6 地址；IPv4 映射的 IPv6 地址。

10.3.2　IPv6 地址空间和 IPv6 前缀

IPv6 前缀（Format Prefix，FP）采用类似于 IPv4 地址中的无分类域间路由（CIDR）机制中的地址前缀，地址前缀用来标识网络、子网和路由（选路）。由于 IPv6 地址被分成两个部分：子网前缀和接口标识符，因此，人们期待一个 IP 节点地址可以按照类似 CIDR 地址的方式表示为一个携带前缀数值的地址，前缀指出了地址中有多少位是掩码。IPv6 地址前缀表示方法与 IPv4 地址中的 CIDR 一样，IPv6 地址前缀格式为 IPv6 地址/前缀长度。IPv6 地址与前缀长度之间以斜杠“/”区分，前缀长度是一个十进制值，指定该地址中最左边的用于组成前缀的比特数，指出了地址中有多少位属于网络标识。

例如，4030:0:0:0:C9B4:FF12:48BC:1A27/60，这个地址中用于选路的前缀长度为 60 位。

IPv6 地址空间描述内容包括：地址分配的情况，前缀（地址分配中前面的位值）和作为整个地址空间一部分的地址分配的长度（所占 IPv6 地址空间的比率）。

需要说明的是，前缀是 IPv6 地址的一部分，用作 IPv6 路由或网络标识，用 64 位前缀标识节点所在的子网（链路），子网内所有节点都有相应的 64 位前缀，RFC 4291 中给出子网和接口标识平分地址的规定，各占 64 位，在 IPv6 单播地址中可以写明其前缀长度，也可以不写其前缀长度，而采用默认前缀长度。任何少于 64 位的地址前缀标识，可以是一个路由器前缀，也可以是包含了部分 IPv6 地址空间的一个地址范围。例如，21BA:C3::/48 标识一个路由器前缀，而 21BA:C3:0:2A3F::/64 标识一个子网前缀。

10.3.3 IPv6 地址的分类

IPv6 地址用于标识网络接口，而不是网络节点。网络节点由分配给其网络接口的单播地址标识。IPv6 地址的分类方法与 IPv4 类似，按照其传输类型分为 4 种。

1．单播地址

单播地址（Unicast Address），用来标识网络节点的单一网络接口。目标地址是单播地址的数据包将发送给以单播地址为标识的网络接口。单播地址可唯一地确定某个 IPv6 节点的一个接口。为了实现负载均衡，允许多个网络接口使用相同的地址，只要这些接口对于每个主机上的 IPv6 协议来说表现为一个接口。单播地址又分为可汇聚全球单播地址；本地使用的单播地址；内嵌 IPv4 地址的 IPv6 地址。本地使用的单播地址再分为本地链路地址；本地节点地址。内嵌 IPv4 地址的 IPv6 地址再分为 IPv4 兼容的 IPv6 地址；IPv4 映射的 IPv6 地址。

2．多播地址

多播地址（Multicast Address），用来标识一组网络接口（通常属于不同的节点）。一个多播地址确定一组 IPv6 接口，发送到多播地址的数据包将发送给多播地址所标识的所有网络接口，向一个多播地址发送的数据包将被该多播的所有成员处理。多播地址用于一对多（One to Many）的通信，数据包要发送给多个接口。IPv6 没有定义广播地址，IPv6 网络广播寻址用 IPv6 多播地址实现。

3．任播地址

任播地址（Anycast Address），用来标识多个网络接口，这些接口通常属于不同的节点。任播地址是 IPv6 引入的一种新的地址类型，在文档 RFC 1546 中对任播地址进行描述和定义，一个任播地址被分配给多个接口，这些接口通常位于多个节点上。向一个任播地址发送的数据包将只会被发往这些接口中距离最近的一个节点的网络接口，距离最近的接口指的是在路由距离上最近的接口。任播地址用于一对多中之一（One to One of Many）的通信，PDU 要发送给单个接口。

4．特殊地址及取消广播地址的原因

特殊地址包括未指定地址和回送地址。

IPv6 中取消广播地址的原因是，广播地址从一开始就为 IPv4 网络带来了问题。广播被用来携带去向多个节点的信息，或被那些不知信息来自何方的节点用来发出请求。但是，广播可能会为网络性能设置障碍。同一网络链路上的大量广播意味着该链路上的每个节点都必须处理所有广播，但是其中绝大部分节点最终都将忽略该广播，因为该广播信息与自己无关。

IPv6 对此的解决办法是，使用一个“所有节点”多播地址来替代那些必须使用广播的情况，同时，对那些原来使用了广播地址的场合，则使用一些更加有限的多播地址。通过这种方法，对于原来对广播携带的业务流感兴趣的节点可以加入一个多播地址，而其他对该信息不感兴趣的节点则可以忽略发往该地址的包。

10.3.4 IPv6 地址的一般格式

IPv6 地址是分配给网络接口的，因此，一个节点的每个接口都需要至少一个单播地址。一个接口也可以具有多个任意类型的 IPv6 地址（单播、多播或任播）。因此，一个节点可以由它的任意一个接口的 IPv6 地址所标识。为了分担负荷，也可以把一个单播地址分配给多个接口，但是如果这么做的话，需要确保硬件和驱动程序对它提供支持。

一个典型的 IPv6 地址由 3 个部分组成：全球路由前缀（Global Routing Prefix，GRP）、子网 ID（Subnet ID）和接口 ID（Interface ID）。IPv6 的一般地址格式，如图 10-5 所示。

全球路由前缀 N 位	子网 ID M 位	接口 ID 128－N－M 位

图 10-5　IPv6 的一般地址格式

IPv6 的一般地址格式各部分的作用如下：

1）全球路由前缀（GRP）用来识别分配给一个节点的某个特殊地址或一个地址范围，用于确定分配给某节点的地址或地址范围。

2）子网 ID（Subnet ID）用来识别节点中的某个链接，子网 ID 也可以称为“子网”前缀或简称“子网”，一个子网 ID 与一个链接（链路）相关联，用于指明节点内的一条链接。可以将多个子网 ID 与一个链接相关联。可以将多个子网 ID 分配给一个链接。

3）接口 ID（Interface ID）用来识别和指明链接上的一个接口，并且接口 ID 在该链接上必须是唯一的。在 IPv6 寻址体系结构中，任何 IPv6 单播地址都需要一个接口标识符（接口 ID）。接口标识符非常像 48 位的介质访问控制（MAC）地址，MAC 地址由硬件编码在网络接口卡中，由厂商烧入网卡，而且地址具有全球唯一性，不会有两个网卡具有相同的 MAC 地址。这些地址能用来唯一标识网络链路层上的接口。

IPv6 主机地址的接口标识符基于 IEEE EUI-64 格式。该格式基于已存在的 MAC 地址来创建 64 位接口标识符，这样的标识符在本地和全球范围是唯一的。这些 64 位接口标识符能在全球范围内逐个编址，并唯一地标识每个网络接口。这意味着理论上可多达 264 个不同的物理接口，大约有 1.8×10^{19} 个不同的地址，而且只用了 IPv6 地址空间的一半。这在可预见的未来至少是足够的。

10.4　ICMPv6

10.4.1　ICMPv6 概述

IPv6 协议本身没有提供 IPv6 分组在网络传输过程中的传输状态的报告功能，需要通过 ICMPv6 协议报告 IPv6 分组在网络中传输的情况。ICMPv6（Internet Control Message Protocol for IPv6）是 IPv6 的 Internet 控制报文协议，它属于 IPv6 协议的一个组成部分，和 IPv6 协议一起工作，IPv6 网络中的每一个节点均要实现 ICMPv6。若网络中的节点不能正确处理到来的 IPv6 分组时，通过 ICMPv6 报文向源节点报告 IPv6 分组在传输过程中的出错信息和通告信息，使网络中的节点可以知道网络中所传输的 IPv6 分组的情况，以及当前网络状态的重要信息。

ICMPv6 实现并提供的主要功能有：错误报告、网络诊断、邻居发现、多播实现和重定向。ICMPv6 的控制信息主要有两种：差错报文和查询（信息）报文。

与 ICMPv4 类似，主机不能依靠所接收的 ICMPv6 报文去解决任何网络中存在的问题。

在发送 ICMPv6 报文时，是将 ICMPv6 报文作为 IPv6 分组的数据部分（载荷），封装在 IPv6 分组中，在 ICMPv6 报文之前紧邻的首部中下一首部字段的值应是 58。在 ICMPv6 报文之前是 IPv6 基本首部和若干个 IPv6 扩展首部，这些 IPv6 扩展首部都是可选的。

10.4.2 ICMPv6 对 ICMPv4 的改进

与 ICMPv4 协议比较，ICMPv6 协议实现 IPv4 网络中的 ICMP、ARP、IGMP 协议的功能，ICMPv6 协议删除了一些不再使用的过时报文类型，定义了一些新的功能和报文。ICMPv6 与 ICMPv4 所处网络层协议的比较，如图 10-6 所示。

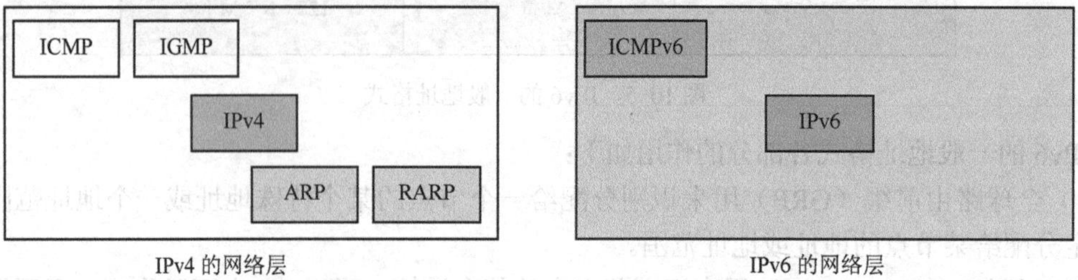

图 10-6　ICMPv6 与 ICMPv4 所处网络层协议的比较

ICMPv6 与 ICMPv4 相比，ICMPv6 增加的功能包括：

1）原来 IPv4 中 Internet 组管理协议（IGMP）所实现的功能一开始就包含在 ICMPv6 规范中，并且在 1997 年 11 月发布的 RFC 2236（IGMPv2）中得到更新，1998 年讨论了 IGMPv3。IGMP 功能被加入到 ICMPv6 中，称为多播监听者发现（Multicast Listener Discovery，MLD），增加了 3 种有关的 ICMPv6 报文，为主机提供了向本地路由器报告其属于某个多播组的方法。

2）ICMPv6 协议包含了 IPv4 中用来把第 2 层 MAC 地址映射到 IP 地址的地址解析协议（ARP）的功能，以及把 IP 地址映射到 MAC 地址的反向地址解析协议（RARP）的功能。

3）引入了邻居发现（ND）协议，通过使用 ICMPv6 报文可以确定同一个链路上的邻居的链路层地址、发现路由器、随时跟踪哪些邻居是可连接的，以及检测更改的链路层地址。邻居发现协议是 IPv6 协议的一个基本组成部分，邻居发现协议实现了路由器和前缀发现、地址解析、下一跳地址确定、重定向、邻居不可达检测、重复地址检测等功能，以及可以实现可选的链路层地址变化、输入负载均衡和代理通告等功能。

4）ICMPv6 还支持移动（Mobile）IPv6，增加了 4 种有关的 ICMPv6 报文。

ICMPv6 的报文结构与 ICMPv4 的报文结构基本相同，ICMPv6 对报文的类型编码重新进行了定义，ICMPv6 与 ICMPv4 报文类型的比较，见表 10-3。

表 10-3　ICMPv6 与 ICMPv4 报文类型的比较

报 文 名 称	ICMPv4 的类型编码	ICMPv6 的类型编码
回声应答	0	129
目的地不可达	3	1
分组过大	类型 3 代码 4	2
源抑制	4	无
重定向	5	137
回声请求	8	128
超时	11	3
参数错误	12	4
时间戳	13	无
时间戳回复	14	无
多播监听者查询	无	130
多播监听者报告	无	131

（续）

报 文 名 称	ICMPv4 的类型编码	ICMPv6 的类型编码
多播监听者完成	无	132
路由器请求	10	133
路由器通告	9	134
邻居请求	无	135
邻居通告	无	136
家乡代理地址发现请求	无	144
家乡代理地址发现应答	无	145
移动前缀请求	无	146
移动前缀通告	无	147

10.4.3 ICMPv6 报文的一般格式

在应用时，ICMPv6 报文作为 IPv6 分组的数据部分。在每个 ICMPv6 报文之前是一个 IPv6 固定首部和可选的扩展首部。位于 ICMPv6 首部之前的那个首部的下一个首部（Next Header）字段的值为 58，标识后面为 ICMPv6 报文。ICMPv6 报文类型在技术文档 RFC 2463 中描述。携带 ICMPv6 报文的 IPv6 分组的格式，如图 10-7 所示。

图 10-7 携带 ICMPv6 报文的 IPv6 分组的格式

ICMPv6 报文有两种类型：

1）ICMPv6 错误报文，错误报文的 Type（类型）字段中的最高位为 0。因此，ICMP 错误报文类型的编码值范围是 0～127。

2）ICMPv6 信息报文，信息报文的 Type（类型）字段中的最高位为 1。因此，ICMP 信息报文类型的编码值范围是 128～255。

ICMPv6 报文的一般格式，如图 10-8 所示。所有的 ICMPv6 报文都有相同的常规首部结构，其中的类型、代码和校验和这前三个字段都和 ICMPv4 类似。

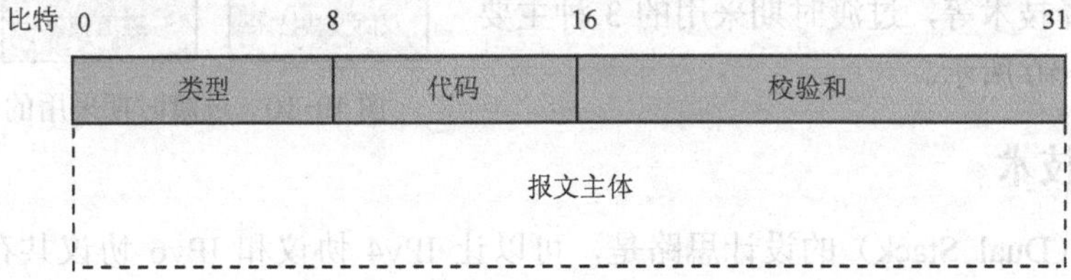

图 10-8 ICMPv6 报文的一般格式

10.5 IPv6 过渡技术

10.5.1 IPv6 过渡技术概述

过渡是指某一事物从一种状态逐步演化为另一种状态，或者逐步转变为另一事物的过程。过渡有两个特征：过渡需要一个过程，需要一定的时间；在过渡过程中，事物发生了质的变化，逐渐不同于原来的事物，过渡完成以后，演变成为新的事物。

如何完成从 IPv4 到 IPv6 的转换，是 IPv6 发展需要解决的第一个问题。IPv6 协议不可能立刻替代 IPv4 协议，因此，在相当一段时间内 IPv4 和 IPv6 会共存在一个环境中，要提供平稳的转换过程，使得对现有的使用者影响最小，就需要有良好的转换机制。IPv6 是下一代 Internet 核心协议。但是，一种新的协议从诞生到广泛应用需要一个过程，尤其是对于 IPv4 协议仍然很好的支撑着的 Internet 而言。在 IPv6 的网络过渡阶段，总是有一些网络首先使用 IPv6 协议并希望能够与当前的 Internet 正常通信。研究者们必须开发出 IPv4/IPv6 互通技术，以保证 IPv4 网络能够平稳过渡到 IPv6 网络，除此之外，互通技术应该对普通用户做到“无缝”，对信息传递做到高效。

IPv4 网络向 IPv6 网络的过渡可以分为 4 个阶段，在过渡的初期，Internet 将由运行 IPv4 的“海洋”和运行 IPv6 的“小岛”组成。随着时间的推移，IPv4 的海洋将会逐渐变小，而 IPv6 的小岛将会越来越多，最终实现 IPv6 完全取代 IPv4。过渡初期要解决的主要问题主要有两个：第一个是解决这些 IPv6 的小岛之间互相通信的问题；第二个是解决 IPv6 的小岛与 IPv4 的海洋之间通信的问题。IPv4 网络向 IPv6 网络的过渡阶段，如图 10-9 所示。

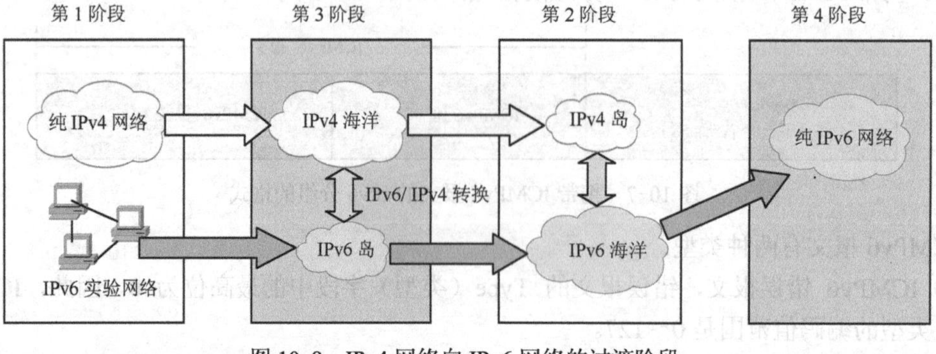

图 10-9　IPv4 网络向 IPv6 网络的过渡阶段

IETF 专门组建 ngtrans 工作组（现在为 V6ops），研究 IPv4/IPv6 过渡问题和高效无缝互连问题。IETF 推荐的转换机制有：双协议栈技术、隧道技术、翻译技术等，过渡时期采用的 3 种主要技术，如图 10-10 所示。

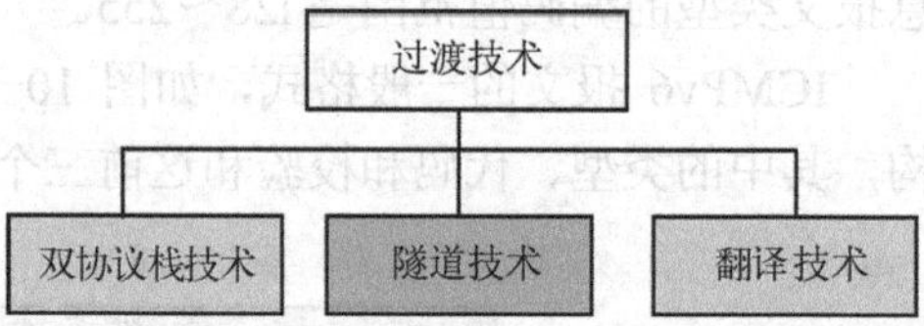

图 10-10　过渡时期采用的 3 种主要技术

10.5.2　双栈技术

双栈技术（Dual Stack）的设计思路是，可以让 IPv4 协议和 IPv6 协议共存于同一计算机设备和网络中。采用双栈技术的节点上同时运行 IPv4 和 IPv6 两套协议栈。这是使 IPv6 节点保持与纯 IPv4 节点兼容最直接的方式。这种方式对 IPv4 和 IPv6 提供了完全的兼容，但是对于 IP 地址耗尽的问题却没有任何帮助。由于需要双路由基础设施，这种方式反而增加了网络的复杂度。与双栈技术对应的技术文档是 RFC 2893。

IPv6/IPv4 双 IP 层结构，如图 10-11 所示，具有双 IP 层结构的节点（主机或路由器）具有两个 IP 地址，分别对应 IPv6 地址和 IPv4 地址，该节点在与 IPv6 主机通信时使用 IPv6 地址，在与 IPv4 主机通信时使用 IPv4 地址。

应用层协议	
TCP/UDP 协议	
IPv6 协议	IPv4 协议
链路层及物理协议（IP 层以下部分）	

图 10-11　IPv6/IPv4 双 IP 层结构

而在 Windows 操作系统系列中，提供的是双协议栈结构，在包含的 IPv6 协议的驱动程序 tcpip6.sys 中，分别针对 IPv6 和 IPv4，有不同的 TCP 协议和 UDP 协议的实现方案。IPv6/IPv4 双协议栈的结构，如图 10-12 所示。

应用层协议	
TCP/UDP 协议	TCP/UDP 协议
IPv6 协议	IPv4 协议
链路层及物理协议（IP 层以下部分）	

图 10-12　IPv6/IPv4 双协议栈的结构

10.5.3　隧道技术

隧道技术（Tunnel）可以让 IPv6 分组通过现有 IPv4 网络传输。隧道技术的设计思路是，将 IPv6 分组作为无结构意义的数据部分，封装在 IPv4 分组中，构成 IPv4 分组，在 IPv4 网络传输。为了标识 IPv4 分组携带（封装）的是 IPv6 分组，IPv4 分组中协议字段的值设置为 41。封装后的 IPv6 分组进入隧道的一端（入口），通过 IPv4 网络传输到隧道的另一端（出口），再进行拆封，还原出 IPv6 分组。隧道技术采用的方法是“封装的封装”。

隧道技术提供了一种使 IPv6 的节点之间能够在过渡期间通信的方法，但它并不能解决 IPv6 节点与 IPv4 节点之间相互通信的问题。隧道技术对应的技术文档有 RFC 2473、RFC 2893、RFC 3056 等。隧道可以分成两类：手工配置的隧道和自动配置的隧道。手工配置隧道，如图 10-13 所示。

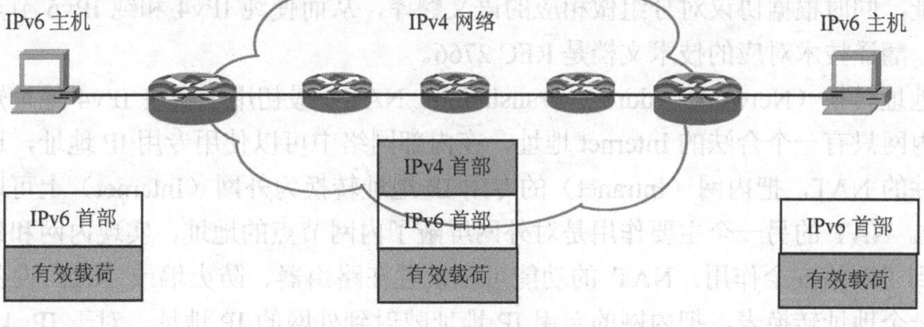

图 10-13　手工配置隧道的例子

手工配置隧道是在 IPv4 网络上承载 IPv6 分组，IPv6 分组被封装成 IPv4 分组的数据部分，然后通过 IPv4 网络传输。这些点对点的隧道需要手动加以配置。手工配置隧道用于非兼容 IPv4 的 IPv6 地址，也即 IPv6 分组的地址是纯 IPv6 地址，需要通过 IPv4 网络传输 IPv6 分组。

自动隧道的建立和拆除是动态的。在 IPv4 上承载 IPv6，IPv6 节点可以使用不同地址类型，如兼容 IPv4 的 IPv6 地址、6to4 地址、ISATAP 地址等，这些特殊的 IPv6 单播地址在其某个 IPv6 地址字段中存储着 IPv4 地址。在一个 IPv4 路由网络中动态地建立隧道并通过它传输 IPv6 分组。自动隧道的例子，如图 10-14 所示。

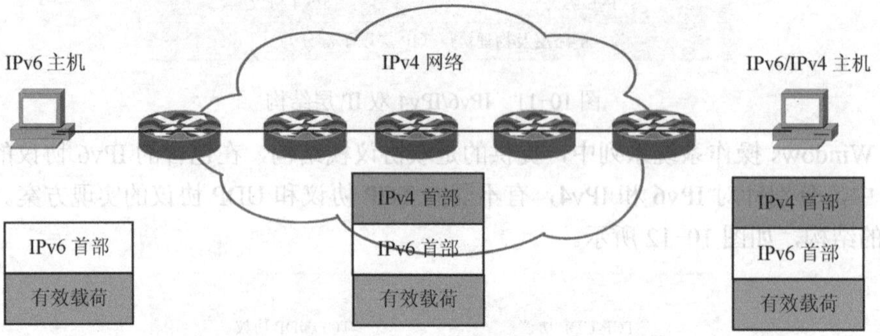

图 10-14　自动隧道的例子

需要指出的是，隧道技术其实是将 IPv6 分组作为 IPv4 分组的有效载荷（负载）通过 IPv4 网络进行传输的一种技术。当 IPv6 分组到达隧道的起始节点（入口）时，该节点会把 IPv6 分组作为 IPv4 分组的有效载荷放入 IPv4 分组中，然后通过 IPv4 网络进行发送，发送到隧道的终节点（出口），在终节点上去掉 IPv4 分组的首部，取出 IPv6 分组，之后再通过 IPv6 网络进行传输。对于进行通信的源节点和目的节点而言，隧道以及隧道所处的位置 IPv4 网络部分是不可见的、是透明的。

隧道技术中的数据传输经历 3 个过程，第一个过程，在隧道的起始节点对 IPv6 分组进行封装；第二个过程，在隧道中传输封装后的 IPv4 分组；第三个过程，在隧道的末尾节点对 IPv4 分组进行解封得到 IPv6 分组。

10.5.4　转换（翻译）技术

转换（翻译）技术让纯 IPv6 节点能够和纯 IPv4 节点相互通信。转换（翻译）技术有时也称为 IP 层协议首部转换。在实现时，转换网关除了要进行 IPv4 地址和 IPv6 地址转换，还要进行协议的转换和翻译。转换网关作为通信的中间设备，可在 IPv4 和 IPv6 网络之间转换 IP 首部的地址，同时根据协议对分组做相应的语义翻译，从而使纯 IPv4 和纯 IPv6 节点之间能够透明通信。翻译技术对应的技术文档是 RFC 2766。

网络地址转换（Network Address Translation，NAT）最初用于解决 IPv4 地址短缺问题，允许一个内网只有一个合法的 Internet 地址，在内部网络中可以使用专用 IP 地址，通过设置硬件的或软件的 NAT，把内网（Intranet）的专用 IP 地址转换为外网（Internet）上可以使用的公用 IP 地址。NAT 的另一个主要作用是对外网屏蔽了内网节点的地址，实现内网和外网之间的隔离，起到了网络安全作用。NAT 的功能可以设置在路由器、防火墙或 NAT 设备中，NAT 通过维护一个地址转换表，把内网的专用 IP 地址映射到外网的 IP 地址。对于 IPv4 向 IPv6 过渡机制来讲，这里的内网和外网可以分别对应 IPv4 网络或 IPv6 网络。

网络地址转换与协议转换（Network Address Translate Protocol Translate，NAT-PT）是一种纯 IPv4 节点和纯 IPv6 节点之间的互通方式，也就是说，原 IPv4 用户端节点上不需要进行升级改造，所有包括地址、协议在内的转换工作都由网络设备来完成。

无状态 IP / ICMP 转换（Stateless IP/ICMP Translation，SIIT）技术是对 IP 协议和 ICMP 协议进行协议转换，这种转换不记录流的状态，因而称为是无状态的。这种机制可以和其他的机制（例如 NAT-PT）结合，用于纯 IPv6 节点与纯 IPv4 节点之间的通信，但是在采用网络层加密和数据完整性保护的环境下这种技术不能使用。SIIT 对应的技术文档是 RFC 2765。

10.6 小结

作为 TCP/IP 协议簇中的网络层协议，IPv6 协议与 IPv4 协议是互不兼容的，IPv6 协议的新特性体现在：高效、简洁、可扩充性好的 IPv6 协议首部；层次化结构的巨大地址空间；即插即用的连网方式与自动地址配置；内置的安全性；提供对服务质量（QoS）的支持；支持移动通信传输等。

IPv6 分组由固定首部和有效载荷组成，有效载荷又包括扩展首部和数据部分。固定首部有 40 字节，包含有 8 个字段，扩展首部是可选的，扩展首部的长度可变，之后是数据部分。IPv6 分组把原来 IPv4 首部中的选项内容放在扩展首部中，带有扩展首部的 IPv6 分组途经的路由器均不处理扩展首部，而是将扩展首部留给路径两端的源端节点和目的端节点来处理，这样就大大提高了路由器的转发效率。

IPv6 地址用于标识网络接口，而不是网络节点。网络节点由分配给其网络接口的单播地址标识。IPv6 地址的分类方法与 IPv4 类似，按照其传输类型分为 4 种：单播地址；多播地址；任播地址和特殊地址。

ICMPv6 是 IPv6 的 Internet 控制报文协议，它属于 IPv6 协议的一个组成部分，和 IPv6 协议一起工作，IPv6 网络中的每一个节点均要实现 ICMPv6。

IPv6 过渡阶段采用的转换机制有：双协议栈技术、隧道技术和翻译技术等。

10.7 思考题与习题

10-1 IPv4 的局限性以及需要改进的原因主要包括哪些内容？

10-2 简述 IPv6 技术的发展历程。

10-3 简述 IPv6 扩展首部的特殊之处。

10-4 画出具有多个可选扩展首部的 IPv6 分组的一般格式。

10-5 给出 IPv6 协议首部与 IPv4 协议首部的比较和分析。

10-6 IPv6 地址的标识方式有哪些？压缩标识格式有什么特点和规则？

10-7 画出 IPv6 地址的一般格式，并解释各字段的用途。

10-8 给出 ICMPv6 与 ICMPv4 报文的比较和分析。

10-9 画出 ICMPv6 报文的一般格式。

10-10 IPv4 网络向 IPv6 网络的过渡可以分为哪些阶段，每个阶段各有什么特点？

10-11 IPv6 过渡中主要采用哪些技术？

10-12 简述双栈技术的特点。

10-13 简述隧道技术的特点。

10-14 简述翻译技术的特点。

10-15 IPv6 相比 IPv4 做了哪些改动以实现 IP 层的安全？

附　录

附录 A　书中英文缩写词及其含义（按英文字母顺序排列）

AA　（Anycast Address）任播地址
AAA　（Authentication Authorization Accounting）认证、授权和记账
ABR　（Available Bit Rate）可用比特率
ACM　（Association for Computing Machinery）美国计算机学会
ACR　（Available Cell Rate）可用信元速率
ACR　（Allowed Cell Rate）允许的信元速率
ADR　（Allowed Data Rate）允许的数据速率
ADSL　（Asymmetric Digital Subscriber Line）非对称式数字用户线路
AES　（Advanced Encryption Standard）高级数据加密标准
AfriNIC　（Africa Network Information Center）负责非洲地区的 Internet 注册处
AH　（Authentication Head）鉴别（认证）首部
AIR　（Additive Increase Rate）附加速率
ANSI　（American National Standard Institute）美国国家标准协会
AP　（Access Point）访问接入点
API　（Application Program Interface）应用程序接口
APNIC　（Asia Pacific Network Information Center）负责亚洲和太平洋地区的 Internet 注册处
ARIN　（American Registry for Internet Numbers）
负责加拿大、美国以及加勒比海和北大西洋的一些岛屿的 Internet 注册处
ARP　（Address Resolution Protocol）地址解析协议
ARPA　（Advanced Rescarch Projcct Agcncy）美国国防部高级研究规划署
ARPANET　（Advanced Research Project Agency NETwork）美国国防部高级研究规划属网络
ARQ　（Automatic Repeat reQuest）自动请求重发
AS　（Autonomous System）自治系统
ASCII　（American Standard Code for Information Interchange）美国信息交换标准码
ASN　（Autonomous System Number）自治系统号
ASIC　（Application Specific IC）应用专用集成电路
ASN.1　（Abstract Syntax Notation 1）抽象语法标记
ATM　（Asynchronous Transfer Mode）异步传输模式
AUI　（Attachment Unit Interface）连接单元接口

BGP　（Border Gateway Protocol）边界网关协议
BITNET　（Because It's Time Network）国际学术网络
BSA　（Base Service Area）基本服务区
BSC　（Binary Synchronous Communication）二进制同步通信协议
BSS　（Basic Service Set）基本服务集

CA　（Certification Authority）认证中心

CAC　（Connection Access Control）连接接纳控制
CATV　（Community Antenna TV, Cable TV）有线电视
CATNIP　（Common Architecture for the Internet）Internet 通用体系结构
CBT　（Core Based Tree）基于核心的转发树
CCK　（Complimentary Code Keying）互补编码键控法
CCIR　（Consultative Committee on International Radio）国际无线电咨询委员会
CCITT　（Consultative Committee on International Telephone and Telegraph）国际电报电话咨询委员会
CDMA　（Code Division Multi Address Access）码分多址访问
CERNET　（China Education Research NETwork）中国教育和科研计算机网络
CFI　（Canonical Format Indicator）规范格式指示符
CI　（Congestion Indication）拥塞指示
CIDF　（Common Intrusion Detection Frame）通用入侵检测框
CIDR　（Classless InterDomain Routing）无类别域间路由
CMIP　（Common Management Information Protocol）公共管理信息协议规范
CMIS　（Common Management Information Service）公共管理服务服务
CMOL　（CMIP over LLC）用在 LLC 上的公共管理信息协议规范
CN　（Correspondent Node）通信对端节点
CNNIC　（Network Information Center of China）中国互联网信息中心
CoA　（Care of Address）转交地址
CoS　（Class of Service）服务类型
CRC　（Cyclic Redundancy Code）循环冗余校验编码
CSMA　（Carrier Sense Multiple Access）载波侦听多路访问
CSMA/CA　（Carrier Sense Multiple Access /Collision Avoidence）载波侦听多路访问冲突避免
CSMA/CD　（Carrier Sense Multiple Access /Collision Detection）载波侦听多路访问冲突检测
CTS　（Clear To Send）允许发送

DCE　（Data Circuit-terminating Equipment）数据电路端接设备
DCF　（Distributed Coordination Function）分布协调功能
DES　（Data Encryption Standard）数据加密标准
DFIR　（Diffused Infrared）扩散红外线
DHT　（Distributed Hash Tables）分散式散列表
DiffServ　（Differentiated Service）区分服务
DNA　（Digital Network Architecture）数字网络体系结构
DNS　（Domain Name System）域名系统
DS　（Distribution System）分配系统
DSCP　（DiffServ Code Point）区分服务码点
DSL　（Digital Subscriber Line）数字用户线
DSSS　（Direct Sequence Spread Spectrum）直接序列扩频
DTE　（Data Terminal Equipment）数据终端设备
DV　（Distance Vector）距离矢量
DVA　（Distance Vctor Algorithm）距离矢量路由算法
DVMRP　（Distance Vector Multicast Routing Protocol）距离矢量多播路由选择协议

EBCDIC　（Extended Binary Coded Decimal Interchange Code）扩充的二-十进制交换码
EIA　（Electronic Industries Association）美国电子工业学会
ER　（Explicit Rate）明晰速率

ESP （Encapsulating Security Payload）封装安全有效载荷扩展首部
ESS （Extended Service Set）扩展的服务集
ETSI （European Telecommunication Standards Institute）欧洲电信标准协会

FCC （Federal Communication Commission）联邦通信委员会
FDM （Frequency Division Multiplexing）频分复用
FEC （Forward Error Correction）前向纠错
FHSS （Frequency Hopping Spread Spectrum）跳频扩频
FIFO （First In First Out）先进先出
FP （Format Prefix）前缀
FQ （Fair Queuing）公平队列
FQDN （Fully Qualified Domain Name）完整的计算机名称
FR （Infrared Radio）红外无线
FTAM （File Transfer, Access and Management）文件传输、访问和管理
FTP （File Transfer Protocol）文件传输协议

GMII （Gigabit Media Independent Interface）千兆介质专用接口
GII （Global Information Infrastructure）全球信息基础设施
GRP （Global Routing Prefix）全球路由前缀
GSM （Global System of Mobile）全球移动通信系统

HDLC （High-level Data Link Control）高级数据链路控制协议
HFC （Hybrid Fiber Coax）光纤同轴混合
HSSG （High Speed Study Group）IEEE 高速研究组
HTML （Hyper Text Markup Language）超文本标记语言
HTTP （Hyper Text Transfer Protocol）超文本传输协议

IAB （Internet Activities Board）因特网活动委员会
IAB （Internet Architecture Board）因特网体系结构委员会
IAP （Internet Application Provider）因特网应用供应商
IANA （Internet Assigned Number Authority）Internet 号码分配局
ICANN （Internet Corporation for Assigned Names and Numbers）因特网名字与编号指派协会
ICI （Interface Control Information）接口控制信息
ICMP （Internet Control Message Protocol）
ICMPv6 （Internet Control Message Protocol for IPv6）IPv6 的 Internet 控制报文协议
ICP （Internet Content Provider）因特网内容供应商
IDS （Intrusion Detection System）入侵检测系统
IDU （Interface Data Unit）接口数据单元
IDWG （Intrusion Detection Working Group）入侵检测小组
IEDA （International Data Encryption Algorithm）国际数据加密算法
IEEE （Institute of Electrical and Electronics Engineers）美国电子电气工程师协会
IETF （Internet Engineering Task Force）因特网工程特别任务组
IFS （InterFrame Space）帧间间隔
IGMP （Internet Group Management Protocol）因特网组管理协议
ILD （Injection Laser Diode）半导体激光
IMAP （Interactive Mail Access Protocol）因特网报文存取协议
IMP （Interface Message Processor）接口信息处理机

IntServ （Integrated service）综合服务
IP （Internet Protocol）互联网协议
IPng （IP-the next generation） 下一代 Internet 协议
IPTO （Information Processing Technology Office）信息处理技术办公室
IPS （Intrusion Prevention System）入侵防护系统
IR （Infrad Red）红外线
IRIS （Infrastructure for Resilient Internet Systems）安全的分布式数据存储系统
IRTF （Internet Research Task Force）因特网研究特别任务组
IS （Internet Society）因特网协会
ISL （Inter Switch Link） 内部交换链路
ISM （Industrial Scientific and Medical）免许可证的工业科学和医学频段
ISO （International Standards Organization）国际标准化组织
ISP （Internet Service Provider）因特网服务供应商
ITU （International Telecommunication Union）国际电信联盟
ITU-T （ITU Telecommunication Standardization Sector）国际电信联盟电信标准化部

JPEG （Join Photographic Expert Group）联合图像专家组

KDC （Key Distribution Center）密钥分配中心

LAN （Local Area Network）局域网
LACNIC （Latin American and Caribbean Internet Address Registry）
责拉丁美洲和加勒比海地区的 Internet 注册处
LAPD （Link Access Protocol Channel D）ISDN D 信道链路访问协议
LCP （Link Control Protocol）链路控制协议
LED （Light-emitting Diode）发光二极管
LLC （Logic Link Control）逻辑链路控制
LPM （Longest Prefix Matching）最长前缀匹配
LSA （Link State Algorithm）链路状态算法
LSA （Link State Advertise）链路状态通告
LSD （Link State Database） 链路状态数据库
LSDB （Link Status DataBase）链路状态数据库
LSP （Link Status Packet）链路状态分组

MA （Multicast Address）多播地址
MAC （Medium Access Control）介质访问控制
MAN （Metropolitan Area Network）城域计算机网络
MANET （Mobile Ad-hoc NETworks）移动自组网络工作组
MAU （Medium Attachment Unit）介质连接单元
MCR （Mean Cell Rate）平均信元速率
MD （Message Digest）报文摘要
MDF （Mean Decrease Factor）（5.1.1）平均减少因子
MHS （Message Handling System）文电处理系统
MIB （Management Information Base）管理信息库
MIME （Multipurpose Internet Mail Extension）通用因特网邮件扩展
MIMO （Multiple Input Multiple Output）多入多出
MLD （Multicast Listener Discovery）多播监听者发现

MMF （Multi Mode Fiber）多模光纤
MPLS （Multi-Protocol Label Switching）多协议标记交换
MOSPF （Multicast extension to OSPF）开放最短通路优先的多播扩展
MS （Message Segment）报文段
MSS （Maximum Segment Size）最大报文段长度
MTU （Maximum Transfer Unit）最大传输单元

NAT （Network Address Translation）网络地址转换
NAT-PT （Network Address Translate Protocol Translate）网络地址转换与协议转换
NAV （Network Allocation Vector）网络分配矢量
NCP （Network Control Protocol）网络控制协议
NGI （Next Generation Internet）下一代因特网
NGN （Next Generation Network）下一代网络
NHRP （Next Hop Resolution Protocol）下一跳解析协议
NIC （Network Information Center）网络信息中心
NIL （Network Interface Layer）网络接口层

OC-1 （Optical Carrier-1）第 1 级光载波
OFDM （Orthogonal Frequency Division Multiplexing）正交频分多路复用
OSI （Open System Interconnection Reference Model）开放系统互连参考模型
OSPF （Open shortest Path First）开放最短路径优先

PAM （Physical Media Attachment） 物理介质附加装置
PCF （Point Coordination Function）点协调功能
PCI （Protocol Control Information）协议控制信息
PCM （Pulse Code Modulation）脉冲编码调制
PCT （Private Communications Technology）保密通信技术
PDA （Personal Digital Assistance）人数字辅助设备
PDU （Protocol Data Unit）协议数据单元
PEM （Privacy Enhanced Mail）因特网正式邮件加密标准
PIM-DM （Protocol Independent Multicast-Dense Mode）协议无关多播-密集方式
PIM-SM （Protocol Independent Multicast-Sparse Mode）协议无关多播-稀疏方式
PLCP （Physical Layer Convergence Protocol）物理层汇聚协议子层
PLP （Packet Layer Protocol）分组层协议
POP3 （Post Office Protocol）邮局协议 3
POTS （Plain Old Telephone System）传统电话
PPP （Point-to-Point）点对点协议
PPPoE （PPP over Ethernet）是在以太网上运行 PPP 协议，实现用户认证接入
PR （Poisoned Reverse）毒性逆转
PWD （Physical Medium Dependent）物理相关子层

QoS （Quality of Service）服务质量

RAC （Registration Authority Committee）IEEE 的注册管理委员会
RARP （Reverse Address Resolution Protocol）反向地址解析协议
RDT （Reliability Data Transfer）可靠数据传输
RFC （Request For Comments）请求注释(因特网技术文档)

RIP　（Routing Information Protocol）路由信息协议
RIPE-NCC　（RIPE Network Coordination Centre）负责欧洲、中东和部分中亚地区的 Internet 注册处
RIR　（Regional Internet Registry）Internet 注册处
RM　（Resource Management）　资源管理
RMON　（Remote Network Monitoring）远程网络监控
RP　（Routing Protocol）路由选择协议
RP　（Routed Protocol）路由转发协议
RPB　（Reverse Path Broadcasting）反向路径广播
RPF　（Reverse Path Forwarding）逆向路径转发
RR　（Resource Record）资源记录
RSA　（Rivest Shamir Adleman）公钥密码体制
RSVP　（ReSource reserVation Protocol）资源预留协议
RTCP　（Real Transfer Communication Protocol）实时传输通信协议
RTP　（Real Transfer Protocol）实时传输协议
RTS　（Request To Send）请求发送

SAP　（Service Access Point）服务访问点
SAP　（Service Access Point）服务访问点
SDH　（Synchronous Digital Hierarchy）同步数字体系
SDLC　（Synchronous Data Link Control）同步数据链路控制协议
SDM　（Space Division Multiplexing）空分复用
SDU　（Service Data Unit）服务数据单元
SGML　（Standard Generalized Markup Language）标准通用标记语言
SGMP　（Simple Gateway Management Protocol）简单网关监控协议
SHTTP　（Security Hyper Text Transfer Protocol）安全超文本传输协议
SIIT　（Stateless IP/ICMP Translation）无状态 IP / ICMP 转换
SIPP　（Simple Internet Protocol Plus）简单增强 IP 协议
SLA　（Service Level Agreement）服务等级协定
SLIP　（Serial Line Internet Protocol）串行线路因特网协议
SMDS　（Switched Multimegabit Data Service）交换式多兆比特数据服务
SMF　（Single Mode Fiber）单模光纤
SMFs　（System Management Functions）系统管理功能
SMI　（Structure of Management Information）管理信息结构
SMTP　（Simple Mail Transfer Protocol）简单邮件传输协议
SNA　（System Network Architecture）系统网络体系结构
SNMP　（Simple Network Management Protocol）简单网络管理协议
SONET　（Synchronous Optical NETwork）同步光纤网络
SPE　（Synchronous Payload Envelope）同步封装载荷
SPT　（Shorted Path Tree）最短路径树
SS　（Spread Spectrum）扩频
SSL　（Secure Sockets Layer）安全套接字层
STDM　（Statistic Time Division Multiplexing）统计时分复用
STE　（Signaling Terminal Equipment）信令终端设备
STP　（Spanning Tree Protocol）生成树协议
STP　（Shielded Twisted Pair）屏蔽双绞线
STS-1　（Synchronous Transport Signal-1）第 1 级同步传输信号
SWP　（Slide Windows Protocol）滑动窗口协议

TCP （transmission control protocol）运输控制协议
TDM （Time Division Multiplexing）时分复用
TE （Traffic Engineering）流量工程
TFTP （Trivial File Transfer Protocol）简单文件传送协议
TLD （Top Level Domain）顶级域名
TMIS （Trail Management Information System）铁路管理信息系统
TMN （Telecommunication Management Network）电信网络管理标准
TPDU （Transport Protocol Data Unit）运输协议数据单元
TUBA （The TCP/UDP Over CLNP-Addressed Networks）CLNP 编址网络的 TCP/UDP 协议

UA （User Agent）用户代理
UA （Unicast Address）单播地址
UDP （User Data gram Protocol）用户数据报协议
URL （Uniform Resource Locate）统一资源定位符
UTP （Unshielded Twisted Pair）非屏蔽双绞线
UWB （Ultra-Wide Band）超宽带

vBNS （Very High Speed Backbone Network Service） 高速网络试验床
VC （Virtual Circuit）虚电路
VCS （Virtual Carrier Sense）虚拟载波侦听
VDE （Virtual Destination）虚拟目的端点
VLAN （Virtual Local Area Network）虚拟局域网
VLSM （Variable Length Subnet Mask）变长子网掩码
VMPS （VLAN Membership Policy Server） VLAN 成员策略服务器
VPN （Virtual Private Network）虚拟个人网络
VSE （Virtual Source）虚拟源端点
VT （Virtual Terminal）虚拟终端协议

W3C （WWW Consortium）万维网联盟
WAN （Wide Area Network）广域计算机网络
WAP （Wireless Application Protocol）无线应用协议
WARC （World Administrative Radio Conference）世界无线电行政会议
WDM （Wave Division Multiplexing）波分复用
WEP （Wired Equivalent Privacy）有线等效保密
WFQ （Weighted Fair Queuing）加权公平队列
Wi-Fi （Wireless Fidelity）无线保真
WiMAX （Worldwide Interoprability for Microwave Access）全球微波接入的互操作性
WISP （Wireless Internet Service Provider）无线因特网服务提供者
WLAN （Wireless Local Area Network）无线局域网
WMAN （Wireless Mwtropolitan Area Network）无线城域网
WPA （Wi-Fi Protected Access）无线保真安全协议
WPAN （Wireless Peronal Area Network）无线个人区域网
WWW （World Wide Web）万维网
XML （eXtended Markup Language）扩展标记语言 XML

附录 B　网络协议层次与网络拓扑中网络节点的对应位置

1．网络协议层次与网络拓扑中网络节点的对应位置

计算机网络协议层次与网络拓扑中网络节点的对应位置，如图 B-1 所示。

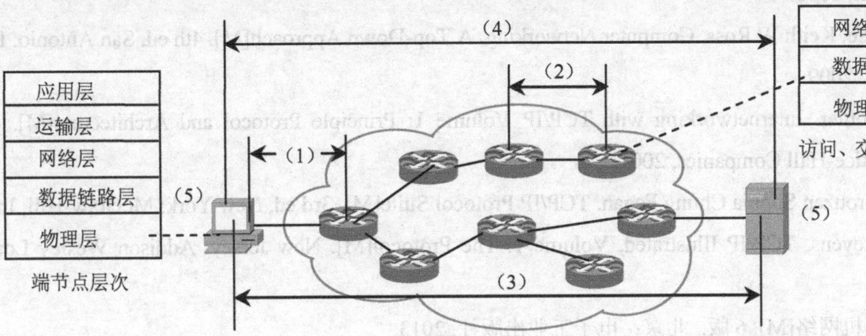

图 B-1　计算机网络协议层次在网络拓扑节点中的对应联系

2．说明

1）用圆括号中数字标识网络协议层次，例如（2）标识第 2 层数据链路层。

2）端节点的层次包括：应用层、运输层、网络层、数据链路层、物理层。

3）访问节点和交换节点的层次包括：网络层、数据链路层、物理层。若通信子网采用帧中继网络，则访问节点和交换节点的层次包括：数据链路层、物理层。

3．计算机网络协议层次与网络中节点的对应位置

1）应用层（5），处在端节点主机上，以客户机/服务器方式提供网络应用服务。

2）运输层（4），处在端节点之间，屏蔽下面通信子网的差异，在源端节点到目的端节点之间实现可靠数据传输为应用进程提供可靠的运输连接。

3）网络层（3），处在源主机节点与目的主机节点之间，提供分组的寻址和路由，提供无连接的“尽力交付”网络服务。

4）数据链路层（2），处在相邻节点之间，包括：端节点与访问节点之间，访问节点与交换节点之间，交换节点之间。

5）物理层（1），处在节点之间，每一个节点都要提供物理接口，一般标识在端节点与访问节点之间，此时，端节点为 DTE，对应物理连接器插头，访问节点是 DCE，对应物理连接器插座。

参 考 文 献

[1] Andrew S. Tanenbaum A S, David J Wetherall. Computer Networks[M]. 5thed. San Antonio: Pearson Education, Inc., 2011.

[2] James F Kurose, Keith W Ross. Computer Networking, A Top-Down Approach[M]. 4th ed. San Antonio: Pearson Education, Inc.2009.

[3] Douglas E Comer. Internetworking with TCP/IP Volume 1: Principle Protocol and Architecture[M]. 4th ed. London: Prentice-Hall Companies, 2001.

[4] Behrouz A Forouzan Sophia Chung Fegan. TCP/IP Protocol Suite[M]. 3rd ed, New York: McGraw-Hill, Inc.2006.

[5] W Richard Stevens. TCP/IP Illustrated, Volume 1: The Protocol[M]. New Jersey: Addison Wesley Longman, Inc.1994.

[6] 谢希仁. 计算机网络[M]. 6 版. 北京：电子工业出版社, 2013.

[7] 吴功宜. 计算机网络 [M]. 3 版. 北京：清华大学出版社, 2013.

[8] Willam Stallings. Computer Networking with Internet Protocols and Technology[M]. San Antonio: Pearson Education, Inc.2004.